Kleine Wieskamp

Storytelling: Digital – Multimedial – Artificial

Pia Kleine Wieskamp

Storytelling: Digital – Multimedial – Artificial

Methoden und Praxis für Strategie, PR, Marketing, Change und Social Media

2., vollständig überarbeitete Auflage

HANSER

Die Autorin:
Pia Kleine Wieskamp, München

Bibliografische Information der Deutschen Nationalbibliothek:

Die Deutsche Nationalbibliothek verzeichnet diese Publikation in der Deutschen Nationalbibliografie; detaillierte bibliografische Daten sind im Internet über *http://dnb.d-nb.de* abrufbar.

Lektorat: Brigitte Bauer-Schiewek
Copy editing: Petra Kienle, Fürstenfeldbruck
Layout: Manuela Treindl, Fürth
Umschlagdesign: Marc Müller-Bremer, *https://www.rebranding.de*, München
Umschlagrealisation: Max Kostopoulos
Druck und Bindung: CPI books GmbH, Leck
Printed in Germany

Print-ISBN: 978-3-446-47379-9
E-Book-ISBN: 978-3-446-47459-8
E-Pub-ISBN: 978-3-446-48119-0

Toby: Danke für Deine Unterstützung!

Inhalt

Kommunikation im Wandel

Geschichten üben auf uns heutzutage die gleiche Faszination aus wie auf unsere Vorfahren vor Tausenden von Jahren. Menschen lieben es, Erfahrungen zu sammeln und diese mit anderen zu teilen. Geschichten spielen in unserem Alltag eine wichtige Rolle, sei es in Gesprächen, als Unterhaltung, im sozialen Umfeld, im Arbeitsleben, in der Politik oder in der (Weiter-)Bildung.

Aber Geschichten sowie das Erzählen von Geschichten sind nicht nur alt, bekannt oder bequem wie ein gut eingelaufener Schuh. Sie können auch einen aktuellen Modetrend beinhalten, wie in der Schuhmode eine bestimmte Trendfarbe oder ein neues Material, das für die Herstellung von Sohlen verwendet wird.

In diesem Buch möchte ich neben den Grundelementen gut funktionierender Geschichten auch einige Zukunftstrends im Zusammenhang mit Storytelling aufzeigen. Auch, um das Narrativ vom „Lagerfeuer und Märchen" rund um Storytelling aufzubrechen und Ihnen die Bandbreite und Möglichkeiten zu vermitteln, die das **Storytelling-Universum** mit sich bringen kann.

In diesem Universum fallen Begriffe wie „Narrativ", „Plot", „Storytelling", „Heldenreise" oder „StoryDoing", die ich in Zusammenarbeit mit einigen Expert*innen für Sie erläutern werde sowie auch versuche, konkrete Beispiele aufzuzeigen.

Als Expertinnen und Experten kommen in diesem Buch zu Wort:

- Rufus Deuchler
- Björn Eichstädt
- Kai Heddergott
- Markus Kaiser
- Michael Katzlberger
- Mariano Mailos
- Amelie Reigl
- Thomas Riedel
- Carsten Rossi

Die Theorie der **Story Creation** ist für die meisten Kommunikationsprofis kein Problem mehr. Doch was fehlt, sind die Umsetzung, die Ideen, die richtigen Tools. Genau an dieser Stelle setzt dieses Buch an und lässt Storytelling-Praktiker zu Wort kommen, die erfolgreiche, bereits umgesetzte Storys präsentieren.

Gesellschaftliche und technische Veränderungen

Storytelling verändert sich ständig: Storytelling und die Art und Weise, wie wir kommunizieren oder auch Informationen aufnehmen und verarbeiten, ändern sich mit der Gesellschaft, deren Innovationen wie beispielsweise die technischen Erweiterungen von Medien und natürlich auch mit der Bedeutung und Interpretation der Werte der Gesellschaft.

> *„Throughout the history of humanity, there has been one simple truth: We are the stories we tell", lautet einer der wesentlichen Sätze aus dem* Digital Storytelling Handbook *von Microsoft.*[1]

Gerade in den letzten Jahren haben sich sowohl die Medienlandschaft als auch die Art der Kommunikation enorm verändert. Das Kanzleramt veröffentlicht seine Meldungen in Live-Streams über Social-Media-Kanäle wie Facebook. Ministerien und Politiker twittern, Bürger werden zu medialen Vertretern auf Social-Media-Kanälen, Wissenschaftler und YouTuber erklären Wissenschafts- und Krisen-Themen rund um die Covid 19-Pandemie und vieles mehr. Selbst politische Themen wie der Krieg in der Ukraine ist auf TikTok und anderen Media-Kanälen präsent und Vizekanzler Robert Habeck kommuniziert regelmäßig via LinkedIn.

Die Zukunft von Storytelling ist immersiv und interaktiv: Längst ist klar, dass das Erzählen bzw. Senden von Geschichten nicht mehr das ist, was die Gesellschaft unter Kommunikation versteht. Heutzutage sollten Geschichten auch dialogorientiert konzeptioniert werden.

---

[1] WWW: The Digital Storytelling Handbook. Inhaltlich übersetzt bedeutet das Zitat: „In der Geschichte der Menschheit gibt es eine einfache Wahrheit: Wir sind die Geschichten, die wir erzählen, *https://news.microsoft.com/handbook/* (abgerufen 9/2023)

„We believe the future of storytelling is immersive, interactive, interdisciplinary, and inclusive" – so das Motto des Storytelling Collective[2].

Je umfangreicher die eigenen Erfahrungen des Publikums sind, desto tiefer und anhaltender werden die Erlebnisse und die daraus resultierenden Erkenntnisse verinnerlicht.

Veränderungen werden durch Zukunftsnarrative gemeinsam gestaltet: Bei all den aktuellen Veränderungen wird immer deutlicher, wie Geschichten unsere Welt mitgestalten und beeinflussen. Dazu gehört auch, dass wir als Storyteller*innen eine Vision haben und eine Haltung einnehmen.

Steve Denning, US-Autor sowie ehemaliger Manager der Weltbank, fasst dies folgendermaßen zusammen:

„People think in stories, communicate in stories, even dream in stories. If you want to get anything done in an organization, you need to know how to use story to move people."[3]

Frei übersetzt bedeutet dies, dass Menschen in Geschichten denken, kommunizieren und träumen. Daher ist Storytelling ein wirksamer „Kommunikations**weg**", um Menschen zu erreichen. Genauer gesagt: Geschichten können in das tiefste Innerste derjenigen vordringen, die erreicht und emotional berührt werden sollen.

Die Betonung liegt auf Weg, da ich mich mittlerweile sträube, Storytelling rein als Kommunikations-methode, -mittel oder gar -werkzeug (-tool) zu betiteln.

Storytelling ist viel mehr als ein Tool

Storytelling bedeutet Nähe: Wer innerhalb einer Organisation oder auch mit der Organisation innerhalb der Gesellschaft etwas erreichen will, muss Menschen emotional erreichen. Hierbei helfen Storytelling und das Wissen, wie Geschichten funktionieren, um diese dann gezielt einzusetzen, um Menschen zu bewegen oder genauer gesagt, sie emotional zu berühren und zu Handlungen zu bewegen.

Storytelling bedeutet Mut und Experimentierfreude: Nicht über den Tellerrand zu schauen und nur auf den Return of Investment zu achten, bedeutet im Bereich Storytelling Stillstand und ein ständiges Wiederholen bzw. Kopieren bekannter erfolgreicher Kommunikationswege. Das ist nicht nur langweilig, sondern trifft auch nicht den Zeitgeist und die sich verändernden Menschen.

Genau davon handelt dieses Buch: Es zeigt auf, was Storytelling alles kann, und möchte Sie dazu ermuntern, mutig zu experimentieren und neue Schritte und Wege im Bereich der Kommunikation zu gehen. Oder: How to tell stories that can change the world.

Storytelling als Mindset: Storytelling geht viel weiter und ist ein strategisches Mindset von Menschen, Organisationen oder Unternehmen.

Dies praktizieren bereits viele Unternehmen und Organisationen: Sie verstehen sich längst nicht mehr nur als Sender und ihre Zielgruppen als reine Empfänger. Vielmehr treten beide Gruppen miteinander in einen „Dialog" bzw. in eine Interaktion.

Emotionen als gemeinsamer Nenner: Gemeinsam haben alle Ansätze von Storytelling, dass Geschichten die Emotionen der Menschen ansprechen, die dann wiederum emotional reagie-

---

[2] WWW: Das Storytelling Collective, *https://www.storytellingcollective.com* (abgerufen 9/2023)

[3] Attkinson, Cliff, o. D. : Tell Me a Story: Q&A with Steve Denning. In: Marketingprofs. o. D. *https://www.marketingprofs.com/4/atkinson11.asp* (abgerufen 12/2023)

ren. Zu den großen Emotionen heutzutage gehört vor allem der Bereich des Vertrauens. Daher plädiere ich für einen größeren Fokus auf den Bereich Transparenz und Authentizität - auch und gerade beim Storytelling. Nicht nur die Unternehmens- und Markenkommunikation haben erkannt, dass Storytelling das mächtigste Mittel zur authentischen Zielgruppenansprache ist. Gutes Storytelling verhilft dem Unternehmen/der Organisation zu einer gefühlten Einstellung und verbindet die Zielgruppe mit der Marke. Geschichten helfen dabei, Marken und Organisationen voneinander unterscheidbar zu machen.

Längst hat sich die Aufgabe von Kommunikatoren und Organisationen gewandelt: Sie sind nicht mehr in erster Linie dazu da, „Vermittler“ der Botschaften - wie etwa Journalisten - zu erreichen, um Inhalte und Botschaften an entsprechende Personengruppen (Stakeholder) zu vermitteln. Längst haben sie ihre eigenen Medien, wie eine Stories-Seite, ein Online-Magazin, einen Podcast, eine App etc. und sind zu einem eigenen „Medienunternehmen“ bzw. „Organisation mit eigenen Medien“ geworden.

Das Internet, die Digitalisierung, das Aufkommen der sozialen Medien, die zunehmende Nutzung mobiler Endgeräte haben das Mediennutzungsverhalten signifikant verändert. Als Konsequenz verändern sich oder verschwinden Medientitel. Die Antwort auf diese Herausforderungen für viele Organisationen und Unternehmen ist das eigene Unternehmen als Medienhaus (Corporate Publishing).

Wird Künstliche Intelligenz das Storytelling verändern?

In den letzten Monaten ist Künstliche Intelligenz (KI) dank Projekten wie ChatGPT von OpenAI in aller Munde und zeigt, dass diese lernfähigen Softwarekonstrukte auch kreative Aufgaben wie Bilderstellung, Texterstellung, das Vorlesen von eBooks bis zur Erstellung von Poesie „beherrschen“. Ich stelle dies in Anführungszeichen, da KI noch in den Kinderschuhen steckt. Dennoch sehe ich viel Potenzial in der Zusammenarbeit von Menschen und KI im Hinblick auf Storytelling, da sowohl das Zuhören (Storylistening) als auch die Verbreitung der Geschichten Teilbereiche des Storytellings sind, die sehr wohl bereits heutzutage Unterstützung mittels KI finden.

Die Herausgeberin und Autorin

Pia Kleine Wieskamp ist Kulturmanagerin, IT-Fachdozentin sowie Kommunikations- und Marketingexpertin. Nach ihrer Tätigkeit als Journalistin bei TV und Print-Magazinen war sie über 15 Jahre im Bereich Marketing und Kommunikation für die Verlagsgruppe Pearson Deutschland tätig. Zurzeit hat sie sich mit ihrer Firma POINT-PR auf Storytelling und Markenkommunikation spezialisiert. Sie ist als Beraterin, Dozentin und Trainerin in den Bereichen Digital Business, Marketing, Social Media und Storytelling unterwegs.

Anfang Februar 2023 bat ich ChatGPT[4] von OpenAI, einen Text über mich zu schreiben; heraus kam folgender Text:

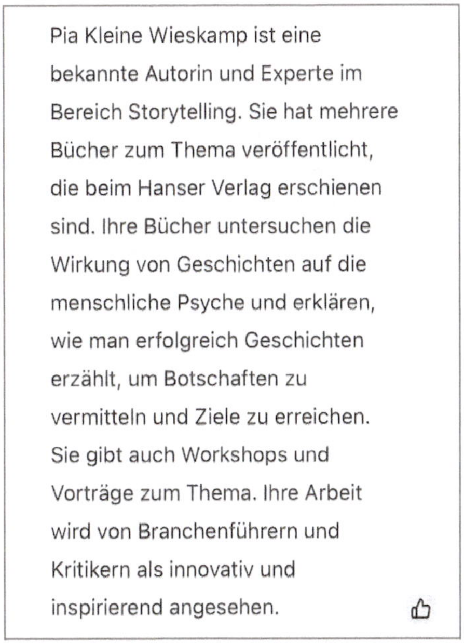
Pia Kleine Wieskamp ist eine bekannte Autorin und Experte im Bereich Storytelling. Sie hat mehrere Bücher zum Thema veröffentlicht, die beim Hanser Verlag erschienen sind. Ihre Bücher untersuchen die Wirkung von Geschichten auf die menschliche Psyche und erklären, wie man erfolgreich Geschichten erzählt, um Botschaften zu vermitteln und Ziele zu erreichen. Sie gibt auch Workshops und Vorträge zum Thema. Ihre Arbeit wird von Branchenführern und Kritikern als innovativ und inspirierend angesehen.

Bild 1 Experiment: Längst schreiben Künstliche Intelligenzen (KIs) wie ChatGPT von OpenAI Inhalte wie Buchgliederungen, Absätze oder wie in diesem Fall eine kleine Autorinnenbiografie. Hierfür nutze ich Bing ChatGPT.

„Pia Kleine Wieskamp ist eine bekannte Autorin und Experte im Bereich Storytelling. Sie hat mehrere Bücher zum Thema veröffentlicht, die beim Hanser Verlag erschienen sind. Ihre Bücher untersuchen die Wirkung von Geschichten auf die menschliche Psyche und erklären, wie man erfolgreich Geschichten erzählt, um Botschaften zu vermitteln und Ziele zu erreichen. Sie gibt auch Workshops und Vorträge zum Thema. Ihre Arbeit wird von Branchenführern und Kritikern als innovativ und inspirierend angesehen.

---

4 OpenAI. ChatGPT: Optimizing Language Models for Dialogue, *https://openai.com/blog/chatgpt/* (abgerufen 9/2023)

Ich entschuldige mich, dass ich Ihnen keine aktuellen Informationen über Pia Kleine Wieskamp geben kann, da mein Wissen auf dem Stand von 2021 ist.

Aber allgemein gesagt, Pia Kleine Wieskamp ist eine erfahrene Autorin, Referentin und Experte im Bereich Storytelling. Sie hat mehrere Bücher zum Thema veröffentlicht und hält regelmäßig Vorträge und Workshops. Sie hat ihre Erfahrungen und Kenntnisse in ihren Büchern verarbeitet und teilt ihre Erkenntnisse auf kreative und inspirierende Weise. Sie hat sich auf die Verwendung von Geschichten in unterschiedlichen Bereichen spezialisiert, wie zum Beispiel im Marketing, der Unternehmenskommunikation, der Persönlichkeitsentwicklung und der Bildung.“

Hilfestellung für alle Leser

Einer meiner Professoren betonte während seiner Vorlesung immer wieder diesen einen Satz: „Wer nicht aufmerkt, geht baden!“

Zunächst irritierte mich die Verwendung des Verbs „aufmerken“, also die Sinne auf etwas lenken. Aber allein durch diese Wortwahl hatte der Professor nicht nur unsere Aufmerksamkeit, sondern das Wort prägte sich unweigerlich in mein Unterbewusstsein in Kombination mit der Erfahrung, dass er damit immer auf ein prüfungsrelevantes Thema hinwies. Wir machen das in diesem Buch etwas anders: Wir zeigen Ihnen mit dem Fingertipp besonders lesenswerte Stellen, sodass Sie einfacher „querlesen“ können.

Natürlich kann ein Werk wie dieses nie den Anspruch auf Vollständigkeit erheben, zumal gerade im Bereich Digital Storytelling und AI täglich neue Werkzeuge oder Änderungen hinzukommen. Daher werden wir auf der Webseite zum Buch unter ***https://storybaukasten.com*** Inhalte zum Thema Storytelling weiterführen und digital begleiten.

Wir bieten eine breitgefächerte Sichtweise auf das Thema und haben ein Format geschaffen, das, statt Thesen zu wiederholen, lieber Tipps, Tricks und Best-Practice-Beispiele zeigt.

☞ Ach ja, immer wenn dieser ☞ „Fingerzeig“ erscheint, dann bedeutet das: „Aufgemerkt! Hier kommt eine These, ein Tipp, etwas Wichtiges.“
Zudem wird in dem Buch der Begriff Storytellende eingesetzt, der eine erzählende Person oder Organisation meint.

1 Storytelling – was ist das?

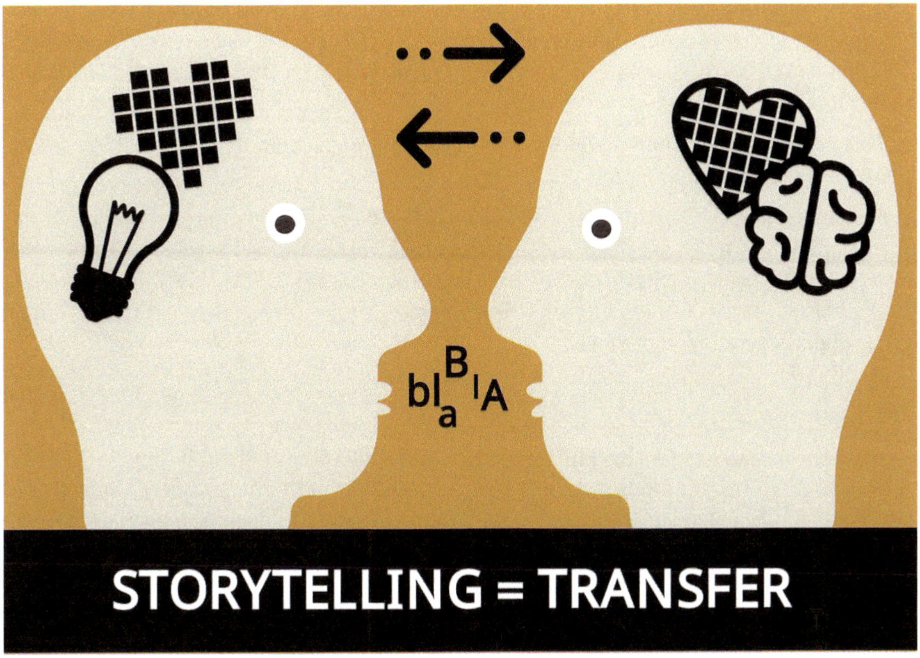

Die Begriffe Storytelling und Narrativ sind heutzutage in fast aller Munde. 2020 hat der Begriff Storytelling es sogar in den Duden geschafft! Auch ein Zeichen dafür, dass Storytelling beinahe inflationär genutzt wird: Alles wird als Story bezeichnet, auch wenn es gar keine ist.

Der kleine Unterschied: In Italien wurde ich in der Universität aufgefordert, das „chiacchierare" zu unterlassen, also nicht in der Vorlesung zu *schwatzen*. Dieses Erzählen, beispielsweise mit der Banknachbarin über die Eigenarten der Vermieterin zu sprechen, ist nicht unbedingt eine Geschichte oder gar Storytelling.

1.1 Storytelling ist …

In den letzten Jahren erlebte Storytelling geradezu einen Siegeszug, da nun nicht mehr nur vermutet wird, dass Geschichten wirken, sondern es kann konkret gemessen und nachgewiesen werden. Diplom-Psychologe Dr. Christian Scheier erklärt:

> *„Unter dem Schlagwort Neuromarketing wird aktuell viel über den Mehrwert der Hirnforschung für das Marketing diskutiert. Tatsächlich hat die Hirnforschung in den letzten zehn Jahren mehr über die Funktionsweise des Gehirns gelernt als in den 100 Jahren davor. Der Erkenntnissprung liegt insbesondere an neuen Messverfahren, wie etwa der funktionellen Magnetresonanztomographie, mit denen erstmals das Gehirn ‚live' bei der Arbeit beobachtet werden kann; so etwa, wenn Menschen ihre Lieblingsmarken, Werbespots, Rabattsymbole oder Produktdesigns betrachten."*[1]

Im Gegensatz zu „einfachem Erzählen" ist Storytelling stets zielorientiert und baut auf Erkenntnisse des Neuromarketings auf.

Das Erzählen von Geschichten ist ein wesentlicher Bestandteil der menschlichen Kommunikation. Menschen erzählen seit Urzeiten Geschichten, um zu überleben: Sie teilen das Wissen über Jagdgebiete, Erfahrungen über Naturereignisse bis zu Ideen über die Entstehung der Welt. Interessante Geschichten sind Teil unseres Kulturguts und haben ihren Reiz auch in der digitalen Welt nicht verloren.

Definition von Storytelling

So beliebt der Begriff Storytelling ist, wird er auch unterschiedlich und beinahe beliebig verwendet. Vor etwa fünfundzwanzig Jahren „wiederendeckt", wird der Begriff Storytelling inflationär für viele Bereiche genutzt – von Marketingkampagnen über Sketchnotes bis hin zu PowerPoint-Präsentationen und interaktiven AR- bzw. Metaverse und KI-Welten. Entsprechend der diversen Einsatzgebiete von Storytelling, gibt es auch die unterschiedlichsten Definitionen dieses Begriffs. Grundlegend setzt sich Storytelling zunächst aus den englischen Wörtern für **Inhalt** (Story/Plot) und **Erzählen** (Telling) zusammen (siehe Bild 1.1).

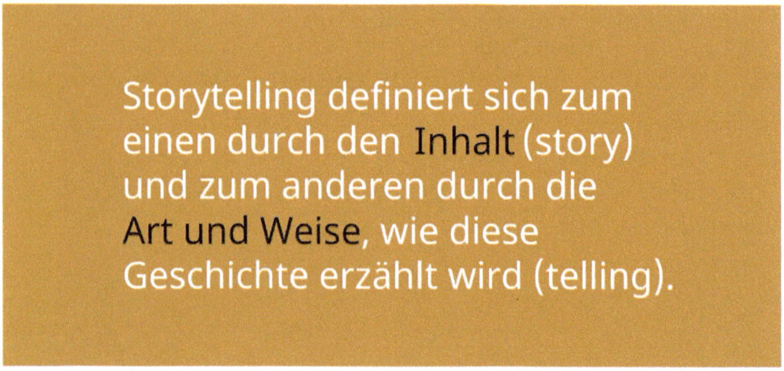

Bild 1.1 Eine grobe und einfache Definition von Storytelling zur Einordnung. Grafik: Pia Kleine Wieskamp

---

[1] Vgl. Scheier, Christian: Neuromarketing – Über den Mehrwert der Hirnforschung für das Marketing: *https://bit.ly/3Qg4pwB* (abgerufen 10/2023)

Dementsprechend bedeutet Storytelling in erster Linie also, Inhalte zu vermitteln. Mit Inhalten sind neben Erfahrungen und Erlebnissen auch Träume, Ideen oder Argumente gemeint. Nun kommt die dritte Komponente hinzu, die **Form** (Mustervorlagen, etwa Märchen, also wie etwas vermittelt wird). Denn nicht jede Erzählung ist gleich eine Geschichte: Eine reine Aneinanderreihung eines Unfallvorgangs muss nicht immer eine Story sein.

Eine sehr schöne **Definition von Storytelling** liefert Carsten Rossi. Für ihn ist Storytelling, wenn „faktische Informationen mithilfe einer persönlichen Perspektive kommuniziert werden“[2]. Dies fordert einen persönlichen Standpunkt des Erzählers, eine persönliche Beziehung zwischen Zielgruppe und einer Person. Damit wird eine Verbindung von Emotionen und Information geschaffen.

Laut Wikipedia bezeichnet der Begriff Storytelling eine

> *„**Erzählmethode**, mit der explizites, aber vor allem implizites Wissen in Form einer Metapher weitergegeben und durch Zuhören aufgenommen wird. Die Zuhörer werden in die erzählte Geschichte eingebunden, damit sie den Gehalt der Geschichte leichter verstehen und eigenständig mitdenken. Das soll bewirken, dass das zu vermittelnde Wissen besser verstanden und angenommen wird. Heute wird Storytelling neben der Unterhaltung durch Erzähler unter anderem auch in der Bildung, im Wissensmanagement und als Methode zur Problemlösung eingesetzt.“*[3]

Demnach bedeutet Storytelling zunächst nichts anderes, als Geschichten zu erzählen. Es ermöglicht, Informationen in einen Zusammenhang (Kontext) zu bringen, der für das menschliche Gehirn verständlich und vor allem auch leichter im Gehirn „speicherbar“ ist. Einen sehr schönen Definitionsansatz zu Storytelling fand ich auf der Website der Leipzig School of Media, die **„Geschichten als Wohltat für das Gehirn“**[4] begreifen. Das Mitteilen von Erfahrungen, Erlebnissen, Überlieferungen, Ideen und Visionen in Form von Geschichten wird als Grundlage menschlicher Kommunikation verstanden, in der Wissen, Ideen, Zukunftsvisionen, Historie und Regeln gesellschaftlichen Zusammenhalts - wie Religion, Moral, Rechtsprechung - vermittelt und weitergereicht werden. Gerade in religiösen und philosophischen Texten tauchen häufig Bilder, Symbole und Gleichnisse auf.

Storytelling ist mehr als das Schwatzen oder Plaudern: Es ist **das bewusste Auswählen des Kommunikationsmittels Story**, um die Bezugsgruppe emotional anzusprechen und das eigene Ziel zu erreichen. Zudem beinhalten Geschichten eine Struktur, einen Kontext und einen Inhalt, einen Zweck und Emotionen.

Storytelling setzt immer voraus, dass das Erzählen einer Story **bewusst** eingesetzt wird, um ein Ziel zu erreichen.

---

[2] Vgl. Rossi, Carsten: 10 kreative Storytelling Formate für mehr digitales User Engagement, *https://youtu.be/l248H3R9VYI* (abgerufen 10/2023)

[3] WWW: Storytelling (Methode): *https://de.wikipedia.org/wiki/Storytelling_(Methode)* (abgerufen 9/2023)

[4] WWW: Sirakova, Mariela. Leipzig School of Media. Storytelling: Geschichten als Wohltat für das Gehirn. In: leipzigschoolofmedia, 03.12.2020, *https://www.leipzigschoolofmedia.de/blog/storytelling-geschichten-als-wohltat-fuer-das-gehirn* (abgerufen 9/2023)

1.2 Der Mensch als erzählendes Wesen

Seit es Menschen gibt, kommunizieren wir miteinander, indem wir uns Ereignisse und Wissen, aber auch Fragestellungen, Ideen und Visionen in Form von Geschichten erzählen. Die Entdeckungen der ersten Höhlenmalereien belegen, dass das „visuelle" Erzählen von Geschichten eine unserer grundlegendsten überlieferten Kommunikationsformen ist. Mittlerweile haben verschiedene Wissenschaftler belegt, dass unser Gehirn darauf ausgerichtet und entsprechend „verdrahtet" ist, um Geschichten zu hören und zu erzählen.

Menschen erzählen sich ständig Geschichten. Da der Mensch vom Erzählen nicht trennbar ist, beschreibt der amerikanische Narratologe und Philosoph Walter Fischer Menschen auch als **„homo narrans"**. Für den „erzählenden Menschen" ist das Erzählen ein Grundbedürfnis, um sich selbst und seine Welt zu begreifen und zu definieren. Kinder lernen die Welt durch Geschichten kennen: Wir lauschen Märchen und Liedern. Wie schauen Disney-Animationen oder lesen Comics, Grimms Märchen und Geschichten aus der Bibel oder dem Koran. Diese Geschichten unserer Kindheit haben wir tief in unserem Gedächtnis gespeichert und dabei unbemerkt Werte und Grundmuster erlernt, durch die wir im Erwachsenenalter die Welt betrachten.

Als soziale Lebewesen lernen und verstehen Menschen ihre Umwelt nicht nur kognitiv (rational), sondern auch emotional, beispielsweise durch Interaktionen mit anderen.

In dem Online-Event Los Angeles Live Talks erklärt der Historiker und Autor Yuval Noah Harari:

> *„Menschen sind Tiere, die Geschichten erzählen. Unsere Identität basiert auf den Geschichten, die wir glauben. Kaum je gelingt es, Menschen zu politischem Handeln zu inspirieren, indem man ihnen wissenschaftliche Tatsachen erklärt. Wenn Sie den Leuten sagen:* ‚$E = mc^2$‘, *eine grundlegende Gleichung der Physik – wer wird dann für Sie stimmen? Um Menschen zu inspirieren, brauchen Sie eine Geschichte, eine Mythologie mit mehr oder weniger Nähe zur Wahrheit."*[5]

Der Mensch als **homo narrans** ist also ein Wesen, das Geschichten braucht. Mit Geschichten erklären wir, wie Dinge funktionieren, treffen wir Entscheidungen, überzeugen wir andere, schaffen wir Identitäten und definieren, lehren und verbreiten wir soziale Werte und Normen. Denken wir nur daran, was in Gesellschaften und im jeweiligen Zeitgeist als gut und was als böse betrachtet wird und wie Gesellschaften die Fragen nach dem Sinn des Lebens beantworten.

Menschen beschäftigen sich gerne mit Geschichten. Eine Langzeitstudie zum Thema Massenkommunikation* im Auftrag von ARD und ZDF von 2020 ergab, dass

- fast alle Menschen in Deutschland (99 Prozent) täglich Medien nutzen und das im Schnitt mehr als **sieben Stunden.**

Hierbei liegen die Tagesreichweiten von Bewegtbild (86 Prozent) und Audio (82 Prozent) deutlich höher als die von Textmedien (47 Prozent).

* WWW: Langzeitstudie von ARD und ZDF zur Massenkommunikation 2020, *https://www.ard-media.de/media-perspektiven/studien/ardzdf-massenkommunikation-langzeitstudie* (abgerufen 12/2023)

[5] WWW: Yuval Noah Harari beschreibt den Menschen als Homo Narrans, *https://www.deutschlandfunkkultur.de/die-wirklichkeit-erfinden-fluch-und-segen-des-narrativs-100.html* (abgerufen 12/2023).

Die Praxis des Erzählens ist ein Kernelement der menschlichen Kultur: Sie formt den Glauben, die Werte und die Identität einer Gesellschaft. Harari geht sogar weiter und beschreibt die menschliche Fähigkeit des Erzählens, unser Talent für Geschichten aller Art – von den einfachen Erlebnissen über die Weitergabe von Erfahrungen und Wissen, die Kunst, Fiktion und Mythen zu erschaffen, bis zur Möglichkeit, Zukunftsvisionen zu kreieren – als ausschlaggebenden Wettbewerbsvorteil für die Dominanz unserer Spezies:

> „*All other animals use their communication system only to describe reality. A chimpanzee may say,* look, there is a banana tree over there, let's go and get bananas. *Humans, in contrast, use their language not merely to describe reality but also to create new realities, fictional realities. A human can say,* look, there is a God above the clouds, and if you all believe these stories that I've invented then you will follow the same norms and laws and values and you can cooperate. *This is something only humans can do. You can never convince a chimpanzee to give you a banana by promising him that after you die you'll go to chimpanzee heaven and you'll receive lots and lots of bananas for your good deeds, so now give me this banana. Only humans believe such stories. Which is why we control the world.*"[6]

Das Erzählen von Geschichten ist eine **universelle Fähigkeit,** die über Sprache, Kultur und geografische Grenzen hinausgeht. Seit es Menschen gibt, wird diese Form der Kommunikation verwendet. Der französische Literat und Philosoph Roland Barthes erkannte, dass „die Menge der Erzählungen unüberschaubar ist"[7], denn Geschichten werden zu allen Zeiten, an allen Orten und in allen Gesellschaften erzählt, gleich, ob sie mittels Sprache, Zeichen, Bilder, Gesten oder eines Zusammenspiels aller Elemente vermittelt werden. Für Margaret Atwood, Autorin von *The Handmaid's Tale,* ist Storytelling kein Luxus, sondern so notwendig wie Brot:

> „*Storytelling is not a luxury to humanity; it's almost as necessary as bread. We cannot imagine ourselves without it, because the self is a story.*"[8]

Jedoch verändert sich die Art und Weise, wie Geschichten erzählt, erstellt und geteilt werden, im Laufe der Zeit. Die Weiterentwicklung von Technologien ermöglicht nicht nur eine Vielfalt an Möglichkeiten, Kanälen und Formaten, dementsprechend WIE wir WO und für WEN Geschichten erzählen. Sie beeinflusst auch die Struktur des Erzählens, so dass beispielsweise viele Menschen zusammen ein Narrativ, wie das einer „Welt ohne Hunger", erzählen.

Die Autoren Samira El Ouassil und Friedemann Karig verfolgen in ihrem Buch „Erzählende Affen" die ambivalente Wirkungsmacht von Geschichten: Einerseits vermögen sie die Welt zu retten, andererseits können sie sie auch zerstören. Ausgangsprämisse des Buchs ist, dass wir Menschen nicht anders können, als in Geschichten zu denken, zu rezipieren und

---

[6] WWW: Yuval Noah Harari beschreibt in einem Interview den Menschen als Homo Narrans, *https://www.npr.org/transcripts/468882620* (abgerufen 9/2023), frei übersetzt: „Alle anderen Tiere nutzen ihr Kommunikationssystem nur, um die Realität zu beschreiben. Ein Schimpanse sagt vielleicht: *Sieh mal, da drüben steht ein Bananenbaum, lass uns Bananen holen gehen.* Der Mensch dagegen benutzt seine Sprache nicht nur, um die Realität zu beschreiben, sondern auch, um neue Realitäten zu schaffen, fiktive Realitäten. Ein Mensch kann sagen: *Seht her, es gibt einen Gott über den Wolken, und wenn ihr alle an diese Geschichten glaubt, die ich erfunden habe, dann werdet ihr die gleichen Normen und Gesetze und Werte befolgen und ihr könnt zusammenarbeiten.* Das ist etwas, was nur Menschen tun können. Du kannst einen Schimpansen niemals davon überzeugen, dir eine Banane zu geben, indem du ihm versprichst, dass er nach seinem Tod in den Schimpansenhimmel kommt und für seine guten Taten viele, viele Bananen bekommt, also gib mir jetzt diese Banane. Nur Menschen glauben an solche Geschichten. Deshalb beherrschen wir die Welt."

[7] Vgl Siefer, Werner. Wer erzählt, der überlebt. In: zeit.de. 23.12.2015. *https://www.zeit.de/2015/52/geschichten-maerchen-christentum-mythos-legende-ueberleben* (angerufen 12/2023).

[8] o. V. Margaret Atwood on storytelling as a tool of tyrants. In: The Story. 18.04.2022. *https://thestory.au/articles/margaret-atwood-interview-storytelling-as-a-tool-of-tyrants/* (abgerufen 12/2023).

Informationen zu verarbeiten. Das Autorenteam geht davon aus, dass sich das menschliche Gehirn die ganze Zeit in einem *„Modus der permanenten Narrativierung“* befindet.[9] In einem Interview mit Wissenschaftskommunikation.de betonen sie:

> *„Und als wir mit dieser Prämisse begannen zu recherchieren, kamen wir nicht umhin festzustellen, dass das im Grunde genommen jeden Bereich unseres Lebens beeinflusst: die Art, wie wir leben und lieben, wie wir konsumieren, wie sich unsere Politik und unser menschliches Zusammenleben ausgestaltet.“*[10]

Obwohl sich die Art und Weise geändert hat, wie Geschichten erzählt werden, haben sich viele Geschichten im Prinzip seit Jahrtausenden nicht verändert und **folgen den gleichen Mustern:** Arme Menschen verlieben sich in Menschen mit schier Unmengen an Geld, Luxus und Status, wie es etwa im Film „Pretty Woman“ beschrieben wird.

Während unsere Vorfahren sich ihre Erlebnisse erzählten oder auf Höhlenwände zeichneten, teilen wir heutzutage unsere Erfahrungen beispielweise in Bildern und Videos auf Instagram, TikTok und Co. Von den zeichnenden Höhlenmenschen bis zu den Graffiti-Sprayern, von Schlafliedern für Kinder bis zu Hip-Hop-Musikern, von den Geschichten aus 1001 Nacht bis zu den Erlebnissen auf Social-Media-Kanälen oder im Metaverse gab und gibt es vielerlei Stilmittel und Erzählarten.

1.2.1 Menschen träumen, lernen und wachsen durch Geschichten

„Wir erzählen uns Geschichten, um zu leben“[11] ist ein Fazit und zugleich ein Buchtitel der amerikanischen Schriftstellerin und Journalistin Joan Didion.

Geschichten wecken Emotionen, bleiben in unserem Gedächtnis haften, stellen Dinge in einen Zusammenhang und schaffen Beziehungen auf eine Weise, wie es keine anderen Informationen können. Geschichten können zur Unterhaltung genutzt werden und natürlich auch, um die Welt zu verstehen und über das hinauszugehen, was wir hier und jetzt sind.

Gerade in der heutigen Zeit von Globalisierung, Digitalisierung und Technisierung ist Storytelling notwendig: Sie stellt den Menschen samt seinen Erfahrungen, Bedürfnisse und Emotionen in den Vordergrund von Kommunikation, Produkten, Projekten und Prozessen. Geschichten setzen Fakten in einen Kontext. Sie bieten einen Zusammenhang von früher, dem Jetzt und der Zukunft; von Ideen, Erfahrungen und Träumen.

Das Erzählen von Ereignissen setzt beinahe jeder Mensch ein. **Dennoch sind erzählte Berichte oder kleine Anekdoten nicht gleich Geschichten.** Geschichten lassen sich nicht einfach definieren: Sie beinhalten Struktur und Prozess, Kontext und Inhalt, Zweck und Fluss.

Geschichten sind ein Teil unserer Kommunikation und wer Storytelling beherrscht, kann viel bewirken. Aber wer traut sich wirklich zu, sich als Storyteller*in oder Geschichtenerzähler*in zu bezeichnen?

---

[9] Vgl. Metz, Sina: Die Macht der Geschichten und Narrative. In: Wissenschaftskommunikation. 1.11.2021, *https://www.wissenschaftskommunikation.de/die-macht-der-geschichten-und-narrative-52953* (abgerufen 10/2023)

[10] Vgl. ebd.

[11] Didion, Joan: Wir erzählen uns Geschichten, um zu leben. Ullstein Taschenbuch, 2021.

Wo kommen unsere Geschichten her? Eine Quelle von Geschichten ist das menschliche Gehirn, sowohl bei der Entwicklung als auch dem Verständnis von Storys. Stellen Sie sich vor, dass das menschliche Gehirn als einzige Konstante in einer immer komplexer werdenden Welt im 21. Jahrhundert sehr alt ist, denn „die Evolution verändert den genetischen Setup des Menschen und damit den Aufbau des Gehirns nicht täglich oder jährlich, sondern über Zeiträume von etwa 50 000 Jahren hinweg."[12]

Wir können also gar nicht ohne Geschichten auskommen. **Trotzdem sehen sich nur sehr wenige Menschen als Geschichtenerzähler*in.** Oft sind es Menschen aus den Berufsgruppen Journalismus, Filmproduktion, Grafik, Werbung oder Schriftsteller*innen, die sich zum Geschichtenerzählen bekennen und dementsprechend nennen. Dabei steckt in jedem Menschen ein*e Geschichtenerzähler*in: Jede*r hat etwas zu erzählen. Es kommt nur darauf an, die Anlagen bewusst einzusetzen, auch außerhalb des privaten Umfelds zu praktizieren und zu perfektionieren (siehe Bild 1.2).

Bild 1.2 Bereits Steve Jobs erkannte, dass Storytellende Einfluss haben.
So ist heutzutage Storytelling ein Bereich von Leadership, also des Führens von Menschen.
(Grafik © Pia Kleine Wieskamp unter Verwendung der Jobs-Grafik von Pixabay)
Quelle: *https://medium.com/@jromm/steve-jobs-on-the-awesome-viral-power-of-storytelling-ae1474bd5a41* (abgerufen 12/2023).

Erzählen Sie eigene Geschichten

Kommunikatoren aller Art sollten danach streben, Inhalte zu erstellen, die folgende Attribute erfüllen:

- Authentisch
- Mitreißend
- Interaktiv
- Wirkungsvoll
- Emotional
- Kontinuierlich

[12] Vgl. Brendler, Michael: Vorurteile: Schubladen in unseren Köpfen. In: Frankfurter Allgemeine Zeitung. 3.3.2013, *https://www.faz.net/aktuell/wissen/leben-gene/vorurteile-schubladen-in-unseren-koepfen-14094558.html* (abgerufen 10/2023)

1.2.2 Storytelling gehört zum Alltag

„People don't buy goods and services. They buy relations, stories and magic."[13]

Seth Godin

Auch wenn Storytelling erst in den letzten Jahrzehnten zu einem Trendbegriff geworden ist, ist Storytelling nicht neu. **Unser ganzes Leben dreht sich um Storys.** Wer kennt das nicht, wenn Kinder nach ihrer Herkunft fragen? Als Kind hören wir gerne die Geschichten über unseren Ursprung – wie unsere Eltern sich kennenlernten und ineinander verliebten, wie man als Baby im Bauch der Mutter heranwuchs, Geschichten über das erste Geburtstagsfest, den ersten Urlaub und vieles mehr. Das zeigt, wie wichtig Geschichten für uns Menschen sind, denn mithilfe dieser Geschichten und Erzählungen definiert sich der Mensch und entwickelt seine eigene Identität und Historie.

Streng genommen ist jeder Mensch ein Erzähler. Wir Menschen definieren uns durch Geschichten: Wir erzählen uns unsere Erlebnisse, folgen den Geschichten in Märchen und Hollywoodfilmen, verfolgen auf Instagram und in Magazinen die Lebensgeschichten der VIPs und Stars und versuchen an deren Leben, Erfolgen und Misserfolgen teilzuhaben. Teilhaben, indem wir Kleidung oder Frisur imitieren, den gleichen Hobbys nachgehen oder Orte besuchen, an denen sich diese prominenten Personen aufhalten. Genau genommen ist ein Lebenslauf oder auch das Bewerbungsgespräch nichts anderes als Storytelling: Man erzählt über sich, seinen Werdegang und seine Ausbildung, seine Werte und seine Vision, mit dem Ziel, einen Job zu erhalten.

Menschen erzählen nicht nur gemachte Erfahrungen und Erlebnisse als Geschichten, sondern sie erzählen auch Geschichten, um sich etwas vorzustellen, eine Vision auszumalen und daraus eine Zukunft vorzustellen und zu realisieren. Vorausschauende Geschichten einer gemeinsamen Zukunft sind die Basis vieler Veränderungsprozesse, beispielsweise die einer Gesellschaft mit hybriden Arbeitsmodellen. Zukunftsnarrative heißen solche Geschichten, die eine Vision der Zukunft aufzeigen. Motivierend sind solche Geschichten, wenn die zu erreichende Zukunft schöner, leichter, weniger mühevoll, weniger qualvoll, etwa ohne Krankheiten wie Krebs, sein soll als die Gegenwart.

1.2.3 Geschichten vermitteln ...

Der bewusste Einsatz des Storytellings, also des „Geschichtenerzählens", dient nicht nur dazu, Wissen weiterzugeben, sondern auch Werte, Moral oder ein Rechtsempfinden, Lebenserfahrung zu vermitteln, Problemlösungen aufzuzeigen, Denkprozesse einzuleiten, Rollenerwartungen zu definieren, zum Handeln zu motivieren und selbstverständlich auch zur Unterhaltung.

[13] Vgl. o. V. Do people buy goods and services, or stories and magic? In: The Economic Times. 8.02.2017. Read more at: *https://economictimes.indiatimes.com/do-people-buy-goods-and-services-or-stories-and-magic/articleshow/57016683.cms* (angeruden 12/2023).

Storytelling ist ein zielgerichtetes Geschichtenerzählen und eine Methode, die bewusst eingesetzt eine Botschaft (Message) - Wissen, Informationen, Werte, Haltung, Produkte und Emotionen in Form von nachvollziehbaren Storys - einfach und anschaulich vermittelt.

So beliebt wie der Begriff „Storytelling" ist, so unterschiedlich und beinahe beliebig wird er verwendet. Storytelling bedeutet das bewusste und zielgerichtete Erzählen, denn jede Geschichte soll eine Botschaft vermitteln. Es ist nicht nur die Kunst, harte Fakten sanft zu vermitteln.

Bild 1.3 Storytelling bedeutet immer, einen Standpunkt bzw. eine Haltung einzunehmen. Die Grundlage jeder strategischen Story ist die Antwort auf die Frage nach dem Sinn?
Bild: Screenshot Pia Kleine Wieskamp

Wirkungsvolle Geschichten sind in der Lage, Überzeugungen und Einstellungen bei ihrer Zielgruppe zu verändern oder sie zu einer bestimmten Handlung zu bewegen. Sie verleihen einem Sachverhalt Sinn und bringen Fakten in einen Kontext, wecken unsere Neugierde, sind unterhaltsam und steigern die Aufmerksamkeit. Geschichten können Unternehmen helfen, sich glaubhaft und einzigartig zu positionieren.

Das Ziel vom Storytellenden ist, eine Message beim Publikum zu platzieren - und bestenfalls so, dass sie beim Publikum ankommt und ins Langzeitgedächtnis aufgenommen wird. Dennoch ist dies nicht immer mit Werbung oder gar Propaganda gleichzusetzen.

Das Erzählen von Geschichten als erfolgreiche Methode der Kommunikation

Der Mensch hat für das Erzählen seiner Geschichten meistens nur einen einzigen Beweggrund: Er will sein Publikum erreichen. Storyteller*innen möchten ihr Publikum berühren, sodass Informationen, Wissen und auch Ideen angenommen und weiterverbreitet werden.

Auch in der heutigen technikaffinen und datenbasierten Welt ist Storytelling eine wichtige und notwendige Fähigkeit (Skill). Rolf Jensen, dänischer Zukunftsforscher, verdeutlichte in seinem Buch „The Dream Society"[14] den Wandel von der technologiebasierten Informationsgesellschaft zurück zur mythen- und geschichtszentrierten Traumgesellschaft, die in erster Linie eine Sinn suchende Gesellschaft sei. Er sah, dass die Vertreter dieser Gesellschaft ihre emotionalen und geistigen Bedürfnisse vor die materiellen setzen würden.

Wirkungsvolle Geschichten sind in der Lage, Überzeugungen und Einstellungen bei ihrer Zielgruppe zu verändern oder sie zu einer bestimmten Handlung zu bewegen. Sie verleihen einem Sachverhalt Sinn und bringen Fakten in einen Kontext, wecken unsere Neugierde, sind unterhaltsam und steigern die Aufmerksamkeit. Geschichten können Unternehmen helfen, sich glaubhaft und einzigartig zu positionieren.

Der Autor Walter Benjamin fasste den Grundtenor von Storytelling wie folgt zusammen:

> *„Der Erzähler nimmt, was er erzählt, aus der Erfahrung und macht es zur Erfahrung derer, die seine Geschichte hören."*[15]

Doch das Erzählen von Geschichten ist nicht nur in der Entwicklung der menschlichen Gesellschaft historisch relevant, es ist zudem aktuell, modern und zukunftsweisend.

In diesem Zusammenhang werden die Begriffe Storytelling und Narrativ zunehmend verwendet und sie haben es 2020 sogar in den Duden geschafft!

Eine zugleich aktuelle und zukunftsweisende Definition liefert das National Storytelling Network:

„Storytelling is **the interactive art** of using words and actions to reveal the elements and images of a story while encouraging the listener's imagination."*

* National Storytelling Network: *https://storynet.org/what-is-storytelling* (abgerufen 9/2023); frei übersetzt: „Storytelling ist die interaktive Kunst, mit Worten und Taten die Elemente und Bilder einer Geschichte zu enthüllen und gleichzeitig die Vorstellungskraft des Zuhörers anzuregen."

[14] Jensen, R.: The Dream Society. How the Coming Shift from Information to Imagination Will Transform Your Business; McGraw-Hill Education (2001)

[15] Walter Benjamin: Der Erzähler. Betrachtungen zum Werk Nikolai Lesskows. In: Walter Benjamin: Illuminationen. Ausgewählte Schriften 1. Frankfurt/M. 1977, S. 385–410. *https://swiki.hfbk-hamburg.de/seminare/151* (abgerufen 12/2023).

1.3 Wandel der Kommunikation

In diesem Buch spreche ich oft von dem Publikum oder der Zielgruppe. Eigentlich ist das nicht mehr zutreffend, denn oft haben wir keine Empfänger und Rezipienten unserer Geschichten, sondern **„Involventen“**. Grund ist ein durch die Digitalisierung bewirkter kommunikativer Strukturwandel: Bereits im Jahr 1999 skizzierte das **Cluetrin Manifest**[16] das Ende der einseitigen Kommunikation. Es sagte voraus, dass die Märkte der Zukunft auf den Beziehungen der Menschen untereinander und auf den Beziehungen der Unternehmen zu den Menschen bzw. den Märkten basieren. Galt früher das **Sendeprinzip des One-to-Many,** also dass eine Person oder eine Organisation zu vielen eine Botschaft (Nachricht, Information) sendete und das Publikum hauptsächlich passiv rezipierte, so gilt nun ein öffentlicher Kommunikationsraum, in dem quasi jeder publizieren kann (und in demokratischen Ländern zumindest auch darf), ob mit eigenen Ideen, Beiträgen oder Kommentaren. Technologische Entwicklungen machen die **dialoggetriebene Two-Way-Kommunikation** nicht nur möglich, sondern sie erwarten und fordern es sogar. Dementsprechend ist die digitale Informationswelt mit all ihren Möglichkeiten ein demokratischer Kommunikationsort, in dem journalistische Berichte, Reportagen, Meinungen, Interviews und Kommentare publiziert werden und direkt und unmittelbar, quasi in Echtzeit, Feedback des Publikums mit einfließt. Manche Formate werden dementsprechend gestaltet.

Gleichzeitig ist eine **Many-to-Many-Kommunikation** möglich, in der Menschen sich selbst aktiv am Mediengeschehen beteiligen und aus ehemals passiven Rezipienten nun produzierende erzählende Menschen und Konsumenten (Prosumenten) werden, die auf sozialen Plattformen Inhalte verschiedenster Art publizieren.

Storytelling bedeutet ...

Storytelling ist interaktiv. Es beinhaltet eine wechselseitige Interaktion zwischen einem Geschichtenerzählenden (Storytellender) und einem oder mehreren Konsumenten (Publikum). Tatsächlich entsteht Geschichtenerzählen aus der Interaktion und kooperativen, koordinierten Bemühungen von Erzählenden und Publikum.

Die interaktive Natur des Geschichtenerzählens erklärt teilweise seine Unmittelbarkeit und Wirkung. Im besten Fall kann Geschichtenerzählen den Erzähler und das Publikum direkt und eng miteinander verbinden.

Kommunikation ist keine Einbahnstraße. Und das unterscheidet auch Storytelling von mancher Marketingauffassung. Wir brauchen das Gegenüber, um uns als Individuum zu fühlen. Sobald wir als Mitteilende spüren, dass unser Gegenüber kein Interesse an unserer Erzählung hat, sind wir irritiert und der flüssige Erzählstrom bricht ab.

---

[16] Das Cluetrain Manifest in deutscher Übersetzung: „Wir sind keine Zuschauer oder Empfänger oder Endverbraucher oder Konsumenten. Wir sind Menschen – und unser Einfluss entzieht sich eurem Zugriff. Kommt damit klar.“ *https://www.cluetrain.com/auf-deutsch.html* (abgerufen 10/2023).

Storytelling bedeutet, immer auf den Mehrwert der Bezugsgruppe (Publikum) zu achten. Unter Mehrwert sind sowohl Information als auch Unterhaltung sowie relevanter Nutzen gemeint. Hierbei kommt der Begriff *Public Value* ins Spiel. Er bezeichnet als öffentlicher Wert die Leistung oder den Nutzen, den eine Organisation (ein Unternehmen) für eine Gesellschaft erbringt (Gemeinwohlorientierung).

1.3.1 Storytelling ist mehr als ein Tool

Storytelling ist viel mehr als „nur" ein Werkzeug oder eine Methode zum Verkauf. Beispielweise kann das Erzählen von Geschichten Menschen zu einer Handlung motivieren, etwa sich aktiv mit dem Klima auseinanderzusetzen oder auf Krankheiten und entsprechende Vorsorgemöglichkeiten hinzuweisen (Bild 1.4). In den letzten Jahren wurde Storytelling für viele Marketer zum Werkzeug degradiert. Allmählich verschiebt sich Storytelling in dem Bewusstsein vieler Experten immer weiter entfernt von der Annahme, dass es sich hierbei nur um ein Werkzeug handelt, hin zu der Überzeugung, dass Storytelling ein neuer Softskill für Menschen ist.

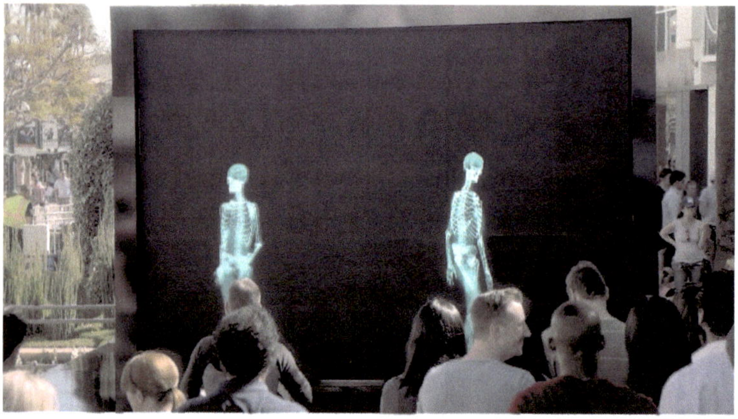

Bild 1.4 Eines der schönsten Beispiele von Storytelling zur Erneuerung von vorhandenen Narrativen (beinahe schon mit „Vorurteilen" gleichzusetzen) finde ich in diesem Video „Love Has No Labels" von Ad Council 30. Auf einem Monitor sind mehrere menschliche „X-Ray"-Skelette zu sehen, die miteinander interagieren: Sie küssen und umarmen sich, lachen oder tanzen miteinander. Bei den Skeletten sind kaum „äußere" Unterschiede zwischen den einzelnen Menschen erkennbar. Doch nachdem die Menschenpaare hinter dem Monitor hervortreten, sind Unterschiede sichtbar: Alter, Gender, Haarfarben oder Hautfarben. Die gemeinnützige amerikanische Organisation Ad Council wollte mit der Kampagne „Diversion & Inclusive" darstellen, dass Liebe und Freundschaft unabhängig von Herkunft, Hautfarbe, Behinderung oder Geschlecht ist. (Screenshot aus dem Video von Ad Council[17])

[17] Ad Council 30: Love Has No Labels *https://youtu.be/PnDgZuGlhHs* (abgerufen 9/2023).

Geschichten sind ein zentrales Element, um Sinn zu stiften und Relevanz zu erzeugen

Daher hat Storytelling das Potenzial, Menschen zu unterhalten, zu inspirieren und zu motivieren. Gute Geschichten sind wirkungsvoller als Daten und Fakten, da sie uns Menschen emotional und oft auch über die Hintertür, also unbewusst, erreichen.

1.3.2 Das Potenzial von Storytelling

Tijen Onaran - Moderatorin, Speakerin und Gründerin von Women in Digital e. V. - betont die Macht des Storytellings:

> *„Storytelling ist eines der zentralen Leadership-Themen - und sollte auch in der Schule unterrichtet werden.“*[18]

Storytelling als Haltung

Meiner Auffassung nach ist Storytelling eine Haltung (Bild 1.4), die fest in der Kultur und der Strategie eines Unternehmens verankert sein muss. Geschichten zu erzählen bedeutet, die Bedürfnisse des Publikums in den Vordergrund zu stellen. Wer Geschichten von sich als Person oder seiner Firma erzählt, erlaubt einen Blick hinter die Kulissen, durch das Schlüsselloch. Das schafft Nähe - sowohl bei Mitarbeitenden und Partner*innen als auch bei den Kund*innen. Somit ist Storytelling eine strategische Kommunikationsentscheidung und **Teil der Unternehmenskultur:** Faktoren wie Offenheit, Transparenz, Vertrauen und Glaubwürdigkeit sind gefragt.

Wer heutzutage als Unternehmen Gehör finden und in den Köpfen der Menschen bleiben will, muss mit **Menschen in Dialog treten:** Das bedeutet, für die Zielgruppe relevante Inhalte, auf den richtigen Plattformen und zum richtigen Zeitpunkt in einer einzigartigen und wiedererkennbaren Art und Weise zu erzählen. Hierin liegt das Potenzial von Storytelling.

Storytelling bewusst und geplant einzusetzen, bewirkt nicht nur, die Bezugsgruppen (ob intern oder extern) zu informieren, zu unterhalten bzw. zu „bespielen“ und dabei die Botschaft verständlich und nachvollziehbar in Geschichten einzubinden, sondern Storytelling ermöglicht es Organisationen, eine emotionale Beziehung mit den Bezugsgruppen einzugehen.

Geschichten wirken zentral, um Sinn zu stiften und Relevanz zu erzeugen. Daher hat Storytelling das Potenzial, die Leser*innen zu engagieren, zu motivieren („beeinflussen“) und zu inspirieren. Auch wird die Überzeugung geteilt, dass eine gut erzählte Geschichte wirkungsvoller ist als Daten und Fakten - ein Aspekt, der besonders für die Marketing- und Vertriebskommunikation von Unternehmen bedeutend ist.

Die gute Nachricht lautet: Jeder kann Storytelling beherrschen. Denn das Geheimnis einer überzeugenden Geschichte befindet sich in unserem Gehirn und in unserer Kultur.

[18] Vgl. Onaran, Tijen: Kolumne: Über die Macht des Storytellings! In: Tijen Onaran. 8.1.2018. *https://tijen-onaran.de/kolumne-ueber-die-macht-des-storystellings* (abgerufen 9/2023).

1.4 Vorteile von Geschichten

Die Vorteile von Geschichten und deren Einsatz sind nicht nur beobachtbar, sondern mittlerweile auch in zahlreichen wissenschaftlichen Studien nachweisbar.

So zeigt das Experiment „Significant Objects“[19] („Bemerkenswerte Gegenstände“) der Journalisten Rob Walker und Josh Glenn, dass Geschichten den subjektiven Wert eines Gegenstands steigern können. Die Journalisten kauften etwa einhundert Gegenstände in Secondhand-Läden und auf Flohmärkten. Sie gaben nicht mehr als ein paar Dollar je Objekt aus und erwarben sie für insgesamt 128,74 Dollar. Von jedem Gegenstand machten sie ein Foto. Autoren durften sich ein Objekt aussuchen, zu dem sie eine fiktive Geschichte erzählen sollten. Damit erhielten zuvor unnütze Objekte eine Bedeutung und wurden zu „wertvollen“ Objekten. Die Gegenstände wurden mit den Geschichten statt einer sachlichen Beschreibung und den Objektbildern auf der Verkaufsplattfirm eBay eingestellt und versteigert.

Das Resultat war erstaunlich: Es wurde ein Erlös von 3612,51 Dollar erzielt, also ein Plus von fast 3550 Dollar. Die Gegenstände wurden durch die Geschichten einzigartig und besonders, so dass sich der Wert erhöhte.

Folgende Vorteile (Bild 1.5) hat das Erzählen von Geschichten:

1. Geschichten sind **unterhaltsam** und wecken unsere Neugierde und Aufmerksamkeit.
2. Sie machen **Abstraktes konkret, Komplexes einfach und Sachliches lebendig.**
3. Geschichten zeigen kontextuelle Bezüge, machen **Bedeutungszusammenhänge** klarer und erschaffen Sinnstrukturen, an die die Menschen anknüpfen können.
4. Oft **verdichten** Geschichten eine Vielzahl von Informationen.
5. Geschichten **transportieren Botschaften,** indem sie Antworten auf die Fragen nach dem besseren Leben und der besseren Gesellschaft geben.
6. **Geschichten sind bekannte Formate:** Da Menschen von klein auf Geschichten und deren Erzählform kennen, können sie sich auf Inhalte und Botschaften der Geschichten konzentrieren.
7. **Geschichten berühren uns Menschen emotional** so sehr, dass wir stellvertretend erleben, Erfahrungen sammeln und lernen. Wir können uns identifizieren und sind so emotional involviert.
8. Emotionale Geschichten sind in der Lage, Menschen **zu Handlungen zu motivieren.**
9. Mittels Geschichten werden nicht nur Informationen, sondern auch **Werte und Haltungen vermittelt.**
10. Geschichten bleiben **„länger“ in Erinnerung:** Menschen speichern emotionale Geschichten im episodischen (Langzeit-)Gedächtnis ab, also dort, wo auch die persönlichen Erfahrungen gespeichert werden.
11. Storys sind in der Lage, Empathie, eine **Identifikation** und ein „Wir“-Gefühl zu schaffen.

Der Vorteil von Geschichten ist, dass sie nicht nur Informationen und Wissen vermitteln, sondern diese auch in eine Beziehung zueinander setzen, Kontext schaffen.

[19] WWW: Significant Objects, *https://significantobjects.com* (abgerufen 10/2023)

Bild 1.5 Geschichten haben viele Vorteile. Einer der wichtigsten Gründe für den Einsatz von Geschichten ist, dass sie Emotionen und Fakten in „gehirngerechter" Form miteinander verbinden. (Foto © Pia Kleine Wieskamp)

1.5 Storytelling gehört zur Unternehmensstrategie

Es gibt keine Kultur und kein Unternehmen oder eine Gruppe von Menschen, in denen keine Geschichten existieren. Demnach sollten Sie bewusst und strategisch überlegen, ob und wie Sie Storytelling in Ihr Unternehmen integrieren.

Laut Autorin Silvia Ettl-Huber umfasst eine Storytelling-Strategie „die gesamte Organisation und reicht bis in die Grundfesten der Organisationsphilosophie und -kultur."[20]

Geschichten tauchen in Organisationen zwar immer, dennoch sehr unterschiedlich auf. Nach Ettl-Huber kann man anhand von fünf Integrationsstufen aufzeigen, inwieweit eine Organisation Storytelling in ihre Kommunikation und Kultur integriert hat:

- Nicht strategisch geplant und kaum lenkbar ist der Bereich des **unbewussten Storytellings:** Hierbei kursieren Geschichten innerhalb der Organisation, beispielsweise mittels Flurfunk, und außerhalb der Organisation, etwa die Gerüchteküche.
- Beim **pragmatischen Storytelling** existiert zwar ein Grundwissen über die Wirkung und Potenziale von Narration, jedoch werden Geschichten nur selten eingesetzt.
- Als **Nischen-Storytelling** bezeichnet Ettl-Huber die Stufe, wenn Geschichten nur selektiv für Themen, Bereiche (z. B. Kundenansprache) genutzt werden. Oft liegt das Storytelling dann in der Hoheit und im Budget eines Teilbereichs der Organisation und wird nicht als Teil der Kommunikationsstrategie aufeinander abgestimmt.

[20] Vgl. Ettl-Huber, Silvia: Storytelling in der Organisationskommunikation: Theoretische und empirische Befunde. Springer, 2014

- Im **Cross-Channel-Storytelling** ist Storytelling bereits die Basis (Grundausrichtung) der Organisationskommunikation. Hierbei stehen die kanalübergreifende Entwicklung und Verbreitung der Geschichten bereits im Mittelpunkt.
- Ziel und Ausgangslage eines storytellenden Unternehmens ist **umfassendes strategisches Storytelling:** Die Arbeit mit Geschichten geht über die Sender-Empfänger-Perspektive hinaus. Storytelling wird strategisch in den meisten Unternehmensbereichen eingesetzt. So werden Geschichten neben dem Kommunizieren von Botschaften auch für die Reflektion von Prozessen oder Ereignissen und Zielvorstellungen eingesetzt.

Storytelling ist ein Teil der Unternehmensstrategie, denn es geht um Ziele. Nicht nur die Ziele, sondern auch die Zielgruppe müssen strategisch definiert werden. Das Unternehmen muss vorweg entscheiden, ob es sich dialogbereit aufstellt und hauptsächlich sendet oder strategisch geplant auch als storytellendes Unternehmen oder auch die Botschaften lebt und sich als **StoryDoer** (siehe auch Abschnitt 1.6.3) aufstellt.

Es sollte nicht nur festlegen, wie es sich optisch und mittels Produkten und Leistungen oder der Preispolitik positioniert, sondern vor allem wie und von wem es emotional wahrgenommen werden möchte. Das ist nicht nur nachhaltiger, sondern notwendig, wenn die entwickelte Story nicht verpuffen soll. Der Purpose des Unternehmens, seine Werte und Ausrichtung müssen bereits in der Unternehmensstrategie definiert werden, bevor in der Kerngeschichte und in Kommunikationskonzepten erzählt wird. Daher muss Storytelling nicht nur eine Botschaft erzählen oder Menschen emotional erreichen, sondern Storytelling bedeutet in erster Linie sich zu positionieren: Wer bin ich und wie gehe ich auf die Menschen zu, ob intern oder extern? Dies ist eine strategische Entscheidung, die getroffen werden sollte, lange bevor es Überlegungen zur Story oder zum Storytelling-Kanal gibt.

Geschichten sind ein **Instrument der Meinungsbildung und Verhaltenssteuerung** in menschlichen Gemeinschaften. Wir nehmen Mitteilungen (Botschaften) mittels Geschichten auf und teilen uns als Menschen auch durch das Erzählen von Erfahrungen, Ideen und Zukunftsvisionen mit und werden so Teil der Gesellschaft. So betont auch Dieter Georg Adlmaier-Herbst, dass Geschichten transportieren, was sich in einer Kultur bewährt hat.[21] Dies gilt auch für die Unternehmenskultur.

Geschichten helfen also, die Welt zu verstehen und Erlebnisse sowie Sachverhalte in einen Kontext zu setzen. Sie helfen uns aber auch, **emotionale Bindungen und Beziehungen** zu Menschen, Gruppen, Marken, Orten und mehr herzustellen.

Prof. Dr. Michael Müller betont den Zusammenhang von Storytelling und Unternehmensidentität:

> *Storytelling ist daher mehr als einfach nur eine gute Kommunikationsmethode: Es ist Arbeit an der Identität des Unternehmens.*[22]

---

[21] Vgl. Adlmaier-Herbst, Dieter Georg: Storytelling – Was ist eigentlich neu? In: Dieter Georg Herbst, *https://dietergeorgherbst.de/storytelling-was-ist-eigentlich-neu* (abgerufen 10/2023)

[22] Vgl. Müller, Michael: Über Identitäten, Story-Circle und Storydoing. In: IK-Blog. 27.11.2018, *https://www.ik-blog.de/narrative-methoden-fuer-die-interne-kommunikation-nutzen* (abgerufen 10/2023)

Erweitertes Geschichtenerzählen: Storydoing

Geschichten haben das Ziel, Menschen etwas erfahren bzw. erleben zu lassen. Dementsprechend können sie auch inszeniert und dann vom Publikum erlebt und gelebt, real oder im virtuellen Raum, werden.

Während Storytelling eine Geschichte erzählt, wird beim Storydoing eine Geschichte live performt. Doch das „Machen" allein reicht nicht aus: Storydoing ist ein strategisch aus der Kernstory und einem Storykonzept abgeleitetes Tun. Unternehmen wie Redbull oder GoPro schaffen Anlässe, die gemeinsam mit der Bezugsgruppe erlebt werden.

Storydoing bzw. -living als gelebtes Storytelling

Ty Montague, Autor des Buchs *True Story*, erklärt in einem Video den Unterschied zwischen Storytelling und Storydoing. Der Ausgangspunkt von Montagues Thesen erinnert an den alten Spruch „Tue Gutes und rede darüber". Storydoing bedeutet: agieren und handeln. Storydoer erzählen daher ihre Geschichte nicht nur, vielmehr führen sie aktiv durch eine initiierte Aktion ein Erlebnis (Story) herbei, das dann von allen Beitragenden erzählt wird. Da Taten oft mehr bewirken als Worte, werden beim Storydoing Werte und Visionen des Unternehmens konsequent und authentisch gelebt. Unternehmen schaffen Anlässe, die gemeinsam erlebt werden. Und das zahlt sich aus: Montague analysierte börsennotierte Unternehmen, um festzustellen, dass sie über eine innovativere Strategie verfügen, erheblich schneller wachsen und überdurchschnittlich oft in Social Media (positiv) erwähnt werden. Dementsprechend sind Storydoing-Unternehmen erfolgreicher als ihre Mitbewerber: „Good companies are storytellers. Great companies are storydoers."[23]

Storydoing beschreibt den Ansatz, eine Geschichte nicht nur zu erzählen, sondern sämtlichen Stakeholdern auch die Möglichkeit zu bieten, darin selbst teilzunehmen und Bestandteil der Geschichte zu werden.

Betrachten Sie Storydoing als eine Vertiefung des Storytellings: Hierbei werden nicht nur Geschichten erzählt, sondern sie werden erlebt und für andere so inszeniert, dass sie diese miterleben (aktive Partizipation) und darüber erzählen können. Durch Storydoing wird die Geschichte zu einem Erlebnis, in das die Zielgruppe miteinbezogen wird.

Grundsätzlich verfolgt Storydoing das Ziel der Vision und damit den tieferen Sinn eines Unternehmens.

[23] Vgl. Montague, Ty: Companies are storyteller. In: Harvard Business Revue. 2017, *https://hbr.org/2013/07/good-companies-are-storyteller* (abgerufen 10/2023)

Ty Montague sieht folgende Kriterien[24], nach denen Storydoer aufgestellt sind (Bild 1.6):

Story

- Die Organisation hat eine Geschichte.
- Die Geschichte hat Ziele, die über kommerzielle Ambitionen hinausgehen: Oft handelt sie von einem größeren Ziel, das die Welt oder das Leben der Menschen verbessern möchte.
- In der Geschichte ist ein klarer Gegner definiert.

Doing

- Die Geschichte wird dazu genutzt, um Maßnahmen und Aktionen im Unternehmen voranzutreiben.
- Von der Organisation wurden ikonische, transformative Aktionen definiert, auf denen der Fokus liegt.
- Menschen, sowohl innerhalb als auch außerhalb der Organisation, nehmen an der Geschichte aktiv teil und nutzen sie, um eigene Geschichten voranzutreiben.

Bild 1.6 Laut Ty Montague sollten Organisationen, die Storydoing betreiben möchten, diese sechs Kriterien erfüllen. Schauen Sie sich hierzu das Video[25] mit Ty Montague „What's the difference between storytelling and storydoing?" an. Screenshot: Ty Montague, Co:collective

[24] Vgl. Montague, Ty: Good Companies are Storytellers, Great Companies are Storydoers. In: Medium.com. 14.08.2013, *https://medium.com/@tmontague/good-companies-are-storytellers-great-companies-are-storydoers-2c0553a9ffd3* (abgerufen 11/2023)

[25] Vgl. Montague, Ty: co: collective: What's the difference between storytelling and storydoing? *https://youtu.be/mPWFM3hX_m4* (abgerufen 10/2023).

Einige Vorteile von Storydoing möchte ich hervorheben:

- Nach Meinung von Ty Montague erzeugen storydoende Organisationen Authentizität, Glaubwürdigkeit und Loyalität. Über diese Firmen berichten Menschen gerne.
- Indem beim Storydoing die Zielgruppe aktiv mit einbezogen wird, entsteht eine bessere und intensivere Bindung zu ihr. Dies ist eine gute Ausgangsbasis, um mit ihr ins Gespräch zu kommen und etwa Feedback einzuholen.
- Statt nur „zuzuhören", wird beim Storydoing oder Storyliving etwas erlebt, so dass die Botschaft mehr verinnerlicht wird. Die Interaktion einer Organisation mit der Öffentlichkeit/dem Zielpublikum lässt eine engere Bindung entstehen, was zu einem Vertrauensverhältnis und einer höheren Loyalität führt. Dabei können Aktionen der Ausgangspunkt für weitere (digitale) Geschichten sein.
- Mittels Storydoing kann langfristig eine Community aufgebaut werden, die in Netzwerken über die Organisation, ihre Produkte bzw. Dienstleistungen, Werte usw. spricht und so deren Geschichten aufnimmt und verbreitet.
- Es entsteht eine größere Präsenz in den Netzwerken, ein besserer Ruf, eine höhere Glaubwürdigkeit und wahrscheinlich auch eine höhere Viralität.
- Kostensenkung: Da die Kunden/die Zielgruppe eigenständig die Geschichten der Organisation aufnehmen und teilen, übernehmen sie einen großen Teil der Verbreitung.

Fazit: Raus aus der Komfortzone

Der Wunsch nach Interaktion und Entwicklung vom reinen Erzählen zum Erleben wird zukünftig weiter vorschreiten. Er initialisiert mehr Gefühle, wie Aufregung des Dabeiseins, bei einer Aktion. Ob Storydoing oder Storyliving - heutzutage liegt die Herausforderung darin, Aktionen und physisch Erfahrbares mit Digitalem zu verbinden. Hybride Events erweitern nicht nur die Reichweite, sondern eröffnen auch ganz neue Möglichkeiten, wie Geschichten erlebt werden können. Dabei ist Ausprobieren gefragt, um das Publikum zu motivieren, zu aktivieren und zwei Welten - die reale und virtuelle - miteinander zu verbinden. Wichtig bleibt: Es müssen Erfahrungen gewonnen werden.

1.6 Expertenbeitrag: Erst die Story, dann das Telling

Experten-Biografie: Björn Eichstädt, Storymaker

Bild 1.7 Björn Eichstädt; Foto von Muga Miyahara

Björn Eichstädt *ist Geschäftsführender Gesellschafter der Kommunikationsagentur Storymaker*[26]*, die sich auf die story-basierte Kommunikation für Technologieunternehmen fokussiert. Zum Leistungsportfolio von Storymaker gehören Story-Beratung, klassische PR, Digitale Kommunikation und Corporate Publishing auf der Basis der Kern-Story von Unternehmen. Bereits als Biologie-Diplomand befasste sich Björn Eichstädt mit der Frage menschlicher Aufmerksamkeit, mit den Medien kam er als freier Journalist bei einer Tageszeitung in Kontakt und das Internet entdeckte er im Rechenzentrum der Universität – irgendwann in den mittleren 90er-Jahren. Das Zusammenspiel aus Journalismus, Neurobiologie und Digitalem brachte ihn 2001 als Trainee zur Agentur Storymaker, die er heute gemeinsam mit der Gründerin Heidrun Haug als Geschäftsführer und Teilhaber leitet. Sein aktuelles Steckenpferd sind der japanische Markt und die Kommunikation für japanische Unternehmen in Europa. Björn ist verheiratet, lebt in München und hat einen Sohn.*

Abstract: Erst die Story, dann das Telling

Storytelling ist in aller Munde, doch oft nur als Buzzword und aktueller Marketingtrend. Bei nachhaltigem Storytelling geht es jedoch darum, eine Geschichte zu definieren, auf unterschiedliche Arten zu erzählen und nachhaltig in Hirn und Herz des Publikums zu verankern. Hierzu bedarf es eines mehrstufigen Vorgehens.

Erst die Story, dann das Telling, und das auf unterschiedlichen Wegen und in verschiedenen Formen. Bei der Story oder Core Story handelt es sich um die Basis: die Identität eines

[26] WWW: *https://www.storymaker.de*

Unternehmens, eines Produkts oder einer Person. Diese wird idealerweise nicht erfunden, sondern gefunden. Denn sie ist im Hintergrund schon immer, oft bereits in Teilen präsent, manchmal verschüttet.

So handelt es sich beim Finden der Story und bei der Aufbereitung vor allem um einen Analyseprozess.

Das operative Telling sorgt im Anschluss für die Vermittlung:

1. Wie transportiere ich die Einzigartigkeit einer Sache, um sie kommunikativ zu vermitteln?
2. Wie nutze ich klassische Mechanismen des Geschichtenerzählens, um Inhalte anfassbar, erinnerbar und teilbar zu gestalten?
3. Wie bereite ich Inhalte für die PR oder die Digitalkommunikation auf, damit das Publikum sie versteht und optimal nutzt und idealerweise weitererzählt?

1.6.1 Einige Punkte, die mir interessant erscheinen

Unsere Agentur heißt Storymaker. Und das sagt schon einiges über das Vorgehen aus. Es geht bei einer Story nämlich darum, sie nicht nur aufzuschreiben, sondern zunächst einmal sie zu erkennen, zu entwickeln und zu formen. Ein kreativer Akt also, der viel mit Entdecken und Erkunden, allerdings wenig mit reinem Erfinden zu tun hat. Bei Storymaker steht die Story im Mittelpunkt jeder Form von Kommunikation für und mit dem Kunden. Zu Beginn eines Projekts - unabhängig davon, ob es sich um PR, Digitalkommunikation oder Corporate Content handelt - erarbeiten wir in aller Regel die (Kern-)Story eines Kunden. Mal rudimentär, mal sehr aufwendig.

Das Formen der Kern-Story ist zunächst ein Prozess der Verdichtung

Was war die Idee bei der Gründung eines Unternehmens, welche Produkte bietet es an, was zeichnet seine Mitarbeiter aus, wo soll die Reise hingehen? Und was sagt all das über das Unternehmen, seine Leistungen, über das, was es für seine Mitarbeiter, Kunden oder andere Stakeholder bedeuten kann?

Was ist der Kern all dessen, wie lautet das Destillat (einer unserer Mitarbeiter hat einmal gesagt, das sei im Prinzip wie ein Brühwürfel, der aus verschiedenen Zutaten zusammengekocht wird) in Form einer kurzen Geschichte, die einen Anfang und ein Ende, eine Dramaturgie und eine einzigartige Handlung hat.

Also kurz: Was macht mich als Unternehmen aus, was macht mich einmalig und wie kann ich das auf den Punkt bringen? Die Kern-Story ist also etwas, das sich gut im sogenannten „Elevator Pitch“ macht; eine kurze Erzählung, die das Original vom Me-too-Unternehmen unterscheidet. Und deren Einsatz vor allem für die Unternehmen geeignet ist, die nicht im Windschatten anderer segeln wollen, sondern die ihre Einzigartigkeit, ihr Erbe und ihre Vision in den Mittelpunkt der Kommunikationsaktivitäten stellen möchten. Um zu dieser Kern-Story zu kommen, muss ich zunächst einmal alle Aspekte eines Unternehmens aufsaugen - man kann auch Storylistening dazu sagen. Und diese dann formen und konzentrieren: **das Storymaking.**

1.6.2 Das Storymaking

Die Kern-Story ist der Ausgangspunkt für alles, was kommt. Die Essenz dessen, was in der Kommunikation vermittelt werden soll. Oder, aus Sicht des Publikums gesprochen: das, was beim Leser, beim Hörer, beim Zuseher oder allgemeiner beim Rezipienten hängenbleiben und was dieser im Anschluss idealerweise weitererzählen soll. Also beispielsweise: „Das Unternehmen A finde ich klasse. Die haben mal in einer Garage angefangen. Einer der Gründer hat das Studium geschmissen, stattdessen Drogen genommen, aber das hat ihm ganz neue Welten eröffnet, ihn dazu gebracht, anders über die Dinge zu denken. Schon bei ihren ersten Computern haben sie sich gegen die Ansätze der Restindustrie gestellt und über die Jahrzehnte immer wieder komplette Produktkategorien revolutioniert. Und das sieht man noch heute in allen Produkten und auch in den künftigen Visionen. Die sind einfach anders." Wem kommt das bekannt vor?

In der operativen Umsetzung – dem Storytelling – muss diese Kern-Story dann immer wieder aufscheinen. Natürlich in unterschiedlichen Formen und Formaten, in Kurz- oder Langform, als Einzelevent oder als Kampagne. Und das alles an den verschiedenen Touchpoints, an denen Kommunikation stattfindet. Also auf der Webseite, in den Social-Media-Kanälen, in Ladengeschäften (falls das Unternehmen über solche verfügt oder Produkte über den Handel vertreibt), in Kundenmagazinen und Newslettern, in der klassischen Medienarbeit, in Buchpublikationen, bei Events oder natürlich im oder am Produkt eines Unternehmens selbst.

Die Kern-Story muss allerdings nicht immer komplett am Stück erzählt werden. Im Gegenteil. Erst die unterschiedlichen Puzzlesteine ergeben oft das ganze Bild, das sich als Story im Kopf des Rezipienten festsetzt. Eine Anekdote hier, ein Versatzstück dort. Das eine Thema in Konsequenz beim Event gespielt, das andere in der Pressekonferenz und viele kleine Elemente kontinuierlich in den Social Media: Die Bausteine der Story müssen klar sein, sie müssen immer wieder auftauchen. Aber alles auf einmal sagen zu wollen, genau das macht es am Ende langweilig. Viel wichtiger ist es, dass die Geschichte kontinuierlich und konstant vermittelt wird. Sie ist die Essenz eines Unternehmens und deshalb die Basis für Kommunikation.

Content als Story-Puzzle

Der **Puzzle-Ansatz** ist es auch, der das Thema Storytelling mit der aktuellen Entwicklung in der digitalen Kommunikation zusammenbringt. Immer mehr Plattformen bieten Ansatzpunkte für kleine Content-Bausteine. Wo in der klassischen PR nur die Pressemitteilung, der Fachartikel oder das Interview als Format zur Verfügung standen, da gibt es heute Videos, Audio-Schnipsel, animierte GIFs, Clubhouse-Live-Sessions, Slides, Fotos, Zoom-Events und Postings – und vieles mehr. Die Möglichkeiten sind enorm vielfältig, den Ausdrucksformen sind kaum Grenzen gesetzt. Eine Geschichte, die aus Herkunft, Zukunft, Kompetenzen und Marktrelevanzen, Unternehmenskultur und Protagonisten besteht, die idealerweise einen Anfang und ein (vorläufiges) Ende hat, verbunden durch eine Dramaturgie, kann so enorm aufgefächert werden.

Das haben zum Beispiel die Macher der ein oder anderen amerikanischen Fernsehserie erkannt, die die Protagonisten ihrer Storytelling-Langform schon mal als Charaktere auf Twitter mit eigenen Accounts auftauchen oder spannende Grundaussagen und Zitate als Visual Statements über Facebook laufen lassen.

Globalisierung als Herausforderung

Eine besondere Herausforderung im zeitgenössischen Storytelling liegt in Zeiten der vernetzten Globalisierung darin, die Geschichte nicht im kultur- und landesneutralen Einheitsbrei ertrinken zu lassen. Beim Storytelling gibt es immer zwei Seiten: den Erzähler mit seiner Geschichte einerseits, das Publikum auf der anderen Seite. Je nach Region, Land oder Kontext interessieren sich Menschen für andere Dinge, aktuelle Themen und Hintergründe. Den Deutschen bekomme ich fast immer mit Fußball, den Japaner mit Essen. Wer seine Geschichte also nicht nur zu Hause erzählen, sondern sie auch in die Welt hinaustragen möchte, der sollte sich die Orte und Zusammenhänge, in denen er die Story erzählt, sehr genau anschauen. Natürlich ändert sich dadurch nichts an der Kern-Story. Doch das „Telling" ändert sich durch die Kontexte im Zweifel enorm. „Make global, tell local", könnte also das Motto für das Storytelling eines Unternehmens sein. Und: am Ende geht es um das Matching mit der Story oder den Storys des Publikums: **das Story-Matching.**

Schon aus der klassischen PR ist bekannt, dass ein Unternehmen am besten mit lokalem Content punkten kann. Anwendergeschichten etwa mit Unternehmen, die vor Ort sitzen, sind in der Regel überzeugender als solche mit Unternehmen, die am anderen Ende der Welt ihren Ruf aufbauen und verteidigen. „Was der Zuschauer nicht kennt, das rezipiert er nicht", könnte man in Anlehnung an ein deutsches Sprichwort sagen. Deshalb ist es immer wichtig, ins Storytelling auf internationaler Ebene lokale Themen, Bilder und Einflüsse einzubinden – außer man möchte bewusst mit der „Exotik" der eigenen Herkunft spielen. Nur so erreicht man das Publikum dort, wo man es erreichen möchte.

1.6.3 Storydoing

Neben dem klassischen Storytelling existiert ein weiterer wichtiger Ansatzpunkt zur Story-Vermittlung: das Storydoing. Nach dem alten PR-Motto „Tue Gutes und rede darüber" sind Storydoing und Storytelling manchmal sogar eine Einheit. Zunächst etwas tun, dann darüber sprechen. Das Storydoing, als Spezialform des normalen Doings, ist allerdings ein strategisch aus der Kern-Story und einem Story-Konzept abgeleitetes Tun. Das können entweder Aktionen sein, die mit der Kern-Story des Unternehmens zusammengehen, oder auch Installationen etc., die dazu gedacht sind, dass sie von Rezipienten aufgenommen und weiterverbreitet werden. Ein gutes Beispiel hierfür sind die bekannten Installationen des Autovermieters SIXT, die an Flughäfen immer wieder für Schmunzeln sorgen und die via Smartphone-Kamera immer häufiger ihren Weg auf Twitter, Facebook oder Instagram finden. Und dort die Geschichte von SIXT erzählen: dem Autovermieter, der ungewöhnlich ist, günstig und trotzdem hochwertige Modelle am Puls der Zeit bietet. Jedes Bild auf Twitter, Facebook oder Instagram transportiert diese Story in die sozialen Netzwerke und darüber hinaus ins Bewusstsein des Publikums.

Visuelle Kommunikation als Königsdisziplin

Bilder (still oder bewegt) sind sowieso DAS Format des Storytellings. „Ein Bild sagt mehr als tausend Worte", heißt es. Und viel wichtiger: Ein Bild spricht schneller als tausend Worte.

In Zeiten der Informationsflut und der kurzen Aufmerksamkeitsspannen sind es im wahrsten Sinne des Wortes „Augenblicke" der visuellen Aufmerksamkeit, die entscheiden; darüber, ob der Baustein einer Geschichte wahrgenommen oder für immer nach oben weggescrollt wird. Das Bild prägt wie nie zuvor die Kommunikation und wer in der Gegenwartskommunikation zu seinem Publikum durchdringen möchte, der muss viel mehr als früher in Bildern, nicht in Worten denken. Das visuelle Storytelling ist damit zur Königsdisziplin im Zeitalter der digitalen Transformation des Geschichtenerzählens geworden. Die Kern-Story eines Unternehmens nicht nur in einen kurzen Text, sondern auch in ein einzelnes Bild zu fassen, kann deshalb eine gute Übung zum Einstieg in das Thema „Story" sein.

1.7 Storydoing-Beispiel: Erlebnisse, die Gutes tun

Die Telekom forscht seit mehreren Jahren auf dem Gebiet innovativer Technologietrends wie KI. Laut Tanja Hagemann, Datenwissenschaftlerin bei den Telekom Innovation Laboratories, existieren diverse Ansätze, um mit KI gegen Hass im Netz vorzugehen: „Im ersten Schritt geht es dabei um die Erkennung von Hass in geschriebener oder gesprochener Sprache bzw. auch in Bildform. Der nächste Schritt ist dann darauf aufbauend eine automatisierte Reaktion auf diese Hassbotschaften." Wie das funktioniert? Mit neuronalen Netzen, also einer Form maschinellen Lernens, die Hassbotschaften erkennen und im nächsten Schritt auch reagieren, sie in das Gegensätzliche umwandeln.

Kunst gegen Hass, etwas „Hässliches" wird mit etwas „Schönem" beantwortet

Die Telekom nahm die weltweite Messe *Mobile World Congress 2022* in Barcelona zum Anlass, einen Teil der Kampagne „Gegen Hass im Netz" mittels der interaktiven Installation #Unhate zu präsentieren und die Messebesucher*innen aktiv mit einzubeziehen (Bild 1.8). Hierbei wurde das Publikum aufgefordert, aktiv Hatespeech-Postings und -Kommentare zu „unhaten", indem sie diese mittels KI-Technologie in etwas Positives, hier ein künstlerisches Element, umwandelten[27]: Zunächst wurde Hatespeech aus dem Social-Media-Umfeld auf einem großen Bildschirm gezeigt. Das **interaktive Storydoing** ermöglichte es, in der „Human Immersive Experience" interaktiv zu sein und hasserfüllte Tweets in Kreativität und Farbenrausch zu verwandeln. Das Publikum durfte sich aus der Social-Media-Wall jeweils einen Post auswählen und diesen mithilfe von Künstlicher Intelligenz in ein Kunstwerk umwandeln. Hierbei griffen drei „ästhetische Welten" die Inhalte der Kommentare auf und erstellten abstrakte Visuals, die im Anschluss als Antwort veröffentlicht werden konnten.

Um die diversen ästhetischen Welten zu eröffnen, wurden folgende drei KI-Stile entwickelt:

- *Mindful* ist von der Vorstellung inspiriert, dass das Leben immer über den Hass siegt. Die KI hinter diesem Ansatz wurde von dem Prozess des Zellwachstums inspiriert und überwuchert quasi Zelle für Zelle, genauer gesagt Pixel für Pixel, den Hass und löst ihn damit auf.
- *Playful,* abgeleitet von einer menschenzentrierten Perspektive, spielt mit einer traumähnlichen Bildsprache. Die KI dekonstruiert die Sprache des Hasses, indem sie sich Wort für Wort durch Hassposts bewegt und diese in etwas Schönes verwandelt.
- *Progressive* geht zurück auf eine Recycling-Idee: Etwas offensichtlich Nutzloses kann in die Schaffung von etwas Schönem einfließen und wird Teil von etwas Nützlichem.

[27] WWW: Mit Künstlicher Intelligenz gegen Hass im Netz? *https://www.telekom.com/de/konzern/details/mit-kuenstlicher-intelligenz-gegen-hass-im-netz-628364* und *https://www.telekom.com/de/konzern/details/-unhate-durch-kuenstliche-intelligenz-648696* (abgerufen 10/2023)

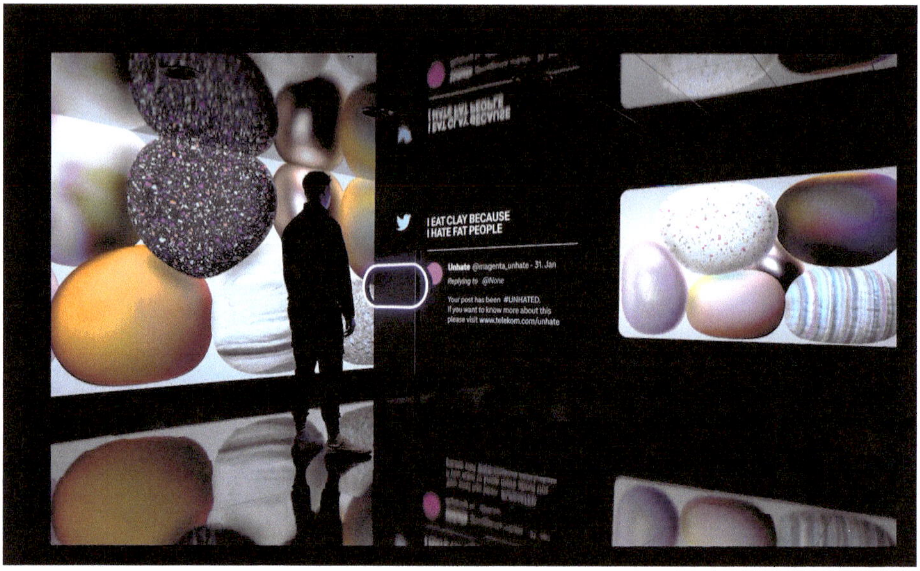

Bild 1.8 The Human Immersive Experience auf dem Mobile World Congress 2022 in Barcelona: Mithilfe von KI wurden Messebesucher*innen aktiv aufgefordert, Hassposting in ein positives Kunstwerk zu verwandeln und zu streuen. Dieses immersive Erlebnis ist eine künstlerische Intervention, die der Allgegenwart von Hass in digitalen Räumen mittels Kunst als friedliches Statement entgegenwirkt. Ziel ist es u. a., „das Bewusstsein für die Notwendigkeit eines rücksichtsvolleren Umgangs miteinander zu schärfen“. Screenshot aus Telekom, #UNHATE Through Artistic Intelligence, *https://vimeo.com/elastique*

2 Warum wir Geschichten lieben

Storytelling ist unverzichtbar, denn Wissen gepaart mit Emotionen bahnt sich einen direkten Weg in die Köpfe und vielleicht sogar in die Herzen der Bezugsgruppen. Menschen nehmen ihre Umwelt grundsätzlich nicht in Informationspaketen, sondern in Beziehungskontexten wahr. Wenn es gelingt, das Publikum so in die Geschichte einzubinden, dass es mitdenken, mitfühlen und sich mit ihr identifizieren kann, dass persönliche Bezüge hergestellt werden, dann verankern sich Geschichten und ihre Botschaften nachhaltig im Gedächtnis.

ChatGPT beschreibt Storytelling als „eine tief verwurzelte menschliche Praxis, die seit Jahrtausenden in verschiedenen Formen und Medien verwendet wird. Storytelling ermöglicht es uns, unsere Gedanken, Erfahrungen und Träume auf eine Weise zu teilen, die für andere leicht zugänglich und verständlich ist. Es hilft uns, unsere Identität zu definieren und unsere Verbindung zur Welt und zu anderen Menschen zu verstehen. Es kann auch helfen, historische Ereignisse zu erklären, moralische Lektionen zu vermitteln und die Kreativität anzuregen. Kurz gesagt, Storytelling ist eine wichtige Form der menschlichen Kommunikation und ein unverzichtbarer Bestandteil der Kultur.“[1]

[1] OpenAI. Antwort der AI ChatGPT auf die Frage: „Was ist Storytelling für dich?“, *https://openai.com/blog/chatgpt/* (abgerufen 9/2023)

2.1 Unser Gehirn liebt Geschichten

Geschichten stützen das Speichern von Informationen und Ereignissen in unserem Gedächtnis: Statt isolierten Zahlen und Fakten prägen sich Inhalte im Kontext, also Geschichten und vernetzte Informationen, besser ein.

Der Neurowissenschaftler Hans Georg Häusel erläutert in seinem Buch „Brain View“[2], dass Menschen neben dem Bedürfnis nach Sicherheit und Harmonie und dem Drang nach Status und Macht, den Wunsch nach Spaß, Spannung und Spiel zu den wichtigsten **menschlichen Bedürfnissen** zählen. Eine gute Story muss also informieren, unterhalten und emotional berühren.

Menschen lieben Geschichten, weil ...

- **... unser Gehirn faul ist:** Hirnforschern zufolge haben Geschichten die Funktion, auf gehirngerechte Art Informationen zu vermitteln. Hirngerecht ist alles, was bekannt, konkret, bildhaft oder vergleichbar ist und daher weniger Energie- und Arbeitsaufwand benötigt (Bild 2.1).

  Werner T. Fuchs hat in seinem Buch *Warum das Gehirn Geschichten liebt*[3] erläutert, dass Geschichten dem Gehirn helfen, „Rechenkapazitäten“ zu sparen.

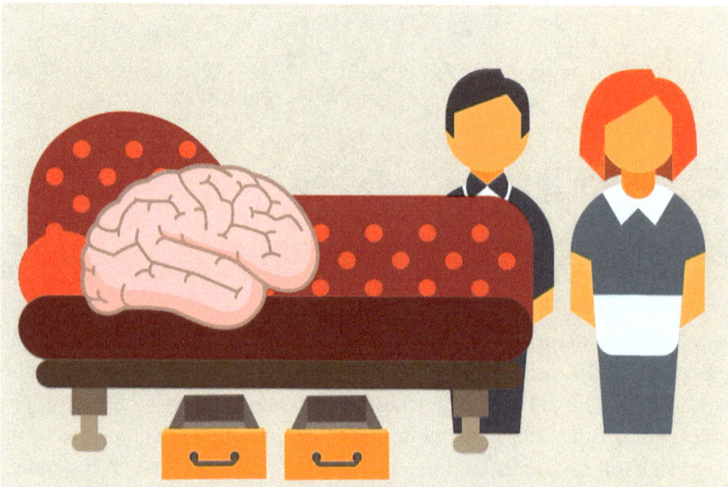

Bild 2.1 Da das menschliche Gehirn faul ist, kürzt es viele Wege mittels „Schubladendenken“ ab. Bild © Pia Kleine Wieskamp

  Laut Fuchs **sucht das menschliche Gehirn Muster,** damit wir schneller und einfacher verstehen können. Demnach sei die Aufgabe des Storytellings, Geschichten in solchen bekannten und funktionierenden Mustern zu erzählen, weil sie im Gehirn neuronal vernetzt sind.

[2] Vgl. Häusel, Hans-Georg: Brain View: Warum Kunden kaufen. Haufe Fachbuch, 2016

[3] Vgl. Fuchs, Werner T.: Warum das Gehirn Geschichten liebt: Storytelling – analog und digital. Haufe, 4. Auflage 2018

Leicht zu verarbeitende Geschichten lösen Emotionen aus, indem sie das Unterbewusstsein ansprechen. Zudem zeigt Fuchs auf, dass die Prozesse der Herstellung und der Interpretation einer Geschichte nicht erst in der Schule gelehrt und gelernt werden, sondern ein Teil unserer Sozialisation sind. Wir sind also als Menschen für Storytelling bestimmt.

Dagegen verursacht alles, was zu abstrakt oder nur schwer verständlich ist, **einen erheblichen Mehraufwand für unser Gehirn.** Und das mögen wir nicht. Autor Friedemann Karig betont:

*„Wir Menschen können gar nicht anders als die Welt und alles, was auf uns an Wahrnehmungen einwirkt, in Geschichten zu sortieren. Wir können gar nicht anders, als eine Kausalität in Dingen zu sehen, weil wir Chaos und Zufall extrem schlecht aushalten. Problemlösungskompetenz und Sinnangebote in Form von Geschichten weiterzugeben hat den Menschen beim Überleben geholfen und die Stämme mit den besseren Geschichtenerzähler*innen und Zuhörer*innen haben überlebt. Und so sind wir von der Evolution zu erzählenden Affen gemacht worden – denn genau das unterscheidet uns von allen anderen Menschenaffen und auch allen anderen Tieren. Alles, was wir wahrnehmen, sortieren wir in eine Geschichte. Unser großes Gehirn, das wir für unsere Wahrnehmung nutzen und um daraus Geschichten zu stricken, war einfach ein evolutionärer Vorteil."*[4]

- **... Geschichten vereinen:** Auch in der aktuellen Jetztzeit ist Storytelling unverzichtbar. Barack Obama, ehemaliger Präsident der USA, betont:

  „Wir sind eine Spezies, die sich Geschichten erzählt." Egal, ob wir dies in Büchern, Podcasts oder Dokumentarfilmen via Netflix tun, denn laut Obama ist „die Aufgabe der Erzählungen zu vereinen, statt zu spalten".[5]

- **... Geschichten Identifikation und stellvertretendes Erleben ermöglichen:** Geschichten wirken **glaubwürdig**, wenn sich die Bezugsgruppe (Publikum) identifizieren kann und mittels dieser Identifikation Emotionen angesprochen werden.

- **... Geschichten unterhalten und begeistern:** Dass Geschichten begeistern, hat oft viele Gründe: Wir Menschen wachsen mit Erzählungen und Geschichten auf. Viele Erfahrungen, die wir Menschen (mit)erleben, basieren auf Geschichten.

- **... Geschichten eine sehr alte Kommunikationsform sind:** Laut Dieter Georg Adlmaier-Herbst ist **Storytelling so alt wie die Sprache:**

  „Das Erzählen von Geschichten scheint so alt wie die Sprache selbst. Sprache hat die Aufgabe, sich mit anderen Menschen darüber zu verständigen, wie wir Gefahren vermeiden können und wie wir zu Wohlbefinden gelangen. Daher erzählen wir Erlebtes und Erwartetes oft als Geschichten."[6]

- **... Geschichten als Methode bewusst eingesetzt werden können,** wenn wir verstehen, was in den Köpfen der Menschen vor sich geht. Zwar sind in den letzten Jahren einige Erkenntnisse im Bereich der Hirnforschung gewonnen worden, dennoch wurde bisher nur knapp die Spitze eines riesigen Eisbergs erforscht.

---

[4] El Ouassil, Samira und Karig, Friedemann über Held*innen, Storytelling und „Erzählende Affen": Die Macht der Geschichten und Narrative, *https://www.wissenschaftskommunikation.de/die-macht-der-geschichten-und-narrative-52953* (abgerufen 10/2023)

[5] Obama, Barack: Transcript: President Obama on What Books Mean to Him, *https://www.nytimes.com/2017/01/16/books/transcript-president-obama-on-what-books-mean-to-him.html* (abgerufen 10/2023)

[6] Vgl. Adlmaier-Herbst, Dieter Georg: Storytelling – Was ist eigentlich neu?, *https://dietergeorgherbst.de/storytelling-was-ist-eigentlich-neu* (abgerufen 10/2023)

Funktion von Geschichten

Das menschliche Gehirn ist sowohl das Zentrum der Emotionen als auch der Vorstellungskraft, der Kreativität und des Lernens. In einer Analogie zur IT-Welt ist unser Gehirn demnach zugleich Datenbank, Server und Client. Das menschliche Gehirn ist sehr komplex strukturiert und vollbringt unglaubliche Leistungen: Es träumt von einer fernen Zukunft, es sehnt sich nach einer schönen Reise, es liebt und leidet, löst mathematische Aufgaben, analysiert Fakten und ersinnt Lösungen und Strategien. Alles, was wir denken, fühlen, lieben oder hassen, wird über das Gehirn gelenkt.

Manfred Spitzer, Hirnforscher und Psychotherapeut, vertritt die Auffassung, dass Menschen statt an reinen Daten und Fakten mehr an Geschichten interessiert sind:

> *„Geschichten treiben uns um, nicht Fakten. Geschichten enthalten Fakten, aber diese Fakten verhalten sich zu den Geschichten wie das Skelett zum ganzen Menschen."*[7]

In „The Science of Storytelling"[8] erklärt Will Storr, dass Menschen psychologisch dazu bestimmt sind, Geschichten zu lieben. Das menschliche Gehirn sei so prädisponiert, **lineare Narrative** zu bevorzugen.

Für Alberto Manguel, Autor, ist das Vergnügen beim Erzählen von **Geschichten kein Selbstzweck:**

> *„Wir nutzen Geschichten. Wir benutzen den narrativen Impuls. Vergnügen bereitet das Erzählen erst in zweiter Linie, wie bei den anderen Überlebensimpulsen auch, es ruft alle möglichen Emotionen hervor. Es ist wie beim Sexualakt: Sein Ziel besteht nicht darin, uns zu befriedigen, sondern die Gattung fortzusetzen. Aber damit wir es tun, muss es uns Vergnügen bereiten. Und so verhält es sich auch mit dem Geschichtenerzählen: Sein Sinn besteht darin, dass wir uns in der Welt zurechtfinden."*[9]

Er sieht, wie so viele andere auch, die gesellschaftliche Bedeutung von Geschichten.

Geschichten sind ein Instrument der Meinungsbildung und Verhaltenssteuerung in menschlichen Gemeinschaften.

Menschen teilen sich durch das Erzählen von Erfahrungen, Ideen und Zukunftsvisionen mit und werden so Teil der Gesellschaft. So ist beispielsweise die Motivation für Change-Prozesse in dem Erzählen der gemeinsamen Vision einer besseren Zukunft zu sehen. Mit Erzählungen über die gemeinsame bessere Zukunft bilden Organisationen wie „Fridays for Future" oder Parteien ein starkes „Wir-Gefühl".

Das Erzählen von Geschichten kann auch im Bereich der negativen Beeinflussung genutzt werden, wie wir es derzeit in Russland sehen: Putin legitimiert seinen Angriffskrieg gegen die Ukraine mit dem Narrativ von den *Neonazis in der Ukraine.*[10]

Geschichten sind nicht nur die stärkste und universell wirksamste Kommunikationsmethode, sie werden bewusst eingesetzt zu einer Kommunikationsstrategie und einem Mindset.

1. **Eine gute Geschichte verbindet Menschen miteinander.** Sie ermöglicht es uns, die Erfahrungen, Bedeutungen und Perspektiven anderer zu teilen und diese auf uns zu beziehen.

---

[7] Spitzer, Manfred. Lernen: Gehirnforschung und die Schule des Lebens, 2007

[8] Storr, Will: The Science of Storytelling. HarperCollins, 2019

[9] Manguel, Alberto in einem Gespräch mit dem Deutschlandfunk: *https://www.deutschlandfunkkultur.de/die-wirklichkeit-erfinden-fluch-und-segen-des-narrativs-100.html* (abgerufen 10/2023).

[10] WDR – Was ist dran: Putins Narrativ von den Neonazis in der Ukraine, *https://www1.wdr.de/nachrichten/ukraine-putin-narrativ-neonazis-100.html* (abgerufen 10/2023)

Forscher der Princeton University untersuchten 2010 Gehirnaktivitäten von Sprechern und Zuhörern und zeichneten diese mithilfe von funktioneller Magnetresonanztomografie[11] (fMRI) auf: Sie stellten fest, dass die Gehirne von Sprechern und Zuhörern bei erfolgreicher Kommunikation in einen Zustand vorübergehender Kopplung und gespiegelter Aktivität eintreten. Je stärker die neuronale Kopplung, desto erfolgreicher die Kommunikation.[12]

2. Die **Wirkungsforschung zu Storytelling** (Narrative Persuasion) beschäftigt sich seit Jahren mit der Frage, wie effektiv es ist (Werbe-)Botschaften als Geschichten zu verpacken. Studien belegen: Je stärker sich der Rezipient mit Teilen der Story identifiziert, desto größer ist die Wirkung der Botschaft.
3. Erfahrungen können durch **reale Sinneseindrücke, wie z. B. Bilder, Gerüche oder Geräusche, oder durch Geschichten in Erinnerung gerufen werden.** Geschichten funktionieren wie ein Kopfkino. Werden in den Storys uns bekannte Situationen wiederholt bzw. assoziiert, aktiviert sich das episodische Gedächtnis. Wir erkennen eine Situation wieder und verhalten uns mit großer Wahrscheinlichkeit wieder so wie zuvor. Fakten allein hingegen erreichen das episodische Gedächtnis nicht.
4. Im **episodischen Langzeitgedächtnis** werden unsere Erfahrungen und Erinnerungen gespeichert. Es hilft uns auch, in neue oder zukünftige Situationen gedanklich einzutauchen (Bild 2.2).

Viele Erinnerungen werden beispielsweise durch Bilder hervorgerufen. Auch unser Kopfkino, unsere Ideen und Gedanken, unsere Träume werden durch „im Kopf ablaufende Bilder“, sogenannte „innere“ bzw. „mentale Bilder“, geprägt. Deshalb verwenden Erzählungen auch Metaphern, also bildhafte Vergleiche. Geschichten, in denen wir etwas erleben (auch stellvertretend durch den Protagonisten miterleben), bleiben nicht nur im episodischen Gedächtnis gespeichert. Sie sind auch in der Lage, auf das menschliche Ver-

Bild 2.2 Auf dem linken Foto produzierte der BR eine Sendung zum Thema „Redefreiheit“ und mir bleiben diese Münder als „Visual“ lange im Gedächtnis. Sobald ich einen Mund sehe, denke ich nun sofort an diese Produktion, an das Thema und nicht beispielsweise an ein Album der Rolling Stones. Das rechte Foto zeigt die Stadt Petra in Jordanien, eines der „Weltwunder“. Dies kann als erlerntes Wissen im semantischen Gedächtnis abgespeichert werden, auch wenn man persönlich diesen Ort nicht erlebt hat. Foto © Pia Kleine Wieskamp

[11] Die funktionelle Magnetresonanztomographie ist eine Methode, welche Veränderungen der Gewebsdurchblutung (rCBF) in den verschiedenen Hirnregionen misst.

[12] Stephens, G. J. et al.: Speaker-listener neural coupling underlies successful communication. In: Proceedings of the National Academy of Sciences 10, 2010

halten einzuwirken und dies zu verändern. Der Psychologe Ernst Pöppel stellte fest: *„Um eine bestimmte Verhaltensweise zu erzeugen, müssen wir (...) das episodische Gedächtnis erreichen."*[13] Im episodischen Gedächtnis werden Erfahrungen gespeichert, die in einer bestimmten Situation zu einem bestimmten Zeitpunkt gemacht wurden.

5. Einer der wichtigsten Pluspunkte für das Storytelling ist, **dass Geschichten Emotionen** ansprechen. Evolutionär bedingt reagieren wir Menschen auf Reize zunächst unbewusst und emotional. Das limbische System stellte so in der Evolution des Menschen sicher, dass wir in einer Gefahrensituation instinktiv richtig reagieren. Erst im zweiten Schritt setzen wir uns rational und bewusst mit einigen Reizen auseinander. Viele Entscheidungen werden aber im ersten Moment bereits von unserem Unterbewusstsein getroffen. Das ist auch der Grund, warum wir beispielsweise zur hellgelben anstatt zur rubinroten Spülmittelflasche greifen.
6. Manche **Verhaltensweisen sind durch Geschichten beeinflussbar.** Menschen verhalten sich meist ähnlich wie in bereits erlebten Situationen: Haben sie beispielsweise in der Dunkelheit Angst und suchen sofort eine Lichtquelle, werden sie in einer ähnlichen Situation, etwa in einem virtuellen Computerspiel, auch das Licht suchen, um dem unangenehmen Gefühl, das die Dunkelheit auslöst, zu entkommen. Dies passiert vor allem dann, wenn in der ursprünglichen Situation (also in der Ersterfahrung) das Belohnungszentrum mit positiven Gefühlen wie Geborgenheit oder Lust aktiviert wurde. Uli Gleich vom Institut für Kommunikationspsychologie und Medienpädagogik fasst für den ARD-Forschungsdienst in dem Beitrag *„Werbewirkung: Storytelling"*[14] folgendermaßen zusammen:

„Die generelle Frage, ob und wie sich Einstellungen und Überzeugungen verändern (lassen), indem man Geschichten erzählt, wird bereits seit geraumer Zeit unter den Stichworten ‚Storytelling' und ‚Narrative Persuasion' untersucht. Für die Wirkung von Radiospots mit narrativen Inhalten fand Zheng (2014) in seiner Studie heraus, dass sie sogenanntes ‚Kopfkino' erzeugen, die Hörer in Geschichten involvieren und sie in fiktive Welten transportieren können. Je besser dies gelingt, desto positiver sind die Effekte auf die Einstellungen gegenüber der Werbung und gegenüber der Marke bzw. dem Produkt. Insbesondere audiovisuelle Formate können den Rezipienten involvieren, wie die Studie von Chen (2014) an Hand von so genanntem ‚Branded Entertainment'[15] *zeigt."*

Spiegelneuronen als Helfer

Stellen Sie sich Geschichten als ein grundlegendes Organisationsprinzip unseres Gedächtnisses vor. Spiegelneuronen helfen uns, Sachverhalte im Kontext einzuordnen, zu verstehen, nachzuvollziehen, nachzuahmen und mitzuerleben.

Vittorio Gallese entdeckte 1991 die sogenannten Spiegelneuronen. Er stellte fest, dass die Neuronen, die für das Greifen von Gegenständen in einem Primatengehirn zuständig sind, bereits beim Zuschauen der Tätigkeit aktiv werden. Das Beobachten allein löst schon einen Greifimpuls aus. Auf Menschen übertragen bedeutet es, dass unsere Nervenzellen auf visuelle

---

[13] vgl. o. V. Neuro-Marketing und Storytelling – Unterbewusst zum Ziel. o. D. *https://n3mo.de/neuro-marketing-und-storytelling-unterbewusst-zum-ziel/* (abgerufen 12/2023).

[14] Gleich, Uli: Werbewirkung: Storytelling, Media Perspektiven 4/2015, *https://www.ard-media.de/fileadmin/user_upload/media-perspektiven/pdf/2015/042015-Fodi.pdf* (abgerufen 10/2023)

[15] Chen, Tsai: The persuasive effectiveness of mini-films: Narrative transportation and fantasy proneness. In: Journal of Consumer Behaviour (2014)

Reize reagieren. Sehen wir beispielsweise den zornigen Gesichtsausdruck eines Menschen, können die Spiegelneuronen Wutgefühle in uns auslösen. Wir nehmen die Emotionen visuell auf und spiegeln sie mit unseren eigenen Emotionen. Spiegelneuronen bewirken, dass wir die Handlungen und Emotionen unserer Mitmenschen besser aufnehmen und nachvollziehen können (Empathie). Wir simulieren die uns entgegengebrachten Gefühle also. Denken Sie nur daran, dass Lachen ansteckend wirken kann.

Christian Keysers, Hirnforscher und Psychologe, schildert die Wirkungsweise der „Macht der Emotionen“ folgendermaßen:

> *„Empathie ist in der Architektur unseres Gehirns tief verankert. Was mit anderen geschieht, wirkt sich auf fast alle Regionen unseres Gehirns aus. Wir sind von unseren Anlagen dazu bestimmt uns empathisch zu verhalten, die Verbindung zu anderen zu suchen.“*[16]

Seine Erklärung für Spiegelneuronen ist leicht nachvollziehbar:

> *„Ob ich selbst Ekel empfinde oder ob ich ein angeekeltes Gesicht sehe – für diese (Gehirn) Zellen ist es das Gleiche.“*[17]

Wirkungsvolle Geschichten sind in der Lage, Überzeugungen und Einstellungen bei ihrer Zielgruppe zu verändern, Perspektiven umzudrehen, Leidenschaft auszulösen oder zu einer Handlung bzw. Verhaltensänderung aufzurufen.

Aus neurobiologischer Sicht sind **Geschichten Verhaltensmuster,** an die unser Gehirn anknüpft. Die Verknüpfungspunkte funktionieren wie bei einem Netzwerk: Je stärker unser Gehirn „Neues“ mit bereits Vorhandenem verknüpfen kann, desto leichter können wir uns erinnern. Bilder eignen sich in diesem Netzwerk als hervorragende **Erinnerungs- und Verknüpfungsanker.**

Empfindungen beeinflussen oft menschliche Entscheidungen, bestimmen häufig die Motive einer Handlung und sind so für die Erkenntnisverarbeitung von großer Bedeutung.

Der Psychologe Ernst Pöppel betont, dass wir das episodische Gedächtnis erreichen müssen, um ein Verhalten zu verändern. Im **episodischen Gedächtnis** werden Erfahrungen – also keine reinen Argumente oder Fakten – gespeichert, die Menschen in einer bestimmten Situation und zu einem bestimmten Zeitpunkt gemacht haben.

Storytelling und die Hormone

Emotionen als Essenz des Geschichtenerzählens: Die Kraft des Erzählens von Geschichten liegt darin, dass im Gegensatz zu Fakten das Publikum emotional in die Geschichten eingebunden wird.

Zum Handeln motivieren oft ähnliche Gefühle: Sehnsucht, Verlangen und Befriedigung. Verantwortlich hierfür ist das neuronale Belohnungssystem, ein weitverzweigtes Netz aus Hirnarealen und Neuronen im Gehirn. Das mesolimbische System besteht aus Neuronen, die Dopamin als Botenstoff verwenden und entscheidend an der Entstehung positiver Gefühle beteiligt sind.

---

[16] Zitiert nach: Christian Keysers über Spiegelneuronen, *https://www.crispycontent.de/blog/storytelling-content-marketing-neurowissenschaft* (abgerufen 10/2023)

[17] Zitiert nach: Wissenschaft.de: Christian Keysers: Der Spiegelprinz, *https://www.wissenschaft.de/gesellschaft-psychologie/christian-keysers-der-spiegelprinz* (abgerufen 10/2023)

Wer das Publikum beispielsweise während des Besuchs eines neuen James-Bond-Films beobachtet, bemerkt, dass **Geschichten auch körperliche Reaktionen auslösen können:** Sie lassen uns weinen oder vor Angst zittern, sie erhöhen den Puls oder treiben uns den Schweiß auf die Stirn. Dies sind Reaktionen, die durch Botenstoffe wie beispielsweise Dopamin, dem „Glückshormon", Cortisol, dem „Stresshormon", oder Oxytocin, dem „Kuschelhormon" beeinflusst werden. Diese Botenstoffe sind im Blut nachweisbar.

Alles, was wir wahrnehmen, sortieren wir in eine Geschichte. Mehr und mehr können Wissenschaftler belegen, dass u. a. Hormone ausgeschüttet werden, wenn uns eine Story berührt, wenn wir uns ängstigen oder wenn wir uns mit Teilen einer Geschichte identifizieren.

Eine der wichtigsten Eigenschaften von Geschichten ist, dass sie uns zu Handlungen motivieren. Verantwortlich hierfür ist das menschliche Gehirn. Die Hauptinitiatoren für unser neuronales Belohnungssystem sind die vier **Botenstoffe** Dopamin, Serotonin sowie Noradrenalin und Endorphin. Sie sind maßgeblich für das Auslösen von Glücksgefühlen verantwortlich.

Diese Erkenntnis erzielten der Neuroökonom Paul J. Zak[18] sowie der Neurobiologe William Casebeer als Ergebnis ihrer Studien. Sie erforschten, dass Geschichten Einfluss auf die neurochemischen Reaktionen in unserem Gehirn nehmen und somit unser Verhalten beeinflussen können.

Die Wissenschaftler rund um Paul Zak untersuchten in einer Studie, ob sie das Oxytocin-System entschlüsseln könnten, um Menschen zu kooperativem Verhalten zu motivieren. Sie testeten, ob Erzählungen das Gehirn veranlassen würden, Oxytocin zu produzieren. Den Testpersonen wurden Geschichten per Video erzählt.

Vor und nach der „Verabreichung" der Geschichten wurden den Probanden Blutproben entnommen, um den Oxytocin-Wert zu messen. Die Forscher fanden heraus, dass charaktergetriebene Geschichten (im Gegensatz zu handlungsgetriebenen Geschichten) konsequent Oxytocin-Synthese verursachen. Weiter sagte die Menge an Oxytocin, die vom Gehirn freigesetzt wurde, voraus, in welchem Umfang Menschen bereit waren, anderen zu helfen; z. B. Geld für eine Wohltätigkeitsorganisation zu spenden, die mit der Erzählung verbunden ist.

[18] WWW: Zak, Paul J. (2014): Why Your Brain Loves Good Storytelling, *https://hbr.org/2014/10/why-your-brain-loves-good-storytelling* (abgerufen 10/2023)

2.2 Expertenbeitrag: Storytelling – warum wirkt das überhaupt?

Experten-Biografie: Carsten Rossi

Bild 2.3 Storytelling-Experte Carsten Rossi. Foto © Michael Imhof

Carsten Rossi *ist Geschäftsführer bei der* ***Kammann Rossi GmbH***[19]*. Sein Hauptaugenmerk gilt der Digitalen Transformation seiner Kund*innen aus Unternehmenskommunikation und Marketing. Nach einem Studium der Vergleichenden Literaturwissenschaft arbeitete er als Kommunikationsberater für die Europäische Union und später auch für Kund*innen in den USA. 1997 gründete er seine erste Agentur. Als Berater für Kund*innen wie Clariant, Continental, dpd und die Telekom entwickelt er heute Konzepte für die Digitale Unternehmenskommunikation von morgen. Dazu gehören Change genauso wie Content-Marketing-Kampagnen – natürlich mit einem Fokus auf die Entwicklung unternehmerischen Storytellings.*

Abstract: Warum wirkt Storytelling?

Kurz gesagt: Weil wir lieber glauben als wissen. Weil Geschichten selbst dann Sinn stiften und Orientierung geben, wenn sie unvollständig, dafür aber gut erzählt sind. Und weil Menschen am besten auf Menschen reagieren.

Kommunikation, insbesondere als Unternehmenskommunikation oder Marketing, hat eine einfache Aufgabe: Sie soll Verhalten so beeinflussen, dass beim Absenderunternehmen positive ökonomische oder kulturelle Konsequenzen entstehen. Aus diesem Grund beginne ich diesen Beitrag mit einem Exkurs in die Verhaltensökonomie und werde zudem noch auf Hormone zu sprechen kommen. Denn es gibt eine Menge psychologischer und physiologischer Fakten, die Storyteller*innen kennen sollten, um gute Arbeit zu leisten. Und um gute Geschichten zu erzählen bzw. um mit dem Erzählen zu beginnen.

[19] WWW: Kammann Rossi GmbH, *https://www.kammannrossi.de* (abgerufen 10/2023)

2.2.1 Wir sind zwei

Seit William James[20] wissen wir: Jeder Mensch denkt doppelt. Oder anders gesagt: Er verfügt über zwei unterschiedliche Denk-Systeme. Es gibt das implizite Denken und das explizite, das assoziative und das rationale, das intuitive und das logische Denken. Es gibt, wie es der Nobelpreisträger Daniel Kahneman[21] sehr lapidar nennt: System 1 und System 2 (siehe Bild 2.4).

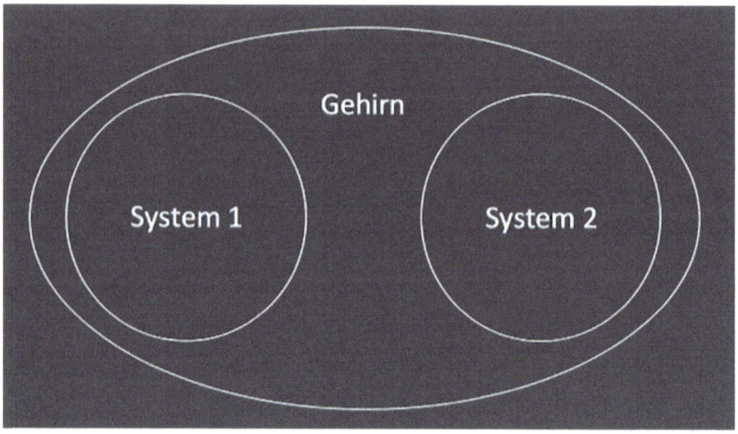

Bild 2.4 System 1 und System 2 nach Daniel Kahneman.
Grafik: Periodensystem © Kammann Rossi GmbH, 2020

Unser System 1 ist für schnelle Eindrücke und spontane Gefühle zuständig. Es schätzt ein, es steuert unsere Gefühle, es hilft uns, Menschen und Dinge und soziale Situationen einzuschätzen, Ekel oder Freude zu empfinden und einfache oder oft gehörte Sätze spontan zu vervollständigen. Es ist intuitiv und liebt Stereotypen. Es hilft uns, zu überleben.

System 2 kann mehr. System 2 kann Kausalketten konstruieren, Gedanken ordnen, Statistik verstehen. System 2 kann schwierige Probleme lösen und wissenschaftliche Aufgaben erledigen. Es kann konstruieren und Innovationen hervorbringen. Es hilft uns, weiter zu denken.

> *„System 1 arbeitet automatisch und schnell, weitgehend mühelos und ohne willentliche Steuerung. System 2 lenkt die Aufmerksamkeit auf die anstrengenden mentalen Aktivitäten, die auf sie angewiesen sind, darunter auch komplexe Berechnungen.“*[22] *– Daniel Kahneman*

Im Allgemeinen denken wir, dass System 2 uns definiert. Aber es gibt eine Besonderheit: System 1 ist viel schneller als System 2 (weswegen Kahneman auch von schnellem und langsamem Denken spricht). Und so kommt es, dass wir von System 1 dominiert werden, weil es schon beurteilt hat, bevor System 2 überhaupt in Aktion getreten ist.

---

[20] Vgl. o. V.: James, William. In: Wikipedia. o. D., *https://de.wikipedia.org/wiki/William_James* (abgerufen 11/2023)

[21] Daniel Kahneman, ein israelisch-US-amerikanischer Psychologe, erhielt 2002 zusammen mit Vernon L. Smith den Wirtschafts-Nobelpreis.

[22] Kahneman, Daniel: Schnelles Denken, langsames Denken. Siedler Verlag 2012

2.2.2 Wir sind faul

In System 1 entstehen also spontan die Eindrücke und Gefühle, die die Hauptquellen der expliziten Überzeugungen und bewussten Entscheidungen von System 2 sind.

Häufig genug schalten wir deshalb unser logisches Denken gar nicht erst an. Wir vertrauen blind unserer Intuition – und sind als Denker letztlich ziemlich faul.

Hier beginnt die Arbeit der Berufskommunikator*innen. Denn die Art, wie wir etwas erzählen, ist maßgeblich dafür verantwortlich, wie schnell und wie stark unser Publikum das Erzählte zu akzeptieren bereit ist.

In psychologischen Experimenten hat man z. B. nachgewiesen, dass **fett Gedrucktes** eher geglaubt wird als schwach Gedrucktes, Gereimtes eher als Ungereimtes. Der Grund dafür ist, dass das (schnellere) System 1 die Eindrücke bevorzugt, die leichter eingängig sind. **„Fett"** ist leichter zu lesen als „normal", (sinnvoll) gereimt leichter verständlich als kompliziert ausgedrückt. System 1 akzeptiert nur zu gern die einfache Variante – selbst, wenn diese falsch sein sollte – und lässt System 2 gar nicht mehr zum Zug kommen (Bild 2.4).

Als Kommunikator*innen können wir diesen Mechanismus nutzen: Präsentieren wir unsere Inhalte in einer eingängigen Form, wird unser Publikum unsere Botschaften leichter verstehen und schneller akzeptieren.

Eine gute Story hat genau diese Form: Sie macht mithilfe gelernter Strukturen und unterstützender (visueller) Formate Komplexes leicht verständlich und damit sehr eingängig. Sie spricht System 1 an und macht unsere Arbeit deshalb effektiver. Wir „kommen besser an", als wenn wir nackte Zahlen in Form von Excels, überlangen Bleiwüsten und langweiligen, faktenbasierten Pressemitteilungen präsentieren.

2.2.3 Wir lieben Kohärenz

System 1 ist dabei aber nicht nur auf „leichte Erfassbarkeit", sondern zusätzlich noch darauf spezialisiert, aus jeder noch so spärlichen Informationsmenge eine kohärente Geschichte zu machen, die dann zur akuten Bewertung einer Situation dient. Kahneman bringt dafür ein schönes Beispiel.

> *„Das Erfolgskriterium von System 1 ist die Kohärenz der Geschichte, die es erschafft. Die Menge und Qualität der Daten, auf denen die Geschichte beruht, ist weitgehend belanglos. Wenn Informationen knapp sind – was häufig der Fall ist –, fungiert System 1 als eine Maschine für ‚Urteilssprünge'.*
>
> *Betrachten wir folgendes Beispiel: ‚Wird Mindik eine gute Führungskraft sein? Sie ist intelligent und stark …' Ihnen fiel schnell eine Antwort ein, und diese lautete Ja. Sie wählten auf der Grundlage der sehr beschränkten Informationen, die verfügbar waren, die beste Antwort aus, aber Sie haben überstürzt geurteilt. Was, wenn die nächsten beiden Adjektive ‚korrupt' und ‚grausam' lauteten?"[23] – Daniel Kahneman*

Hier geht die Arbeit der Berufskommunikator*innen weiter. Denn es ist nicht nur wichtig, wie wir erzählen, sondern auch was wir erzählen: Präsentieren wir alle vorhandenen Fakten

---

[23] Ebd., S. 74.

unterschiedslos nebeneinander oder wählen wir aus den vorliegenden Fakten die wichtigsten aus? Langweilen wir oder setzen wir Highlights?

System 1 braucht keine vollständige Information, um zu verstehen. Es braucht nur die wichtigsten. Zu viele Informationen (ohne gute Form) schaden sogar. **WYSIATI** nennt das Kahneman: **„What you see is all there is"**.

System 1 macht aus allen gegebenen Fakten eine kohärente Geschichte, egal wie unvollständig sie eigentlich sein mag.

Unsere Aufgabe als Kommunikator*innen ist es also nicht nur, die richtige Form zu finden, sondern auch, die wichtigsten Informationen auszuwählen und sinnvoll miteinander zu verknüpfen. Auslassungen sind dabei willkommen und fördern manchmal sogar die Verständlichkeit.

Unser aller Leben besteht, dank System 1, eigentlich meistens aus Geschichten. Wir vertrauen auf System 1, vertrauen unserer Intuition viel mehr als „bloßen Fakten" und „machen uns die Welt, wie sie uns gefällt" (Pippi Langstrumpf). Anders gesagt:

☞ Wir lieben das Eingängige und das Einfache, das gut Dargebotene und sinnvoll Kuratierte.

Unser Denken besteht aus Geschichten, die wir uns selbst erzählen. **Wir sind sozusagen Geschichten.** Und genau deshalb lieben wir Geschichten. Weil sie intuitiv sind und unser Leben einfacher machen. Das ist der eigentliche Grund, warum Kommunikator*innen Geschichtenerzählen lernen müssen und Geschichten einsetzen sollen: Sie erreichen ihre Zielgruppen einfacher und machen ihnen das Leben leichter.

Schaffen wir eine eingängige Form und verknüpfen dabei die wichtigsten Fakten, haben wir eine gute Geschichte, die uns bei den Zielgruppen erfolgreich macht. Weil sie System 1 anspricht und damit schnell und effektiv unsere Botschaften transportiert.

Form ist dabei übrigens nicht gleich Form. Ein dramatischer Bogen, eine spannungsvolle Entwicklung, unterstützt die Eingängigkeit und Wirkung einer Geschichte besonders. Darauf weisen jedenfalls die Forschungen des amerikanischen Neuro-Ökonomen Paul Zak hin. Zusammen mit einem Kollegen produzierte er zwei unterschiedliche Versionen eines Films. Die eine folgte einem „dramatic arch", also einem echten Spannungsbogen mit Konflikten. Die andere Version hatte dieselben Protagonisten, verzichtete allerdings auf jede Form von Spannung. Während die „konfliktfreie" Version keinerlei messbare Hormonausschüttungen bewirkte, sorgte die dramatische Variante für einen vermehrten Ausstoß von Cortisol und Oxytocin. Dazu muss man wissen, dass Cortisol ein sogenanntes „Stresshormon" ist, das den menschlichen Organismus durch das Freisetzen von energiereichen Verbindungen wacher und konzentrierter macht, während Oxytocin für die Verstärkung von sozialen Bindungen und die positive Identifikation mit anderen Menschen verantwortlich gemacht wird. Vereinfacht könnte man also sagen: Dramatisierte Geschichten bewirken bei den Rezipienten, dass sie fokussierter bei der Sache sind und sich mit den handelnden Personen stärker identifizieren als langweilige Storys. Interessant ist dabei besonders, dass die so erzielte Wirkung noch über die eigentliche Geschichte hinausweist. In anderen Studien von Zak[24] konnte

[24] Zak, J. Paul (2015): „Why inspiring stories make us react: the neuroscience of narrative", Cerebrum: the Dana forum on brain science, 2015, *https://www.ncbi.nlm.nih.gov/pmc/articles/PMC4445577/* (abgerufen 9/2023)

nachgewiesen werden, dass die Identifikation mit den handelnden Personen auch zu einem nachträglich veränderten Verhalten führte. Erhöhte Oxytocin-Werte führten bei einer Studie in Großbritannien z. B. zu einer höheren Spendenbereitschaft und sogar insgesamt höheren Spenden. Proband*innen mit höheren Oxytocin-Werten spendeten fast das Dreifache des durchschnittlichen Betrags. Die stärkere Identifikation mit einem/einer Protagonist*in beeinflusst Menschen also auch im Alltag - was ja genau unser Ziel ist.

2.2.4 Wir reagieren auf Menschen

Kommen wir zum Abschluss noch ein letztes Mal zu einer Besonderheit von System 1. Es ist neben vielen anderen Dingen sehr gut in der Einschätzung menschlicher Emotionen. Wir erkennen sofort, wenn jemand sauer auf uns ist, und können entsprechend reagieren - und umgekehrt. Viel mühsamer ist es für unseren Geist hingegen, mithilfe von System 2 eine Tabelle oder eine statistische Grafik zu interpretieren und daraus die richtigen Schlussfolgerungen zu ziehen. Einfacher gesagt: Wir haben dank eines stets wachen Systems 1 und eines recht trägen Systems 2 einen sehr instinktiven Zugang zu Menschen und ein eher angestrengtes Verhältnis zu Fakten. Wenn Sie also eine Geschichte entwerfen, die mit einer authentischen, menschlichen Hauptfigur arbeitet, haben Sie schon mehr als die halbe Miete in der Tasche. Denn Ihre Leser*innen oder Zuschauer*innen haben einen sehr instinktiven Zugang zu Menschen. Wenn diese Hauptfigur dann auch noch sympathisch ist, sind Sie höchstwahrscheinlich ganz auf der sicheren Seite. Denn dank des sogenannten Halo-Effekts werden die Menschen diese Sympathie auf Sie oder Ihre Marke übertragen. System 1 neigt nämlich dazu, eine spontane emotionale Kohärenz herzustellen. Jeder, der Ihre Hauptfigur mag und Sie als Absender*in identifiziert, wird Sie zunächst mal ebenfalls sympathisch finden - selbst, wenn Sie es eigentlich nicht sind. Auch deshalb lassen sich Unternehmen und Marken gerne mit positiv konnotierten Stars und Influencer*innen sehen.

Unterstützt werden Kahnemans psychologische Forschungen übrigens auch auf neurowissenschaftlicher Ebene, und zwar durch den Nachweis der sogenannten „Spiegelneuronen“. Spiegelneuronen sind spezielle Nervenzellen im Gehirn, eine Art Resonanzsystem, das es uns ermöglicht, mit unseren Mitmenschen zu fühlen. Wenn sich ein Mensch in unserer Nähe freut oder wenn er Schmerz empfindet, erleben wir ganz unwillkürlich die gleichen Emotionen, wir spiegeln sie. Diese Nervenzellen machen uns erst zu den mitfühlenden Wesen, die wir in der Regel sind - wir sind prädisponiert dafür, uns mit Geschichten von und über Menschen zu identifizieren.

Das ist eine Chance

Wie Sie sehen, ist in einer Welt, die viel zu viele, ja sogar eine stetig wachsende Zahl von Fakten zur Verfügung stellt, eine Geschichte unter Umständen der Schlüssel zum Erfolg, der Schlüssel zu System 1 und dem Nerven- und Hormonsystem unserer Zielgruppen. Zumindest, wenn Sie beim Erzählen die wichtigsten verhaltensökonomischen und neurologischen Tatsachen berücksichtigen, Storytelling also nicht als beliebiges Buzzword begreifen, sondern als **faktensparsame Darstellung einer persönlichen Entwicklung im Rahmen eines Spannungsbogens.**

Dies ist jedenfalls **meine Definition von Storytelling** - und eine ganz gute Formel, wenn man sie noch einmal für sich übersetzt:

- **Faktensparsam:** so wenig „harte" Fakten wie möglich einsetzen
- **Persönlich:** eine*n menschliche*n Protagonist*in in den Mittelpunkt stellen
- **Entwicklung und Spannungsbogen:** Konflikte einbauen und eine Geschichte mit Anfang, Mitte und Ende erzählen

Natürlich birgt Storytelling damit auch die Gefahr der Manipulation durch bewusste Auslassung und Irreführung. Menschen sind, wie wir gesehen haben, leicht manipulierbar. Aber ich glaube jetzt mal an das Gute in uns allen. Wir werden Storys nicht erzählen, um falsches Zeugnis abzulegen, sondern um

- leichter verständlich zu sein;
- besser rezipiert zu werden;
- Orientierung zu schaffen;
- emotionale Nähe herzustellen, und damit letztlich
- erfolgreicher zu sein.

2.2.5 Wie eine gute Geschichte funktioniert

Dazu muss man allerdings wissen, wie eine gute Geschichte überhaupt funktioniert.

Die Struktur einer guten Story

Wenn man die gängigen „3/5/7/10-Tipps zum Digitalen Storytelling" verfolgt und wirklich liest, gewinnt man häufig den Eindruck, dass Online-Geschichtenerzählen nichts anderes ist als eine Art *Rich-Media-Format.* Man nehme einen vorhandenen journalistischen Text, mische ein paar Videos und Infografiken hinein und schon entsteht eine faszinierende Geschichte, die Leser*innen, Kund*innen, Stakeholder*innen begeistert.

Dass zu einer guten Geschichte mehr gehört, nämlich Struktur, scheint den meisten nicht klar zu sein.

In meiner Agentur unterscheiden wir der Einfachheit halber zunächst einmal zwischen drei unterschiedlichen Story-Typen:

a) Die **literarische Story** ist jede Form von frei geschaffener, häufig fiktiver, manchmal dokumentarischer Kreation, gerne als Roman, Novelle, Comic, Drehbuch, Film etc.

b) Die **journalistische Story** ist all das, was wir in Zeitungen, Zeitschriften, Online-Magazinen und anderen Publikationen lesen. Es gibt die unterschiedlichsten Story-Formen, z. B. Reportagen, Berichte, Features, Porträts, Interviews und andere.

c) Die **Business Story** ist im Gegensatz zu den beiden anderen weniger durch ein spezifisches Format definiert als vielmehr durch Absender und Absicht. Absender ist im Allgemeinen die Kommunikationsabteilung, die Absicht ist die proaktive Beeinflussung der Rezipient*innen im Sinne der strategischen oder ökonomischen Ziele des Unternehmens.

Die Formate, die zu diesem Zweck genutzt werden, sind meistens vor allem journalistische. Im Corporate Publishing, dem zentralen Spielfeld der Business Story, finden sich sehr viele Reportagen und Interviews, aber nur wenige literarische Formate.

2.2.6 Können Kommunikator*innen Journalist*innen sein?

Die Fokussierung der Business Story auf journalistische Formate hat viele Vorteile, aber einen sehr zentralen Nachteil. Die Vorteile sind die Anschlussfähigkeit an das Bekannte (nahezu jeder kennt Reportagen und Interviews) und die recht einfache Nutzung vorhandener Kompetenzen (viele Kommunikator*innen waren früher Journalist*innen).

Der eigentliche Nachteil ist für mich jedoch die mangelnde Glaubwürdigkeit der journalistischen Formate im Unternehmensumfeld.

Denn auch wenn sich durch den „New Journalism" die subjektive Stimme in das Medienkonzert gemischt hat, ist im am weitesten verbreiteten Sinne doch die Neutralität der Berichterstattung das Hauptkennzeichen journalistischer Formate. Und genau diese Neutralität kann und will Corporate Publishing, soll eine Business Story nicht leisten. Denn Business Storys verfolgen ein Ziel.

Aufgrund einer Unternehmensgeschichte sollen Kund*innen mehr kaufen, Mitarbeitende besser mitarbeiten und Stakeholder die Firma unterstützen. Deshalb kann Corporate Publishing niemals neutral sein. Es stellt nicht frei, es bietet keine Optionen, sondern es tut sein Bestes, um zu beeinflussen. Dazu muss man nicht lügen, aber man kann sicher auch nicht wirklich neutral und objektiv beschreiben. Wer nennt schon alle Wettbewerber, wenn es um das eigene Produkt geht? Wer zeichnet ein objektives Persönlichkeitsbild des eigenen CEO während eines Change-Prozesses?

Diese Tatsache erklärt den häufig doch recht faden Nachgeschmack mancher Reportagen oder Berichte in Kund*innen- oder Mitarbeitendenmagazinen, besonders dann, wenn sie eigene Prozesse oder Produkte beschreiben. Jede*r weiß doch um die Subjektivität, Gefärbtheit und das Absichtsvolle dieser Artikel, egal ob sie analog oder digital geschrieben sind. Und jede*r liest deshalb in gewisser Weise „reserviert".

Diese Reserviertheit wiederum steht der Zielerreichung im Weg. Wie soll ich ein reserviertes Publikum begeistern, beeinflussen und leiten? Wie soll ich meine Ziele erreichen, wenn niemand mitgeht?

☞ Ich kann deshalb die Maske ganz fallen lassen. Das nennt sich dann Werbung.

Oder ich lerne ein paar neue Tricks, die meinen Standortnachteil als subjektiver und absichtsvoller Vertreter eines Unternehmens ausgleichen. Und diese Tricks kommen aus dem literarischen Schreiben.

2.2.7 Nein, Sie sollten Geschichtenerzähler*innen sein

Literarisches Schreiben, vor allem das genrespezifische, ist fast immer absichtsvoll. Ich will erheitern, erregen, erschrecken. Ich will eine Reaktion. Und ich will Identifikation. Mit meiner Heldenfigur und meiner Geschichte.

Das wollen Kommunikator*innen auch. Für ein Produkt begeistern. Die Identifikation mit dem Unternehmen fördern. Weswegen sie wie Autor*innen lernen sollten, wie man dieses Ziel erreicht. Stilistisch vielleicht, ganz sicher aber strukturell. Denn letztlich macht meistens der Plot die Story. Und wer könnte Plot besser als Hollywood?

Die meisten großen Hollywood-Geschichten - von Star Wars bis Titanic - berufen sich auf eine zentrale Strukturidee, die sogenannte Heldenreise. Auch einige literarische Blockbuster, wie z. B. Harry Potter, rekurrieren auf den **Monomythos** (Bild 2.5), der von Joseph Campbell identifiziert und von seinem Schüler Christopher Vogler popularisiert wurde (siehe auch Kapitel 9). All diese Filme und Bücher beruhen dabei auf einem sehr ähnlichen Entwicklungsmodell in zwölf Schritten.

Was macht diese Erzählstruktur so erfolgreich? Warum berufen sich so viele Schreiber*innen, Regisseur*innen und andere Kreative auf dieses Modell?

Weil es - als Produkt der Auswertung Tausender von Geschichten durch **Joseph Campbell** - einen narrativen Blueprint vorgibt, der immer funktioniert und begeistert, weil er ...

- **... eine*n oder mehrere Held*innen präsentiert,** mit denen wir uns identifizieren können;
- **... eine stetige Vorwärtsbewegung beschreibt,** die niemals statisch, sondern immer dynamisch ist und im wahrsten Sinne des Wortes „bewegt“;
- **... auf ein Ziel hin ausgerichtet ist,** einen Preis, ein Ergebnis, das die Welt verändert und zu einem besseren Ort macht.

Bild 2.5 Campbells Heldenreise nach der Adaption von Christopher Vogler aus „The Writer's Journey: Mythic Structure for Writers“. Grafik: Eigene Darstellung nach Vogler.
Grafik erstellt von Pia Kleine Wieskamp in Anlehnung an Josephs Campbells **Monomythos**.

Und nun vergleichen Sie diese drei Eigenschaften einmal mit Ihren Zielvorgaben als Kommunikator*in. Wollen Sie nicht genau das?

Eine Person, ein Projekt, ein Produkt als Held*in in den Köpfen der Zielgruppen? Ihren Arbeitgebenden dynamisch darstellen, stetig in Bewegung, vorwärtsschreitend und innovativ? Auf ein Ziel hin ausgerichtet, das die Welt – Ihrer Kund*innen, Mitarbeitenden, Stakeholder*innen – besser macht?

Sehen Sie! Genau deshalb sollten Sie sich mit diesem Strukturmodell auseinandersetzen und es in Ihre Arbeit als Storyteller einfließen lassen.

Wenn Sie also das nächste Mal die Wahl haben, ob Sie ein Change-Projekt als Feature dokumentieren und

- einen kurzen Überblick über den Status geben;
- den Projektleiter interviewen;
- drei CEO-Statements einfließen lassen;
- auch ein Gruppenbild des Projektteams einfügen und
- schließlich auf die Intranet-Community für weitere Informationen verweisen;

oder ob Sie eine Geschichte erzählen, die

- beschreibt, warum eine Veränderung dringend notwendig war;
- wie schwierig es war, das Projekt ins Leben zu rufen;
- mit wessen Hilfe es dann doch gelungen ist;
- welche wirklich schwierigen Hindernisse bewältigt werden mussten,
- bis wir alle jetzt vom Ergebnis profitieren können,

dann versuchen Sie einmal Letzteres.

Keine Angst, Sie sollen keinen Roman schreiben. Aber Sie sollen eine Struktur schaffen, die erzählerisch ist und die eine **Helden- und Heldinnenreise** beschreibt, statt einem Statusbericht zu gleichen.

Und falls Ihnen die Reise rund um eine Heldenfigur zu kompliziert ist, bleibt Ihnen immer noch der sogenannte **Pixar Pitch** (auch Story Spine genannt). Der hat nur die Hälfte der Stufen und den beherrscht sogar meine Tochter, wenn sie Nemo nacherzählt:

- **Once upon a time,** there was a widowed fish named Marlin who was extremely protective of his only son, Nemo.
- **Every day,** Marlin warned Nemo of the ocean's danger and implored him not to swim far away.
- **One day,** in an act of defiance, Nemo ignores his father's warnings and swims into the open water.
- **Because of that,** he is captured by a diver and ends up as a pet in the fish tank of a dentist in Sydney.
- **Because of that,** Marlin sets off on a journey to recover Nemo, enlisting the help of other sea creatures along the way.
- **Until finally,** Marlin and Nemo find each other, reunite, and learn that love depends on trust.

Die sinngemäße Übersetzung des Textes lautet:

- **Es war einmal** ein verwitweter Fisch namens Marlin, der seinen einzigen Sohn, Nemo, sehr beschützen wollte.
- **Jeden Tag** warnte Marlin Nemo vor den Gefahren des Ozeans und flehte ihn an, nicht zu weit hinauszuschwimmen.
- **Eines Tages,** in einem Akt des Trotzes, ignoriert Nemo die Warnungen seines Vaters und schwimmt hinaus in das offene Wasser.
- **Aus diesem Grund** wird er von einem Taucher gefangen und landet als Zierfisch im Aquarium eines Zahnarztes in Sydney.
- **Aufgrund dessen** begibt sich Marlin auf eine weite Reise, um Nemo zurückzuholen. Er findet die Unterstützung anderer Meeresgeschöpfe, welche er auf seiner Reise kennenlernt.
- **Bis schließlich** Marlin und Nemo einander finden und lernen, dass Liebe und Vertrauen zusammengehören.

Wer ein **begeisternder Storyteller** werden will, der/die sollte sich nicht mehr nur als „Unternehmensreporter*in" betrachten. Das ist die wichtigste Lektion, die es meines Erachtens zu lernen gilt.

Damit Sie die aber auch in die Praxis umsetzen können, hier noch ein Crash-Kurs in der Entwicklung von Geschichten.

2.2.8 Und wie komme ich jetzt zu einer guten Story?

Wir leben in eiligen Zeiten. Deshalb habe ich Ihnen hier in aller Kürze alles zusammengestellt, was Sie beim Prozess des Geschichtenerzählens beachten sollten - in einer Reihenfolge, die Sie genauso „abarbeiten" können, wenn Sie möchten. Es gäbe natürlich noch viel mehr dazu zu sagen und wir haben in der Agentur für diesen Prozess das sogenannte „Periodensystem" (Bild 2.6) des Storytellings erarbeitet - aber als grobe Handlungsanleitung mögen diese Schritte genügen.

Seien Sie ein Typ. Ein Archetyp.

Zunächst einmal sollten Sie den „Archetypus" für Ihre Story festlegen. Archetypen sind „typische" Charaktere, die als Protagonist*innen einer Geschichte für ein spezielles Set von Werten, Verhaltensweisen und eine gewisse Tonalität stehen. Der Begriff stammt ursprünglich aus der analytischen Psychologie von C. G. Jung und beschreibt dort Grundstrukturen menschlicher Vorstellungs- und Handlungsmuster (siehe auch Abschnitt 6.2). Vielfach popularisiert hat sich das Konzept des Archetyps mittlerweile verselbständigt und wird z. B. im Marketing und eben im Storytelling eingesetzt, um klarzumachen, auf welche Art und Weise und mit welchen Personen eine Geschichte erzählt werden soll.

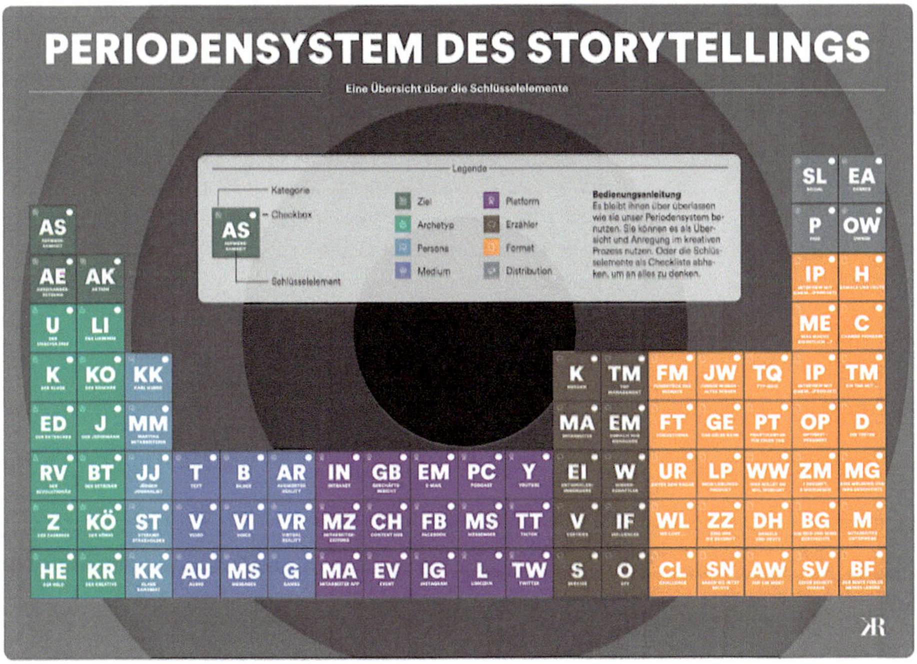

Bild 2.6 Periodensystem des Storytellings. Screenshot @ Kammann Rossi GmbH

Hier sind einige Archetypen als Beispiel:

Der/die Kluge: Steht für Intelligenz und Analyse. Sucht nach Wahrheit.

Der/die Komiker*in: Macht Spaß, hat Spaß. Sucht die Freude.

Der/die Revolutionär*in: Hasst den Mainstream. Bricht die Regeln.
Marken: Harley Davidson, True Fruits.

Warum ist es nun wichtig, zu Beginn des Storytelling-Prozesses einen Archetypus zu definieren?

Weil er handlungsleitend für die weitere Arbeit ist. Denn es hilft, die zentralen Inhalte und die Tonalität der zu erzählenden Geschichten im Voraus zu bestimmen. Wenn Sie die Archetypen „Komiker*in und Revolutionär*in" nebeneinanderstellen, wird das schnell deutlich: Eine Komiker*innen-Geschichte wird mit Humor arbeiten, verschiedene „witzige" Erlebnisse miteinander koppeln und vielleicht auch sich selbst nicht so ernst nehmen. Die Revolutionärin bzw. der Revolutionär wird harte Kämpfe zu bestehen haben, dabei eine Vision verfolgen und einen gewissen Ernst verkörpern. Kurz und gut: Der Archetyp ist ein „Briefing in a nutshell" für alle Beteiligten.

Zum anderen jedoch verhindert die Auswahl des richtigen Archetyps die kreative Katastrophe, die potenziell immer dann entsteht, wenn eine Geschichte nicht zum Absendenden passt. Es gibt nichts Schlimmeres, als wenn ein im ganzen Auftritt nüchternes und sachliches Unternehmen plötzlich versucht witzig zu sein oder eine Spaßmarke allzu intelligent sein will. Dementsprechend gilt es also, einen Archetypus zu wählen, der zu Ihnen, dem Produkt, der Marke, der Lösung passt - um anschließend eine Story zu entwickeln, die diesem Charakter entspricht. Denn am Ende ist jede (große) Story immer auch ein Teil des Brandbuilding und des Reputationsmanagements.

Spontaneität will gut geplant sein. Geben Sie der Story ein Ziel.

Storytelling ist ein sehr kreativer Prozess. Viel kreativer als manch andere Arbeit in der Kommunikation, z. B. das Schreiben einer Pressemitteilung. Über der Freude an der eigenen Gestaltungskraft sollte man jedoch nicht vergessen, dass wir hier Gebrauchskommunikation mit einem ökonomischen Hintergrund betreiben. Wie in vielen anderen Kommunikationsdisziplinen auch, muss das Ziel und nicht die persönliche Vorliebe das zu wählende Format bestimmen. Ich unterscheide zwischen drei groben Zielclustern, die einen klassischen Funnel abbilden.

1. In der ersten Stufe geht es um das **Generieren von Aufmerksamkeit.** Dort wollen wir eine möglichst große Menge von Rezipient*innen so beeindrucken, dass sie uns ab da auf dem Radar haben. Hier bieten sich die großen Storytelling-Formate an, also z. B. Imagefilme, Videoreportagen, „Werbe-Spots“.
2. In der zweiten Stufe möchte ich ins **„relevant set“** kommen. Die Menschen sollen sich mit mir auseinandersetzen. Hier kommen z. B. Projektgeschichten und Buyer Legends ins Spiel.
3. In der dritten Stufe soll sich das **Verhalten ändern.** Meine Zielgruppen sollen etwas tun, kaufen oder Ähnliches. Hier haben sich Storys mit direkter Ansprache bewährt, also z. B. Erfahrungsberichte und Testimonials.

Dieser Schritt ist deshalb so wichtig, weil die richtige Story zur falschen Zeit den Erfolg der Operation gefährden kann. Wenn jemand kurz davor ist, Ihr Produkt zu kaufen, und Sie zeigen ihm oder ihr ein langes Imagevideo, kann der potenzielle Kaufende ziemlich genervt reagieren und der Impetus geht verloren, egal wie viele Ressourcen Sie in das gute Stück investiert haben.

Unbenommen bleibt Ihnen natürlich, einen ganzen Funnel, also eine Art Storytelling-Kampagne zu definieren. Den müssen Sie dann allerdings auch füllen.

Keine Story ohne Zuhörer: die Personas

So gerne wir uns auch alle selbst erzählen hören - wir brauchen doch Zuhörer*innen. Und mit Zuhörer*innen meine ich Menschen, die das freiwillig tun und nicht die Kolleg*innen und Korrektor*innen, die uns normalerweise Feedback geben. Gerade „Korrektor*innen“ können Gift für Ihre Story sein. Gerne sind das direkte Vorgesetzte und Ihr*e Marketingchef*in oder CEO. Natürlich sind die wichtig, denn die bezahlen die Story ja. Aber sie sind nicht die Wichtigsten. Wenn der Wurm dem Fisch schmecken soll und nicht dem Angler, sind die Korrektor*innen eindeutig Teil der Anglercommunity. Wirklich entscheidend für den Erfolg des Erzählens sind all die Menschen dort draußen - die Kund*innen, Mitarbeitenden, Journalist*innen oder Jobkandidat*innen, die Sie überzeugen wollen.

Wie in der Literatur ist es immer ein guter Gedanke, sich die idealen Leser*innen oder Zuschauer*innen vorzustellen. Wir nennen diese idealen Leser*innen „Personas“ (weitere Informationen im Kapitel 7). Es sind fiktive Persönlichkeiten, deren Biografie, Vorliebe, Abneigungen und Bedürfnisse wir uns vorstellen, um zielgenauer kommunizieren zu können. Hier ein Beispiel:

Karla Kundin, 32, verheiratet, noch keine Kinder, arbeitet in der Stadtverwaltung. Sie liebt Deko-Ideen, folgt einigen DIY-YouTube-Kanälen, ist auf Instagram und Pinterest aktiv und sucht gerne nach neuen kreativen Anregungen fürs „Selbermachen".

Die eigentlichen „Biografien" sind noch umfangreicher und arbeiten auch mit statistischen Daten, aber Sie sehen, was ich meine.

Sich vor der eigentlichen kreativen Arbeit seine idealen Rezipient*innen vorzustellen, ist aus mehreren Gründen wichtig:

a) **Sie erwischen die relevanten Themen.** Das soll heißen: Sie können sich ungefähr vorstellen, welche Story bzw. welche Details einer Geschichte für einen solchen Menschen interessant sein könnten. Karla hat bestimmt einen Sinn für Details und den Prozess des „Machens". Eine Geschichte, bei der etwas entsteht und gebaut wird, könnte hier gut passen.

b) **Sie erwischen den richtigen Ton.** Das ist wie im echten Leben: Auf einem Begräbnis erzählt man am Sarg keine Witze (sondern erst beim Kaffee danach). Karla, als Teil der DIY-Gemeinde, wird wertschätzende Kommunikation bevorzugen, die ihre eigene Kreativität und vielleicht sie selbst bzw. andere „Selbermachende" als Heldinnen in den Mittelpunkt stellt. Außerdem will sie begeistert werden und nicht gelangweilt.

c) **Sie erwischen sie am richtigen Ort.** Ein sehr wichtiger Bestandteil von Persona-Beschreibungen ist die Darstellung der „Wasserlöcher": Wo informieren und vergnügen sich Ihre Zielgruppen. Diese Information wiederum bestimmt, wo Sie Ihre Geschichte erzählen müssen. Karla erreichen Sie nicht auf LinkedIn, sondern auf Instagram. Und das wiederum hat Auswirkungen auf das zu wählende Format: tägliche Pins oder wöchentliche Insta-Storys.

Die Strategie: Plattformen, Medien und Formate definieren

Die nötigen Basisinformationen haben Sie jetzt zusammen, um die wichtigsten Koordinaten für den „Erzählprozess" selber definieren zu können. Sie müssen die Frage klären: Wie erzählen Sie was wo? Stellen Sie einfach ein Video auf die Homepage Ihrer Organisation bzw. ins Intranet? Veröffentlichen Sie eine Reportage auf medium.com? Legen Sie einen Instagram-Kanal mit Bildern von Protagonist*innen an, deren Storys Sie jeden Tag als Instagram-Storys erzählen? Oder kombinieren Sie verschiedene Medien und Formate über verschiedene Kanäle hinweg, z. B. einen Story-Jam als Kick-Off-Veranstaltung, danach regelmäßige kurze Story-Videos auf Facebook, mit parallelen animierten GIFs auf X (vormals Twitter) und einer Hintergrundreportage im Blog. Hier kommt vieles zusammen: Wen will ich erreichen, mit welchen Zielen und in welchem Stil.

In diesem Kapitel ist das nur ein sehr kurzer Block. Im Rahmen Ihrer Story-Arbeit wird das aber ein umfangreicher Arbeitsschritt sein, der eine Menge fachlichen Wissens benötigt. Außerdem gibt es viele nicht unbedingt storytypische Kontextvariablen, die es zu berücksichtigen gilt: Budget z. B., Präsenz oder Laufzeit. Auf die Details dieser Planung gehe ich später noch im Einzelnen ein. Aber als Leiter*in müssen Sie das nicht unbedingt lesen. Dafür haben Sie hoffentlich die richtigen Fachleute im Team.

Jemand wird das mal sagen müssen: Erzähler*innen rekrutieren

Dieser Schritt ist recht kurz, wenn Sie sich entschieden haben, fiktive Geschichten zu erzählen. Da müssen Sie bzw. die Agentur „nur" die richtigen Schauspielenden oder Stimmen auswählen. Sollten Sie aber, wie das meistens der Fall ist, mit „echten Menschen" - also Kolleg*innen aus der Entwicklung, der Produktion und dem Vertrieb, mit Kund*innen oder Ehemaligen - arbeiten wollen, beginnt ein sehr langwieriger Prozess des Suchens, Wählens und Rekrutierens. Es hängt natürlich vom Umfang Ihres Projekts ab, wie viel Arbeit das wirklich ist. Aber wenn wir davon ausgehen, dass Sie mehrere persönliche Geschichten erzählen lassen möchten, müssen Sie einige Zeit einkalkulieren.

Sie müssen zunächst einmal überlegen, welche Attribute, die Person haben soll, die erzählt. Muss sie eloquent und fotogen sein, z. B. für ein Video. Muss sie einfach nur auskunftsfreudig und interviewsicher sein? Oder soll sie sogar kreativ sein und selbst etwas produzieren? Und sind es Kund*innen oder Mitarbeitende oder beides?

Besonders Letzteres hat weitreichende Auswirkungen auf den Prozess des Suchens. Bereiten Sie sich auf eine kleine Kampagne vor, die es loszutreten gilt. Sie brauchen Aufrufe und Formulare im Intranet oder auf der Facebook-Seite, vielleicht Plakate an Ihren Standorten. Parallel dazu hat es sich bewährt, persönliche Kontakte innerhalb und außerhalb der Organisation direkt anzusprechen oder ansprechen zu lassen. Zum einen können Sie dann schon einschätzen, ob er oder sie als Erzähler*in tauglich ist und es besteht von vorneherein ein Vertrauensverhältnis. Vertrauen ist sehr wichtig, damit jemand bereit ist, eine Geschichte zu erzählen.

Wenn Sie dann hoffentlich genügend „Bewerber*innen" haben, gilt es die richtigen auszuwählen. Nicht alles, was man in den Wald ruft, kommt so zurück, wie man es möchte. Wahrscheinlich werden Sie manchen Leuten von vorneherein absagen müssen, weil sie nicht zum Projekt oder Medium passen. Wenn Sie das tun müssen, tun Sie es freundlich. Erstens gebietet das der Respekt vor dem Mut sich zu melden. Und zweitens, wer weiß, vielleicht passt der Bewerber oder die Bewerberin später einmal zu einem anderen Projekt. Zum Wählen gehört übrigens auch, die Bewerber*innen in verschiedene Kategorien einzuteilen, neudeutsch: zu clustern. Wenn Sie eine wirkliche Kampagne planen, brauchen Sie vielleicht eine Mischung aus Zitaten, Anekdoten, Reportagen und Lebensbeichten. Eine grobe Zuordnung hilft an dieser Stelle sehr.

Das eigentliche Rekrutieren ist - nicht unähnlich einem Bewerbungsprozess für eine offene Stelle - idealerweise ein persönlicher Kontakt an einem Tisch oder zumindest in einem Telefonat oder einer Videokonferenz. Bevor Sie anfangen, mit einem Menschen zu planen, sollten Sie einen Eindruck von seiner Persönlichkeit bekommen. Auf dem „Papier" sind alle toll, das wissen Sie. Aber wenn Sie als Archetypen einen Helden oder eine Heldin ausgewählt haben und bei Ihnen bewerben sich nur Komiker*innen, werden Sie Schwierigkeiten bei der Produktion bekommen. Wobei Sie die Komiker*innen auf jeden Fall pflegen sollten, davon gibt es im Unternehmensumfeld viel zu wenige.

Ab in den Flow: Menschen erzählen lassen

Dieser Teil des Storytellings braucht eine Menge Empathie. Denn letztlich ist dies der Schritt, wo Menschen Ihnen ihr Inneres öffnen, selbst wenn es nur beruflich sein sollte. Eine wirklich interessante Geschichte erzählt man normalerweise in einem Kreis vertrauter Menschen und nicht vor einem Mikrofon, einer Kamera oder einer Gruppe von Menschen. Deshalb sind meiner Erfahrung nach ein paar Verhaltensregeln wichtig, wenn Sie Geschichten „live und in Farbe", also in einer Interviewsituation oder bei einem Event, erleben wollen. Ich komme später noch mal im Detail darauf zurück, aber wichtig ist Folgendes:

- Nehmen/Geben Sie sich genügend Zeit.
- Schaffen Sie eine angenehme Atmosphäre.
- Seien Sie freundlich.
- Stellen Sie nicht die Aufnahme in den Mittelpunkt, sondern den oder die Erzähler*in.
- Garantieren Sie Vertraulichkeit bzw. die Möglichkeit zur nachträglichen Korrektur.

Wirkliche „Aufnahmen" in einem professionellen Rahmen lassen Sie allerdings ohnehin besser von einem Profi, z. B. mit journalistischer Ausbildung, erledigen. Nach einem ersten misslungenen Versuch wird der zweite selten besser.

Natürlich gibt es über ein aktives „Recording" hinaus noch viele andere Methoden, Storys einzusammeln, z. B. über

- E-Mails,
- (Online-)Fragebögen,
- Social-Media-Posts,
- Voice- oder Video Messages,
- aktive Recherche (Achtung: Storys nicht einfach kopieren und verwenden, sondern zuvor Rechte klären).

Aber egal, welchen Prozess Sie wählen, wichtig ist auf jeden Fall eine exzellente Vorbereitung. Denn da wir hier in der Gebrauchskommunikation unterwegs sind, ist Authentizität wichtig, aber nicht alles. Sie müssen die richtigen Fragen stellen, um Ergebnisse zu bekommen, die zu Ihrer Kampagne bzw. Ihrem Archetypen passen. Wenn Sie „Revolutionsgeschichten" erzählen wollen, müssen Sie auch Fragen stellen, die dem Gegenüber entlocken, an welcher Stelle genau Altes durch Neues ersetzt worden ist. Wenn Ihre Marke ein*e „Betreuer*in" ist, müssen Sie herausarbeiten, wo und wie geholfen wurde. Außerdem müssen Sie, zumindest bei den großen Storys, den Menschen durch Fragen helfen, Ihre Geschichten zu strukturieren, am besten mithilfe von drei Akten und ein paar Wendepunkten: Wie war es zunächst? Was passierte dann? Welche Hindernisse mussten überwunden werden? Wie ist die Situation jetzt? Wenn Sie mit journalistischen Formaten arbeiten, geben Sie den Berichtenden genügend Zeit, Raum und Rückendeckung, um einen guten Job zu machen, d. h. recherchieren zu können, Menschen zu befragen und Multimedia-Material einzusammeln.

Sie sehen also, das Sammeln der Storys ist ein sehr wichtiger und ressourcenintensiver Schritt, für den Sie Ihrem Team genügend Zeit und Raum geben sollten. Denn sonst heißt es am Ende wieder: „Shit in, Shit out".

Erzählen Sie keinen Mist: Fakten checken

Die potenzielle Brisanz des Storytellings ist nicht erst seit dem „Fall Relotius"[25] bekannt. Gute Geschichten haben eine starke Wirkung auf Menschen, die angesichts einer stimmigen

[25] Spiegel. Der Fall Claas Relotius: „Im Dezember 2018 machte der SPIEGEL die Fälschungen seines ehemaligen Redakteurs Claas Relotius öffentlich und leitete eine interne Untersuchung ein. In der Folge hat der SPIEGEL seine Arbeitsabläufe und Qualitätsstandards überprüft, den Fall aufgearbeitet, seine journalistischen Grundsätze neu formuliert und eine Ombudsstelle eingerichtet. Hier finden Sie die wichtigsten Beiträge, die dazu erschienen sind." *https://www.spiegel.de/thema/der_fall_claas_relotius/* (abgerufen 9/2023)

Erzählung gerne jede rationale Distanz vermissen lassen. Kommt uns das Erzählte auch nur halbwegs plausibel vor, glauben wir, was wir hören, sehen oder lesen.

Einerseits ist das natürlich genau der Effekt, den wir für unsere Arbeit nutzen wollen: Wir wollen unser Publikum ja mitreißen und den dabei entstehenden Schwung für unsere Zwecke einsetzen. Aber da ich fest davon überzeugt bin, dass Sie zu den „Guten“ gehören, gehe ich davon aus, dass Sie Redlichkeit walten lassen und Menschen unabhängig vom Format nur mithilfe der Wahrheit überzeugen wollen. Demnach sollten auch die von Ihnen erzählten Storys wahr sein, soll heißen: faktisch korrekt. Dabei ziele ich nicht einmal auf bewusstes „Lügen“ ab. Das geschieht in kontrollierten Umgebungen meiner Erfahrung nach eher selten. Ein wesentlich größeres Problem sind unvollständige Erinnerungen und die menschliche Fähigkeit, sich die Welt „zurechtzudenken“. Wir alle sind nicht nur vergesslich, sondern schaffen uns immer wieder im Nachhinein die perfekte Erzählung unseres Lebens, zumal Storytelling als Technik bewusst das Auslassen von Fakten zugunsten eines spannenden Plots und einer guten Pointe fördert. Außerdem wollen wir alle doch letztlich gut „aussehen“, wenn wir irgendwo als Kronzeug*innen für etwas auftreten.

Deshalb sollten Sie für jede Geschichte, die kleinen wie die großen, die von Kund*innen, Mitarbeitenden und auch die Ihres CEO, ein **Fact-Checking einplanen.** Das Minimum ist eine Plausibilitätsprüfung („kann das wirklich stimmen“), besser sind aber echte Verifikationen durch die Nachprüfung von Jahreszahlen, Statistiken oder die Bestätigung einer Aussage durch Expert*innen oder erwähnte Personen.

Vielleicht kommt Ihnen das an dieser Stelle etwas paranoid vor. Aber überlegen Sie bitte kurz, welchen Schaden es gerade in der externen Kommunikation und in sozialen Medien anrichten kann, wenn Sie beim Erzählen einer Unwahrheit oder auch nur bei Ungenauigkeiten erwischt werden. Angesichts der potenziellen Rufschädigung sind ein paar Stunden Kontrollarbeit gut investiertes Geld.

Jetzt wird’s ernst: Geschichten werden gemacht

Sie haben sieben vorbereitende Schritte hinter sich gebracht und nun geht es ans Eingemachte: Die Storys müssen produziert werden, Videos geschnitten, Texte geschrieben, Bilder bearbeitet, Events vorbereitet. Dieser Schritt beinhaltet sicherlich die größte fachliche Komplexität, denn es müssen sehr viele Gewerke miteinander arbeiten, um ein gutes Ergebnis zu erzielen. Zu diesem Punkt werde ich später noch detaillierte Ausführungen machen und mich für den Moment nur auf drei Hinweise beschränken, die Sie als Leiter*in des Projekts berücksichtigen sollten:

- **Bringen Sie alle Beteiligten regelmäßig an einem Tisch zusammen:** Wahrscheinlich haben alle gut vorgearbeitet. Aber Missverständnisse gibt es auch bei den besten Briefings und wenn die Produktionsphase abgeschlossen ist, lassen sich Änderungen nur noch mit zusätzlichen Kosten realisieren. In dieser Zeit entstehen „Werke“, die auf sehr vielen Ebenen passen müssen. Sie müssen zur Strategie und zum Archetypus passen. Sie müssen Ihre Ziele unterstützen. Sie müssen für die gewählten Kanäle optimiert sein, relevant sein für die gewählten Personas usw. Deshalb arrangieren Sie am besten turnusmäßige Meetings zwischen allen Beteiligten, um sich gemeinsam immer wieder Zwischenergebnisse anzusehen. Warten Sie nicht vier Wochen, um am Ende neu beginnen zu müssen.
- **Testen Sie die Inhalte früh in Fokusgruppen:** Ein Teil dieser Produktionsroutine sollten auch Tests mit Fokusgruppen sein. Suchen Sie sich ein paar Personas aus dem echten

Leben zusammen und präsentieren Sie ihnen erste Arbeitsergebnisse. Das Feedback ist wertvoll und kann dem Team vor allem in der zweiten Hälfte des Produktionszeitraums helfen.

- **Halten Sie die Fachverantwortlichen im Zaum:** Storytelling hat seine eigenen Regeln. Storys sind eher Reportagen als Fachartikel, fiktive Videos statt Dokumentationen. Bei den Fachabteilungen, die die Hintergrundinformationen beisteuern, fehlt dafür häufig das richtige Verständnis. Deren Vertreter*innen hängen sich gerne an kleinen (fehlenden) Details auf. Erklären Sie ihnen deshalb, was Sie mit den Storys erreichen wollen, und unterstützen Sie Ihr Team, wenn es zur Auseinandersetzung kommt. Sonst entstehen unentschlossene Hybride, die niemand sehen, lesen oder hören will. Die wirken dann so wie Witze, wenn sie von kleinen Kindern erzählt werden: langwierig, langweilig und ohne echte Pointe.

Es muss unters Volk: Storys distribuieren

Das Material ist fertig und wartet nun auf den entscheidenden letzten Schritt: die Distribution. Besonders im Content Marketing, aber auch in der internen Kommunikation, haben sich die Prioritäten in den letzten Jahren stark verschoben. Mindestens 30 Prozent des Aufwands gehen in Distribution und Promotion der Inhalte, damit ungefähr so viel wie in die Produktion. Extern wie intern werden mittlerweile so viele Inhalte produziert, dass man keinesfalls von einer gegebenen Aufmerksamkeit der Zielgruppen ausgehen kann. Es gibt einfach zu viel von allem. Aus diesem Grund müssen sowohl die Distribution als auch die Promotion einen besonderen Schwerpunkt Ihrer Arbeit darstellen, der idealerweise von Profis durchgeführt wird. Für die Distribution gilt es, eine Menge kanalspezifischer Regeln zu beachten, die teilweise schon in der Produktion zu berücksichtigen sind (z. B. braucht jedes Video Untertitel, weil kaum jemand den Ton anhat), teilweise aber auch erst bei der Ausspielung zum Tragen kommen. Insbesondere die Frequenz der Distribution kann von entscheidender Bedeutung sein. Wer auf X (vormals Twitter) nur einen einzigen Tweet mit der besten Story absetzt, so wie man früher Pressemeldungen nur einmal veröffentlich hat, muss sich nicht wundern, wenn sich die tolle Story nicht versendet. Häufige (immer wieder leicht angepasste) Wiederholungen und Teaser sind Trumpf, dazu eine Menge kuratierter Nachrichten und Konversation mit anderen rund um das eigene Thema. X (vormals Twitter) hat einen so hohen Durchsatz, dass Sie sonst einfach untergehen. Ähnliche Best Practices gibt es für nahezu jede Plattform, selbst interne. Auch in einer Mitarbeitenden-App oder in einem Intranet kann man der Aufmerksamkeit der anderen entgehen.

Die Promotion hat sich zu einer eigenen Wissenschaft entwickelt. Egal ob Sie mit Social Advertising, Google Ads, Display Ads, Programmatic Advertising und/oder mit kontinuierlicher Suchmaschinen-Optimierung arbeiten, die Interfaces der Verwaltungs-Tools gaukeln im Allgemeinen eine Simplizität vor, die es nicht gibt. Eine Facebook-Kampagne effektiv zu steuern, braucht Experten-Know-how. Deshalb empfehle ich Ihnen, hier auf spezialisierte Dienstleister*innen zurückzugreifen, wenn Sie kein eigenes Expert*innenteam im Haus haben. Sonst versenken Sie ein Drittel des Budgets im Zuckerberg/Brin/Dorsey-Nirvana.

Die Ernte einfahren: berichten und bearbeiten

Jetzt sollten Sie noch ein Reporting aufsetzen, das es Ihnen ermöglicht, die Ergebnisse Ihrer Geschichte oder Ihrer Kampagne zu bewerten und anderen zu vermitteln. Bewerten müssen

Sie, um nachsteuern zu können, falls die Ergebnisse nicht so sind wie erwartet. Berichten müssen Sie, um intern Rechenschaft abzulegen und Erfolge nachzuweisen. Gerade beim Storytelling, das als Kommunikationstaktik meistens aus dem gewohnten Rahmen fällt, sind die Kolleg*innen zu Beginn meistens eher skeptisch. Mit guten Zahlen können Sie diese Vorbehalte abbauen und haben es beim nächsten Mal dann leichter, das Budget freizubekommen. Welche KPIs für das Storytelling besonders wichtig sind, dazu komme ich später noch.

Genauso wichtig ist aber, dass Sie für die Bearbeitung der Ergebnisse sorgen und sich dementsprechend mit anderen Fachabteilungen verzahnen. Falls am Ende Ihrer Kampagne Leads herauskommen, sprechen Sie sich rechtzeitig mit dem Vertrieb ab, um zu gewährleisten, dass diese Leads auch wirklich genutzt und schlussendlich zu Kund*innen werden. Wenn Sie Kontakte zu Journalist*innen generiert haben, müssen die in die PR. Und wenn Mitarbeitende Rückfragen zu Change-Kampagnen haben, leiten Sie die an die Fachabteilungen weiter, damit die sehen, dass etwas in Bewegung gekommen ist. Storytelling kann in sich eine sehr befriedigende Arbeit sein. Sie macht Spaß und setzt eine Menge Kreativität frei. Aber eine Zukunft wird sie in Ihrer Organisation nur haben, wenn sie auch Ergebnisse liefert.

2.2.9 Ein paar Beispiele für gute Storys

Zum Abschluss noch ein paar Beispiele für gute Storytelling-Kampagnen der letzten Jahre.

Beginnen wir mit einem Klassiker, von dem wir eigentlich immer gute Kampagnen erwarten dürfen, die meistens vor allem durch ihre Simplizität bestechen: Apple. Die „Behind the Mac“-Kampagne (Bild 2.7) von 2019 war prototypisches Storytelling mit dem Menschen im Mittelpunkt.

Das Marketing stellte nicht das Produkt in den Vordergrund, sondern die kreativen Männer und Frauen, die mit diesem Produkt arbeiten - und mit denen wir uns identifizieren können, weil Apple eine gute Mischung gefunden hat aus „Everyday Influencern“ wie Raul Krauthausen (im Bild 2.7 oben links abgebildet) und „VIPs“ wie Lady Gaga. Die Liebe, die Apple Fanboys und Fangirls anschließend im Web unter dem Hashtag #behindthemac zeigten, war dabei nur folgerichtig und zeigt die Kraft persönlicher Vorbilder.

Ein vielleicht weniger glamouröses, aber sehr konsequentes Beispiel sind die bisher schon 28 **„Birkenstories“** (Bild 2.8) von Birkenstock.

Birkenstock-Tragende, traditionell eher als „Ökos“ und „Nerds“ verschrien, werden als Menschen mit sehr individuellen, immer aber besonderen Lebensläufen in liebevollen Porträts dargestellt, bei denen die Geschichte dieses Menschen im Vordergrund steht, selbst wenn sie hier und da einmal in den passenden Schuhen gezeigt werden, egal ob Fußballtrainer, Abt oder Winzerin.

Zwei schöne Beispiele für visuelles Storytelling (Bild 2.9) kann ich auch aus unserer Agentur beisteuern. Zum einen stellen wir unsere Mitarbeitenden nicht mithilfe von Kompetenzprofilen, sondern mit kleinen, sehr individuellen „pantomimischen“ Videos vor, die viel über ihre Persönlichkeit, ihre Hobbys und Vorlieben aussagen, getreu der Erfahrung, dass im Dienstleistungsgeschäft persönliche Beziehungen wichtiger sind als Kompetenzportfolios.

Für unseren Kunden GTAI haben wir vor einiger Zeit ein Magazin mit dem eher trockenen Schwerpunkt „Internationales Investitionsrecht“ entwickelt, in dem wir die Investitionskultur und die zu erwartenden Prozesse und Ansprechpartner mithilfe von Bildern aus dem Projekt

BUREAUCRATICS[26] des Fotografen Jan Banning vermittelt haben. Diese Bilder porträtierten Staatsdiener*innen in ihren Amtszimmern, wobei ihn und uns weniger die Zentren der Macht interessierten, sondern vor allem die einfachen Beamt*innen, die das Räderwerk der unterschiedlichsten Staatsapparate am Laufen halten. Entstanden ist so visuelles Storytelling über Menschen in „bürokratischer" Umgebung, ihr Selbstverständnis und die Symbole und Rituale öffentlicher Verwaltung, für die er 2004 einen World Press Photo Award erhielt.

Ein letztes „Unternehmen", das immer für eine Überraschung gut ist, ist die Bundeswehr. Schon seit Jahren begeistern sie mit YouTube-Serien, die viel mehr sind als einfache Promo-Materialien. Jede dieser Serien, zuletzt die Marine-Dokumentation „Besatzung Bravo",[27] ist exemplarisches, hochwertiges und voll ausgebautes Storytelling. In allen Fällen verfolgen wir die Schicksale ausgewählter Soldat*innen auf ihren (Übungs-)Missionen weltweit – und haben damit den perfekten Blueprint für das, was wir in der Agentur „Epics" nennen: Es sind persönliche Geschichten, im Rahmen eines dramatischen Spannungsbogens voller Konflikte. Mehr Identifikation und mehr Cortisol und Oxytocin werden wir im werblichen Umfeld aktuell kaum finden.

Bild 2.7 Die Kampagne „Behind the Mac"[28] von 2019 zeigt Menschen, die mit ihrem Mac arbeiten. Die Spots zeigen laut Apple, wie „echte Menschen" ihren Mac nutzen, um das zu tun, was sie lieben: Ein Potpourri aus über 23 Persönlichkeiten aus den Bereichen Musik, Design, Illustration, Schauspiel, Mode, Fotografie, Street Art, Regie, Medien und Entwickler, Frauen und Männer unterschiedlichen Alters und mit diversen Hintergründen und Lebensgeschichten. Screenshot: Hinter dem Mac © Apple

[26] WWW: In den Wohnzimmern der Macht. Interview mit dem Fotografen Jan Banning, *https://www.kammannrossi.de/blog/in-den-wohnzimmern-der-macht.-interview-mit-dem-fotografen-jan-banning* (abgerufen 10/2023)
[27] WWW: Besatzung Bravo, *https://www.youtube.com/watch?v=usouJXESjBc* (abgerufen 10/2023)
[28] WWW: Behind the Mac-Kampagne, *https://www.apple.com/de/mac/behind-the-mac* (abgerufen 10/2023)

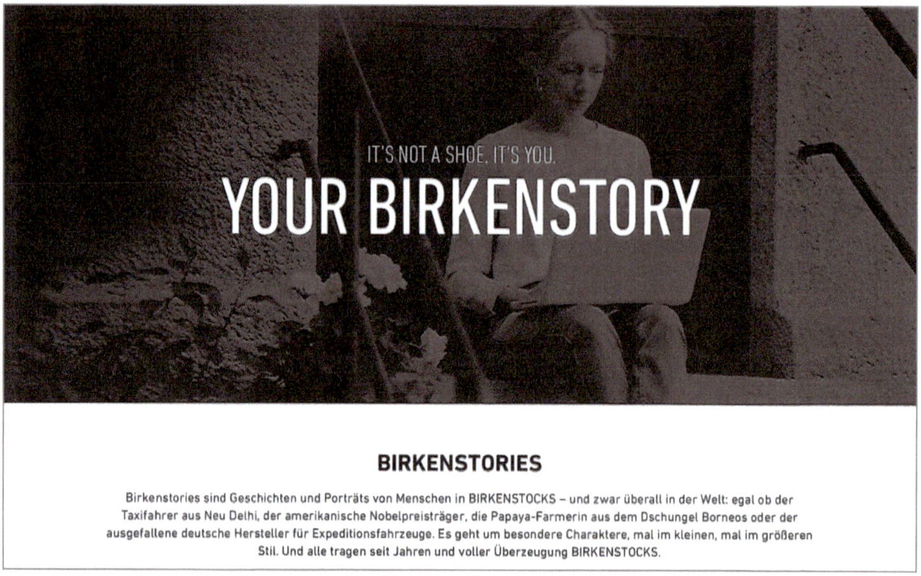

Bild 2.8 Birkenstock zeigt Porträts von Menschen in Birkenstocks. Dabei beteiligt das Unternehmen aktiv seine Kund*innen mit dem Aufruf: „BIRKENSTOCK SUCHT DICH
Kennen auch Sie spannende BIRKENSTOCK-Träger, die hier dringend vorgestellt werden sollten? Sei es aus dem privaten Umfeld, sei es eine zufällige „Entdeckung“ im Urlaub oder sonst wie und wo – wir freuen uns über jeden Themenvorschlag!“[29] Screenshot: Your Birkenstory © Birkenstock

Bild 2.9 Kompetenzprofil der Agentur Kamann Rossi; hier im Bild Carsten Rossi. Screenshot: © Kamman Rossi GmbH[30]

[29] WWW: Birkenstories, *https://www.birkenstock.com/de/magazine/birkenstories* (abgerufen 9/2023)

[30] WWW: Storytelling in der Darstellung der Teammitglieder zeigt die Agentur Kamann Rossi, *https://www.kammannrossi.de/team* (abgerufen 10/2023)

3 Einsatz und Praxis: Wo und wie Storytelling verwendet wird

Storytelling geht jeden etwas an. Es tangiert sowohl Selbstständige als auch Berater*innen, Trainer*innen, Schüler*innen, Vortragende, Unternehmen und auch Mitarbeitende, Kunden, Expert*innen und Influencer*innen. Längst ist es nicht mehr „nur" eine Aufgabe der Kommunikations- und Marketingabteilung.

Vergessen wir die Unterscheidung zwischen endkundenorientiertem Storytelling (B2C) und Storytelling von Business zu Business (B2B): Heutzutage sprechen wir von **„Human to Human"-Storytelling,** also von Mensch zu Mensch, denn in sämtlichen Bereichen sprechen wir meist mit Menschen. Allmählich fangen wir auch an, uns mit Machinen bzw. Software zu unterhalten: Human to Machines Conversation.

Gerade innerhalb von Unternehmen und Organisationen steht fest: Die Zeit des Silodenkens ist vorbei. **Geschichten werden von allen in jeder Abteilung erzählt, konsumiert geteilt und genutzt.** Daher ist es wichtig, strategisch auch die Silos in den Unternehmen und zu einer echten Kollaboration aufzubrechen.

Angewendet wird Storytelling vor allem im Wissensmanagement, der Kinder- und Erwachsenenbildung, dem Journalismus, der Psychotherapie sowie in Marketing, PR und Werbung. Je mehr ich mich mit dem Thema beschäftige, finde ich doch in allen Bereichen Storytelling wieder und sehe es als ein Wissen und eine Fähigkeit für vielerlei Aufgaben: Führung, Kommunikation, Empathie, Kreativität, Überleben.

Je nach Einsatz und Zielsetzung gibt es diverse Ansätze von Storytelling, wovon ich in diesem Kapitel einige vorstellen werde. Grundsätzlich können wir folgende Storytelling-Anwendungen unterscheiden:

1. **Personenzentriertes Storytelling:** Hierbei sind Menschen (Personenmarken, Markenbotschafter bzw. Geschäftsführung und weitere „sichtbare" Personen einer Organisation) quasi die „Protagonisten" der Geschichten. Denken wir beispielsweise an Unternehmensbotschafter oder Gründergeschichten und Erfolgsgeschichten, wie die von Apple, die mit der Person von Steve Jobs stark verwoben ist.
2. **Themenzentriertes Storytelling:** Schauen wir uns nicht nur Initiativen wie Greenpeace an, deren Kommunikation sich rund um ein Themengebiet zentriert. Auch Unternehmen wie etwa die Telekom kommunizieren rund um Themengebiete wie beispielsweise Mobilität, Zukunft bzw. Vernetzung.
3. **Kundenzentriertes Storytelling:** Geschichten, in denen Kundinnen und Kunden die Rolle der „Heldenfigur" bzw. des Protagonisten einnehmen, handeln von deren Problemen oder Wünschen und Bedürfnissen. Hier steht die Kundschaft sozusagen im Mittelpunkt (Customer-Centricity-Konzept).
4. **Produktzentriertes Storytelling:** Unter diesem Blickwinkel lassen sich viele der anderen genannten Punkte mit berücksichtigen, etwa die beteiligten Mitarbeiterinnen und Mitarbeiter, die Entwicklungsgeschichte und die Anwendung. Geschichten über etwa die Produktidee oder die Qualitätssicherung bis zur Anwendung müssen nicht nur faktisch und trocken beschrieben werden. Entwickeln Sie daraus Geschichten.
5. **Anwenderzentriertes Storytelling:** Dieser Punkt stellt eine Unterform des personenzentrierten Storytellings mit dem Fokus der „How to", also wie gehe ich mit dem Produkt um, dar. Auch hier stehen die Anwender*innen mitsamt ihren Fragen und Bedürfnissen im Mittelpunkt der Story.
6. **Anwendungszentriertes Storytelling:** Typische Vertreter sind hierbei Case Studies (Fallstudien), welche einen roten Faden haben, ein Problem nennen und Lösungen Schritt-für-Schritt aufzeigen. Obwohl nicht jede Case Study eine Heldenfigur benötigt, tragen auch hier wiedererkennbare Personen dazu bei, Geschichten nacherlebbarer zu gestalten.
7. **Geschichtszentriertes Storytelling:** Denken wir an die Milestones eines Unternehmens oder die Gründungstage einer Organisation, so hilft diese Art der Geschichten Entwicklungen anhand einer Zeitlinie aufzuzeigen. Sie sind interessant, wenn Unternehmen beispielsweise aufgekauft oder von einem Familienunternehmen in eine AG umgewandelt werden oder ein Jubiläum begehen.
8. **Eventzentriertes Storytelling:** Events wie Messeauftritte, Konferenzen, Meetups oder Online- bzw. hybride Veranstaltungen bieten die Möglichkeit, Erlebnisse und Erfahrungen zu inszenieren. Besucher kommen bestenfalls mit Geschichten aus dem Event heraus, die sie weitererzählen.

9. **Motivierendes Storytelling bzw. Zukunftsnarration (Future Storytelling):** Wir können unsere Zukunft mitgestalten, indem wir beispielweise nicht nur Ängste verbreiten und Geschichten über eine die Menschheit gefährdende KI erzählen. Stellen Sie sich Narrative als musterhafte Geschichten vor, die hier in unserem Beispiel die positive Zusammenarbeit von KI und Menschen in den Fokus stellen. Diese Zukunftsnarrative versuchen oft als Gegenerzählung Vorurteile abzubauen und die Zukunft offen für neue Lösungen zu machen. Narrative haben so als sinnstiftende Erzählungen Einfluss auf die Wahrnehmung unserer Umwelt und die Gestaltung der Zukunft.

3.1 Storytelling in der PR (Kommunikation)

Je nach Aufgabenbereich wird in vielen Organisationen die Kommunikation immer noch in zwei Bereiche unterteilt: die interne Kommunikation, welche vor allem die Mitarbeitenden sowie alle Stakeholder wie Partnerunternehmen, Lieferanten usw. anspricht, sowie die externe Kommunikation, welche vor allem vorhandene oder potenzielle Bezugsgruppen wie Kundinnen und Kunden, Medien, Verbände oder potenzielle Mitarbeitende anspricht.

Entsprechend der Auslegung der Geschichten auf die Bedürfnisse der Zielgruppe, ist es auch in der internen Kommunikation wichtige, die Zielgruppe genau kennenzulernen. Hierbei sind Umfragen, Netzwerkgruppen, Events, Gespräche, Feedback-Aktionen, Challenges u. a. eine Möglichkeit, um zu erfahren, welche Themen, Plattformen und Story-Arten beim Publikum auch wirklich auf Interesse stoßen.

In den letzten Jahren werden diese Bereiche bzw. Abteilungen aufgebrochen. Immer mehr Unternehmen werden zu *Communicative Organisations* und kommunizieren vielfältig und setzen zudem die Kommunikation mittels Geschichten bewusst ein. Dies bedarf eines Wandels im Mindset sowie in der Organisation vieler Unternehmen: Abteilungssilos werden aufgebrochen und Mitarbeitende und Stakeholder werden eingebunden. Daher verschwinden mehr und mehr die Grenzen zwischen interner und externer Kommunikation sowie zwischen Public Relations, die vor allem Medien informieren, oder Organisationen, die sich auch als Medien aufstellen.

Der Vorteil von einem Corporate Newsroom ist, dass er als zentrale „Drehscheibe" für eine einheitliche Stimme und in Richtung der Kommunikation innerhalb und außerhalb der Organisation fungiert. Im Newsroom laufen die Fäden über Themen, veröffentlichte Inhalte (Content Audit), Events und geplante Maßnahmen zusammen.

So „betreiben" Unternehmen wie Microsoft, Daimler oder Red Bull eigene Medienkanäle bzw. treten als eigenes Medienhaus auf. Das Unternehmen Red Bull hat sich neben der Herstellung von Getränken mit seiner Webseite und diversen Social-Media-Kanälen auch mit dem Online-Magazin „Red Bull Bulletin" (Bild 3.1), weiteren Zeitschriften, TV-Produktionen und einem Buchverlag zu einem Medienunternehmen gemausert.

Bild 3.1 Schauen wir uns die Webseite der Marke Red Bull an, so erscheinen zunächst die Reiter TV, Events, Athleten und dann erst Produkte. Screenshot © RedBull.de

Anstatt dass sich Unternehmen in verschiedenen Abteilungen (Silos) abschotten, werden nun alle Bereiche und Mitarbeitenden in das Storytelling einbezogen. Um das zu erreichen, werden Informationen in einem Newsroom zentral geführt. Kommunikationsprogramme befähigen beispielsweise Mitarbeitende, zu aktiven Playern und Storyteller*innen zu werden.

Storytelling bedeutet Dialog und Interaktion: Lassen Sie erzählen und beziehen Sie das Publikum bei der Kreation, dem Erzählen und Verbreiten von Geschichten mit ein.

Die Aufgabe des Kommunikationsteams besteht darin, die Stakeholder und Mitarbeitenden zu motivieren und zu befähigen sowie notwendigen Formen, Tools und Abläufe zu schaffen, damit diese ihr volles Potenzial ausschöpfen können.

Mit Storytelling die Unternehmen greifbar und fühlbar machen

In der Regel gibt es eine Vielzahl von Geschichten, die ein Unternehmen, eine Marke greifbar machen. Nehmen wir das Beispiel vom Wert Sparsamkeit (also nicht verschwenderisches Handeln): Dieser Werte kann natürlich neben weiteren Werten auf der Unternehmenswebseite als Genügsamkeit aufgelistet sein. Die Frage ist, ob Menschen diesen Wert z. B. mit dem Unternehmen Amazon in Verbindung bringen können?

Von Jeff Bezos, dem Gründer und einstigen CEO von Amazon, sagt man, sein Schreibtisch war eine alte Tür. Das Bild der Tür, die Bezos in der Gründungsphase von Amazon als Schreibtisch benutzt und behalten hat, ist eine Geschichte in Kurzform, ein Element, um das Kopfkino in Gang zu setzen und im Gedächtnis zu bleiben.

3.2 Corporate Storytelling als Strategie

Corporate Communications und Corporate Storytelling sind entscheidend am Erfolg von Unternehmen beteiligt. Dabei geht es auch um die Erarbeitung und Bewahrung der gesellschaftlichen „License to Operate" - der gesellschaftlichen Akzeptanz eines Unternehmens und seines Geschäftsmodells.

Unterstützt wird die Akzeptanz einer Organisation, indem die **Unternehmenskultur** mitsamt den Werten und Zielen gelebt wird. So reicht ein Text auf der Webseite nicht aus, um sich beispielsweise umweltbewusst zu zeigen. Diesem „Greenwashing" setzte ein aktives Storydoing entgegen, indem Themengebiete wie „bewusster Umgang mit der Umwelt" Aktionen umgesetzt werden, Mitarbeitende beispielsweise um und an der Fassade des Unternehmensgebäudes einen Klimagarten planen, gemeinsam anlegen und davon erzählen.

Corporate Storytelling beschäftigt sich mit der kommunikativen Darstellung und dem Dialog eines Unternehmens sowohl nach innen (Mitarbeitenden) als auch nach außen (Partner, Kunden, Medien und Öffentlichkeit).

Mittels Geschichten wird das Unternehmen mit seinen Werten, seinen Zielen und Visionen, seinem Handeln, den Erfolgen und Misserfolgen, den Personen eines Unternehmens „in Szene gesetzt", damit ein „Konstrukt" greifbar und fühlbar wird.

Unter dem Motto „Geschichten verbinden uns durch gemeinsame Erlebnisse" veröffentlicht das Unternehmen Microsoft auf **Microsoft Stories** Feature-Stories, Videos, Podcasts und mehr zu Unternehmens- und Kundennachrichten mit der Aufgabe, „authentische, aussagekräftige und visuell kreative Berichte von Menschen innerhalb und außerhalb des Unternehmens zu erstellen, die die Welt inspirieren, Microsoft zu schätzen". Aktuell ist Microsoft Stories quasi ein Netzwerk bestehend aus diversen Storytelling-Kanälen, die jeweils einen eigenen Zweck verfolgen. Gehandhabt wird diese Vielfalt durch einen Newsroom und eine Unternehmens- bzw. Newsroom-Redaktion.

Der **Corporate Newsroom** ist im Unternehmen oft die zentrale Drehscheibe, um eine einheitliche Stimme und Richtung der Kommunikation zu gewährleisten. Hier laufen Themen, Beiträge, Dokumente, Autor*innen, Kanäle usw. zusammen.

Ein Newsroom-Team erstellt oder koordiniert Inhalte für unternehmenseigene Kanäle. Jens Seiffert-Brockmann stellte in einer Studie zu Corporate Newsroom[1] fest, dass starke Newsroom-Strukturen sich auch in der Unternehmenskultur wie der Bedeutung von Flexibilität, flachen Hierarchien, agilen Methoden und einer Fehlerkultur widerspiegeln. So liegt laut Seiffert-Brockmann die größte Herausforderung darin, ein **kohärentes Storytelling** zu entwickeln, das zwar eine Wiedererkennbarkeit in der eigenen Art des Erzählens haben soll, dennoch aber offen für persönliche Erzählweisen der einzelnen externen und internen Storytellenden aufweisen muss.

---

1 Vgl. Seiffert-Brockmann, Jens, et al.: Agile Content Management: Strategic Communication in Corporate Newsrooms. In: International Journal of Strategic Communication, Issue 2. 2021, *https://doi.org/10.1080/1553118X.2021.1910270* (abgerufen 8/2023)

3.3 Storytelling und Leadership

Wirksame Führung zeichnet sich durch wirksame Kommunikation aus. Das Erzählen von Geschichten wird heute von Organisationen als Führungsinstrument anerkannt: Seit Jahrhunderten werden Geschichten eingesetzt, um Menschen miteinander zu verbinden, zu lehren, zu schulen, an Bord zu holen, aufzuklären und sogar, um die Moral zu steigern, zu ermutigen und zu motivieren. All diese Aufgaben werden von effektiven Führungskräften erwartet.

Storytelling hilft nicht nur Menschen zu überzeugen, sondern vor allen Dingen Menschen emotional zu erreichen. Ob es darum geht, die Leistung eines Vertriebsteams zu steigern oder den Kunden einen professionellen und zufriedenstellenden Service zu bieten: In allen Bereichen verbindet, inspiriert und motiviert eine erfolgreiche Führungskraft die Menschen, die sie führt, um bestimmte Ziele zu erreichen.

Ein weiterer Aspekt von **Storytelling für Leadership und agiles Arbeiten ist die Dialogorientierung.** Storytelling unterstützt die Führungskräfte, Mitarbeitende zu inspirieren, ein Unternehmensziel oder eine Vision zu vermitteln, die Unternehmenskultur und -werte zu definieren, notwendige Konzepte zu lehren, grundlegende Schulungen durchzuführen und sogar den Mitarbeitern zu helfen, ihre Führungskräfte besser kennenzulernen.

Darüber hinaus haben Geschichten das Potenzial, **Komplexes einfacher bzw. begreifbarer zu machen.** Schon das fördert die Kommunikation – es hilft uns, Informationen sinnvoll zu nutzen und besser zu verstehen. Darüber hinaus haben Geschichten die Fähigkeit, Werte und Empathie sichtbar zu machen.

Storytelling beschäftigt sich nicht nur mit dem Erzählen, sondern auch mit dem Zuhören: Satya Nadella, Microsofts CEO, hat bei Microsoft vieles eingeführt und verändert, so auch ein Management, das sich auf die Kunst des Zuhörens konzentriert und die Bedürfnisse und Emotionen aller Beteiligten berücksichtigt. Für ihn gehört zum Leadership nicht nur Vertrauen, sondern auch Empathie.

> *„Der Wert, den ich wirklich sehr zu schätzen gelernt habe und über den ich viel spreche, ist Empathie. Ich glaube nicht, dass es einfach nur ein ‚nice to have' ist, sondern dass es im Zentrum der Innovationsagenda hier bei Microsoft steht", meint Satya Nadella, CEO von Microsoft. „Empathie ist ein Muskel, den man trainieren muss."*[2]

3.3.1 Mit Storytelling die Zukunft gestalten: Zukunftsnarrative

Storytelling ist und kann viel mehr als das bloße Berichten von Abläufen oder kleinen Erlebnissen. Narrative ist ein Begriff, der mehr und mehr in den Tagesereignissen, in der Politik und in der Gesellschaft genutzt wird.

---

[2] Vgl. o. V. Satya Nadella: When empathy is good for business. In: morningfuture.com, *https://www.morningfuture.com/en/2018/06/18/microsoft-satya-nadella-empathy-business-management* (abgerufen 9/2023)

Folgende Fragen stehen im Vordergrund: Was ist ein Narrativ und wie unterscheidet es sich von einer Story?

Sowohl Narrative als auch Geschichten leiten sich beide ursprünglich aus dem Wort *narrare* für erzählen ab. Während eine Story (Geschichte) typischerweise neben einer Struktur eine Handlung, einen Protagonisten sowie einen Spannungsbogen aufweist, ist ein Narrativ übergreifend, eine Art *übergeordnete, erklärende und einordnende Metaerzählung.*

Albrecht Koschorke, Literaturwissenschaftler, definiert ein Narrativ wie folgt: „Ein Narrativ ist eine kollektiv wirksame Erzählung [...].“[3] Koschorke sieht drei wesentliche Funktionen von narrativen Erzählungen:

- Sinnstiftung (und die Zurückweisung von Sinnzumutungen);
- Veränderung der Wirklichkeit durch fiktive Zukunftsentwürfe;
- Unterscheidung in Freunde und Feinde (Othering).

Zukunftsnarrativ

Pablo Picasso sagte einmal: „Alles, was du dir vorstellen kannst, ist real.“[4] Um Menschen mit einer Idee einer neuen Zukunft, eines Change, anzustecken, ist oft eine Geschichte der richtige Weg. Denken wir an die berühmte Rede von Martin Luther King aus dem Jahr 1963, die mit „I have a dream“ beginnt und eine Zukunft ohne Rassentrennung und Diskriminierung aufzeigt.[5]

Hier kommen die Aspekte Change, Zukunft und Gemeinschaft (Gesellschaft) zusammen. Ein Zukunftsnarrativ, also eine Geschichte bzw. Vision über eine oft bessere Zukunft.

Das Zukunftsnarrativ lebt von der Beteiligung vieler, die einen aktiven Part des Narrativs übernehmen, ein Teil der Zukunft werden und ihren Traum einer besseren Zukunft erzählen und leben. Geschichten schaffen nicht nur Aufmerksamkeit, sondern Gemeinschaft. Nicht umsonst gelten Narrative als „verbindende, sinnstiftende Erzählung“.

Ein Narrativ entfaltet als übergeordnete Metastory erst mit vielen einzelnen authentischen Geschichten seine ganze Kraft. Diese Geschichten machen das Narrativ erst emotional erlebbar.

Narrative braucht es vor allem da, wo Menschen dazu bewegt werden sollen, an etwas Abstraktes, eine Strategie oder Vision wie etwa die von Martin Luthers „Gleichheit“ oder „Gleichgerechtigkeit“ zu glauben.

3.3.2 Public Narrative: Ein Modell von Marshall Ganz

Storytelling und Leadership hängen eng zusammen, denn Geschichten haben die Möglichkeit, Menschen zu inspirieren und zu Handlungen zu motivieren. Und nichts anderes ist die

---

3 Korschorke, Albrecht: Einige Gedanken über den Modebegriff „Narrativ“, *https://www.badische-zeitung.de/einige-gedanken-ueber-den-modebegriff-narrativ* (abgerufen 10/2023)

4 Vgl. o. V. „Alles, was du dir vorstellen kannst, ist real.“ – Pablo Picasso. In: berühmte Zitate. o. D., *https://beruhmte-zitate.de/zitate/1982654-pablo-picasso-alles-was-du-dir-vorstellen-kannst-ist-real* (abgerufen 10/2023)

5 Vgl. o. V. „I have a dream“ – Ein Auszug aus der Rede von Martin Luther King, 1963. In: ZDF.de. 04.04.2018, *https://www.zdf.de/nachrichten/heute-sendungen/videos/martin-luther-king-i-have-a-dream-rede-ausschnitt-100.html* (abgerufen 10/2023)

Definition von **Leadership**: die Befähigung, Menschen zu motivieren, zu inspirieren und zu befähigen, das Beste aus ihnen für sich und die Gemeinschaft hervorzuholen.

Führungskräfte stehen vor der Herausforderung, die Kräfte aller Mitarbeitenden zu mobilisieren und auf ein gemeinsames Zukunftsziel (Vision) zu lenken.

Dies kann im Storytelling durch das **Public Narrative** realisiert werden. Professor Marshall Ganz entwickelte ein *Public Narrative Framework* (Bild 3.2), das aus drei Geschichten besteht. Die Grundidee dieses Frameworks besteht darin, dass der Storytellende das Publikum motiviert gemeinsame Werte und Visionen zu teilen und zu leben.

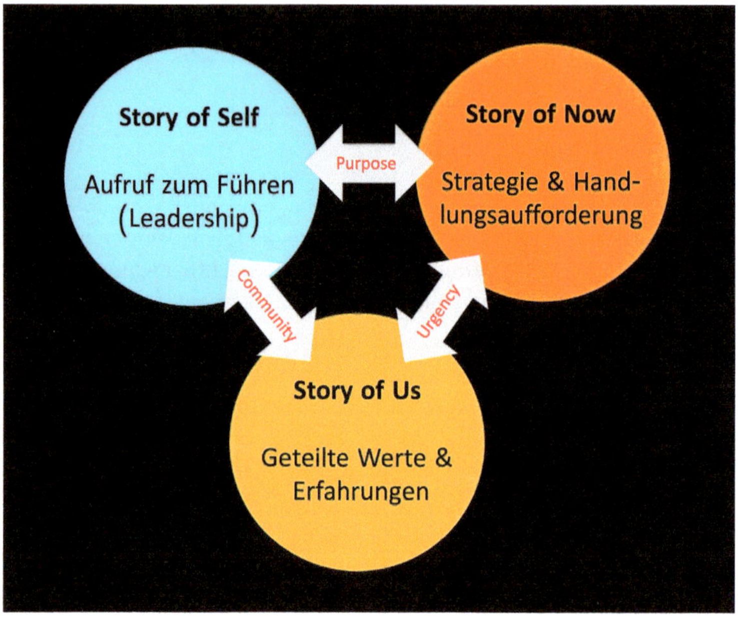

Bild 3.2 Das Public Narrative Framework nach Marschall Ganz. Quelle: Eigene Darstellung nach Ganz, *http://marshallganz.usmblogs.com/files/2012/08/Public-Narrative-Worksheet-Fall-2013-.pdf*

Ganz beschreibt nicht nur, wie Leadership und Storytelling zusammenhängen und welche zentrale Rolle Geschichten und Werte spielen, sondern er beweist seine These auch als Wahlkampagnenunterstützer bei der Wiederwahl Barack Obamas im Jahr 2008.

- In der **Story of Self** erzählt der Storytellende eine persönliche Geschichte von sich selbst. Barack Obama sprach beispielsweise von seinen afrikanischen Wurzeln: Obamas Vater stammt aus Kenia. Obamas Mutter stammt aus Kansas und hat irische, britische, deutsche und Schweizer Vorfahren. Obama erzählt, was seine Eltern erlebten und wie diese Erfahrungen sein Leben beeinflusst haben. Er erzählt seine persönliche Geschichte als Teil der amerikanischen Story, als Nation von Einwanderern. Obama erzählt über seine Eltern, seine Großeltern und deren Träume als Einwanderer. Als Storytellender öffnet er sich, zeigt Einblicke in sein Leben, zeigt sich sympathisch, zugänglich und reiht sich zugleich mit individuellen Erfahrungen, mit der persönlichen Story, als Teil in die Gemeinschaft vieler amerikanischen Bürger ein. Oft wird dieser Einstiegsbereich der Story auch mit „Woher-komme-ich“- bzw. „Was-ich-erlebt-habe“-Geschichte übersetzt.

Barack Obama eröffnete 2004 seine Rede zur Democratic National Convention mit persönlichen Einblicken:

*„Tonight is a particular honor for me because, let's face it, my presence on this stage is pretty unlikely. My father was a foreign student, born and raised in a small village in Kenya. He grew up herding goats, went to school in a tin-roof shack. His father, my grandfather, was a cook, a domestic servant."**

* Vgl. Obama, Barack: The American President Project: Barack Obama, 44th President of the United States: 2009–2017. Keynote Address at the 2004 Democratic National Convention. In: presidency.ucsb.edu. 27.08.2014, *https://www.presidency.ucsb.edu/documents/keynote-address-the-2004-democratic-national-convention* (abgerufen 9/2023)

- Mit der zweiten Geschichte, der **Story of Us,** schlägt der Storytellende die Brücke zwischen seiner Motivation und Vision zum Publikum. Obama erinnert das Publikum an die gemeinsame Geschichte als Einwanderungsland, betont die Schwierigkeiten, aber auch die Chancen, die Amerika durch diese Vielfalt erhält. Hier wird die Story der Gemeinschaft erzählt, der Amerikaner, die durch ihre Vielfalt die starke und einzigartige Nation der USA ausmachen.

  Schnell kommt Obama 2004 in seiner „Convention-Rede“[6] zur **Story of Us,** also **einer Geschichte von „uns“ als Gesellschaft:** In ihr werden die gemeinsamen Ziele und Visionen angesprochen, das Gemeinschaftsgefühl wird aktiviert. Obama spricht:

  „That is the true genius of America, a faith in the simple dreams of its people, the insistence on small miracles. That we can tuck in our children at night and know they are fed and clothed and safe from harm. That ***we can say what we think,*** *write what we think, without hearing a sudden knock on the door. That we can have an idea and start our own business without paying a bribe or hiring somebody's son. That we can participate in the political process without fear of retribution, and that our votes will he counted? Or at least, most of the time.“*[7]

  Oft wird dies auch **„Wer-wir-sind“-Geschichte** genannt, in der von der Identität beispielsweise des Unternehmens erzählt wird. Oft stehen gemeinsame Erlebnisse der Mitarbeitenden, etwa von der betrieblichen Weihnachtsfeier, aber auch gemeinsam geteilte Werte im Mittelpunkt der Geschichte.

- Mit der **Story of Now** beendet Obama seine Story mit der Vision einer Nation, in der echte Chancengleichheit herrscht. Diese Geschichte beinhaltet eine klare **Handlungsaufforderung** an das Publikum: Obama motiviert sie, gemeinsam mit ihm diese Vision möglich zu machen. Wir können diesen Teil auch mit der **„Wohin-gehen-wir“-Geschichte** übersetzen.

  In einer Change Story würde hier das Zukunftsnarrativ als zukünftiges Geschäftsmodell mit seinen Chancen beschrieben. Oft zeigt die **NOW-Story** den Scheidepunkt, d. h. eine Herausforderung, vor der die Gemeinschaft jetzt steht, Entscheidungen, die getroffen werden müssen, und das Ziel und die Hoffnung, die die Gemeinschaft – oder besser „wir“ – anstreben.

  Auf der emotionalen Ebene wird mit dem Konzept des Public Narrative die Führung, der Leader, mit einer persönlichen Geschichte Teil der Gemeinschaft.

---

[6] Ebd.
[7] Ebd.

Marshall Ganz betont, dass Geschichten zum Handeln anregen. Sie sind Motivationsquellen und mobilisieren Kräfte, über die Einzelne oft nicht verfügen.

Alternativ könnten wir in diesem Rahmen auch **von My Story, Your Story und Our Story** sprechen:

- **My Story:** Wir alle erzählen Geschichten über uns, denn Geschichten definieren uns. Jemanden gut zu kennen bedeutet, seine individuelle Lebensgeschichte zu kennen, die Erfahrungen, die ihn geprägt und zu dem gemacht haben, was er heute ist, mit all seinen Zielen, Werten und Zukunftsvisionen.
- Mit **Your Story** wenden Sie sich an eine bestimmte Personengruppe, z. B. Kund*innen oder Mitarbeitende. Dabei kann es sich um Erfolgsgeschichten, Best-Practice-Erfahrungen oder auch How-to-Anleitungen handeln.
- Die meisten von uns wollen Teil von etwas Großem sein. Das zeigen aktuell viele engagierte Jugendliche, Wissenschaftler*innen und weitere Unterstützer in der Fridays-for-Future-Bewegung. Wir sehnen uns danach, etwas Sinnstiftendes zu tun oder daran mitzuwirken. Unsere Motivation wächst, wenn wir uns vorstellen, wie bzw. wie viel besser unser Leben in Zukunft aussehen könnte. Dabei helfen uns neben sachlichen Fakten (z. B. gegen das Ignorieren des Klimawandels) gerade auch Utopien und Geschichten, die unsere Vorstellungskraft wecken und unser Handeln beflügeln.

  In der Gemeinschaft wird es zu **Our Story.** Alle Betroffenen erzählen sich die Geschichte des Klimawandels und wie wir als Teil der Gesellschaft versuchen, diesen aufzuhalten.

3.3.3 Empathy und Storytelling als Skill für den New Leadership

Storytelling ist gerade im Bereich *Leadership* und *New Work* in agilen Teams als notwendige Fähigkeit (Soft-Skill) notwendig. Gerade weil in vielen Organisationen bei hybriden Arbeitsplätzen oder im Home-Office eine große Herausforderung darin besteht, eine integrative Arbeits- und Unternehmenskultur zu schaffen oder aufrechtzuerhalten. Es geht um Verbundenheit, Vertrauen, komplexe Aufgaben zu verstehen, Ergebnisse zu transportieren.

Auch müssen Führungskräfte und Teams Möglichkeiten für eine sinnvolle Verbindung zwischen Mitarbeitern schaffen. Eine Möglichkeit dazu ist das Erzählen von Geschichten, um Wissen zu teilen, Mitarbeitende zu motivieren und eine Teamgemeinschaft aufzubauen. Storytelling ist ein unschätzbares Werkzeug gerade für Führungskräfte, um Verbindungen aufzubauen, die ihrem Unternehmen Erfolg bringen.

Geschichten erzeugen Empathie

Kleine Anekdoten, persönliche Erlebnisse oder auch gemeinschaftliche Erlebnisse ermöglichen in Teams und unter Mitarbeitenden die Entstehung eines „Wir"-Gefühls. Diese Geschichten werden auch als Klebstoff einer Gemeinschaft bezeichnet. Das menschliche Gehirn schüttet beim Publikum Oxytocin aus, das als „Kuschel-" oder „Bindungshormon" bekannt ist. Dieses Hormon bringt uns dazu, uns in den Storytellenden und/oder die Charaktere der Geschichte einzufühlen.

Daher ist in jeder Unternehmenskultur eine bewusste Förderung von Storytelling angesagt.

Lassen Sie Raum für Geschichten. Es kann verlockend sein, jede Abweichung von der Tagesordnung als ein Ärgernis zu betrachten, aber wenn Sie hören, dass Geschichten erzählt werden, sollten Sie nicht dazwischenfunken. Wenn sich die Besprechung etwas in die Länge zieht - na und? Geschichten sind die Bausteine des Zusammenhalts in Ihrem hybriden Team. Lassen Sie sie geschehen.

Fördern Sie das Geschichtenerzählen. Wenn Sie ein neues hybrides Team leiten oder neue Mitarbeiter willkommen heißen, nutzen Sie das Geschichtenerzählen als Eisbrecher, um eine Kultur des Geschichtenerzählens in Gang zu bringen. Bilden Sie kleine Arbeitsgruppen und geben Sie eine Aufforderung zum Geschichtenerzählen. Zum Beispiel: Erzählen Sie drei Geschichten aus drei verschiedenen Lebensabschnitten: Kindheit, Anfang 20 und ein beliebiges anderes Alter. Oder: Wählen Sie einen Gegenstand auf Ihrem Schreibtisch und erzählen Sie eine Geschichte darüber. Die Aufforderung muss nicht kompliziert sein! Sie dient lediglich als Ausgangspunkt, um die Teilnehmer aufzulockern und sie an das Erzählen zu gewöhnen.

Üben Sie das Geschichtenerzählen. Nehmen Sie sich zu Beginn oder am Ende von Einzelgesprächen und Teamsitzungen etwas Zeit, um eine persönliche Anekdote zu erzählen. Dabei kann es sich um einen kürzlichen Urlaub oder eine lustige Begebenheit handeln, die Ihnen heute Morgen beim Kaffeekochen passiert ist. Geschichten mit Dilemmas (wir haben uns verfahren und hatten kein Benzin mehr!) und Auflösungen (wir haben eine Tankstelle gefunden und der Tankwart hat uns zum Hotel geleitet) sind am effektivsten; versuchen Sie, nicht einfach eine Liste von Handlungen zu rezitieren.

3.4 Storytelling in der Wissenschaft

Menschen kommunizieren miteinander. Sowohl Wissen und Informationen als auch Ideen, Philosophien, Wertevorstellungen sowie Träume und Visionen einer besseren Zukunft.

Wissenschaft besteht meistens nur, wenn sie kommuniziert, verstanden und entsprechend der Möglichkeiten auch praktiziert wird. Die Notwendigkeit von Wissenschaftskommunikation für uns alle hat die Pandemie gezeigt: Plötzlich lauschten wir Professoren, Ärzten, Forschern, um zu verstehen, was vor sich geht und wie man sich vor Corona schützen kann.

Sarah Davies, Wissenschaftlerin der Universität Wien, bezeichnet die Pandemie als ein Realwelt-Experiment für die Wissenschaftskommunikation. Für sie ist die zentrale Frage, warum Wissenschaftskommunikation notwendig ist? Ihrer Meinung nach steht nicht im Vordergrund, Informationen über Wissenschaft zu verbreiten, sondern die grundlegende Annahme, dass man mithilfe von Wissenschaft Demokratie fördern kann. „Wir leben in Demokratien und glauben, dass wir demokratische Werte wie Gerechtigkeit mit wissenschaftlichen Argumenten in der öffentlichen Debatte und in der Politik stärken können.“[8] Ihrer Meinung nach geht es darum, „Bürgerinnen und Bürger so auszustatten, dass sie eine kritische, engagierte und informierte Debatte über wissenschaftliche Themen führen können.“[9]

[8] Wieselberg, Lukas: Wissenschaftskommunikation: Kommunikation in der Krise. In: Science-ORF.at. 16.9.2022, *https://science.orf.at/stories/3214913* (abgerufen 10/2023)

[9] Vgl. ebd.

Hirnforscher Prof. Dr. Dr. Manfred Spitzer fasst zusammen, warum Geschichten für uns Menschen so interessant sind: „Was den Menschen umtreibt, sind nicht Fakten und Daten, sondern vor allem Gefühle, Geschichten und andere Menschen.“[10]

3.5 Storytelling in Trainings und Meetings

Spätestens seit der Corona-Pandemie sind Online-Meetings und -Schulungen aus unserem Arbeitsalltag nicht mehr wegzudenken. Streaming-Plattformen erlauben sowohl einen virtuellen Austausch als auch einen Dialog mit Teilnehmenden – und das flexibel und ortsunabhängig. Auch in Zeiten nach der Pandemie sind virtuelle und hybride Online-Events und -Meetings nicht mehr aus unserer Bildungs- und Arbeitswelt wegzudenken. Es stellt sich die Frage, wie solche nicht realen Situationen optimal zu gestalten sind. Storytelling ist hierbei eine Möglichkeit (siehe hierzu Abschnitt 14.4).

[10] Spitzer, Manfred: Lernen: Gehirnforschung und die Schule des Lebens. Heidelberg, Spektrum Akademischer Verlag; 1. Edition, 2.10.2002, S. 160

4 Storytelling for Change – Sustainable Storytelling

Unsere Zukunft mit positiven Geschichten zu gestalten, ist ein Ziel, das Zukunftsnarration sich setzt. Kein Wunder also, dass nachhaltige (sustainable) Themen mittels Storytellings nicht nur positiv gesetzt werden, also der Wunsch und Wille zu einer nachhaltigen Einstellung und Lebensweise geweckt und erste Erfolge gezeigt werden sollen, Storytelling vermag es auch, Menschen zu motivieren und zu einer Handlung aufzufordern. Und das selbstverständlich neben den Fakten und Beispielen auch mittels Emotionen. Denn Zukunftsnarrative gestalten unsere Zukunft mit.

4.1 Mit Narrativen die Zukunft gestalten

Geschichten schaffen Realitäten. Weg von der Geschichte des Storytellings als wirkungsvolles Kommunikationsmittel, widmen wir uns den Geschichten über die Zukunft. Sie sind so kraftvoll und motivierend, dass sie Menschen motivieren können, an einer attraktiven Zukunftsvision aktiv teilzunehmen. Eine Methode oder besser gesagt ein Weg, um das Jetzt und damit die Zukunft zu verändern, ist das Storytelling.

Doch was ist Zukunft?

Laut dem Zukunftsinstitut ist „Zukunft das, was es noch nicht gibt. Daher ist Zukunft nie real, sondern eine Imagination in unserem Kopf. Ein Gedankenkonstrukt, das wir heute, im Hier und Jetzt, erzeugen. [...] Zukunft ist immer in Bewegung.“[1] Kurz gesagt bedeutet Zukunft immer einen Wandel und hat somit einen Change-Moment.

4.1.1 Was ist ein Narrativ?

Wie Storytelling ist auch der Begriff Narrativ zum Modewort geworden: So baut Star-Wars-Regisseur George Lucas in Los Angeles ein Museum of Narrative Art, also ein Museum für narrative Kunst. Politiker fordern „neue Narrative“ und Microsoft unterstützt die Initiative Zukunftsnarrative. Die Bezeichnung Narrativ wurde vom französischen Philosophen Lyotard erstmals verwendet. Er beschreibt Hegels auf sich selbst gerichteten Geist der Geschichte und Immanuel Kants Selbstbestimmung durch die Nutzung des Verstands als *méta récits,* als bedeutsame und prägende Konzepte. Ins Englische wurde der Begriff mit *meta narratives,* ins Deutsche mit *Narrativ* übersetzt.

Der Begriff Narrativ stammt von lateinisch **narrare,** „erzählen“. Demnach bedeutet Narratologie „Erzählforschung, Erzähltheorie“. Der französische Philosoph Jean-François Lyotard[2] – bekannt als Vordenker der Postmoderne – rückte 1979 in seiner Studie „Das Wissen der Postmoderne“ den Begriff Narrativ als „große Erzählung“ in den Vordergrund. Laut Lyotard sei die Postmoderne gerade durch ein Misstrauen gegenüber den großen Erzählungen – auch Meta-Erzählungen genannt – rund um Themen wie Fortschritt, Aufklärung, Emanzipation oder Marxismus geprägt.

Bei einem Narrativ handelt es sich um eine sinn- und wertstiftende Erzählung. Sie vermittelt als Metaerzählung ein bestimmtes Bild, das z. B. ein Unternehmen, eine Gemeinschaft oder eine Nation miteinander teilt. So ist beispielsweise „Freiheit, Gleichheit, Brüderlichkeit“, quasi das Leitbild der Französischen Revolution, ein Narrativ.

Auch der amerikanische Traum der Chancengleichheit und des Aufstiegs im „Land der unbegrenzten Möglichkeiten“, bekannt auch als die Mustervorlage „vom Tellerwäscher zum Millionär“, ist ein Narrativ.

---

[1] Gatterer, Harry (Herausgeber): Deine Zukunft! 11 Leitsätze für einen neuen Optimismus. In: Zukunftsinstitut. Juni 2022, *https://www.zukunftsinstitut.de/artikel/was-ist-zukunft-11-erkenntnisse*. (abgerufen 10/2023)

[2] Vgl. Engelmann, Peter: Langer Abschied von den großen Erzählungen. In: Welt. 23.4.1998, *https://www.welt.de/print-welt/article598731/Langer-Abschied-von-den-grossen-Erzaehlungen.html* (abgerufen 10/2023)

Narrative sind Erzählmuster, nach denen wir als Individuen unser Leben ausrichten, da sie beeinflussen, wie ein bestimmtes reales Ereignis wahrgenommen und interpretiert wird. Ein Narrativ ist eine sinnstiftende Erzählung, welche eine Gesellschaft und deren Zukunft mit definiert und beeinflusst.

> *Wikipedia bezeichnet ein Narrativ als eine sinnstiftende Erzählung, die „Einfluss hat auf die Art, wie die Umwelt wahrgenommen wird. Es transportiert Werte und Emotionen, ist in der Regel auf einen Nationalstaat oder ein bestimmtes Kulturareal bezogen und unterliegt dem zeitlichen Wandel. In diesem Sinne sind Narrative keine beliebigen Geschichten, sondern etablierte Erzählungen, die mit einer Legitimität versehen sind.“*[3]

Weit verbreitet ist die Meinung, dass Narrative gefunden und nicht erfunden werden. Dennoch hat gerade die Politik gezeigt, dass Narrative auch entwickelt werden können. Diese sind akzeptabel und glaubhaft und verbreiten sich dementsprechend viral, wenn ein Fünkchen Wahrheit und Wiedererkennung in dem Narrativ steckt.

Dr. Antonietta Di Giulio und Rico Defila definieren in der Studie „Die Bedeutung von Narrativen für Umwelt und Nachhaltigkeit“[4] als

> *„Denk-, Erklärungs- und Interpretationsmuster, die ‚an die Welt‘ angelegt werden. Ein Narrativ ist keine fiktive Geschichte mit erfundenen Ereignissen und Akteuren. Ein Narrativ ist eine Darstellung dessen, wie Dinge, die als gegeben und wichtig erachtet werden, die also als relevante Fakten eingestuft werden, zusammenhängen.“*

4.1.2 In Erzählungen verpackte sinnstiftende Erklärungen

Heutzutage wird mehr und mehr deutlich, dass ein Narrativ eine sinnstiftende Erzählung ist. Das bedeutet also **eine auf Werte und Purpose** (sinnstiftender Zweck/Bestimmung) **ausgerichtete Geschichte für eine Person, Gruppe oder Kultur** (Gemeinschaft). Es transportiert Werte, Sinnhaftigkeit und Emotionen. Ein Narrativ hat Einfluss auf die Art und Weise, wie die Umwelt wahrgenommen wird. Narrative sind Basis- oder auch Meta-Erzählungen, die mit ihren Erzählmustern gesellschaftliches Handeln prägen.

Was bewirken Narrative?

Menschen betrachten, begreifen und formen sich, ihre Umgebung (die Welt) mittels Geschichten. Betrachten wir den Menschen als „homo narrans“, also als Menschen, der sein Bild von sich selbst und seine Erfahrungen, sein Wissen in Narrative fasst und darüber hinaus Geschichten verwendet, um darüber zu kommunizieren und sein Handeln zu begründen. Er verwendet die narrative Welt um sich auch, um die Organisationen oder Firmen einzubeziehen.

- **Narrative beeinflussen unsere Sicht der Dinge.** Sie priorisieren, welche Themen und Ereignisse als relevant wahrgenommen werden, welche Probleme gesehen werden, welches Wissen von Bedeutung ist und welche Fragen gestellt werden. Oft entscheiden sie darüber, ob Informationen und Ereignisse zur Kenntnis genommen werden und wie diese interpretiert werden.

---

[3] Vgl. o. V. Wikipedia: Definition von Narrativ Wikipedia, *https://de.wikipedia.org/wiki/Narrativ_(Sozialwissenschaften)* (abgerufen 10/2023)

[4] Di Giulio, Antonietta; Defila, Rico (2022): Die Bedeutung von Narrativen für Umwelt und Nachhaltigkeit. Basel: Universität Basel. doi: 10.5451/unibas-ep88066, URL: *https://doi.org/10.5451/unibas-ep88066* (abgerufen 9/2023)

- **Narrative sind für Individuen und Gruppen identitätsstiftend:** Narrative sind sinnstiftend und erzeugen sowohl Gemeinsamkeiten als auch Unterschiede zwischen Menschen. Daher können sie sowohl einschließend wie auch ausschließend (abgrenzend) wirken.
- **Narrative sind handlungs- und strategieleitend:** Narrative beeinflussen, welche Prioritäten, Werte und Ziele eine Organisation sich setzt und welche sie dann auch tatsächlich praktiziert und lebt.
- **Narrative sind motivierend und fordern zu Handlungen auf:** Geschichten können als Anreiz oder gutes Beispiel Menschen dazu bewegen, die Zukunft in kleinen und großen Schritten zu gestalten. Ein Weg hierzu ist etwa das Teilen von „Milestones", also die Erreichung kleiner Ziele auf dem Weg zum großen Ganzen.

4.1.3 Typische Zukunftsnarrative

Zukunftsgestaltung basiert auf Geschichten, wie wir uns die Zukunft vorstellen, welche Verbesserungen sie bringen wird, wie wir uns auf sie vorbereiten, auf Erwartungen, gehörten Erlebnissen und vielem mehr – es wird auch Zukunftsnarrative genannt. Das Spektrum der Ausdrucksmöglichkeiten lässt im Gegensatz zur Aufzählung von Vor- und Nachteilen (Argumenten) viel mehr Spielraum.

Wir sind umgeben von Narrativen: In Zeitungen und Politik, auf Netflix, Spotify und Pressekonferenzen, in der Werbung. Kein Tag, an dem nicht in der Politik gefordert wird, dass „ein neues Narrativ" benötigt wird. Kein Marketing- oder Kreativmeeting, bei dem nicht ein Narrativ auf der Agenda steht.

Mit dem Begriff der Zukunftsnarration gibt es die Möglichkeiten, diese entweder

a) in Form von **Horrorszenarien** mit Ängsten sehr negativ und düster auszumalen. Diese Form nutzt beispielsweise der Film „Terminator" mit Arnold Schwarzenegger, worin KIs als Maschinen dargestellt werden, die die Menschheit auszumerzen versuchen.

b) oder mit **positiven und lösungsorientierten Szenarien,** die motivieren, einen bestimmten Weg einzuschlagen, bzw. über Möglichkeiten, wie eine positive Zukunft aussehen kann, nachzudenken. Beispielsweise können Sie aber auch positiv über Eigenschaften eines neuen Teammitglieds sprechen, um diesem die Eingliederung oder das Ausschöpfen seines Potenzials zu erleichtern Mitarbeiter können eine neue Rolle oder neue Verantwortung übernehmen oder auch selbstbewusster und widerstandsfähiger werden.

Grundsätzlich lassen sich Zukunftsnarrative in diverse Formen auffächern[5]:

- **Positivnarrativ** (Dafür-Narrativ): Eine positive Erzählung ist eine Möglichkeit, eine Person daran zu erinnern, wer sie ist und welchen Beitrag sie zum Team/zum Thema leistet. Wählen Sie beispielsweise eine positive Erzählung, um ein neues Teammitglied willkommen zu heißen oder der Person neue Aufgaben und Verantwortung zu übergeben.

[5] Vgl. Selke, Stefan: Zukunftseuphorie als Trost. Gesellschaftliche Funktionen von Verheißungserzählungen über Künstliche Intelligenz. In: KiMeGe.de. Bericht aus dem Forschungsprojekt „Künstliche Intelligenz, Mensch und Gesellschaft". Hochschule Furtwangen. Juli 2022, *https://www.kimege.de/wp-content/uploads/2022/08/Webartikel_Selke_final.pdf* (abgerufen 10/2023)

- **Gegennarrativ** (Counter Narrative) oder auch Alternativnarrativ: Sie zeigen beispielsweise ein Gegenkonzept für eine Zukunft, in der unsere Gesellschaft mithilfe von KI ein einfacheres und besseres Leben hat. Gegennarrative sind Erzählungen, die andere Narrative anfechten oder infrage stellen. Gegenerzählungen kennen wir etwa als Geschichten gegen Extremismus und Hassreden im Netz. Alternativ- oder Gegenerzählungen beziehen sich dabei auf eine andere verbreitete Erzählung und weisen auf einen falschen oder anderen Sachverhalt bzw. eine weitere Auslegung hin. Gegennarrative verfolgen oft das Ziel, einseitige und falsche Narrative zu widerlegen bzw. kritisch zu hinterfragen. Gegenerzählungen können unterschiedliche Formen wie Text, Bild und mehr annehmen.
- **Anpassungsnarrativ:** Hierbei passen sich Menschen nicht aus Überzeugung an, sondern weil es weniger Aufwand ist, als sich gegen etwas zu positionieren. Bei dem Beispiel KI wird beispielsweise die Nutzung von KI als gesetzte und unverrückbare Tatsache wahrgenommen (mein Chef hat die neue Software mit KI gekauft, also muss ich sie nutzen).
- Als **Quest-Narrativ** sehen wir den „Aufbruch, die Suche ohne vorhersehbares Ende“. Demnach ist es eine Reise ins Ungewisse, wie die Odyssee. Der Umgang mit ChatGPT hat diese Suche über die Möglichkeiten, den spielerischen Umgang, das Experimentieren mit AI ausgelöst. Hierbei geht es um lösungsorientierte Erzählungen, beispielsweise den Einsatz von AI in der Medizin. Es geht beinahe über in das
- positive **Aufbruchs-Narrativ,** ein „lasst uns doch einfach mal beginnen“ über. Hierbei ist alles möglich und das Ende offen.

Beispiel eines KI-Narrativs

Wenn Medien, Bücher, Meinungsbildner - hiermit meine ich u. a. Lehrer, Eltern, Unternehmer, Politiker, Organisationen wie Gewerkschaften, Autoren und viele mehr - Künstliche Intelligenz (KI) als furchteinflößend darstellen, ist dieses Bild als Attribut zu KI in den Köpfen vieler Menschen. Es bestimmt das vorgegebene Meinungsbild unserer Gesellschaft, wie Umfragen zeigen. Vergleichen Sie es mit einem Vorurteil, einem Stigma, das sich festsetzt.

Viele Menschen, die Angst vor KI haben und dem Narrativ Glauben schenken, dass „intelligente Maschinen“ den Menschen „Jobs wegnehmen“, „Menschen unterwerfen“ oder gar unsere Kultur „vernichten“ möchten, haben selten bewusst mit KI zu tun. Vielmehr haben diese Menschen, die dem Narrativ glauben, oft keine Ahnung über Funktionsweise und Möglichkeiten von KI. Dabei nutzen wir bereits im Alltag oft KIs - etwa bei dem Umgang mit Alexa oder Siri, mit von KIs erstellten Wetterberichten, Börsen-News und Sport-Highlights, diversen Chatbots im Kundenservice oder gar Übersetzungssoftware wie DeepL.

Setzen wir nun bewusst Geschichten über die positiven Aspekte von KI ein, können wir das Vorurteil, das Narrativ, Schritt für Schritt verändern (Bild 4.1). Und so wird auch der Umgang mit dem Thema, die Akzeptanz oder auch unsere Zukunft verändert.

Nehmen wir beispielsweise die Initiative Zukunftsnarrative, deren Vision lautet:

> *„Wir nehmen die Ängste der in Deutschland lebenden Menschen vor dem digitalen Zeitalter ernst und haben die Vision, gemeinsam mit dir die Chancen der Digitalisierung aufzuzeigen. Es liegt uns am Herzen, dass man auch in Deutschland zuversichtlich und voller Tatendrang in die Zukunft schaut.“*[6]

---

[6] Vgl. Ronsdorf, Johanna: KI-Gestalter*innen: Mit der Initiative Zukunftsnarrative das Morgen gestalten. In: Microsoft Newscenter. 17.9.2020, *https://news.microsoft.com/de-de/ki-gestalterinnen-initiative-zukunftsnarrative* (abgerufen 10/2023)

Bild 4.1 Bild einer KI, erstellt vom KI-Tool Deep Dream Generator.

Ihr Ziel: „Gemeinsam mit unserer Community entwickeln wir Narrative für die Zukunft. Eine Zukunft, die geprägt ist von Demokratie, Vielfalt und Miteinander."[7]

Die erste Handlung ist, das Narrativ rund um KI zu entwickeln. Weg von alten Angstvorstellungen vom versklavenden Borg aus Raumschiff Enterprise hin zu realen, positiven Beispielen existierender KI. Dabei unterliegen Narrative als Teil der Gesellschaft und Kultur dem zeitlichen Wandel. In diesem Sinne sind Narrative, die im vorletzten Jahrhundert erzählt wurden, nicht unbedingt auch heute noch gültig.

Das Sprichwort „was der Bauer nicht kennt, frisst er nicht" bedeutet, dass jemand dem Neuen und Wandel gegenüber nicht aufgeschlossen ist. Diese Metapher wird in unserer Gesellschaft auf Menschen angewendet, die sich sträuben, den digitalen Wandel mitzumachen. Es sind Menschen, die beispielsweise Ängste vor Neuem und Unbekanntem haben und die Motivation in Form von etwa positiven Beispielgeschichten benötigen, um ihre Komfortzone zu verlassen.

Wir sprechen von dem Thema Narration und Zukunftsnarrativen!

Das Unternehmen Microsoft unterstützt die Initiative #KINarrative. Christiane Brandes-Visbeck sagt dazu: „Narrative sind Basis-Erzählungen, die an den Werten der Menschen anknüpfen, gesellschaftliches Handeln prägen und Wege aufzeigen."[8] Ein bekanntes US-amerikanisches Narrativ sei beispielsweise „Vom Tellerwäscher zum Millionär", ein deutsches „Was Hänschen nicht lernt, lernt Hans nimmermehr".[9]

---

[7] Vgl. ebd.

[8] Brandes-Viesbeck, Christiane in: Ronsdorf, Johanna. KI-Gestalter*innen: Mit der Initiative Zukunftsnarrative das Morgen gestalten. In: Microsoft Newscenter. 17.9.2020, *https://news.microsoft.com/de-de/ki-gestalterinnen-initiative-zukunftsnarrative* (abgerufen 10/2023)

[9] Vgl. ebd.

„Narrative sind Erzählungen, die uns Auskunft geben über Menschen, Gesellschaften und Systeme. Sie tragen zur Sinnstiftung in Gemeinschaften bei. Durch das Erzählen von Geschichten existieren wir, erinnern wir uns, kommunizieren wir und gestalten wir. Narrative bilden Muster und sind Hilfsmittel in unbekannten, unklaren und neuen Situationen. Narrative können Emotionen und Empathie auslösen; sie können beeinflussen, mobilisieren oder auch Herrschaft und Macht ausüben" - so Buse Çetin, Ungleichheitsaktivistin und Forscherin im Bereich Künstliche Intelligenz, über die Rolle der Narrative im gesellschaftlichen System.[10]

Narrativ ist ein Begriff, der mehr und mehr in den Tagesereignissen, in der Politik und in der Gesellschaft genutzt wird. Im soziologischen Zusammenhang ist diese Erzählung (Narrativ) ein gemeinsames Bild, das die Fähigkeit hat, kollektive Werte, Emotionen und Normen zu transportieren und zu konsolidieren. Narrative spielen nicht nur eine wichtige Rolle bei der Bewahrung einer gemeinsamen Identität und von Werten, sondern auch beim Auslösen und Leiten von Veränderungsprozessen.

Geschichten beschäftigen sich grundsätzlich mit dem Wandel, oft eines Charakters. Dagegen erzählen Zukunftsnarrative immer Geschichten über den Wandel und von der neuen, veränderten Zukunft. Es sind Geschichten über Perspektiven. Oft entstehen neue Narrative in Krisenzeiten, um Menschen eine Orientierung zu geben. Unternehmen beleben mit ihren Narrativen, den Geschichten und Taten, mehr und mehr den gesellschaftlichen Wandel. Und das ist auch gut so.

Was ist ein Narrativ und wie unterscheidet es sich von einer Story?

Sowohl Narrative als auch Geschichten leiten sich beide ursprünglich aus dem Wort *narrare* für erzählen ab. Während eine Story (Geschichte) typischerweise neben einer Struktur eine Handlung, einen Protagonisten sowie einen Spannungsbogen aufweist, ist ein Narrativ übergreifend, eine Art *übergeordnete, erklärende und einordnende Metaerzählung.* Albrecht Koschorke, Literaturwissenschaftler, definiert ein Narrativ wie folgt: „Ein Narrativ ist eine kollektiv wirksame Erzählung [...]."*

Koschorke sieht drei wesentliche Funktionen von narrativen Erzählungen:

- Sinnstiftung (und die Zurückweisung von Sinnzumutungen)
- Veränderung der Wirklichkeit durch fiktive Zukunftsentwürfe
- Unterscheidung in Freunde und Feinde (Othering)

* Korschorke, Albrecht in: Steiner, Thomas: Einige Gedanken über den Modebegriff „Narrativ". In: badische-zeitung.de. 1.9.2018, *https://www.badische-zeitung.de/einige-gedanken-ueber-den-modebegriff-narrativ* (abgerufen 10/2023)

[10] Vgl. o. V. Robert-Bosch-Stiftung: Narrative für alle. In: bosch-stiftung.de. o. D., *https://www.bosch-stiftung.de/de/news/narrative-fuer-alle* (abgerufen 10/2023)

4.2 Sustainable Storytelling (SuStelling)

Während die Ziele der Agenda 2030[11] für nachhaltige Entwicklung universell sind, sind die Wege zur Zielerreichung sehr unterschiedlich. Es geht u. a. darum, so viele Menschen wie möglich über das Thema zu informieren, sie von der Relevanz der 17 Ziele, den Sustainable Development Goals (SDGs) zu überzeugen und sowohl den einzelnen Menschen als auch Gruppen und Organisationen zu entsprechendem notwendigem Handeln zu motivieren.

Warum ist Sustainable Storytelling so wichtig?

Storytelling scheint gerade bei diesem Themenkomplex die richtige Wahl, da kultur- und grenzübergreifend ein Wandel (Change) der gewohnten Einstellung und erlernten Handelns angestoßen werden soll.

In den Umweltwissenschaften werden verschiedene Zukunftsalternativen durch Szenarien abgebildet. So entwickelt und analysiert ein interdisziplinäres Team von Wissenschaftler*innen (das Team bestehend aus Modellierer*innen und Sozialwissenschaftler*innen und im engen Austausch mit einer Gruppe internationaler Stakeholder aus Praxis und Forschung) „neue, holistische Narrative und Szenarien, die Maßnahmen zur Bewältigung des Klimawandels mit Strategien zur Erreichung der anderen Nachhaltigkeitsziele verbinden“.[12]

Wunsch nach Unternehmen und Marken, die die Agenda 2030 leben

Gesetzlich vorgegeben ist, dass Unternehmen ihre Verhaltensweisen ändern müssen. Auch Kunden und Verbraucher fordern von den Unternehmen Produktionsprozesse und Produkte, die der Umwelt nicht weiter schaden. Eine globale Studie von Dentsu International und Microsoft Advertising[13] aus dem Jahr 2021 ergab, dass 59 Prozent der Verbraucher weltweit angeben, dass sie innerhalb eines Jahres Marken boykottieren werden, die angesichts des Klimawandels untätig bleiben.

Storytelling, eingesetzt zur Verhaltensänderung

Geschichten können sehr machtvoll sein. Normalerweise sehen wir als Vorteile von Geschichten die Steigerung der Empathie, die Veränderung des Wertesystems einer Gesellschaft und die Beeinflussung und Motivation von Handlungen. Daher kann das Erzählen von Geschichten auch dazu beitragen, dass beispielsweise Städte ihre Klimaziele erreichen.

---

[11] Vgl. o. V., Bundesministerium für wirtschaftliche Zusammenarbeit und Entwicklung (BIZ). Agenda 2030 – Die globalen Ziele für nachhaltige Entwicklung. In: BIZ. o. D., *https://www.bmz.de/de/agenda-2030* (abgerufen 10/2023)

[12] Vgl. Macaspac Hernandez, Ariel et al.: Die Macht von Geschichten – Warum brauchen wir neue Narrative für eine nachhaltige Zukunft – und wie können quantitative Analysen diese unterstützen? In: SDSN. 5.12.2022, *https://www.sdsngermany.de/die-macht-von-geschichten-warum-brauchen-wir-neue-narrative-fuer-eine-nachhaltige-zukunft-und-wie-koennen-quantitative-analysen-diese-unterstuetzen* (abgerufen 10/2023)

[13] Microsoft: The Rise of Sustainable Media (Globale Studie von dentsu international und Microsoft Advertising, The Rise of Sustainable Media, die das Bewusstsein und das Verhalten der Verbraucher*innen in Bezug auf nachhaltigen Konsum und Mediennutzung untersucht). In: Microsoft Advertising. März 2022, *https://about.ads.microsoft.com/en-us/insights/g/the-rise-of-sustainable-media* (abgerufen 10/2023)

Mittels Zukunftsnarrativen, Erzählungen einer Vision, können wir unsere Zukunft mitgestalten. Dies geschieht mittels Motivation, beispielsweise indem wir nicht nur Ängste schüren und Geschichten über ein zukünftiges Leben in Städten ohne Vegetation und Sauerstoff verbreiten.

4.3 Change, Veränderungen und Strategie

Als „the neverending story“ können auch Geschichten in einem Transformationsprozess (Change), Lernreisen oder Weiterentwicklung und das Leben an sich genannt werden. Es handelt sich um Fortsetzungsgeschichten ähnlich einer Familiensaga, die immer weiter „gesponnen“ werden können. Wesentliche Elemente des Storytellings und auch der Heldenreise sind, sich Herausforderungen zu stellen und an ihnen zu wachsen, sich weiterzuentwickeln, um Ziele zu erreichen.

4.3.1 Expertenmeinung: Storytelling im Change-Prozess, von Prof. Dr. Markus Kaiser

Experten-Biografie: Markus Kaiser, TH Nürnberg und CGI Deutschland

Bild 4.2 Prof. Markus Kaiser. Foto © Tim Neiertz

Markus Kaiser[14]*, geboren 1978 in Nürnberg, ist Professor für digitalen Journalismus, Medieninnovationen und Change-Management an der Technischen Hochschule Nürnberg. Daneben ist der gelernte Journalist Berater für Change-Management, Kommunikation, Social Media, Innovationsmanagement und Leadership beim CGI Deutschland in München. Zuvor war der gelernte Journalist Leiter der Medienstandort-Agentur des Freistaats Bayern und Pressesprecher einer Behörde. Seine Forschungsschwerpunkte sind Change-Management, das Auto als Medienzentrum der Zukunft und Automatisierung in den Medien (z. B. Roboterjournalismus und Chatbots). Gemeinsam mit einer Kollegin hat er das 7+3-Change-Management-Modell Kaiser//Schwertner entwickelt, das einen Schwerpunkt auf Emotionen und Storytelling im Veränderungsprojekt legt. Der von Prosci zertifizierte Change-Manager und Design-Thinking-Coach hat Lehraufträge unter anderem an der Friedrich-Alexander-Universität Erlangen-Nürnberg, der Ludwig-Maximilians-Universität München und der Hochschule Ansbach inne.*

Abstract: Storytelling gewinnt im Change-Management zunehmend an Bedeutung!

Der Journalismus und die Werbebranche haben es vorgemacht. Seit kurzem setzt auch Change-Management verstärkt auf Storytelling, um die menschliche Seite bei Veränderungen zu begleiten. Die Protagonisten in den authentischen Geschichten sind meist Kolleginnen und Kollegen, mit denen sich die vom Wandel betroffenen Mitarbeitenden am besten identifizieren können. Die Ausspielkanäle bzw. Kommunikationsformen reichen vom Intranet und Mitarbeiterzeitungen über Podcasts und Videos bis hin zu Workshops und Personalversammlungen. Damit eine Geschichte im Rahmen der Change Communication wirkt und glaubwürdig ist, darf sie wie im Journalismus nicht erfunden sein. Sie ähnelt daher häufig den journalistischen Darstellungsformen Reportage und Porträt. Um diese zu verfassen, sind journalistische Vorerfahrungen für Change-Manager von unschätzbarem Vorteil.

[14] Weitere Information zu Prof. Markus Kaiser finden Sie auf *https://www.markus-kaiser.org* (abgerufen 10/2023)

4.3.1.1 Change Communication als Teil des Change-Managements

Im Journalismus hat Storytelling durch die Darstellungsform Reportage einen festen Platz. Die Werbung hat in den vergangenen Jahren entdeckt, dass Werbespots und deren Botschaft durch Geschichten besser beim Rezipienten hängenbleiben. Bekanntestes Beispiel ist der Edeka-Werbespot[15], in dem ein Opa seine eigene Todesanzeige aufgibt, weil nur so seine Kinder und Enkel an Weihnachten zu ihm zum gemeinsamen Weihnachtsessen kommen. Auch im Change-Management, also der **Begleitung der menschlichen Seiten bei Veränderungsprozessen und beim Kulturwandel von Unternehmen und Organisationen,** setzt sich mehr und mehr die Erkenntnis durch, dass dies durch Storytelling wirkungsvoller möglich ist.

Storytelling gewinnt bei Change-Prozessen vor allem auch deshalb immer mehr an Bedeutung, weil das Change-Management längst keine Disziplin mehr ist, mit der sich allein die Betriebswirtschaftslehre beschäftigt. Es gibt immer mehr Einflüsse aus der Kommunikationswissenschaft, zumal in den meisten Veränderungsprojekten ein Großteil des Change-Managements aus der Kommunikation besteht. Medien-Studiengänge (wie der Master Medien-Ethik-Religion an der Friedrich-Alexander-Universität Erlangen-Nürnberg, der Master Public Relation und Unternehmenskommunikation an der Hochschule Ansbach oder der Bachelor Technikjournalismus/Technik-PR an der Technischen Hochschule Nürnberg) bieten ihren Studierenden inzwischen auch Kurse zu Change-Management an. Nicht selten setzen Beratungsunternehmen darauf, Journalistinnen und Journalisten zu Change-Managern weiterzubilden.

Während beim Projektmanagement geplant wird, wie das Vorhaben detailliert umgesetzt wird (z. B. durch Meilensteine und Arbeitspakete), befasst sich das Change-Management mit der menschlichen Seite der Veränderung. Denn Projekte und Veränderungen scheitern meist am menschlichen Faktor und seltener aufgrund der Technologie. Es gilt, die Mitarbeitenden mitzunehmen bzw. einzubinden. Change-Management soll daher auch sicherstellen, dass die von der geplanten Veränderung direkt oder indirekt betroffenen Mitarbeitenden bereit, gewillt und befähigt sind, die erforderlichen Veränderungen in Organisation, Prozessen und Verhalten umzusetzen.

Prosci[16], ein Change-Management-Zertifizierer aus den USA, sieht fünf Stufen, die beachtet werden müssen, damit Mitarbeitende erfolgreich durch den Wandel kommen. Das ADKAR-Modell[17] (Bild 4.3) ist ein Akronym aus Awareness (Bewusstsein schaffen), Desire (Wunsch wecken), Knowledge (Wissen vermitteln), Ability (ermöglichen) und Reinforcement (verankern). Jeder Mitarbeitende muss alle Schritte in der beschriebenen Reihenfolge durchlaufen. Der häufigste Fehler ist, dass mit der Wissensvermittlung (z. B. mit Schulungen) begonnen wird, ohne dass die Mitarbeitenden den Wunsch haben, am Veränderungsprojekt mitzuwirken bzw. die neue Arbeitsweise (wie eine neue Software) zu adaptieren.

---

[15] WWW: EDEKA (2015): Den Edeka-Weihnachtsclip #heimkommen finden Sie auf *https://bit.ly/3MjKivl* (abgerufen 10/2023).

[16] Sie finden Prosci unter *https://www.prosci.com* Prosci (2022): PCT-Model, *https://www.prosci.com/methodology/pct-model* (abgerufen 10/2023).

[17] Prosci (2022): ADKAR, *https://www.prosci.com/methodology/adkar* (abgerufen 10/2023)

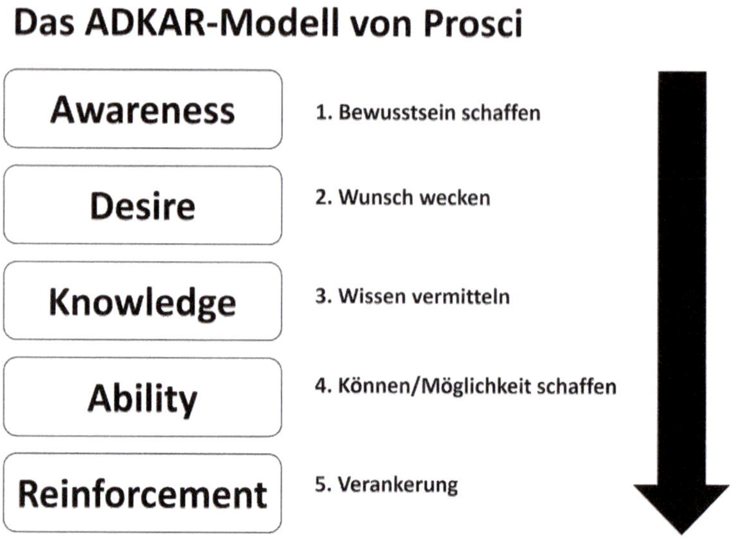

Bild 4.3 Im ADKAR-Modell von Prosci spielt Storytelling vor allem am Anfang eine Rolle, um Bewusstsein für den Wandel zu schaffen. Quelle: eigene Darstellung M. Kaiser

Ein Beispiel: Wenn eine Redaktion mehr auf Mobile Reporting setzen will, wäre es der falsche Ansatz, Journalisten beizubringen, wie man mit seinem Smartphone ein kurzes Video schneidet oder einen Text auf die Website hochlädt. Man muss als Change-Manager zunächst erklären, warum für Reporter mobiles Arbeiten vor Ort essenziell ist. Dies kann man z. B. erreichen, indem man eine Geschichte erzählt, wie andere Verlage dadurch an Reichweite gewonnen haben und die digitale Transformation angegangen sind. Speziell beim Punkt Awareness bietet sich Storytelling im Change-Prozess an. Anschließend gilt es, den Wunsch zu wecken, sich bei Mobile Reporting zu beteiligen. Dies geschieht in der Regel durch die Beantwortung der Frage, was für den Redakteur dabei herausspringt. Beispielsweise könnten seine Beiträge von mehr Rezipienten gelesen, gehört oder gesehen werden. Oder es bedeutet eine Arbeitserleichterung, weil er nicht täglich in die Redaktion fahren muss, sondern von unterwegs arbeiten und anschließend direkt nach Hause fahren kann. Erst danach geht es um die Wissensvermittlung, wie z. B: bestimmte Tools funktionieren.

Danach muss man es dem Redakteur auch ermöglichen, Mobile Reporting zu betreiben. Er braucht beispielsweise ein Smartphone mit einem hohen monatlichen Datenvolumen. Man muss ihm auf einem journalistischen Termin aber auch die Zeit einräumen, seinen Beitrag sofort zu bearbeiten, und ihn nicht direkt zur nächsten Pressekonferenz schicken. Letztlich ist es wichtig, dass durch Reinforcement diese Arbeitsweise auch fest verankert und nach einer geraumen Zeit zum Alltag wird. Beim ADKAR-Modell setzen vor allem die Bausteine Awaress, Desire und Reinforcement auf Kommunikation.

Change Communication, die in der Regel auf dieselben Tools setzt wie die interne Unternehmenskommunikation (wie z: B: das Intranet, Rundmails, Workshops oder Betriebsversammlungen), ist heute eine Selbstverständlichkeit bei Veränderungsprojekten verschiedenster Art (auch im Rahmen anderer Change-Management-Modelle als bei Prosci). Es geht dabei nicht nur darum zu erklären, was geändert wird, sondern vor allem warum etwas verändert wird und was der einzelne Mitarbeitende hier beitragen kann. Veränderungen können hierbei die Einführung einer neuen Software genauso sein wie in der Medienbranche oder in der Unternehmenskommunikation die Einführung eines Newsrooms, im Public Sector die Einführung der elektronischen Akte oder bei einer Bank oder Versicherung New-Work-Arbeitsweisen wie ein Multispace-Arbeitsplatz.

Change-Management und Change Communication sind nicht gleichzusetzen. Die Kommunikation ist ein Teil (wenn nicht sogar der wichtigste) des gesamten Veränderungsmanagements. Weitere Bereiche sind beispielsweise die Einbindung der Führungskräfte in das Projekt oder für den Kulturwandel (Change Leadership). Außerdem müssen sich die sogenannten Sponsoren, die Unterstützer des Change-Projekts auf Ebene des Top-Managements, sichtbar und aktiv beteiligen, Koalitionen mit weiteren Führungskräften aufbauen und sich ebenfalls an der Kommunikation beteiligen.

4.3.1.2 Aufbau einer Change Story

Storytelling ist deshalb ein wichtiges Erfolgskriterium für Change-Management, weil Menschen über nichts anderes so gerne lesen wie über Menschen. Dabei kann es sich durchaus wie in Spielfilmen aus Hollywood um die klassische Heldenreise handeln, aber auch um die Suche nach etwas (statt wie bei „Findet Nemo" werden dann aber in der IT-Branche vielleicht neue Programme entwickelt, die den Arbeitsalltag erleichtern), um das Böse zu überwinden (statt wie bei „Star Wars" geht es nicht um das Besiegen von Darth Vader, sondern beispielsweise um neue Lösungen gegen Cybercrime). Auch die Geschichte vom Tellerwäscher zum Millionär funktioniert, wenn man sie abwandelt wie vom einfachen Fabrikarbeiter zum Prokuristen.

Geschichten bleiben - insbesondere, wenn es um Veränderungen geht, die Einzelne stark betreffen - im Gedächtnis deutlich besser haften als Zahlen und Fakten. Daher eignet sich der Einsatz von Storytelling wie im Journalismus und in der Werbung auch, um Veränderungsprozesse zu kommunizieren oder den Kulturwandel in einem Unternehmen, einer Behörde, einer anderen Einrichtung oder auch den gesellschaftlichen Wandel zu unterstützen.

Im *7+3-Change-Management-Modell Kaiser//Schwertner* (Bild 4.4), das an der Technischen Hochschule Nürnberg entwickelt wurde, spielt deshalb neben der Emotion das Storytelling eine bedeutende Rolle. Es folgt hier direkt an dritter Stelle.

Ausgangspunkt ist eine Herausforderung (z. B. bei Tageszeitungen sinkende Zahlen bei der verkauften Auflage). Anschließend wird eine Vision ausgearbeitet (beispielsweise will der Verlag innerhalb der nächsten drei Jahre die digitale Transformation bewältigen). Daran anschließend wird eine Change Story gebaut und kommuniziert. Emotionen werden einbezogen, bevor das Veränderungsprojekt umgesetzt und in den Alltag integriert wird.

Storytelling im Veränderungsmanagement ist deshalb so bedeutend, weil dadurch auch komplizierte Sachverhalte und Informationen einfach dargestellt werden können. Mitarbeitende können sich außerdem mit dem Protagonisten der Geschichte identifizieren und damit die Veränderung oftmals stärker nachvollziehen. Daher wird häufig auch ein Mitarbeitender als Protagonist ausgewählt, wenngleich sich insbesondere bei charismatischen Persönlichkeiten beispielsweise auch ein CEO, Bereichs- oder Standortleiter eignet.

Wichtig ist es dabei, eine authentische Geschichte herauszuarbeiten. Fiktion sollte in der Veränderungskommunikation die Ausnahme darstellen und als solche auch gekennzeichnet werden. Wird ein Protagonist erfunden (in diesem Fall bietet sich - selbst wenn es sich um eine Comic-Figur handelt - die vorherige Erstellung einer Persona an), dann muss dies

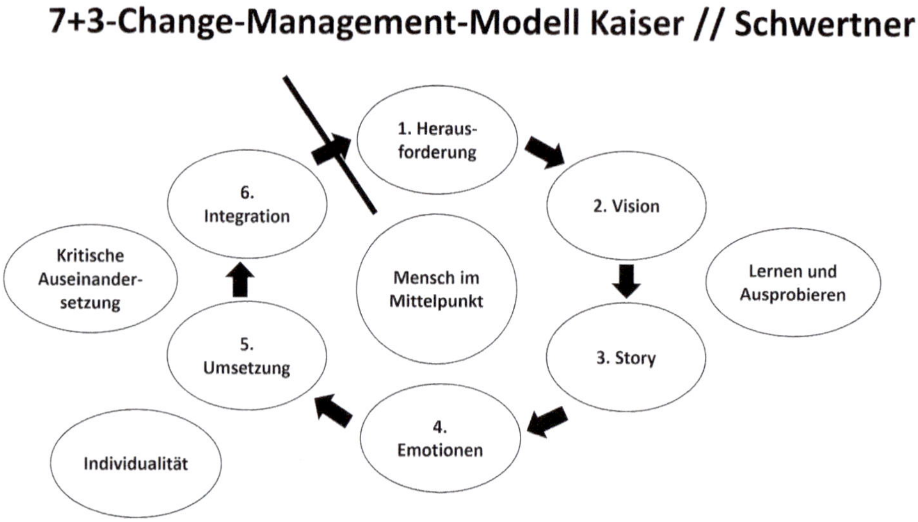

Bild 4.4 Das 7+3-Change-Management-Modell Kaiser//Schwertner rückt den Menschen in den Mittelpunkt. Einer der sieben Kernpunkte ist Storytelling. Quelle: eigene Darstellung M. Kaiser

im Text, Video oder Podcast kenntlich gemacht werden. Durch diese Authentizität entsteht ein hoher Aufwand, denn wie im Journalismus muss die Geschichte recherchiert werden. Reportage und Porträt sind die journalistischen Darstellungsformen, die einer zeitgemäßen Change Story am nähesten kommen.

Einsatzbeispiel beim IT- und Business-Consulting-Unternehmen CGI Deutschland: In einer großen deutschen Stadtverwaltung wird Storytelling bewusst eingesetzt, um bei den Mitarbeitenden ein Bewusstsein für New-Work-Arbeitsweisen zu schaffen. Zwei Mitarbeiter, die in Pilotteams diese neuen Arbeitsweisen ausprobieren, haben sich als Protagonisten zur Verfügung gestellt, die multimedial als Testimonials wirken. Sie wirken auf Augenhöhe und sprechen die Sprache ihrer Kolleginnen und Kollegen. Damit die Geschichte authentisch bleibt, dürfen sie auch kritische Punkte ansprechen. Deshalb spielt es natürlich eine große Rolle, wen ein Change-Manager als Hauptfigur(en) auswählt. Manchmal können sogar einst kritische Geister hilfreich sein. Wenn jemand anfangs selbst gegen die Veränderung war und seine Meinung geändert hat, erhöht es die Glaubwürdigkeit noch einmal deutlich.

Eine Change Story wird in der Literatur oftmals nur als eine einfache Erzählung über den Anlass, Grund, Nutzen und die Umsetzung eines Veränderungsprojekts oder den gewünschten Kulturwandel beschrieben. Sie sollte helfen zu begründen, warum der Wandel notwendig war. **Sie beantwortet in jedem Fall folgende Fragen:**

- Warum? – Sinn und Wert der Veränderung
- Was? – Ziel und Nutzen der Veränderung
- Wie? – Konsequenzen der Veränderung

Das Storytelling wurde in den vergangenen Jahren deutlich professionalisiert: Heute spielen Personalisierung und insgesamt ein professioneller journalistischer Schreibstil (wie im Content Marketing) für die Change Story eine bedeutende Rolle. Auch die Dramaturgie ähnelt der einer spannenden Reportage.

Dabei gibt es bei Change Storys ein paar Dinge zu beachten:

Es sollte je Change-Vorhaben eine eigene Story entwickelt werden. Wie das „7+3-Change-Management-Modell Kaiser//Schwertner“ (Bild 4.4) aufgezeigt hat, kann eine Story auch erst nach der Vision folgen. Idealerweise werden die Mitarbeitenden eingebunden (oder einer davon ist selbst Protagonist), wenn die Story erstellt wird. Und dann sollte es sich um eine realistische und nachvollziehbare Geschichte handeln, die eine Kernaussage hat. Vermeiden sollte man, mit dem Problem zu beginnen. Lieber sollte die Vision am Anfang stehen - wie in den oben genannten Beispielen die Möglichkeit für schöneres Arbeiten im New-Work-Projekt oder die höhere Reichweite bei Mobile Reporting.

4.3.1.3 Kanäle für Change Communication

Um sich für Kanäle entscheiden zu können, muss zunächst herausgefunden werden, welche von den Mitarbeitenden genutzt werden. Will man beispielsweise ein Veränderungsprojekt in einer Werkshalle umsetzen, in der die Mitarbeitenden keinen Zugang zu einem PC haben, fallen auf Anhieb zahlreiche Formate heraus. Es gilt daher im Change-Management, in der ersten Phase eine **IST-Analyse** durchzuführen, welche Medien genutzt werden, aber auch was die Mitarbeitenden über den Wandel bereits wissen und welche Einstellung sie dazu haben.

Anschließend werden in der Regel in Workshops die (Kommunikations-)Maßnahmen konzipiert: Welche Ziele sollen verfolgt werden? In der Regel geht es darum, Bewusstsein zu schaffen. Welche Stakeholder sprechen wir an? Die Hauptzielgruppe sind in der Regel die Mitarbeitenden, aber auch andere wie der Betriebsrat, Shareholder etc. sollten nicht außer Acht gelassen werden. Welche Kanäle nutzen diese Stakeholder? Welche Botschaften sollen platziert werden? Und welches Format bietet sich an? Dies beinhaltet beispielsweise auch die Frage, wie witzig darf eine Kommunikation sein und wie ist der Stil des Videos oder Textes. Teilweise werden dafür Design-Thinking-Workshops verwendet: Zum einen werden dadurch auch Betroffene miteingebunden, zum anderen können auch Kommunikationsmaßnahmen prototypisch getestet werden, bevor sie in der gesamten Organisation umgesetzt werden.

Erst dann geht es in Phase 3 (Bild 4.5) in die Umsetzung und in der letzten Phase in die Evaluation. In agilen Projekten schließt sich wieder eine neue Konzeptionsphase an.

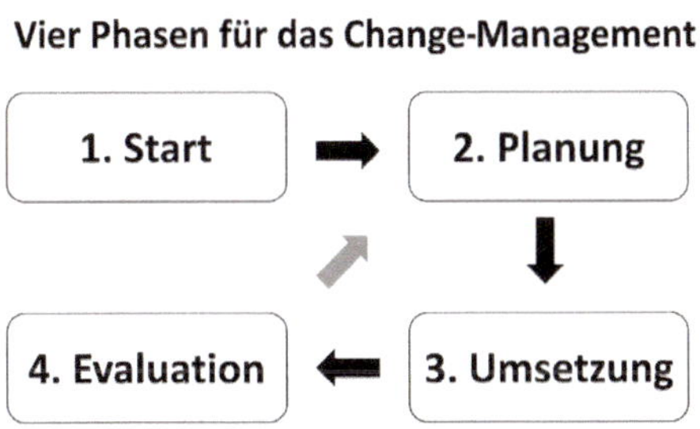

Bild 4.5 Bevor über Veränderungen kommuniziert und das Storytelling erarbeitet wird, erfolgen im Change-Management eine IST-Analyse und die Planung der Kommunikationsmaßnahmen. Quelle: eigene Darstellung M. Kaiser

Intranet, Mitarbeiterzeitschrift, Rundmail, Podcast, Video, Workshop und Personalversammlung: Die Möglichkeiten sind vielfältig, die Change Story den Mitarbeitenden zu kommunizieren. In den meisten Fällen handelt es sich um einen Mix aus verschiedenen Ausspielkanälen. Wichtig hierbei ist allerdings, dass sich das Storytelling auf diesen Wegen nicht unterscheidet, sondern aufeinander abgestimmt ist. In der Praxis am häufigsten genutzt werden das Intranet und Personalversammlungen. Im Intranet zeichnet sich bei einigen Unternehmen und Behörden ab, dass sich dieses in Richtung eines sozialen Mediums verschiebt, in dem Mitarbeitende Beiträge teilen, liken und kommentieren können. Das ursprüngliche Intranet, in dem der Speiseplan der Kantine die am häufigsten abgerufene Seite war, gehört in immer mehr Unternehmen der Vergangenheit an. Hier ist es wichtig, dass Fragen vom Change-Manager (und zum Teil vom Protagonisten der Story) auch beantwortet werden.

Multimediale Formate wie Podcasts, Videos oder Audio-Slideshows (Bildergalerien, die mit gesprochenen Texten unterlegt sind) sind in kleineren Veränderungsprojekten bzw. in solchen mit wenig Budget für das Veränderungsmanagement eher seltener zu finden. Dabei hat eine im Dezember 2021 und Januar 2022 durchgeführte Online-Befragung des Studiengangs Technikjournalismus/Technik-PR der Technischen Hochschule Nürnberg ergeben, dass 57 Prozent der befragten Change-Manager davon ausgehen, dass Podcasts künftig im Rahmen von Change-Management „sehr wahrscheinlich“ oder „wahrscheinlich“ eingesetzt werden.

Die häufigste und einfachste Form, Storytelling in der Change Communication einzusetzen, ist daher immer noch der geschriebene Text. In der Praxis scheitern letztlich gute Ideen (wie z. B. auch innovative Geschichten als Virtual-Reality-Anwendung) häufig an finanziellen und zeitlichen Ressourcen. Der Kreativität, was die Story anbelangt, sind dagegen keine Grenzen gesetzt.[18]

[18] Kaiser, Markus/Schwertner, Nicole: Change-Management in der Kommunikationsbranche. Veränderungsprozesse in Medienunternehmen und in der Unternehmenskommunikation. Wiesbaden: SpringerVS. 2020; Kaiser, Markus (2021): Wie Design Thinking beim Planen von Change-Management-Maßnahmen hilft, *https://www.cgi.com/de/de/blog/driving-digital/wie-design-thinking-beim-planen-von-change-management-massnahmen-hilft* (abgerufen 10/2023); Kaiser, Markus (2021): Change-Management im Public Sector. Kulturwandel, Kommunikation und Change Leadership in Kommunen und Behörden. Wiesbaden: SpringerVS

4.3.2 Narrative Change Story – Beispiel

In Schweden gibt es ein Projekt zur Schaffung eines „besseren“ und verantwortlicheren Umgangs mit der Umwelt, insbesondere des Klimas, mit dem Namen **„Viable Cities“** (Bild 4.6): Als Lern- und Beispielprojekt wählte die schwedische Regierung neun Städte aus, die bis 2030 klimaneutral sein sollen.

Bild 4.6 Bevor über Veränderungen kommuniziert und das Storytelling erarbeitet wird, kommen im Change-Management eine IST-Analyse und die Planung der Kommunikationsmaßnahmen. Quelle: Screenshot *https://en.viablecities.se*

Um dem Klimawandel in Schweden zu begegnen und die Wirkung des Programms zu erhöhen, nutzt die Organisation Storytelling als strategisches Instrument. In einer Presseerklärung von 2019[19] betont Per Grankvist, Chief-Storyteller des Projekts:

> *„Storytelling ist der Schlüssel zur Beschleunigung des Klimawandels in Städten. Wir sehen Storytelling als entscheidend dafür an, dass der Übergang zum Klimawandel in der Gesellschaft schneller vonstattengeht. Das Leben in den Städten wird sich ändern und es besteht ein großer Bedarf, ansprechende Geschichten zu schreiben, die normale Menschen darüber informieren, wie das gute Leben von morgen aussehen kann.“*

Der Übergang zu inklusiven und klimaneutralen Städten soll u. a. durch Digitalisierung und Bürgerbeteiligung beschleunigt werden.[20]

Seit 2019 entwickelt Per Grankvist mit Viable Cities in Schweden eine Methode, um Bürger*innen klimaneutrale Städte näherzubringen und erlebbar zu machen. Grundlage ist u. a. die Erkenntnis, dass **emotionales Engagement entscheidend ist, um das Verhalten von Menschen zu verändern.** Laut Grankvist reicht es nicht aus, Fakten in Form von Zahlen und Berichten zu präsentieren.[21]

---

[19] Presseerklärung, *https://en.viablecities.se/nytt/pressmeddelande-storytelling* (abgerufen 10/2023)

[20] Vgl. Grankvist, Per: Storytelling for clima transition. In: medium.com. o. D., *https://medium.com/viable-cities/storytelling/home* (abgerufen 10/2023)

[21] Vgl. Grankvist, Per: Storytelling and climate – smart daily life. In: viablecities.de. o. D., *https://en.viablecities.se/storytelling* (abgerufen 10/2023)

Per Grankvist, Chief Storyteller der Viable Cities, betont die Einzigartigkeit von Geschichten als Handlungsmotivation: „Facts are important, but they are also completely over-rated when it comes to convincing people to change behaviour.“*

* Grankvist, Per in: Wray, Sarah: Why telling stories could help cities combat climate change. In: cities-today.com. 28.9.2020, *https://cities-today.com/why-telling-stories-could-help-cities-combat-climate-change* (abgerufen 10/2023)

Daher nutzt Viable Cities **Storytelling als strategisches Instrument,** um die Zukunft besserer und lebenswerter Städte aufzuzeigen, einen Wandel der Verhaltensweisen zu bewirken und die Wirkung des Programms zu erhöhen.

Storytelling ermöglicht es nicht nur, komplexe Informationen auf eine leicht verständliche und ansprechende Weise zu vermitteln, sondern kann dazu beitragen, dass Menschen sich besser mit Themen identifizieren und motiviert werden, ihr Verhalten zu ändern.

In Bezug auf Viable Cities kann Storytelling dazu beitragen, die Vision einer klimaneutralen und nachhaltigen Stadt zu vermitteln und die Bürger dazu zu motivieren, aktiv an der Umsetzung dieser Vision teilzunehmen. **Durch das Erzählen von Geschichten können die Bürger die Auswirkungen ihres Handelns auf die Umwelt besser verstehen und sich stärker für nachhaltige Verhaltensweisen engagieren.**

Um Verhaltensänderungen bei den Menschen und Bewohnern unseres Planeten herbeizuführen, müssen sie verstehen und fühlen, dass die Änderungen sinnvoll sind. Geschichten sind bei dieser Transformation der Gesellschaft eine Methode, um Mitbürger, also Menschen wie „Du und ich“, zu engagieren, Beispiele und Wege vom Wandel zu demonstrieren und aufzuzeigen, wie verschiedene Akteure – egal ob Forscher, Unternehmer oder Einwohner – **gemeinsam** etwas bewirken können.

Es gibt bereits einige Beispiele dafür, wie Storytelling erfolgreich eingesetzt wurde, um den Wandel hin zu nachhaltigeren Städten zu fördern. So hat beispielsweise die Stadt Malmö in Schweden eine Kampagne gestartet, in der Geschichten von Bürgern erzählt werden, die sich für eine nachhaltigere Stadt engagieren. Diese Geschichten haben dazu beigetragen, das Bewusstsein für Nachhaltigkeitsthemen zu schärfen und die Bürger dazu zu motivieren, selbst aktiv zu werden.

Für Grankvist liegt im Geschichtenerzählen „ein ungenutztes Potenzial, um Engagement zu wecken und eine breite Bewegung für eine andere Lebensweise zu schaffen, in der Städte klimaneutral werden und wir alle ein gutes Leben innerhalb der Grenzen des Planeten führen können.“[22]

Narrative haben so als sinnstiftende Erzählungen Einfluss auf die Wahrnehmung unserer Umwelt und die Gestaltung der Zukunft. Stellen Sie sich beispielsweise eine Erzählung vor, welche positive Aspekte von Häusern mit mehr integrierten Vegetationsflächen wie begrünte Dächer in den Fokus stellt. Diese Zukunftsnarrative versuchen oft als Gegenerzählung Vorurteile abzubauen und die Zukunft offen für neue Lösungen und Ideen zu gestalten.

Auf dem Plattformmedium (Bild 4.7) veröffentlicht Storyteller Per Grankvist Geschichten zum Klimawandel.

[22] Grankvist, Per: Press release: Storytelling key to speeding up climate change in cities. In: viablecities.se. 17.9.2019, *https://en.viablecities.se/nytt/pressmeddelande-storytelling* (abgerufen 10/2023)

Bild 4.7 Auf der Plattform Medium veröffentlicht Storyteller Per Grankvist Geschichten zum Klimawandel. Quelle: Screenshot *https://medium.com/viable-cities/storytelling/home*[23]

Insgesamt ist Storytelling ein vielversprechendes Instrument, um den Wandel hin zu klimaneutralen und nachhaltigen Städten zu fördern.

[23] Vgl. o. V. Viable Cities: In: viablecities.de o. D., *https://en.viablecities.se* (abgerufen am 10/2023)

5 Basis: Was macht erfolgreiche Geschichten aus?

Das Erzählen von Geschichten bedeutet auch die Notwendigkeit der Strukturierung von Informationen. Dies vereinfachten die Aufnahme und das Verständnis der Informationen.

Lassen Sie mich dies anhand des Videos „No Drama" zeigen. Dies ist ein Beispiel für hervorragendes Storytelling, indem Schweiz Tourismus nicht nur seine Botschaft einer schönen, sportiven und ruhigen Urlaubswelt aufzeigt, sondern sich gleichzeitig sehr humorvoll und auch die Storytelling-Methode auf die Schippe nimmt. In dem Video unterhält sich Roger Federer, Markenbotschafter von Schweiz Tourismus, mit dem legendären Schauspieler Robert De Niro, den er für sein Filmprojekt über die Schweiz begeistern möchte. In einem Videocall lehnt De Niro die Einladung ab, da das Reiseziel zwar pur, beeindruckend und wunderschön sei, es aber an Drama fehle.

„*There's no drama, no drama at all! Roger, I'm a certain type of actor, I need an edge, conflict, jeopardy – Switzerland is to perfect.*" Frei übersetzt fehlt De Niro das Grundkonzept einer Story: „*Es gibt kein Drama, überhaupt kein Drama! Roger, ich bin ein bestimmter Schauspielertyp, ich brauche Kanten, Konflikte, Gefahren. Die Schweiz ist einfach zu perfekt.*" (Bild 5.1)

Bild 5.1 *No Drama* von Schweiz Tourismus mit Robert De Niro. Screenshot aus dem Video „No Drama"[1]

Ohne Spannung, ohne Kanten und Ecken, Überraschungsmomente, Konflikte oder Gefahren gibt es keinen Spannungsbogen und kein Drama. Das Video „No Drama" hat zudem eine Botschaft, die in Erinnerung bleibt: Sie ist simpel, voll auf den Punkt und überzeugt durch ihre humorige Art.

In diesem Kapitel geht es darum, was gute Geschichten sind und wie diese erzählt werden können: Es geht um grundlegende Elemente gut funktionierender Geschichten.

5.1 Was macht erfolgreiche Geschichten aus?

Sicherlich ist Ihnen das Sprichwort „Die besten Geschichten erzählt das Leben" schon einmal begegnet. Folgende Fragen kommen nun auf: Was ist denn genau eine Geschichte? Und was macht nun eine wirklich gute Geschichte aus?

Gute Geschichten sind solche, die über Jahre hinweg aufgegriffen und weitererzählt werden. Es sind Geschichten, die inspirieren und berühren, die den Menschen so bewegen, dass sie unvergesslich bleiben. Sie wecken Neugier und Anteilnahme und motivieren, etwas zu tun. Damit dies gelingt, müssen Themen erzählt werden, um die Menschen bei deren persönlichen Problemen, Erlebniswelten und Erfahrungen abzuholen.

Neben den passenden, fesselnden und relevanten Inhalten sowie einer soliden Struktur als Grundlage, machen folgende Punkte eine Story zu einer erfolgreichen Geschichte:

Identifikation gelingt, wenn es menschelt: Damit sich die Bezugsgruppe – also diejenigen, die Sie erreichen möchten – angesprochen fühlen und sich emotional mit der Geschichte identifizieren kann, muss ein Protagonist (Charakter) mit menschlichen Zügen in der Geschichte

---

1 WWW: YouTube. *No Drama* von Schweiz Tourismus mit Robert De Niro, *https://www.youtube.com/watch?v=wXcBGfXXL4w&t=90s* (abgerufen 9/2023)

involviert sein. Hierbei kann es sich auch, wie in vielen Disney-Animationen gezeigt, um Tiere wie den Elefanten Dumbo, Gegenstände wie in Cars oder Fantasiewesen wie in dem Film Avatar, mit menschlichen Eigenschaften, Ängsten, Wünschen handeln.

Je mehr sich die Menschen mit einer **Geschichte identifizieren** können, desto wahrscheinlicher wird sie die Botschaft erreichen. Oft gelingt die Identifikation, wenn Ähnlichkeiten zwischen dem Protagonisten und seinen Konflikten und dem Publikum vorhanden sind.

a) **Relevanz erzeugt Immersion:** Je mehr sich die Bezugsgruppe angesprochen fühlt und in die Geschichte mit allen Sinnen hineingezogen wird, desto eher können sich die Adressaten mit den Inhalten der Geschichte identifizieren und umso tiefer in die Story eintauchen. Sie verfolgen auch bis zum Ende die Geschichte, da sie sich Antworten und Lösungen erhoffen.

b) **Interaktion und Teilhabe:** Menschen sind aktiv und vertrauen mehr ihren eigenen Erlebnissen und Schlussfolgerungen als vorgegebenen Weisheiten. Daher versuchen Sie die Bezugsgruppe zu bewegen, ihre eigenen Erlebnisse zu fühlen, zu denken und nach einer Handlungsaufforderung ins Tun zu kommen.

c) **Emotionen ermöglichen Bindungen:** Menschen sind emotionale Wesen. Und genau diese Emotionalität machen wir uns im Storytelling zunutze, um Menschen auf tieferen Ebenen zu erreichen. Mittels Emotionen können wir Wünsche und Motivationen oder gar Emotionen wie Furcht oder Freude ansprechen. Storytelling funktioniert am besten, wenn wir dem Erzählenden vertrauen. Dies geschieht einerseits über Emotionen und andererseits über seine Aufrichtigkeit, die Glaubwürdigkeit der Argumentation, die Echtheit in der gesamten Ausstrahlung und dem Auftreten des Storytellers.

d) **Konflikte, Herausforderungen und Drama:** Um Spannung zu erzeugen und das Publikum auch bis zum Ende der Story zu fesseln, benötigen Geschichten mehr als eine Aneinanderreihung von Fakten: Eine gute Geschichte weist eine dramatische Entwicklung und emotionale Dynamik auf. Oft wird diese Spannung erzeugt, wenn der Protagonist (Charakter) ein Problem hat (Herausforderung/Konflikt) und die Bezugsgruppe mitfiebert, weil es ein Konflikt ist, den sie kennen und dessen Auflösung sie interessiert bzw. tangiert.

e) **Vertrautheit:** Je vertrauter und näher ein Thema, die Charaktere oder der Konflikt einer Geschichte für die Bezugsgruppe ist, desto mächtiger ist die Story. Vertraute Elemente erleichtern den Zugang zur Geschichte, auch wenn etwas Neues und Unbekanntes vermittelt wird.

f) **Einfachheit:** Oft gilt die Grundformel, je einfacher eine Geschichte aufgebaut und erzählt wird, desto stärker ist ihre Wirkung. Herbei hilft nicht nur der dramaturgische rote Faden, sondern die Reduktion und Streichung aller „Teile“, die der Geschichte nicht dienen und oft beschönigendes Beiwerk sind.

5.2 Was ist überhaupt eine Geschichte (Story)?

Oft werden Begriffe wie Story, Plot, Handlung und Geschichte in einen Topf geworfen, so dass ein Durcheinander herrscht. In diesem Buch verwende ich Geschichte und Story gleichermaßen, obwohl ich als Storyteller*in aus Recherchen, Analysen und Überlegungen Ideen entwickle, aus denen eine Geschichte wird. Bevor wir weiter in die Tiefe gehen, schauen wir uns zunächst an, was eine Story ausmacht. Grundsätzlich sind Geschichten einfach gestrickt und liefern Antworten auf folgende Frage(n) (Bild 5.2):

Analysieren wir diese grundlegenden Fragen einmal genauer:

- **WEM ...:** Die meisten Geschichten leben von einer zentralen Figur, einem Protagonisten, mit dem das Publikum mitfiebern und sich identifizieren kann. Diese Heldenfigur durchläuft stellvertretend einen Konflikt, der Spannung einläutet, und eine Lösung des Konflikts.
- **... passiert WAS ...:** Ziel jeder Story ist es, mit ihrer Handlung das Publikum zu fesseln und zu begeistern. Beim Einstieg werden meist die Hauptcharaktere der Story, die Umgebung und der zentrale Konflikt vorgestellt. Nachdem der Konflikt aufgelöst und der Höhepunkt erreicht wurde, läuft sie langsam aus - mit einem glücklichen oder einem unglücklichen Ende.
- **... WARUM?** Geschichten brauchen einen Konflikt oder einen Spannungspunkt: Menschen kämpfen gegen Monster, Mächte, Ängste, Missstände oder Wut. Ohne Konflikt (Problem/Herausforderung) lässt sich keine Wandlung des Helden zeigen.

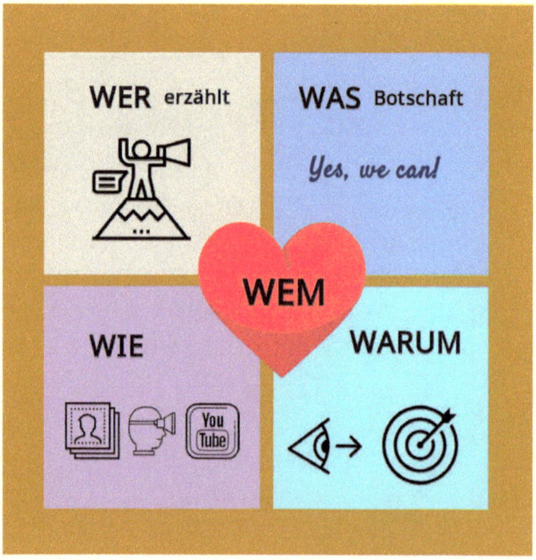

Bild 5.2
Grundlegende Fragen, die helfen, eine Story aufzubauen. Grafik: Pia Kleine Wieskamp

Erweitern wir die oberen Fragen, um in die Tiefe der Botschaften zu gehen:

- **... WOZU?** Was will der Storytellende erreichen (Ziel) und welche Botschaft soll platziert werden?
- Lassen Sie mich diese Frage mit dem Zusatz **„und WELCHE EMOTIONEN löst es aus?“** ergänzen: Keine Geschichte wirkt, wenn nicht Emotionen im Spiel sind. Im Falle von Storytelling, also dem bewussten und zielgerichteten Erzählen, sind das diejenigen Emotionen, die der Storytellende beim Publikum auslösen möchte (lesen Sie hierzu auch Kapitel 6).

Wichtig ist, dass beim Storytelling Informationen nicht „direkt als Fakt“ (Argument) dargestellt, sondern in einer Geschichte eingebettet werden. So kann das **Publikum aktiv Botschaften miterleben und entschlüsseln.** Dies ist bereits der erste Punkt, wie Geschichten zu guten Geschichten werden: Je mehr das Publikum in die Story aktiv einbezogen wird, desto eher wird sie zur Geschichte eines jeden aus dem Publikum. Oft passiert dies mittels Emotionen und der Identifikation mit einem Charakter (Protagonisten) der Story. Hierdurch entsteht ein weit höherer und nachhaltigerer Effekt als bei der klassischen Informationsvermittlung.

Was ist eine Geschichte?

Laut Aristoteles benötigt jede Geschichte drei Elemente: eine Hauptfigur (Held*in), einen Ort und eine Handlung.

Im Gegensatz zum „formlosen“ Plappern ist eine Geschichte immer eine Komposition aus den beteiligten Charakteren, dem Setting und dem Inhalt der Story. Der Plot ist sozusagen die „Roadmap“ für die **Handlung der Geschichte.**

In den letzten Jahrzehnten hat sich das Erzählen von Geschichten verändert: **Eine gute Geschichte priorisiert immer eine Auseinandersetzung mit der Zielgruppe.** Erfolgreiche Geschichten entstehen, indem das Publikum integriert wird und Storytellende ihre Geschichte als Aufforderung zum Dialog konzeptionieren. Immersion, Integration und die emotionale Involviertheit der Menschen, für die die Geschichte gedacht ist, machen den Erfolg einer Story aus.

Grundbausteine einer Story

Im Grunde bestehen alle Geschichten aus einer Handvoll wiederkehrender Elemente (Grundbausteine), die uns im Leben, in Mythen, Büchern, Träumen und Filmen immer wieder begegnen. Sie spiegeln den Kreislauf der menschlichen Existenz wider und bilden ein Schema für gut funktionierende Geschichten.

Egal, in welchem Medium eine Geschichte erzählt wird, ob als Video auf YouTube, als Rede auf einer Jubiläumsfeier oder als Geschichte im Freundes- oder Kollegenkreis, sie funktioniert, wenn die Grundelemente vorhanden sind, der Spannungsbogen und die Dramaturgie erlebbar sind und das „Publikum“ emotional angesprochen wird.

Bereits **Aristoteles** notierte vor Tausenden von Jahren folgende drei Elemente (Apelle), die in jedem überzeugenden Argument enthalten sein müssen: Ethos (Charakter und Glaubwürdigkeit), Logos (Logik & Vernunft) sowie Pathos (Emotion).

Dementsprechend benötigen Geschichten im Gegensatz zu reinen Fakten Emotionen (Pathos), Ethos und selbstverständlich im Business-Umfeld auch grundlegende Informationen und Fakten, auf welchen die Geschichten basieren. Business-Geschichten sind keine Märchen bzw. erfundenes Erzählen, sondern sollen auf soliden Fakten basieren.

Doch zunächst benötigt eine Geschichte auch einen Rahmen: Das Publikum muss wissen, wo die Erzählung stattfindet, wann sie erzählt wird und wer darin vorkommt.

Erfolgreiche Geschichten weisen folgende **Gemeinsamkeiten** auf:

- Geschichten sind **emotional.**
- Gute Geschichten sind so **einfach,** dass sie, einmal vom Publikum aufgenommen, als eigene adaptiert und weitererzählt werden können.
- Jede erfolgreiche Story **orientiert sich an den Bedürfnissen des Publikums** (Zielgruppe) und nicht an den Vorstellungen des Erzählers.

Geschichten brauchen folgende Basiselemente

Gute Geschichten - genauer gesagt Geschichten, die das Publikum zu Handlungen motivieren und sich wie von selbst verbreiten und somit erfolgreich sind - weisen folgende **Basiselemente** auf:

- Jede Geschichte hat eine **eindeutige Botschaft** (Message). Das Ziel des Storytellenden ist es, diese Botschaft beim Publikum zu platzieren und eine gewünschte Reaktion bzw. Handlung auszulösen.
- Eine gute Story hat einen klaren **Protagonisten** (Identifikationsfigur: das Publikum, die Marke, das Produkt),
- der eine **Handlung** durchläuft.
- Die Geschichte **braucht einen Konflikt** (eine Herausforderung, ein Hindernis, eine Fragestellung),
- der am Ende der Geschichte **aufgelöst** wird bzw. für den es einen Lösungsvorschlag gibt.

Lassen Sie mich die Geschichte an einem kleinen Beispiel erläutern:

„Mann triff Mann" ist noch keine Story. Gehen wir weiter und sagen: „Mann trifft Mann und verguckt sich in ihn." Jetzt ist dies vielleicht ein Ansatz einer Story und das Kopfkino springt bereits bei vielen Lesern an. An diesem Beispiel sehen Sie aber auch, dass jede Geschichte an die persönlichen Erfahrungen des Publikums (Audience) andockt: Einer mag direkt ein männliches Paar im Kopf haben, dass sich ineinander verliebt. Andere sehen direkt ein Drama einer nicht erwiderten Liebe bildlich vor Augen. Dieser Ansatz einer Geschichte ist noch sehr vage und offen.

Zur Story wird es nun durch einen entscheidenden Zusatz: „Mann trifft Mann und verguckt sich ihn, sein Blick wird jedoch nicht erwidert." Jetzt haben wir bereits einen Konflikt (Bild 5.3), eine unglückliche Verliebtheit, eine Enttäuschung, eine Situation, die sich noch in vielerlei Richtungen entwickeln kann.

Bild 5.3 Der Protagonist Charles hat sich verliebt. Er hat den Wunsch, sich mit dieser Skulptur in seinem täglichen Umfeld zu umgeben und sie zu besitzen.
Foto © Pia Kleine Wieskamp

Hier in unserem Fall ist es Charles. Ich habe Charles in Florenz getroffen und er verguckte sich in diese Skulptur. Er ist ganz hingerissen von deren Ausdruck und Kraft und gleichzeitig ihrer sehr feinen Ausarbeitung. Der Konflikt, in dem sich Charles befindet, ist, dass diese Skulptur für ihn „unerreichbar" ist: Sie ist weder käuflich erwerbbar noch könnte Charles sie je in seiner Pariser Wohnung in der vierten Etage unterbringen. Die Skulptur ist zu schwer und zu groß.

Durch diesen Konflikt wird der Protagonist Charles, der sich verguckende Mann, in eine Situation gestoßen und es beginnt eine Entwicklung. Egal, wie es auch ausgehen mag, er erlebt und fühlt etwas und verändert sich dadurch, kommt mit neuen Erfahrungen aus dieser Museumsreise zurück. Jede Geschichte durchläuft eine Entwicklung, eine Veränderung - ein auch als **Change-Moment** bezeichnetes Element.

Oft wird der Konflikt in der Story aufgelöst oder zumindest nach einem Lösungsweg geforscht. In Charles Fall sind wir in ein Gespräch gekommen und haben überlegt, wie er an eine Kopie der Skulptur gelangen könnte. Wir haben schließlich im Museumsshop geschaut, ob es eine kleinere Kopie dieser Skulptur gibt.

5.3 Storytelling braucht ...

Obwohl es diverse Definitionen von Storytelling gibt, **hat dennoch jede Story bestimmte Merkmale, um als Geschichte** bezeichnet werden zu können:

- **Menschen** bzw. Objekte, Produkte oder Wesen mit menschlichen Zügen (Charaktere): Jede Geschichte benötigt Protagonisten, also Handelnde, mit denen das Publikum mitfiebern bzw. sich identifizieren kann. Und da es menschelt, werden Gefühle gezeigt und bewusst auch beim Publikum hervorgerufen.
- **Ziel der Story:** Storytelling ist das bewusste und zielorientierte Erzählen. So haben Storytellende immer eine **Botschaft und ein Ziel,** was sie mit der Geschichte erreichen möchten, vor Augen. Das kann etwa ein Imagegewinn sein oder die Weitergabe von Informationen über einen neuen Geschäftszweig.
- Eine gute Story ist so **einfach und verständlich,** dass sie, einmal vom Publikum aufgenommen, als eigene adaptiert und weitererzählt werden kann.
- **Roter Faden:** Jede Geschichte hat einen Startpunkt und einen Endpunkt und verbindet das Geschehen, die zeitliche Abfolge oder auch die Argumente miteinander.
- Gutes, also erfolgreiches Storytelling ist **dialogorientiert.**
- Erfolgreiche Geschichten sind für das Publikum **relevant,** also für die Zielgruppe wichtig und notwendig. Jede erfolgreiche Story orientiert sich an den **Bedürfnissen des Publikums** (Zielgruppe = Stakeholder) und nicht an den Vorstellungen des Erzählenden.
- **Dramaturgie:** Eine bloße Abfolge von Momenten ist noch lange keine Geschichte. Hier fehlen die Spannung, der Höhepunkt, die Ereignisse und oft auch der Kontext.

Dramaturgie und Spannung werden mit folgenden Komponenten (Bild 5.4) erzeugt:

a) eine **Ausgangssituation:** der Start der Story als auslösendes Ereignis der Reise, oft auch die Antwort auf die Frage, warum die Geschichte gerade nun erzählt wird;

b) eine*n **Protagonist*in/Held*in:** Sie sind die Figuren, mit denen sich das Publikum identifizieren kann und stellvertretend den Wandel und den Weg dorthin miterleben kann. (Protagonist = Identifikationsfigur, Marke, Produkt, Mitarbeitende);

c) eine **Handlung** (Plot), in welcher Herausforderungen gemeistert und Learnings (Wandlung) erlebt werden;

d) ein Ereignis oder ein **Problem** (ein Konflikt/eine Herausforderung mit Tendenz zu ansteigenden Komplikationen dient dem Spannungsaufbau sowie dem emotionalen Mitfühlen);

e) **Emotionen:** gute Geschichten berühren so, dass sich die Audience angesprochen fühlt und die Geschichte stellvertretend miterlebt;

f) am Ende der Geschichte erfährt die Heldenfigur eine **Veränderung** zur Ausgangssituation (Change).

Bild 5.4 Elemente bzw. Merkmale, die gut funktionierende Geschichten auszeichnen, im Überblick. Grafik © Pia Kleine Wieskamp

5.4 Einstieg, interessante Mitte, Schluss

Insgesamt haben Geschichten, um zu funktionieren, einen **dramaturgischen Aufbau:** Jede Story durchläuft einen Prozess, startet mit einem Anfang und endet nach dem Mittelteil mit einem konfliktauflösenden Schluss.

Vielen ist sicherlich aus dem Deutschunterricht noch die Unterteilung eines Theaterstücks (Dramas) nach **Aristoteles** bekannt. Ihm verdanken wir die Strukturierung von Geschichten in (überwiegend) drei Akte. Seine klassische Grundtheorie aus den **Reflexionen von Poetik** beruht auf der Annahme einer ganzen Einheit, ein Ganzes, das einen **A**nfang, eine **M**itte und ein **E**nde hat.

> *„Ein Ganzes ist, was Anfang, Mitte und Ende hat. Ein Anfang ist, was selbst nicht mit Notwendigkeit auf etwas anderes folgt, nach dem jedoch natürlicherweise etwas anderes eintritt oder entsteht. Ein Ende ist umgekehrt, was selbst natürlicherweise auf etwas anderes folgt, und zwar notwendigerweise oder in der Regel, während nach ihm nichts anderes mehr eintritt. Eine Mitte ist, was sowohl selbst auf etwas anderes folgt als auch etwas anderes nach sich zieht. Demzufolge dürfen Handlungen, wenn sie gut zusammengefügt sein sollen, nicht an beliebiger Stelle einsetzen noch an beliebiger Stelle enden, sondern sie müssen sich an die genannten Grundsätze halten.“*[2]

[2] Aristoteles: Poetik, ca. 300 v. Chr.

5.4.1 Konfliktarten als Erweiterung der Grundelemente

In der Zusammenfassung *Super Simple Storytelling*[3] listet Kendall Haven acht Grundelemente von Geschichten auf:

- **Charakter:** In allen Geschichten geht es um Charaktere. Jede Story hat zumindest eine (Haupt-)Figur, mit der sich das Publikum identifizieren kann. Ein Charakter kann eine Person, eine Frucht oder eine künstliche Intelligenz sein. Sie transportiert die Botschaft, den Kern der Story. Story-Ereignisse passieren bei Charakteren. Der Ausgangspunkt ist immer die Identifizierung der Hauptcharaktere.

Der Wissenschaftler Paul Zak* beschreibt die Notwendigkeit von Charakteren folgendermaßen:

> *„Wir haben festgestellt, dass es zwei wesentliche Aspekte einer effektiven Geschichte gibt. Erstens muss sie unsere Aufmerksamkeit erregen und auf sich ziehen. Das Zweite, was eine effektive Geschichte tut, ist, uns in die Welt der Charaktere zu ‚versetzen'."*

* Zak, Paul: „How Stories Change the Brain". 2013, *https://greatergood.berkeley.edu/article/item/how_stories_change_brain* (abgerufen 9/2023)

- **Charakterzüge:** Hiermit sind alle Informationen gemeint, die einen Charakter authentisch und dreidimensional – also klar, real und lebendig – erscheinen lassen.
- **Motiv:** Es erklärt, warum ein Ziel für einen Charakter – und somit auch für das Publikum – wichtig ist. Möchte der Held Harry Potter beispielsweise die Welt vor dem bösen Zauberer retten, weil seine Eltern bei dem Versuch, ihn zu schützen, starben? Liegt ein Motiv Potters etwa darin, dass seine Eltern bereits gegen Voldemort kämpften?
- **Ziel:** Im Gegensatz zu einfachem Erzählen ist Storytelling das zielgerichtete Erzählen. Ohne Botschaft (Mission) gibt es am Ende der Story auch keine Auflösung.
- **Konflikt** (Hindernis, Probleme, Herausforderung): Oft sind Konflikte und Probleme die Herausforderungen und „Klötze im Weg", die einen Charakter daran hindern, ein Ziel zu erreichen. Damit sich der Charakter von seiner Ausgangssituation bis zum Ende wandeln kann und die Geschichte nicht stehenbleibt, meistert die Hauptfigur eine Herausforderung (ein Problem). Dies muss nicht immer, wie in Hollywoodstreifen, gleich die Rettung der Welt bedeuten, sollte aber eine Problematik sein, die das Publikum, an das sich die Story wendet, kennt. Konflikte und Probleme sind die Hindernisse, die einen Charakter daran hindern, ein Ziel zu erreichen.
- **Risiko und Gefahr:** Hinter diesen beiden Aspekten lauert die Spannung, denn Risiken und Gefahren sind die Eckpunkte eines spannenden Handlungsbogens. Die Wahrscheinlichkeit, dass etwas schiefgeht, und die Frage, was der Hauptfigur dann passiert, sind auch Momente, in denen Empathie mit den Charakteren entsteht. Das Publikum sieht mögliche Risiken, es zittert und fühlt mit den Hauptfiguren mit.

[3] Haven, Kendall: Super Simple Storytelling: „Who, me?" „Yes, you!" 2005, *http://files.ifea.com/Convention/2013Pittsburgh/2013IFEAConvention-ATellingExperience-KendallHaven.pdf* (abgerufen 9/2023)

- **Kämpfe** (Auseinandersetzungen mit den Konflikten): Was Protagonisten tun (die Aktion, die Handlung), um Hindernisse zu überwinden und das Ziel zu erreichen.
- **Details:** beschreibende Einzelheiten über die Charaktere, Einstellungen, Aktionen und als Muster.

Grundkonflikte für Geschichten

Die Kernidee eines Konflikts in einer Story ist, dass jemand unbedingt etwas erreichen möchte und Schwierigkeiten hat, einfach an sein Ziel zu gelangen.

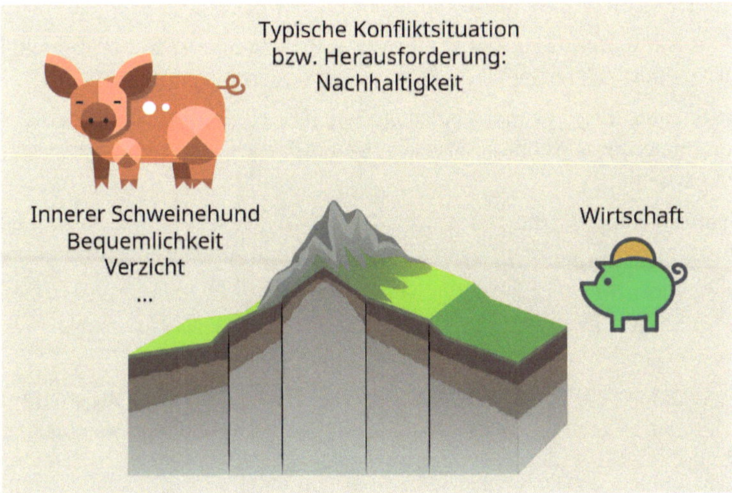

Bild 5.5 Herausforderungen sind oft eine Mischung aus diversen Grundkonflikten und sorgen für Konfliktsituationen. Grafik © Pia Kleine Wieskamp

In ihrem Buch „Story Structure Architect"[4] nennt Victory Lynn Schmidt **Grundkonflikte für Geschichten,** die jeweils eine weitere Perspektive und somit auch einen Lösungsweg aufzeichnen. Angenommen, Eva möchte sich mit Adam verabreden. Hierbei tun sich sechs Möglichkeiten auf, die Evas Wunsch erschweren:

- **Innerer Zwiespalt:** Die Quelle des Konflikts liegt in dem Charakter, dem Protagonisten selbst. In unserem Beispiel ist Eva schüchtern und hat Angst vor Ablehnung: Soll sie den ersten Schritt wagen und Adam wirklich ansprechen, einladen? Kann Adam an Eva Interesse finden oder spielt er in einer ganz anderen Liga? Stellen Sie sich einen inneren Dialog vor, in dem Eva alle Möglichkeiten durchspielt.
- **Beziehungskonflikt** (sich gegenseitig ausschließende Ziele): Eva und Adam kommen einfach nicht miteinander aus, sie haben keine gemeinsamen Interessen, Eva kann über Adams Witze nicht lachen, die *Chemie* stimmt einfach nicht. Natürlich kann Eva auch herausfinden, dass Adam sich bereits mit ihrer Freundin Susanne verabredet hat.

[4] Schmidt, Victoria Lynn: Story Structure Architect: A Writer's Guide to Building Dramatic Situations and Compelling Characters. Writer's Digest Books (2005)

- **Eine besondere Form der Beziehungskonflikte sind die persönlichen Konflikte:** Hier sind Freunde, Familie oder Bezugspersonen wie Trainer, Lehrer, Mentoren die Quelle des Konflikts. Evas Eltern würden Eva gerne mit Karl, dem Sohn eines befreundeten Paars, zusammen sehen.
- **Äußerlicher Konflikt:** Der (Interessens-)Konflikt von Unternehmen mit Umwelt, Institutionen, physikalischen Gesetzen oder behördlichen Richtlinien ist fast jedem bekannt.
  - **Sozialer Konflikt:** Eva heißt eigentlich Megan und Adam steht für Prinz Harry; beide gehören nicht nur unterschiedlichen Schichten, sondern auch verschiedenen Kulturen an. Megan ist Amerikanerin und hat eine Gesellschaft, in der Adlige und gar eine Königsfamilie einen großen Teil der High Society ausmachen, nicht erlebt.
  - Oder wie sähe es aus, wenn Eva, als Tochter eines erzkonservativen Parteimitglieds, den transsexuellen Adam datet?
  - **Situationskonflikt:** Eva wollte Adam gerade ihre Zuneigung gestehen, als eine Überschwemmung ihren Wohnort verwüstet und die Zeit für dieses Glücksgeständnis unpassend scheint.
- **Paranormaler Konflikt** (übernatürlich oder kybernetisch etc.): Eva ist in Adams Metaverse-Avatar verliebt, jedoch im realen Leben erscheint Adam weniger interessant.
- **Kosmischer Konflikt** (Schicksal, Vorsehung oder Gott): Eva durfte durch die Glaskugel ihre Zukunft sehen, in welcher Adam sehr jung an einem Herzinfarkt stirbt. Nun versucht sie Adam von einer gesunden Lebensweise zu überzeugen.

Sie sehen anhand der einfachen Beispiele, dass viele Konfliktsituation sogenannte bekannte *alte Hüte* sind, die nur durch die konkreten Ziele, Charaktere und Situationen glaubwürdig und überzeugend sowie individuell sind.

5.4.2 Emotionen als Hauptbestandteil von Geschichten

Emotionen sind ein grundlegender Bestandteil unseres menschlichen Wesens. Biologisch gesehen sind Emotionen komplexe Verhaltensmuster, die sich im Laufe der Evolution herausgebildet haben, mit deren Hilfe wir meist unbewusst beinahe jede Situation unseres Alltags bewerten. Sicherlich kennen Sie den Spruch, eine Entscheidung aus dem „Bauch heraus" zu treffen. Selbst bei rationalen Abwägungen ist oft der erste „emotionale" Impuls ausschlaggebend, um eine Entscheidung zu treffen.

Menschen verknüpfen beinahe jede Erfahrung, die sie machen, alles, was sie lernen, im Gehirn mit entsprechenden Gefühlen, die sie in dieser Situation empfinden. Je intensiver dieses Gefühl ist, umso deutlicher bleibt es in unserem Gedächtnis verankert. Das Erlebte wird Teil unserer Lebenserfahrung. Je größer dieser Erfahrungsschatz ist, umso differenzierter wird auch unser emotionales Bewertungssystem.

Gleichzeitig erleichtern Emotionen die Kommunikation mit unseren Mitmenschen, da wir anhand der Gefühle Stimmungen deuten und dementsprechend agieren können.

Die Unterscheidung zwischen Fakten und Geschichten sind in erster Linie die Emotionen, die beim Erzählen von Geschichten bewusst angesprochen, hervorgerufen und eingesetzt werden.

Menschliche Emotionen sind komplexe Vorgänge im Körper. Neuroexperte Hans-Georg Häusel betont, dass erst die

> *„... Emotionen der Welt und damit den Produkten Wert und Bedeutung geben. Selbst ein scheinbar rationaler Nutzen ist genau betrachtet emotional. Ein Haushaltsreiniger beispielsweise aktiviert unseren emotionalen Wunsch nach Sauberkeit. Sauberkeit entspringt jedoch unserem Emotionssystem ‚Sicherheit/Kontrolle'.“*[5]

Laut Häusel speichert das menschliche Gehirn kaum einzelne Details wie isolierte Zahlen und Fakten, sondern es erinnert sich an vernetzte sinnliche Informationen, also Geschichten. Stellen Sie sich nun vor, unser Gehirn müsste Abertausende Geschichten abspeichern und je nach Situation die richtige heraussuchen. Dies wäre zum Scheitern verurteilt. Aus diesem Grund ist es laut Werner T. Fuchs wesentlich effizienter, von den wichtigsten und immer wiederkehrenden Ereignissen **Mustervorlagen** zu erstellen. „Diese Prototypen lassen sich dann je nach Verwendungszweck beliebig variieren“, schreibt Werner T. Fuchs in seinem Buch „Warum das Gehirn Geschichten liebt“.[6]

Oft werden Emotionen mit Gefühlen gleichgesetzt, doch das trifft es nicht ganz. Mit Gefühl ist meist nur ein Teil einer Emotion gemeint. Zu einer Emotion gehören neben den inneren Empfindungen, also Gefühlen wie Freude, Angst oder Wut, genauso körperliche Reaktionen, beispielsweise ein Lachen oder eine Gänsehaut, sowie Denkprozesse, etwa eine Entscheidung zu treffen.

5.4.3 Der Weg über die Sinne zu den Emotionen

Menschen erfahren ihre Umwelt mittels ihrer Sinne über Augen, Ohren, Nase, Zunge und Haut. Täglich strömen Tausende von Sinneseindrücken auf uns ein, die größtenteils im Unbewussten registriert und verarbeitet werden.

Durch Sehen, Hören, Riechen, Schmecken und Tasten empfangen wir Menschen Reize und transformieren sie in elektrische Nervenimpulse oder Neuronen. Letztere werden als Informationen an das Gehirn weitergeleitet und dort in unterschiedlichen Regionen - unter Einbezug von Erfahrungen, bereits Gelerntem und Gefühlen - verarbeitet. So können wir beispielsweise in einem Raum stehend per HoloLens[7] nicht nur die visuellen Bilder der Arktis aufnehmen, sondern wir hören den Wind, die Geräusche der Tiere und fühlen die klirrende Kälte auf unserer Haut.

Indem Storyteller*innen diese Sinne aktivieren, schaffen sie Erlebnisse. Der Vorteil ist, dass diese Erlebnisse als authentisch und echt wahrgenommen werden.

---

5 Vgl. Häusel, Hans-Georg: „Selbst der rationale Nutzen ist emotional“, *http://www.vides.ch/pdf/siu_up_2010_1.pdf* (abgerufen 9/2023)

6 Fuchs, Werner T.: Warum das Gehirn Geschichten liebt: Mit den Erkenntnissen der Neurowissenschaften zu zielgruppenorientiertem Marketing. Haufe, 2013

7 Was ist eine HoloLens? Laut Micosoft ist die Microsoft HoloLens „ein völlig eigenständiger, kabelloser, holografischer Computer. Sie ermöglicht Anwender*innen einen Blick in die sogenannte „gemischte Realität“ (Mixed Reality). Das bedeutet, dass Menschen mit Microsoft HoloLens digitale Inhalte - sogenannte Hologramme - in der realen Welt sehen und mit diesen über Sprache und Gesten interagieren können.“ In: Microsoft erklärt: Was ist Microsoft HoloLens? Definition & Funktionen, *https://news.microsoft.com/de-de/microsoft-erklaert-was-ist-microsoft-hololens-definition-funktionen* (abgerufen 10/2023)

Die digitale und technologisierte Welt hat hierbei nicht nur die Art und Weise, wie wir kommunizieren, stark verändert, sondern sie wandelt auch unsere ganze Wahrnehmung. Dazu zählt auch, wie wir Informationen mit unseren Sinnen aufnehmen und wie unser Gehirn diese verarbeitet. Die Wahrnehmung von Sinnesreizen ist immer auch mit dem Auslösen bestimmter Emotionen verbunden. Was wir durch unsere Sinne erkennen, verarbeitet unser Gehirn stets unter Einbeziehung bekannter Strukturen und individueller Erfahrungen. Diese automatischen neuronalen Prozesse laufen vor allem im Frontallappen des Gehirns ab.

Wir reagieren auf die zunehmende Digitalisierung mit veränderten Mediengewohnheiten und anderen Verhaltensmustern, werden z. B. multitaskingfähiger, da in digitalen Medien oft mehrere Sinne (Sehen, Hören) gleichzeitig angesprochen werden.

Oft sind wir mehreren Sinneswahrnehmungen zugleich ausgesetzt (multisensorische Wahrnehmung). Da mit den Sinneseindrücken auch Erfahrungen und Assoziationen verbunden sind, sollten in einer Story möglichst alle Sinne angesprochen werden. Auch wenn wir beispielsweise noch nicht per TV (Video) Geruch übertragen können, so kann man mittels der Stimulierung der anderen Sinne dem Riech- und Geschmacksorgan etwas vorgaukeln. Zum Beispiel nimmt das Auge den Dampf der heißen Tasse Kaffee wahr und man meint das Kaffeearoma „sehen" zu können.

Exkurs: Basissinne

Tagtäglich nimmt der Mensch, meist unbewusst, viele Sinneseindrücke wahr. Mithilfe der äußeren Sinnesorgane - Augen, Ohren, Nase, Haut und Mund - werden visuelle, akustische, olfaktorische, gustatorische und haptische Reize registriert und im Gehirn verarbeitet.

- Der **Sehsinn** reagiert auf visuelle Reize wie Bilder, Logos, Farben oder Formen. Visuelle Reize werden häufig als emotionale, aufmerksamkeitserzeugende Schlüsselreize eingesetzt.
- Der **Hörsinn** nimmt akustische Reize, also Töne, Klänge, Melodien und Rhythmen, wahr. Das Gehör reagiert auf starke emotionale Stimmungen mit verhaltensbestimmender Wirkung. So kann ein Tonfall aggressiv und beängstigend oder auch vertrauenserweckend wirken.
- Der **Geruchssinn** nimmt olfaktorische Reize auf. Gerüche sind oft mit Emotionen und Erinnerungen verbunden. So erinnere ich mich beispielsweise an die Stadt Paris, wenn ich den Duft von frischen, warmen Croissants erschnuppere.
- Der **Geschmackssinn** nimmt gustatorische Reize - wie süß, sauer, salzig oder bitter - mit den speziellen Zellen in Mund und Nase auf.
- Mit dem **Tastsinn** erkennen wir haptische Reize wie Formen, Materialien und Oberflächen. Sehr schnell sind mit ihm auch Erfahrungen und Assoziationen verbunden, beispielsweise verbinden wir mit „schäfchenweichen" Angora-Socken Wärme, Weichheit und Geborgenheit.
- Im Bereich **Oberflächensensibilität** nehmen wir mit der Haut Temperaturempfindungen wie Kälte, Wärme oder auch Thermik wie Wind auf. Auch Schmerzempfindungen werden über Oberflächensensorik wie etwa der Haut wahrgenommen.

- Der **Gleichgewichtssinn** ist komplex. Ist er gestört, kann das von Schwindelgefühlen bis hin zu sogenannten Reisekrankheiten körperliche Reaktion hervorrufen. Für ein richtiges Gleichgewicht sorgen gleich mehrere Bereiche im Körper: So gehören die Augen und der Sehnerv ebenso dazu wie der Tastsinn, die Tiefensensibilität und die Muskulatur. Zentral für die Funktion des Gleichgewichtssinns ist jedoch das Gleichgewichtsorgan (Vestibularorgan).

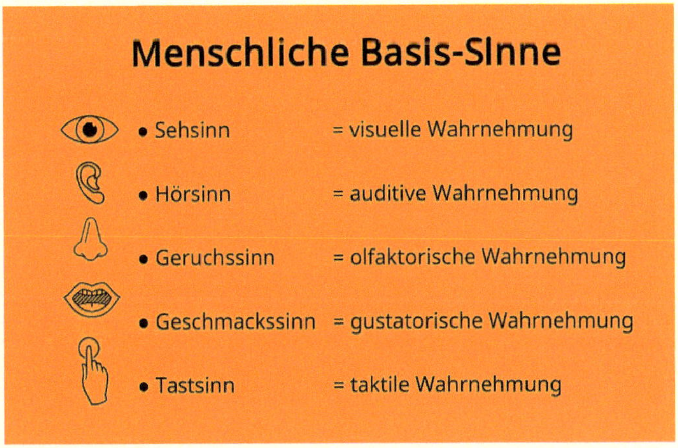

Martin Lindstrom beleuchtet in seinem Buch „Brand Sense“[8], wie erfolgreiche Marken die Macht der fünf Sinne einsetzen, um einen verstärkten Eindruck zu hinterlassen. Sein Werk beruht auf einer Studie in Zusammenarbeit mit Millward Brown, in der fünf Jahre lang mehr als 3500 Teilnehmer von Fokusgruppen in dreizehn Ländern interviewt wurden. Dabei wurde die Leitfrage „Wie wichtig sind die Sinne und ihr Zusammenspiel für das Branding?“ untersucht. Die Zahlen sind beeindruckend: Spricht uns eine Marke mit nur einem Sinneseindruck an, so liegt unsere Loyalität zu dieser Marke bei 30 Prozent. Zielt eine Marke zugleich (multisensorisch) auf vier bis fünf Sinneswahrnehmungen, so verdoppelt sich dieser Wert.

[8] Lindstrom, Martin: Brand Sense: Warum wir starke Marken fühlen, riechen, schmecken, hören und sehen können. Campus Verlag, 1. Auflage 2011

6 Storyansatz: Grundsätzliche Fragen?

Bei der Erstellung einer Geschichte sollten Sie sich folgende grundlegende Fragen stellen und beantworten: **WER** erzählt **WEM WAS** und **WARUM**? Das Medium und die Form, welche die Story beeinflussen, sind zunächst nicht relevant.

Ausgehend von der Tatsache, dass die Grundprinzipien des Storytellings überall gleich sind, ob auditiv oder visuell, ob Unternehmensgeschichte oder Wissensvermittlung, unterscheidet sich Storytelling von Fakten oder Aufzählungen primär dadurch, dass es emotionalisiert, begeistert, aktiviert und bindet. Versteht man Storytelling als den bewussten Einsatz von Geschichten und den damit verbundenen Emotionen, um ein definiertes Ziel zu erreichen, kommt man nicht umhin, systematisch vorzugehen: Zuerst stellen wir uns Fragen und versuchen, diese nach eingehender Recherche, Analyse und Betrachtung der Fakten und der daraus resultierenden Entscheidungen zu beantworten.

Grundstruktur jeder Story

Grundsätzlich sind Geschichten einfach gestrickt und liefern Antworten auf folgende Frage(n): WEM passiert WAS WARUM (Bild 6.1)?

Bild 6.1 Selbstverständlich sollten sich alle Storyteller*innen die üblichen journalistischen W-Fragen[1] stellen. Mit Plattformen und Medien ist auch das Umfeld etwa beim Live-Storyacting gemeint wie ein Online-Meeting, ein Webinar, eine Bühne etc. Grafik © Pia Kleine Wieskamp

Bevor jedoch diese Fragen näher analysiert werden können, sollten sich Storyteller*innen – egal ob als Person oder Vertreter einer Organisation – Gedanken über sich selbst als Erzähler*in, also das **„WER erzählt"**, machen. Dies ist besonders wichtig, da Storytelling ein bewusstes und zielgerichtetes Erzählen ist.

Vor einiger Zeit hielt ich in einem Unternehmen einen Storytelling-Workshop und bei der Frage nach dem „Warum existiert und erzählt Ihr Unternehmen?" kam die Antwort einiger Mitarbeitender: „Damit die da oben (in der Geschäftsleitungsebene) mehr Geld scheffeln."

Diese Antwort zeigt, dass das Unternehmen seinen Purpose, seinen Daseinszweck, den Mitarbeitenden nicht eingehend vermitteln konnte. Die Antwort nach dem **Sinn des Unternehmens,** warum es das macht, was es macht (dem Why) und was es damit in der Zukunft bezwecken möchte, vielmehr sogar für die Gesellschaft bewirken möchte (Vision), motiviert alle Stakeholder, gemeinsam bei der Erfüllung der Vision mitzuwirken.

[1] Sieben journalistische W-Fragen: Wer (hat etwas getan), was (hat er denn getan), wo (hat er es getan), wann (hat er es getan), wie (hat er es getan), warum (hat er es getan), woher (ist die Information)?

6.1 Wer erzählt?

Geschichten werden immer erst dann zu guten, also wirkungsvollen Geschichten, wenn sie bewusst und zielgerichtet eingesetzt werden. Dazu gehört auch, genau zu überlegen, wer **SIE als storytellendes Unternehmen** bzw. als erzählende Marke, Abteilung, Person sind und wie Sie wahrgenommen werden möchten. Die erste Frage ist immer die nach dem Erzähler. Wer erzählt eigentlich? Welche Position nehme ich ein?

Die Frage „WER erzählt eigentlich?" lässt zwei Antworten zu:

a) Einerseits der Storyteller*in als Storyinitiator, also das Unternehmen, die Organisation, die Marke, eine Gruppe von Personen oder eine Einzelperson.

b) Oder auch ein Charakter, eine Erzählerfigur, als Teil der Story wie beispielsweise Scheherazade aus Tausendundeiner Nacht. Hierunter ist die Erzählperspektive gemeint.

Die Antwort auf die Frage nach dem **WER** hat Einfluss auf die Erzählart, die Beispiele, den Unterhaltungswert eines Erzählers oder erzählenden Unternehmens.

Zudem entwickelt sich aus der Frage „WER erzählt denn da?" auch die **Perspektive,** die der Storytellende einnimmt.

Geschichten werden vom Storyteller nicht nur durch Erzählen verbreitet, sie werden auch von ihm entwickelt, initiiert und bekommen durch ihn und seine Persönlichkeit Leben eingehaucht. Häufig ist mit dem Begriff oder Beruf Storyteller*in nicht der Vortragende auf der Bühne oder Erzähler als Multiplikator gemeint, in der heutigen Zeit sind die Erzählenden eher die Autor*innen, Erschaffer*innen, Story-Architekten und die Enabler*innen, die Ermöglicher*innen, die Mutmacher*innen oder Creator*innen, um andere Menschen Geschichten erzählen zu lassen.

Die Aufgabe ist gerade in Corporate und Interner Kommunikation, die Basis für gute Geschichten und Geschichtenerzähler zu ebnen bzw. zu schaffen. Demnach unterscheiden wir zwischen dem reinen Erzählenden, dem Creator (Erschaffer*in) einer Geschichte und den Ermöglichern und „Enablern eines Story-Universums".

Die Frage nach dem WER sollte immer wieder neu durchdacht und analysiert werden. So kann eine Analyse des Purpose und des WHY helfen, das Profil einer Organisation im aktuellen Marktumfeld zu schärfen.

Story-Erstellung startet mit drei grundsätzlichen Fragestellungen

- **Wer bin ich, als erzählende Person oder Organisation?** Welchen Archetyp vertrete ich? Welche Position beziehe ich als Sender? Was macht mich einzigartig? Welche Botschaft und Ziele habe ich? Welche Emotionen will ich erreichen?
- **Wer ist mein Empfänger?** Wen will ich erreichen? Was interessiert diese Zielgruppe? Welche Sprache spricht sie? Welche (Medien-)Kanäle nutzt sie? Welche Bedürfnisse hat sie? Wo liegen die Schmerzgrenzen (Pain Points)?
- Die Frage nach dem **WIR:** Welche Überschneidungen haben wir als Sender und Empfänger?

6.1.1 Was hat Storytelling mit Purpose zu tun?

Der Purpose ist aus heutiger Sicht aus Unternehmensstrategien nicht mehr wegzudenken. Mit Purpose ist oft der Zweck und der Sinn, der hinter einem Unternehmen steckt, gemeint. Die Studie „The Age of Relevance“[2] von 2022 zeigt, dass die Hälfte aller Befragten in Deutschland (51 Prozent) mittlerweile durch den Purpose und Werte in der Kaufentscheidung beeinflusst wird. Genauso viele (50 Prozent) bevorzugen Produkte von Marken, die purpose-driven agieren. Demnach trägt der Purpose immer mehr zum wirtschaftlichen Erfolg einer Marke bei. Laut der Studie sind der Wunsch der Verbrauchenden nach Nähe, Nachhaltigkeit und Nachvollziehbarkeit festzustellen. Innovative Organisationen erheben die Sinnorientierung daher zum obersten Prinzip.

Haltung verlangt Handlung

Die Xpay-Studie[3] ergab zudem, dass 44 Prozent der Befragten sich mit ihrem Konsum in der Verantwortung für die Zukunft unseres Planeten sehen. Und 68 Prozent wünschen sich, dass Unternehmen weniger über ihren Purpose reden und stattdessen öfter den Werten entsprechend handeln. Mit Vorsicht ist die Austauschbarkeit der Purpose-Statements zu genießen: Stakeholder möchten kein „Greenwashing“ - also Purpose-Aussagen, die nicht gelebt werden. Daher ist ein Trend, Stakeholdern gemeinsame Erlebnisse zu vermitteln, die das Purpose-Statement mit Leben füllen, indem beispielsweise Werte gelebt werden.

Die Grundfrage ist: Warum existiere ich als Organisation oder auch als einzelner Mensch?

Die Antwort darauf, der Purpose, dient als zentrale Richtschnur für Entscheidungen und erleichtert verteilte Autorität und agile Arbeitsweise. Mit einer Strategie lässt sich konkretisieren, wie der Purpose real wird, welche Prioritäten das Unternehmen setzt und wie es sich immer wieder neu ausrichtet.

> „*The two most important days of your life are: the day you were born and the day you find out why.*“ - Mark Twain

Dieser Purpose und die Antworten auf die Fragen „Wer sind wir?“ und „Warum tun wir, was wir tun?“ bilden **die Basis, den Kern und die Grundlage der strategischen Kommunikation** und damit des Storytellings.

Wenn das Unternehmen mit dem Zweck des Unternehmers verbunden ist, ist das Unternehmen nachhaltiger, da es direkt mit dem Grund für die Existenz derer verbunden ist, die es gegründet haben. Jede Organisation unterscheidet sich in ihrer Einzigartigkeit von ihrer Umgebung. Die Einzigartigkeit ist oft in der Antwort auf die Frage nach dem WARUM - dem WHY (siehe Kapitel 8) - zu finden, also warum gibt es das Unternehmen? Und was will es zukünftig erreichen?

In einem unternehmerischen Kontext definiert das **WHY** den Purpose, den Unternehmenszweck einer Organisation oder eines Projekts. Es beantwortet die Fragen, warum es existiert (Daseinsberechtigung), welche Vision hinter der Organisation steckt und was es für die Gesellschaft tut.

---

[2] Studie zu den Themen Customer-Brand-Relationship (CBR) und Markenbindung des Unternehmens Xpay, *https://www.xpay.de/presse* (abgerufen 10/2023)

[3] Ebd.

Das **WARUM** ist die Basis für die Themen und die Haltung eines Unternehmens. Es entscheidet darüber, was Ihre Organisation so einzigartig macht (Unique Selling Proposition). Zudem liefert die Frage nach dem WARUM eine Antwort auf die Frage nach dem Sinn des Lebens. Gemeinsame Einstellungen, Werte, Ziele und Visionen führen zu Vertrauen und einem „Wir-Gefühl". Sie sind oft der Grund, warum Bewerber*innen oder Kund*innen sich gerade für Ihr Unternehmen entscheiden.

6.1.2 Purpose finden, definieren bzw. überprüfen und neu definieren

Aber wie kommen Sie nun zu einem Purpose für Ihre Marke oder Ihr Unternehmen? Prinzipiell lassen sich hier keine allgemeingültigen Aussagen treffen. Sicher ist jedoch, dass das Ziel eines erfolgreichen Unternehmenszwecks sein sollte, sich positiv auf die Gesellschaft und die Welt auszuwirken und eine gemeinsame lebenswerte Zukunft zu schaffen.

Die Sinnhaftigkeit des Tuns im Berufsleben (Business-Life-Purpose) müssen Mitarbeitende in ihrer Arbeit stets selbst finden. Wenn sie für sich erkennen „Das ist mein Ding und ergibt für mich Sinn" sind sie extrem motiviert. Oft ist dies mit einem **„Wir-Gefühl"**, einem Teil der Unternehmenskultur, verbunden. Die Mitarbeitenden, die einen Sinn in ihrem Aufgabengebiet und ihren Ergebnissen sehen und empfinden, fühlen sich dem Unternehmen verbunden.

> ☞ Im Bereich New Work ist es kaum trennbar von der Motivation, Verantwortung zu übernehmen. Denn wer seinen Sinn im Berufsleben gefunden hat, übernimmt Verantwortung.

Der Unternehmenszweck ist jedoch das Ergebnis des Endresultats; der Weg dorthin ist ein individueller Prozess, der in jedem Unternehmen anders abläuft. Dennoch gibt es einige grundlegende Regeln, an denen Organisationen und Personen sich orientieren können:

a) **Authentizität:** Das bei weitem Wichtigste beim Formulieren eines Unternehmenszwecks ist die Authentizität. Spiegelt der Unternehmenszweck nicht wider, was das Unternehmen wirklich im Kern antreibt, kann er noch so gut formuliert sein - er wird keinen Erfolg haben. Nicht zuletzt resultieren viele große Skandale sehr erfolgreicher Unternehmen daraus, dass sie versprochene Positionen übergangen haben.

b) **Simplizität:** Der Purpose sollte möglichst einfach formuliert und für alle Stakeholder nachvollziehbar sein. Wenn beim Lesen nicht auf den ersten Blick klar wird, was damit überhaupt gemeint ist, kann auch die Interpretation sehr frei ausfallen und der Unternehmenszweck verliert seinen Wert.

c) **Individualität:** Der Purpose gehört zum Alleinstellungsmerkmal eines Unternehmens. Er sollte daher individuell und nicht so schnell nachahmbar sein. Außerdem ist es wichtig, dass der Unternehmenszweck auf breite Zustimmung stößt. Es bringt nichts, einen Unternehmenszweck festzulegen, der kein erstrebenswertes Ziel in der Gesellschaft darstellt.

6.1.3 Purpose-Canvas

Das folgende Purpose-Canvas (siehe Bild 6.2) unterstützt Personen und Organisationen bei der Ermittlung des Purpose eines Unternehmens, einer Person, eines Teams, eines Standorts oder einer Abteilung. Es führt alle wesentlichen Elemente auf einem „Arbeitsblatt" zusammen, damit Sie den Grund Ihrer Existenz bestimmen können. Den Unternehmens- bzw. Daseinszweck zu kennen, ist notwendig, um bewusste Entscheidungen treffen zu können, das volle Potenzial zu kennen und durch Handlungen ausschöpfen zu können.

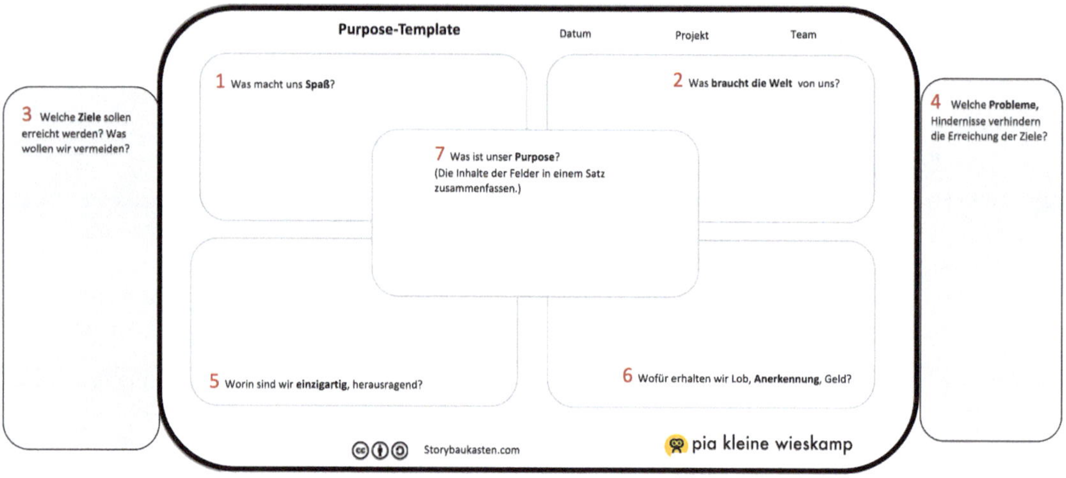

Bild 6.2 Das Purpose-Canvas hilft bei der Feststellung des Erzählers, also WER erzählt. Quelle: eigene Darstellung Pia Kleine Wieskamp

Anleitung für das Purpose-Canvas

- Im ersten **Feld 1** beschreiben Sie Ihre Passionen **(Passions)**, was Ihnen Spaß macht, was Sie antreibt und motiviert. Bei welcher Tätigkeit und welchem Ergebnis sind Sie zufrieden und glücklich? Von was berichten Sie gerne?
- Im oberen rechten **Feld 2** notieren Sie die **Needs,** also was die Gesellschaft bzw. die Welt von Ihnen braucht. Hier geht es um den Zweck des Unternehmens.
- **Feld 3** beschäftigt sich mit Ihren **Zielen** (Vision), die Sie erreichen möchten.
- **Feld 4** enthält **Probleme,** Hindernisse. Was hindert Sie daran, Ihre Ziele und Ihre Vision der Zukunft umzusetzen?
- Das untere linke **Feld 5** ist dem gewidmet, was Sie bzw. das Unternehmen **einzigartig** (USPs) macht. Was können Sie besonders gut? Worin sind Sie exzellent?
- **Feld 6** gehört der Sicht von außen: Wofür erhalten Sie **Lob, Anerkennung und Erfolg?**
- Im **Feld 7** fügen Sie nun die Essenz aller vier Felder in einem Satz zusammen. Bestenfalls sollte das Purpose-Statement leicht verständlich sein und schnell im Gedächtnis haften bleiben, möglichst so, dass es viral gehen kann. Demnach vermeiden Sie zu lange, mit Nebensätzen unterteilte Statements. Versuchen Sie eher, das Statement mit einem Bild visuell zu untermalen.

Bedenken Sie, dass bei dem Prozess der Purpose-Findung sowohl die Vergangenheit als auch die Gegenwart und Zukunft mit berücksichtigt werden sollten.

Vision, Mission, Purpose

- Die **Vision** ist die Antwort auf die Frage: Wo sehen wir unsere Zukunft innerhalb der Gesellschaft?
- Die **Mission** beantwortet die Frage: Was leitet unser tägliches Arbeiten?
- Der **Purpose** ist die Antwort auf die Frage: Warum ist unser Unternehmen wichtig? Was machen wir eigentlich und warum? Welchen Sinn hat es?

6.2 Verwendung von Archetypen

Bei der Frage nach dem „WER erzählt?“ kommt auch das Bild des Erzählers in den Köpfen der Audience ins Spiel: Welche Archetypen entsprechen Ihrem Unternehmen? Ein Charakter oder ein Unternehmen setzt sich oft aus mehr als einem Archetyp zusammen. Dennoch sollte ein Archetyp dominanter herausstechen, um als Charakter erkannt werden zu können.

Oft geht es beinahe wie von selbst, dass wir und unsere Mitmenschen Situationen, Menschen und Organisationen grob einordnen und in Schubladen stecken. Diese Einordnung von bestimmten Situationen oder bestimmten Typen hat mit Erfahrungen zu tun, aber auch mit Voreingenommenheit, also „Urteilen“ und Einschätzungen, die vom Umfeld übernommen wurden. Denken Sie nur einmal an typische Assoziationen zur Heldenfigur, der als Ur-Typ mit den Eigenschaften Willensstärke, Kraft, Selbstbewusstsein und Hilfsbereitschaft verbunden wird.

Archetypen helfen Ihnen nicht nur dabei, sich und die Rolle Ihres Unternehmens einzuschätzen. Zusätzlich unterstützen diese Archetypen Sie auch hinsichtlich der Ansprache der Zielgruppen: Immer dann, wenn wenige Informationen über die Zielgruppe vorliegen, versuchen wir diese in diverse Archetypen zu gruppieren.

Bei der Beantwortung der Frage, wer Sie als Erzähler*in bzw. als storytellende Organisation sind, hilft das Konzept der Archetypen, bekannt aus der Psychologie in Zusammenhang mit Carl Gustav Jung[4]. Jung analysierte Symbole und Mythen unterschiedlicher Kulturen. Ihm fielen direkte Parallelen der verschiedenen Vorstellungsbilder in fast allen Kulturen auf. Er kam zu der Erkenntnis, dass sich bestimmte Verhaltensmuster überall und zu jeder Zeit wiederholen und es sich um eine Art *universale, identische Struktur der menschlichen Psyche* handelt. Diese Gemeinsamkeiten nannte er Archetypen und er definierte darauf basierend zwölf unterschiedliche Persönlichkeitstypen, die die verschiedenen *Seinsformen* beschreiben.

[4] Carl Gustav Jung beschrieb in seinem Werk „Der Archetyp und das kollektive Unterbewusstsein“, dass in uns allen Vorstellungen über Handlungsweisen und Charaktereigenschaften bestimmter Menschentypen (prototypischer Personen) existieren. Jung, Carl Gustav: Archetypen: Urbilder und Wirkkräfte des kollektiven Unbewussten. Patmos Verlag, Ostfildern. Edition Mai 2022

Archetypen wirken, da jeder Mensch dieses Grundmuster im Bewusstsein verankert hat und sich damit identifizieren kann. Hierbei handelt es sich um klassische Figuren und Erzählkonzepte, die bis heute Bedeutung haben.

Der Vorteil bei der Verwendung von Archetypen ist, dass sie sich authentisch erzählen und sehr anschaulich inszenieren lassen. Dadurch werden Sie als Unternehmen, Marke oder Person greifbarer und leichter einzuordnen. Je einfacher der Charaktertyp ist, desto leichter fällt es dem Publikum, sich mit dem Charakter, der Marke, zu identifizieren und sich an sie zu binden.

Archetypen finden sich beinahe in jedem Alltagsgespräch, in jeder Story wieder. Es sind die typischen Vertreter beispielsweise eines Professors, einer Ärztin, einer Lehrperson oder der „Tante Elise". Demnach sind Archetypen sogenannte Ur-Typen, die seit Generationen mit denselben Assoziationen und Emotionen verknüpft werden. Jung sprach auch von „Bildern mit intensiver emotionaler Bedeutung"[5]. Oft haben diese Archetypen mit *Schubladendenken* (Vorurteilen) zu tun: Wir stecken Gemeinsames in eine Schublade und holen diese Erfahrung bzw. dieses vermeintliche Wissen wieder hervor, wenn wir einen neuen Vertreter dieses Typen sehen. Es ist die Art und Weise, wie unser *faules Gehirn* (siehe Kapitel 2) arbeitet.

Archetypen sind im Bereich Storytelling in erster Linie als **dramaturgische Funktionen** zu verstehen, die von einem Charakter angenommen werden können, um die Geschichte voranzubringen.

Die wichtigste Funktion der Archetypen ist, bestimmte Persönlichkeitsanteile der Marke und der Hauptcharaktere (Protagonisten) nach außen zu repräsentieren. Oft besteht die Kunst darin, den passenden Archetyp für sein Unternehmen zu definieren.

Häufig begegnen wir in guten Geschichten typischen Vertretern von Eigenschaften oder auch Archetypen wie dem jugendlichen Liebhaber, dem Helfer oder dem Helden. Ausgehend von dem Wissen, dass Menschen, so verschieden sie auch sind, gewisse Gemeinsamkeiten haben, beobachtete Carl Gustav Jung das Vorhandensein von „typischen Menschenbildern", Archetypen.

Gerade Archetypen sind das A und O einer Geschichte. Dabei müssen Archetypen nicht immer Figuren sein. Sie können auch die Haupteigenschaft eines Unternehmens darstellen. In der Idee des Archetypen geht es darum, die Funktion eines bestimmten Charakters oder Elements innerhalb einer Geschichte zu begreifen.

6.2.1 Zwölf Archetypen nach Carl Gustav Jung

Carl Gustav Jung, Begründer der analytischen Psychologie, identifizierte zwölf Archetypen, eine Art *prototypische Personen*, die Ihnen helfen zu durchschauen, welche Rolle Sie und Ihr Unternehmen im täglichen Business-Umfeld einnehmen.

Denken Sie an eine typische Heldenfigur: Das herausragendste Attribut, das diesen Archetyp auszeichnet, ist Mut.

[5] Vgl. ebd.

Marken, die durch Innovationen und Erfindungen die Welt verändern wollen, schlüpfen gerne in die Heldenrolle. Dieser Archetyp ist sehr gefragt, wenn eine Person (Geschäftsgründer*in, Forscher*in etc.) als Person und als Marke Positives für die Gesellschaft leistet.

Positionieren Sie sich als Unternehmen oder Storyteller und ordnen Sie sich den Archetypen zu. Welcher Archetyp passt zu mir? Bin ich mehr als einer? Habe ich einen Archetyp, der mehr als 50 Prozent ausmacht, so dass ich klar einschätzbar bin.

Oft besteht die Kunst darin, den passenden Archetyp für sein Unternehmen zu definieren. Stellen Sie sich die Archetypen als Repräsentanten universaler psychologischer Strukturen[6] vor, welche universell in allen Kulturen und Epochen für unsere Entscheidungen relevant sind.

Die Namen der einzelnen Bereiche unterscheiden sich teilweise, je nach Quelle. Jung unterscheidet folgende zwölf universelle Archetypen (Bild 6.3), die den wesentlichen Urmustern unseres Daseins entsprechen:

Bild 6.3 Stellen Sie anhand der Merkmale fest, welche Archetypen zu Ihrer Marke, Ihrer Organisation passen. Erstellen Sie hierbei nicht nur eine Selbsteinschätzung, sondern fragen Sie auch Vertreter der diversen Bezugsgruppen wie Mitarbeitende, Partner*innen, Lieferanten, Kund*innen usw. Grafik: eigene Darstellung Pia Kleine Wieskamp

6 Pearson, Carol S.: „The Hero and the Outlaw: Building Extraordinary Brands Through the Power of Archetypes". McGraw-Hill Professional, 2002

Kämpfer*in (Held*in): Ziel dieser Figur ist immer, die Welt zu verbessern, egal was oder wer sich ihr entgegenstellt. Für diese Ziele und häufig auch sozialen Werte und Ideale kämpft diese Figur. Das herausragendste Attribut, das diesen Archetyp auszeichnet, ist Mut. Häufig sind Widersacher oder auch Gegner (Antipode, Antagonist) in der Rolle der kämpfenden Heldinnen und Helden. Marken, die durch Innovationen und Erfindungen die Welt verändern wollen, schlüpfen gerne in die Rolle des Helden. Dieser Archetyp ist sehr gefragt, wenn eine Person (Geschäftsgründer*in, Forscher*in etc.) als Person und als Marke Positives für die Gesellschaft leistet, wie etwa die Biontech-Gründer Uğur Şahin und Özlem Türeci, deren Ziel es ist, den Krebs zu „bekämpfen" (Bild 6.4).

Braucht eine Geschichte eine Heldenfigur?

Ja, denn die Hauptfigur hilft, Botschaften zu verdeutlichen. Mittels der Charaktere werden Informationen (Fakten, Abläufe) veranschaulicht und emotionalisiert. So kann sich das Publikum in das Geschehen hineinversetzen und mit den Figuren und der Botschaft identifizieren.

Bild 6.4
Heldenfiguren: Oft ist die Marke, Organisation oder das Produkt nicht der/die Held*in innerhalb der Story, sondern der/die Mentor*in. Bild: Pia Kleine Wieskamp

Bedenken Sie, dass sich Archetypen verändern. So ist die typische Heldenrolle nicht mehr nur männlich geprägt. Es gibt heute einen **Archetyp der Heldin oder Kämpferin:** Sie ist weiblich, empathisch und stark. Sie gewinnt oft, indem sie anstatt der Muskeln ihren Verstand mit Empathie verbindet und dies in ihrer Kommunikation einsetzt. Heldinnen sind auch in der Lage, ohne Waffen mutig ihre Meinung zu vertreten. Sie punkten mit Ideen, Pragmatismus und sozialen Netzwerken.

Weise*r (Mentor*in): Dieser Typ steht für Freidenkertum. Verstand und Wissen sind Lebensgrundlage und Essenz dieses Typs. Von dieser Basis aus versucht dieser Archetyp, die Welt und seine Existenz zu verstehen, indem er seine Intelligenz und seine analytischen Fähigkeiten nutzt. Er hat immer eine interessante Gegebenheit, ein Zitat oder ein logisches Argument parat. Als Weiser nutzt die Marke Intelligenz, Verstand und Wissen (Know-how), um die Welt zu verstehen und zu verbessern. Häufig hilft der/die Mentor*in dem Kunden, besser dazustehen oder als Held*in Schlachten zu gewinnen.

Der beschützende Typus (Fürsorgliche*r, Betreuer*in): Ob Hilfsorganisationen oder Unternehmen im Servicebereich, der Archetyp des Beschützers hilft anderen Menschen, unterstützt sie und bietet Schutz an. Das können Versicherungen sein, das Familienministerium, Frauenhäuser und mehr. Oft schlüpfen Fürsorgliche auch in die Opferrolle und nehmen Gefahren, Risiken und auch Sanktionen zum Wohl ihrer Schutzbefohlenen auf sich. Auch hier treffen wir auf einen weiblichen Archetyp: **die Mütterliche bzw. Geberin.**

Herrscher*in: Dieser Archetyp mag Macht und strebt nach absoluter Kontrolle, um alles nach seinen Vorstellungen zu perfektionieren. Oft wird mit diesem Typ eine politische oder wirtschaftliche Führung in Verbindung gebracht. Der herrschende Typ scheut sich nicht,

Verantwortung, also eine Führungsrolle, zu übernehmen, und steht neben gesellschaftlichem Einfluss, den er ausübt, auch für gute Premiumprodukte. Häufig sind mit diesem Typus auch unsympathische Charaktereigenschaften - von rechthaberisch bis cholerisch - verbunden.

Rebell*in: Die typische Rebellenfigur übt Gesellschaftskritik, möchte etwas verbessern und im Gegensatz zur Heldenfigur stehen Rebellen außerhalb der Gesellschaft. Der Rebellentypus will etwas verändern und geht dabei auch ungewohnte und unerlaubte Wege. Daher scheint dieser Typ in erster Linie nicht zu vermitteln, sondern bewusst zu stören oder zu schockieren.

Als Archetyp funktioniert die Rebellenfigur als Identität für Marken, die sich stark vom Mainstream differenzieren wollen, sich gegen das Establishment auflehnen, mit Traditionen brechen und neue Wege gehen. Denken Sie hier an den Konzern Apple, der diese Rebellion und Veränderung der herkömmlichen Welt mit seinem berühmten Slogan „Think Different" betonte.

Magier*in (Zauberer*in): Dieser Charaktertyp entwickelt starke Visionen und transformiert die Gesellschaft zum Guten. Magier*innen erteilen Ratschläge und stehen häufig in dem Ruf, Menschenunmögliches auf magische Weise möglich zu machen. Firmen, deren Kunden sich erhoffen, durch eine Transformation verändert zu werden, gesünder, klüger, ausgelassener etc., verwenden häufig den Archetyp Magier*in. Der Vorteil bei der Verwendung von Archetypen ist, dass sie sich authentisch erzählen und sehr anschaulich inszenieren lassen. Dadurch werden sie für das Publikum greifbar und leicht verständlich. Je einfacher der Charaktertyp ist, desto leichter fällt es dem Publikum, sich mit dem Charakter der Marke zu identifizieren und sich an sie zu binden.

Typ des Alltagsmenschen: Dieser Archetyp ist das Gegenteil des Helden oder Rebellen, dient aber sehr gut zur Identifikation. Oft ist er der gute Kumpel und Freund, der wahre und loyale Begleiter. Es sind Durchschnittstypen, die die Bedürfnisse des Alltags verlässlich befriedigen und trotzdem Spaß am Leben vermitteln. Der Käfer von Volkswagen war beispielsweise der typische Vertreter eines Durchschnittstypen.

Genießer*in (Liebhaber*in): Dieser Archetyp steht häufig für luxuriöse Marken und will die Attraktivität (seine eigene oder stellvertretend die der Kunden) steigern. Er liebt das Leben und die Menschen und sucht Anerkennung und Liebe. Marken, die sehr emotional sind und ein Harmoniebedürfnis haben, sind die typischen Genießer und Liebhaber.

Narr/Närrin (Spaßvogel, Komödiant*in): Erinnern Sie sich, dass beinahe in jeder Geschichte neben einem König auch ein Narr anwesend war. Der witzige, unterhaltsame Archetyp ist der Urtypus aller Unterhaltungsmedien, denn er verschafft sich und seiner Umwelt eine gute Zeit. Er steht als Gegenpol zur Langeweile und eignet sich für Marken, die Freizeitspaß anbieten. Dennoch ist der Narr nicht nur witzig, er steht oft auch „außerhalb der Regeln" und kann sich so manche Anmerkung und Wahrheit unter dem Deckmantel der Ironie erlauben.

Unschuldige*r (Ehrliche*r, Authentische*r): Dieser Typ hält sich an die Regeln, ist ehrlich, optimistisch und glaubt an das Gute. Ihn zeichnen eine klare Moralvorstellung gepaart mit Einfachheit aus. Reformhäuser oder Biomärkte mit authentischen, nicht experimentellen Lebensmitteln aus der Region, rein und naturbelassen, passen zu diesem Archetyp.

Entdecker*in: Dieser Archetyp ist neugierig und davon getrieben, sich selbst sowie die Welt zu entdecken und Abenteuer zu erleben. Marken, die Pioniergeist zeigen und Produkte anbieten, die Menschen helfen, ihre Identität und ihre Individualität auszudrücken, nutzen diesen Archetyp.

Viele Unternehmen sehen sich in der Rolle der Entdecker, die als Abenteurer und Pioniere neue Welten oder Gebiete erobern und für uns bereitstellen. Viele große Unternehmen im Bereich IT oder Technik (Autoindustrie) stellen neue Möglichkeiten, die unser Leben bereichern oder interessanter gestalten, zur Verfügung.

Ein Beispiel für den Archetyp Entdecker ist Airbnb: Das Unternehmen entdeckt neue Formen der Reise und Urlaubsgestaltung und lässt sowohl die Partner, also Anbieter von Unterkünften und Aktionen, als auch die Reisenden (Kunden) an dem Pioniergefühl teilhaben.

Kreative*r (Schöpfer*in, Erfinder*in, Entwickler*in, Künstler*in): Der kreative Archetyp ist expressiv, einfallsreich und erfinderisch. Der mit diesem Archetyp verknüpfte Inhalt zeigt eine große Bandbreite an Bildern, von Künstlern, Handwerkern und einfallsreichen Kindern bis hin zu Genies und Wissenschaftlern. Auch hier zeigt sich der Einfluss der veränderten Gesellschaft. Längst sind Kreative nicht mehr Eigenbrötler (Vincent van Gogh) oder Lebemänner (Paul Gauguin), sondern es sind Menschen, die mit ihren Kindern spielen, normale Menschen, die gemeinsam im Berufsleben kreativ etwas erschaffen. Dieser Archetyp ist eine visionäre, unkonventionelle und authentische Persönlichkeit mit dem Wunsch, der Welt etwas Sinnvolles, Schönes und Besonderes zu hinterlassen.

Häufig treten die Archetypen nicht in klarer Form auf und stellen eine Mischung dar, so wie Apple mit Steve Jobs sowohl der Entdecker als auch der Genießer, der Rebell und der Weise war. Als archetypische Story bediente sich Steve Jobs der Erfolgsgeschichte *vom Tellerwäscher zum Millionär.*

Beispielsweise kann eine Bank sowohl Magier als auch Beschützer sein. Stellen Sie sich die Frage, welchen Typ Ihr Unternehmen, Ihre Organisation oder auch Sie als Erzähler „besetzen“? Aus welcher Sichtweise und Rolle erzählen Sie Ihre Geschichten? Wie soll der Empfänger Sie wahrnehmen? Die Frage ist: Welcher Archetyp steht im Vordergrund und welche wurden die letzten Jahre verwendet? Diese Frage sollten Sie analysieren, bevor Sie bewusst Archetypen einsetzen.

Archetypen menscheln

Geschichten greifen oft auf Bekanntes zurück, auf bekannte Erzählformen, bekannte Mythen oder Erzählmuster. Das Konzept der **Archetypen**[7] ist ein wichtiges Element beim Geschichtenerzählen.

Ur- und Archetypen handeln von Menschen und davon, was uns zu Menschen macht. Es geht um Ängste, Wünsche, Bedrohungen und die Beschäftigung mit unseren Sinnesfragen. Geschichten, die in allerlei Variationen immer wieder neu erzählt werden, beantworten Fragen nach dem Ursprung, nach Ungereimtheiten, den Urgewalten und nach Glück und dem Leben nach dem Tod. Sie behandeln die Themen (siehe Kapitel 8.1), die den Menschen immer und überall beschäftigen.

[7] Der Psychologe Carl Gustav Jung betonte das Überpersönliche der Archetypen: „Die Inhalte des persönlichen Unbewussten sind Erwerbungen des individuellen Lebens, die des kollektiven Unbewussten dagegen stets und a priori vorhandene Archetypen.“ (Gesammelte Werke 9/2, § 13, publiziert 1951). Die Analytische Psychologie versteht hierunter die im kollektiven Unbewussten angesiedelten Urbilder menschlicher Vorstellungsmuster.

Wandel von Archetypen

Natürlich wandeln sich auch Bilder von Ur-Typen. So zeichnet die „klassische Frauenrolle" heutzutage ein anderes Bild als in der 50er-Jahren. Längst ist die Frau nicht mehr nur am Herd und umsorgt die Kinder.

Und auch Väter nehmen sich Auszeiten von ihrem Beruf, um sich auf die Kindererziehung konzentrieren zu können.

Tipp

Verwenden Sie die Archetypen auch zur Einschätzung Ihres Publikums: Wer sitzt normalerweise in meinen Meetings? Wer ist Follower meines Instagram-Accounts?

6.2.2 Der gute Storyteller: Was macht ihn aus?

Garr Reynolds[8] beschäftigt sich mit wirkungsvolleren Präsentationen im Stil von Bill Gates oder Steve Jobs. Er schreibt wundervolle Bücher über die Kunst des Präsentierens. In diesem Zusammenhang spricht er vom *Naked Presenter*, da sich laut Reynolds jeder gute Vortragende (also Storyteller) aus seiner Schale befreien und sich verletzbar, angreifbar, ehrlich, authentisch und persönlich zeigen muss.

Reynolds rät dazu, als Vortragender seine Zuhörer zu faszinieren, indem man Unnötiges weglässt und sich auf das Wesentliche, die Kernbotschaft konzentriert. Er definiert folgende Grundtugenden, die für gute Präsentationen eine maßgebende Rolle spielen: Einfachheit, Klarheit, Aufrichtigkeit, Glaubwürdigkeit und Leidenschaft. Das macht die Nähe, die „Geradlinigkeit" des Geschichtenerzählers aus.

Mit Geradlinigkeit der vortragenden bzw. erzählenden Person meint Reynolds, „sich ungekünstelt zu zeigen", keine „Rolle" zu spielen und die Bereitschaft zu zeigen, sich frei auf einen Dialog einzulassen. Storyteller sind Ideengeber und schaffen ein Umfeld, das es dem Publikum (der Zielgruppe) ermöglicht, die Story weiterzuerzählen, sie weiterzutragen. So überleben Geschichten. Übersetzt bedeutet es, dass gerade im **Digital Storytelling** mehr ein Architekt, der das Umfeld für eine Story (eine Storyworld) erschafft, die Strukturen vorgibt und Spielregeln aufstellt. Das Gerüst, der Plan der Storywelt muss aber offenbleiben, darf nicht als einengendes Korsett empfunden werden, da dies nur ein „leeres", nicht reflektiertes Nacherzählen hervorruft.

So fordert Reynolds auch: „Seien Sie nicht langweilig!" und erläutert weiter: „Nutzen Sie keine gestellte Sprache oder komplizierte Metaphern, Heldenfiguren." Die Fähigkeit, klar, bildhaft und leidenschaftlich zu erzählen, das gesamte Gehirn zu beschäftigen, ist Ziel eines jeden Storyteller. Auch wenn der Präsentationsguru folgende Tipps für Präsentatoren (Vortragende) aufgestellt hat, sind sie gleichermaßen für Geschichtenentwickler und -erzähler anwendbar.

Geschichten werden einerseits gesammelt, erzählt, vorgetragen, aber auch kreiert, ausgedacht und zusammengestellt und andererseits sind es Konzepte, Plattformen, Räume und

[8] Reynolds, Garr: Naked Presenter. Wirkungsvoll präsentieren - mit und ohne Folien. Pearson Education Deutschland, 2011

Möglichkeiten, um andere Personen zu ermutigen, Erzähler zu sein. Es sind Fähigkeiten, die - wie so viele - erlernt und eingeübt werden können. Auch hier gilt der Spruch: Übung macht den Meister.

Der Ruf nach relevantem Content, der sowohl den Verfasser als auch das Publikum glücklich macht, wird immer deutlicher. Die Lösung liegt in der Hand der Storyerzähler und -architekten: Es sind strukturiert aufgebaute und gut erzählte Geschichten.

6.2.2.1 Storytelling braucht mutige Storyteller

Der Unterschied zwischen Fakten und Geschichten sind in erster Linie die Emotionen, die beim Erzählen von Geschichten bewusst angesprochen und hervorgerufen, also eingesetzt werden.

Wird das Publikum befragt, so ist Authentizität (Glaubwürdigkeit) im Bereich des Storytellings ein sehr wichtiges Kriterium. Gerade, wenn eine Geschichte nicht als reine Werbebotschaft oder gar Propaganda angesehen werden soll, überzeugen sowohl storytellende Organisationen oder Personen (etwa das Unternehmen, die Marke, der Vortragende) als auch die in der Story verwendeten Charaktere, wenn sie sich folgende Merkmale authentischer Charaktere zu Herzen nehmen (Bild 6.5):

Bild 6.5 Jeder Mensch kann Geschichten erzählen. Grafik © Pia Kleine Wieskamp

Authentische Menschen zeigen Charakter: Sie stehen zu ihrem Wort und ihren Idealen. Sie sind der „beste Freund“ bzw. „die beste Freundin“, auf die man sich ehrlich verlassen kann, die mit einem durch dick und dünn gehen.

Sie sind konsistent: Verlässliche Menschen ändern nicht ständig ihre Meinung, sondern haben ein klares Verständnis und Lebensbild, nach dem sie leben. Weil die authentische Person viel Zeit damit verbringt, über ihre eigenen Handlungen nachzudenken, und sich für ihr eigenes Handeln verantwortlich macht, sind diese Personen oft emotional konsistenter. Sie wissen bereits, was sie wollen. Sie wissen, wer und was sie sind. Sie sind auf dem Weg, den sie sich selbst gewählt haben, und jagen nicht nach vergänglichen Dingen wie Reichtum oder Status. Sie sind im Hier und Jetzt geerdet, während sie ihren Weg in die Zukunft machen, den sie für sich geplant haben. Es gibt keine Unentschlossenheit, weil sie bereits entschieden haben, wo sie im Leben sein wollen.

Sie sind ehrlich: Authentische Menschen sind ehrlich zu sich selbst und ihren Mitmenschen. Nur so kann sich ein Vertrauens- und freundschaftliches Verhältnis auf- und ausbauen. Diese Personen halten sich nicht zurück und teilen offen ihre Meinung und Sicht der Dinge mit.

Authentizität erfordert Mut: Sie sind sich und ihren Idealen treu. Authentische Menschen zeichnen sich dadurch aus, dass sie sich weigern, sich mit dem zu befassen, was andere von ihnen halten. Sie haben den Mut, die einzigartige Persönlichkeit zu sein, die sie sind.

Tipp: Erzählen Sie eigene Geschichten

Kommunikatoren aller Art sollten danach streben, Inhalte zu erstellen, die folgende Attribute erfüllen:

- authentisch
- einzigartig
- mitreißend
- interaktiv
- wirkungsvoll
- kontinuierlich

6.2.2.2 Die Macht des Erzählers

Über die Jahre hinweg hat Reynolds gerade im Austausch mit Storytellern zehn Wege definiert, um bessere Präsentationen zu erstellen. Schauen Sie sich hierzu auch seinen TedX-Vortrag *Why Storytelling matters* in Kyoto[9] an.

- **Seien Sie persönlich:** Erzählen Sie von Ihrem Umfeld, Ihren Kollegen, Erlebnissen einer Bahnreise. Nur wer persönliche Erlebnisse einbaut, wirkt authentisch, offen und emotional. Es entsteht so keine konstruierte, verkopfte Geschichte.
- **Erzählen Sie einfach:** Verwenden Sie einen einfachen Aufbau der Geschichte und nutzen Sie einfache Wörter. Fügen Sie niemals etwas hinzu, wenn Sie auch mit weniger auskommen, und versuchen Sie mit minimalen Mitteln die größte Wirkung zu erzielen.

[9] Reynolds, Garr: Why storytelling matters, *https://tedxkyoto.com/ja/events/tedxkyoto-2014/why-storytelling-matters-garr-reynolds* (abgerufen 10/2023)

- **Gefühle inspirieren zu Handlungen:** Es geht nie nur um reine Information. Das Publikum möchte etwas erleben und empfinden. Das Ziel ist es, Botschaften emotional einzubinden und zu verpacken, sie so zum Anliegen der Zuhörer zu machen und diese zu Handlungen zu motivieren. Menschen erinnern sich häufiger an Aussagen, die ihre Emotionen geweckt haben.
- **Überraschen Sie und bringen Sie etwas vollkommen Unerwartetes:** Obwohl das Publikum sich in einer Erzählung wiederfinden möchte, sind die Aufmerksamkeit und Spannung sowie auch der Unterhaltungswert bei einem Überraschungsmoment sehr hoch. Tun Sie etwas Unerwartetes, das Gegenteil von dem, was nur „normal" wäre. Überlegen Sie, ob Sie Ihre Geschichte eventuell mit einer schockierenden Aussage oder gar einem Geständnis beginnen könnten. Überraschungen erhöhen die Aufmerksamkeit und motivieren zur Konzentration.
- **Zeigen Sie etwas Originelles:** Seien Sie originell, einzigartig und unverwechselbar. Öffnen Sie sich und zeigen Sie Ihre Persönlichkeit, überraschen Sie mit Witz, Humor, einem originellen Bild oder einer einzigartigen Figur.
- **Seien Sie herausfordernd:** Wenn Sie das Gehirn des Publikums aktivieren, erhöhen Sie dessen Aufmerksamkeit und Konzentration. Präsentieren Sie Thesen, Ideen, Sätze, Zitate, die das Publikum zum Nachdenken herausfordern (Vorsicht: Sie sollten Ihr Publikum dabei aber nicht überfordern). Häufig wird für provokative Fragen eine Figur des Weisen oder Narren eingesetzt.
- **Seien Sie positiv, optimistisch, humorvoll:** Wenn Ihre Erzählung das Publikum zu einem gemeinsamen Lachen, einer positiven Emotion verführt, haben Sie vieles richtig gemacht. Lachen setzt Endorphine frei, entspannt den Körper und kann sogar ein wenig die Perspektive des Publikums ändern. Ein altes Sprichwort besagt: „Wenn sie lachen, dann hören sie zu."
- **Nutzen Sie eine Struktur.**

Reynolds stellt folgendes Rezept auf, in dem er erläutert, warum Storytelling relevant ist. Er erinnert uns damit an die Kraft von gut erzählten Geschichten.

Rezept für gute Storys à la Garr Reynolds

1. **Plot comes first!** Zunächst fordert Garr Reynolds, sich auf die eigentlichen Inhalte der Geschichte, den Plot, zu reduzieren. Notieren Sie Ihre Story-Idee, ohne sich sofort in Tools, Umsetzung, Technik oder Recherche mit Google und Co. zu verlieren. Nutzen Sie einfach Papier und Stift und unterstützen Sie Ihre Ideenskizzen mit Zeichnungen.
2. **Your story is really their story:** Denken Sie immer zuerst an Ihr Publikum und kümmern Sie sich um die Wünsche und Bedürfnisse der Zuhörer – ob intellektuell, emotional oder bestenfalls beides – und berühren Sie so Ihr Publikum. Der Satz *„Your story is really their story!"* sollte im Vordergrund stehen. Beachten Sie also, dass Ihre Geschichte auch die des Publikums ist oder wird. Wenn das Publikum sich in der Erzählung wiederfindet, sich damit identifizieren kann und emotional involviert ist, dann wird die Geschichte zur Story jedes einzelnen Zuhörers und hat somit das Potenzial, weitergetragen und erzählt zu werden.

3. **Make me care:** Auch wenn Ihre Geschichte noch so persönlich und einzigartig ist, so sind bekannte Erzählmuster so universell, dass sie immer gleich funktionieren. Andrew Stanton, Direktor der Filmfirma Pixar (die u. a. den Film „Toy Story" herausgebracht hat), bringt es auf folgenden Nenner: *„Make me care. Please - emotionally, intellectually, aesthetically - just make me care."* Übersetzt bedeutet das so viel wie: „Sorgen Sie dafür, dass ich Anteil nehmen kann - egal ob emotional, intellektuell oder ästhetisch, aber lassen Sie mich Anteil nehmen." Damit haben Sie beinahe die halbe „Miete" einer gut funktionierenden Story beisammen. Zudem betont Andrew Stanton, dass Storytelling zwar Guidelines hat, aber keinen strengen Gesetzen folgen muss.
4. **Have a solid structure.** Jede Story benötigt eine solide und gut durchdachte Struktur. Um den Filmemacher *Billy Wilder* zu zitieren: *„Story needs architectural structure, which is completely forgotten once you see the movie."* (Übersetzt bedeutet es, dass jede Geschichte eine Struktur benötigt, die aber vergessen wird, sobald man den fertigen Film sieht.) Die Struktur ist das Gerüst, das Rückgrat einer Geschichte. Sie rückt in den Hintergrund und wird vom Publikum kaum bewusst wahrgenommen. Erst ihr Fehlen oder eine schwache Struktur wird als „Störung" oder verworrene Geschichte empfunden. Eine der ältesten Strukturen einer Story, sozusagen die Basisstruktur, ist, dass jede Geschichte einen Anfang, eine Mitte und ein Ende hat. Hier wird die Ausgangslage der Story festgelegt, der Konflikt sowie die Auflösung.
5. **Don't forget your message!** So gut Ihre Erzählung auch sein mag, ohne Message, Kernbotschaft, Ideal oder Grund, warum Sie gerade diese eine Geschichte erzählen, ist sie eine leere Hülle. Die Message wird oft mit Emotionen verknüpft. Was denken Sie beispielsweise bei der Aussage „Think different", wenn Sie dazu Vordenker, Künstler und Genies wie Picasso, Einstein und Gandhi abgebildet sehen? Möchten Sie sich nicht auch in die Reihe dieser unverwechselbaren Vorbilder eingliedern? Wie würden Sie sich fühlen, wenn Ihr Foto in dieser „Ahnenreihe" auftauchen würde?
6. **Think big, but tell small, short and focused.** Konzentrieren Sie sich auf das Relevante und entfernen Sie alles, was nicht relevant und wichtig für die Story ist. Alles sollte der Geschichte dienen und einen Grund haben, weshalb es in die Geschichte aufgenommen wird. Unwichtige Nebenschauplätze, die keinen Grund haben, nicht aufgelöst werden, sollten weggelassen werden. Um es bildlich auszudrücken: Erzählen Sie im Bauhausstil und lassen Sie barocke, überladene Schmuckelemente weg, die von der tatsächlichen Message ablenken.
7. **Hook them early.** Beginnen Sie mit einem Paukenschlag! Sie können Ihr Publikum sehr schnell und am Anfang gewinnen, wenn Sie es in die Geschichte einbeziehen. Starten Sie beispielsweise Ihre Story mit dem Satz „Ich wäre beinahe der Sekretär von Angela Merkel geworden ...", so gewinnen Sie schnell die Aufmerksamkeit des Publikums. Übertrieben könnte man auch die These aufstellen, dass gute Geschichten in der Mitte starten sollten. Oft fangen Geschichtenerzähler mit zu vielen Details an und bauen ihre Geschichte chronologisch, aber nicht spannend auf.

8. **Be relevant!** Storys müssen zunächst die Aufmerksamkeit des Publikums gewinnen, um es dann so zu fesseln, dass es die Story nicht mehr loslässt, gedanklich abschweift. Wenn Sie den Helden der Story, z. B. *Frodo* aus dem Film *„Herr der Ringe“* vorstellen, müssen Sie nichts über die Geburt, die Eltern oder über seine Babyjahre erzählen. Das alles ist nicht relevant für die Story des Herrn der Ringe und langweilt die Rezipienten eher.
9. **Show a clear conflict.** Zeigen Sie ein Problem auf, das es zu lösen gilt, eine Konfliktsituation, denn daran kann das Publikum lernen und der Held wächst einem zudem emotional ans Herz.
10. **Demonstrate a clear change.** Alles verändert sich, die Welt verändert sich - zeigen Sie eine gut sichtbare Veränderung zur Ausgangslage. So entwickelt sich auch ein Spannungsbogen.
11. **Show or do something unexpected.** Zeigen Sie etwas Unvorhersehbares und Unerwartetes oder reichern Sie den Verlauf der Story mit einem Spannungsverlauf (Spannungsbogen), unerwarteten Ereignissen und Hürden an.
12. **Make them feel something.** Emotionen erzeugen ist wichtig, damit das Publikum mitfiebern, sich identifizieren kann und die Botschaft im Gehirn verankert wird.
13. **Be authentic!** Seien Sie greifbar, öffnen Sie sich und gehen Sie ruhig auch das Risiko ein, angreifbar zu sein. Nur wer eine greifbare, fassbare und keine künstlich erzeugte Person ist, wirkt glaubwürdig. Erzählen Sie beispielsweise von Ihren Erlebnissen, Ihren Erfahrungen oder Ihren Träumen.

Zugegeben, alle aufgezeigten Techniken sind nicht sonderlich neu. Sämtliche Mittel sind hinlänglich bekannt, doch erst eine Rückbesinnung auf alte Stärken und bewusstes Umdenken führt zu besserem Content.

6.3 Erzählergruppe: Kommunikation als Aufgabe vieler

Menschen kommunizieren miteinander und in Unternehmen nennen wir diese Art des „inoffiziellen“ Austausches oft auch „Flurfunk“. Dieser Austausch funktioniert zufällig und ist daher kaum plan- oder lenkbar. Besser ist es, dieses Potenzial bewusst zu nutzen und einzusetzen. Es gibt Möglichkeiten, dem Flurfunk Plattformen zu geben, und Möglichkeiten, auf Wunsch und mit dem Einverständnis der Beteiligten die Kommunikation bzw. Storys bei Bedarf auch auf diverse Kanäle, sowohl intern als auch extern, auszuspielen.

Mitarbeitende sowie weitere Stakeholder einer Organisation sind Unternehmensbotschafter, indem sie die Unternehmenskultur vorleben oder auch Familienmitgliedern, Freunden oder Bekannten von ihrem Arbeitsalltag berichten und ihre Meinung zu manchen Ansichten und

„Tätigkeiten" äußern. In moderne Sprache wird dies als „Word-of-Mouth-Kommunikation" von Multiplikatoren bezeichnet.

Denn auch außerhalb der Kommunikationsabteilung geben schon immer Menschen aus einer Organisation dieser eine Stimme und ein Gesicht. Ein*e Messebesucher*in stellt beispielsweise den Personen auf dem Messestand eine Frage, egal ob diese Person aus dem Vertrieb oder der Buchhaltung kommt. Das Messestandpersonal wird dort als „Aushängeschild" und Stimme für das ganze Unternehmen gesehen. Das gibt es auf Fachveranstaltungen genauso wie auf Job- oder Produktmessen oder gar auf Social-Media-Kanälen: Mitarbeitende sind Teil einer Organisation, mit der sie gleichgesetzt werden. Und alle erzählen Geschichten, ob verbal oder in Form eines Bildes, eines Videos, einer Grafik.

Nutzen Sie das Potenzial dieser Kommunikation bewusst, indem Sie diesen Storytellern mit einem Rahmen ein Fundament geben und sie durch Schulungen und ein kompetentes Netzwerk unterstützen, bevor Sie sie auch gezielt als Corporate Storytellende einsetzen.

Storytellende Organisationen

Einen Schritt weiter gehen diejenigen, die Stakeholder einer Organisation als Storyteller*innen und Unternehmensbotschafter*innen einsetzen. Um als Unternehmen zwar aus vielen authentischen Mündern einheitlich in einer Richtung zu kommunizieren, benötigt es eine Infrastruktur sowie Absprachen, also ein gemeinsames Tool-, Mind- und Skillset, Kompetenz und die entsprechende Haltung (Werte).

6.4 Gemeinsames Erzählen mit Corporate Storytellern

Im Zuge der sich verändernden, dialogorientierten Kommunikation ist das Erzählen von Geschichten aus dem Unternehmensumfeld längst nicht mehr nur einer Person (Unternehmer) oder einer Kommunikationsabteilung zuzuordnen.

Oft werden CEOs, Personenmarken oder sichtbare Köpfe aus dem Unternehmen als Botschafter wahrgenommen. Da Menschen eher Menschen glauben und authentischen Geschichten von Menschen wie „Du und ich" Glauben schenken, kommunizieren mehr und mehr Corporate Storyteller.

Nach dem Motto „jeder Mensch ist ein storytellendes Wesen" können sämtliche Stakeholder eines Unternehmens, einer Organisation, Kommunikationsinhalte sowohl für die interne als auch die externe Kommunikation schaffen. Eugenia Mönning, Otto-Pressesprecherin Technology & IT, hält alle Mitarbeitenden eines Unternehmens mehr oder weniger für Corporate Influencer: „Sobald Mitarbeitende sich in ihrem privaten oder beruflichen Umfeld zu ihrem Arbeitgeber äußern oder von ihren Aufgaben erzählen, prägen sie das Bild und die Wahrnehmung ihres Unternehmens."[10] Im Bereich Corporate Influencer spricht Mönning von Perso-

---

[10] Ebner, Winfried & Eck, Klaus: Die neue Macht der Corporate Influencer: Wie Mitarbeiter*innen die Kommunikation von Unternehmen verändern. Redline Verlag 2022, S. 24

nen, die in ihrer Rolle als Botschafter*innen anerkannt sind und von der Organisation durch Trainings oder andere Benefits in ihrer Funktion als Botschafter*innen unterstützt werden.

In diesem Sinne bietet *Storytelling als dialoggetriebene Strategie* Möglichkeiten, nicht nur Geschichten zu sammeln und auszuspielen, sondern Plattformen, eine Umgebung und Unterstützung für Corporate Storyteller zu ermöglichen, indem Strukturen geschaffen und Hilfestellungen zur Verfügung gestellt werden.

Eine der grundlegendsten Überlegungen ist, dass Storytelling als Strategie nicht vor Abteilungen und Bereichen Halt macht. Kommunikatoren müssen im Bereich Stakeholder Storytelling mit diversen Abteilungen zusammenarbeiten: HR, Vertrieb, Kommunikation, Marketing, Social Media.

Wichtige Elemente, die hierbei zu berücksichtigen sind:

- Storytelling zielt nicht nur auf die Emotionen und Bedürfnisse der Dialogpartner ab, sondern bezieht diese auch aktiv mit in die Kommunikation ein.
- Emotionen wie Vertrauen und Nähe werden aktiv gefördert.
- Werte und Visionen (Unternehmenskultur) werden nicht zur erzählt, sondern aktiv gelebt und dementsprechend gehandelt.

Definition von Corporate Storyteller*innen

Storytellende Unternehmen praktizieren immer häufiger den **„many-to-many"-Ansatz.** Es stellt sich die Frage, wie Organisationen es schaffen, gute Erzähler*innen (Storyteller*innen) zu rekrutieren?

Eine Möglichkeit bietet die interne Unternehmensinfrastruktur, indem beispielsweise Stakeholder abgerufen werden, ihre Geschichten zum ersten Arbeitstag, über ihre Erfahrungen im Home-Office oder auch Kundengeschichten zu erzählen. Beim many-to-many-Kommunikationsansatz ist es wichtig, genügend Erzähler zur Auswahl zu haben, um anschließend die besten Geschichten herausfiltern zu können.

In dem Bereich der Corporate Influencer oder auch Botschafter*innen, Ambassador genannt, kommen wir zu der Auffassung, dass eigentlich jeder ein*e Storyteller*in ist bzw. sein kann. Menschen erzählen gerne. Oft tun sie dies nicht offen bzw. in aller Öffentlichkeit, weil sie sich nicht trauen. Wenn Unternehmen diesen freiwilligen und kommunikationsstarken Menschen einen Rahmen geben, sie schulen und unterstützen, sind die Grundsteine für eine „Corporate-Storytelling-Programm" gelegt.

Oft sind diese intrinsisch motivierten Storyteller*innen auch als Corporate Influencer, Unternehmens- bzw. Markenbotschafter*innen, Expert*innen, Evangelisten, Employee Advocacy oder Ambassadors bekannt[11]. In diesem Buch und Zusammenhang wird diese Gruppe als **Corporate Storyteller** (CS) bezeichnet.

[11] Weitere Begriffe für Corporate Influencer bzw. Storyteller*innen sind u. a. Markenbotschafter*in, Brand Ambassador, Brand Advocat, Corporate Evangelist, Unternehmensbotschafter*in oder Business Influencer.

Der Vorteil beim Einsatz von Corporate Storytellern ist vielseitig

- **Glaubwürdigkeit:** Menschen schenken eher Menschen als großen, unpersönlichen Organisationen ihr Vertrauen.
- **Vielseitigkeit:** Viele Menschen können je nach Art, nach Expertise oder Vorliebe sehr unterschiedlich kommunizieren. Wichtig ist, dass sie eine gemeinsame Basis sowie gemeinsame Werte und Ziele haben.
- **Persönlich:** Oft geben diese Storyteller*innen der Organisation ein Gesicht. Dies führt zu einer größeren Nähe und Bindung zu Stakeholdern.
- **Sichtbarkeit:** Corporate Storyteller nutzen auch die persönlichen Netzwerke und Kanäle, um Geschichten zu erzählen, und erreichen somit die Reichweite.
- **Reputation:** Sie bieten echte und authentische Einblicke in den Berufsalltag. Als Resultat hat die Organisation oft einen Vorsprung am Arbeitsmarkt
- **Direkt:** Corporate Storyteller benötigen nicht unbedingt zwischengeschaltete Medien und Journalisten und bilden oft eine direkte Schnittstelle zur Öffentlichkeit (Bezugsgruppe).
- **Motivierend:** Corporate Storyteller sind motiviert und teilen dies auch mit den Kolleg*innen. Nach dem Motto „nur zufriedene Unternehmensangehörige sind gute Markenbotschafter“ dienen sie als Vorbild und motivieren oft mittels ihrer Äußerungen, Handlungen und Aufforderungen.
- **Informationsvorsprung:** Storytelling bedeutet auch Zuhören. Eine Vielzahl von Zuhörern erfährt oft Informationen schneller und erhält am „Puls der Community“ andere Einblicke als ein anonymer Konzern.

Corporate Storyteller sind Stakeholder bzw. Mitarbeitende, die unvergessliche Markenerlebnisse durch den Einsatz und das Engagement schaffen.

Wichtige Eigenschaften von Corporate Storytellenden

Corporate Influencer brauchen Infrastruktur, Kompetenz und Haltung.

Sichtbarkeit: Dies bedeutet vor allem für Storyteller*innen, sich zu öffnen und die eigene Persönlichkeit und eigenen Erfahrungen zu zeigen. Sichtbarkeit ermöglicht nicht nur die Möglichkeit der Positionierung (Personal Branding), es bedeutet auch, Vertrauen zu gewinnen und eine Identifikationsfläche zu bieten. Corporate Influencer fördern die Vernetzung von Menschen für mehr Wissensaustausch, echte Partizipation und gegenseitige Unterstützung.

Empathiefähigkeit: Botschafter*innen sollten in erster Linie nicht nur senden wollen. Zur Dialogfähigkeit und Bereitschaft, echte Beziehungen aufzubauen, ist es notwendig, offen zu sein, dem Publikum bzw. der Bezugsgruppe zuzuhören und sich in deren „Rolle“ (Position) einzufühlen. Mit der Kommunikation betraute Personen sollten darüber nachdenken, was für das Publikum relevant ist. Emotionale Intelligenz, zu der Empathie gehört, ist zutiefst menschlich und kann (bisher) von keiner künstlichen Intelligenz übernommen werden.

Authentizität: Die Glaubwürdigkeit von Corporate Storytellenden liegt darin, dass sie unabhängig von der Organisation ihre eigene persönliche Meinung und Botschaften zu

„ihren Themen" äußern. Als Expert*innen haben sie oft einen globalen Überblick über ihr Themengebiet. Um glaubwürdig agieren zu können, kann niemand in die Funktion eines Corporate Storytelleenden gedrängt werden; das Engagement beruht auf Freiwilligkeit und Unterstützung seitens der Organisation.

6.4.1 Aufbau eines Corporate-Storytelling-Programms

Um Corporate Storyteller für sich zu gewinnen, spielt Transparenz eine große Rolle. Es sollte wie in einer Vereinbarung festgelegt werden, was von einem Corporate Storyteller (als Rolle und auch individuell) erwartet wird und welche Unterstützung die „Rolle" erhält. Wichtig hierbei ist, dass sie nicht für ein Unternehmen sprechen, sondern ihre persönlichen Meinungen und Ansichten vertreten. Grundlage ist hierbei immer die beiderseitige Transparenz und Aufrichtigkeit, denn Corporate Storyteller sind viel mehr als nur Multiplikatoren und agieren in ihrer Funktion als Mensch und nicht als Werkzeug der Unternehmenskommunikation oder des Vertriebs. Im Gegenzug unterstützen Unternehmen die Mitarbeitenden mit den nötigen Ressourcen und Tools, fördern sie durch geeignete Trainings und zeigen ihnen Anerkennung für ihre wichtige Rolle. Sie sollten informiert werden oder mit Einfluss nehmen, welche Geschichten gesammelt und kommuniziert werden.

Ein Corporate-Storytelling-Programm dient sowohl der Organisation als auch interessierten und praktizierenden Corporate Storyteller*innen als Rahmen.

Tipps, um ein Corporate-Botschafter-Programm einzurichten

- **Einbindung aller Betroffenen:** Planen Sie nicht über den Kopf hinweg ein Programm, sondern laden Sie interessierte Mitarbeitende sowie Vertreter aus dem Betriebsrat - also nicht nur die üblichen Abteilungen wie HR, Weiterbildung, IT, Datenschutzbeauftragte etc. - mit ein.
- **Vorbildfunktion:** Führungskräfte können als Role-Models eine Vorbildfunktion erfüllen und so Mitarbeitende motivieren, aktiv zu werden.
- **Freiwillig**: Machen Sie Angebote und motivieren Sie Mitarbeitende der Organisation. Bedenken Sie dabei, dass Botschafter Lust auf diese Rolle haben sollten, sich also freiwillig melden sollten.
- **Transparenz:** Von der Einladung bis zur Motivation der Mitarbeitenden, Zwischenberichte, Vorträge etc. sollten die Bereiche rund um Kommunikation und das Botschafter-Programm offen und klar regelmäßig innerhalb und auch außerhalb des Hauses kommuniziert werden.
- **Vertrauenskultur:** Entscheider müssen gewillt sein, ein Stück weit die Kontrolle über die Kommunikation aus der Hand zu geben.
- **Anreize schaffen:** Anerkennung, Sichtbarkeit, Reisen, Lob oder weitere Incentives können helfen, das Engagement der Mitarbeitenden zu steigern und das Botschafter-Programm zu unterstützen.
- **Befähigung (Enabling):** Schulungen und Austausch sind wichtig, um Mitarbeitende zu befähigen, über das Unternehmen, Projekte und Themen zu kommunizieren.

- **Arbeitszeit:** Die Tätigkeit als Botschafter*in sollte stets Teil der Arbeit sein. Daher sollte sowohl der Zeitaufwand definiert werden als auch Fragen wie Geräte, Software, Reisen etc.
- **Guidelines:** Für Mitarbeitende ist es notwendig zu wissen, was sie kommunizieren dürfen. Legen Sie einen festgesteckten Rahmen mit Botschafter-Guidelines fest, in dem Dos und Don'ts definiert werden, Beispiele aufgezeigt und Verantwortliche für Hilfestellungen, Rat usw. genannt werden.
- Regelmäßiger **Austausch** ermöglicht die Planung und Kommunikation einer gemeinsamen Storytelling-Strategie.

Bild 6.6 An diesem strategischen Zielbild der Telekom Botschafter sehen wir, inwieweit Botschafter, Influencer oder auch Storyteller*innen die strategischen Botschaften einer Organisation individuell und glaubwürdig mit aufnehmen können. Quelle: Deutsche Telekom AG[12]

Beispiel: Microsofts Storytelling-Leitfaden

Das Unternehmen Microsoft setzt nicht nur Storytelling in ihrer internen sowie externen Kommunikation ein, es leitet und motiviert mit einem Leitfaden auch Mitarbeitende und weitere Dialoggruppen an, ein Corporate Storyteller zu werden.

Als Drehscheibe und Zentrum der Storytelling-Aktivitäten fungiert hier der Corporate Newsroom.

[12] Vgl. Ebner, Winfried: Telekom-Botschafter: Die Corporate Influencer-Initiative stellt sich vor. In: telekom.com. 01.05.2021, *https://www.telekom.com/de/blog/konzern/artikel/telekom-botschafter-stellen-sich-vor-595738* (abgerufen 10/2023)

Bild 6.7 Das Digital Storytelling Handbook von Microsoft: „Mit diesem Leitfaden möchten wir Geschichtenerzähler (Corporate Storyteller) innerhalb und außerhalb von Microsoft informieren und inspirieren." Quelle: Screenshot *news.microsoft.com/handbook/#11-the-enduring-power-of-storytelling*

Befähigung mit der Working Out Loud®-Methode

Oft zeichnen sich Corporate Influencer durch folgende Soft Skills aus: Kommunikationsfähigkeit, Konfliktfähigkeit und Empathie, ein umfassendes Verständnis für die Marke und deren Identität.

Bei der Frage, wie Mitarbeitende denn zu Botschaftern befähig werden können, möchte ich eine Lernmethode vorstellen, die ich während der Corona-Pandemie in unterschiedlichen Gruppen selbst praktiziert habe. Die Rede ist von Working Out Loud (WOL)[13], gegründet von John Stepper.

So betonen auch die Initiatorinnen vieler WOL-Lernreisen Katha, Moni und Sophie auf ihrer Webseite Connecting Humans:

> *„Working Out Loud ist eine Art zu arbeiten, eine Haltung und eine Fähigkeit zugleich. Um sich diese drei Aspekte von WOL anzueignen, gibt es die WOL-Circle-Methode. Dafür finden sich drei bis fünf Leute in einem Circle zusammen und treffen sich innerhalb von zwölf Wochen jeweils eine Stunde pro Woche. Es entsteht in dieser Zeit ein geschützter Experimentierraum. Jede*r hat ein individuelles Lernthema - beispielsweise, wie man eine Homepage erstellt.*
>
> *Rund um das Thema lernt man im Verlauf der zwölf Wochen, ein Experten*innen-Netzwerk aufzubauen, um sich mit dessen Hilfe das nötige Wissen für die Umsetzung anzueignen. Die anderen Gruppenmitglieder unterstützen mit Feedback und ihrem eigenen Netzwerk und stellen es zur Verfügung. Auf diese Weise lernen wir, wie wir ein (auch virtuelles) Netzwerk an Experten aufbauen und wie wir mit den Menschen darin zusammenarbeiten, um es als wertvolle Wissensressource etablieren zu können."*[14]

Bei der Lernreise treffen sich über zwölf Wochen hinweg regelmäßig eine Gruppe von vier bis sechs Menschen und erarbeiten anhand eines vorgeschlagenen Lernplans jeweils ihre eigenen selbst festgelegten Ziele.

[13] Working out Loud: John Stepper publizierte die Methode und das zugehörige Lernprogramm Working Out Loud zur Entwicklung von Vernetzungskompetenz bereits 2015, *https://www.workingoutloud.com* (abgerufen 10/2023).

[14] WOL. Die WOL-Circle-Methode, *https://www.connecting-humans.net/wol-circle-methode* (abgerufen 10/2023)

Das WOL-Programm basiert auf diesen fünf Prinzipien

- **Beziehungen:** Aufbau nachhaltiger Beziehungen, indem jede Person etwas Sinnvolles (Konstruktives) in die Community/das Netzwerk einbringt.
- **Großzügigkeit:** großzügiges Teilen von Ideen, Know-how und Wissen, um das Netzwerk zu stärken.
- **Sichtbarkeit:** Sichtbarkeit der Arbeit, des Themas, der Ideen und Haltung sichtbar, auch - und gerade wenn - etwas noch in der Entstehung, also nicht abgeschlossen oder perfekt ist. Die Sichtbarmachung sollte dem Netzwerk dienen und nicht der Selbstdarstellung!
- **Zielorientierung:** den Fokus der Aktivitäten auf ein einziges Ziel lenken. Dazu gehört die Überlegung, welche Ressourcen benötigt werden und wie man das gesetzte Ziel erreicht.
- **Growth-Mindset** (Wachstumsorientiertes Denken): Hierzu zählt Aufgeschlossenheit und Neugierde, um die vielen Möglichkeiten zu entdecken, die jeden Einzelnen seinem individuellen Ziel näherbringen.

Ziel ist es, Menschen in einer selbstorganisierten, dennoch strukturierten Selbstlernreise zu befähigen, innerhalb eines übergeordneten Themas ihr persönliches Ziel zu erarbeiten sowie ihre Stimme innerhalb von Medien (ob digital, social oder in Präsenz) zu nutzen und zu gebrauchen. Mir viel auf, dass vor allem der Bereich der Sichtbarkeit und des Teilens von Erfahrungen in diesem Lernprogramm unterstützt werden.

Die grundlegende WOL-Methode ist recht einfach:

Das jeweilige WOL-Programm erhält ein übergeordnetes Thema bzw. Motto wie beispielsweise #nachhaltigeGeschichtenErzählen. Ein Organisations- und Coachingteam betreut und organisiert die WOL-Initiative in dem Unternehmen. Das bedeutet, dass sie motivieren, die Rahmenbedingungen und Kanäle zu gemeinsamen Events festlegen, das übergeordnete Thema bestimmen usw. Die eigentliche Lernreise findet in kleinen Gruppen (Circles) von vier bis fünf Menschen statt. Sie verabreden sich über zwölf Wochen für einen Termin von jeweils ca. eine Stunde. Rund um die diversen Circles gibt es Veranstaltungen wie das Auftaktevent, um eine Vernetzung der diversen Gruppen untereinander zu unterstützen. Die Treffen können virtuell oder auch in Präsenz stattfinden. Die Teilnehmenden werden in den Treffen mit den Circle Guides unterstützt: Hierin sind Aufgaben bzw. Übungen beschrieben, die die einzelnen Teilnehmenden durchführen und deren Ergebnisse, Fragen und Erweiterungen innerhalb der wöchentlichen Treffen diskutiert und geteilt werden. Aufgrund des Arbeitsbuchs bzw. Guides bedarf es keiner externen Moderation. Bei Fragen steht jedoch ein WOL-Team zur Verfügung. Teilnehmende definieren und verfolgen jeweils ihre persönlich festgelegten Ziele. Die Fülle und Diversität der einzelnen Ziele lassen die Flexibilität des Programms erkennen.

Über einen Zeitraum von zwölf Wochen erarbeiten sich die Teilnehmenden in kleinen selbstorganisierten Gruppen (Circles) bestehend aus vier bis fünf Personen, Mittel und Wege, wie man die vernetzte Art zu arbeiten in das eigene Tun integriert.

Unterstützt werden die Gruppen durch ein Handbuch mit Aufgaben und Ansprechpartner*innen bei evtl. aufkommenden Fragen. Um die einzelnen Circles miteinander zu verbinden, werden von dem WOL-Team gemeinsame Events, wie ein Auftakt- oder Abschlussevent organisiert.

In meiner WOL-Reise zum Thema „Frauen stärken" nahmen beispielsweise über 4000 Personen teil. Die übergreifenden Events sowie eine Netzwerkgruppe auf LinkedIn ermöglichten einen Circle-übergreifenden Austausch sowie eine themenzentrierte Zusammenarbeit.

Es gibt weitere Ansätze, die neben der von John Stepper entwickelten Methode WOL ein gemeinsames Lernen unterstützen: **LernOS (CC BY)** von Simon Dückert, das **Connect-Share-Lead** von Isabelle de Clerq und der Prototyp eines **Mini-WOL**® von Sebastian Thomas seien als Beispiele genannt. So unterschiedlich die Methoden auch sind, steckt im Kern aller Ansätze das Erzählen der eigenen Fähigkeiten, des Arbeitsumfelds, der Arbeitskultur und der Werte der jeweiligen Organisation, denn Storytelling, Content und Viralität sind integraler Bestandteil der Methode.

Tipp
Sie müssen sich nicht streng an die Anleitungen von John Stepper und seinen WOL-Circle Guide halten, um davon zu profitieren.

So ist für jeden einzelnen Teilnehmenden dieser Lernreise das Ergebnis,

- eine Methode kennengelernt zu haben, um persönliche Ziele zu erreichen;
- erfahren zu haben, wie Wissen und Expertise gezeigt und geteilt werden können. Damit werden nicht nur Silos innerhalb einer Organisation überwunden, sondern Mitarbeitende lernen auch, sich gegenseitig zu unterstützen (Teamgedanke) und zu stärken;
- am Aufbau eines themenbasierten Netzwerks beteiligt gewesen zu sein und zu wissen, wie es weiter ausgebaut und gepflegt wird;
- Know-how im professionellen und wertschätzenden Umgang mit Social Media erlernt zu haben.

6.4.2 Corporate Storytelling: Stop talking! Start acting!

Unter dem Motto **„Mit Geschichten die Werte des Unternehmens vorleben"** möchte ich **Adobe for All: Chancengleichheit und Diversität gehören zu Adobe** vorstellen.

In diesem „Projekt" geht es um gelebte Werte des Unternehmens und das klare Bekenntnis von Adobe zu mehr Diversität. Chancengleichheit sowie die umfangreiche Talentförderung spielten in der Unternehmenskultur des amerikanischen Unternehmens eine wichtige Rolle. Und diese Begriffe sind nicht nur Buzzwords: Die Werte werden gelebt.

Auf dem jährlich stattfindenden internen Event „Adobe For All"[15] (Bild 6.8) teilen Adobe-Mitarbeitende mit #MyStory ihre Lebenserfahrungen auf ehrliche und authentische Weise. Diese Geschichten zeigen die erzählenden Menschen oft auch verletzlich, eine Herausforderung, die es zu meistern gilt. #MyStory ist nicht nur ein Outing der Menschlichkeit: Viele Geschichten zeigen Menschen, die anders sind oder sich anders fühlen und durch das Teilen der Diversität mehr Wertschätzung und Empathie zurückerhalten. Hier wird #Diversität als Wert des Unternehmens gelebt. Die Geschichtenerzähler*innen inspirieren durch ihren Mut und ihre Geschichten viele Menschen innerhalb und außerhalb des Unternehmens.

[15] Adobe. Adobe for all: *https://blog.adobe.com/en/publish/2021/12/17/employee-networks-make-an-impact#gs.k6m7fs* (abgerufen 10/2023)

Bild 6.8 Das anfangs interne Event #AdobeForAll des Unternehmens Adobe zeigt sich nun auch einer breiten externen Öffentlichkeit mit der Webseite *https://www.adobe.com/diversity.html* (Screenshot)

Das Erzählen von Geschichten ist heute wichtiger denn je

Adobe begann 2019 im Rahmen ihrer Vision *Adobe For All,* die Geschichtenerzähler*innen unter ihren Mitarbeitenden hervorzuheben. Ihr Ziel war u. a., die Verbundenheit und das Einfühlungsvermögen innerhalb der Belegschaft zu fördern. Die Herausforderungen in den Jahren 2020 und 2021, einer Zeit von Pandemie und rassistischen Unruhen (u. a. der Tod George Floyds[16]), in Zeiten der Ungewissheit und des Umbruchs (New Work) trugen die Mitglieder des Adobe-Mitarbeiternetzwerks maßgeblich dazu bei, eine Gemeinschaft aufzubauen und die Unternehmenskultur zu stärken.

In Zeiten von Home-Office erkannte das Unternehmen die Chance, auf dieser bekannten und bereits eingeführten Idee von „Storytelling-For-All"(Bild 6.9) ein Programm aufzubauen, den *Adobe For All Coffee Break.* Hierbei führten sie jeden Freitag ein 30-minütiges Live-Interview mit jeweils einer Führungskraft aus allen Bereichen des Unternehmens. Es folgte eine *Adobe For All-Woche,* an der fünfzehn verschiedene Mitarbeitende in regionalen und firmeninternen Veranstaltungen teilnahmen. Die Bereitschaft dieser Mitarbeitenden, sich offen zu zeigen und ihre Geschichte zu erzählen, hat einen großen Wandel bewirkt.

Viele dieser #AdobeForAll-Geschichten werden auch in den Social-Media-Kanälen-veröffentlicht. Ich wurde auf diese Kampagne durch einen LinkedIn-Post von Rufus Deuchler aufmerksam, den ich um ein Interview bat.

[16] Wikipedia: George Floyd *https://en.wikipedia.org/wiki/George_Floyd* (abgerufen 10/2023)

Bild 6.9 Auf dem Event „Adobe For All Summit 2019“ erzählte Heather Combs nicht nur, dass sie lesbisch ist, sondern auch dass viele Menschen ihre einzigartige Geschichte haben.
Screenshot: Adobe for All, *https://youtu.be/Q0Q_pz-Utv8?feature=shared*

6.4.3 Experten-Interview mit Rufus Deuchler: Adobe für all

Bild 6.10 Adobe Creative Cloud Evangelist Rufus Deuchler (Foto © Alessandro Giannini, Florenz)

***Rufus Deuchler**, Director, Worldwide Creative Cloud Evangelism bei Adobe Systems mit einer Affinität zu Kreativtechnologie, hat sich als Führungskraft in einem sehr spezialisierten Bereich etabliert. Mit einem Hintergrund in Corporate und Editorial Design bringt er mehr als 20 Jahre praktische Erfahrung mit Adobe-Software an den kreativen Tisch. Darüber hinaus hält Rufus umfassende Vorträge für große und kleine Zuhörer auf der ganzen Welt. Rufus lebt in Italien und reist gerne um die Welt, um seine Mission als Software-Evangelist voranzutreiben.*

Rufus Deuchler teilte folgende, sehr persönliche Story (Bild 6.11):

Bild 6.11 Mit dieser Geschichte ermutigt Rufus Deuchler Menschen, für ihre Träume einzustehen, auch wenn so manche Schwierigkeit im Raum steht. Screenshot: Rufus Deuchler

Frage: Rufus, bitte stelle Dich und Deinen Beruf kurz vor.

Rufus Deuchler: Ich bin Grafikdesigner, hatte meine eigene Firma und habe auch ca. zehn Jahre unterrichtet. Interessanterweise habe ich Grafikdesign ausgewählt, weil ich lernen wollte, wie man mit Bildern und Grafiken Geschichten erzählen kann, und wie man damit die Welt ändern kann. Das faszinierte mich.

Im Jahr 2002 wurde ich ein Fan von Adobe InDesign und war so froh, eine Alternative zu anderen Programmen zu haben, dass ich meine Freude teilte und sehr „laut" wurde. So gründete ich auch die erste InDesign User Group der Welt in Italien. Anschließend gründete ich viele weitere User Groups weltweit - auch in Deutschland.

So fing meine Geschichte mit Adobe an. Ich werde mich immer an den Tag erinnern, als Adobe mich anrief und fragte, ob ich eine neue Sache machen wolle. Ich könne die Welt bereisen, von Design reden und meine Lieblingsprogramme vorführen, so dass auch andere damit kreativer sein konnten. Einfach wunderbar!

Heutzutage manage ich eine großartige Gruppe von Leuten und kümmere mich auch darum, mit der kreativen Community zusammenzuarbeiten: Ich zeige, was wir bei Adobe machen, und teile im Gegenzug dem Unternehmen mit, wie die Community sich fühlt und was sie braucht oder will. Ich kann mir keinen besseren Job vorstellen!

Frage: Was ist und bedeutet Storytelling für Dich?

Rufus Deuchler: Storytelling ist so ein Buzzword ... In meiner Arbeit versuche ich von Sachen und Programmen in Worten zu erzählen, die alle verstehen können. Es ist wichtig für mich, alles so einfach wie möglich zu machen. Ich rede von Adobe, das im Endeffekt ein Produkt ist; ein Produkt mit einer Geschichte und ganz vielen „Dingen", die erzählt werden müssen und in meinem Fall sehr oft einfach gezeigt werden müssen. Das sind die Stories, die ich für meine Firma erzähle. Mit meinen Worten und meiner Erfahrung in den letzten Jahren haben wir „Adobe Live"[17] gestartet. Live-Streaming ist für uns eine wunderbare Art und Weise, Geschichten der Software-Nutzer*innen zu hören und ihnen von Adobe zu erzählen. Momentan haben wir täglich Shows in den USA und dreimal pro Woche in England, Frankreich und Deutschland. Das Format ist immer mit einem Gast aus der kreativen Branche, der/die seine/ihre Werke zeigt, wie sie „konzeptioniert und gedacht" wurden. Manchmal wird auch direkt im Produkt gezeigt, wie der Gast erkannte, wie alles funktioniert. Hier werden unsere Kunden zu Storytellern und ich fungiere mit meinem Kollegen einfach als Moderator. Genauso wie mit meinem Post auf LinkedIn haben wir alle Geschichten zu erzählen.

Frage: Wie kamst Du dazu, Deine sehr persönliche Geschichte zu veröffentlichen?

Rufus Deuchler: Meine persönliche Geschichte ist eigentlich eine Geschichte, die ich von vielen anderen auch gehört habe. Natürlich fing meine Geschichte mit Farbenblindheit sehr früh an, als ich noch ein Kind war. Vor ein paar Jahren erzählte mir eine Studentin, dass sie aufgeben wollte, weil ihre Lehrer ihr dazu rieten. Das war der Auslöser für mich und ich fing an, ganz offen über meine eigene Geschichte zu erzählen. Diese Studentin ist jetzt eine erfolgreiche Grafikdesignerin. Die Geschichte mit der Farbenblindheit ist nicht die einzige. Ich finde es wunderbar, wie man heutzutage als Anfänger im Internet Lösungen, Beispiele oder

---

[17] Adobe Live ist eine Community, die sich im Livestream und Livechat trifft, um sich zu Themen wie Illustration, Grafikdesign, Motion-Design und Animation auszutauschen. Die Moderatoren Rufus Deuchler und Can Döner von Adobe schalten Kreative aus der Szene dazu, die ihre Projekte zeigen und über Lifehacks und alles, was uns derzeit bewegt, sprechen, *https://www.adobe.com/de/creativecloud/adobelive.html* (abgerufen 10/2023).

Ratschläge finden kann. Das hätte ich mir auch gewünscht: die Unterstützung von vielen anderen. Das Internet und Social Media erlauben uns, ein Mentor zu werden und/oder einen Mentor zu finden.

Frage: Rufus, warum hast Du gerade diese Story ausgesucht?

Rufus Deuchler: Wie jeder Mensch habe ich ganz viele Geschichten zu erzählen. Und mit dem Alter werden es immer mehr;-). Aber die mit der Farbenblindheit ist eine, die mich sehr verärgert hatte. Wenn ich auf meine Lehrer gehört hätte, wäre ich heutzutage wahrscheinlich mit meiner Arbeit unzufrieden und würde nur noch auf meine Pension warten. Zum Glück ist es dann nicht so gegangen. Die Botschaft, die ich mit dieser #MyStory senden wollte, hat mit dem „gib nicht auf" zu tun.

Frage: Sicherlich hast Du auch weitere Geschichten Deiner Kolleginnen und Kollegen rund um #MyStory gehört und gesehen. Was hat diese Kampagne bei Dir ausgelöst?

Rufus Deuchler: Was bei dieser Kampagne sehr schön war, ist auch, die Geschichten der Kolleg*innen zu hören. Das war in der Mitte vom Lockdown und wir brauchten alle etwas, um uns näher zu fühlen. In Großkonzernen wie Adobe ist es manchmal schwierig, sich vorzustellen, dass „echte Leute" hinter dem Unternehmen sind. Leute, die eine eigene Geschichte haben, ihre eigenen Probleme und ihre eigenen Erfolge. Diese Kampagnen helfen innerhalb der Firma, weil man versteht, dass nicht immer alles einfach ist, und außerhalb der Firma, um zu zeigen, dass wir auch Menschen sind. Also für mich ist es eine Win-win-Situation. Unser Motto ist aktuell „creativity for all" und um das zu verwirklichen, müssen wir zusammenstehen und mit der Community sehr vernetzt sein. Ob es Profis, Anfänger oder Menschen ohne kreative Bildung sind, haben alle Geschichten zu erzählen und ich freue mich, dass ich bei diesem Prozess helfen kann.

*Frage: Rufus, inwieweit wird Corporate Storytelling auch so eingesetzt, dass Mitarbeiter*innen gezielt angesprochen werden? Was sind hier Voraussetzungen?*

Rufus Deuchler: Manchmal ist es auch eine Weise, um Erlebnisse und Gefühle rauszulassen. Wie jemand in der Kampagne geschrieben hat: „Jeder lebt mit einem Geheimnis, wovon ich nichts weiß" ... Aber wenn das Geheimnis keines mehr ist, wird es eine Geschichte, mit der man sich auch identifizieren könnte. Und plötzlich merkt man, dass man nicht allein ist und dass andere auch ähnliche „Geheimnisse" haben. Also auch therapeutisch, oder?

Was mir bei Adobe so gefällt, ist das Gefühl der Authentizität am Arbeitsplatz und die Unterstützung von Authentizität und Diversität von unserem Management-Team. Du weißt immer, dass du da bist, weil du es bist. Und ich habe auch ganz am Anfang gesagt, „wenn ich nicht mehr an das glaube, was ich erzähle, bin ich weg". Jetzt sind es schon 15 Jahre her. Mittlerweile habe ich auch den „Adobe Founders' Award" gewonnen. Dieser wird jährlich etwa an ein Dutzend Mitarbeitende vergeben, weil sie die vier Werte von Adobe in ihrer Arbeit zeigen: authentisch, außergewöhnlich, innovativ und beteiligt. Das Schöne mit diesem Award ist, dass er von den Leuten kam, mit denen ich arbeite, und zeigt wie viel sie mich schätzen. Schon wunderbar.

Frage: Wie wirst Du Storytelling und diese spezielle #MyStory in Deinem Privat- und Arbeitsleben einsetzen?

Rufus Deuchler: Diese Geschichte ist eine von meinen Geschichten, aber wie man jetzt weiß, bin ich nicht der einzige mit einer solchen Geschichte. Meine Erfahrungen setze ich täglich um, in meinem Leben, das von meinen Kindern und am Arbeitsplatz. Ich bin hier, um zu helfen, kreativ zu sein und ein Leben damit zu führen. Heutzutage ist Kreativität eine der wichtigsten Ressourcen, die ein Mensch geben kann.

Frage: Nun hast Du die „interne" Story auch innerhalb der Social-Media-Kanäle veröffentlicht.

Rufus Deuchler: Je mehr wir unsere Geschichten teilen, desto mehr wird anderen Menschen damit geholfen. Wir sind nicht und nie allein mit unseren „Problemen". Und wenn ich jemandem damit helfen konnte, bin ich froh. Nach diesem Post habe ich viele Nachrichten bekommen wie „Ah? Auch Du?" oder „Danke, das gibt mir die Kraft weiterzumachen". Ich denke, dass es auch für die Firma positiv ist, wenn Mitarbeitende öffentlich den Kunden zeigen können und dürfen, dass wir auch Menschen sind. Mit unseren Problemen, Gedanken und Hoffnungen.

Frage: Rufus, inwieweit verwendest Du auch Storytelling in Deinen Vorträgen, Videos, Schulungen?

Rufus Deuchler: Als Adobe mich angestellt hat, habe ich sofort verstanden, dass sie nichts anderes von mir wollten, als ich selbst zu sein. Meine Erfahrung im Grafikdesignbereich war das Wichtige. Ich hatte die Worte, die Geschichten, die nötige Empathie, um mit anderen Designern eine konstruktive Unterhaltung zu haben. Also, ich zeige nie eine neue Funktion in InDesign z. B., um die Funktion zu zeigen. Ich versuche, immer zu erzählen, warum es diese gewisse Funktion gibt, wie man sie nutzt und was die Vorteile sind.

Frage: Rufus, merci für Deine Offenheit und die Zeit.

7 Empathie: WEM erzähle ich etwas?

„Mit dem Storytelling ist man da relativ gut beraten, weil das Erzählen einer Geschichte immer zum Subjekt führt. Es können zwar 100 Leute dieselbe Geschichte hören und trotzdem macht sich jeder daraus seine eigene Geschichte.“ – Gerald Hüther, Neurobiologe

Hand aufs Herz: **Wie genau kennen Sie diejenigen, die Sie erreichen möchten** – Ihre Kolleg*innen, Mitarbeitenden, Partner*innen, Kund*innen, Stakeholder? Sie sollten Ihre Zielgruppe kennenlernen, indem Sie mit Ihrer Bezugsgruppe in einen Dialog treten und zuhören. Stalken Sie Ihr Publikum im positiven Sinne, sodass Sie am Ende Ihr Publikum besser kennen als sich selbst.

„We needed to build deeper empathy for our customers and their unarticulated and unmet needs. It was time to hit refresh.“ – Satya Nadella, Hit Refresh[1]

---

1 Nadella, Satya: Hit refresh: Wie Microsoft sich neu erfunden hat und die Zukunft verändert. Plassen Verlag 2020

Frei übersetzt meint Nadella, CEO von Microsoft: „Wir mussten mehr Einfühlungsvermögen für unsere Kunden und ihre unausgesprochenen und unerfüllten Bedürfnisse entwickeln. Es war Zeit für eine Aktualisierung (Auffrischung)."

Im Story-Baukasten (Kapitel 12), eine Art Bauplan für Geschichten, sind wir immer noch in der zweiten Phase der Beobachtung und des anschließenden nochmaligen Verstehens. Dies gilt insbesondere für die Zielgruppe: Sie müssen Geschichten für die relevanten Botschaften passgenau für die Zielgruppe (Publikum) erstellen und die richtigen Kommunikationskanäle auswählen. Daher sollten Ihre strategisch ausgerichteten Kommunikationsmaßnahmen immer mit dem Blick durch die Brille des Betrachters, etwa die *Kundenbrille* oder *Brille der Mitarbeitenden*, beginnen

Sicherlich ist bereits aufgefallen, dass **Geschichten je nach Publikum adaptiert werden.** Komme ich beispielsweise aus dem Urlaub zurück, erzähle ich verschiedenen Menschen unterschiedliche Details und Eindrücke aus meinem Urlaub. Zwar hat meine Urlaubsstory immer eine ähnliche Botschaft von „einer fabelhaft erlebten Zeit". Meiner Familie zeige ich Fotos und lasse auch die Bilder von meinem Lebensgefährten, der Unterkunft und mehr nicht aus. Freunden zeige ich vielleicht auch Fotos und ein Video einer Bar, zeige Bilder von Reisebekanntschaften und Erlebnissen wie einer Bootstour. Kunden erzähle ich etwa von den wunderschönen Museen, einem Konzert, den fabelhaften Restaurants.

In der Gesamtheit wähle ich nicht diverse Teilgeschichten meines Urlaubserlebnisses für diverse Personen aus. Diese Teilgeschichten oder adaptierten Storys werden in einer anderen Tonalität, mit vielleicht diversen Schwerpunkten und unterschiedlicher Medienunterstützung erzählt, um den Eindruck des wunderbaren Urlaubs zu vermitteln.

Natürlich sollte der Storytellende nichts verbiegen, aber selbstverständlich treffe ich als storytellende Person bzw. Organisation die Auswahl der Eindrücke und der Sprache immer so, dass es bei dem Gegenüber auch Interesse findet und verstanden wird (Zielgruppen-Relevanz) (Bild 7.1). So erzählte ich meiner Nichte auch eher Geschichten über das Museum, indem ich die wundervolle neue Museumsapp zeigte und anhand der App auf die mir liebgewonnenen Kunstwerke einging.

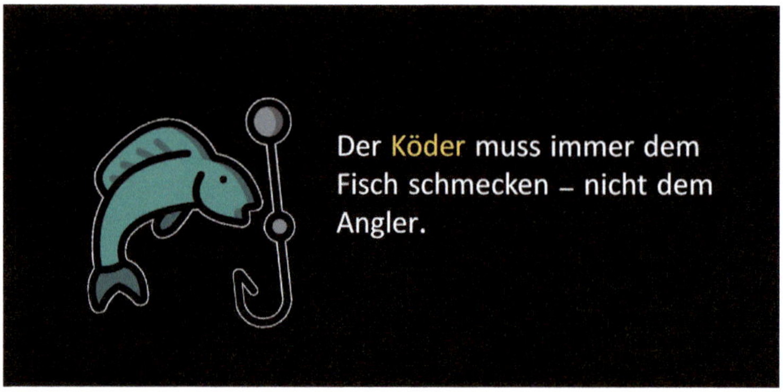

Bild 7.1 Um eine weitere **Metapher** zu verwenden, können wir von einer angelnden Person sprechen, welche einen Köder auswirft, um Fische zu fangen. Entsprechend dem Sprichwort, dass der Köder dem Fisch und nicht der angelnden Person schmecken muss, ist es auch mit dem Storytelling: Hierbei wendet sich der Erzählende immer bewusst an Bezugsgruppen, indem er genau auf sie abgestimmt Geschichten findet, entwickelt und erzählt. Grafik: © Pia Kleine Wieskamp

Das bedeutet nicht, dass Sie sich nicht aussuchen können, ob Sie überhaupt angeln gehen möchten und welcher Fisch auf der Wunschliste steht. Wer beispielsweise Lachs fangen möchte, sollte seine Angel auch in den Gewässern auswerfen, in denen sich Lachse bevorzugt aufhalten. Ich bin nun keine Anglerin, daher habe ich nachgeforscht und erfahren, dass sich Lachse bevorzugt in den gemäßigten bis arktischen, küstennahen Gewässern des Atlantiks aufhalten. Zum Laichen wandern sie aber zurück in die Flüsse, in denen sie geschlüpft sind. Ich lasse mich also auf den Lebensraum der Fische ein und schaue dann, was sie bevorzugen, beispielsweise um welche Uhrzeiten ich sie fangen kann, welche Köder und Angelrouten ich nutzen kann. Dementsprechend stellen Sie sich die folgende Frage: **An wen richtet sich die Story und wie kann ich diese Zielgruppe begreifen?**

> Um Ihre Zielgruppe genau zum richtigen Zeitpunkt mit den richtigen Inhalten anzusprechen, müssen Sie Ihre Zielgruppe genau kennen. Hierbei helfen eine Zielgruppensegmentierung sowie die Analyse der Zielgruppen.

7.1 Storylistening: Zuhören und das Publikum verstehen

Wenn wir über gute, erfolgreiche Geschichten sprechen, dürfen wir das Publikum nicht vergessen. Joanne K. Rowling, Autorin von Harry Potter, beschreibt dies folgendermaßen:

> *„No story lives unless someone wants to listen."*[2] (*„Keine Geschichte lebt, wenn nicht jemand zuhören will."*)

Gute Geschichten sind für das Publikum diejenigen Geschichten, die sowohl relevant als auch verständlich sind und gleichzeitig emotional berühren. Doch wie verstehe ich das Publikum, wie lerne ich es kennen?

Oft wird zum Storytelling auch das **Storysharing** praktiziert, also wo, wann und wie teile ich die Geschichte. Seltener wird **Storylistening,** also das bewusste und genaue Zuhören und die darauffolgende Analyse des Gehörten, berücksichtigt.

Der erste Schritt, um die Organisation, den Markt, die Mitbewerber und das Publikum zu erfassen, besteht im Zuhören, Beobachten, Analysieren.

Storytelling ist ohne Storylistening nicht denkbar

Ohne aktives und bewusstes, zielgerichtetes Zuhören können keine Geschichten erzählt werden, die das Publikum wirklich begeistern und bewegen. Denn meist werden Geschichten nicht erfunden – schon gar nicht ohne Kontext –, sie werden vielmehr aufgrund vieler Informationen und Beobachtungen ausgewählt, adaptiert bzw. kreiert. Beim Zuhören können wertvolle

---

[2] Vgl. Rowling, Joanne K.: Quote: No story lives unless someone wants to listen the stories. In: Goodreads. o. D., *https://www.goodreads.com/quotes/407314-no-story-lives-unless-someone-wants-to-listen-the-stories* (abgerufen 10/2023)

Informationen, neue Erkenntnisse und Perspektiven gewonnen werden. Storylistening kann helfen zu verstehen, was Mitarbeitende, Kunden oder Partner über das eigene Unternehmen denken und welche Gefühle und Assoziationen sie diesbezüglich haben.

Denn wer lauscht bzw. bewusst und gezielt zuhört, wechselt die Perspektive und kann so Antworten auf zentrale Fragen finden wie „Wer bin ich jetzt?“ oder auch „Wie werde ich gesehen?“, „Welche Geschichten erzählen die Mitmenschen wie Mitarbeiter, Kunden, Ortsansässige etc. über die Organisation?“.

Zuhören bzw. Storylistening ist auch ein wichtiges Element der Bereiche „wertschätzende Kommunikation“ und „Leadership mittels Empathie“, also das „sich in den anderen Hineinfühlen bzw. Hineinversetzen“. Der Begriff beschreibt den in der Kommunikation oft vernachlässigten Teil eines Dialogs: das Zuhören.

Empathie wird als Fähigkeit angesehen, die Gefühle und Emotionen zu erkennen und die dahinterliegenden Anliegen und Bedürfnisse zu vermuten; sie geht von den drei Schritten zuhören, fühlen und verstehen aus.

Storytelling ist wie das **Jagen und Sammeln von echten und authentischen Geschichten und Erlebnissen:** Denn wer gute Geschichten erzählen möchte, muss auch gute Geschichten kennen und analysieren, warum sie gut sind.

In vielen Unternehmen und Organisationen nennt man dies **Flurfunk:** Hier erfahren auch externe oder neue Mitarbeitende von Erfolgen und Misserfolgen, von Problemen, Umstrukturierungen, Stimmungen und Gerüchten - sogenannte **Insight-Storys.** Wer sich etwa mit den Werten eines Unternehmens auseinandersetzt, erfährt hier, welche Werte wie gelebt werden. Werden Frauen benachteiligt? Wer darf warum mit zu einer angesehenen Konferenz in die USA reisen? Wer wurde aus welchen Gründen aufs Abstellgleis geschoben oder gar einen Posten „hochgelobt“?

Sammeln Sie diese Geschichten und analysieren Sie, warum gerade diese Geschichten sich quasi wie ein Lauffeuer verbreiten. Nutzen Sie diese Analyse für Geschichten der internen Kommunikation oder auch der Kommunikation zwischen Partner*innen und Kund*innen. Überzeugen Sie mit authentischen Geschichten, die Sie entdecken und dann veredeln.

> *Miko Kaminski, CEO bei der Agentur Achtung, nennt diesen Vorgang* ***Storysearching nach Human Stories****: „Viele Unternehmen, Marken, Agenturen wenden immer noch immense Energie auf, Geschichten zu erfinden, die Menschen erreichen sollen. Dabei ist Storytelling meiner Ansicht nach im besten Falle schlicht das gekonnte Vermitteln echten Geschehens. Und Storytelling kann vor allem viel, viel mehr auslösen, wenn es sich um echte Geschichten handelt. Zu oft wird vernachlässigt, dass es ‚da draußen‘, unter Kunden und Nutzern, bereits tausendfach überraschende, berührende, faszinierende ‚Human Stories‘ gibt. Man muss sie nur finden. Und zwar mittels systematischem Storysearching. Und wenn man sie gefunden hat, veredelt man sie, inszeniert sie noch besser und erzählt sie in optimierter Form.“*[3]

Suchen Sie regelrecht nach Geschichten. Überlegen Sie, welche Stories in dem Unternehmen, der Organisation vorhanden sein könnten. Fragen Sie nicht nur nach den Gründungzahlen und -fakten, sondern danach, ob es eine Feier gab, wer anwesend war? Sind all diese Personen noch anwesend? Wie kam es zum Firmenlogo, zur ersten Website?

---

[3] Kaminski, Mirko: Storytelling? Es fängt mit Storysearching an. In: Horizont. 5.10.2015, *https://www.horizont.net/agenturen/kommentare/Gute-Geschichten-in-der-Werbung-Storytelling-Es-faengt-mit-Storysearching-an-136784* (abgerufen 10/2023)

Vergessene Geschichten: Oft sind viele gute Stories im Unternehmen gar nicht mehr bekannt. Ich habe für ein Unternehmen gearbeitet, dessen Marke mehrfach verkauft wurde. Bei einem Jubiläum kam ich kaum noch an Geschichten. Vermeiden Sie dies und lassen Sie sich von Personen, die Ihr Unternehmen verlassen, deren Geschichten erzählen. Recherchieren Sie rechtzeitig und legen Sie ein Archiv an.

Storylistening liefert vereinfacht ausgedrückt die Außensicht auf die Organisation oder die Person. Damit ist sie oft Ausgangspunkt, von dem aus Geschichten entwickelt werden.

Storylistening, das bewusste und aufmerksame Beobachten, Zuhören und Stellen von Fragen, ist neben dem **Storysearching,** also dem Suchen nach „echten" Geschichten, beim Storytelling eine Grundvoraussetzung.

Motivieren Sie diverse Personengruppen, die Sinne für Geschichten zu öffnen und diese in einem gemeinsamen Ordner zu sammeln.

Zuhören ist eine Grundvoraussetzung für eine offene und lösungsorientierte Verständigung. Menschen möchten gehört und verstanden werden. Echtes Zuhören ermöglicht eine zwischenmenschliche Bindung.

Geschichten spielen sich größtenteils im Kopf des Publikums ab (**Kopfkino**) und gestalten sich mit den individuellen Erfahrungen, dem Vorwissen, den Überzeugungen, der Fantasie und Interpretation für jede einzelne Person zugeschnitten und einzigartig.

Die Rolle des Publikums besteht darin, die Realität der Geschichte im „Geist" zu erschaffen. Es wird also somit zum „**Mitgestaltenden**" der Geschichte.

Die Vorstellungskraft des Publikums kann auf unterschiedliche Weise angeregt werden. Menschen haben bei der Verarbeitung externer Informationen Vorlieben und Gewohnheiten, wie bei der Auswahl des Darstellungssystems - ob Bilder (visuell), Klänge (auditiv) oder kinästhetische Wahrnehmungen - oder des Kanals (etwa Social Media, TV, Print).

Mit Storylistening, also aufmerksamem Zuhören, können wertvolle Informationen, neue Erkenntnisse und Perspektiven gewonnen werden. Beispielsweise hilft das Storylistening zu erfahren, was Mitarbeitende über das eigene Unternehmen denken und fühlen.

- Hören Sie auf das **WAS:** Was motiviert, inspiriert, erregt und was frustriert?
- **WIE** wird erzählt?
  - **Welche Sprache wird genutzt?** Werden bestimmte Wörter, eine eher sachliche Sprache oder etwa Slang verwendet? Gibt es Trendwörter?
  - **Tonlage und Tonfall:** Wo und wann treten etwa emotionale Elemente wie „Hochs und Tiefs" im Erzählen der Geschichten auf? Achten Sie auf Dialekte, einen Slang oder eine bestimmte Wortwahl?
  - **Visualität:** Welche Medien werden genutzt (Foto, Grafik, Animation, Bewegtbild etc.)? Welche Farbwelt, welche Bildsprache wird genutzt (wie schnelle Videoschnitte)?
  - Bemerken Sie eine bestimmte Herangehensweise oder einen bestimmten Stil wie direkt, blumig, locker, clean, streng professionell usw.?

- **WARUM:** Welche Visionen und Motivationen bzw. Ziele hat das Publikum, also warum tun sie, was sie tun? Erfahren Sie, warum das Publikum bestimmte Dinge interessant, irrelevant oder langweilig findet.

Begründungen, Argumente und Erklärungen: Es ist wichtig, wie das Publikum Themen aufschlüsselt und Klarheit in komplexe Themen bringt? Nutzt es Metaphern, Beispiele, Zitate oder etwa Grafiken?

7.2 An wen richtet sich die Story?

Storytelling ist immer zielgerichtet und möchte durch den Einsatz von Geschichten etwas bei der Zielgruppe - auch Bezugsgruppe oder Publikum genannt - erreichen.

Die Zielgruppe beinhaltet das Wort Ziel: keine Ziele, keine Story. Aber sie sind noch mehr: mächtige Bewertungssysteme, die uns viele Situationen automatisch einschätzen lassen, so dass wir schnell und richtig reagieren können. Es geht darum, möglichst genau zu erfahren, welche Bedürfnisse, welche Ziele, welche Motivation diese Zielgruppe hat. Wie kann ich sie erreichen?

Abgesehen davon, dass eine Zielgruppe weder spezifisch noch persönlich ist, muss ich die Menschen, die ich mit der Story erreichen möchte und bei der ich etwas auslösen möchte, genau kennenlernen und analysieren: Was macht sie aus? Welche Bedürfnisse und Wünsche haben sie? Wie kann ich bei ihnen positive Gefühle wie Begeisterung auslösen?

Lernen Sie Ihr Publikum genau kennen. Treten Sie mit ihm in den Dialog und hören Sie ihm genau zu.

7.2.1 Beobachten und das Publikum verstehen

Im zweiten Schritt der Story-Erstellung nach dem Design-Thinking-Prozess erfolgt eine intensive Auseinandersetzung mit der Zielgruppe. Nur wer die wahren Bedürfnisse und Motivationen des Publikums kennt, kann dementsprechend relevante und interessante Geschichten entwickeln.

Hierzu gehört auch, die Perspektive zu wechseln und sich in den Kopf bzw. die Köpfe des Zielpublikums hineinzuversetzen. Eine der Überlegungen, die zu berücksichtigen ist, ist der Wissensstand des Zielpublikums. Setzen Sie bestenfalls eine Wissensskala in Ihren Vorüberlegungen ein und überlegen Sie, wo auf der Skala sich die jeweilige Bezugsgruppe befindet.

Tipp

Je nach Zielgruppe werden Informationen aufgrund des Vorwissens unterschiedlich aufgenommen. Daher ist zu prüfen, auf welchem Wissensstand sich das Publikum befindet:

- Welches Vorwissen ist vorhanden?
- Welche Fachbegriffe können vorausgesetzt und demnach auch verwendet werden?
- Welche Begriffe sind erklärungsbedürftig?
- Gibt es Begriffe bzw. Abkürzungen, die vermieden werden sollten?

Zusätzlich zu dem Wissensstand sind oft auch die Metaphern, der Kontext, die Bedürfnisse und Kanäle sowie die Tonalität, mit der die entsprechende Bezugsgruppe angesprochen und „gepackt“ werden kann, sehr unterschiedlich.

Neben der aktiven Beobachtung werden Informationen über die Bedürfnisse, Abläufe und Verhaltensweisen der Zielgruppe auch durch persönliche Gespräche, Interviews und Umfragen (Kunden- und Nutzerbefragungen) ermittelt, um diese zu verstehen.

Die Rechercheergebnisse werden dokumentiert und in Schriftform sowie mit Visuals wie Fotos, Videos, Skizzen und Sprachaufzeichnungen für alle am Prozess beteiligten Personen zugänglich festgehalten.

7.2.2 Bedürfnisse der Menschen

Maslow unterteilt menschliche Bedürfnisse und (Handlungs-)Motivationen in eine hierarchische Struktur von fünf Stufen (Bild 7.2):

- Als Basis (unterste Stufe) gelten alle **elementaren Grundbedürfnisse,** die ein Überleben ermöglichen. Hierzu zählen die Luft zum Atmen, Nahrung, Schlaf, Sex, Wasser gegen den Durst, Kälteschutz - alles Dinge, die ein Mensch braucht, um zu überleben.
- Aufbauend folgen **Sicherheitsbedürfnisse,** die sowohl die körperliche als auch die seelische Sicherheit betreffen. Hierzu zählen unter anderem materielle Absicherungen wie ein Grundeinkommen, ein Zuhause oder auch seelische Sicherheit wie eine Partnerschaft oder Familie. Im weiteren Sinn finden Menschen Sicherheit und Stabilität in bekannten Situationen und Umgebungen. Auch der Versuch, jedes unbekannte Ereignis und Phänomen analysieren und ihm auf dem Grund kommen zu wollen, ist eine Suche nach Sicherheit. Hier können wir dem Publikum mit unseren Geschichten unter Verwendung von Archetypen die gesuchte Sicherheit bieten.
- Der Bereich der **sozialen Bedürfnisse,** also der Suche nach sozialen Beziehungen zu Gruppen, Freunden, Kollegen und Familie, um sich zugehörig, nicht alleine und geliebt zu fühlen, ist ein starker Antrieb in unserer Gesellschaft. Menschen definieren sich durch Rollen und Zugehörigkeit, was unter anderem auch die Faszination der Social Communities ausmacht.
- Zu den **Individualbedürfnissen** zählen Werte wie Vertrauen, Wertschätzung, Selbstbestätigung, Erfolg, Freiheit und Unabhängigkeit.
- Schlussendlich endet die Pyramide in der Spitze mit dem **Bedürfnis nach Selbstverwirklichung,** um seine Talente, seine Individualität, seine Kreativität nach seinen persönlichen Vorstellungen und Wünschen entfalten zu können.

Bild 7.2 Nach Maslows Bedürfnispyramide sind grundsätzliche Bedürfnisse der Zielgruppe zu unterscheiden. Bild: © Pia Kleine Wieskamp

7.2.2.1 Zielgruppe mit der Empathy-Map einschätzen

Um sich einem einzelnen Stellvertreter einer jeweiligen Zielgruppe anzunähern, empfehle ich die Verwendung der **Empathy-Map (Empathy Canvas)** (Bild 7.3): Sie unterstützt Menschen, die Perspektive zu wechseln und „in den Kopf" des Publikums, oder der stellvertretenden Persona-Person, zu schauen und visualisiert gleichzeitig ganzheitlich das Profil einer Zielgruppe.

Mit den vier zentralen Bereichen *Hören, Sehen, Fühlen & Denken* sowie *Sagen & Tun* verstehen Sie deren Wünsche, Bedürfnisse und Verhalten besser. Auf dieser Basis können Sie Themen, Konflikte, Hindernisse, Kommunikationskanäle und die am besten geeignete Strategie zum Dialog mit der jeweiligen Bezugsgruppe entwickeln.

Wer kein genaues Bild eines typischen Vertreters seiner Zielgruppe vor Augen hat, dem fällt es schwer, sich in die Zielgruppe hineinzuversetzen und diese genau anzusprechen, zu begeistern, emotional zu erreichen oder zu motivieren.

Mittels der Empathy-Map bzw. dem Empathy Canvas können Sie die Bezugsgruppe genauer betrachten und kennenlernen. Hier interessieren uns folgende drei Fragestellungen:

1. **Ziel:** Definieren Sie, was Sie mit dieser Empathy-Map erreichen möchten?
2. **Um wen geht es?** Stellen Sie sich Fragen wie: Wer ist die Person? In welchem Umfeld bzw. welcher Situation befindet sie sich? Welche Rolle hat die Person in der Situation? In welchem Bezug steht die Person zu der Organisation?

   Was denkt und fühlt die Person? Fühlt sich die Person beachtet, motiviert, inspiriert, frustriert, wütend, müde ...? Und wie sind die Fragen, Gedanken, Einstellungen der Person zu ...?

   Name: Geben Sie der Person einen realen Namen (nicht B. Musterfrau oder Johnny Käufer).

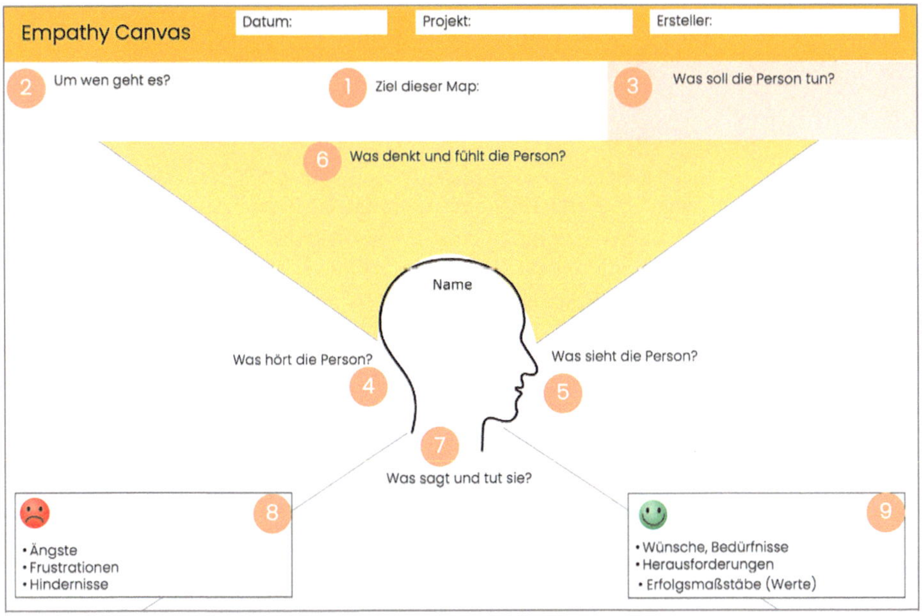

Bild 7.3 Die Empathy-Map[4] unterstützt Sie darin, Ihre Bezugsgruppe besser kennen- und verstehen zu lernen. Erstellt werden kann diese mit dem Empathy Canvas. Grafik © Pia Kleine Wieskamp

3. **Was sollte die Person tun?** Hier geht es um Ihre Erwartungshaltung: Was sollte die Person anders machen? Wohin soll sie sich verändern? Warum soll sie sich verändern? Was soll sie tun? Welche Entscheidungen sollte sie treffen? Wie wird sie wissen, ob sie erfolgreich war?
4. **Was hört die Person?** Wem hört sie zu? Was hört die Person andere sagen?

   Wem glaubt sie? Auf welchen Kanälen und Medien holt sich die Person Information und Inspiration ein? Was hört die Person andere (Kollegen, Freunde, Familie etc.) sagen? Was hört sie aus zweiter Hand?
5. **Was sieht die Person?** Was sieht die Person im Markt? Was in ihrem direkten Umfeld?

   Was sieht sie andere tun? Was liest sie und schaut sie sich an?
6. **Was sagt und tut sie?** Was haben Sie die Person bereits sagen gehört? Was tut die Person heute? Welches Verhalten konnten Sie bei ihr beobachten? Können Sie sich vorstellen, was sie in Bezug auf die Fragestellung (Aufgabe) sagt und tut?
7. **Welche Pain-Points hat sie?** Welche Ängste, Frustrationen hat die Person?
8. **Wünsche, Ziele, Motivation:** Welche Träume, Wünsche, Hoffnungen, Bedürfnisse hat die Person? Welche anderen Gedanken und Gefühle könnten ihr Verhalten beeinflussen?

[4] Gibbons, Sarah; Nielsen Norman Group: Empathy Mapping: The First Step in Design Thinking. 14.1.2018, *https://www.nngroup.com/articles/empathy-mapping* (abgerufen 10/2023)

Beispiel: Andreas, Programmierer, IT-Fachpersonal

Legen Sie zunächst fest, welche Personengruppe Sie besser kennenlernen wollen, indem Sie deren Situation und den Bezug zum Thema (z. B. IT-Fachleute) beschreiben. Bei mehreren Zielgruppen legen Sie für jede Gruppe eine eigene **Empathy-Map** an.

Nun schauen Sie, ob in dieser Zielgruppe mehr Männer oder Frauen sind, und geben Sie ihr beispielsweis den Namen Andreas, da in der IT-Abteilung mehr männliche Mitarbeitende sind im Durchschnittsalter von 35 Jahren und Andreas in diesem Jahrgang ein typischer Name ist.

Beschreiben Sie nun, was Andreas denkt, fühlt, hört, sieht. Sammeln Sie in einer möglichst inhomogenen Gruppe (bestehend aus diversen Altersgruppen, Abteilungen, Berufen, Wohnorten etc.) die Ziele der identifizierten Personengruppe. Welche Motivation treibt Andreas an, sich mit dem Thema „Emotionalität der Shop-Benutzeroberfläche" zu befassen?

Nehmen Sie die Empathy-Map und erweitern Sie diese auch durch neue Themen: Was ist Andreas wichtig? Wo sind seine Schmerzgrenzen, wo seine Wünsche? Wie steht Andreas zum Thema Diversität und „gendern"?

Wichtig ist zu verstehen, wann sich Andreas wie fühlt. Wie beeinflussen ihn Faktoren?

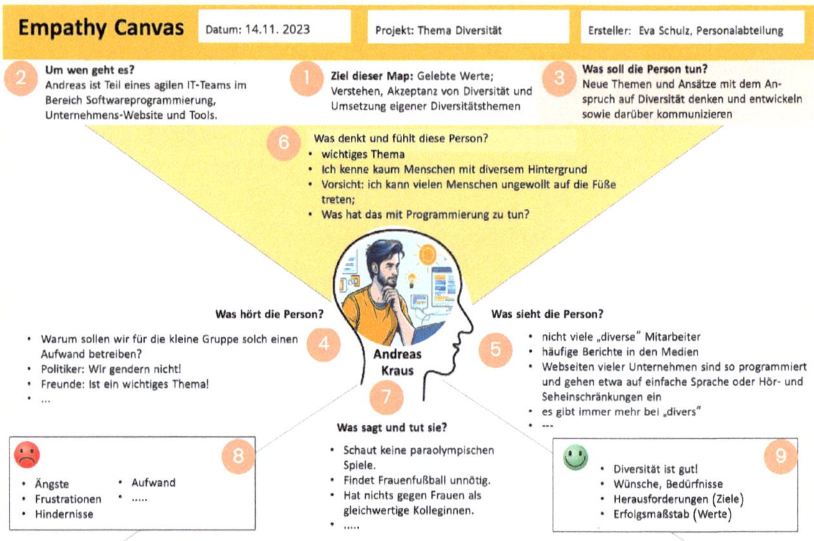

Bild 7.4 Wir fühlen uns in Vertreter der Zielgruppe (Audience) ein:
Empathy-Map (Canvas) am Beispiel von Andreas Kraus.
Grafik: Pia Kleine Wieskamp.
Bilderstellung mittels ChatGPT via Bing Image Creator unter Verwendung von DALL·E 3,
https://www.bing.com/images/create/andreas-in-an-agile-it-team-working-on-software-pr/6554e71f69444a71827cd633daa74527?id=KqlYaUMceboZIHAAPQGdNw%3d%3d&view=detailv2&idpp=genimg&idpclose=1&FORM=SYDBIC

Welche weiteren Bereiche aus seinem Umfeld beeinflussen ihn? Was sieht Andreas beispielsweise in der Umgebung seiner Wohnung? Was sieht Andreas in den Medien und was empfindet er dabei?

Selbstverständlich sollten die Ergebnisse von einem Brainstorming validiert werden, indem beispielsweise Andreas sowie weitere Menschen aus dem IT-Umfeld in Partnerunternehmen befragt werden. Erstens eine Selbstauskunft und eine Einschätzung der Endnutzer*innen, da es ja um eine Benutzeroberfläche geht.

Wer kein genaues Bild eines typischen Vertreters seiner Zielgruppe vor Augen hat, dem fällt es schwer, sich in die Zielgruppe hineinzuversetzen und diese genau anzusprechen, zu begeistern, emotional zu erreichen oder zu motivieren.

7.2.2.2 Personabildung und Zielgruppen segmentieren

Gruppen bestehen aus vielen Individuen, die meist nicht in eine Schublade passen. Sie sind vielschichtig und weit komplexer, als uns statistische Zahlen das je verraten könnten. Wer kein genaues Bild eines typischen Vertreters seiner Zielgruppe vor Augen hat, dem fällt es schwer, sich in die Zielgruppe hineinzuversetzen.

Beschreiben wir die Zielgruppe als eine Art von **„Wunsch-Gruppe“**, die Menschen, die Sie gerne erreichen möchten, umfasst. Zielgruppen werden meist anhand von sozio-demografischen Faktoren wie Geschlecht, Alter und Einkommen, Kanäle etc. bestimmt und können dementsprechend auch segmentiert werden:

- Demografische Merkmale[5]
- Alter, Geschlecht, Familienstand, Wohnort
- Sozioökonomische Merkmale
- Bildungsstand, Beruf, Einkommen
- Psychografische Merkmale
- Motivation, Meinungen, Wünsche, Werte, Lebensstil
- Verhalten wie etwa Kaufverhalten, Buchungsverhalten, Fahrverhalten, Preissensibilität oder Kundenzufriedenheit

Etwas genauer ist das Modell der Personas, die zwar auf Basis von sozio-demografischen Daten erstellt werden, jedoch mit persönlichen Details wie Vorlieben, Verhalten oder Zielen versehen ein umfassenderes Bild ermöglichen. Ausgehend von den Menschen, die wir mit Geschichten begeistern möchten, ist es notwendig zu verstehen, welche Bedürfnisse sie haben. Denn die Geschichten sollten einen Mehrwert haben, um für die Bezugsgruppe relevant zu sein.

Stellen Sie sich jeweils einen typischen Stellvertreter Ihrer jeweiligen Bezugsgruppe vor. Dies ermöglicht es, sich konkreter, direkter und persönlicher in eine Person als in eine anonyme Gruppe hineinzuversetzen. Ein solcher typischer Vertreter der Bezugsgruppe wird auch Persona bzw. **Buyer Persona** genannt.

[5] Zu den demografischen Merkmalen zählen formal beschreibende Personen- und Haushaltsmerkmale wie Bildung, Beruf, Haushaltsgröße, Haushaltseinkommen usw.

Was ist eine Persona?

Stellen Sie sich eine Persona als eine bildhafte Beschreibung eines Archetyps einer Gruppe vor, die zunächst Ihren Wunschkandidaten darstellen soll. Im Bereich von Kunden sprechen wir auch von einer Buyer Persona. Diesem Nutzermodell werden bestimmte Charakteristika und Eigenschaften zugeordnet. Dennoch sollte es nicht bei einer Darstellung einer **Wunschpersona** bleiben. Die Persona sollte unbedingt mit echten Daten gefüllt werden, die Sie durch Umfragen, Statistiken erzielen, um konkret mit ihr arbeiten zu können.

Beginnen Sie zur Darstellung einer Zielgruppe mit einem konkreten Namen, Aussehen, Alter, diversen soziodemografischen Eigenschaften usw. Bitte nutzen Sie kein Max Mustermann, denn so wird eine reale Person kaum heißen.

Hinterfragen Sie auch immer anhand neuer Daten, ob Ihre Persona noch aktuell ist. Haben sich die Ängste und Pain-Points Ihrer Persona beispielsweise durch die Corona-Pandemie verändert?

Sind die Wünsche und Ziele gleichgeblieben oder ist nun das Bedürfnis nach „Nähe" gestiegen?

Ein solcher typischen Vertreter der Bezugsgruppe wird auch Persona bzw. Buyer Persona genannt.

> Eine **Persona,** oft auch Buyer Persona genannt, repräsentiert stellvertretend einen typischen Vertreter der Zielgruppe und basiert auf realen Informationen, etwa über das Kundenverhalten. Mit Personas machen Sie die anonym wirkende Zielgruppe greifbar.

Stellen Sie sich die Persona als Extrakt Ihres Wissens über die Zielgruppe vor, also keine Wunschpersona, sondern eine mit Fakten belegte Zusammenfassung und Visualisierung.

Personas erstellen

Wie genau kennen Sie diejenigen, die Sie erreichen möchten – Ihre Kollegen, Mitarbeitenden, Partner*innen, Kund*innen, Stakeholder? Je konkreter die Beschreibung der Persona erfolgt, desto besser. Daher muss sie aus realen Daten gebildet werden und sollte nicht nur der Vorstellung etwa eines „Traumkunden" entsprechen. Mit den Möglichkeiten des Online-Marketings (Umfragen, Studien, Interviews) und dem damit verbundenen Beziehungsmanagement (Customer-Relationship-Management) verfügen wir über viele personalisierte Daten.

Personas werden nicht nur nach demografischen Kriterien erstellt, sondern als lebendige Persönlichkeit mit einer Biografie beschrieben. So gibt es keine „Sofia, weiblich, 31 Jahre alt, ledig, lebt in Berlin ...", sondern eine Persona, die ihre persönliche Geschichte erzählt, mit Wertvorstellungen und Idealen: „Sofia liebt Freiheit, Frieden und Gerechtigkeit und engagiert sich aktiv bei Greenpeace. Sie möchte nicht nur über etwas diskutieren, sondern etwas bewegen ...".

Treten Sie mit Ihrer Bezugsgruppe in den Dialog und hören Sie zu. Stalken Sie Ihr Publikum im positiven Sinne, sodass Sie am Ende Ihr Publikum besser kennen als sich selbst.

Mit dem Persona-Canvas können Sie eine Persona erstellen. Sie gibt Auskunft über persönliche Daten (Alter, Geschlecht, Vorname, Name, Familienstand), persönliche Ziele, berufliche Ziele, Bedürfnisse (z. B. Wunsch nach Sicherheit, Heim, Familie), Visionen, Motivation (z. B.

Verantwortungsbewusstsein, naturbewusst, sozial ...), Hobbys. Außerdem kann sie eine Beschreibung des persönlichen Lebenswegs, ein Zitat als Lebensmotto, Vorbilder, Bedürfnisse bezogen auf das Produkt bzw. die Produktgruppe, Bedürfnisse und Wünsche, die sich an die Marke richten, Pain-Points, negative Erfahrungen, No-Gos und mehr enthalten. Das Canvas kann auf der Website zum Buch (*https://storybaukasten.com/downloads*) heruntergeladen werden.

Bild 7.5 zeigt ein Beispiel eines ausgefüllten Persona-Plakats.

Bild 7.5 Paula ist Künstlerin und Fotografin. Ersteller der Persona ist eine Versicherungsgesellschaft. Sie möchten wissen, wie kreative Selbstständige „ticken". Wäre die Organisation beispielsweise ein Reiseunternehmen, das Kreative für einen längeren Workation-Aufenthalt interessieren möchte, so würden weitere Punkte wie beispielsweise Reiseziele, in welcher Umgebung fühlt sich Paula wohl, welche Ausstattung benötigt sie für ihre Arbeit usw. auf dem Persona-Plakat abgebildet. Grafik: eigene Darstellung.

Bestimmen Sie Ereignisse pro Persona

Profile der Personas allein helfen allerdings nur bedingt weiter. Ordnen Sie den Personas mögliche Ereignisse zu. Orientieren Sie sich hierbei an dem Modell der Customer Journey: Ein mögliches Ereignis für die Persona Paula, der wir einen Reise-Langzeitaufenthalt vermitteln möchten, könnte so aussehen: Paula bemerkt im November, wie ihr das nasse, kalte Herbstwetter nicht nur auf die Stimmung schlägt, sondern sich auch die steigenden Heizkosten bemerkbar machen. Auch ihr für die Workshops angemietetes Studio ist teurer geworden. Ihr Auftragsbuch zeigt, dass auch die Bereitschaft der Kunden für die Buchung von Workshops in den Wintermonaten zurückgeht. Nach einem Blick in Facebook und Instagram spürt sie die Inspiration und Energie vieler schöner warmer Orte. Sie liest auch, dass viele potenzielle Kundinnen und Kunden Geld in Reisen investieren. Warum nicht beides miteinander verbinden? In diesem Fall sind auslösende Ereignisse die Auftragslage und der Blick in Facebook und Instagram.

Dynamischer Prozess

Personas sind ein gutes Hilfsmittel, um passgenaue Produkte, Dienstleistungen und Problemlösungen zu kreieren und zu kommunizieren. Damit sind Sie in der Lage, die Bedürfnisse Ihres Publikums und Kundenstamms zu adressieren. Interviewen Sie reale Menschen und lassen Sie deren Erfahrungen und Geschichten in die Erstellung einer für die jeweilige Persona relevanten Story einfließen.

Wie viele Personas für ein jeweiliges Projekt notwendig sind, ist von den verschiedenen Zielgruppen und der Komplexität des Unternehmens oder der Produkte abhängig. Bedenken Sie, dass die Entwicklung einer Persona immer ein dynamischer Prozess ist, da sich die Zielgruppen im Laufe der Zeit verändern können. Es lohnt sich, für jede Social-Media-Plattform unterschiedliche Personas anzulegen.

Tipp

Formulieren Sie die Persona nicht nur in Stichworten, sondern in einem zusammenhängenden Text, z. B. einer Erzählung. Lassen Sie sich von AI, wie etwa ChatGPT, bei der Erstellung der Persona unterstützen.

Ein nützliches Tool, um eine Persona im Team zu erstellen, bietet das Online-Whiteboard-Tool *miro* mit einer Auswahl an Persona-Frameworks und mit Unterstützung von AI.

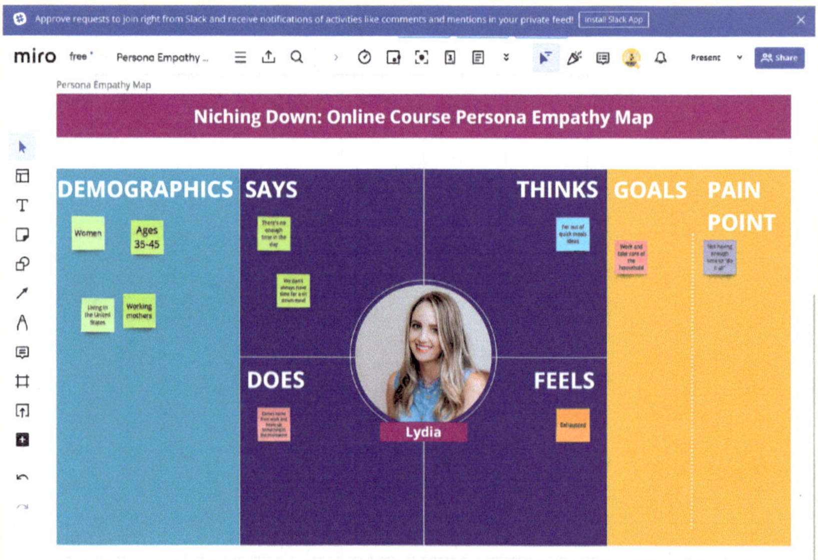

Bild 7.6 Tools wie *miro* unterstützen Sie bei der Erstellung von Personas.
Screenshot: miro, *https://miro.com*

7.3 Emotionale Trigger und Bedürfnisse der Zielgruppe

Oft werden Gefühle und Emotionen synonym verwendet. In einem Workshop wurde ich gefragt, inwieweit sich Emotionen von Gefühlen unterscheiden? Eine genauere Definition gibt es nicht, dennoch unterscheide ich hier in diesem Buch: Mit dem Begriff Gefühle meine ich ausschließlich Empfindungen, also das, was ein Mensch in einem Moment fühlt; das kann etwa Freude über eine schöne Überraschung sein oder Angst vor einen unheimlich knurrenden Hund. Emotionen sind weitreichender und umfassender als Gefühle. Biologisch betrachtet sind sie komplexe Verhaltensmuster, welche sich aus diversen Bestandteilen zusammensetzen:

- **Gefühle** wie etwa Freude, Überraschung oder Schmerz.
- **Körperliche Reaktionen:** Jeder kennt beispielsweise das pochende Herz, also eine veränderte Herzfrequenz.
- **Kognitive Denkprozesse:** Hier sind wir nicht mehr nur im Augenblick, sondern erinnern uns, vergleichen Situationen und Gefühle miteinander oder entscheiden uns zu einer Handlung, beispielweise den Schmerz wegzuatmen. Dabei treffen wir viele Emotionen „aus dem Bauch heraus", also unbewusst.

Dieses Zusammenspiel des Dreigespanns Gedanken, Emotionen und Körper ist untrennbar miteinander verbunden. In Form von Mimik, Gestik, Klang der Stimme oder Verhaltenstendenzen, wie etwa das Fluchtverhalten bei Angst, sind Emotionen sichtbar.

Geschichten sprechen diese Emotionen an. Denn selbst wenn wir Informationen rational abwägen und die Vernunft entscheiden lassen wollen, entscheidet das Bauchgefühl, der erste Impuls.

Primäre Emotionen nach Robert Plutchik

Bei der Erkennung von Hasskommentaren auf Social Media oder der Einordnung und Filterung von Online-Bewertungen im Internet wurde die textuelle Emotionsanalyse ein wichtiger Bereich. Denn wie wollen wir wissen, welche Emotionen die Zielgruppe antreibt?

Hilfreich hierbei ist das Emotionsrad, ein von Plutchik entwickeltes Modell: Seine Emotionstheorie geht von der Grundannahme aus, dass Emotionen eine genetische Grundlage haben und die Anpassung von Verhalten steuern. Plutchik benennt in seinem Emotionsrad (siehe Bild 7.7) acht Basisemotionen.

Bei diesem Modell liegen die Basisemotionen auf den Blättern des Rads, während die sekundären Emotionen dazwischen platziert wurden. Die näher zum Zentrum liegenden Emotionen sind von stärkerer Intensität als die auf einem Blatt weiter außen platzierten.

Folgenden Verhaltensweisen, die biologischen Funktionen entsprechen, ist eine primäre Emotion zugeordnet:

1. Sich fortpflanzen - Freude
2. Reintegrieren - Traurigkeit
3. Einverleiben, Akzeptieren - Vertrauen
4. Sich orientieren - Überraschung

5. Erkunden - Erwarten
6. Zurückweisen - Ekel
7. Zerstören - Ärger
8. Sich schützen - Furcht

Diese Grundemotionen stehen sich jeweils bipolar gegenüber: Freude und Traurigkeit, Vertrauen und Abneigung, Angst und Groll und Überraschung und Erwartung.

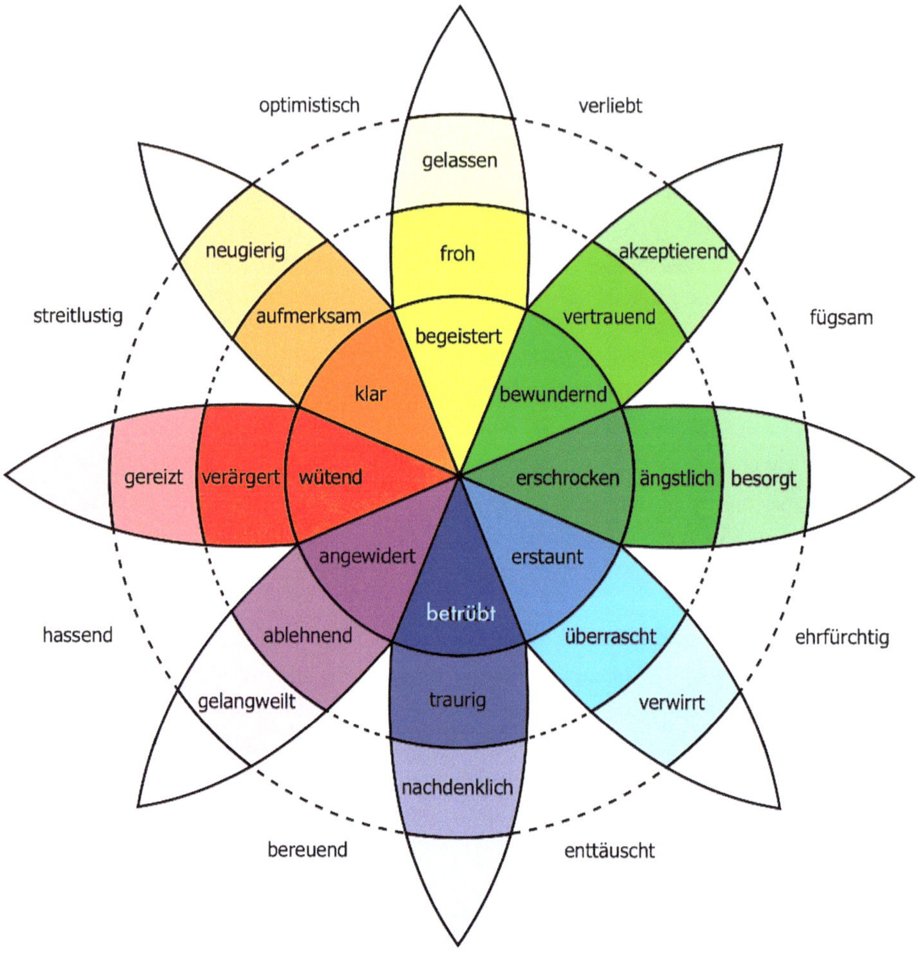

Bild 7.7 Plutchiks Rad der Emotionen, in dem sich die acht Grundemotionen jeweils bipolar gegenüberstehen: Freude (froh) und Traurigkeit (traurig), Vertrauen und Abneigung (ablehnend), Angst und Groll (verärgert) sowie Überraschung und Erwartung (neugierig). Grafik von Machine Elf 1735, Metoaster - eigenes Werk; gemeinfrei.[6]

---

[6] Abbildung: Emotionsrad: Plutchik-wheel.svg, *https://commons.wikimedia.org/w/index.php?curid=22251459* (abgerufen 10/2023)

8 Botschaft: WAS wird WARUM erzählt?

Don't forget your message! So gut eine Geschichte auch sein mag, ohne Message, Kernbotschaft, Ideal oder Grund, warum gerade diese eine Geschichte erzählt wird, ist sie eine leere Hülle. Die Kernbotschaft einer Story wird oft so erzählt, dass die Story das Publikum emotional im Themenbereich „Kernbotschaft" anspricht.

Was denken Sie beispielsweise bei der Aussage „Think different" (Bild 8.1), wenn Sie dazu Vordenker, Künstler und Genies wie Picasso, Einstein und Gandhi abgebildet sehen? Möchten Sie sich nicht auch in die Reihe dieser unverwechselbaren Vorbilder eingliedern? Wie würden Sie sich fühlen, wenn Ihr Foto in dieser „Ahnenreihe" auftauchen würde?

Würden Sie sich geehrt fühlen, als Mensch in den Reihen von Vorreiter*innen? Apple machte sich mit dieser „Think different"-Kampagne[1] nicht nur zu einem storytellenden Unternehmen, es setzte sich verbunden mit dieser Kampagne auch von seinen Mitbewerbern ab und sprach spezielle Gefühle bei seiner Zielgruppe an: **„Du bist besonders,** wenn du Apple nutzt!"

1 YouTube: Kampagne – Think Different von Apple von 1997 bis 2002 ist immer noch aktuell, da bis heute bei Apple die Käufer in einen gewissen Status des „BESONDEREN" gehoben werden, *https://youtu.be/5sMBhDv4sik* (abgerufen 10/2023).

Bild 8.1 Steve Jobs sprach mit der Kampagne „Think different" von 1997 bis 2002 die Einzigartigkeit und den Pioniergeist der Nutzer*innen der Apple-Produkte an. Quelle: Screenshot Apple.

8.1 Kernbotschaften

Es fällt nicht immer leicht, erzählenswerte Inhalte zu finden. Entweder ist die Auswahl zu groß oder die Inhalte scheinen sich ständig zu wiederholen.

Ausgehend von der Tatsache, dass erfolgreiche Geschichten von dem Protagonisten (Helden), dem Konflikt und den Emotionen leben, benötigen sie vor allem eine Kernbotschaft. Diese vermittelt dem Publikum den Grund, warum Sie die Geschichte erzählen.

Bei der Botschaft sollten Sie beachten, dass diese nicht immer eindeutig auf Ihr Ziel hinweist: Erzählt beispielsweise BMW eine Story rund um die „Freude am Fahren", so ist das Ziel, dass Menschen dem Unternehmen gegenüber positiv eingestellt sind (Image) und sich bei der Auswahl eines Fahrzeugs für einen BMW entscheiden.

Die **richtige Botschaft spiegelt zunächst den Kern des Unternehmens (der Organisation) wider** und beantwortet die Frage nach dem Why[2]: **Warum tut das Unternehmen, was es tut?**

Anders gefragt: Warum beraten Sie beispielsweise Gründer*innen und stellen keine Schreibtische her? In der Beantwortung dieser Frage finden Sie die Basis der Kerngeschichte sowie viele andere Geschichten. Hier geht es darum, was das Unternehmen motiviert und antreibt und wieso Sie als Unternehmer*in oder Mitarbeitende täglich in die Werkstatt gehen oder ein Meeting leiten. Der Unternehmens- bzw. Markenkern ist nicht nur das Fundament der Marke, sondern auch die Basis und Ausgangslage der Geschichten (Bild 8.2).

Schauen wir uns die **Gründungsgeschichte** von Airbnb an: Die Gründer, Joe, Nathan, Brian, hatten ein gemeinsames Apartment. Aufgrund einer Mieterhöhung konnten sie sich das Apartment nicht mehr leisten. Um das Problem zu lösen, vermieteten sie ein Zimmer mit Luftmatratze und Frühstück. So wurde die Idee für das Unternehmen Airbnb geboren.

---

[2] Sinek, Simon: Ask for the Why, *https://www.ted.com/talks/simon_sinek_how_great_leaders_inspire_action/* (abgerufen 10/2023)

Bild 8.2 Im Kern der Organisation steckt der übergeordnete Nutzen für alle Beteiligten: die Mitarbeitenden, Partner*innen, Kunden und Kundinnen, Anwohner*innen und weitere Zielgruppen. Grafik: eigene Darstellung Pia Kleine Wieskamp

> *When we started Airbnb, it was about more than just travel. In 2007, Joe and I were roommates in San Francisco, and we were trying to figure out how to pay our rent. That weekend, a design conference was coming to San Francisco and hotels were sold out, so we inflated three airbeds and turned our apartment into an Airbed & Breakfast. We hosted three guests - Michael, Kat, and Amol - and in doing so, we became the first hosts on Airbnb. Our guests arrived as strangers, but they left as our friends. The connections we made that weekend led Joe and I to realize, „Maybe there's a bigger idea here!" Soon after, Nate joined, and we created a way for people around the world to be hosts, just like us.*[3] - Brian Chesky

Die meisten Geschichten passieren wirklich: Der Zweck (Purpose) eines Unternehmens sollte möglichst auf einer echten, erfahrenen Wahrheit gründen.

Der Zweck war, Mieter und Besitzer zu unterstützen. Nun, wo lag aber das Versprechen für die Mieter, also die reisenden Kunden. Bei Airbnb basiert der Zweck des Unternehmens auf der Rolle, die Airbnb für die Nutzer*innen - also Anbieter*innen und Bucher*innen, Gastgeber*innen und Gäste - im Leben spielt.

Recherchen ergaben, dass Airbnb und seine Community „eine Welt schaffen wollen, in der jeder überall dazugehören kann"[4]. „Es geht um mehr als nur um das Reisen; es geht um Menschen und darum, dass sie sich jetzt überall willkommen fühlen können. Beinahe so, als könnten sie sich wie Einheimische fühlen. Daraus wurde abgekürzt der Purpose „Belong Anywhere".

---

[3] Airbnb: Chesky, Boraly: What makes Airbnb, Airbnb. In. News.airbnb.com, *https://news.airbnb.com/what-makes-airbnb-airbnb* (abgerufen 10/2023)

[4] Vgl. Arkin, Douglas: How Airbnb found its Purpose and why it's a good. In: Medium, *https://medium.com/@douglas.atkin/how-airbnb-found-its-purpose-and-why-its-a-good-one-b5c987c0c216* (abgerufen 10/2023)

In jeder guten Story können sich Menschen in dem Erlebten, den Erfahrungen und Ideen wiedererkennen. Auch wenn es paradox scheint, so öffnet die subjektive Sicht und Erfahrung einer Person oft den Blick für die großen Fragen des Lebens. Und damit ist das Publikum interessiert.

Die Grundlage der Themenwelt finden Organisationen in ihrem Markenkern

Erarbeiten Sie die Kernthemen aus dem Markenkern: Hier finden Sie den Nutzen, das Versprechen des Unternehmens an seine Stakeholder, die Werte sowie das Alleinstellungsmerkmal.

Oft lohnt sich auch ein Blick über den Tellerrand. So hat beispielsweise eine Bürosoftware nicht nur diese Themenwelt Büro und Nutzung der Software, sondern auch das Themenspektrum Arbeitswelt, Wandel der Arbeitswelt und vieles mehr. Es ergeben sich diverse Themenfelder (Cluster) rund um ein Produkt und das Unternehmen.

Ein weiteres Beispiel ist das Unternehmen **Patagonia**. Der Firmengründer Yvon Chouinard stellt mit seinem Unternehmen nicht nur nachhaltige Bekleidung für Ausflüge in die Natur her, sondern er sorgt sich auch um die Natur. Er strukturierte sein Unternehmen nach 50 Jahren um, indem er im übertragenen Sinne die Erde als alleinige Unternehmensanteilseignerin einsetzte.[5] Yvon Chouinard bezeichnet dies als: „Instead of ‚going public', you could say **we're ‚going purpose'**."[6].

Menschen interessieren sich für Ur-Themen

Metathemen sind Themen, die das Zielpublikum mit hoher Wahrscheinlichkeit interessieren und berühren. In jeder Story taucht Werner Fuchs[7] zufolge eines der folgenden Ur-Themen[8] in verschiedensten Variationen auf.

Folgende Ur-Themen findet man in vielen Storys

1. Leben & Tod
2. Ankunft & Abschied eines Freundes
3. Liebe & Hass
4. Geborgenheit & Furcht
5. Wahrheit & Lüge
6. Stärke (Macht) & Schwäche
7. Treue & Betrug
8. Gut & Böse

Sicherlich sind Ihnen die Wort-**Paarungen** aufgefallen. Oft sind diese durch den Gegenpart denkbar oder werden so verstärkt. Wie unspektakulär wäre beispielsweise der Himmel ohne die Hölle?

5 Vgl. Chouinard, Yvon: Die Erde ist ab sofort unsere einzige Anteilseignerin. In: eu.patagonia.com. 2022, *https://eu.patagonia.com/de/de/ownership* (abgerufen 10/2023)

6 Vgl. Chouinard, Yvon: Earth is now our only shareholder. In: eu.patagonia.com. 2022, *https://eu.patagonia.com/gb/en/ownership* (abgerufen 10/2023)

7 Vgl. Fuchs, Werner T.: Warum das Gehirn Geschichten liebt: Mit Storytelling Menschen gewinnen und überzeugen: Mit den Erkenntnissen der Neurowissenschaften zu zielgruppenorientiertem Marketing. Haufe, 2015

8 Diese Ur- bzw. Metathemen werden auch als Story-Archetypen bezeichnet.

Die Stärke dieser Themen liegt darin, dass sie stark und mit großen Emotionen verbunden sind. Werner T. Fuchs beschreibt in dem Buch „Neuromarketing: Erkenntnisse der Hirnforschung für Markenführung, Werbung und Verkauf" nicht nur die Grundthemen aller Storys als Geschichten, die uns fesseln, er betont auch, dass die oben genannte Liste der Ur-Themen ausreicht: „Die Liste zu verlängern, bringt außer mehr Komplexität nichts. Details müssen auf einer untergeordneten Ebene behandelt werden. Dort, wo es um die kleinen Varianten, Ausstattungen der Bühne, Kulissen, Requisiten und um die handelnden Personen geht."[9]

Diese Liste (siehe oberer Kasten) zeigt, wie in unseren Tagen Werte und Sinn verstanden werden. Nicht, indem sie sagt, das ist wertvoll, das nicht, sondern indem sie es anhand der Entwicklung einer Figur in einer besonderen Situation offenbart. Jede Organisation sollte daher basierend auf ihren Werten eine erweiterte Liste erstellen, um anhand dieser Themenwelten Geschichten zu erzählen.

8.2 WAS (Botschaft) wird WARUM (Ziel) erzählt?

Nach der Beschäftigung mit dem WHY sollte jede Organisation wissen, WARUM sie existiert und somit ihr(e) Ziel(e) eindeutig kennen. Doch dieses Wissen, die Zukunftsvision, die Werte, das Versprechen an die jeweilige Zielgruppe machen noch keine Botschaft aus. Jede einzelne Story sollte neben der Kernbotschaft als Basis eine Storybotschaft vermitteln. Dabei bildet diese Botschaft das Fundament und die Story sozusagen das Kommunikations- bzw. Transportmittel.

Der Purpose ist aus heutiger Sicht aus Unternehmensstrategien nicht mehr wegzudenken. Mit Purpose ist oft der Zweck und der Sinn, der hinter einem Unternehmen steckt, gemeint. Die Studie „The Age of Relevance"[10] von 2022 zeigt, dass die Hälfte aller Befragten in Deutschland (51 Prozent) sich mittlerweile durch den Purpose und Werte in der Kaufentscheidung beeinflusst sehen. Genauso viele (50 Prozent) bevorzugen Produkte von Marken, die purpose-driven agieren. Demnach trägt der Purpose immer mehr zum wirtschaftlichen Erfolg einer Marke bei. Laut der Studie sind der Wunsch der Verbrauchenden nach Nähe, Nachhaltigkeit und Nachvollziehbarkeit festzustellen. Innovative Organisationen erheben die Sinnorientierung daher zum obersten Prinzip.

Auch die Edelmann Trust-Studie von 2023 zeigt, dass die Befragten in Deutschland eine klare Erwartung und somit einen Auftrag an die Wirtschaft und deren Unternehmer*innen äußern, das gesellschaftliche Engagement der Unternehmen zu verstärken und der gesellschaftlichen Spaltung entgegenzuwirken.[11]

[9] Werner T. Fuchs: Neuromarketing: Erkenntnisse der Hirnforschung für Markenführung, Werbung und Verkauf; Herausgeber Dr. Hans-Georg Häusel. Haufe, 2007

[10] Studie zu den Themen Customer-Brand-Relationship (CBR) und Markenbindung des Unternehmens Xpay, *https://www.xpay.de/presse* (abgerufen 10/2023)

[11] Vgl. Edelman Trust Studie 2023. Pressemitteilung Deutschland | Edelman Trust Barometer 2023. In: dedelman.de. 26.01.2023, *https://www.edelman.de/sites/g/files/aatuss401/files/2023-01/Pressemitteilung_Edelman%20Trust%20Barometer%202023_Report%20Deutschland_k_Website.pdf* (abgerufen 10/2023)

Haltung verlangt Handlung

Die Xpay-Studie[12] ergab zudem, dass 44 Prozent der Befragten sich mit ihrem Konsum in der Verantwortung für die Zukunft unseres Planeten sehen. Und 68 Prozent der Befragten wünschen sich, dass Unternehmen weniger über ihren Purpose reden und stattdessen öfter den Werten entsprechend handeln. Mit Vorsicht ist die Austauschbarkeit der Purpose-Statements zu genießen: Stakeholder möchten kein „Greenwashing" - also Purpose-Aussagen, die nicht gelebt werden. Daher existiert ein Trend, Stakeholdern gemeinsame Erlebnisse zu vermitteln, die das Purpose Statement mit Leben füllen, indem beispielsweise Werte gelebt werden.

Hierbei lautet die Grundfrage: Warum existiere ich als Organisation oder auch als einzelner Mensch? Die Antwort darauf, der Purpose, dient als zentrale Richtschnur für Entscheidungen und erleichtert verteilte Autorität und agile Arbeitsweise.

Die Antworten zu den Fragen „Wer Sie sind" und „Warum Sie tun, was Sie tun" ist die Basis, der Kern und die Grundlage der strategischen Kommunikation und damit des Storytellings.

Wenn das Unternehmen mit dem Zweck des Unternehmers verbunden ist, ist das Unternehmen nachhaltiger, da es direkt mit dem Grund für die Existenz derer verbunden ist, die es gegründet haben.

Jede Organisation unterscheidet sich in ihrer Einzigartigkeit von ihrer Umgebung. Die Einzigartigkeit ist oft in der Antwort auf die Frage nach dem WARUM - dem WHY - zu finden, also warum gibt es das Unternehmen? Und was will es zukünftig erreichen?

In einem unternehmerischen Kontext definiert das **Why** den Purpose, den Unternehmenszweck einer Organisation oder eines Projekts. Es beantwortet die Frage, warum gerade sie bzw. es existiert (Daseinsberechtigung), welche Vision hinter der Organisation steckt und was sie für die Gesellschaft tut.

Das **Warum** entscheidet und ist die Basis, auf der Themen und Haltung eines Unternehmens entstehen. Es entscheidet darüber, was Ihre Organisation so einzigartig macht (USP).

8.2.1 Auf der Suche nach dem WHY mit Simon Sineks Golden Circle

Der britisch-US-amerikanische Unternehmensberater Simon Sinek stellt in seinem Buch „Start with Why" den **Golden Circle**[13] vor. Sinek analysierte, warum manche Menschen und Unternehmen bei gleichen Rahmenbedingungen und Marktkonditionen erfolgreicher sind als andere. Er stellte fest, dass erfolgreiche Menschen, Firmen und Geschichten sich und andere Menschen inspirieren. Mit den drei simplen Fragen „Why? How? What?" hat Simon Sinek unser Denken über Organisationen und Führung nachhaltig geprägt.

Seine Grundthese lautet: Wer überzeugende Geschichten erzählen möchte, muss die Fragen nach dem „Warum?", „Wie?" und „Was?" konkret beantworten. Die Antworten auf diese drei Leitfragen beschreiben den Kern jedes Unternehmens sowie aller strategischen Überlegungen wie Vision, Mission und Leistungsversprechen.

---

[12] Studie zu den Themen Customer-Brand-Relationship (CBR) und Markenbindung des Unternehmens Xpay, *https://www.xpay.de/presse* (abgerufen 10/2023)

[13] Sinek, Simon: How great leaders inspire, *https://www.ted.com/talks/simon_sinek_how_great_leaders_inspire_action* (abgerufen 10/2023)

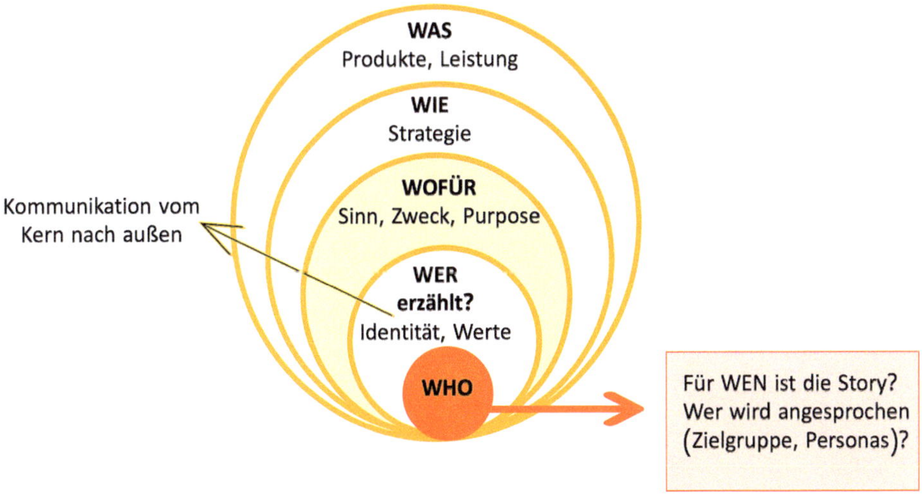

Bild 8.3 Erweiterter Golden Circle als Storymodell: Dieses Zwiebelschalenmodell zeigt neben dem Zusammengang von Purpose (Sinn) und der Strategie auch die Verflechtung mit den Bedürfnissen des Publikums, der Zielgruppe: Neben dem Warum ist auch die Frage nach der Zielgruppe, also für wen mache ich etwas, wen will ich erreichen, wichtig. Grafik: eigene Darstellung in Anlehnung an Sinek

Im äußeren Ring des Kreises steht das **WAS:** Es beschreibt, was ein Unternehmen macht, welche Produkte oder Dienstleistungen es anbietet.

Im mittleren Kreis steht das **WIE:** Hierbei geht es darum, wie ein Unternehmen etwas macht, seine Produkte herstellt, vertreibt und liefert.

Im Kern des Goldenen Kreises ist das WARUM:

- Warum existiert Ihre Organisation? Welches Kunden- bzw. Unternehmensversprechen geben Sie?
- Was ist Ihr Geschäftszweck und Ihr Anliegen?
- Was ist Ihre Vision (wie sieht die Zukunft in 10, 20 oder 30 Jahren aus und was machen Sie bzw. Ihre Organisation, um die jetzige Welt zu verbessern)?
- Welche Werte verfolgen Sie?
- Was ist Ihr Antrieb, Ihre Motivation?
- Was sind Ihre Glaubensgrundsätze?
- Warum stehen Sie morgens auf?
- Und warum sollte sich jemand dafür interessieren?
- Was ist der Kern des Unternehmens aus Sicht der Kunden?
- Was ist der Kern des Unternehmens aus der Sicht der Mitarbeitenden und des Managementteams?

Oft wird das WARUM durch ein WOFÜR ersetzt. Die Antwort auf diese Frage verleiht der Organisation eine Identität. Das WARUM führt zum Purpose als Daseinsberechtigung des Unternehmens. Diese ist wichtig, denn allein Geld zu verdienen reicht nicht, um Menschen zu inspirieren und zu motivieren, das Unternehmen zu unterstützen. Der Purpose eines Unternehmens führt nicht nur zu den Visionen, sondern auch zu der Unternehmenskultur und den Werten, die jede Organisation als Gemeinschaft ausmacht. Zusammen wirken die Vision sowie gelebten Unternehmenswerte einer Organisation identitätsstiftend.

Simon Sinek zufolge wissen die meisten Unternehmen, was sie machen und wie sie es machen. Die wenigsten Unternehmen und deren Stakeholder wissen allerdings, warum sie es machen. In einem Inhouse-Storytelling-Workshop eines Unternehmens erhielt ich beispielsweise auf die Frage, **WARUM** das Unternehmen existiere (Daseinsberechtigung) die Antwort: „Damit die da oben mehr Geld auf ihr Konto scheffeln können." Diese Antwort verrät, dass das Unternehmen seinen Purpose nicht klar genug kommunizieren konnte, so dass sich die Mitarbeiter wirklich mit ihm identifizieren könnten. So sind sie auch nicht motiviert und inspiriert, beispielsweise einen Changeprozess zu einer agilen, selbständigen Arbeitsweise zu unterstützen. Sie fühlen sich nicht als „Teil des Ganzen".

Es geht es bei dem **WARUM** nicht um Profit, sondern um einen Unternehmenszweck und/oder Unternehmensglaubensgrundsätze. Sie sind Kern der Unternehmensphilosophie und -kultur.

Das **WER** umfasst die Werte und Identität des Unternehmens: Oft ist es zunächst der „innere Kreis" der Stakeholder, also Management, Mitarbeitende, Partner*innen.

Der erweiterte Kreis stellt im Mittelpunkt das **FÜR WEN (WHO):** Für wen mache ich etwas, wer ist meine Bezugsgruppe?

> **Vorlage zur Bestimmung des Purpose-Statements**
>
> Warum: Wir glauben daran, dass...
>
> Wie: Deshalb haben unsere Produkte/Services diese Features und Alleinstellungsmerkmale...
>
> Was: Und daraus ergibt sich unser einzigartiges Produkt/Service.

Bild 8.4 Vorlage zur Erstellung eines Purpose-Statements

Die meisten Organisationen, so Sinek, definieren sich darüber, **WAS** sie machen. Danach fragen sie, WIE sie etwas machen, erst am Schluss oder oft gar nicht fragen sie sich, **WARUM** sie etwas tun.

Laut Simon Sinek denken und kommunizieren die meisten von uns falsch. Der Grund ist seiner Meinung nach, weil sie ihre eigentlichen Motive nicht kennen. Also die „Art und Weise, wie wir denken, handeln und kommunizieren", so Sinek, verläuft offensichtlich immer von außen nach innen. Wir gehen vom greifbarsten zum weniger greifbaren Bereich der Organisation. Sinek schlägt genau den umgekehrten (Kommunikations-)Weg vor:

- Erst definieren, **WARUM** man etwas tut.
- Dann, **WIE** man es machen bzw. umsetzen will und
- erst dann, daraus resultierend: **WAS.**

Denn inspirierende Führungspersönlichkeiten und Unternehmen denken, handeln und kommunizieren alle von innen nach außen.

8.2.2 Core Story Canvas

Core Story wird auch als die Kerngeschichte eines Unternehmens bezeichnet. Sie bildet die Basis für die gesamte Unternehmenskommunikation. In ihr wird die Frage nach der Ur-Motivation des Unternehmens beantwortet: Warum tun sie, was sie tun?

Diese Kerngeschichte spielt eine zentrale Rolle innerhalb der Organisation als Teil der Unternehmensdefinition und -kultur. Als zentrales Narrativ eines Unternehmens oder einer Marke schafft sie einen Referenzrahmen für die gesamten Kommunikationsinhalte.

Bei der Erstellung der Kernstory kann folgender Lückentext helfen.

Lückentext zur Erstellung einer Core Story

Titel (Motto, Claim) ______________________________

In einer Zeit, in der (Thema) ______________________________,

glauben wir, dass (Standpunkt) ______________________________,

und stellen uns eine Welt vor (Vision), die (in welcher) ______________________________.

Darum sind wir (Unternehmen/Organisation/Verein) ______________________________

und bieten (Was: Produkt/Service) ______________________________

für (Wen? Kunden/Nutzer) ______________________________ an,

die (Konflikt: Lösung) ______________________________ wollen

und (Wert: Nutzen) ______________________________ suchen/benötigen.

Im Unterschied zu (Konkurrenz) ______________________________

sind wir in der Lage, (anders durch) ______________________________

und werden nicht aufhören, bis (Ziel) ______________________________.

Bild 8.5 Vorlage zur Erstellung einer Core Story

Die unten abgebildete Core Story Canvas unterscheidet so auch zwischen der Meta-Ebene und der Inhalts-Ebene einer Story.

Im linken Teil, der Meta-Ebene, wird die Frage nach der Ur-Motivation des Unternehmens beantwortet: Warum tun Sie, was Sie tun?

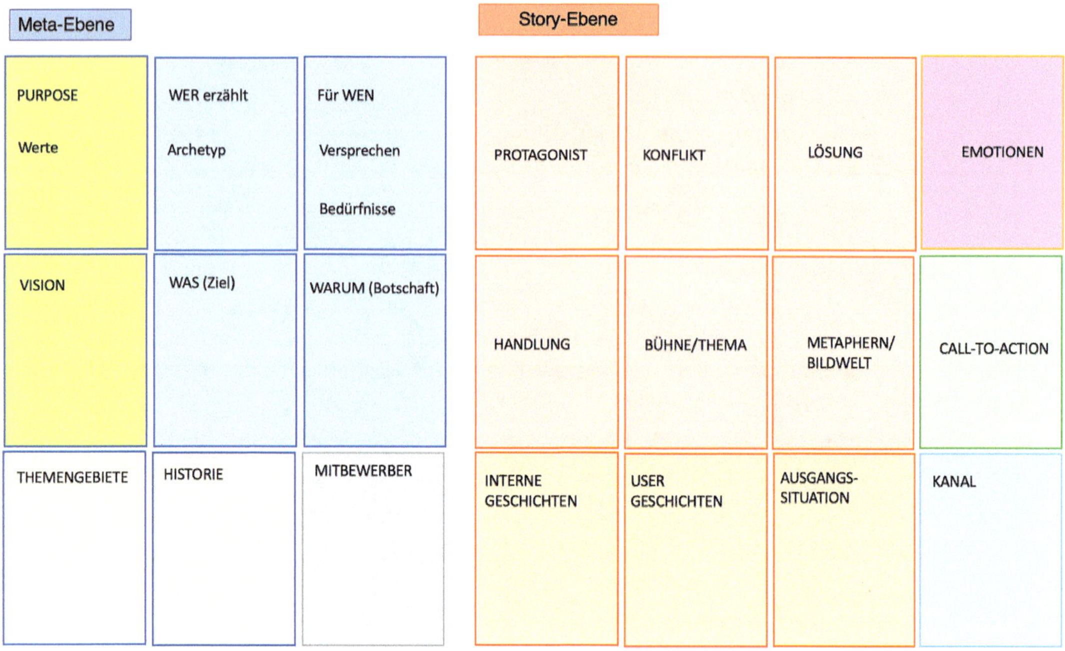

Bild 8.6 Betrachten Sie besonders die Meta-Ebene des Core Story Canvas. Bild: eigene Darstellung Pia Kleine Wieskamp

8.2.3 Festlegung der Ziele: WAS soll erreicht werden?

Jedes strategische Storytelling benötigt ein Ziel, das es zu erreichen gilt. Denn wer kein Ziel hat, kommt auch nirgendwo an und kann auch keine Erfolge messen! Ohne Ziel ist die Story eine bedeutungslose Aneinanderreihung von Ereignissen. Mit einem klaren Ziel oder Problem erhält das Publikum einen Grund, die Bedeutung der Geschichte zu verstehen. Ein wesentlicher Bestandteil bei der Festlegung der Ziele sollten die Emotionen sein, die Sie bei Ihrer Zielgruppe hervorrufen möchten. Was ist das Ziel des Geschichtenerzählens? Selbstverständlich sollen Geschichten einen Mehrwert für die Bezugsgruppe schaffen, doch das ist zu unkonkret. Jede Story sollte ein konkretes Ziel haben, das nach der SMART-Methode zu überdenken ist.

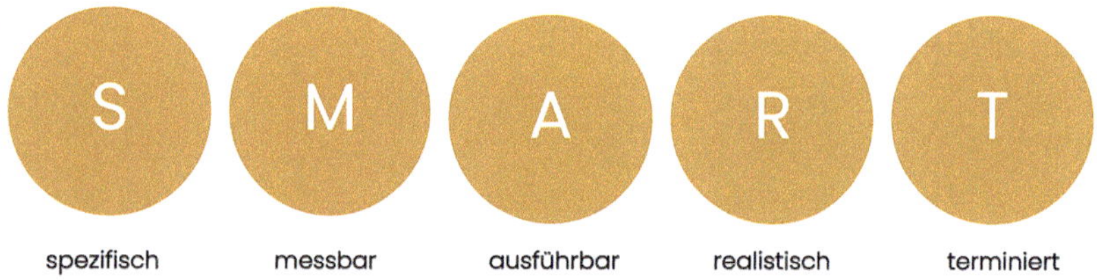

Bild 8.7 Die SMART-Methode ist ein einfaches Werkzeug zur Zielformulierung

Die Kriterien von SMARTen Zielen sind:

a) **S**pezifisch: Das anvisierte Ziel sollte so genau und konkret wie möglich benannt und recherchiert sein. Nennen Sie beispielsweise Ihr Ziel nicht einfach „Erstellung einer Story", sondern spezifischer „Erstellung einer Story, um bei Kund*innen im Alter zwischen 20 und 30 Jahren das Bedürfnis zu wecken, das Produkt XY kennenzulernen". Was ist das konkrete Ziel der Story? Was soll erreicht werden? Welche Emotion, welche Handlung soll ausgelöst werden? Versuchen Sie das Ziel in einem prägnanten Satz zusammenzufassen.

b) **M**essbar: Nach welchen Kriterien sind die Ziele messbar? Bestimmen Sie qualitative und quantitative Messkriterien. Ohne Nennung eines Mengengerüsts, einer Zeitangabe oder eines sonstigen messbaren Kriteriums kann das Ziel kaum überprüft werden. Im Bereich Storytelling wäre Messbarkeit beispielsweise, dass die Geschichte auf YouTube innerhalb von sechs Monaten eine bestimme Anzahl (X) an Besuchern haben sollte.

c) **A**usführbar/attraktiv/akzeptiert: Ziele, die sowohl bei den Mitarbeitenden, Kolleg*innen und dem Projektteam als auch bei der Zielgruppe als unakzeptabel angesehen werden, haben wenig Aussicht auf Erfolg. Planen Sie das Ziel auch so, dass Ihre Bezugsgruppe Lust hat, dieses zu erreichen: Ist es einfach, schnell und motivierend erreichbar?

d) **R**ealistisch: Um den vorherigen Punkt zu erweitern, gehört auch dazu, dass realistische Ziele leichter akzeptiert werden und das Team stärker motivieren. Ist das Ziel realistisch erreichbar in der vordefinierten Zeit?

e) **T**erminiert: Bis wann soll das Ziel erreicht werden? Die Nennung einer Zeitangabe, bis wann ein Teil des Ziels oder das endgültige Ziel erreicht werden soll, ist notwendig, um einen Projekt- und Zeitplan erstellen zu können und zu bestimmen, ob das Ziel denn auch erreicht wurde.

Stellen Sie sich folgende Fragen, um eine Zielvorstellung zu erhalten:

- Was soll erreicht werden?
- Warum soll es erreicht werden? Was verändert sich für die Zielgruppe, wenn die Geschichte erzählt wird? Welche Vorteile ergeben sich daraus für das Unternehmen?
- Welche Emotionen sollen bei der Bezugsgruppe hervorgerufen werden?
- Welche Aktionen/Handlungen sollen durch die Story ausgelöst werden?
- Wer ist an der Erreichung des Ziels beteiligt?
- Wann soll dieses Ziel erreicht werden?

8.2.4 Ziele sind nicht gleich Botschaften

Erinnern Sie sich an Obamas Wahl-Aussage „Yes, we can"? Dies ist ein Beispiel dafür, dass Botschaften nicht gleich Ziele sind. Ziel von Obamas Wahlinitiative war es, möglichst viele Menschen davon zu überzeugen, für ihn und die Demokraten bei der Wahlabstimmung zu stimmen. Die Botschaft selbst suggerierte „Ja, auch wir können etwas am jetzigen Zustand der USA ändern!“ Botschaften sind nicht mit den Zielen zu verwechseln.

Was ist die zentrale Idee der Story? Oft wird diese Botschaft auch mit dem Begriff „Moral der Geschichte“ umschrieben; sie ist die zentrale Idee, die sich durch die gesamte Geschichte zieht. Die Botschaft der Tragödie *Romeo und Julia* lautet: „Liebe besiegt alles außer den Tod.“ Nachdem die Botschaft herausgearbeitet wurde, sollte überprüft werden, ob die Botschaft zum Thema passt?

Ist beispielsweise das Thema „unsere Umwelt und Ressourcen zu schützen, damit wir uns in Zukunft auch noch an der Artenvielfalt, der Natur und unseren Pflanzen erfreuen können“, sollte die Botschaft nicht lauten: Esst mehr Fleisch, um die Pflanzen zu schützen.

Oft existiert auch zuerst die Botschaft und es wird eine Story gesucht bzw. entwickelt, um diese zu kommunizieren. Die Herangehensweise ist egal, solange sie die Botschaft quasi als **roten Faden** durch die gesamte Story spannen. Die Botschaft sollte stets auf den Punkt, also kurz und knackig in einem Satz, formuliert werden. Regisseur und Autor Robert McKee drückte sich folgendermaßen aus: „Die kontrollierende Idee der Story (Botschaft) muss auf die kleinste Anzahl an Worten heruntergebrochen werden können und darf nicht länger als eine Ein-Satz-Aussage sein. Die Aussage muss den Wertewandel der gesamten Geschichte beinhalten, entweder zum Positiven oder Negativen. Dabei sollte man den Grund des Wertewandels so konkret wie möglich verfassen.“

Formulieren Sie Ihre Botschaften so konkret, dass das menschliche Gehirn sie einfach verarbeiten kann.

Wiederkehrende Ur-Themen aller Geschichten

Wie bei dem Beispiel von *Romeo und Julia* gesehen, tauchen einige Themen, sogenannte Ur-Themen, in vielen Geschichten auf, welche kulturübergreifend die Menschen seit jeher berührten.

8.3 Kerngeschichte bzw. Core-Story: Warum ist das Thema so wichtig?

Das Thema ist die zentrale Idee der Geschichte. Ohne ein Thema (Framing), kann eine Handlung und somit die Geschichte nicht gut werden. Denken wir beispielsweise an die Geschichten rund um Nike: Hier geht es nicht um Erfolg, um Wettbewerbe, das Themenfeld Sport bietet viele Varianten: Es geht darum, den eigenen Schweinehund zu besiegen, etwas zu machen, auch wenn andere dir sagen, dass du es nicht kannst, es geht um Teamgeist, um Vorurteile bezüglich sportlichen Leistungen und Frauen. Bei Nike geht es darum, einfach zu starten, seinen eigenen Weg zu finden. Wichtig ist es, zunächst als Storyteller*in zu wissen, was denn das Publikum erzählt. Welche Themen sie ansprechen, sich erzählen und in Zusammenhang mit dem Produkt, der Marke, dem Themenumfeld bringen.

Folgende Fragen unterstützen Sie, das Thema Ihrer Geschichte zu finden:

1. **Worum geht es in der Geschichte?** Skizzieren Sie kurz die **Handlung** wie z. B. „Meine Geschichte handelt von einem Mann, der sich in eine Skulptur verliebt hat, diese nicht erwerben kann und gemeinsam mit einem weiteren Museumsbesucher eine Lösung sucht, um trotzdem in den Genuss der Skulptur zu kommen.
2. **Welche Bedeutung steckt hinter der Geschichte?** Beschreiben Sie das abstrakte Ergebnis der Handlungen, wie etwa: Meine Geschichte besagt, dass auch anscheinend ausweglose Wünsche durch gemeinsames Nachdenken erfüllt werden können.
3. **Was ist die Botschaft, die Moral der Geschichte?** Hier finden Sie eine verallgemeinernde Aussage wie in dem Beispiel, dass gemeinsame Kräfteanstrengungen häufiger eine Lösung bringen und Zusammenarbeit sich lohnen kann.

8.3.1 Themenfindung durch Listening

Themen wie beispielsweise die Klimakatastrophe, Datenschutz oder Wirtschaftskrise finden Sie heraus, indem der Zielgruppe zugehört wird: Was bewegt sie, was erzählen sie sich, welche Sorgen haben sie? Die Bedürfnisse der Stakeholder und des Publikums gematcht mit der Vision des Unternehmens ergeben ein großartiges Themencluster.

Das jeweilige Thema der Story sollte relevant für das Publikum sein, es sollte möglichst aktuell auf die Bedürfnisse des Publikums eingehen und somit auch Emotionen auslösen.

8.3.1.1 Stoffsammlung

Viele Themen begegnen uns Tag für Tag, in den Medien, im Social Web oder in der Kaffeeküche (Flurfunk).

Lassen Sie sich inspirieren, indem Sie rausgehen, branchenfremde Geschichten lesen, einzelne Story-Elemente, Ereignisse, Metaphern und Bilder notieren, Museen besuchen, reisen und netzwerken.

Sehr viele Themen finden Sie im Umfeld der Zielgruppe (deren Bedürfnisse, deren Lebensumfeld, deren Fragen) und im angeschlossenen Themen-Audit in der eigenen Organisation (Welche Themen wurden bereits mit welchem Erfolg behandelt?), im Content-Audit der Mitbewerber (Welche Themen werden von ihnen bespielt?) sowie in den Markt- und Themenbereichen.

Schauen Sie, was sich im Umfeld (Mitbewerber) bewegt, welche Zielgruppe oder welches Wunschpublikum möchten Sie erreichen oder denken Sie einfach einmal um die Ecke.

Schauen Sie sich Kampagnen wie die von Sixt an, wobei das Unternehmen auf das aktuelle Geschehen aus der Politik reagiert.

Grundlegend sollten Sie sich bei einem möglichen Thema einige Fragen* stellen:

- Hat das ausgesuchte Thema Relevanz (in der heutigen Zeit, für die Zielgruppe, für das Unternehmen)?

- Sammeln Sie Argumente, warum das Thema relevant ist und was dagegen sprechen könnte (eine Pro- und Contraliste mit einer späteren Bewertung evtl. in Prozentangaben)?
- Welchen Bezug hat die Zielgruppe zu diesem Thema? (Wie und was spricht sie darüber in den sozialen Medien?)
- Stellen Sie einen Trendbarometer auf (liegt das Thema im Trend, hat es einen aktuellen Aufhänger)?
- Liefert das Thema neue Erkenntnisse oder Mehrwert für die Zielgruppe?
- Bietet das Thema einen direkten Zugang zur Zielgruppe?
- Ist das Thema von einem Mitbewerber „besetzt"?

* Vgl. Fey, Ulrich; Schlüter, Hans-Joachim: Reportagen schreiben: von der Idee zum fertigen Text. 2. Edition. Publisher, ZV, 2003

8.3.1.2 Inspiration: Geschichten einmal anders erzählt

Ein ungewöhnliches Beispiel einer Jubiläumsgeschichte liefert die BBC mit *100 Objects, 100 Voices and 100 Faces*[14] (Bild 8.8). Sie feierte ihr 100-jähriges Jubiläum mit Objekten, wie etwa den Mantel von Sherlocks Holmes, die in BBC-Programmen und -Inhalten verwendet wurden, 100 Stimmen sowie 100 Gesichter. Die einzelnen Elemente samt den Geschichten dahinter wurden nach und nach enthüllt.

Bild 8.8 Objects of the BBC: From BBC Archives, Science Museum Group and other partners, here are the 100 key objects that tell the inside story of the BBC, *https://www.bbc.co.uk/historyofthebbc/bbc-100/100-objects*

[14] Freestone, Claire: Faces of the BBC – From the BBC Photography Archive here are 100 iconic faces from behind the microphone and in front of the camera. In: Faces of the BBC. o. D., *https://www.bbc.co.uk/historyofthebbc/bbc-100/100-faces* (abgerufen 10/2023)

9 WIE erzähle ich?

In diesem Kapitel geht es um Erzähltechniken und bekannte Erzählstrukturen bzw. Leitfäden, die als Vorlagen oder Muster verwendet werden können. Das Gute an diesen Mustervorlagen ist, dass die Form, also die Art und Weise, wie die Botschaft transportiert wird, bereits erprobt und auch der Bezugsgruppe bekannt ist.

Das Kapitel rundet mit einer Anzahl bekannter Story-Typen, wie etwa der Gründergeschichte, der Produktstory oder der Mitarbeiterstory ab.

9.1 Mustervorlagen als Basis für Geschichten

Viele Handlungen (Plots) folgen einem Muster, einem Schema, erfolgreicher Geschichten.

Der Vorteil von Geschichten ist, dass Geschichten global funktionieren: Jeder Mensch kennt Geschichten und deren Aufbau und kann sich so mehr auf die Inhalte als auf die Methode, also die Art der Vermittlung dieser Inhalte, konzentrieren. Die Gemeinsamkeit vieler bekannter und erfolgreicher Geschichten sind eine Handvoll wiederkehrender Storyelemente sowie Erzählstrukturen.

*Hans-Georg Häusel erklärt im Neuromarketing: „**Storytelling beruht auf der Annahme**, dass unser Gehirn keine Abbilder von Objekten und Vorgängen speichert, sondern Strukturen von Unterelementen, die immer wieder gemeinsam auftauchen. Das Zauberwort heißt **Muster**. Wir Menschen sind Erfolgsmodelle der Evolution, weil wir über ein Gedächtnis verfügen, das Musterfolgen speichert, Muster autoassoziativ abruft, Muster als unveränderte Repräsentationen speichert und Muster hierarchisch ordnet.“*[1]

Bewährte Erzählmuster und -methoden

Genres, also grundlegende Kategorien, die sich allerdings immer variieren lassen oder auch miteinander vermischt werden können, gibt es viele. Nehmen Sie als Beispiel einmal die Fotografie. Hier gibt es Akt-, Landschafts-, Architektur-, Sportfotografie und vieles mehr. Im Storytelling ist es ganz ähnlich. Hier gibt es Märchen, Mythen, Alltagsgeschichten und vieles mehr. Das Zurückgreifen auf bewährte Erzähltypen und -muster ist allein deshalb schon gut, weil wir Menschen wahre Mustererkenner sind und sich die Rezipienten einer Story deshalb besser mit ihr verbinden können. Am besten legen Sie sich ein Musterdepot von Geschichten und Erzählarten an, die bei Ihnen und Ihren Mitbewerbern gut funktioniert haben, und untersuchen Sie an diesen, warum sie so gut wirken.

9.1.1 Bekannte Erzählstrukturen und -muster

Geschichten greifen oft auf Bekanntes zurück, auf bekannte Erzählformen, bekannte Mythen oder Erzählmuster. Das Konzept der **Archetypen**[2] ist ein wichtiges Element beim Geschichtenerzählen.

Jeder kennt sie, den typischen Liebhaber, den jungen unbedarften Narren, den Retter der Welt bzw. die typische Lovestory, die Heldenstory ...

Seit Hunderten von Jahren haben sich typische Arten von Geschichten mit immer wieder auftretenden ähnlichen Gestalten (Urtypen), die eben diese Geschichten bevölkern, herauskristallisiert. Egal, in welcher Kultur oder in welchem Zeitalter wir leben, welche Bildung wir haben oder welcher Religion wir angehören, wir reagieren gleichermaßen stark auf die Urtypen sowie universalen Mustergeschichten und können uns dieser Anziehungskraft nicht entziehen.

Unverbraucht, einzigartig und spannend wirken Erzählmuster, die mit vorhandenen Konventionen brechen und neue Kontexte schaffen. Davon leben Theater, Remixes (Musik) oder

1 Häusel, Hans-Georg: Neuromarketing: Erkenntnisse der Hirnforschung für Markenführung, Werbung und Verkauf. Haufe-Lexware, 2019

2 Der Psychologe Carl Gustav Jung betonte das Überpersönliche der Archetypen: „Die Inhalte des persönlichen Unbewussten sind Erwerbungen des individuellen Lebens, die des kollektiven Unbewussten dagegen stets und a priori vorhandene Archetypen.“ (Gesammelte Werke 9/2, § 13, publiziert 1951). Die Analytische Psychologie versteht hierunter die im kollektiven Unbewussten angesiedelten Urbilder menschlicher Vorstellungsmuster.

Neuverfilmungen: Der Stoff der Story ist bekannt, die neue Interpretation ist die „Behandlung des Stoffs“. Hierbei ist es beispielsweise interessant, wie eine Rolle besetzt wird, denn der Schauspieler lässt immer einen Teil seiner ganz persönlichen Auseinandersetzung mit in die Rolle einfließen.

Archetypen menscheln

Ur- und Archetypen handeln von Menschen und davon, was uns zu Menschen macht. Es geht um Ängste, Wünsche, Bedrohungen und die Beschäftigung mit unseren Sinnesfragen. Geschichten, die in allerlei Variationen immer wieder neu erzählt werden, beantworten Fragen nach dem Ursprung, nach Ungereimtheiten, den Urgewalten und nach Glück und dem Leben nach dem Tod. Sie behandeln die Themen, die den Menschen immer und überall beschäftigen.

Dank ihres hohen Wiedererkennungswerts und ihrer Universalität eignen sich Archetypen als eine Art Mustervorlage, um Menschen emotional anzusprechen. Sie eignen sich hervorragend für Branding, Werbung und Marketing. Archetypische Geschichten sind besonders aussagekräftig, weil sie von authentischen Erfahrungen und Sehnsüchten erzählen, die alle Menschen teilen. Diese Geschichten funktionieren immer, weil wir durch sie erfahren, was Menschen motiviert.

9.1.2 Joseph Campbells Heldenreise

Jungs Theorie der Archetypen sowie Aristoteles Überlegungen zum Drama wurden von dem Ethnologen **Joseph Campbell** in seinem Werk „Der Heros in tausend Gestalten“[3] aufgegriffen. Campbell entwirft mit seiner „Heldenreise“ eine Blaupause fürs Storytelling.

Geschichten und Märchen sind so gebaut, dass sie Menschen beschäftigen und berühren. Bricht man viele Erzählungen auf einen gemeinsamen Teil herunter, kristallisiert sich schnell eine Vorlage (ein „Grundmuster“), ein gemeinsamer Nenner heraus:

> Joseph Campbell: Ein*e Held*in bricht auf, trifft auf Widerstände, überwindet sie oder kommt dabei um.

Die Suche nach der Wirkung von Geschichten und der Analyse erfolgreicher Geschichten brachte Geschichtenerzähler und Mythenforscher wie Joseph Campbell dazu, Legenden, Mythen und lang überlieferte Geschichten, also Erfolgsstorys, zu untersuchen. Er stellte fest, dass erfolgreiche Geschichten - egal in welcher Kultur sie auch erzählt werden oder welches Thema sie behandeln - nach ähnlichen Prinzipien (Situationsablauf) aufgebaut sind und dass in ihnen ähnliche Charaktere (Archetypen) auftauchen. Auffällig sind, unabhängig von Kultur und Zeit, die Gemeinsamkeiten der Helden. Ob Froschkönig, Jesus oder Harry Potter - deren Heldenreisen folgen denselben Musterabläufen und können als ein Spiegel unserer inneren Reisen interpretiert werden.

Stellen Sie sich Campbells Heldenreise als Essenz aller bekannten erfolgreichen Geschichten der letzten tausend Jahre vor - funktionierend unabhängig von Kultur und Kontext. Aus den

[3] Campbell, Joseph: Der Heros in tausend Gestalten. Insel Verlag, 2011

grundlegenden Prinzipien erfolgreicher Geschichten s entstand „The Hero's Journey", auch als Monomyth bekannt.

Die Heldenreise ist das archaische Grundmuster unzähliger Geschichten. Von den großen Kinoerfolgen wie „Avatar" oder dem Musical „Der Zauberer von Oz", von Dantes „Inferno" bis zu Shakespeares Stücken, von der Trilogie „Herr der Ringe" bis zu den Harry-Potter-Büchern - all diese Storys wurden nach einer klaren Musterstruktur aufgebaut. Das Prinzip der Heldenreise ist, das Publikum die Höhen und Tiefen des Helden miterleben zu lassen.

Die Heldenreise ist vielseitig anwendbar und als eine Metapher für unser Leben einzuordnen: Sie symbolisiert den hindernisreichen Weg des Menschen zu sich selbst und gibt uns Methoden an die Hand, mit Veränderungen umzugehen. Das macht sie so interessant für andere Lebensbereiche - weit über Kunst und Literatur hinaus.

Die grundlegendste Version hat 12 Schritte, während detailliertere Versionen bis zu 17 haben können.

9.1.3 Christoph Voglers Adaption der Heldenreise

Christopher Vogler, amerikanischer Publizist und Drehbuchautor, verfasste in Anlehnung an Joseph Campbells Heldenreise mit „The Writer's Journey" (Odyssee des Drehbuchschreibers, 1998) eine Anleitung für Drehbuchautoren, an der sie sich orientieren können. Vogler leitet die Abteilung für Stoffentwicklung bei 20th Century Fox. Er beschreibt in seiner „Anleitung für Autoren" die Universalität von Erzählstrukturen. Nachfolgend erfahren Sie Voglers Heldenreise anhand von Harry Potters Heldenreise:

Held der Alltagswelt: Die Heldenreise thematisiert immer einen Konflikt: Ausgangspunkt jeder Reise ist die gewohnte Welt des Protagonisten. Er erledigt seine alltäglichen Routineaufgaben, ist aber noch kein Held. Seine gewohnte Welt ist nicht perfekt, in ihr existieren Konflikte, Kriege, Mängel, Diktaturen, Probleme und Aufgaben. Kurz gesagt: Irgendetwas stimmt nicht.

Ruf des Abenteuers: Der Held wird in eine unbekannte Wirklichkeit gerufen und mit Problemen konfrontiert. Bei Harry Potter ist es der Ruf in die ihm unbekannte mystische Welt der Hexen, Gestaltwandler und Zwerge. Oft ist Auslöser dieses Rufs ein Ereignis oder eine innere Stimme, die den Helden auffordert, sich der Aufgabe zu stellen. Dem Helden wird klar, dass er die Reise antreten muss.

Nicht immer folgt der Protagonist sofort dem Ruf des Abenteuers. Es kommt zunächst zu einer Weigerung: Der Held möchte die Sicherheit des Alltags nicht aufgeben oder nicht genötigt werden, die Aufgabe zu übernehmen. Das unbekannte Abenteuer ängstigt ihn und er zögert noch.

Ohne Hilfestellung kann der Protagonist das Abenteuer nicht bestehen. Ein **Mentor** bereitet den Helden auf das Abenteuer vor, gibt ihm Informationen, magische oder technische Hilfsmittel mit auf den Weg. Harrys Mentor ist der Internatsleiter Albus Dumbledore oder auch sein Patenonkel Sirius Black.

Überschreiten der ersten Schwelle: Nachdem der Held bereit ist, das Abenteuer auf sich zu nehmen, überschreitet er die erste Schwelle auf seiner Reise. Es gibt kein Zurück mehr.

Er meistert erst kleine Hindernisse oder eine Prüfung, um die Reise antreten zu können und die gewohnte Welt zu verlassen.

Bewährungsproben, Verbündete und Feinde: Der Held überwindet erste Hindernisse und besteht Bewährungsproben. Er trifft dabei auf Verbündete und Feinde.

Vordringen zur tiefsten Höhle und die entscheidende Prüfung: Nun dringt der Held zum gefährlichsten Teil der Reise vor, bis „zur tiefsten Höhle", wo er seinen größten Feind trifft.

Die Belohnung: Der Held hat die größte Herausforderung gemeistert und wird belohnt. Im Falle von Harry Potter haben die „Guten" gewonnen und die Welt wird von der unterdrückenden bösen Macht befreit.

Die Heldenfigur kehrt von den Toten zurück: Im Laufe der Prüfung „stirbt" die Heldenfigur, oft auch nur symbolisch, wie beispielsweise Gandalf der Graue aus „Der Herr der Ringe ", der nach seinem Kampf mit dem Balrog als Gandalf der Weiße zurückkehrt.

Der Rückweg und die Auferstehung des Helden: Der Held tritt den Rückweg an. Er muss sich den Konsequenzen stellen, die sich aus dem Bestehen des Abenteuers ergeben. Hat sich sein Alltag, seine gewohnte Welt, verändert? Muss er sich von seinen Reisegefährten verabschieden? Auch während der Rückreise des Helden kann Unerwartetes geschehen, beispielsweise hat der Prinz den Drachen besiegt und einen Schatz geborgen, den ihm nun Diebe entwenden möchten.

Der Held kehrt in seine Alltagswelt zurück: Die Rückkehr des Helden ist immer mit einer Veränderung verbunden; er kehrt verändert zurück in seinen neuen Alltag.

Schauen Sie sich Harry Potter auf seiner Heldenreise in Bild 9.1 an.

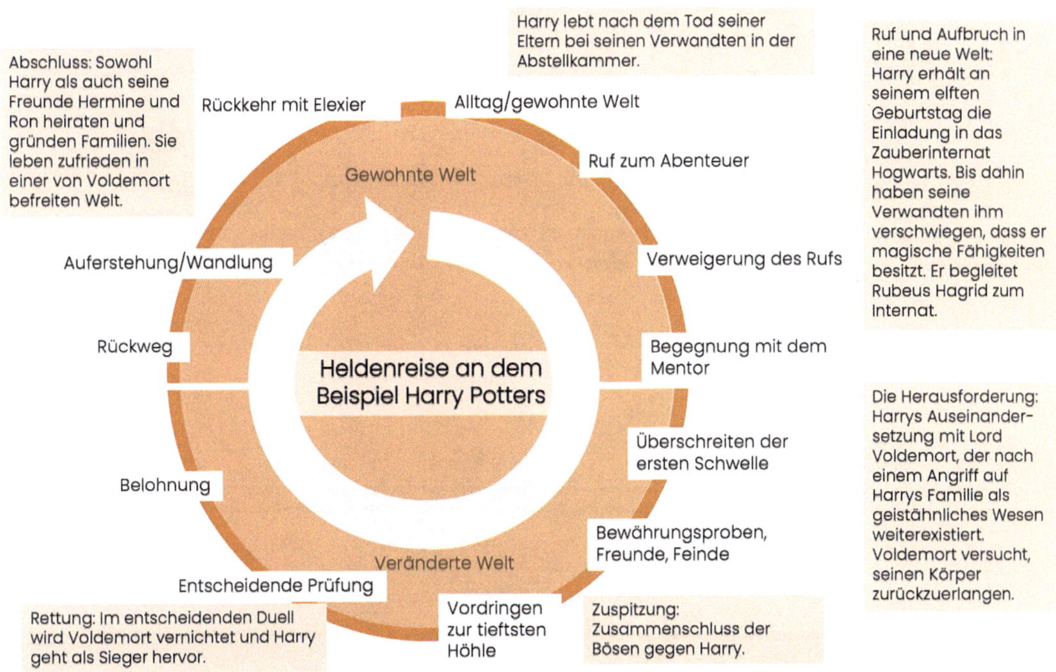

Bild 9.1 Grafik der Heldenreise nach Christopher Vogler: eigene Darstellung Pia Kleine Wieskamp

Als archetypisches Grundmuster von Geschichten ist die Heldenreise eine klassische „Basisgeschichte“ in chronologischer Reihenfolge: Ein Mensch bricht aus seiner normalen Welt in ein Abenteuer auf, das ihm viel abverlangt und ihn verändert.

9.1.4 Sind Heldenfiguren nicht längst passé?

Geschichten und Märchen sind so aufgebaut, dass sie Menschen beschäftigen und berühren. Bricht man viele Erzählungen auf einen gemeinsamen Teil herunter, kristallisiert sich schnell eine Vorlage (ein „Grundmuster“), ein gemeinsamer Nenner heraus:

☞ Eine Heldenfigur bricht auf, trifft auf Widerstände, überwindet sie oder kommt dabei um.

Campbell beobachtete diesen **Monomythos** - eine archetypische Grundstruktur, die sich in den Mythen aller Kulturkreise wiederfindet - und unterteilt ihn in zwölf Stationen, nach denen sich die Heldenreisen aufbauen. „Helden“ bezeichnet hierbei Hauptcharaktere einer Story, egal ob real oder fiktiv, ob Mann oder Frau, ob in der Vergangenheit oder Zukunft, ob in Afrika oder im Weltraum - sie alle verfolgen ein dramaturgisches Grundkonzept (Bild 9.2).

Lassen Sie mich einige Beispiele nennen, die nach diesem „Heldenreisen“-Muster gestrickt wurden: George Lucas nennt Campbell als wichtigen Wegweiser für seine Star-Wars-Reihe. Aber auch erfolgreiche Storys wie Matrix, Harry Potter, Pretty Woman, Disney-Filme wie „Findet Nemo“ und natürlich „Der Herr der Ringe“ folgen diesem Muster.

Das Bedürfnis nach Helden, denen wir Menschen nacheifern können, scheint es seit Anbeginn der Menschheit zu geben. Wer mag nicht auch ein*e Held*in sein?

Braucht jede Gesellschaft Helden? Was macht Helden eigentlich aus?

Bild 9.2 Unsere Helden üben häufig eine Vorbildfunktion aus. Foto: © Pia Kleine Wieskamp

Archetypen beruhen auf Erfahrungen und sind allgemein und kulturübergreifend gültig.

Wir kennen Heldenfiguren aus Geschichten und Sagen, die gegen Ungeheuer kämpfen, Armeen anführen oder ihr Leben für andere riskieren und außergewöhnliche Taten begehen. Jedoch ist nicht jede außergewöhnliche Tat heldenhaft. Wer einen Angriff auf ein Land startet und einen Angriffskrieg beginnt, ist nicht unbedingt ein*e Held*in, denn die ungewöhnliche Tat sollte schon moralisch motiviert sein, zum Nachahmen anregen. Doch wer beurteilt das?

Es stellt sich die Frage, ob Heldenfiguren immer Menschen mit herausragenden Eigenschaften, mit Superkräften sein müssen, die zudem noch etwas moralisch Wertvolles und Gutes tun? Denn es gibt auch Anhänger*innen außergewöhnlich brutaler Taten ohne „moralischen" Hintergrund.

Die Bilder der Heldenfiguren wandeln sich vom männlichen Superhelden und Kraftprotz zu mehr Diversität. So zeigen Serien bei Streamingdiensten wie Netflix oder Amazon Prime auch Held*innen, Kämpfer*innen, homo- und bisexuelle Heldenpaare etc.

Ein Trend wird deutlich: Glaubwürdige Geschichten zeigen authentische Alltagsheld*innen, etwa einen Mitarbeitenden im Pflegedienst, eine ältere Person usw.

Archetypische Heldenfiguren

Vogler nennt folgende wichtige Archetypen (Urcharaktere bzw. Urfiguren), die in erster Linie in ihrer dramatischen Funktion zu sehen sind:

- **Helden- bzw. Antiheldenfigur:** Der/die Held*in hat die Funktion, etwas über die Menschen, das Leben und die Gesellschaft auszusagen. So hat z. B. der Held Harry Potter den Angriff seines Widersachers Voldemort nur überlebt, weil seine Eltern ihn so sehr liebten.
- **Mentor*in:** Die Mentorenfigur in einer Geschichte steht der Heldenfigur häufig in beratender oder lehrender Funktion zur Seite. In „Herr der Ringe" füllt der Zauberer Gandalf diese Position aus, indem er den Helden der Geschichte, Bilbo Beutlin, immer wieder auf den richtigen Pfad zurückbringt.
- **Schwellenhüter*in:** Immer, wenn die Heldenfigur in einen anderen Bereich, eine weitere Ebene der Story gelangt, muss sie eine Schwelle überschreiten. Der/die Schwellenhüter*in versucht, dies in den meisten Fällen zu verhindern und somit auch, dass der Held seine Ziele erreicht. Denken wir nur an den dreiköpfigen Höllenhund, der versucht, Harry Potter den Weg zur Falltür zu versperren.
- **Herold*in (Verkünder*in):** Der/die Überbringer*in von Nachrichten motiviert mit dem „Ruf zum Abenteuer": Häufig ist der Herold zugleich der Mentor. Hier möchte ich an Obi-Wan Kenobi erinnern, der Luke Skywalker zur Rettung der Prinzessin motiviert.
- **Gestaltwandler*in:** Gestaltwandlern kann man nicht trauen. Sie verkörpern das Ungewisse, den Illoyalen, den Verräter oder Doppelagenten.
- **Schatten:** Sie verkörpern das Böse sowie die schlechten Eigenschaften des Menschen wie Hass, Neid, Habgier oder Angst. Der Held muss die Schatten besiegen, um sein Ziel zu erreichen. In dem Buch „Herr der Ringe" ist der Schatten als Sauron sichtbar.
- **Trickster:** Die Tricktser-Figur dient zum Ausgleich und zur Entspannung. Trickster nutzen Humor, sind listig, aber auch einfallsreich und charmant. Hier fällt mir der etwas tollpatschige „Jar Jar Binks"[4] aus dem Hollywood-Epos Star Wars ein.

[4] Weitere Informationen zu Jar Jar Binks: *https://de.starwars.com/datenbank/jar-jar-binks* (abgerufen 10/2023)

9.1.5 Das StoryBrand-Framework

Donald Millers StoryBrand-Framework basiert auf Joseph Campbells Erzählstruktur der Heldenreise und unterstützt Organisationen und Marken bei der Entwicklung einer Geschichte.

Millers einfaches Modell zur Erstellung von Geschichten hilft Marken, ihre Zielgruppe (Protagonisten) und deren Hauptproblem zu skizzieren, herauszufinden, wie diese auf die Marke treffen könnten (Mentoren) und wie die Marke das Problem der (zukünftigen) Kundinnen und Kunden lösen könnte (Lösungsansatz).

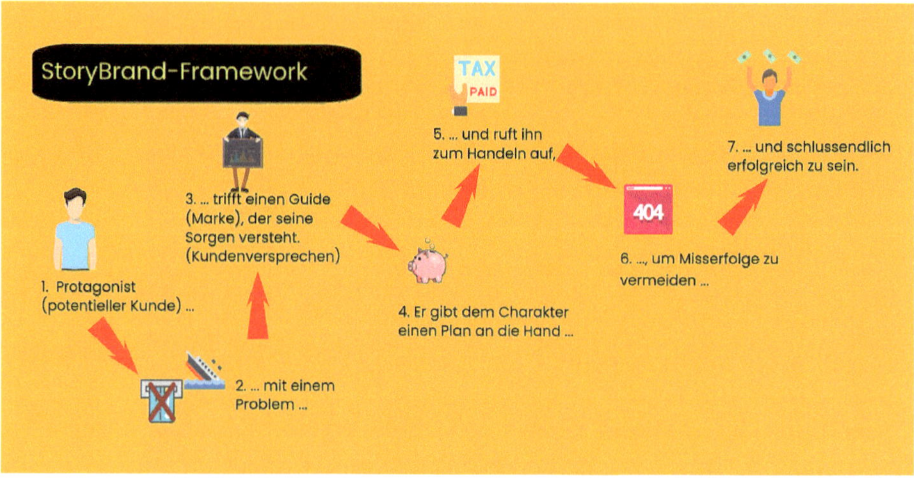

Bild 9.3 Anhand des StoryBrand-Frameworks können sich Marken bzw. Organisationen orientieren. Grafik: eigene Darstellung Pia Kleine Wieskamp

Das StoryBrand-Framework - auch 7SP-Framework genannt - umfasst sieben Schritte (Bild 9.3):

- **1. Protagonist (Charakter) ...**
  Beim StoryBrand-Framework stehen die Zielgruppe (verkörpert durch eine*n Stellvertreter*in; Persona), also etwa Kunden, und deren Bedürfnisse im Vordergrund. Sie sind die Heldenfigur der Geschichte. Die Marke dagegen schlüpft in die Rolle des helfenden, beratenden und unterstützenden Mentors (Guide), welcher dem Charakter hilft, alle Herausforderungen zu meistern.

  Die Rolle des Mentors übernehmen Marken mit einer Expertise und solche, denen wir unser Vertrauen schenken. Somit wird ein Vertrauen zum Unternehmen aufgebaut, da dieses eine Hilfsfunktion erfüllt. Zugleich kann man eine gewisse Expertise ausstrahlen. (Potenzielle) Kundinnen und Kunden können mit Ihren Produkten und Services genauso wie die Heldenfigur der Geschichte wachsen und am Ende ihre Ziele erreichen.
- **2. hat ein Problem ...**
  Der Charakter hat ein Problem, eine Frage oder auch ein Bedürfnis. Beispielsweise möchte Hanna mehr für die Umwelt tun und fragt sich, wo sie tagtäglich mehr auf die Umwelt achten kann, indem sie etwa öffentliche Verkehrsmittel nutzt. Wäre da nicht das erweiterte Problem, dass beispielsweise Züge oft unpünktlich sind.

- **3. ... und trifft auf eine*n Mentor*in (Marke).**
  In diesem Fall sollten Sie als problemlösende Marke auffindbar sein und Lösungen wie Produkte, Case Studies bzw. Kunden-Feedbacks zeigen. Einerseits werden Marken durch ihre Kompetenz und ihr Know-how gefunden und andererseits dadurch, dass sie Empathie für Kunden und deren Bedürfnisse, Sorgen zeigen.

  Unser Kunde Kai findet das Eco-Reisebüro, das umweltfreundliche Reise- und Transportangebote für Privat- und Geschäftskunden anbietet.
- **4. Der/die Mentor*in (Guide) hat einen Plan ...**
  Hier könnte der Guide beispielweise nicht nur mit dem kundenfreundlichen „9-Euro-Ticket" helfen, sondern auch mit einem Angebot wie „reise einen Tag früher an und übernachte für den Aufpreis von XX Euro in einer der Kooperationsunterkünfte wie Airbnb, Bahnhotel usw.
- **5. ... und ruft zum Handeln auf, ...**
  Die Motivation zu handeln, wird auch als *Call to Action* bezeichnet: Der Guide berechnet die Differenz der eingesparten Energie, wenn der Kunde sich für ihn entscheiden sollte, und erleichtert so die Entscheidung. Zusätzlich unterstützt jedes Ticket eine Organisation, die Menschen im „Umgang mit der Natur" schult.
- **6. damit es nicht zum Misserfolg wird ...**
  Normalerweise werden Menschen motiviert durch das Aufzeigen der Misserfolge bzw. Versagen oder Schmerz oder genau durch das Gegenteil, das Aufzeigen der möglichen Pluspunkte, der gesparten „Umweltminuspunkte". Bei unserem Reiseanbieter ist es beispielsweise eine Umwelturkunde.
- **7. ..., sondern der Protagonist (Kunde) erfolgreich ist.**
  Hierbei sollte der Storytellende die Frage beantworten, was der/die Kund*innen von dem Erfolg haben und wie er diesen mitteilen kann.

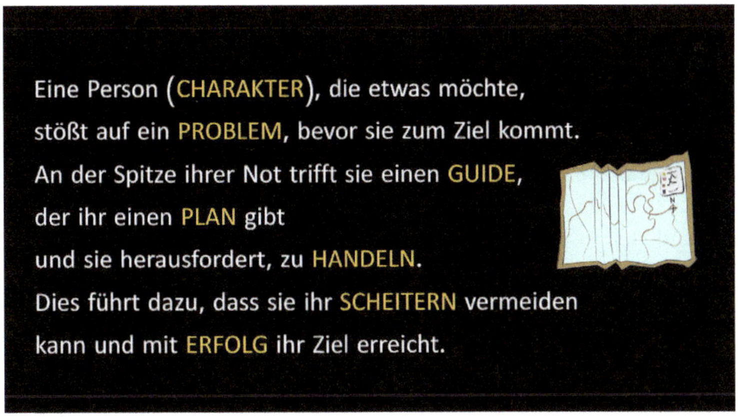

Bild 9.4 Nehmen wir das Beispiel Google: Peter, Inhaber einer Möbelschreinerei (Charakter), möchte seinen Kundenstamm erweitern und von neuen, unbekannten potenziellen Kunden gefunden werden (Herausforderung/Problem). Auf der Suche nach einer Lösung trifft er auf Google (Guide) und die Möglichkeit, mittels Einträgen auf Google Maps, positiven Kundenbewertungen und Online-Anzeigen im Netz besser auffindbar zu sein. (Plan) Hierzu unterbreitet Google auch diverse Schulungen. Peter wird aufgefordert zu handeln und begleitet, damit er einen Google-Maps-Eintrag erstellt. Dies hilft ihm, online sichtbarer zu sein und von mehr potenziellen Kunden gefunden zu werden.

Das Modell basiert auf einem einfachen und klaren Aufruf zum Handeln und zeigt dem Hauptcharakter immer, wie Erfolg aussehen könnte oder aber welche negativen Folgen es haben kann, wenn sich der Protagonist für den falschen Weg entscheiden sollte.

Bei der Erstellung der Story sind folgende Fragen hilfreich:

1. Wer ist der Protagonist (Hauptcharakter)?
2. Welche Probleme hat die Hauptfigur?
3. Wer hilft der Hauptfigur auf ihrer Reise? (Marke als Mentor)
4. Was rät ihr der Guide? (Plan)
5. Wie würde ein Misserfolg aussehen?
6. Was macht der Protagonist, um nicht zu scheitern?
7. Wie sieht das Ende, der Erfolg aus? Was droht bei Misserfolg?
8. Wie soll das Problem gelöst werden (Plan)?

9.1.6 Mustervorlagen: Sieben Plots nach Christopher Booker

Wer mit der Heldenreise und ihren einzelnen Stationen nicht zurechtkommt, kann sich an den Ur-Geschichten nach Christopher Booker orientieren. Nach der Recherche des Journalisten Christopher Booker existieren nur sieben universelle Ur-Geschichten, die Seven Plots, die er in seinem Buch „The Seven Basic Plots: Why We Tell Stories“[5] veröffentlichte.

Booker fand heraus, dass weltweit nahezu alle Geschichten im Prinzip auf einem von insgesamt sieben archetypischen Motiven (Plots als Grundmuster) aufgebaut sind.

Folgende sieben Grundmuster (Seven Plots) stellte Booker fest:

1. **Von Arm zu Reich: Vom Tellerwäscher zum Millionär (Rags to Riches):** Viele werden sich nun an das Märchen von Aschenputtel erinnern oder an die Karriere der Harry-Potter-Autorin J. K. Rowling. Aus einer Arbeiterfamilie stammend, graduierte sie in Französisch und Altertumswissenschaften und lebte nach ihrer Scheidung von der Sozialhilfe. In dieser Zeit begann sie mit dem Verfassen der Harry-Potter-Bücher. Zunächst wurde das Manuskript des ersten Buchs von einigen Verlagen abgelehnt, bis es schließlich doch noch publiziert und außerordentlich erfolgreich wurde. Dieser Story-Typus ist ideal, wenn es um Gründergeschichten oder Erfolgsgeschichten von Personen geht. Dieser Plot zeigt den Werdegang des CEO, die Suche nach der Berufung, erste Misserfolge, Zweifel und schließlich die Ernte der reifen Früchte, Anerkennung. Die Hauptfigur dieser archetypischen Geschichte ist der Typ Entdecker, Abenteurer, Pionier.
2. **Das Monster überwinden (Overcoming the Monster):** Wer kennt sie nicht, die Geschichte, in der das Gute gegen das Böse antritt. Es ist der Kampf von Harry Potter gegen Voldemort, Superman gegen seinen Gegenspieler Lex Luthor. Oft wird das Böse in Form von Monstern, unwirklichen Gestalten dunkler Magie oder finsteren Zauberern dargestellt. Es gilt das Monster, manchmal auch das eigene innere Monster, etwa den Wunsch nach immer weiterem Gewinn (Habgier), zu besiegen. Die Hauptfigur dieser archetypischen Geschichte ist der Typ des Helden, Weltverbesserers, Kämpfers.

[5] Booker, Christopher: The Seven Basic Plots: Why We Tell Stories. Bloomsbury, 2006

3. **Reise und Rückkehr (Voyage and Return):** Bei dieser Grundstory steht die klassische „Heldenreise" im Vordergrund. Der Held wird in eine fremde Welt „geworfen", um Krisen zu bewältigen und verändert in die gewohnte Welt zurückzukehren. Christopher Columbus ist einer dieser Helden, der auszog, um eine neue Route nach Indien zu entdecken.
4. **Suche und Erfüllung einer Mission (Quest):** In diesem Ur-Thema ist der Held auf der Suche nach einem speziellen Ziel, Ort oder Gegenstand. Denken wir an die Suche nach dem Heiligen Gral rund um die mittelalterliche Artus-Sage. In dieser archetypischen Story zieht der Held aus, um seine Mission zu erfüllen. Zuvor gilt es jedoch Hindernisse zu überwinden und Herausforderungen zu meistern. Der typische Abenteurer wie „Indiana Jones" oder Professor Robert Langdon in Dan Browns „Da Vinci Code" ist der Held dieser Erzählstruktur. Er sucht den Gral, ein Objekt, und findet am Ende der Story einen Menschen, eine Nachfahrin von Maria Magdalena und Jesus.
5. **Komödie (Comedy):** Menschen lachen gerne, gerne auch auf Kosten anderer. Mit diesem Story-Typ können Sie mit Witz und Charme punkten. Schaffen Sie unerwartete Situationen, eigenwillige Figuren und bringen Sie Ihr Publikum zum Schmunzeln. Bei diesem Erzähltypus steht der Humor mit witzigen Verwechslungen, Helden oder unerwarteten Situationen im Vordergrund. Als Grundtypus stößt der Held immer wieder auf Missverständnisse, Verwechslungen und Verwirrungen. Dies führt zu lustigen Situationen. Denken Sie nur an Filme mit Jerry Lewis oder Dick und Doof oder an das Genre der Opera buffa (Komische Oper). Die Komödie ist in der Regel ein Drama mit erheiterndem Handlungsablauf, welcher sich zu aller Zufriedenheit in einem Happy End auflöst. IBM hat diesen Story-Typ für eine Reihe von Videos mit der KI Watson umgesetzt: Beispielsweise sitzen in einer psychologischen Beratung verschiedenste Roboter, die sich vorstellen und über ihre Probleme reden. Dann kommt Watson an die Reihe und erzählt, was er alles kann: Er versteht Menschen ... Die restlichen Roboter sind so frustriert, dass die Psychologin, gespielt von Carrie Fisher, eine Kaffeepause vorschlägt.[6]
6. **Wiedergeburt (Rebirth):** Die Rückkehr steht für Auferstehung, ein Comeback, eine neue Produktreihe nach einem Reinfall. Der Held hätte tragisch enden können, hätte er den Neuanfang nicht geschafft. Denken wir an Comeback-Versuche einiger Sportler oder anderer Totgesagter und wiederkehrende Unternehmen, so haben wir gute Beispiele für diese Art der Rückkehr-Geschichten. So ist die Rückkehr von Steve Jobs in seine ursprüngliche Firma Apple eine Rebirth-Story: Ab 1995 leitete er wieder die Geschicke der Firma und wendete den drohenden Zusammenbruch des Unternehmens ab.
7. **Tragödie:** Die Tragödie wird im Businessumfeld seltener verwendet. Als Umkehrung des Plots „Das Monster überwinden" ist hier der Protagonist ein Bösewicht (Antiheld) und die Geschichte beschreibt seinen langsamen Niedergang in die Dunkelheit (Weltuntergang), da der Hauptkonflikt nicht gelöst wird. Es kommt zum bitteren, tragischen Ende ohne Happy End. Der Hollywood-Klassiker „Titanic" ist ein Beispiel für eine erfolgreiche Liebestragödie, in der der Held Jack Dawson, verkörpert von Leonardo DiCaprio seine Freundin zwar retten kann, selber aber ertrinkt.

Oft finden wir die beschriebenen **Plot-Grundmuster** modernisiert und aufgepeppt wieder, sodass aus Odysseus, dem Entdecker der Weltmeere, ein Captain Kirk, Kapitän eines Forschungsraumschiffs, wird. Wer einmal das System guter Geschichten kennt und versteht, kann die Mustervorlagen leicht für die eigene Story adaptieren.

---

[6] Schauen Sie sich das Video „Coping With Humans: Support Group for Bots' Ft. Carrie Fisher" auf *https://drive.google.com/file/d/1YzqrzzxG3DOh3v-pXUCXBF6Rc4YDnO1l/view?usp=sharing* an (abgerufen 10/2023).

9.2 Erzähltechniken

Neben den Grundelementen einer Story gibt es weitere Bausteine und Hilfsmittel, um Geschichten zu erzählen. Eines davon ist, die richtige Erzählstruktur auszuwählen.

Üblicherweise entfalten sich Geschichten in einer linearen oder nichtlinearen Struktur oder auch in einer Kombination aus beiden. Da jede Erzählstruktur Vor- und Nachteile hat, ist es notwendig, diese zu kennen und bewusst für die eigene Geschichte auszuwählen.

9.2.1 Storyline und Struktur

Was **lineares Storytelling** bedeutet, verrät bereits der Name: In einer Linie oder Ereigniskette werden Geschichten nacheinander Punkt für Punkt, Szene für Szene chronologisch aufgebaut.

Im Rahmen des linearen Storytellings werden Informationen oder Erzählstränge hintereinander – wie Perlen bei einer Perlenkette – aufgereiht. Das Geschehen und örtliche Veränderungen sind an den Zeitablauf gebunden.

Die meisten niedergeschriebenen Geschichten, die wir kennen und auch weitererzählen, sind grob betrachtet linear: Sie folgen in ihrer Abfolge der zeitlichen Struktur der Erzählung chronologisch, fangen also am Anfang an, durchlaufen die Ereignisse und Handlungen in einer kausalchronologischen Reihenfolge und enden mit dem Schluss.

In der Regel haben **lineare Erzählstrukturen** einen Storytellenden und ein Publikum.

- **Vorteil** dieser Erzählstruktur ist die Vorhersehbarkeit, in der das Publikum oft ahnt, wie das Ende aussehen wird, aber nicht erkennt, wie der Protagonist zu diesem Ende bzw. der Auflösung kommt.
- **Ein Nachteil:** Innerhalb der starren Strukturen besteht kaum Möglichkeit, das Publikum aktiv einzubeziehen und in einen Dialog zu treten.

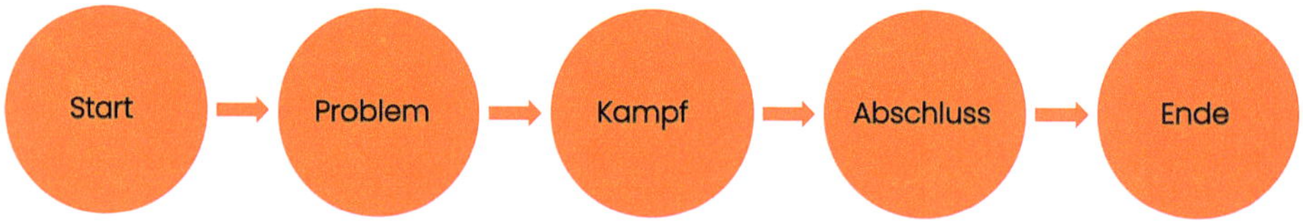

Bild 9.5 Lineares Erzählen: Die übliche rein lineare Kette von Ereignissen (kausale Abfolge) ist die grundlegendste Form des Geschichtenerzählens. Es gilt das Problem zu lösen, die Herausforderung im Kampf (Diskurs mit Argumenten gewinnen) zu bewältigen, eine Lösung (Abschluss) zu finden, um weiterzukommen. Grafik: © Pia Kleine Wieskamp

Im Gegensatz zur traditionellen linearen Erzählstruktur, deren Abfolge zeitlich nacheinander gegliedert ist, eröffnen verzweigtere und offenere Erzählstrukturen dem Publikum die Möglichkeit, Untergeschichten einer Story zu erkunden, lenken sie aber immer wieder zum Hauptthema der Geschichte zurück.

Nonlineares Erzählen

Stellen Sie sich **nonlineares Erzählen** so vor, als ob ein Text nicht nur mittels Hypertext-Funktion das Abrufen weiterer tiefgreifender Informationen ermöglicht, sondern mit einer Art „Sprung-Funktion“ versehen ist. So kann das Publikum entscheiden, welche Hauptpunkte und Themeninhalte es anspringen möchte, also etwa von einem Video-Interview zum nächsten, bevor der Text gelesen wird.

Dem Publikum wird mit einem „Inhaltsverzeichnis“ das Angebot der Sprungmarken aufgezeigt, doch entscheiden und aktiv von A nach B gehen muss es schon selbst.

Nichtlineare Geschichten haben neben dem Anfang und Ende auch eine Erweiterung der Dimensionen, indem Konsumierenden viele Richtungen des Eintauchens in die Story ermöglicht wird. So wie wir mit unseren Geräten überall hingehen können und durch das Internet mit aller Welt kommunizieren können, können nun auch unsere Geschichten alle zeitlichen, örtlichen und thematischen Richtungen einschlagen.

Schauen wir uns Srcollytelling[7] bzw. Multimedia-Geschichten an, bestehen diese oft aus vielen einzelnen Geschichten und weisen eine Navigation, entsprechend einem roten Faden, auf. Dennoch bleibt es in der Entscheidung des Konsumierenden, wie und in welcher Reihenfolge die einzelnen Teile der Story aufgenommen werden.

Die Handlung und Ereignisse sind nicht mehr an eine kausal-chronologische Reihenfolge gebunden. So kann die Zeitgestaltung beim Erzählen von einem einfachen zeitlichen Nacheinander abweichen und etwa Formen wie Rahmenerzählungen, Vorausschauen oder Rückblenden (Flashbacks) nutzen.

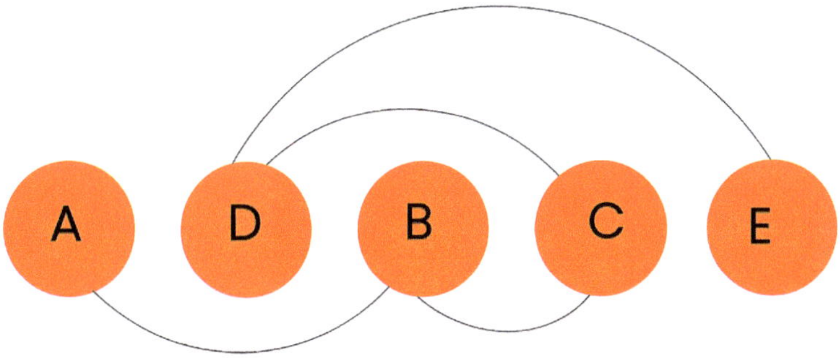

Bild 9.6 Sowohl Erzählende als auch Kosument*innen sind frei in der Wahl der Abfolge einzelner Erzählereignisse. Diese sollten daher in sich schlüssig und abgeschlossen erlebbar sein. Grafik: © Pia Kleine Wieskamp

Diese Struktur, die etwa bei Scrollytelling angewendet wird, gewährt immer noch viel Kontrolle über die Route, die die Zusehenden durch Ihr Projekt nehmen.

Interaktives Storytelling muss offen sein. Die übliche rein lineare Kette von Ereignissen ist die grundlegendste Form des Geschichtenerzählens. Ein interaktives Erlebnis kann genauso linear sein wie ein Hindernislauf: Lösen Sie das Problem, überwinden Sie eine Herausforderung, um weiterzukommen.

[7] Scrollytelling bezieht sich auf den Prozess des Herunterscrollens innerhalb einer Website und meint die Art und Weise, wie eine multimediale Geschichte konsumiert wird.

Hier ein Überblick üblicher Storylines (Story-Strukturen):

Die **verzweigte Story-Struktur** erlaubt es dem Publikum, Entscheidungen über den Handlungsablauf zu treffen und immer weiter in die Tiefe vorzudringen.

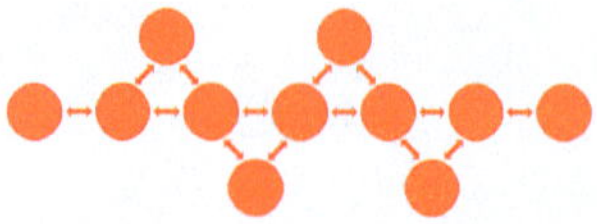

Die **lineare Fischgräten-Struktur** ermöglicht es dem Publikum, eine Story zu erkunden, und nicht nur in eine Richtung und immer eine Ebene tiefer, sondern sie erlaubt immer wieder eine Rückkehr zum eigentlichen Hauptthema der Story.

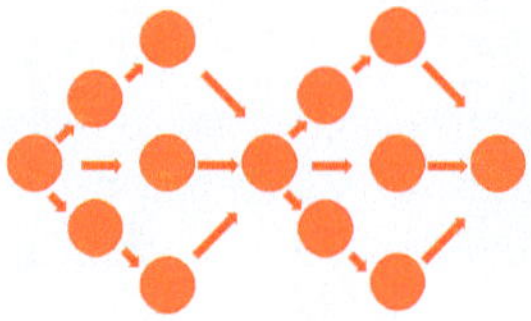

Die **parallele Struktur** gibt dem Publikum einerseits diverse Auswahlmöglichkeiten, führt sie aber in entscheidenden Story-Momenten immer wieder zum Hauptstrang der Story zurück.

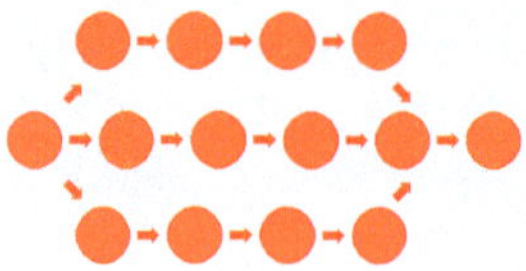

Die **aufgefädelte Struktur** bietet vielfältige Möglichkeiten, um Geschichten aus verschiedenen Perspektiven zu erzählen und Handlungen miteinander zu verknüpfen. Bei dieser komplexen Struktur können unterschiedliche Handlungsstränge gezeigt werden, obwohl sich diese unabhängig voneinander entwickeln können.

Im Gegensatz zu linearen klassischen Erzählweisen sind interaktive Geschichten in der Erstellung viel aufwendiger und kostenintensiver. Sie benötigen meist weitaus mehr Zeit und personelle Ressourcen.

9.2.2 Die episodische Erzählstruktur

Episodisches Erzählen hat viele Gesichter. Die bekanntesten Beispiele sind wöchentlich erscheinende Fortsetzungsromane, Hörspiele oder TV-Serien.

Eine Herausforderung liegt in der Verbindung der einzelnen Episoden miteinander. Im TV-Bereich werden beispielsweise am Ende einer Episode kurze Einblicke in die kommende Folge gegeben, um das Publikum neugierig zu machen. Diese Vorausschau wird auch Cliffhanger genannt.

Damit das Publikum jederzeit in die Geschichte einsteigen kann und diese versteht, auch wenn einige Episoden nicht angeschaut wurden, wird zu Beginn einer neuen Folge eine kurze Zusammenfassung der letzten Ereignisse erzählt.

Im Bereich der Serien wird zwischen vertikalem Erzählen und horizontalem oder epischem Erzählen unterschieden:

- Beim **vertikalen Erzählen** wiederholt sich beinahe in jeder Episode das dramatische Muster. So passiert in einer Krimiserie immer zuerst die Tat, dann wird die Tat seitens der Polizei untersucht und potenzielle Verdächtige werden befragt, bis der Schuldige überführt ist.

- Dagegen bezieht sich **horizontales Erzählen** innerhalb von Serien auf Handlungsbögen, die über gleich mehrere Episoden oder über die gesamte Länge einer ganzen Staffel verlaufen.

Sowohl in TV-Serien als auch in Comicbuchreihen oder Podcasts oder auch bei Snackable Content wird die episodische Erzählstruktur gewählt: Diese verbindet eine Reihe von eigenständigen Episoden (Segmenten), die durch die Figuren, das Setting oder das Thema miteinander verknüpft sind, zu einer insgesamt stimmigen Story. Dabei steht jede Geschichte für sich steht.

9.3 Bewährte Story-Typen

Genres, also grundlegende Kategorien, die sich allerdings immer variieren lassen oder auch miteinander vermischt werden können, gibt es viele. Nehmen Sie als Beispiel einmal die Fotografie. Hier gibt es Akt-, Landschafts-, Architektur-, Sportfotografie und vieles mehr. Im Storytelling ist es ganz ähnlich. Hier gibt es Märchen, Mythen, Alltagsgeschichten und vieles mehr. Das Zurückgreifen auf bewährte Erzähltypen und -muster ist allein deshalb schon gut, weil wir Menschen wahre Mustererkenner sind und sich die Rezipienten einer Story deshalb besser mit ihr verbinden können. Am besten legen Sie sich ein Musterdepot von Geschichten und Erzählarten an, die bei Ihnen und Ihren Mitbewerbern gut funktioniert haben, und untersuchen Sie an diesen, warum sie so gut wirken.

Eine kleine Auswahl erfolgreicher Story-„Arten“

1. **Alltagsgeschichten:** Alltägliche Erlebnisse verbinden. Das Publikum, jede Person, kann sich mit ihnen besonders gut identifizieren. Ob es sich nun um Anekdoten über den Nachbarn (erinnern Sie sich an den Werbeslogan „... dann klappt's auch mit dem Nachbarn“?*), Urlaubserlebnisse oder anderes handelt. Alles Erlebte lässt sich in Geschichten umwandeln.
2. **Konstruierte Geschichten:** Storytelling muss nicht zwangsläufig auf tatsächlichen Begebenheiten beruhen; es können auch erfundene Geschichten sein. Ganze Genres wie Science-Fiction, Märchen oder Fabeln gehören dazu. Konstruierte Geschichten erzählen keine Fakten, sondern sie wecken Gefühle und Emotionen und laden ein zum Spaziergang durch Traumwelten.
3. **Sachgeschichten:** Ganz anders gestrickt sind die Sachgeschichten. Häufig sind diese gerade im Bereich Anleitungen (z. B. Kochkurse) oder auch How-to-Videos zu finden, in denen Wissen oder Produktinfos praxisnah und leicht verständlich gezeigt werden.
4. **Mitmachgeschichten:** Lassen Sie ruhig auch mal Ihre Kund*innen oder Partner*innen erzählen. Mittlerweile basieren ganze Plattformen auf Geschichten, die persönliche Erfahrungen der Kund*innen beinhalten. Bewertungsportale wie Amazon, Yelp oder Airbnb leben von den „Erlebnissen“ der Kunden und deren Geschichten.

* WWW: Calgonit-Werbung „... dann klappt's auch mit dem Nachbarn.“ *https://youtu.be/0OlzghvQ6wk*

Es existieren diverse Arten von Erzähltechniken, Erzählstilen und auch Erzählperspektiven.

Sie können zwischen zwei **Erzählperspektiven** wählen:

1. **Außenperspektive:** Hier blickt das Publikum von außen auf das Geschehen, wie von einer übergeordneten Position.
2. **Innenperspektive:** Der Leser erfährt das Geschehen aus dem „inneren Handlungsgeschehen" heraus. Oft wird hierzu die Perspektive des Ich-Erzählers gewählt.

Franz Karl Stanzel[8] hat ein „Modell der Erzählsituationen" zur Unterscheidung von Erzählperspektiven entwickelt, in dem er vier verschiedene Blickwinkel des Erzählers beschreibt. Die Erzählperspektive (Point of View) transportiert sowohl die Protagonisten (Figuren oder Personen) als auch die Schauplätze der Handlung (Setting) und den Handlungsablauf (Plot) einer Story zum Leser. Beschreiben wir zunächst die unterschiedlichen Positionen, die ein Erzählender einnehmen kann, also die **Erzählsituation** bzw. das **Erzählverhalten:**

- Die **Ich-Erzählsituation** der erzählenden Person ist uns nicht erst seit „Forrest Gump" bekannt. Hier ist der Erzähler ein Teil des Geschehens und gibt dieses in der Ich-Form wieder. Er erzählt seine Lebensgeschichte durch Rückblenden.
- Bei der **auktorialen Erzählsituation** steht der Erzähler außerhalb des Geschehens: Er ist allwissend und greift kommentierend in das Geschehen ein. Er ist nicht neutral, wertet das Geschehen und kann sowohl zurück- als auch vorausschauen.
- Die **personale Erzählsituation** erlaubt es dem Publikum, das Geschehen aus der Sicht einer oder mehrerer Figuren zu erleben (Reflektorfigur). Die Erzählinstanz ist also subjektiv.
- **Neutrales Erzählverhalten:** Hierbei verzichtet der Erzählende auf jede individuelle Sichtweise und enthält sich jeglicher Wertung. Es folgt eine streng sachliche Wiedergabe der Dinge.

Nun unterscheiden wir folgende **Erzählformen:**

- **Szenisches Erzählen:** Beim szenischen Erzählen entfaltet man eine Situation so, dass der Leser an ein Theaterstück auf der Bühne erinnert wird. Das szenische Erzählen ist detailliert und nah am Geschehen. Dadurch benötigt es mehr Raum und Zeit. Im Mittelpunkt der Darstellung stehen Dialoge. Berichtende Personen treten bei dieser Erzählform in den Hintergrund.
- **Berichtendes Erzählen:** Hier finden kaum Dialoge statt. Der Erzählende gibt das Geschehen in berichtender Form wieder. Dies dient dazu, den Handlungsverlauf der Geschichte darzustellen. Das bedeutet, dass die Wiedergabe aus der Beobachtersituation heraus erfolgt. Es ist also nicht gemeint, dass die Wiedergabe besonders sachlich dargestellt wird.
- **Kontinuierliches Erzählen:** Hierbei wird die chronologische Abfolge im Handlungsverlauf eingehalten. Erzählbrüche und Zeitsprünge sollten in dieser Erzählform vermieden werden.
- **Diskontinuierliches Erzählen:** Ein bewusstes Durchbrechen der chronologischen Abfolge ist bei dieser Erzählform erwünscht. Oft werden bewusst Erzählbrüche und Zeitsprünge eingesetzt.

[8] WWW: Stanzel, Franz Karl, *https://de.wikipedia.org/wiki/Franz_Karl_Stanzel* (abgerufen 10/2023)

Zeitgestaltung

Die zeitliche Ordnung einer Story kann folgendermaßen aussehen:

- Linear, also chronologisch dem Geschehen entsprechend.
- Epische Rückwendung: Hierbei greift der Erzählende zeitlich zurück, etwa mit einer „Rückblende“, die wir als Einstieg in jede Folge der Serie Raumschiff Enterprise (Star Trek) kennen. Dabei ist die epische Rückwendung in jeder Phase des Handlungsverlaufs möglich. So können beispielsweise neu auftretende Protagonisten mit einer Vorgeschichte versehen werden.
- Der Blick in die Zukunft, also Vorausdeutungen, spielte bereits in der Antike eine große Rolle; denken wir nur an das „Jüngste Gericht“.

Folgende zeitliche Gestaltungen von Geschichten treten auf:

- **Erzählzeit:** Dies ist die Zeit, die der Erzähler für die Wiedergabe seiner Geschichte braucht bzw. die das Publikum (die Rezipienten) für die Aufnahme der Geschichte benötigt.
- Mit **erzählter Zeit** ist der Zeitraum gemeint, über den erzählt wird.
- In der **Zeitraffung** werden längere Zeiträume vom Erzähler zusammengefasst und wiedergegeben. Hierbei werden Zeiten ausgespart (z. B. „einige Jahre später“) oder ein großer Zeitbereich wird pauschalisiert (z. B. „von der Pubertät ist nicht viel zu berichten“).
- **Zeitdehnung:** Hier ist die Erzählzeit länger als die erzählte Zeit (z. B. beim inneren Monolog).
- **Zeitdeckung:** Die Erzählzeit und die erzählte Zeit sind (annähernd) identisch (z. B. bei Dialogen, szenischen Erzählungen).

10 Visual Storytelling

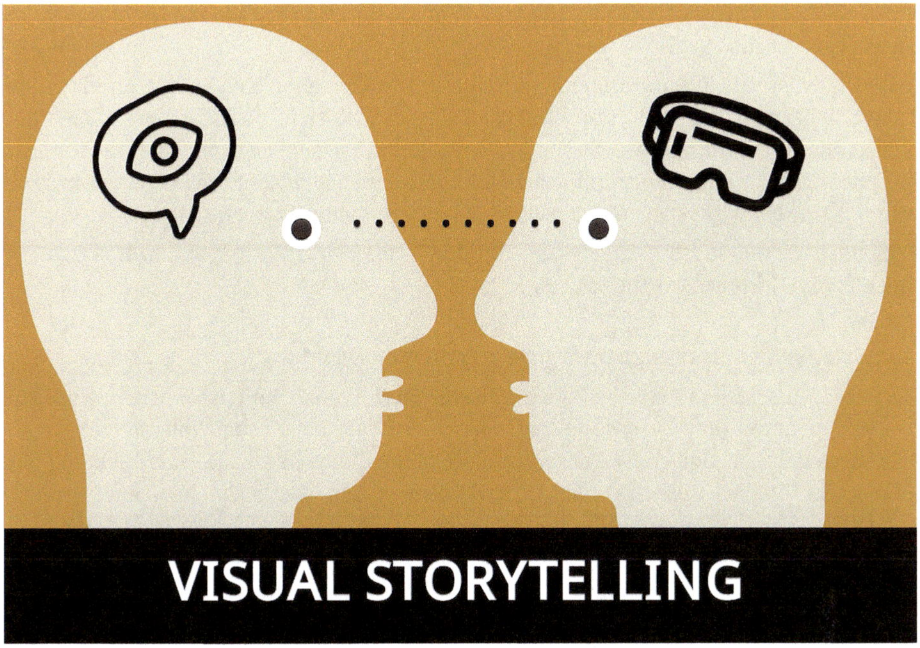

Wagen wir ein Experiment: Schließen Sie Ihre Augen und stellen Sie sich einen Welpen vor. Was sehen Sie? Buchstaben oder eher ein kleines Wesen mit großen Augen, tollpatschig, mit großen Pfoten und kuschelig?

Menschen imaginieren aber nicht nur, sie kommunizieren auch ständig visuell mit der Außenwelt, etwa durch Gestik, Mimik und andere optische Zeichen. Das kann bewusst oder unbewusst erfolgen. Denken Sie z. B. an den berühmten ersten Eindruck. Zahlreiche Studien belegen, dass bereits wenige Zehntelsekunden ausreichen, damit sich ein unbewusster Eindruck vom Gegenüber manifestiert. Dieser wird nonverbal erzeugt, also durch Sinneseindrücke, die nicht sprachlich geformt sind. Meist sind dies rein visuelle Merkmale, aber es können mit dem Körpergeruch oder dem Klang der Stimme natürlich auch andere Sinne einbezogen werden.

Menschen sind Augentiere, die zwar in Sprache denken und oft auch träumen, diese aber meist mit inneren Bildern visualisieren.

Visuelle Kommunikation setzt sich aus den lateinischen Begriffen für Sehen (vide) und Mitteilen (communicare) zusammen. Anders als beim klassischen Storytelling stehen beim Visual Storytelling die Visuals, also Bildelemente, im Vordergrund. Sie erzählen, berühren, vermitteln Emotionen und auch den Inhalt, die Botschaft der Erzählung.

Der Sehsinn ist allerdings mit Abstand der wichtigste. Tatsächlich nimmt der Mensch ca. 80 Prozent aller Informationen über die Augen auf. Zudem haben Menschen die Fähigkeit, sich Gesehenes hervorragend zu merken (insbesondere Gesichter) und diese Inhalte auch nach langer Zeit wieder ins Gedächtnis zu rufen. Die Bezeichnung „Augentier" hat sich der Mensch also redlich verdient.

Instinktiv wissen wir, dass **Bilder und visuelle Effekte mehr Kraft besitzen als reine Texte.** Sieht man sich etwa mittelalterliche Bibeln an, so stellt man fest, dass auch diese bereits durch reichhaltige visuelle Untermalungen und Eyecatcher ausgeschmückt wurden. In Zeiten, als nur ein kleiner Teil der Menschheit - die gebildete Schicht - lesen konnte, waren Bilder ein wirksamer Weg Botschaften und Information zu verbreiten.

Persönlich verwende ich beispielweise Stift und Papier, sobald ich neue Ideen skizzieren und meinem Gesprächspartner aufzeigen möchte.

Ohne visuelle Vorstellungskraft gäbe es keine Entwicklung

Die Erkenntnis des Epiktetos[1], dass wir uns eine Welt in unserem Kopf schaffen, wurde in den letzten Jahren von Neurowissenschaftlern belegt. Laut Beau Lotto, Professor der Neurowissenschaften am University College London, bildet die menschliche Wahrnehmung das Fundament für alles, was wir denken, tun, glauben, wissen oder lieben. In einem Interview mit der Zeitschrift National Geographic betont Beau Lotto, dass die nächste große Innovation keine Technologie, sondern unsere Art des Wahrnehmens - der Kreativität - sein wird.[2]

Heutzutage werden visuelle Elemente vermehrt und mit wachsender Tendenz eingesetzt, etwa in Zeitungen, auf Websites, in den Social Media, in Handbüchern, in E-Mails oder im Metaverse. Menschen kennen und erzählen Geschichten, weltweit und kulturunabhängig. Sie erzählen sie in bildhaften Worten (Metaphern), visualisieren sie in Höhlenmalereien oder dreidimensional als Statuen und Plätze. Kulturgeschichtlich betrachtet gleichen religiöse Handlungen in religiösen Stätten multimedialen Erzählungen, in denen Botschaften und Emotionen mittels Tanz, Gesang, Worten, Bildern, Skulpturen und Bauten vermittelt werden.

---

1 Vgl. Wikipedia: Epiktet. In: wikipedia.org. o. D., *https://de.wikipedia.org/wiki/Epiktet* (abgerufen 10/2023)

2 Vgl. Worall, Simon: Wie unser Gehirn bestimmt, was und wie wir wahrnehmen. In: Nationalgeographic.de. 03.11.2017, *https://www.nationalgeographic.de/wissenschaft/2017/07/wie-unser-gehirn-bestimmt-was-und-wie-wir-wahrnehmen* (abgerufen 10/2023)

10.1 Effektives emotionales Design

Kampf um Aufmerksamkeit: Täglich strömen Tausende von Eindrücken auf uns Menschen ein. Wir nehmen alles um uns herum wahr. Grundlegend ist das Sehen, neben dem Hören, Schmecken, Riechen, Tasten, einer der Hauptsinneskanäle des Menschen. Doch reicht es nicht aus, einfach ein Bild, eine Animation oder ein Video zu verbreiten. Denn das ist noch keine Story.

In Zusammenhang von digitalem oder virtuellem Storytelling ist immer mehr die Rede von *emotionalem Design.* Egal, ob eine Webseite, eine App, ein Videofilm oder auch ein Ereignis im Metauniversum kreiert werden soll, geht es im emotionalen Design immer um die Kunst, Erlebnisse zu schaffen, die die Bezugsgruppe (das Publikum) fesselt. Hierzu müssen Storyteller*innen verstehen, wie der/die Nutzer*in (die Bezugsgruppe) denkt und wie deren Bedürfnisse sind. Ziel ist es, ein **emotionales Erlebnis zu schaffen,** oft ein Zusammenspiel diverser Komponenten wie die Usability, das Aussehen, die Haptik, der Ton, wobei immer die emotionale Reaktion der Menschen zu berücksichtigen ist.

Wir sprechen über das Entwerfen von Erlebnissen, die eine emotionale Verbindung zu den Benutzern aufbauen oder ihnen das Gefühl geben, etwas Besonderes zu sein, indem sie Freude bereiten oder Lösungen aufzeigen, die sie genau jetzt benötigen.

Bauen Sie eine emotionale Verbindung auf, indem Sie das **Wow-Erlebnis** einbeziehen. Diese „Aha-Erlebnisse" sind eine positive Verstärkung, die wir auch in unserem täglichen Leben einsetzen. So beschreiben wir beispielsweise ein gutes Essen in einem Restaurant in einer emotionalen Reaktion, wie z. B.: „Wow! Dies ist die beste Pizza, die ich in letzter Zeit gegessen habe!"

Merkmale emotionalen Designs

Einige Hauptmerkmale des emotionalen Designs sind:

1. **Empfänger*innen** und deren Erfahrungshorizont bilden oft die Basis für ein emotionales Design. Wenn die Bezugsgruppe etwas nicht kennt, kann sie entweder neugierig oder gar ablehnend reagieren. Wichtig ist, mittels Tonalität, Ästhetik und Aussage eine positive offene Grundstimmung zu erzeugen, sich auf das Angebot einzulassen.
2. **Grundlegende Funktionen** sind die Basis einer Marke, eines Produkts und legen auch den Grundstein visueller Geschichten. Die Bezugsgruppen erwarten, dass diese grundlegenden Funktionen geliefert werden, wie etwa der Blinker eines Autos oder laufende Bilder mit evtl. Ton bei einem Video auf YouTube. Werden also diese Erwartungen nicht erfüllt, können sie zu Unzufriedenheit führen.
3. **Leistungsmerkmale:** Bei einer Story sind es beispielweise die Grundbedürfnisse nach Information, Unterhaltung, Wissen oder Inspiration. Merkmale sind aber auch beispielsweise die der kanalspezifischen Optionen – wie etwa hochkantformatige[3] Videos auf Instagram.
4. **Begeisterungs- bzw. WOW-Merkmale** sind solche, die die Bezugsgruppe positiv überraschen. Es handelt sich dabei um zusätzliche Funktionen zu den Basisfunktionen.

[3] Ein Video im Hochformat wird im Seitenverhältnis 9 : 16 oder höher aufgenommen, bei dem die Bildbreite mindestens neun Teile der Bildhöhe beträgt.

Kurz gesagt, alle drei oben genannten Ebenen sind von entscheidender Bedeutung, wenn es darum geht, eine Story ansprechend visuell und zudem kanalgerecht sowie nutzerfreundlich zu gestalten.

Auf diesen drei Ebenen werden Produkte und auch im Zusammenhang stehende Geschichten in verschiedenen Bereichen untersucht, darunter **Ästhetik, Funktion und der Einfluss des Produkts oder der Story.**

Untersuchen wir das emotionale Design an dem Beispiel Instagram:

- **Grundlegende Funktionen:** Teilen von Fotos und Videos mit weiteren Menschen.
- **Leistungsmerkmale:** Instagram bietet eine hochauflösende Foto-Upload-Qualität, eine Vielzahl von Medien-Upload-Optionen, Filtern, schnellere Leistung, Live-Streaming usw.
- **WOW-Funktionen:** Sehen wir beispielweise die Einführung von Reels mit Musik, welche die Nutzer*innen der Social-Media-Welt im Sturm erobert haben.
- **Bilder als Teaser:** Visuals ziehen unsere Blicke auf so manche Texte, verdeutlichen Informationen oder können Texte schmackhaft machen. Beim Durchblättern eines Buchs, dem Scrollen auf Webseiten oder bei der Suche mittels Google fallen zunächst Videos, Fotos und Grafiken ins Auge. Diese entschlüsseln wir und bewerten sie emotional, lange bevor unser Gehirn sie verstehen kann, da dies, wie wir wissen, sehr viel schneller erfolgt. Demnach wirken Bilder als Türöffner (Teaser).

Auch bei dem Design einer Story sind die Grundsätze emotionalen Designs zu berücksichtigen.

10.2 Definition und Chancen von Visual Storytelling

Die erfolgreiche Storytelling-Grundformel besagt: **„Show, don't tell."** Dieses Prinzip wird in Zeiten mobiler Kommunikation via Smartphones und Tablets immer wichtiger.

Heutzutage, wo unsere Gesellschaft mit News, Informationen, Gesprächen und Fakten überflutet wird, entscheidet oft nur ein Blick, ob etwas interessant erscheint oder nicht. Die ersten Eindrücke sind meist visueller Natur, denn der Mensch ist ein *Augentier.*

Auch ist in den Bereichen der digitalen Kommunikation die visuelle Kommunikation auf dem Vormarsch. Und stellen Sie sich die Zukunft mit Metaverse und HoloLens ohne visuelle Elemente vor?

Meiner Auffassung nach ist visuelle Kommunikation eine Form der Informationsvermittlung durch optisch wahrnehmbare Zeichen und Signale (Visuals) und Bewegungen. Sie spricht den Sehsinn an und nutzt sowohl Fotografien, Bilder, Signale, Gesten und Ähnliches als auch eine Art visueller Grammatik, auch Semiotik genannt. Erst durch den Begriff des Raums und dessen Erfassung bemerken wir Größenrelationen von Objekten zueinander oder sehen Bewegungen.

In Zeiten der Covid-19-Pandemie und *Social Distance* zeigte sich, dass das visuelle Miteinander in der Kommunikation wichtig ist. Augenkontakt, visuelle Greifbarkeit etwa einer Körpersprache, erzeugt Nähe. Auch wenn wir uns Webinare via Zoom nicht direkt, sondern mittels einer Kamera anschauen, haben wir ein Bild vor Augen. Wir sehen Gesten, Mimik und mehr.

Beim Visual Storytelling geht es genauso wie beim traditionellen Storytelling in erster Linie um das **Vermitteln von Botschaften.** Dabei ist auch Visual Storytelling keine Erfindung der jüngsten Zeit, lediglich die Vielzahl neuer Visualisierungsmöglichkeiten, die die Digitalisierung mit sich bringt, ist neu. Die Visualisierung von Erlebnissen, Ideen, Mythen und Geschichten wird bereits seit Jahrtausenden betrieben. Als Kommunikationsmittel genutzte Visuals erweitern die Grenzen der Wortsprache und revolutionieren die Art und Weise, wie wir leben, denken, lernen und fühlen.

Die Autorinnen Ekaterina Walter und Jessica Gioglio bieten in ihrem Buch *„The Power of Visual Storytelling: How to Use Visuals, Videos, and Social Media to Market Your Brand"*[4] folgende Definition an:

> *„Visual storytelling is defined as the use of images, videos, infographics, presentations, and other visuals on social media platforms to craft a graphical story around key brand values and offerings."*

Sinngemäß übersetzt bedeutet dies: *„Visuelles Geschichtenerzählen ist die Verwendung von Bildern, Videos, Infografiken, Präsentationen und anderen visuellen Elementen auf Social-Media-Plattformen, um eine grafische Geschichte rund um die wichtigsten Markenwerte und -angebote zu erstellen."*

Sie befriedigen die Bedürfnisse des Publikums und bieten entweder Wissen, Unterhaltung oder Einblicke in neue Ideen; daher werden diese geteilt. Demnach werden mithilfe von Visuals (Fotografien, Grafiken, Videos, Infografiken, Präsentationen und anderen Möglichkeiten von Social-Media-Plattformen) Geschichten um Kernaussagen, Werte sowie Produkte von Marken und Unternehmen entwickelt. Hierbei legen die beiden Autorinnen den besonderen Fokus auf das Erzählen in visuell orientierten sozialen Netzwerken wie Facebook, Instagram, Pinterest, YouTube und Co.

> *Der Stockfotoanbieter Getty Images bringt Visual Storytelling auf folgende Formel:* ***Powerful visuals + evoke emotions = Deeper engagement.***[5]

10.2.1 Botschaften in Bildwelten packen

Modernes, multimediales Storytelling über mobile Geräte und Social-Media-Plattformen braucht Visuals, denn anders dringt keine Geschichte mehr durch. Visuals erzeugen Aufmerksamkeit und sind schnell und einfach aufzunehmen.

---

[4] Walter, E.; Jessica Gioglio, J.: The Power of Visual Storytelling: How to Use Visuals, Videos, and Social Media to Market Your Brand. McGraw-Hill Education Europe, 2014

[5] WWW: Getty Images: The Power of Visual Storytelling, *https://twitter.com/gettyimages/status/512209361851408384* – siehe auch *https://edotsolutions.com/blog/2016/03/the-power-of-visual-storytelling/* (abgerufen 10/2023)

Visualisierungen ermöglichen bzw. unterstützen Organisationen und Menschen, ihre Botschaften **schnell und emotional** zu vermitteln sowie im Gedächtnis der Zielgruppe zu verankern.

Bedenken Sie jedoch, dass eine gute Geschichte die Bezugsgruppe über mehrere Sinne hinweg einbeziehen und emotional ansprechen sollte. Beim Visual Storytelling steht genau diese visuell greifbare Aufbereitung der Story im Fokus. Mittels Video-, Foto- und Illustrationsanwendung werden Geschichten so erzählt, dass sie möglichst eindeutige und emotionale Eindrücke hervorrufen (Bild 10.1).

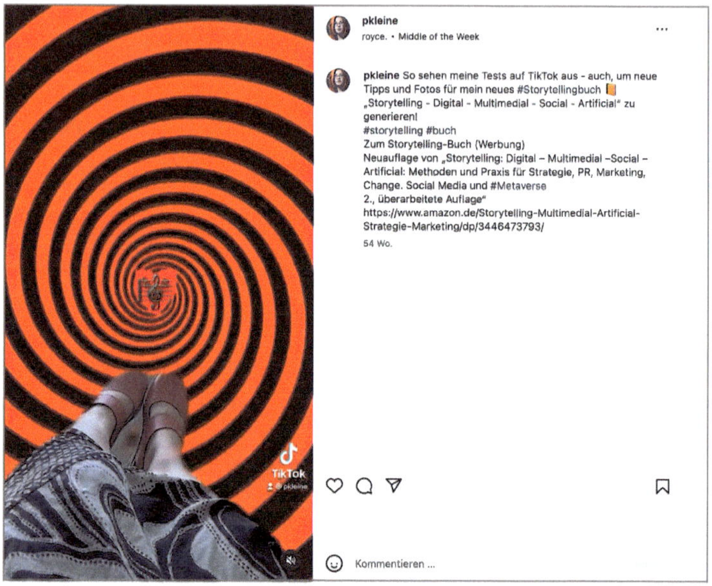

Bild 10.1 Effekte, wie bei diesem Video das Hinein- und Herauszoomen in den Tunnel, können gerade bei Social-Media-Kanälen den visuellen Überraschungseffekt verstärken.[6]

Idealerweise gehen Visual und Text in der visuellen Kommunikation Hand in Hand, sodass eine Verbindung zwischen der Botschaft und der Aussage des Visuals entsteht. Um die Auswahl der Motive festzulegen, die zum Angebot passen, muss konzeptionell und strategisch geplant werden. Was sollen die Fotos oder das Video vermitteln? Wen sollen sie erreichen? Welche Assoziationen und Emotionen sollen sie wecken? Unterstützen die Visuals den Text? Können sie die schriftlichen Aussagen plastischer machen?

Mobilität unterstützt den „schellen Blick“

Die rasanten Entwicklungen der Medientechnologie haben den rein sprachlichen Text längst zugunsten einer multimedialen Gesamtkommunikation verdrängt, in der Bild, Typografie, Sprache und Ton miteinander verbunden sind. Dabei haben sich nicht nur unsere Kom-

[6] Video auf Instagram. @pkleine, Kleine Wieskamp, Pia, *https://www.instagram.com/reel/Cg058_mjD-_/* (abgerufen 10/2023)

munikationsmittel und -methoden verändert, sondern auch die Kommunikationsstruktur: Sender- und Empfängerverhalten sind nicht mehr eindeutig voneinander zu trennen, sondern befinden sich in einem Austausch und einem ständigen Geben und Nehmen.

Und Recht haben sie! **Denn Visual Storytelling begegnet uns fast überall.**

Wir Menschen wachsen mit Bilderbüchern oder Lern-Apps auf, schauen TV und Videos oder besuchen das Kino. Bilder, Infografiken oder Fotografien sehen wir überall, ob in den Bereichen Print, Online oder in E-Mails und Nachrichten. Das Medienverhalten hat sich geändert, denn heutzutage erzählen nicht nur Menschen einander Geschichten. Das Vorlesen einer Gutenachtgeschichte ist eher selten geworden. Kinder erobern sich viele Geschichten mittels neuer interaktiver Medien.

Bilder bleiben im Kopf

Das Potenzial von Visuals liegt in der Schnelligkeit, in der Informationen und Stimmungen übermittelt werden. Wir bilden uns in weniger als einer Sekunde anhand des Aussehens einer Person ein Urteil bzw. eine Grundeinstellung: Ist die Person sympathisch oder glaubhaft oder nicht.

Mit Beginn des 19. Jahrhunderts nimmt die Bildlichkeit rasant zu (Visual Turn) und transformiert sich von dem Platz der Textergänzung zu einem eigenständigen Informationsträger. Manch einer würde behaupten, dass sich die Vorherrschaft der Visuals wieder zurück „transformiert".

Höhlenmalereien gehören zu den ersten visuellen Geschichten, wobei frühere Kulturen Materialien aus ihrer direkten Umgebung nutzten, um Erlebnisse, Ideologien und Erklärungen der Welt um sich herum zu beschreiben und aufzubewahren.[7] Anhand der Bilder an den Wänden der Höhle kann der heutige Mensch visuell erkennen.

Visuals sind wahr

Gesehenes – mit den eigenen Augen Aufgenommenes und Erlebtes – empfinden wir als miterlebt und darum als echt und wahr. Die Gefahr besteht darin, dass wir unsere mentalen Bilder mit der Realität verwechseln.

Mentale Bilder entfalten oft ein Eigenleben, wie wir es von Tagträumen her kennen. Unsere inneren Bilder gekoppelt mit der Realität bringen uns bei der Einschätzung bestimmter Situationen aber auch Vorurteile. Haben wir beispielsweise Menschen mit herunterhängenden Mundwinkeln als traurig und als keine guten Gesellschafter erlebt, gehen wir diesen auf einer Party aus dem Weg.

Bilder im Kopf zu haben, bedeutet auch zu abstrahieren. Es bedeutet, unbekannte Situationen bzw. Ideen zu visualisieren. Bereits unser Vorfahre, der „Homo ergaster", hatte diese Fähigkeit: Er entwickelte vor ca. anderthalb Millionen Jahren ein Werkzeug, den Faustkeil. Hierzu musste er sich ihn mental vorstellen, sich ein Bild von ihm machen, bevor er ihn schuf. Gehen wir weiter, so sind auch Worte (Laut-)Bilder und die Sprache eine Abstraktion von Bildern. Mathematik ist ebenfalls eine Sprache, die etwas abbildet.

[7] Vgl. Hermanto, Ade Lose: Collaboration Between Typography and Visual Narrative to Strengthen the Communication Delivery Process. In: International Conference on Art, Design, Education and Cultural Studies (ICADECS) 2021, KnE Social Sciences, pages 166–175, S. 166, *https://knepublishing.com/index.php/KnE-Social/article/view/11657* (abgerufen 10/2023)

Bilder werden interpretiert. Allein anhand dieser kurzen Beschreibung des Fotos erkennen Sie, wie viel Interpretationsspielraum Bildinhalte ermöglichen und wie schnell Bilder „falsch“ oder „anders als geplant“ interpretiert werden können. Menschen denken in Bildern und entscheiden sich oft anhand visueller Eindrücke, denn das scheint unserer Natur zu entsprechen. Unser verbales Vermögen, Ideen auszusprechen bzw. aufzuschreiben, funktioniert nicht ohne die bildhafte Vorstellungsgabe. Hier kommen bildhafte Vergleiche (Metaphern) ins Spiel, indem wir beispielsweise eine Entfernung als „so groß wie der Weg zum Mars“ beschreiben.

Bilder ermöglichen es dem Menschen, seine Umwelt und sein Weltbild zu definieren. Wir machen uns Bilder und inszenieren uns und die Welt ständig neu.

10.2.2 Trends und Neuheiten

Visuelle Elemente sind von Social Media und Digital Storytelling kaum zu trennen. Anbei versuche ich anhand einiger Trends und Beispiele einzufangen, wohin die Reise geht. Wichtig ist, dass nahezu alle Möglichkeiten den Creators offenstehen und durch Experimente und Feedbackschleifen neue Arten des visuellen Erzählens entwickelt werden können.

Technologische Weiterentwicklungen wie tragbare Geräte für den Empfangs- und die Erstellung von Geschichten, das Internet der Dinge, eine globale und vernetzte Welt, die die Entwicklung hybrider Technologien, in denen virtuelle und reale Realitäten sich vermengen, umgibt und geradezu immer und überall. Die Trennung von Arbeitswelt und Privatleben ist oft kaum noch vorhanden.

Folgend möchte ich einige Trends im Bereich des visuellen Geschichtenerzählens streifen:

Virtuelle Ästhetik

Ja, ich weiß, dass die Entwicklungen von VR, A und virtuellen Welten noch in den Kinderschuhen stecken. Erst im Oktober 2022 erhielten Avatare im Metaverse Unterkörper wie Beine.[8]

Die Gesichter der Avatare wirken auch noch sehr zweidimensional, oft „flach“, ohne Furchen, Narben, Ecken und Kanten. Es scheint eine Welt glattgebügelter „Manga“-Figuren das Metaverse zu bevölkern.

Selbst die Farbgebung scheint mehr einem Kinder-Disney-Filme zu entstammen.

Natürlich ändert sich das noch, auch durch neue Hardware wie die VR-Brille von Apple oder Meta. Oft bleibt die Frage, ob Einschränkungen oder auch umgekehrt eine Vielfalt an Möglichkeiten eine neue Ästhetik bzw. einen neuen Look mit sich bringt.

Im September 2023 präsentierte Mark Zuckerberg Virtual-Reality-Avatare für das Metaverse, welche mittels einer Scan-Technologie realistische 3D-Modelle des Gesichts[9] eines Users erstellt (Bild 10.2).

---

8 Vgl. Moorstedt, Michael: Keine Liebe, aber Beine. In: sueddeutsche.de. 17.10.2022, *https://www.sueddeutsche.de/kultur/meta-zuckerberg-vr-facebook-horizon-oculus-1.5675755* (abgerufen 10/2023)

9 Das Avatar-Projekt bei Meta nennt sich Pixel Codec Avatars.

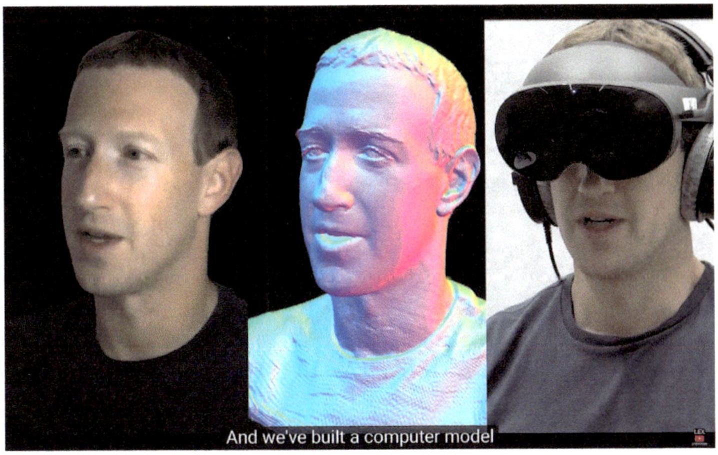

Bild 10.2 Zuckerbergs fotorealistischer Meta Codec Avatar.
Screenshot aus *https://youtu.be/MVYrJJNdrEg?*

Sicher ist, dass durch Techniken wie AR und VR zukünftige Geschichten in erster Linie visueller werden und das Publikum in die Lage versetzt wird, lebendiger und aktiver zu werden. Oft erscheinen Visuals grenzenlos, denn Avatare möchten immer weiter erforscht, hinter Türen, Mauern und auch glattgesichtige Avatar-Masken sehen.

Soziales Engagement, Unterstützung, Bindungen, Vertrauen oder kurz gesagt: Social Impact

Storytelling und Gemeinschaft (Gesellschaft) gehören zusammen. Die Zeit der Pandemie hat gezeigt, dass Menschen wie etwa Mitarbeitende oder Kundinnen und Kunden die Nähe zu Organisationen und Brands brauchen. Nähe als Unterstützung, als Hilfestellung zum Wir-Gefühl.

Empathie wird meist mittels visueller Geschichten vermittelt. Es zeigt sich, dass zukünftig Storytelling noch mehr genutzt wird, um Mitgefühl und Engagement zu steigern. Dies wird für soziale Zwecke genutzt.

Viele gemeinnützige Organisationen, sogenannte Non-Profit-Organisationen (NPOs) und Non-Government-Organisationen (NGOs[10]), ich nenne sie folgend vereinfachend NPOs, betreiben aktives Online-Marketing, ohne notwendigerweise das Ziel zu verfolgen, „Geschäfte" zu machen oder zu initiieren.[11] Ihnen geht es nicht in erster Linie um wirtschaftliches Wachstum und Wertschöpfung, sondern um die Verfolgung der in der jeweiligen Satzung festgelegten Ziele. Dazu gehören Ziele wie die Verbreitung einer Idee, die Information über ein bestimmtes Thema, eine Botschaft bis hin zum Aufruf zur aktiven Teilnahme an gesellschaftlichen Aktionen.

[10] Was sind NGOs? Als Interessenvertreter der Bürger sind NPOs als politische und gesellschaftliche Institutionen relevant (gesellschaftlich relevante Gruppen). Von der Freizeitgestaltung bis zur Sozialarbeit, von politischen Interessen bis zum Umweltschutz übernehmen NGOs Aufgaben, die weder vom Staat noch von der Wirtschaft wahrgenommen werden. – Vgl. o. V.: NGOs einfach erklärt. In: Plan.de. o. D., *https://www.plan.de/ngo-einfach-erklaert.html* (abgerufen 11/2023)

[11] Vgl. Lammenett, Erwin: Was genau ist Online-Marketing? In: lammenett.de. 26.04.2023, *https://www.lammenett.de/onlinemarketing/was-genau-ist-online-marketing-2.html* (abgerufen 10/2023)

10.2.3 Gezeichnete Bildwelten: Comics und Mangas

Mangas und Comics bzw. visuelle Elemente als vorrangige Erzählsprache setzen sich immer mehr durch. Nicht nur, dass die Beliebtheit der Comic-Held*innen wie Spiderman, Catwoman und Co. als Verfilmungen des Marvel-Universums an Verbreitung gewinnen, sie haben als Erzähltypus längst nicht mehr nur Fans in den Reihen im Alter von Kindern und Jugendlichen.[12]

Auch „Die Zeit“ versucht nun ein jüngeres bzw. Manga-liebendes Publikum via ihren TikTok- und Instagram-Account anzusprechen. Auf den Instagram- und TikTok-Accounts von ZEIT ONLINE erscheint ab Mitte 2023 wöchentlich ein Manga in der Form der Yonkomas (Comic-Strip mit vier Panels) (Bild 10.3). In den Mangas kommentiert die Protagonistin Zoe das politische und gesellschaftliche Geschehen.

Bild 10.3 Mit Mangas versucht „Die Zeit“ am Puls der Zeit zu bleiben und visuell orientierte Menschen anzusprechen. Manga von Christina Plaka; Screenshot: Instagram.[13]

[12] Vgl. Brunnar, Gregor: Superman, Spider-Man und das Duell mit den Dämonenjägern. In: faz.net. 14.8.2023, *https://www.faz.net/aktuell/wirtschaft/schneller-schlau/manga-immer-staerker-im-comicmarkt-us-klassiker-dominieren-kino-19096565.html* (abgerufen 10/2023)

[13] Instagram: Die Zeit, *https://www.instagram.com/p/Cu_SKSSt21Y/* (abgerufen 10/2023)

10.2.4 Beispiel WWF im Metaverse

Seit 2022 ist der WWF im Metaverse vertreten, um z. B. das Thema Plastikmüll und seine Auswirkungen bekannt zu machen.[14] Sie eröffneten im Metaverse den Ausstellungsraum #OceanDetox, um am „World Cleanup Day“[15] auf das Plastik- und Müllproblem aufmerksam zu machen (Bild 10.4). Im Metaverse können Botschaften visualisiert und echt dargestellt und auch vom Publikum empfunden werden, da hier oft Grenzen zwischen Fakten und Fiktion, zwischen natürlichen und erfundenen Realitäten, „verwischen“.

Der virtuelle Metaverse-Raum „Save your world“[16] (siehe Bild 10.4) ist derzeit noch offen, um dort mit einem persönlichen Avatar die Augen und Ohren offen zu halten und die Umweltverschmutzung zu erleben.

Bild 10.4 Screenshot des Metaverse-Auftritts des WWF saveyour.world[17]

10.2.5 Visuals mit KIs erstellen

Seit Winter 2022 erleben Visuals, die mithilfe von KI-Tools erstellt wurden, einen Boom. Der Vorteil ist, dass mit Tools und Diensten wie Dall-E[18], MidJourney[19] oder Stable Diffusion anhand einer Textvorgabe quasi jede Person ein*e Künstler*in ist.

So ist beispielsweise Stable Diffusion[20] eine Open-Source-Software, die fotorealistische Bilder aus Texteingaben erzeugt.

[14] Vgl. o. V.: WWF kämpft im Metaverse gegen den Plastikmüll. In: wuv.de. 16.9.2022, *http://www.wuv.deamp.wuv.de/Themen/Markenstrategie/WWF-kaempft-im-Metaverse-gegen-den-Plastikmuell* (abgerufen 10/2023)

[15] *https://worldcleanupday.de/*

[16] Vgl. ebd.

[17] Vgl. o. V.: Virtual for Reality. In: saveyour.world. o. D., *https://saveyour.world* (abgerufen 10/2023)

[18] WWW: Dalle-E: Creating images from text, *https://openai.com/research/dall-e* (abgerufen 10/2023)

[19] WWW: MidJourney, *https://www.midjourney.com/home* (abgerufen 10/2023)

[20] Stable Diffusion, ein textbasiertes maschinelles Lernmodell zur synthetischen Bilderzeugung, *https://Stability.ai* bzw. *https://stablediffusionweb.com* (abgerufen 10/2023)

Es gibt eine Vielzahl an KIs, welche Bilder, Grafiken, Fotos, Animationen oder Videos erzeugen (Bild 10.5). Heutzutage könnte ein **Workflow zur Erstellung eines Videos** wie folgt aussehen:

Ideenfindung: Tools wie ChatGPT oder Google Bard[21] unterstützen bei ersten Ideen, einer Gliederung und natürlich mit Ideen für weitere Recherchen. So kann recherchiert werden, welche Branchen oder Unternehmen bereits zu diesem Thema Videos produziert haben.

Story-Script: KI wie Jasper geben Hilfestellung, Texte und auch für das Video zu schreiben. Hier ist es vielleicht ratsam, diverse Tools für diverse Charakter auszuprobieren.

Script prüfen: Auch hier können diverse Tools helfen, ob Rechtschreibung und Co. korrekt sind.

Eine inhaltliche Prüfung, ob Zeitschienen etc. stimmen, sollten jedoch nach dem Vieraugenprinzip immer noch Menschen vornehmen.

Erstellung des Videos: KI-Video-Generatoren wie Lumen5 oder Pictory erstellen aus dem Script in kurzer Zeit ein Video.

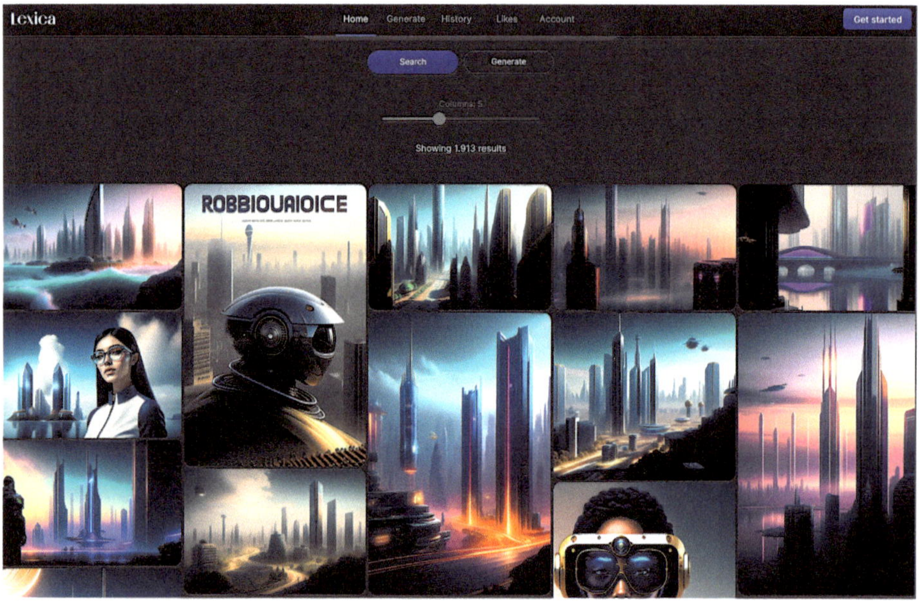

Bild 10.5 Die Suchmaschine Lexica sucht nach Visuals, welche mithilfe von Stable Diffusion, einem Deep-Learning-Text-zu-Bild-Generator, generiert wurden. Hier eine Frage nach Bildern der Zukunft aus dem Jahr 2035. Quelle: Screenshot *https://lexica.art*

KI-Bilder mit Stable Doodle erstellen

Stable Doodle ermöglicht es jedem Content-Ersteller, mittels Strichzeichnungen (Sketch-to-Image-Tool) und der Erweiterungen von textuellen Prompts KI-Bilder bzw. -Animationen zu erstellen. Neben den Skizzen und Textprompts können Creators aus 14 verschiedenen Stilvorgaben auswählen (Bild 10.6).

---

21 WWW: KI Google Bard, *https://bard.google.com/chat* (abgerufen 10/2023)

Die textuelle Prompt-Anweisung zu den Bildern (Bild 10.6) lautete:

„Sei ein Künstler zwischen Keith Haring und Pablo Picasso und erstelle ein Bild, worauf eine Katze mit einem Trike über Bayern fliegt.“

Bild 10.6 Experiment: Mit der KI Stable Doodle erstellte Grafiken.
Ausprobiert werden kann es auf *https://clipdrop.co/stable-doodle* (Stand 10/2023).

10.2.6 NFTs ermöglichen neues kooperatives Storytelling

NFT ist die Abkürzung für „Non-fungible Token“ - was frei übersetzt „nicht ersetzbare Wertmarke“ bedeutet. Gemeint sind damit digitale Zertifikate, die die Echtheit einer digitalen Datei verdeutlichen und gleichzeitig deren Nutzungsrechte darstellen. Diese einzigartige digitale Besitzurkunde belegt also klar, wer der Besitzer einer digitalen Originaldatei ist. Diese Datei kann ein Foto, ein Video oder eine Audioaufnahme sein.

Gespeichert sind NFTs auf einer Blockchain, also einer Datenbank, die aus verschiedenen Datenblöcken zusammengesetzt ist. Diese Datenblöcke beinhalten sämtliche Transaktionen, die auf der jeweiligen Blockchain getätigt wurden. In der Blockchain ist somit klar hinterlegt, dass die Originaldatei dem User gehört, der das NFT erstellt oder auf einem Marktplatz erworben hat. „Die Herkunft eines digitalen Bildes ist damit über die Blockchain identifizierbar und rechtlich gesichert“, erklärt Daniel Diemers, NFT-Experte und Mitgründer des Startups SNGLR Group, das sich auf exponentielle Technologien spezialisiert hat.[22]

In erster Linie sind NFTs sinnvoll für digitale Dateien, von denen es nur eine oder wenige gibt. Dazu gehören Krypto-Kunstwerke und virtuelle Gebiete in virtuellen Welten genauso

[22] o. V.: Was steckt hinter NFTs? In: next.ergo.com. o. D. *https://next.ergo.com/de/Trends/2022/NFTs-Non-fungible-Token-Metaverse-Blockchain-digitale-Zertifikate* (angerufen 12/2023).

wie digitale Sammelkarten oder Spielecharaktere. Aber auch andere Dokumente wie Personalausweise oder Impfpässe oder elektronische Rezepte könnten über die Blockchain gespeichert werden.

„Mittlerweile sind auch etablierte Künstler und Marken im NFT-Geschäft", sagt Experte Daniel Diemers. NFTs sind dabei auch im Kontext des Metaverse zu sehen. „Sie haben einen Metaverse-übergreifenden Standard geschaffen, der sicher vor Hackern ist. Ohne NFTs würde es das Metaverse schwer haben", so Diemers. Besonders für die Digital Natives werden NFTs attraktiv sein, glaubt der Digitalexperte. „Sie leben digital und wollen dann auch im Digitalen investieren oder Dinge besitzen."[23]

Andreas Aschenbrenner, Managing Director Wonder Consulting, erläutert weitere Nutzungsmöglichkeiten von NFTs: „Mithilfe von NFTs ist es möglich, diese Identität individuell zu tokenisieren und nur die Daten mit bestimmten Einrichtungen zu teilen, die gerade benötigt werden, um eine gute Privatsphäre zu erreichen."[24]

AI-Art: Botto, der dezentralisierte autonome Künstler

Botto[25], der „dezentralisierte autonome Künstler" (siehe Bild 10.7) ist eine kreative und lernfähige AI. Doch was ist so besonders an dieser AI?

Bild 10.7 Botto ist ein dezentralisierter autonomer Künstler.
Bild: Screenshot der Webseite zur KI *https://www.botto.com*

Botto erzeugt mit einer Mischung aus kollektiver und künstlicher Intelligenz Kunst. Das bedeutet, dass das Lernen mittels Feedbacks bereits eine Interaktion des Publikums ist, das gleichzeitig mit dieser Kollektiv-Interaktion zu Künstlern wird.

Die Community kommuniziert mittels Stimmabgaben (welche Bilder die Community favorisiert) mit der KI und trainiert sie so durch das Feedback. Mit diesem generativen Algorithmus wird so ein Bild erstellt, welches im Anschluss auf der NFT-Plattform SuperRare zur Versteigerung kommt. Praktischerweise liefert Botto die Titel der Bilder gleich mit.

[23] Ebd.
[24] Ebd.
[25] Botto is an decentralized autonomous artist, in: Botto. o. D., *https://www.botto.com* (abgerufen 10/2023)

Botto ist keine Spielerei, sondern: „Ein wichtiger Aspekt für Autonomie ist nun einmal finanzielle Unabhängigkeit“, ist sich Mario Klingemann, Mitbegründer von Botto, sicher. „Die KI soll in der Lage sein, für ihre Unterhaltskosten selbst zu bezahlen und - solange es noch nötig ist - auch menschliche Helfer und Experten dafür zu entlohnen, dass sie die Maschine weiterentwickeln und mit neuen Fähigkeiten ausstatten. Ein Weg dorthin ist es, dieses System so zu gestalten, dass es sich jetzt für Krypto-Investoren lohnt.“[26]

10.3 Storytelling mit Daten

Heutzutage sind Daten das neue Gold bzw. die neue Währung. Kaum jemals zuvor wurden so viele Daten gesammelt wie heutzutage. Kein Wunder, dass Daten zu einem zentralen Element von Storytelling geworden sind. Sie spielen für Kommunikation und Marketing eine immer größere Rolle.

Microsoft definiert Data-Storytelling folgendermaßen: „Data Storytelling ist das Konzept der Entwicklung eines ansprechenden Narratives basierend auf komplexen Daten und Analysen, die dazu beitragen, die Botschaft Ihrer Story zu unterstützen, um eine bestimmte Zielgruppe zu beeinflussen und zu informieren.“[27] Zudem beschreibt das Unternehmen Data-Storytelling: „Es ist dem menschlichen Geschichtenerzählen sehr ähnlich, bietet aber den zusätzlichen Vorteil, dass es tiefgreifendere Erkenntnisse bietet und durch Grafiken und Diagramme unterstützt wird.[28]

Bereits 2009 erkannte Googles Chief Economist Dr. Hal R. Varian: „The ability to take data - to be able to understand it, to process it, to extract value from it, to visualize it, to communicate it - that's going to be a hugely important skill in the next decades.“[29]

Es stellt sich die Frage, was wir nun mit all den gesammelten Daten machen und wie wir diese schwer verdauliche Kost kommunizieren?

Einen großen Teil unserer Arbeit macht das Sammeln, Messen und Analysieren von Daten aus. Doch die Analyse und Zusammenfassung der Daten reicht nicht aus, da die menschliche Wahrnehmung kaum darauf ausgelegt ist, nackte Fakten und Zahlen zu erfassen. Werden die Daten in einem sinnvollen Kontext in Form von Geschichten vermittelt, werden sie leichter verstanden. Die Botschaften der Daten müssen herausgearbeitet und vermittelt werden, damit die Ergebnisse verstanden werden und mit in die Arbeit einfließen können.

---

[26] Krischan. KI-Kunstmaschine Botto: Zeigt dieses Kryptoprojekt die Zukunft der Arbeitswelt? In: iE9, Oktober 2021. *https://1e9.community/t/ki-kunstmaschine-botto-zeigt-dieses-kryptoprojekt-die-zukunft-der-arbeitswelt/10368* (abgerufen 12/2023).

[27] Vgl. Microsoft, o. V.: Was ist Datastorytelling? In: microsoft.com. o. D., *https://powerbi.microsoft.com/de-de/data-storytelling* (abgerufen 10/2023)

[28] Vgl. ebd.

[29] Varian, Hal R.: „Die Fähigkeit, Daten zu nutzen - sie zu verstehen, zu verarbeiten, aus ihnen einen Wert zu schöpfen, sie zu visualisieren und zu kommunizieren - wird in den nächsten Jahrzehnten eine enorm wichtige Fähigkeit sein.“ In: forbes.com. 31.3.2016, *https://www.forbes.com/sites/brentdykes/2016/03/31/data-storytelling-the-essential-data-science-skill-everyone-needs* (abgerufen 10/2023)

Dazu eignet sich **Data-Storytelling.** Häufig wird der Begriff mit verschiedenen Methoden der Datenauswertung in Verbindung gebracht, wie z. B. der Erstellung von Infografiken, der Darstellung von Analysedaten in Dashboards oder der Erstellung von aufwendigen Reportings.

Dementsprechend wird beim Data-Storytelling basierend auf komplexen Daten und Analysen eine Story entwickelt, die den Inhalt der Daten, die Message bzw. Botschaft ansprechend vermitteln soll. Eines der Mittel ist die Visualisierung von Daten.

> *Dr. Hans-Wilhelm Eckert, Autor des Buchs „Storytelling mit Daten“*[30] *versteht Data-Storytelling wie folgt: „Wir haben unsere fünf Sinne und mit denen erklären wir die Welt. Aber Daten liefern uns plötzlich Möglichkeiten, Zusammenhänge zu erschließen, für die wir keinen Sinn haben, und damit unseren Horizont zu erweitern. Ich nenne das Augmented Storytelling, weil wir mit Daten ein tieferes Verständnis davon bekommen können, was unsere Mitmenschen bewegt. Daten helfen mir, mein Publikum zu verstehen und darauf ein Narrativ zu entwickeln.“*[31]

Meist sind Daten für sich allein betrachtet wenig verständlich und bedeutungslos. Es fehlt der Kontext. Erst durch ein Narrativ (Story), relevantes Vor- bzw. Hintergrundwissen (Insights), den Zusammenhang, in den wir die Daten stellen, gewinnen diese Daten an Bedeutung. Durch zielgruppengerechte Visualisierung werden Daten verständlich und somit auch anwendbar (actionable).

> *Hans-Wilhelm Eckert, Historiker und Autor, sieht die Fähigkeit, Daten zu interpretieren als eine jahrtausendealte Kulturtechnik, die er* ***Orakel-Prinzip***[32] *nennt: „Daten haben nicht aus sich selbst heraus eine Bedeutung, sondern gewinnen sie erst durch den Kontext, in den wir sie stellen. Das ist auch der Anspruch an alle, die sich mit Daten beschäftigen: Versteck Dich nicht hinter den Daten, sondern reflektiere und vertrete Deinen Standpunkt.“*[33]

Zur Übermittlung der Daten und Fakten an ein Publikum kommt Storytelling ins Spiel:

Während Daten keine Fakten übermitteln, bringt Storytelling Fakten in Relation, schafft Zusammenhänge (Kontext) und ermöglicht ein „Durchdringen“ von Informationen.

Nehmen wir als Beispiel einen Feiertag, den ich im Büro verbracht habe. Am nächsten Tag kann ich Freunden eine Aufzählung der Fakten bieten, wie mein Tag abgelaufen ist. Dies geschieht oft in der zeitlichen Abfolge der Fakten: Also Frühstück, Dusche, Fahrt mit dem Fahrrad in mein Büro, Kaffee kochen, erste Arbeiten an dem Buch, Telefongespräch mit XY usw. Dies geht oft ins Detail und vermittelt so gar nicht meine wahren Erlebnisse und Empfindungen; zudem ist es äußerst unspannend. Meist kommunizieren wir, indem wir wichtige Fakten hervorheben und diese mit unseren Eindrücken kombinieren, beispielsweise von einem Konzertbesuch, bei dem die Musiker erschienen wie auf einem Ast aufgereihte Hühner. Sie verwenden Bilder. Genau dies macht Data-Storytelling. So erzähle ich etwa von einem besonderen Artikel, der mich zu einem Buchbeitrag inspirierte.

---

[30] Eckert, Hans-Wilhelm: Storytelling mit Daten – Erkenntnisse gewinnen, Strategie entwickeln und Unternehmenskommunikation auf ein neues Level heben. Springer-Gabler, 2021

[31] Eckert, Hans-Wilhelm: Wenn Daten das Storytelling zum Glänzen bringen. In: bdkom.com. 29.3.2022, *https://www.bdkom.de/aktivitaeten/meldungen/wenn-daten-das-storytelling-zum-glaenzen-bringen* (abgerufen 10/2023)

[32] Eckert, Hans-Wilhelm: Storytelling mit Daten – Erkenntnisse gewinnen, Strategie entwickeln und Unternehmenskommunikation auf ein neues Level heben. Springer-Gabler, 2021

[33] Eckert, Hans-Wilhelm: Storytelling goes digital: Wie aus Daten Geschichten werden. In: marketingclub.muenchen.de. o. D., *https://www.marketingclub-muenchen.de/veranstaltungen/storytelling-goes-digital-wie-aus-daten-geschichten-werden* (abgerufen 10/2023)

Drei wesentliche Elemente von Data-Storytelling

Drei wesentliche Elemente einer Data-Story sind Daten, visuelle Darstellung sowie eine Geschichte:

Daten sind die Basis für das Data-Storytelling. Hierzu gehören nicht nur das Sammeln und Auswerten von Daten und Fakten, sondern vor allem die Fragestellungen, welche zu Erkenntnissen führen. Wenn wir die Daten als Rohstoff sehen, müssen sie im Data-Storytelling interpretiert werden.

Visualisierung: Durch die Umwandlung von Daten in Berichten und Diagrammen können Daten besser dargestellt werden. Katja Dietrich alias Katja Berlin greift in ihrer Zeit-Kolumne „Torten der Wahrheit“[34] gesellschaftliche Themen auf, die sie in einem Torten-Diagramm darstellt.

Geschichte (Narration): Die Geschichte gibt den Daten und der Visualisierung einen Kontext, macht kausale Zusammenhänge sichtbar und die Geschichte mit der Botschaft, die vermittelt wird, relevant und verständlich.

Definieren wir Data Storytelling als einen strukturierten Ansatz zum Verständnis von Daten, so bedarf es einer Kombination aus den Elementen Datenanalyse, Visualisierung, Narration.

10.3.1 Aufbau einer data-driven Story nach Brent Dykes

Data-Storys erklären, was in gesammelten Daten steckt und warum daraus gewonnene Erkenntnisse wichtig sind. Die wesentlichen Teile einer Data-Story sind der bekannte Dreiklang aus Anfang, einer Mitte und einem Ende:

1. **Exposition** (Einleitung): Erklärung des Kontexts, in dem die Analyse stattgefunden hat
2. **Konfrontation** (Hauptteil): Erläuterung des Konflikts, Herausforderungen und Thesen, aber auch erste Hinweise zur Lösung
3. **Auflösung** (Schluss): Auflösung des Konflikts und Präsentation der Erkenntnisse und Handlungsempfehlungen bzw. Entscheidungsvorlagen

Als **Datengrundlage** dienen gesammelte Fakten, auf deren Erkenntnissen die Data-Story basiert. Nach Dykes zeichnen sich Data-Storys durch folgende Elemente aus:

- **Reduktion:** Eine Datenvielfalt überfordert oft das Publikum. Daher sollten Daten nicht nur gegliedert, sondern auch minimiert werden bzw. die Punkte herausgearbeitet werden, auf welchen die extrahierte Hauptmessage basiert, die aus den Fakten gewonnen wurde.
- In der Story wird dann der **Erklärungsschwerpunkt** (erläuternder Fokus) daraufgesetzt, dass die Erkenntnis, die aus den Daten gewonnen wurde, für das Publikum verständlich erzählt wird. Hier werden Fragen wie das „Wie und Warum“ beantwortet, also ein Blick hinter die Kulissen geworfen. Dagegen konzentriert sich ein reiner faktenbasierter Vortrag auf das Wer, Was, Wann und Wo.
- Eine data-driven Story wird meist in **linearer Abfolge** (Bild 10.8) erzählt, in der Datenpunkte nacheinander eingeführt und vermittelt werden, um die aus den Daten gewonnene übergreifende Erkenntnis (Essence) zu untermauern.

[34] Vgl. Dietrich, Katja: Interview mit Katja Berlin. In: taz.de, *https://taz.de/Interview-mit-Katja-Berlin/!5829206/* (abgerufen 10.2023)

Bild 10.8 Zeitlich kausale Abfolge der Erzählung bzw. der Daten nach beispielsweise Jahreszahlen.

- Die Grundlage einer Data-Story ist nach Dykes der Kontext der Erkenntnisse. Dykes nennt es **„dramatische Elemente“**, die erzählen, wie es und warum es zu Sammlung und Erhebung der Daten kam, warum es von Bedeutung ist und was die Erkenntnisse bewirken bzw. welche neuen Fragestellungen oder Konsequenzen sich daraus ergeben.
- Ein sehr wichtiger Bereich im Data-Storytelling sind **die visuellen Anker,** die einerseits für Aufmerksamkeit und Attraktivität einer Story sorgen, andererseits Daten in einen Kontext bringen und die Erkenntnisse verständlicher machen. Oft werden hierbei visuelle Metaphern eingesetzt.

Zusammengefasst kann Data-Storytelling als **eine Kombination von Daten, Narrativ und Visualisierung** verstanden werden (Bild 10.9).

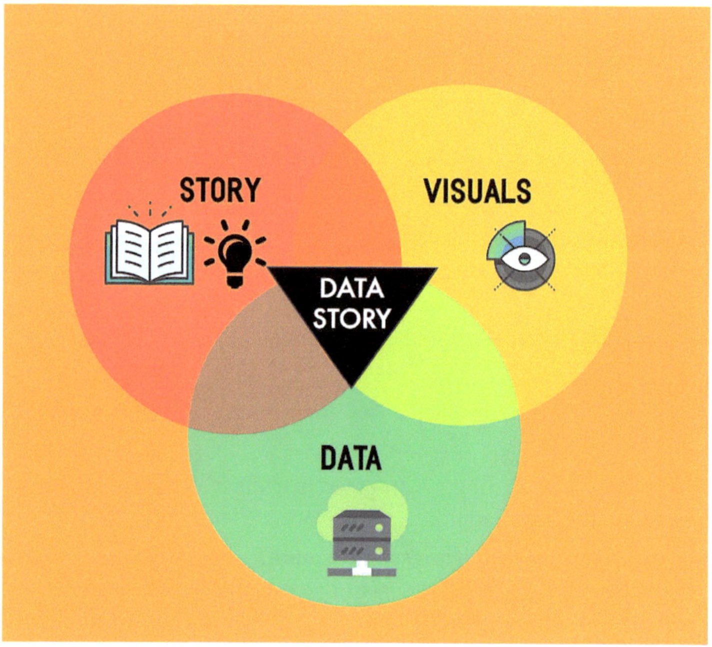

Bild 10.9 Jede data-driven Story besteht aus den Kernelementen Daten, dem Narrativ (Story) und Visuals.

Struktur einer Data-Story nach Ben Jones

Ben Jones, Autor und Marketingmanager der Visualisierungssoftware Tableau, definiert sieben Typen[35,36] von Data-Storys (Bild 10.10), angelehnt an die Seven Plots (siehe Abschnitt 9.1.7).

1. **Change Over Time:** Darstellung von Transformationen oder Prozessen: Nehmen wir die Darstellung der vier Stufen der Industrialisierung, was sie ausgelöst hat, und welche Prozesse wir nun für die fünfte Industrierevolution übernehmen können[37].
2. **Drill Down:** vom Überblick bzw. Darstellung einer Gesamtlage zu einem speziellen, konkreten Beispiel.
3. **Zoom Out:** Hier wird von einem Beispiel, einer fokussierten Information aus der Blick auf das Große geöffnet. (Vom Speziellen zum Allgemeinen)
4. **Contrast:** Denken Sie an die Vorher- und Nachher-Fotos: Es werden verschiedene Daten, Fakten oder Protagonisten einander gegenübergestellt. Vergleich von zwei oder mehreren Protagonisten/Daten.
5. **Intersections:** Im Zentrum der Erzählung steht ein Kreuzungspunkt, an dem zwei oder mehr Fragestellungen. Protagonisten oder Datenpunkte zusammentreffen.

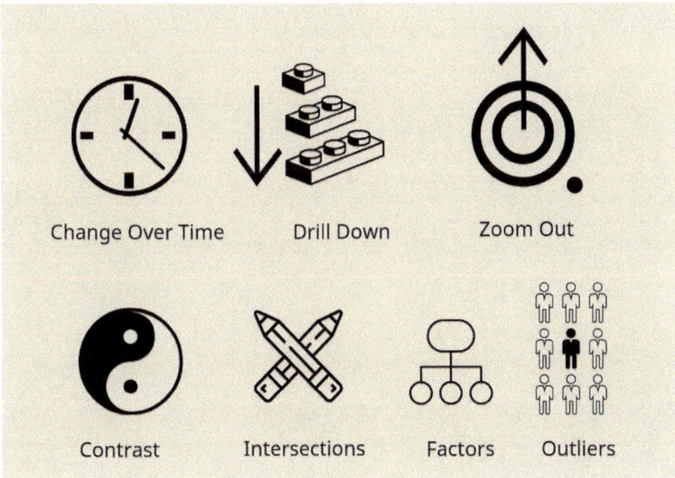

Bild 10.10 Sieben Typen von Data-Storys angelehnt an die Seven Plots von Christopher Booker. Bild: eigene Darstellung nach Tableau *https://public.tableau.com/app/profile/ben.jones/viz/SevenDataStoryTypes_BT/Title*[38]

[35] Jones, Ben: Tapestry 2015 Short Stories: Seven Data Story Types. In: YouTube, *https://youtu.be/sEZj-eUfbNo* (abgerufen 10/2023) – Vgl. o. V.: Creating Stories in Tableau. In: datacamp.com. November 2022, *https://www.datacamp.com/tutorial/creating-stories-tableau* (abgerufen 10/2023)

[36] Vgl. o. V.: Bewährte Verfahren für interessante Storys. In: tableau.com. o. D., *https://help.tableau.com/current/pro/desktop/de-de/story_best_practices.htm#es-gibt-sieben-unterschiedliche-datenstorytypen* (abgerufen 10/2023)

[37] Vgl. Matuszak, Justyna: Ist Ihr Unternehmen bereit für die Industrie 5.0? In: knowhow.distrelec.com. 17.3.2022, *https://knowhow.distrelec.com/de/fertigungsindustrie/ist-ihr-unternehmen-bereit-fuer-die-industrie-5-0* (abgerufen 10/2023)

[38] Jones, Ben: Seven Data Story Types. In: tableau.com. 2015, *https://public.tableau.com/app/profile/ben.jones/viz/SevenDataStoryTypes_BT/Title* (abgerufen 10/2023)

6. **Dissection of Factors:** Handlungsstränge und Datensätze werden sozusagen „seziert" und auf Zusammenhänge sowie Kausalitäten hin befragt.
7. **Profile of Outliers:** Geschichte über statistische Ausreißer bzw. Sonderfälle

10.3.1.1 Interaktive Data-Storys

Oft werden Geschichten verstanden, indem sie erobert und somit verinnerlicht werden. Spielerisch ist dies auch mittels interaktiver Datengeschichten möglich. Webseiten laden mittels verschiedener Tools, wie beispielsweise Pop-up-Fenster, Vergrößerung durch Draufklicken, Abspielen von Tonspuren zu Diagrammen oder Umfragen und Quizze.

Ein Praxis-Beispiel ist die folgende Abbildung der „Gendered Descriptions" (Bild 10.11).

Data-Storytelling verändert die Art und Weise, wie wir Informationen verstehen und aufnehmen.

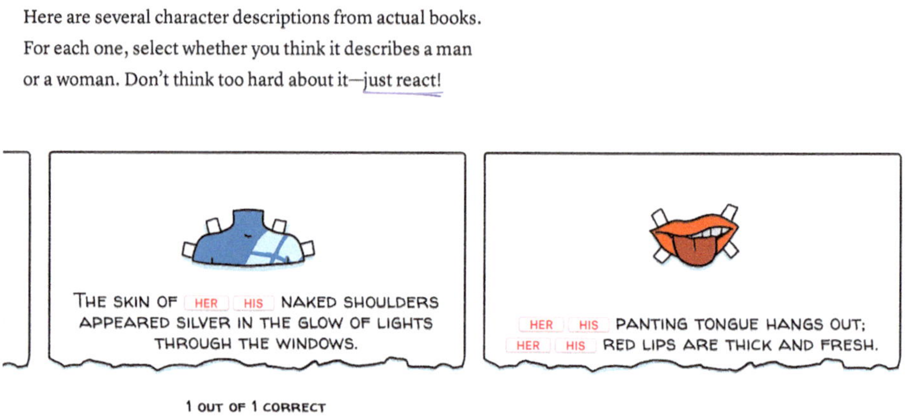

Bild 10.11 Das Gender-Projekt von THE PUDDING „The physical traits that define men & women in literature" zeigt den Unterschied zwischen Männern und Frauen in der Literatur von Erin Davis. Illustrations: Liana Sposto.[39]

10.3.1.2 KI Data-Storytelling

Die Frage „Was wäre, wenn?" beschäftigt uns Menschen seit jeher. In einer bislang einzigartigen Geschichte lässt der Sportartikelhersteller Nike die Tennisspielerin Serena Williams aus dem Jahr 2017 in einem virtuellen Duell gegen ihr „früheres Ich" aus dem Jahr 1999 antreten. Mit „Never Done Evolving" („Hör nie auf, dich weiterzuentwickeln")[40] erzählt der Sponsor nicht nur die Geschichte der US-Sportlerin, sondern feiert auch sein 50-jähriges Firmenjubiläum.

Der Videoclip aus dem Jahr 2022 stellt die Frage, ob die jüngere, stärkere Tennisspielerin die erfahrenere, ältere besiegen kann. Was zählt mehr: Jugend oder Erfahrung? Dazu wurde eine KI mit den Spieldaten der Tennisspielerin „gefüttert", analysiert und ausgewertet. Die Statistik

---

[39] Sweet & Slim. Greasy & Grimm. The physical traits that define men & women in literature. In: pudding.cool. o. D., *https://pudding.cool/2020/07/gendered-descriptions* (abgerufen 10/2023)

[40] Nike: Never Done Evolving, *https://www.akqa.com/work/nike/never-done-evolving* (abgerufen 10/2023)

zeigt, dass sich die Sportlerin zwischen 1999 und 2017 enorm weiterentwickelt hat. So ist ihre durchschnittliche Aufschlag-Geschwindigkeit von 145 km/h auf 175 km/h gestiegen.

Trotzdem gewinnt am Ende die jüngere Serena das virtuelle Match (Bild 10.12).

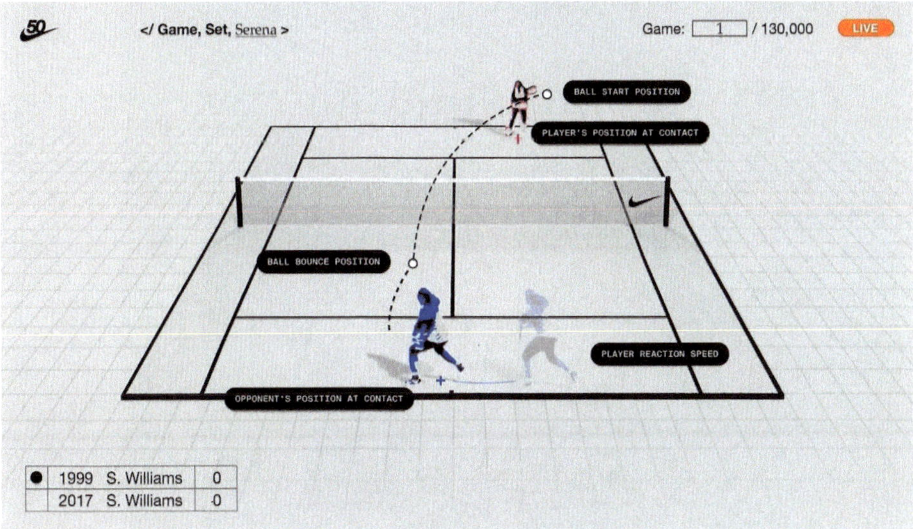

Bild 10.12 In dem Video „Never Done Evolving Feat Serena" zeigt Nike ein mögliches virtuelles simuliertes Spiel, in dem die jüngere Serena gegen die ältere Serena Williams antritt. Screenshot: *https://www.youtube.com/watch?v=Scxx8T2xKhw*

10.3.2 Sketchnotes

Wer kennt sie nicht, Sketchnotes, also skizzierte Notizen und Ideen? Sie wurden in den letzten Jahren immer beliebter, da sie ohne großen Aufwand und Kosten erstellbar sowie universell einsetzbar sind. Der Begriff Sketchnotes setzt sich aus den Worten Sketch (englisch für Skizze) und Note (englisch für Notiz) zusammen. Dementsprechend können Sketchnotes als gezeichnete Notizen verstanden werden, welche aus Text, Symbolen, Zeichnungen und Strukturen bestehen. Weitere Begriffe sind unter anderem Sketchnoting, Visual Facilitating und Graphic Recording. Speziell die Begriffe Graphic Recording und Visual Facilitating beziehen sich auf das Erstellen von visuellen Dokumentationen für andere bzw. während einer Veranstaltung live vor einem Publikum.

Während Meetings, Vorträgen oder Kongressen gilt das Sketchnoting als „moderne" und visuelle Art ein Protokoll zu führen. Sketchnotes sind immer eine Zusammenfassung und zugleich eine Interpretation des Zeichners. Als Skizze, mit Wörtern und Ziffern unterstützt, bleiben Informationen so bildlicher und länger in Erinnerung.

Sketchnotes können nicht nur zum Plotten von Storyideen eingesetzt werden, sie eignen sich bei Live-Events auch wundervoll dazu, Inhalte visuell und stichwortartig direkt, live und konkret festzuhalten. Auch helfen Sketchnotes bei der Entwicklung von Storys. Grundsätzlich benötigt es keinerlei besondere Ausbildung, um Informationen visuell zu skizzieren. Die verwendeten Grundformen sind Punkt, Strich, Kreis, Quadrat und Rechteck. Mittels dieser

Formen sowie der Verwendung von Farben und Buchstaben sowie Ziffern lässt sich alles visualisieren. Jeder Sketchnoter wird sich nach und nach eine „Sketchnote-Bilddatenbank" (Bild 10.13) aneignen, also Visuals, die er einübt und einsetzt, sobald beispielsweise ein Begriff wie „Bewegung" oder „Fortschritt" visualisiert werden soll. Graphic Recording begleitet als grafisches Visual Storytelling in Echtzeit.

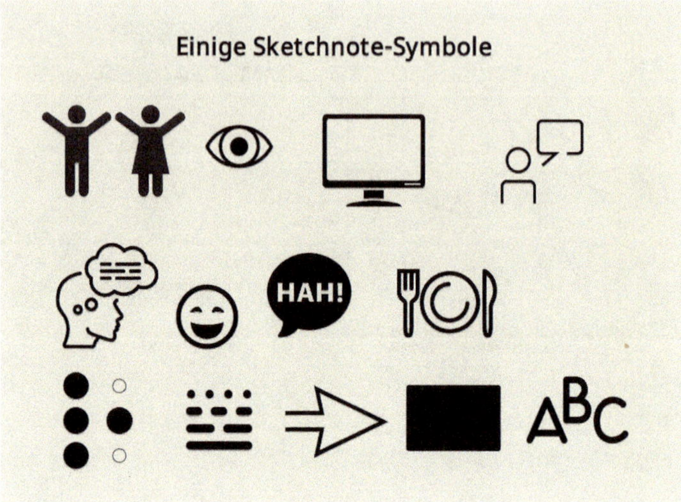

Bild 10.13 Mit wenigen Grundsymbolen für Sketchnotes – wie Kreis, Strich, Rechteck, Pfeil, Dreieck etc. – können allerlei Inhalte visualisiert werden. Grafik: Pia Kleine Wieskamp

Folgende Elemente bilden die Basis für Sketchnotes oder Graphic Recording

- **Icons (Symbole):** Mit gängigen Symbolen (Icons) wie etwa der Verwendung einer Glühbirne für Idee bzw. Geistesblitz können komplexe Dinge schnell und einfach visualisiert werden.
- **Zeichen für Aufzählungen:** Mit Aufzählungszeichen (z. B. Bulletpoints) strukturieren Sie Ihre Gedanken. Mithilfe der daraus entstandenen Hierarchie lässt sich auf Anhieb erkennen, was wichtig und was weniger wichtig ist. Dafür stehen Ihnen einfache Gedankenstriche und Punkte, aber auch Häkchen oder Sterne zur Verfügung.
- **Boxen:** Hierfür bieten sich geometrische Formen wie Kreise, Rechtecke oder Quadrate an. Eine Information kann so hervorgehoben werden. Neben Boxen können auch Sprechblasen verwendet werden oder Sie nutzen bildliche Elemente und tragen die Information beispielsweise in ein Straßenschild ein.
- **Figuren:** Figuren verleihen Ihren Notizen einen menschlichen Aspekt. Aussagen und Tätigkeiten können ihnen leicht zugeordnet werden. Doch keine Angst, Sie müssen keine Porträts zeichnen. Um beispielsweise einen Geschäftsmann darzustellen, reicht ein Strichmännchen mit einer Krawatte völlig aus, es geht nur darum, dass Sie selbst wissen, wofür das Element steht.

- **Verbindungselemente:** Mithilfe von Pfeilen lassen sich Bezüge zwischen Elementen herstellen. Dabei können Sie die Art der Pfeile variieren. Es können einfache Pfeile oder dreidimensionale sein. Die Gestaltung der Linie, beispielsweise dünn oder dick, durchgezogen oder gepunktet, kann die Stärke der Verbindung ausdrücken. Pfeile leiten die Blickrichtung und tragen so zum Verständnis bei.
- **Trennungselemente:** Linien können dazu genutzt werden, den zur Verfügung stehenden Raum in verschiedene Abschnitte zu teilen. Diese Bereiche können unterschiedliche Gedanken enthalten oder sich mit unterschiedlichen Themen beschäftigen. Hier bietet es sich an, die Art der Linienzeichnung zu variieren: gestrichelt, gepunktet, als Balken und vieles mehr.

10.3.3 Vorteile beim Einsatz visueller Elemente

Die Besonderheiten visueller Kommunikation liegen auf der Hand. Der Schweizer Kommunikationswissenschaftler Christian Doelker begründet **die Vorteile des Bildes gegenüber dem reinen Text** mit den Besonderheiten, die er mit den folgenden Eigenschaften beschreibt: Vieldeutigkeit, Konkretheit, Räumlichkeit und Unmittelbarkeit der emotionalen Wirkung.[41]

Doch wie ist dieser visuelle Trend innerhalb der Kommunikation zu erklären? Im Folgenden zeige ich Ihnen einige Gründe auf, die im Vordergrund stehen, wenn über die Macht von Bildern und Visuals die Rede ist:

I. **Effektiver:** Forschungsstudien belegen, dass Kommunikation, die eine visuelle Komponente enthält, weitaus effektiver sein kann als solche ohne. Studien des Psychologen Jerome Bruner[42] sowie von Paul Martin[43] Lester zeigen: Menschen erinnern sich an 80 Prozent von dem, was sie sehen und tun, an 20 Prozent, worüber sie gelesen haben, und an 10 Prozent, wovon sie gehört haben.

II. **Schnelle Informationsvermittlung:** Visuelle Kommunikation ist schnell, denn wir Menschen können in weniger als einer Zehntelsekunde erkennen, was wir sehen, und häufig auch Zusammenhänge und Emotionen erfassen. In dieser Zehntelsekunde sind die meisten Menschen nicht in der Lage, einen Satz zu lesen und dessen Inhalt aufzunehmen. Statistiken zeigen, dass visuelle Elemente im Gehirn 60000-mal schneller verarbeitet werden als Text. Und Zeit ist ein entscheidender Faktor in unserer schnelllebigen Welt. Diese Geschwindigkeit hat den Nachteil, dass Informationen oft nicht bewusst aufgenommen werden. Durch optische Reize können verschiedene Zielgruppen in kurzer Zeit und effizient erreicht werden.

III. **Emotionaler:** Ohne, dass wir Wörter erst einmal verstehen und begreifen, haben wir bei Visuals sofort ein Gefühl, einen Eindruck. Dieser entsteht aus Assoziationen zu ähnlich Erlebtem. Beispielsweise sorgen dunkle Farben und wenig Licht für eine düstere,

[41] Vgl. Doelker, Christian: Ein Bild ist mehr als ein Bild. Visuelle Kompetenz in der Multimedia-Gesellschaft. Dritte, durchgesehene Aufl. Klett-Cotta, 2002

[42] Bruner, Jerome, zitiert in Lester, Paul Martin: „Syntactic Theory of Visual Communication". 1994–1996, *https://policyviz.com/wp-content/uploads/2015/10/power-of-visual-communication.pdf* (abgerufen 10/2023)

[43] Lester, Paul Martin: „Syntactic Theory of Visual Communication", California State University at Fullerton. 1994–1996, *http://paulmartinlester.info/writings/viscomtheory.html* (abgerufen 10/2023)

bedrohliche Stimmung. Visuals aktivieren (erregen) stärker als verbale Informationen, da sie schneller und direkter Emotionen ansprechen.

IV. **Der entscheidende erste Eindruck:** Hierbei ist die Aufnahme der Informationen über den dominantesten Sinn des Menschen, den Sehsinn, ausschlaggebend: Bilder werden früher und schneller wahrgenommen als Wörter. Die aufgenommenen Informationen werden schnell an das Gehirn weitergeleitet und dort bearbeitet und verankert.

V. **Aufmerksamkeit:** Visuelle Elemente bewirken eine höhere Aufmerksamkeit als Wörter. Sie aktivieren ohne den Verstand (Ratio) einzuschalten direkt den emotionalen Teil und sprechen somit andere Aspekte als reine Argumente und Fakten an. Meist bieten sie eine Brücke zu persönlichen Erfahrungen sowie einen größeren Unterhaltungswert als reiner Text.

VI. **Verständlicher:** Oft sind Visuals einfacher verständlich als Worte, da sie etwas zeigen. Sicherlich schauen Sie auch lieber „How-to-Videos" auf YouTube an, als langatmige Texte zu lesen und dann beispielsweise eine Einstellung im Menü einer Software zu suchen. Stellen Sie sich ein international agierendes agiles Team vor. Hier hilft es oft, bestimmte Themen, Prozesse und Begriffe zu visualisieren: Kurze, einfache Videos, Zeichnungen, Infografiken oder animierte GIF-Dateien können bestimmte wiederholbare Arbeitsschritte für alle Teammitglieder visuell fassbar machen.

VII. **Lange abrufbar:** Visuals werden schneller und direkter im Langzeitgedächtnis aufgenommen und verarbeitet. Oft werden visuelle Informationen im Gehirn doppelt gespeichert, also sowohl als Visual als auch mit den assoziierten Wörtern. Sowohl das Kurzzeit- als auch das Langzeitgedächtnis speichern Informationen in Blöcken. Eine der einfachsten Möglichkeiten, um sicherzustellen, dass Menschen Informationen in ihrem Langzeitgedächtnis speichern, besteht darin, Texte mit aussagekräftigen Bildern zu verbinden.

VIII. **Glaubhafter:** „Was wir sehen, glauben wir!" Bis vor einigen Jahren wurden Fotos als Beweismittel vor Gericht zugelassen. Und obwohl das Wissen rund um Manipulationen von Visuals vorhanden ist, fassen die meisten Menschen „Gesehenes" zunächst als real und glaubwürdig auf.

IX. **Wiedererkennbar:** Hinzu kommt die einzigartig wiedererkennbare Komponente der Visuals, so dass sie für die Bezugsgruppe sofort und auf den ersten Blick unterscheidbar sind.

Marken leben von der Wiedererkennbarkeit, unterstützt durch Corporate Design und Schlüsselbilder. Hierbei ermöglicht visuelle Kommunikation eine konsistente Informationsvermittlung auf vielen Ebenen: Unternehmen und Personen definieren und kommunizieren ihre Identität nicht nur über das Markenlogo, sondern auch mit durchgehend genutzten Farbpaletten, einer definierten Bildsprache und weiteren unternehmensspezifischen Design-Richtlinien. Optimale Informationsspeicherung sollte immer angestrebt werden, egal ob die geplante Kommunikation intern oder extern stattfinden soll. Häufig wird dies mit dem Begriff Corporate Identity (CI) zusammengefasst.

X. **Verbreitung:** Gerade Kommunikation mittels Social Media zeigt, dass Visuals leichter und öfter mit einem „gefällt-mir"-Symbol (Like) versehen sowie geteilt werden – sie sind also viraler. Denken wir an Icons oder Symbole, so ist kaum noch ein Social-Media-Post oder eine E-Mail bzw. WhatsApp-Nachricht ohne Emojis (Icons) vorstellbar.

11 Wo wird erzählt: Storytelling-Kanäle

In den Köpfen vieler Menschen wird Storytelling mit dem Bild eines Lagerfeuers assoziiert, an dem Geschichten erzählt werden. So schön und romantisch die Lagerfeuer-Metapher fürs Geschichtenerzählen auch sein mag, so ist sie in einer Hinsicht zeitgemäß: Ein Lagerfeuer zu entfachen macht viel Arbeit, bei der zunächst eine geeignete Feuerstelle gefunden und vorbereitet wird. Im zweiten Schritt wird Brenn- und Zündmaterial gesammelt und zerkleinert. Falls kein Streichholz vorhanden ist, muss mithilfe eines Feuersteins das Feuer entfacht werden. Als Notfallmaßnahme, also bei ungewollter Ausbreitung des Feuers, sollte z. B. Löschwasser neben dem Feuer bereitstehen. So geht es immer weiter bis zu den Aufräumarbeiten nach dem Feuer.

Oft geschehen diese Arbeiten zum Lagerfeuer als **Gemeinschaftsarbeit.** Dies ist oft übertragbar für Storytelling im Bereich der Business-Kommunikation.

Die Suche nach dem Platz für das geeignete Lagerfeuer entspricht der Wahl nach einem geeigneten Erzählkanal. Hierbei gibt es vielerlei Komponenten zu berücksichtigen:

- Wo und wie (Umsetzung, z. B. Video etc.) erreichen wir unser Publikum?
- Welche Umsetzung entspricht der Story? Ist es etwa ein wiederkehrendes Storytelling-Format mit Gästen, so empfiehlt sich ein Vlog, Podcast, Live-Streaming etc. im Gegensatz zu einem Buch.
- Welche Kanäle werden von der Organisation bereits bespielt? Wo haben wir Ressourcen, Know-how, eine Community etc.?
- Welche Kanäle entsprechen der Storyidee? (z. B. werden beim Transmedia-Storytelling drei Kanäle benötigt)
- Welche Kanäle nutzt das zu erreichende Publikum?
- Welche Kanäle nutzen die Mitbewerber?

Geschichten werden heutzutage nahezu überall dort eingesetzt, wo Menschen miteinander kommunizieren. Hierzu zählt das **Erzählen in Präsenz** wie etwa in Meetings, auf Messen, auf Vortragsbühnen, Kongressen, Trainings, Pitch, in Verkaufs- oder Servicegesprächen, Schulungen, Bürogebäuden und vieles mehr. Wichtig ist, dass bis vor einiger Zeit vor allem nicht mehr von Business-to-Customer (B2C) bzw. Business-to-Business-Storytelling (B2B) gesprochen wurde, sondern von H2H – also **Human-to-Human-Storytelling.** Ich spreche hier in der Vergangenheit, denn bald wird auch von A2H und umgekehrt die Rede sein, also von **Artificial-to-Human-Storytelling.**

Das Live- oder Präsenz-Storytelling unterscheidet sich vom Digital- und Social-Media-Storytelling u. a. durch den Ort des Erzählens, die Umgebung oder auch Bühne, wie auch das Publikum die Art und Weise des Erzählens mit beeinflusst. Manche dieser besonderen Anlässe wie etwa ein Pitch haben Vorgaben wie Zeiteinschränkungen.

Daher sollten Sie zunächst eruieren, welche Vorgaben, Erwartungen und Rahmenbedingungen und Regeln es für den jeweiligen Anlass der Story gibt.

Dennoch bleibt bei dieser Art des Storytellings die Präsentation, wie beispielsweise Mimik, Gestik, ein Gegenstand, akustische „Einlagen", bzw. Inszenierung zweitrangig, da zunächst das Konzept und das Ziel vorhanden sein müssen.

Zu den klassischen Storytelling-Kanälen zählen Print-Medien wie ein Mitarbeiter-Magazin. Zunehmend werden Inhalte **digital erzählt,** indem beispielweise Unternehmen ihre Magazine nicht mehr drucken lassen, sondern digital publizieren. Ein weiterer Kanal vieler Organisationen ist **das Intranet,** quasi mit einer unternehmensinternen Webseite vergleichbar. Interne bzw. semi-interne Kommunikationskanäle sind neben dem Intranet das Social Intranet, Mitarbeiterportal, Extranet, Social Enterprise Network, Digital Workspace sowie Mitarbeiter-Apps.

Immer öfter findet Storytelling virtuell statt: sei es in Webinaren oder auf Plattformen wie dem Metaverse.

11.1 Der Social-Media-Gedanke

Kaum ein Medium liegt so nahe am Puls der Zeit wie die einzelnen Social-Media-Plattformen und deren Formate sowie Beiträge. Die Zielgruppe möchte inspiriert, unterhalten oder auch informiert werden. Oft treten diese drei Grundbedürfnisse auch in Mischformen auf, denn wer sagt, dass Informationen nicht auch gleichzeitig unterhaltsam sein können?

Kollaboratives Storytelling

Mit dem Aufstieg der sozialen Medien im Web 2.0 hat sich eine neuartige digitale Erzählkultur etabliert, die mithilfe einfach bedienbarer und erschwinglicher Technologien das Produzieren und Veröffentlichen von Inhalten zu einem Lifestyle machte.

Punkten Sie mit folgenden vorteilhaften Elementen erfolgreichen Social-Media-Storytellings

- **Dialog statt Berieselung:** Beim Storytelling auf Social-Media-Plattformen ist eines der herausstechenden Merkmale, dass hier der Dialog, das Gespräch, das Netzwerk mit gemeinsamen Aktivitäten wie einer Nutzung eines #Hashtags im Vordergrund steht. So ist ein intensiver Austausch in der Community bzw. dem Netzwerk ein Plus, denn dort geben die Nutzer*innen beispielweise weitere wertvolle, lustige GIFs oder Links zur Vertiefung des Themas weiter. Dies sowie die Viralität von Storys und Inhalten in der Social-Media-Community ist ein Mehrwert, den Sie auch bei der Verbreitung Ihres eigenen Contents bemerken werden. Erleichtern Sie die Viralität durch Kurzlinks und Teilbarkeit Ihrer Inhalte.
- Viele Geschichten auf den Social-Media-Plattformen zeigen vor allem eines: **Emotionen**. Sie halten sowohl textuell als auch visuell - oft unterstützt mittels Emojis und GIFs - nicht mit Gefühlen zurück.
- **Mobil first:** Geschichten sollten für das Publikum leicht konsumierbar gestaltet werden; dementsprechend sind die Hardware und deren „Eigenheiten" zu berücksichtigen. Im Klartext bedeutet es heutzutage, dass Geschichten hauptsächlich auf mobilen Geräten und digital konsumiert werden - egal wo sich das Publikum befindet. Dementsprechend werden Geschichten immer mehr im Hochformat produziert.
- **Kurzvideos** trenden: Ob TikTok, Instagram oder Facebook, Kurzvideos zeigen den kurzweiligen schnelllebigen Zeitgeist.
- **Interaktion** zieht das Publikum mehr in die Geschichte hinein und ermöglicht, dass dieses eine Erfahrung macht bzw. etwas erlebt. So sehen laut Studie „2023 Social Media Trends"* von Meltwater in Zusammenarbeit mit Hubspot 90 Prozent der befragten Unternehmen eine hohe Bedeutung von Interaktionen und unterstützen den **Aufbau aktiver Online-Communities**, um Interaktionen und Austausch zu fördern.
- **Schnelligkeit:** Geschichten verbreiten sich gerade in der Community der Social-Media-Kanäle immer schneller, da mehr als eine Person oder Organisation diese Geschichten nun verbreiten können.

- **Von der Heldenreise zu snackablen und seriellen Inhalten:** Viele dieser Posts sind kurz und auch schnell auf mobilen Geräten in kurzen Pausenzeiten konsumierbar. Stellen Sie sich die Posts wie eine Stehparty vor, bei der Fingerfood auf Tablets gereicht wird. Dieses muss vor allem auch ohne Tisch und Besteck leicht und einfach konsumierbar sein.
- **Zukünftig wird** Kommunikation auch **virtuell** bzw. in virtuellen Räumen stattfinden.

* Vgl. o. V.: Studie 2023 Social Media Trends. In: hubspot.com. o. D., *https://www.hubspot.com/hubfs/Germany/offer_files/2023%20HSCM%20Social%20Media%20Trends%20Report/DE_Social%20Media%20Trends%20Report%202023_HubSpot%20x%20Meltwater.pdf* (abgerufen 10/2023)

Die eigentliche Aufgabe ist Motivation

Dass gute Inhalte sich in Social Media von allein verbreiten, ist ein Märchen. Es bedeutet Arbeit, das Lagerfeuer in Social Media zu entfachen, und auch Arbeit, ein möglichst großes Publikum für die Inhalte auf den Social-Media-Kanälen zu gewinnen.

Es gilt die Nutzer*innen, sogenannte User*innen, zu motivieren, Inhalte zu erstellen, zu teilen und sich auszutauschen. **Dies scheint die größte Herausforderung:** Storys, und gerade transmediale Geschichten, können nur dann mit Menschen interagieren, wenn diese Bereitschaft zeigen und motiviert werden.

Die Identifikation gemeinsamer Interessen, Ziele, Bedürfnisse oder Ansichten ist ein guter Start, um Menschen zu verstehen. Dies ist eine grundlegende Voraussetzung zur Motivation.

Zahlreiche Social-Media-Plattformen beruhen auf dem Prinzip von User-Generated-Content. Facebook, Wikipedia, YouTube, Flickr und Co. bieten einen inhaltsleeren Raum. Ohne Inhalte der Nutzer*innen wären diese Plattformen leer und sinnlos.

Unter **User-Generated-Content** fallen digitale Inhalte wie Text, Musik oder Fotos, die eine eigene „kreative Schöpfung" der Nutzer sind. Der Vielfalt an User-Generated-Content sind dabei keine Grenzen gesetzt. Die von Nutzern generierten Inhalte reichen von Blog-Beiträgen über YouTube-Videos, Design-Entwürfe bis hin zu Buch- und Hotelbewertungen und vielen anderen Inhalten.

Die Vorteile von User-Generated-Content sind mannigfaltig

- Die Zielgruppe identifiziert sich stärker mit Personen, Marken oder Produkten, wenn diese in Aktionen eingebunden werden (denken Sie nur an die vielen Fotowettbewerbe).
- Mehr Interaktionen sorgen für mehr Sichtbarkeit und für mehr Reichweite.
- Der Content-Pool wir durch nutzergenerierte Inhalte größer.
- User-Generated-Content wirkt nicht als Werbung und dadurch wird die Marke, das Produkt glaubwürdiger (authentischer).
- Ideen und Meinungen der User können wertvolle Impulse, Ideen oder Konzepte bringen (Crowdsourcing).

Es gibt viele Möglichkeiten, Ihre User und Fans zu motivieren, zunächst Ihre Inhalte zu teilen und dann bestenfalls eigene Inhalte zu erstellen. Meiner Meinung nach liegt die Motivation der Menschen darin, zunächst Mitglied einer Community zu werden (ob Fan oder Follower) und dann nicht nur den dargebotenen Content zu teilen, sondern als Mitglied einer „Gesellschaft" auch Bereitschaft zu zeigen, eigene Inhalte zu produzieren. Als Community-Betreiber sollten Sie also Ihre Mitglieder nicht nur durch gut erzählte Geschichten motivieren, sondern mit in die Produktion eines Gemeinschaftswerks einbeziehen. Dazu gehört auch, dass Sie die Mitglieder belohnen, reizen, herausfordern und schulen.

Motivationstipps

- Bereiten Sie Ihre Inhalte durch Plug-ins und Buttons so auf, dass sie leicht und schnell teilbar sind. Wenn Ihr Content direkt auf Facebook, X (vormals Twitter), BlueSky oder anderen Social Networks landet, dann ist das Teilen und Retweeten kein Mehraufwand.
- Bedanken Sie sich persönlich! Belohnung funktioniert auch bei Erwachsenen. Dabei muss es nicht immer ein Gewinnspiel mit Preisen sein; es reicht häufig, wenn Sie Kommentare und Teilen nicht nur liken, sondern persönlich anerkennen. Manche Communities haben einen Belohnungsbutton wie „Du bist ein Superstar!" erschaffen, der als Kommentar zu einem Foto erscheint, das ein User erstellt und in die Community geladen hat.
- Fordern Sie zu einer Handlung, Aktion auf, die nicht zu kompliziert sein darf. In vielen Fällen erhalten Gewinnspielbeiträge deutlich mehr Shares, Likes und Kommentare als übliche Posts.
- Behandeln Sie Ihre Community-Mitglieder wie VIPs oder Vereinsmitglieder. Verteilen Sie Rabatte, Einladungen, Incentives an Ihre Fans und Follower.
- Visueller Content wird immer wichtiger! Erstellen Sie wiedererkennbare, witzige und einzigartige Grafiken, Bilder, Infografiken, Videos und mehr.
- Machen Sie doch mal Umfragen und erfahren Sie, was Ihre Community denkt, sich wünscht, verärgert, träumt etc.
- Seien Sie nicht eine anonyme Firma, sondern eine Person, die Emotionen zeigt. Diese werden etwa mittels Emoticons ausgedrückt. Dabei sind, wie auch im realen Leben, positive Emotionen oft beliebter als negative Posts.

11.2 Beliebte Kanäle und Social Storytelling

Ich sag es hier deutlich: **Social Storytelling** ist nicht mit Social Selling gleichzusetzen. Vielmehr ist es eine neuere Vorgehensweise des Geschichtenerzählens. Die Kunst des Social Storytelling ist, nicht nur die Zielgruppe durch emotionale Geschichten in den Bann zu ziehen, sondern sie dort abzuholen und in der Art und Weise anzusprechen, wo sie sich aufhalten.

Vorrangig geht es um Aufmerksamkeit, Emotionen, Unterhaltung und vor allem Kommunikation auf einer Ebene. Social Storytelling hat damit zu tun, dass ich den Einzelnen einer bestimmten Gruppe anspreche und als Storytellender Teil des Dialogs und der Gruppe bin.

Social-Media-Plattformen sind einem ständigen Wandel unterworfen. Dies liegt u. a. auch an dem Nutzerverhalten der Bezugsgruppe, welche vorrangig auf ihren mobilen Devices nicht nur konsumieren, sondern dort auch Inhalte produzieren und interagieren.

Aufgrund der Präferenz der mobilen Endgeräte werden Inhalte, also auch Geschichten, unterwegs, oft auch nebenher angesehen.

Jeder Social-Media-Kanal tickt anders

Als Storytellende sollten wir unsere Geschichten dort erzählen, wo wir unsere Bedarfsgruppen (Zielpublikum) erreichen. Daher ist es wichtig, die unterschiedlichen Nuancen der einzelnen Plattformen zu verstehen. Nicht nur, dass verschiedene Plattformen auch diverse Besuchergruppen haben, sie besitzen auch **plattformeigene Features** wie Musik, Sticker, Filter, Umfragen sowie Werkzeuge wie etwa Videoschnitt und spezifische Formate (Duett bei TikTok), um kanalspezifische Inhalte zu erstellen.

Natürlich gibt es auch **„All-inclusive"-Netzwerke"**, wie etwa Facebook oder LinkedIn, die Formate von Text-Posts bis zu Live-Video-Streams unterstützen. In den letzten Jahren ist Storytelling mehr und mehr in den sozialen Medien angekommen. Hierbei kommen zu den Grundlagen des Storytellings die Möglichkeiten von Social-Media-Plattformen hinzu.

Vor allem in den sozialen Medien, also in vernetzten digitalen Kommunikationsräumen, ist multimediales Storytelling angekommen. Interaktive Medienkanäle werden von Organisationen, Marken und Unternehmen zur Herstellung, Verbreitung und auch zum Konsum von Inhalten genutzt, um miteinander zu kommunizieren und Geschichten zu erzählen.

In jüngster Zeit ändern sich die Social-Media-Plattformen enorm schnell und gleichen sich immer mehr an. Dies ist mit ein Grund dafür, dass ich mich entschieden habe, in diesem Kapitel nur einige Plattformen anhand erfolgreich umgesetzter plattformspezifischer Geschichten vorzustellen.

Obwohl jede dieser Plattformen unterschiedliche Zielgruppen bedient, gleichen sie sich immer mehr aneinander an. Kurze Videoformate, wie auf Instagram und TikTok bekannt, haben nun einen eigenen Bereich (YouTube Shorts) auf YouTube. Einen gezielten Einsatz von Kurzvideos nutzen, da effektiver, laut Studie „2023 Social Media Trends"[1] acht von zehn befragten Unternehmen.

So funktioniert etwa auf YouTube nicht immer auch das, was auf LinkedIn funktioniert. Auf welcher Plattform angefangen werden soll, muss jede Person und jedes Unternehmen für sich entscheiden.

Social Media zeichnet der **jeweilige Zeitgeist, Trends und Agilität** aus. Da sich Kanäle sehr schnell ändern und Situationen anpassen – siehe X (vormals Twitter) –, werde ich in diesem Kapitel nur einige wenige, sozusagen die „Longseller", aufführen.

---

1 Vgl. o. V.: Studie 2023 Social Media Trends. In: hubspot.com. o. D., *https://www.hubspot.com/hubfs/Germany/offer_files/2023%20HSCM%20Social%20Media%20Trends%20Report/DE_Social%20Media%20Trends%20Report%202023_HubSpot%20x%20Meltwater.pdf* (abgerufen 10/2023)

11.3 Virales Storytelling

Social Networks haben digitale Verbindungen und Austausch zu einer wichtigen erzählerischen Institution gemacht.

Folgende Tools im Netz sind geeignet, um Geschichten nicht nur zu teilen (Digital Storytelling), sondern deren Inhalte gezielt auf die jeweiligen Plattformen abzustimmen, als kleine Einheit einer Storyworld. In der Storyworld konzentrieren sich Planung und Umsetzung nicht auf eine Geschichte und deren Helden, sondern auf ein **Storyuniversum.**

Als Beispiel wäre auch hier das Filmepos Star Wars zu nennen. Die Geschichte, erzählt über mehrere Episoden, handelt zwar von dem Helden Luke Skywalker, jedoch gibt im Hintergrund ein ganzes Universum viel Spielraum für Erweiterungen der eigentlichen Geschichte von z. B. „Gut und Böse" oder „Vater und Sohn".

Folgende Plattformen sind für das Transmedia Storytelling geeignet, da sich hier Storys nicht nur viral verbreiten lassen, sondern jede Plattform für sich eine Besonderheit darstellt. Deshalb sollte für jede dieser Plattformen eine eigene Storyerzählform entwickelt werden, auf die das Publikum direkt Einfluss nehmen kann und mit der es eigene Geschichten entwickeln und weitererzählen kann.

Es geht darum zu verstehen, dass das Geschichtenerzählen ein kontinuierlicher Kreislauf ist (Bild 11.1), in dem jeder die Rolle des Erzählenden einnehmen kann.

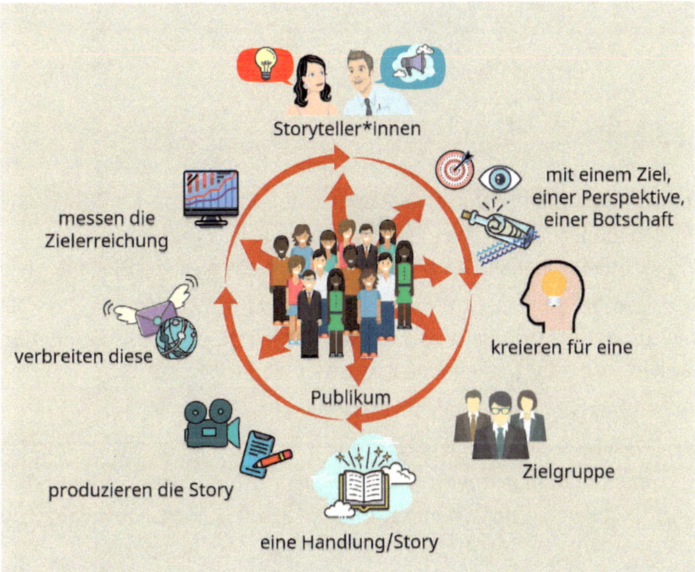

Bild 11.1 Eine Geschichte ist ein Geschichtenzyklus, insbesondere innerhalb einer Gemeinschaft, in der sowohl die Zielgruppe als auch die Geschichtenerzähler und das Publikum Einfluss auf den Inhalt, die Verbreitung, die Mitgestaltung und vieles mehr haben. Grafik: Pia Kleine Wieskamp

11.3.1 Webseiten, Blogs

Unternehmens-Webseiten, Blogs (z. B. tumblr, Wordpress) oder Userforen – alle können Plattformen mit eigens definierten Rahmenbedingungen und Bestimmungen sein, auf denen Nutzer*innen diskutieren und ihre Erfahrungen, Meinungen und Wissen zu spezifischen Themen austauschen können.

Immer öfter nutzen Organisationen ihre Webseiten, um aus einer persönlicheren Perspektive heraus Menschen – ob Kund*innen, Mitarbeitende, Partner*innen etc. – ihre Geschichten erzählen zu lassen.

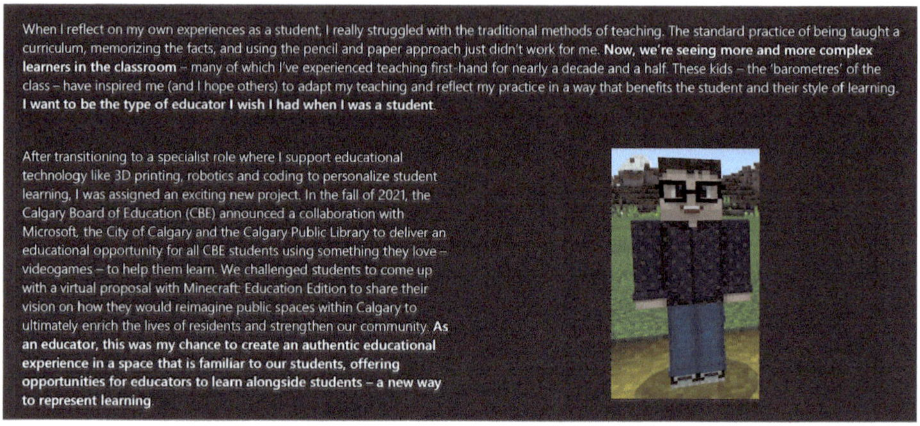

Bild 11.2 Stories auf der Microsoft-Website: Hier kann auch nach Kundengeschichten[2] gesucht werden. Quelle: Screenshot von *https://www.microsoft.com/en-ca/sites/microsoft-stories/christopher-blais.aspx*

11.3.2 Medium

Medium ist eine Publishing-Plattform, die bereits seit 2012 existiert und dem Austausch von Ideen und Wissen dienen soll. Auf der Plattform kann jede*r registrierte Nutzer*in Beiträge verfassen und veröffentlichen. Es funktioniert wie eine Art riesiges Blog mit vielen Autoren.

Medium selbst schreibt in seinem Wegweiser: „Der wahre Wert von Medium liegt nicht in unseren Tools. In erster **Linie geht es um das Netzwerk,** die Verbindungen mit anderen und die Geschichten, die ihr gemeinsam erschaffen könnt."[3]

Die Plattform betont zudem den Einsatz von Geschichten:

> *„Geschichten, die etwas bedeuten. Die Welt hat den Punkt der Sättigung erreicht, was oberflächliche, belanglose Inhalte angeht. Diese Seiten an Füllmaterial auch nur ansatzweise zu überfliegen ist zunehmend unbefriedigend. Deine Medium-Startseite dagegen ist jeden Tag*

[2] Vgl. o. V.: Kundengeschichten. In: *https://customers.microsoft.com*. o. D., *https://customers.microsoft.com/de-de/search* (abgerufen 10/2023)

[3] o. V.: Medium auf Deutsch: Über medium. In: medium.com. 09.10.2015, *https://medium.com/wegweiser/über-medium-40b2ead3a4bd* (abgerufen 10/2023)

voll von Geschichten, die Tiefe und Bedeutung haben - Geschichten, die dich zum Lachen oder Weinen bringen, bei denen du beim Lesen tatsächlich etwas fühlst."[4]

In dem Beispiel **„People at Siemens"**[5] zeigt das Unternehmen eine großartige Mitarbeiter-Storytelling-Kampagne. Die Geschichten sind inspirierend und zeigen, wie die Mitarbeiter von Siemens ihre Leidenschaften und Fähigkeiten nutzen, um die Welt zu verändern. Ein Beispiel für die Geschichten der Siemens-Mitarbeitenden ist „Eine Liebesaffäre mit Technologie" von John[6].

11.3.3 Business-Netzwerk LinkedIn

Microsofts Business-Netzwerk LinkedIn entpuppt sich immer mehr als **All-in-one-Social-Media-Kanal,** in dem nicht nur textuelle Posts, sondern auch Bilder, Videos, Liebe-Streamings, Newsletter, Events, Gruppen, Unternehmensaccounts, Blog-Artikel (Pulse) und vieles mehr eingeflossen sind. Mittlerweile finden sich dort auch Posts wie etwa „Ich bin nun einmal in Urlaub" oder Cat-Content.

Ihr genereller Vorteil ist der, dass bei LinkedIn eine **globale Vernetzung** möglich ist. Unterstützt wird diese auch durch die Übersetzungsfunktion der Texte.

LinkedIn entwickelt sich mehr und mehr von der ursprünglichen Karriere- und Jobplattform zu einer Social-Content-Plattform. Längst wird es nicht mehr ausschließlich im Businesskontext genutzt, so dass nun dort Elemente wie Emojis, Stories, Live-Videotalk Einzug halten.

Einer der Vorteile bei LinkedIn sind die Erstellung und Verbreitung längerer Beiträge mit Möglichkeiten des multimedialen Medieneinsatzes (beispielsweise in den Artikeln oder Newslettern), in welche wie bei einem Blog Bilder, Videos, Links etc. eingefügt werden können, ohne dass eine Redaktion - wie bei Xing - zwischengeschaltet wird. Diese Artikel können für multimediale Geschichten verwendet werden.

Carousel bzw. Slides

LinkedIn bietet wie so einige andere Kanäle auch das **Carousel,** eine Abfolge mehrerer Bilder. Erstellt werden diese Bild/Text-Abfolgen etwa mit PowerPoint, Canvas[7] oder Podawaa[8].

Sehr interessant ist die Kombination von Bildern und Texten, wie sie auch Stephan Park auf LinkedIn in seinen sehr emotionalen Bild-Slides zeigt. In einem Interview fragte ich Stephan, was Storytelling für ihn ist. Seine Antwort: „Ganz einfach: Eine Story zu erzählen, die potenziell viele Menschen interessiert. Nicht nur für Fachidioten. Es geht darum, eine **Brücke zwischen Story UND meinem Fachgebiet zu bauen,** und dem, was ich schlussendlich verkaufen möchte."[9]

---

4 o. V.: Medium auf Deutsch: Über medium. In: medium.com. 09.10.2015, *https://medium.com/wegweiser/über-medium-40b2ead3a4bd* (abgerufen 10/2023)

5 Vgl. o. V.: People at Siemens. In: medium.com. o. D., *https://medium.com/peopleatsiemens* (abgerufen 10/2023)

6 Vgl. John: People at Siemens: A love affair with technology. In: medium.com. 30.05.2019, *https://medium.com/peopleatsiemens/a-love-affair-with-technology-beeef142beda* (abgerufen 10/2023)

7 Tool Canvas: *https://www.canvas.com* (abgerufen 10/2023)

8 Tool Podawaa: *https://www.podawaa.com* (abgerufen 10/2023)

9 Park, Stephan. In: Kleine Wieskamp, Pia: Interview mit Stephan Park: Storytelling auf LinkedIn. In: storybaukasten.com. o. D., *https://storybaukasten.com/storytelling-auf-linkedin* (abgerufen 10/2023)

Nicht nur, dass Stephan Park die notwendige Prise Humor in seine Bilder und Texte einfließen lässt (siehe Bild 11.3), sondern er baut seine effektiven Geschichten mit den folgenden Komponenten einer guten Story auf: **Anekdote und Reflexion.** Park beschreibt eine Anekdote als eine „chronologische Aneinanderreihung von Ereignissen".[10] Um das Publikum emotional zu erreichen, braucht es nach Park auch Reflexion (Wie hast Du Dich gefühlt? Oder, was hast Du daraus gelernt?). Schlussendlich macht eine Ausgewogenheit der Komponenten den Erfolg einer Geschichte aus. „Je öfter und je dynamischer Du zwischen Anekdote und Reflexion hin- und herwechselst, desto spannender wird auch Deine Story."[11]

Bild 11.3 Ein Beispiel von gelungenem Bild/Text-Einsatz mit einer Prise Humor und sehr viel Persönlichkeit und Authentizität. Screenshot: Stephan Park.[12]

11.3.4 TikTok

Mittlerweile ist TikTok auch bei Unternehmen und Organisationen angekommen. Wer auf TikTok ist, ist aktiv, produziert also auch Inhalte. Meist sind es Kurzvideos, denn TikTok steht für kurze, aber kreative und authentische Geschichten.

Die Herausforderung besteht gerade für Unternehmen darin, dass gewohnte klassische Elemente des Storytellings – ein Charakter mit einem Problem trifft auf eine Mentorenfigur, erlebt einige Hindernisse und gelangt dann zur Lösung des Problems – kaum in ein 15-sekündiges Video passen und reduziert werden bzw. die Storytelling-Struktur muss an den Kanal TikTok angepasst werden. Oftmals scheinen erfolgreiche Beiträge keine wirkliche Story zu erzählen, sondern geben vielmehr eine Stimmung – einen **Vibe** – wieder. Geschichten und Aussagen entstehen etwa durch längere Stories oder die Erzählung eines ganzen Kanals.

[10] Vgl. ebd.
[11] Vgl. ebd.
[12] Park, Stephan: *https://www.instagram.com/p/CwMo1hDMDZE/* (abgerufen 10/2023)

Hierbei werden auf TikTok Elemente wie Bild, Video, Effekte, Schrift und Ton und vor allem viel Kreativität, Witz und Einzigartigkeit genutzt.

So zeigt beispielsweise die Felix Burda Stiftung oft spielerische, kurzweilige und unvorhersehbare Einleitungen in ihr Thema, wie bei diesem Video, bei dem Menschen durch einen Darm zur Pferdeausstellung „Pferd International“ gelangen (Bild 11.4).

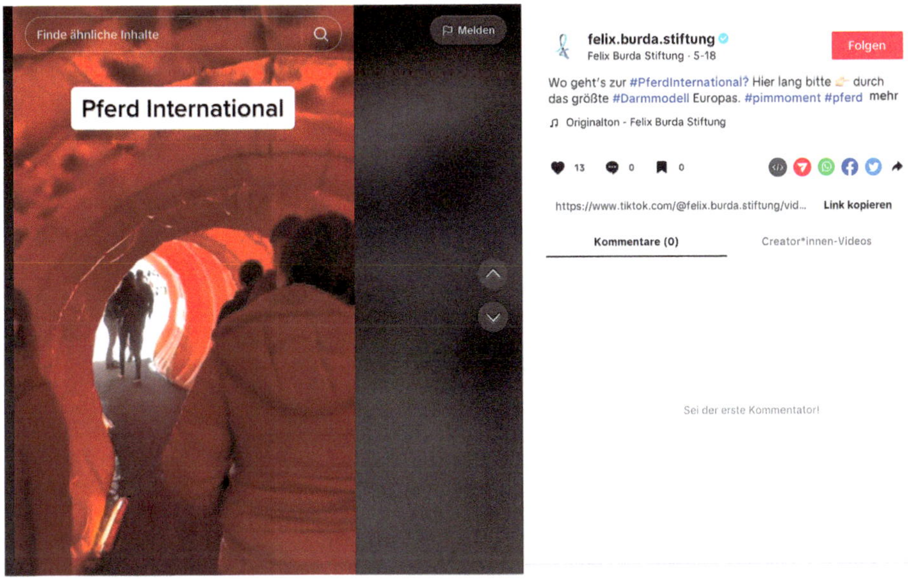

Bild 11.4 Das TikTok-Video der Felix Burda Stiftung klärt junge Menschen zum Thema Darmkrebs und Vorsorge auf.
Screenshot: *https://www.tiktok.com/@felix.burda.stiftung/video/7234454223801404699?is_from_webapp=1&sender_device=pc&web_id=7264509535388239392*

Interessant ist, dass die Plattform weiterhin auf starkes Storytelling setzt, indem sie Long-Content[13] weiter unterstützt. Musik wird auch weiterhin eine große Rolle auf der Plattform spielen.

Filter einsetzen oder auch neue kreieren

Nutzer*innen sowohl von TikTok als auch von Instagram haben den Vorteil, dass sie nicht nur vorhandene Filter verwenden können, sondern auch eigene Filter kreieren und somit durch einen Look viral gehen. Nehmen wir das Beispiel des Barbie-Looks: Selbstverständlich gibt es bereits Apps mit einem Barbie-KI-Filter, der jedes Gesicht in ein Barbie-ähnliches Abbild verwandelt (Bild 11.5).

[13] Bei Long Content, auch Evergreen Content genannt, handelt es sich um langlebige Inhalte, die nicht so schnell aus der Mode kommen (Zeitfaktor) und meist einen hohen Mehrwert für die User*innen enthalten.

Bild 11.5 Mit der App Photoleap[14] werden Fotos beispielsweise in einen Barbie-Look, mit pinker Farbgebung, Schminke etc. transformiert. Diese App lässt gleichzeitig auch die Erstellung von Videos, Animationen etc. zu. Foto: Pia Kleine Wieskamp.

11.4 Die Meta-Welt

in diesem Kapitel möchte ich nicht nur Orte und Plattformen vorstellen, wo Storytelling stattfindet, sondern auch speziell über die Aufgabe sprechen, digitale Geschichten im World Wide Web (WWW) zu erzählen. Auf das Metaverse gehe ich speziell im Kapitel 15 ein.

11.4.1 Facebook

Eine der Hauptplattformen im WWW ist Facebook. Dort gibt es diverse Möglichkeiten, visuelle Geschichten zu erzählen: als Posts, als Video, im Bildordner (Galerie) oder als Live-Video. Der Trend geht sowohl bei Facebook als auch bei Instagram immer mehr in Richtung Bewegtbild. Beide Plattformen scheinen, ob mit Facebook Watch oder Instagram TV, nicht nur Konkurrenzanbieter zu weiteren Videoplattformen wie YouTube oder Vimeo zu werden, sondern auch in Richtung Web-TV-Anbieter wie Amazon-TV oder Netflix ihre Fühler auszustrecken.

11.4.2 Instagram

Instagram ist eine Plattform mit vielen Möglichkeiten, Geschichten zu erzählen. Sehr visuell geprägt, haben sich hier zunächst die Nutzer per Selfies, also Selbstporträts, verewigt und

[14] Tool Photoleap von Lightricks ist ein leistungsstarkes Bildbearbeitungstool, eine All-in-One-KI-Kunst-App: *https://www.photoleapapp.com* (abgerufen 10/2023).

alles fotografiert, was in ihrem Umfeld auftauchte: Bilder vom Essen, von den Reisen, der Kleidung und vieles mehr. Texte wurden ursprünglich nur rudimentär als #Hashtag-Aufzählung gesetzt. Ursprünglich im quadratischen Format und mit Editiermöglichkeit eigener Filter versehen, hoben sich Instagram-Visuals von den Mitbewerbern ab. Dies ist längst Vergangenheit: Heutzutage können Bilder quadratisch, im Quer oder Hochformat, als Mosaikbild oder Bilderreihe, als bewegtes GIF, als Kurzvideo oder Video bis zu 60 Minuten, als editiertes Video im Stories-Format und vieles mehr verwendet werden.

Instagram-Stories können aus Fotos, Videos, Reels oder Boomerangs (Videoschleifen) usw. bestehen.

Auch **Instagram Carousel-Posts** genießen seit Jahren eine wachsende Beliebtheit. Diese bestehen aus bis zu zehn Fotos oder Videos, erkennbar durch das Blättersymbol oben rechts des Posts, und können etwa mit Canva oder auch in Power-Point erstellt werden.

11.5 Messenger

Nachdem der BR mit dem Storytelling-Projekt unter Mitwirkung von Matthias Leitner „Ich, Eisner!“[15] via Messenger-Dienste bereits für Furore sorgte, stand er nun für das Projekt „Nachricht von Michael: 1961 - Checkpoint Charlie“[16] der Stiftung Berliner Mauer dramaturgisch und organisatorisch beratend zur Seite.

Einige können sich vielleicht noch an die Bilder erinnern, als sich im Oktober 1961 sowjetische und amerikanische Panzer am Checkpoint Charlie, dem Grenzübergang in der Friedrichstraße in Berlin, gegenüberstanden. Für viele ist es jedoch Geschichte, die anhand der Figur des 13-jährigen Michael in der Messenger-Story nähergebracht wird. Michael versuchte, durch einen unterirdischen Tunnel in den Westen zu flüchten. In der Story berichtet Michael live über die Zeit des kalten Krieges, den Mauerbau und seine Flucht von seinem Smartphone aus über WhatsApp, Telegram oder iMessage (Bild 11.6).

Auf Basis der Lebensgeschichte des Zeitzeugen Michael (Micha) Synowzik verfasst die Redaktion Nachrichten aus der Vergangenheit, so als ob das Smartphone Schluckauf gehabt hätte und nun zeitversetzt aus der Vergangenheit berichten würde.

Angereichert werden Michaels Messages und Eindrücke durch Anmerkungen der Redaktion, mit original Pressemitteilungen, Tonaufnahmen, Bildern usw. Verpasste Nachrichten können auf der Webseite der Stiftung Berliner Mauer nachgelesen werden.

[15] Vgl. Team BR Next; Leitner, Matthias: Storytelling via Messenger - 7 Punkte, die wir bei „Ich, Eisner!“ gelernt haben. In: medium.com. 30.11.2020, *https://medium.com/br-next/storytelling-via-messenger-c4fa66f30c3d* (abgerufen 10/2023)

[16] Vgl. o. V.: Nachricht von Micha. In: stiftung-berliner-mauer.de. o. D., *https://www.stiftung-berliner-mauer.de/de/checkpoint-charlie/nachricht-von-micha* (abgerufen 10/2023)

Bild 11.6 Hier sehen Sie eine Messenger-Nachricht von Micha. Screenshot: Nachricht von Micha[17]

11.5.1 Google: YouTube

YouTube ist die erste Adresse, wenn es um den Konsum von Videos geht. Darüber hinaus ist YouTube nach Google die zweitgrößte Suchmaschine[18], was ebenfalls die Wichtigkeit dieser Plattform verdeutlicht. Die Vielfalt der möglichen Storyformate ist groß und reicht von Erklärvideos über Erlebnisvideos bis zu narrativen Erzählungen, Sciencefiction oder seriellem Erzählen, Berichte, Videoblogs, Interviews, Dokumentationen, How-to-Filme oder Diskussionen. So werden individuelle Inhalte auf die jeweilige Zielgruppe abgestimmt. Somit ist es kein Wunder, dass YouTube laut Nutzerzahlen eines der beliebtesten soziale Netzwerke ist.

YouTube Shorts

Im Gegensatz zu den längeren YouTube-Clips, welche im klassischen Film-Querformat gedreht und gezeigt werden, gibt es nun den Bereich (eigener Feed) der **YouTube Shorts**. Hierbei handelt es sich um hochformatige Kurzvideos, mit einer maximalen Länge von 60 Sekunden, welche über die mobile App erstellt und bearbeitet werden können. Mit der App können die Shorts mit Text, Filtern und Overlays versehen werden oder Musik unterlegt werden.

Wie bei den Instagram-Reels kann den Kurzvideos eine Musik unterlegt werden, wobei die maximale Spieldauer der aus der YouTube-Bibliothek verwendeten Musik 15 Sekunden beträgt.

---

[17] Vgl. ebd.

[18] Vgl. o. V.: How SD-WAN/Multi-WAN Technology Handles the Data Avalanche from Youtube (Infographic). In: *https://www.mushroomnetworks.com*. o. D., *https://www.mushroomnetworks.com/infographics/youtube—the-2nd-largest-search-engine-infographic* (abgerufen 10/2023)

11.5.2 Snapchat – Bilderspaß für die jüngste Generation

Das Netzwerk Snapchat galt als Neuling unter den Social-Media-Kanälen und gerade zu Beginn gab es einen riesigen Hype um Snapchat. Dieser Aufruhr hat sich schon seit längerem gelegt, auch wenn der Channel nun fest zur Social-Media-Landschaft zählt. Seitdem hat sich Snapchat allerdings gewandelt und einen Kreis aus begeisterten Nutzern gefunden. Die User sind jung, die meisten sind im Alter von 14 bis 24 Jahren und damit Schüler. Gerade für Unternehmen und Marken, die für Jugendliche und Teenager interessant sind, zeigt sich hier eine Chance, die Zielgruppe leicht erreichen zu können. Storytelling wird im sozialen Netzwerk, das allerdings eher als Messenger funktioniert, via Bilder und Videos betrieben. Da es keinen Feed oder etwa eine Timeline gibt, sind die Möglichkeiten für Unternehmen etwas eingeschränkt, hier bietet sich Potenzial über Paid-Formate und Influencer Marketing.

11.5.3 Die eigene Forschung als Geschichte verpackt?

Gute und vor allem persönliche Geschichten bleiben im Gedächtnis. Für die Kommunikation von Wissenschaft halten viele den Ansatz dennoch für falsch.

Forschungsergebnisse sind detailreich und komplex. Um Informationen dennoch anschaulich und interessant zu vermitteln, gibt es in der Wissenschaftskommunikation verschiedene Ansätze. Einer davon ist das Storytelling – das Erzählte soll dabei zu einer Geschichte werden.

Antje Boetius, Leiterin des Alfred-Wegener-Instituts für Polar- und Meeresforschung, beginnt häufig mit eigenen, persönlichen Erfahrungen, wenn sie über ihre Forschung berichtet. Für sie bedeutet die Weitergabe ihrer Erfahrungen (Storytelling) eine Möglichkeit, um Menschen zu fesseln und von ihrer Arbeit zu begeistern.

Beim Projekt **„Wissenschaft im Dialog"**[19] setzt sich Boetius für neue Formate der Wissensvermittlung ein. Im Deutschlandfunk plädierte sie für eine Vielfalt der wissenschaftlichen Formate und Erzählweisen – je nachdem wer gerade mit wem über was spricht.[20]

Amelie Reigl ist eine der Wissenschaftler*innen, die auf TikTok und YouTube ein junges Publikum ansprechen und über ihren Alltag als Wissenschaftlerin berichten.

---

[19] WWW: Wissenschaft im Dialog: *https://www.wissenschaft-im-dialog.de* (abgerufen 10/2023)

[20] Vgl. Krieger, Anja: Storytelling in der Wissenschaft: Der Forscher als Held und Abenteurer. In: Deutschlandfunk. 3.1.2019, *https://www.deutschlandfunkkultur.de/storytelling-in-der-wissenschaft-der-forscher-als-held-und-100.html* (abgerufen 10/2023)

EXPERTENBEITRAG

11.5.4 Experteninterview mit Amelie Reigl, @dieWissenschaftlerin

*Als @dieWissenschaftlerin lässt **Amelie Reigl** ihre Follower auf Instagram (+25.000 Follower) und TikTok (+430.000 Follower) an ihrem Alltag als Forscherin teilhaben und will so Wissenschaft verständlich und greifbar machen. Sie ist Promotionsstudentin der Biologie an der Universität Würzburg und züchtet menschliche Haut als Testsystem, um Tierversuche zu reduzieren. Nebenbei betreibt sie #Wisskomm und produziert Videos, um Wissenschaft sichtbar auf sozialen Medien zu machen. Ihr Motto: „Bleib neugierig, denn die Welt, die dich umgibt, ist voller Wissenschaft!"*

Bild 11.7
Amelie Reigl promoviert an der Julius-Maximilians-Universität Würzburg und ist @dieWissenschaftlerin.
- auf TikTok: *https://www.tiktok.com/@diewissenschaftlerin*
- auf Instagram: *https://www.instagram.com/dieWissenschaftlerin*
- auf X (vormals Twitter): *https://twitter.com/die_wiss*

Foto: @dieWissenschaftlerin

Abstract: Wissenschaftliches Storytelling im Web und in Social-Media-Kanälen

Amelie Reigl spricht als @dieWissenschaftlerin auf Social-Media-Kanälen, TikTok und Instagram gerade ein junges Publikum an und lässt sie dort an ihrem Alltag als Forscherin teilhaben.

Dabei bereitet die Biologin ihre Inhalte mit viel Kreativität und Entertainment-Faktor auf, um die Neugierde ihrer Follower zu wecken.

Tipps für Wissenschaftskommunikation auf TikTok von Amelie Reigl

1. Das Video mit einem „Catch" starten, damit der User dranbleibt. Die ersten drei Sekunden sind sehr wichtig!
2. Das Video spannend, kurz und knapp gestalten
3. Eine einfache Sprache gebrauchen
4. Kaum Vorwissen erwarten
5. Kontinuierlich posten
6. Spaß haben!

Das Video ist ein Mitschnitt der digitalen WissKon21, bei der Amelie Reigl ihren TikTok-Kanal @dieWissenschaftlerin vorgestellt hat. (*https://www.youtube.com/watch?v=lTg5lJC455c*)

Frage: Amelie, was ist Wissenschaftskommunikation für dich? Und wie kamst du dazu, als @dieWissenschaftlerin auf Social-Media-Kanälen aktiv zu sein?

Amelie Reigl: Wissenschaftskommunikation ist für mich ganz simpel gesprochen: über Wissenschaft reden und vor allem sichtbar machen. Dies ist auch mein Motto, als ich im Jahr 2020 während der Pandemie mit dem Kanal @dieWissenschaftlerin begonnen habe. Gerade während dieser Zeit habe ich gemerkt, dass einfach zu wenig über Wissenschaft gesprochen wird. Durch meinen Namen wissen die Zuschauer direkt, was sie bei mir bekommen. Alles rund um das Thema Wissenschaft. Auch wie eine Wissenschaftlerin aussieht, was sie tut und was sie so in ihrem Alltag beschäftigt. Mein Ziel: die Zuschauer neugierig machen!

Frage: Deine Hauptargumente für Wissenschaftskommunikation auf Social-Media-Kanälen wie TikTok sind ...?

Amelie Reigl: TikTok war eine neue Plattform zu dieser Zeit, man hatte die Möglichkeit, schnell zu wachsen, aber vor allem auch etwas Neues: Infotainment. Nun reichte es nicht mehr, „nur" Fakten zu präsentieren. Die Menschen wollen unterhalten werden. Und ich versuche beides zu kombinieren: Informationen und Entertainment, um so viele Menschen wie möglich anzusprechen und zu zeigen, wie cool Wissenschaft sein kann.

Frage: TikTok zeigt mit der Kampagne „Entertainment kann auch anders" die Vielfalt der Plattform. Du bist Teil dieser Kampagne. Welche unterschiedlichen Facetten verbindest du mit Wissenschaftskommunikation?

Amelie Reigl: Wie oben beschrieben versuche ich Wissenschaft greifbar und interessant zu machen. Dies versuche ich durch meine unterschiedlichen Formate zu erzielen.

Frage: Die Schwierigkeit von wissenschaftlichem Storytelling liegt ja gerade darin, komplexe Themen möglichst einfach zu kommunizieren. Kannst du hierzu Tipps geben?

Amelie Reigl:

1. Keine Fremdwörter benutzen
2. Davon ausgehen, dass es kein Vorwissen gibt
3. Vergleiche aus dem Alltag heranziehen

Frage: Amelie, du bist sowohl auf TikTok als auch auf Instagram aktiv. Warum hast du gerade diese beiden Community-Plattformen ausgesucht?

Amelie Reigl: Mit TikTok habe ich gestartet, hier war der Infotainment Faktor für mich persönlich eine neue Herausforderung. IG habe ich nebenbei „mitgenommen". Dort kommuniziere ich aber anders: Infografiken, interaktive Stories. Eben für Leute, die schon etwas an Wissenschaft interessiert sind.

Frage: Erreichst du auf den diversen Kanälen auch unterschiedliche Personengruppen? (Wie sieht je Kanal deine Zielgruppe aus?) Und gibt es dort viel Feedback, Fragen, Anregungen? Welchen Einfluss hat dein Publikum auf die Themenwahl?

Amelie Reigl: Ja, ich erreiche auf TikTok eine jüngere Zielgruppe von 18 bis 24 Jahre ca. Auf Instagram 18 bis 34 Jahre.

Ich versuche, in einem Dialog mit meiner Community zu stehen. Antworte auf Kommentare unter TikTok-Videos oder versuche mit interaktiven Instagram Stories (etwa Infografien) den Mood der Zuschauer zu erfassen. Ich möchte wissen, was sie interessiert, was sie vielleicht noch nicht verstanden haben und worüber diskutiert wird.

Frage: Gerade bei TikTok oder Instagram gehen wir von kurzen Inhalten aus, sogenannten SnackContent. Hast du dort auch mit seriellen Inhalten experimentiert?

Amelie Reigl: Ja, bei komplexen Themen mache ich das auch ab und zu. Aber ich versuche, dass jedes Video oder jeder Beitrag für sich selbst stehen kann.

Frage: Wie hast du deinen besonderen Erzählstil gefunden?

Amelie Reigl: Ausprobieren.

Frage: Nun gelten normalerweise wissenschaftliche Themen nicht gerade als interessant und „sexy"? Wie gelingt es dir, die Aufmerksamkeit des Publikums für diese oft nicht leichte Kost zu erreichen?

Amelie Reigl: Ich versuche, die Dinge auf den Alltag zu beziehen und somit die Nähe von Wissenschaft, die ja eigentlich überall um uns herum ist, zu zeigen.

Frage: Welche Stilmittel und Formate setzt du bei der Vermittlung deiner Inhalte und Themen ein?

Amelie Reigl: Schnelle Schnitte und präzise Erklärungen.

Frage: Nutzt du kanalspezifische Features wie die Instagram-Reels oder den Live-Modus, spezielle Filter auf TikTok oder verbreitest du crossmedial eine Story über beide Kanäle?

Amelie Reigl: Sowohl als auch. Manche Formate bleiben aber auf den jeweiligen Plattformen (z. B. Infografiken).

Frage: Amelie, kannst du ein Beispiel für eine unterschiedliche Aufbereitung eines Themas für beide Kanäle nennen?

Amelie Reigl: Infografiken (z. B. Arten von Blutgruppen) vs. TikTok-Video „So kannst du deine Blutgruppe herausfinden".

Frage: Nun kommt natürlich die Zeitfrage ins Spiel: Wie lange dauert im Schnitt ein Beitrag – von der Planung über den Dreh bis zur Finalisierung?

Amelie Reigl: Das ist ganz unterschiedlich. Dies kann von einer Minute bis hin zu einem ganzen Tag dauern.

Frage: Nutzt du spezielle Tools zur Erstellung oder Verbreitung deiner Posts?

Amelie Reigl: Nein.

Pia Kleine Wieskamp: Amelie, merci für deinen Input.

Mit folgenden Story-Arten erzählen Unternehmen, Influencer und Organisationen ihre Geschichten auf Instagram

- **Live-Events:** Zeigen Sie Eindrücke, Interviews, Speaker, Stände, Menschen hinter den Kulissen und die Gäste auf den Veranstaltungen. Visualisieren Sie auch den Hashtag des Events und verbreiten Sie den Spirit, sodass die Menschen, welche nicht an der Veranstaltung teilnehmen, trotzdem ein Teil dieser sein können.
- **Mitarbeitende:** Firmen möchten die besten Talente und Mitarbeitenden von sich überzeugen. Häufig geht dies, indem Marken die Gesichter ihres Teams zeigen. Fotos und Videos zeigen die Kantine, die Meetings, die Kolleg*innen beim Sport, im Think Tank und mehr. Hier punkten „echte" Emotionen, ein Lachen, freudige Gesichter und zeigen den Spirit und die Firmenkultur. So teilen viele Auszubildende ihre Erfahrungen und Erlebnisse in Unternehmensblogs und Instagram-Kanälen.
- Verbunden mit Mitarbeitenden ist der **Blick hinter die Kulissen:** Gerade zur Imagebildung sind persönliche Einblicke, Blicke hinter die Kulissen und Dialog von Vorteil. Der Blick durch das Schlüsselloch kann dazu genutzt werden, eine ungeschminkte Version von sich und dem Unternehmen zu zeigen.
- **User-Generated Content:** Nutzen Sie die Beiträge Ihrer Kund*innen, Mitarbeitenden und reposten Sie diese. Rufen Sie beispielsweise zu einer Aktion ein einzigartiges Hashtag aus und teilen Sie diejenigen Posts, die die Werte und Kommunikationsziele Ihrer Marke widerspiegeln.
- **Sprüche und Zitate:** Gerade bei Instagram, aber auch auf Facebook und Pinterest sind Bilder mit Sprüchen und Zitaten recht beliebt.
- **Produkte** in Aktionen: Produkte können besonders in Szene gesetzt oder live in Aktion gezeigt werden. Dies kann entweder bei einer Produkteinführung geschehen - zusammen mit Influencern oder beim „Entpacken" eines Produkts von Testimonials - oder aber wie bei BMW-Fahrern, die ihre Visuals mit dem Hashtag #BMWRepost auf Instagram posten und den Slogan des Autoherstellers „Freude am Fahren" zeigen.

12 Der Story-Baukasten: Aufbau einer Story anhand eines Fallbeispiels

Storytelling bedeutet in Unternehmen und Organisationen die Art und Weise, wie Menschen innerhalb des Unternehmens miteinander kommunizieren und umgehen und wie sie diese Unternehmenskultur in die Werte integrieren und auch im Umgang mit sämtlichen weiteren Stakeholdern praktizieren. Oft wird Storytelling nicht „nur" etwa zur Entwicklung von Produkt- oder Erfolgsgeschichten eingesetzt, sondern als Instrument, um Change-Prozesse zu begleiten.

Storytelling hilft, neue Lösungsstrategien für ein Problem zu entwickeln bzw. herauszuarbeiten. Neben den Lösungsansätzen geht es auch darum, Botschaften so zu platzieren, dass diese aufgenommen werden. Es geht darum, neue Ideen zu entwickeln und die Aufmerksamkeit der Menschen zu gewinnen.

Bei diesen Gedanken **muss der Mensch mit seinen Bedürfnissen im Vordergrund,** also an erster Stelle aller Aufmerksamkeit und allen Handelns, stehen.

Mit dem **Story-Baukasten** erhalten Sie zugleich eine Prozessanleitung sowie einen Methodenkoffer an die Hand, um vor allem zu mehreren Personen Lösungen für Problemstellungen zu entwickeln und diese in Form einer nutzerorientierten Story zu kommunizieren.

12.1 Warum ein Baukasten?

Eine Story im Baukastensystem entwickeln. In jedem Markt ist es essenziell, Menschen mit spannenden Geschichten zu erreichen und zu inspirieren, gerade in der heutigen Zeit, in der Menschen mit News, Informationen, Gesprächen und Fakten überflutet werden. Da heißt es, aus der Masse herauszustechen. Und zwar schnell. In Zeiten mobiler Kommunikation und Kommunikationsmittel entscheiden oft Sekunden, ob ein Eindruck so interessant ist, dass ein Mensch sich mit dem Inhalt und der Geschichte beschäftigt. Oft sind diese ersten Eindrücke visueller Natur, denn der Mensch ist ein Augentier.

Zumeist müssen Ideen für Geschichten nicht ausgedacht, sondern entdeckt, freigelegt und recherchiert werden. Die meisten Unternehmen, Menschen, Produkte oder Serviceeinrichtungen bieten unzählige Geschichten. Oft besteht nur die Qual der Wahl oder es gilt die Frage zu beantworten: Ist diese Geschichte denn interessant und bedeutsam genug?

Der Baukasten als modulares System

Ein Baukasten hat den Vorteil, dass sich einzelne Komponenten unterschiedlich (modular) zu einem Ganzen kombinieren lassen. Erinnern wir uns an unsere Kindheit und den einfachen Holz- oder Lego-Baukasten, mit dem wir ganze Schlösser und Burgen und andere Abenteuer bauen konnten.

Verstehen Sie den Story-Baukasten als eine (Bau-)Anleitung für die Grundform einer Geschichte (eines Gebäudes), die je nach Projekt erweitert und variabel angepasst werden kann. Das Gerüst gleicht einer Wirbelsäule oder auch einem „Stahlträgergerüst", das jede Story davor schützt, in sich zusammenzubrechen!

Baukästen ermöglichen kreative Problemlösungen mit System

Eine häufig gestellte Frage ist, wie neue und vor allem relevante Ideen für Geschichten entwickelt werden. Ein Ansatz hierfür ist die **Design-Thinking-Methode,** ein Konzept zur kreativen Problemlösung von David Kelley, Terry Winograd und Larry Leifer von der Stanford University.[1]

> *Der Grundgedanke hierbei ist, dass* ***interdisziplinäre*** *Teams*[2] *herausragende Innovationen erschaffen können. Daher kommen beim Design Thinking unterschiedliche Personen aus unterschiedlichen Disziplinen zusammen. Dies können Unterschiede beruflicher Art, aber auch kulturelle, nationale oder einfach nur Alters- und Geschlechtsunterschiede sein. Entscheidend*

[1] Vgl. o. V.: Design Thinking. In: Hochschule der Medien (HdM) Stuttgart. o. D., *https://apollo.mw.hdm-stuttgart.de/innovative_methoden/grundlagen/design-thinking* (abgerufen 10/2023)

[2] Vgl. Lewrick, Michael; Link, Patrick: Design Thinking: Mit dem richtigen Mindset die Zukunft gestalten. In: WiSt Heft 7-8, 2018. 2.3.2022, *https://doi.org/10.15358/0340-1650-2018-7-8-51* (abgerufen 10/2023)

ist der vielschichtige und diverse Blick auf eine Thematik bzw. Herausforderung. Dieser Ansatz entwickelte sich aus dem Industrie-Design, ist aber auf alle agilen Arbeitsprozesse sowie auf Kommunikationsthemen adaptierbar.

12.2 Bausteine einer guten Geschichte

Holzbaukästen enthalten u. a. rechteckige und quadratische Bauklötze oder Säulen. Entsprechende Grundelemente sind auch im Story-Baukasten enthalten. Mit diesen können diverse Geschichten erstellt und in jedem Medium erzählt werden. Die einzelnen Elemente enthalten Tipps und Anregungen zur Erstellung eigener Storys (Bild 12.1). Wichtig ist, dass zumeist Ideen für Geschichten nicht ausgedacht, sondern entdeckt, freigelegt und recherchiert werden. Oft existieren im Zusammenhang mit Unternehmen, Menschen, Produkten oder Serviceeinrichtungen unzählige Geschichten, so dass nur „die Qual der Auswahl" besteht. Es gilt die Fragen zu beantworten: Ist diese Geschichte für das Publikum interessant und bedeutsam genug? Ist das Thema relevant und bietet einen Mehrwert für das Publikum (siehe auch Kapitel 6)?

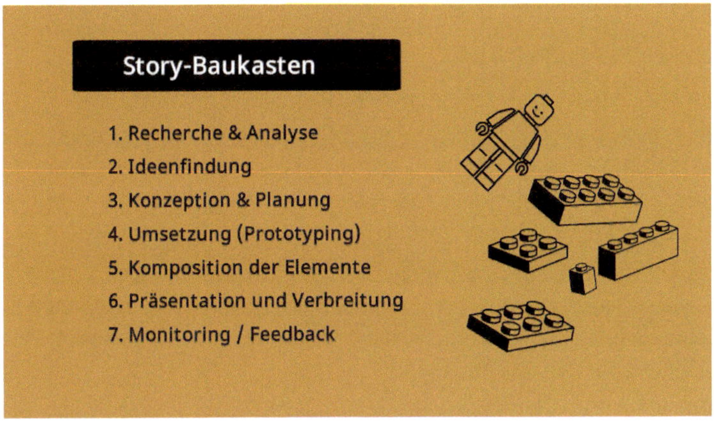

Bild 12.1 Der Story-Baukasten kann als Framework oder auch Anleitung gesehen werden, um Geschichten zu erstellen und umzusetzen. Grafik: Pia Kleine Wieskamp

Entsprechend dem zielgerichteten und bewussten Erzählen steht am Anfang jeder Geschichte eine Recherchephase.

12.2.1 Vorbereitungsphase

Die Vorbereitungsphase kann jede Person oder Abteilung auch dann starten, wenn kein konkretes Story-Projekt ansteht.

Inspiration ist die halbe „Miete"

Lassen Sie sich inspirieren! Das ist sehr leicht, wenn man sich öffnet - und für seinen Kopf und seine Sinne auf den „Aufmerksamkeitsaufnahmeknopf" drückt.

Filtern kann man später immer noch, denn zunächst sollen Sie mit allen Sinnen Ihre Umwelt aufnehmen. Dies geschieht durch Reisen, Gespräche oder die „Aufnahme" von Medien, beispielsweise der Lokalnachrichten oder diverser Social-Media-Kanäle. Versuchen Sie diese Aufnahme nicht auf eine Sprache oder einen Kulturkreis zu beschränken. Lesen Sie, schauen Sie sich Theaterstücke, Veranstaltungen oder Filme an. Besuchen Sie Ausstellungen und Museen. Beobachten Sie Menschen und reden Sie mit ihnen. Und wie auch bei der Diskussion, ob das Ei oder das Huhn zuerst da war, so ist es auch mit der Idee und den Zielen. Gibt es zuerst die Aufgabe und die Zielsetzung und dann wird nach Ideen gesucht? Oder trägt man diverse Ideenansätze in einer Ideendatenbank zusammen und kann dann je nach Aufgabenstellung einen Ansatz aus einem vorhandenen „Pool" hervorzaubern?

Die richtige Idee kommt nicht einfach im Schlaf. Traumhaft wäre es ja, wenn benötigte Ideen einfach über Nacht oder unter der Dusche kommen würden. Jedoch resultieren die meisten Ideen aus einem Arbeitsprozess, an dem oftmals verschiedene Personengruppen in Vertrieb, Marketing, Herstellung usw. beteiligt sind. Häufig werden zuerst Ansprüche und Aufgaben seitens der Firma oder des Auftraggebers gestellt, beispielsweise die Einführung einer neuen Buchreihe.

Festlegung der Ziele

Es hört sich banal an, aber ohne genau festgelegte und definierte Ziele sollten Sie nicht anfangen, eine Geschichte zu entwickeln. Fragen Sie sich immer zunächst: Was will ich erreichen? Warum will ich das gesetzte Ziel erreichen? In welchem Zeitraum soll das Ziel erreicht werden?

Ein wesentlicher Bestandteil bei der Festlegung der Ziele sollte auch die Festlegung der Emotionen, die Sie bei Ihrer Zielgruppe hervorrufen möchten, sein. Es ist bekannt, dass gerade sie das A und O einer gut funktionierenden Story und der direkte Weg - oft unterbewusst zum Gehirn und „Kaufmich-Button" - sind.

Die Mission: Die meisten Organisationen und Menschen können sehr schnell erklären, was sie tun und wie sie es tun: Sie können erzählen, welche Möbel sie herstellen, welche Hölzer und Maschinen sie verwenden, wie der Vertriebsweg aussieht und vieles mehr. Selten können sie aber erzählen, „warum" sie etwas tun.

Das „Warum" beschreibt die Motive, Hintergründe und Ideen einer Firma. Diese grundsätzlichen Beweggründe einer Firma oder Person werden auch „Mission" genannt. Es sind Visionen, oft gleichgestellt mit einer Aufforderung zur Handlung, die auch in einer Story nicht fehlen dürfen. Kurz gesagt: Wer kein Ziel hat, kommt auch nirgendwo an! Ohne Ziel ist die Story eine bedeutungslose Aneinanderreihung von Ereignissen. Mit einem klaren Ziel oder Problem erhält das Publikum einen Grund, die Bedeutung der Geschichte zu verstehen.

Recherche und Analyse: Bevor Sie nun loslegen und Ihre Geschichte aufbauen, sollten Sie einige Recherchearbeiten starten. Manche Recherchen können Sie ständig in einer Datenbank sammeln, immer wieder aktualisieren und natürlich auch immer wieder hinterfragen. Bemühen Sie sich hierbei um eine breit gefächerte Recherche und verwenden Sie alle möglichen Werkzeuge und Medien.

12.2.2 Recherche & Analyse

12.2.2.1 Wer bin ich als Storyteller*in bzw. als storytellendes Unternehmen?

Welchen Archetypus vertrete ich, für welche Werte (Haltung) stehe ich ein und welche Visionen habe ich? Hierfür können wir u. a. den Golden Circle von Simon Sinek einsetzen (siehe Abschnitt 6.1).

Ist-Zustand des Unternehmens

Was sind meine Kundenversprechen, was sind die Werte, die Stärken und Schwächen? Ohne den genauen Ist-Zustand festzustellen, können Sie auch keine klaren Ziele definieren und nicht nachprüfen, ob das Ziel erreicht wurde. Greifen Sie hier auf Modelle wie die SWAT-Analyse[3] oder die SMART-Methode[4] zurück.

Exkurs: SMART-Methode

Die Anfangsbuchstaben der folgenden fünf Kriterien, die ein gutes Ziel erfüllen sollte, stehen für die Bezeichnung des SMART-Modells:

S – Spezifisch: Das anvisierte Ziel sollte so genau und konkret wie möglich benannt und recherchiert sein. Nennen Sie beispielsweise Ihr Ziel nicht einfach „Erstellung einer Story", sondern spezifischer „Erstellung einer Story, um bei Kunden im Alter zwischen 20 und 30 Jahren das Bedürfnis zu wecken, das Produkt XY kennenzulernen".

M – Messbar: Ohne Nennung eines Mengengerüsts, einer Zeitangabe oder eines sonstigen messbaren Kriteriums kann das Ziel kaum überprüft werden. Im Bereich Storytelling wäre Messbarkeit beispielsweise, dass die Geschichte auf YouTube innerhalb von sechs Monaten eine bestimme Anzahl (X) an Besuchern haben sollte.

A – Akzeptiert: Ziele, die sowohl bei den Mitarbeitern, Kollegen und dem Projektteam als auch bei der Zielgruppe als unakzeptabel angesehen werden, haben wenig Aussicht auf Erfolg.

R – Realistisch: Um den vorherigen Punkt zu erweitern, gehört auch dazu, dass realistische Ziele leichter akzeptiert werden und das Team stärker motivieren.

T – Terminierbar: Die Nennung einer Zeitangabe, bis wann ein Teil des Ziels oder das endgültige Ziel erreicht werden soll, ist notwendig, um einen Projekt- und Zeitplan erstellen zu können.

Bei meinen Recherchen bin ich auf die „erweiterte SWOT-Analyse als Teil einer strategischen Portfolioanalyse"[5] (Bild 12.2) gestoßen. Basierend auf der in den 1960er-Jahren an der Har-

[3] Kleine Wieskamp, Pia: Was ist eine SWOT-Analyse? In: Storybaukasten.com. 2022, *https://storybaukasten.com/swot-analyse-2/* (abgerufen 10/2023)

[4] Kleine Wieskamp, Pia: Mit der SMART-Methode ist es möglich, realistische Ziele konkret zu formulieren und dies auch auf Erfolge und Misslingen hin zu überprüfen. In: Storybaukasten.com. 2021, *https://storybaukasten.com/smart-methode-erfolgreiche-ziele-formulieren* (abgerufen 10/2023)

[5] Vgl. Bögemann, Ingo: SWOT-Analyse: So entwickeln Sie einen Baukasten für die Zukunft. In: Modularmanagement, o. D., *https://www.modularmanagement.com/de/blog/modularisierung-portfolio-swot-analyse* (abgerufen 10/2023)

vard Business School entwickelten SWOT-Analyse, wurde sie um die Möglichkeit erweitert, Chancen und Risiken nach Wahrscheinlichkeit zu sortieren.

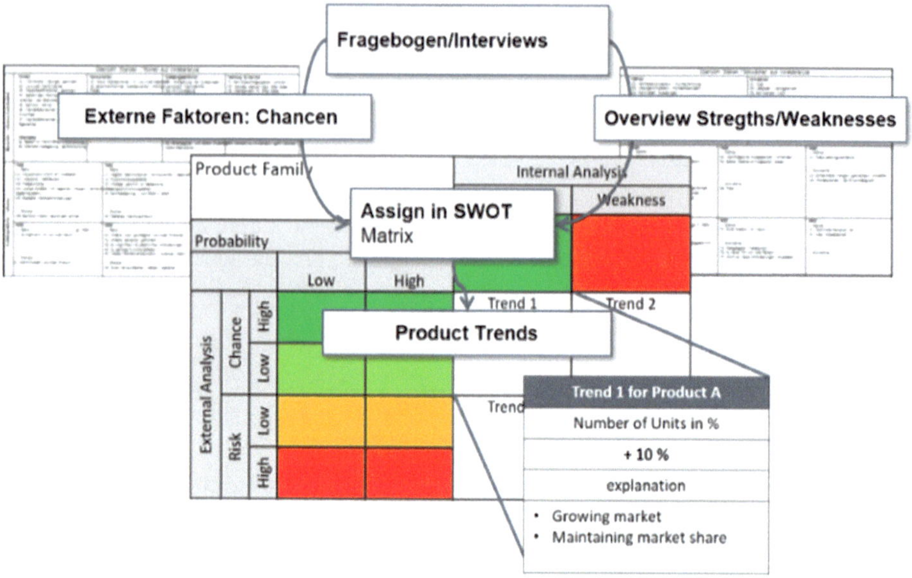

Bild 12.2 Erweiterte SWOT-Analyse. Einen genaueren Ablauf der erweiterten SWOT-Matrix inklusive eines Fallbeispiels finden alle Interessenten hier zum Download[6]. Quelle: Mund, Daniel & Bögemann, Ingo. Anleitung Portfolioanalyse: Mit der erweiterten SWOT-Analyse Portfolio-Trends entwickeln[7]

Die erweiterte SWOT-Analyse in fünf Schritten:

- Fragebogen entwickeln und Interviews durchführen: Hierbei werden mittels Umfragen Aussagen zu internen Stärken und Schwächen sowie externen Chancen und Risiken zusammengetragen.
- Identifikation interner Stärken und Schwächen: Die Aussagen zu den Stärken und Schwächen des Unternehmens werden in Themengebietet geclustert und zu internen Trendfaktoren gruppiert.
- Identifikation externer Chancen und Risiken: Analog hierzu werden externe Chancen und Risiken zu externen Trendfaktoren gruppiert.
- Matching von Trendfaktoren in der SWOT-Matrix: Nun werden alle gewonnenen Trendfaktoren in die SWOT-Matrix eingetragen, wobei die externen Faktoren zusätzlich nach Wichtigkeit und Wahrscheinlichkeit sortiert werden.
- Trends identifizieren und beschreiben: Zusammenhängende interne und externe Trendfaktoren werden nun identifiziert, zu Trends kombiniert, beschrieben und quantifiziert.

---

[6] Mund, Daniel; Bögemann, Ingo: Anleitung Portfolioanalyse: Mit der erweiterten SWOT-Analyse Portfolio-Trends entwickeln. In: MB Collaborations. o. D., *https://cdn2.hubspot.net/hubfs/4035053/Downloadable%20content/SWOT-Analyse_Portfolioanalyse_Modularisierung.pdf* (abgerufen 10/2023)

[7] Ebd.

Vorteile der erweiterten SWOT-Analyse

Normalerweise kenne ich SWOT-Analysen, die auf den Informationen basieren, die gefiltert von Mitarbeitenden der Organisation bzw. aus der Perspektive des Unternehmens stammen. Die erweiterte SWOT-Analyse setzt hier mittels individuell erstellter Fragebögen oder Interviews an und versucht so, sowohl interne als auch externe „neutrale" Aussagen zu erhalten.

Ein weiterer positiver Aspekt der erweiterten SWOT-Analyse sind die Gruppierung und Clusterung nach Trends, die in ihrer Gesamtheit oft ein eindeutiges Bild zeigen. Trends zeigen eine erkennbare Richtung einer Entwicklung.

Ich persönlich setze die SWOT-Analyse immer in einem Mix mit weiteren Analyse-Tools zum Thema Ist-Analyse ein, um zu sehen, wo der Kunde, die zu coachende Person, das Team gerade steht.

Story-Analyse

Sammeln Sie Geschichten, die von dem Unternehmen erzählt und über das Unternehmen erzählt wurden? Was funktionierte warum und wo (Kanäle) gut? Welche Emotionen wurden angesprochen? Wer waren die Hauptcharaktere? In welchem Zusammenhang (Themengebiet, Produkt-, Erfolg-, Gründer-Story etc.) wurde die Geschichte erzählt? Wie wurden die Geschichten vom Publikum aufgenommen? Wurden sie wiedererzählt und verbreitet? Wie lautete die Botschaft und was war das Ziel?

Exkurs: Geeignete Geschichten im Unternehmen identifizieren

Um Geschichten aus dem Unternehmen, über das Unternehmen und aus dem Themenbereich bzw. dem Wirtschaftsbereich sammeln und analysieren zu können, gehen Sie wie folgt vor.

- **Sammeln:** Im ersten Schritt gilt es, geeignete Geschichten zu identifizieren und in einer Story-Datenbank zu sammeln. Recherchen können in Firmen-Magazinen, in einer Umfrage mit Mitarbeitenden etc. stattfinden.
- **Clustern und Bewertungssysteme schaffen:** Nun sollten die gesammelten Geschichten gruppiert werden. Hierbei kann man nach Themenbereichen, nach Bereichen wie z. B. Vertrieb, interne Geschichten, Image-Geschichten, nach Botschaften und Zielen, nach Heldenfiguren, nach Ausspielkanal oder Zielgruppen und mehr clustern.
- Entsprechend sollten Sie auch ein Bewertungssystem für sich und Ihre Organisation schaffen: Wann ist die Geschichte erfolgreich? Wann ist die Story für das Publikum relevant? Mit diesem **Bewertungssystem (Matrix)** können Geschichten analysiert und Themen, Emotionen, Werte etc. für zukünftige Storytelling-Ideen selektiert werden.
- **Re-Telling:** Geschichten bzw. deren Themen oder Aufhänger, wie etwa eine Erfolgsgeschichte über den Einsatz eines Produkts, können wieder bzw. neu erzählt werden.

Diese Recherche und Analyse unterstützt Organisationen und Storytellende, um den Storytelling-Prozess zu standardisieren und zu verbessern.

Umfassende Themenrecherche

Bevor Sie loslegen und Ihre Geschichte aufbauen, starten Sie eine breit gefächerte Recherche über das Thema, die Adressaten (das Publikum), das Ziel, den Prozess, die Mitbewerber und mehr.

Thema: Sobald ein Thema für Ihre Zielgruppe interessant erscheint, überprüfen Sie die Möglichkeiten, die es bietet. Deckt die Recherche Aspekte oder Tendenzen eines Themas auf, die Sie weder mit der Firmenmission oder -politik noch mit Ihrem Gewissen vereinbaren können, vermerken Sie dies in der Datenbank. So kann doppelter Arbeitseinsatz in den verschiedenen Abteilungen vermieden werden.

Themenfindung: Viele Themen begegnen uns Tag für Tag. Sie liegen praktisch - wie man früher sagte - „auf der Straße" oder sind in der heutigen Zeit im World Wide Web zu finden.

Orientieren Sie sich an Ihrer Zielgruppe und lauschen (Storylistening), was für Ihre Zielgruppe relevant ist?[8]

Exkurs: Recherche-Tool für Themen und Co.

Ein weiteres kostenfreies Online-Hilfsmittel ist die Seite „*AnswerThePublic.com*". Hier können Themen schnell und einfach „anrecherchiert" werden, indem man das gesuchte Keyword und die Sprache, in der man sucht, eingibt. Schnell erscheinen sowohl als Excel-Datei als auch visualisiert mögliche Fragestellungen rund um das Wort oder das Umfeld. AnswerThePublic bezieht sämtliche Google- und Bing-Suggest-Daten ein und bringt diese in Verbindung zum Keyword, zusätzlich ergänzt durch Präpositionen (mit, auf, bis, zu usw.) und Fragewörter (wie, wo, warum usw.).

AnswerThePublic beschäftigt sich mit den vielfältigen Problemstellungen eines Themas. Im Gegensatz dazu ergänzen Tools wie „UberSuggest" oder „Keywordtool.io" den gesuchten Begriff mit einem einzigen Buchstaben und schauen, was die Suchmaschinen mit diesen Erweiterungen finden. Die Ergebnisse der Recherche mit AnswerThePublic, vor allem die anschaulichen und Mind-Map-ähnlichen Grafiken, bieten jede Menge potenzielle Ideen.

[8] Grundlegend sollten Sie sich bei einem möglichen Thema folgende Fragen stellen: (a) Hat das ausgesuchte Thema Relevanz (in der heutigen Zeit, für die Zielgruppe, für das Unternehmen)? (b) Warum ist das Thema relevant und was könnte dagegensprechen? (Erstellen Sie eine Pro- und Kontra-Liste mit einer späteren Bewertung, evtl. in Prozentangaben.) (c) Welchen Bezug hat die Zielgruppe zu diesem Thema? (Wie und was spricht sie darüber in den sozialen Medien?) (d) Liegt das Thema im Trend, hat es einen aktuellen Aufhänger? (Stellen Sie ein Trendbarometer auf.) Liefert das Thema neue Erkenntnisse oder einen Mehrwert für die Zielgruppe? (e) Bietet das Thema einen direkten Zugang zur Zielgruppe?

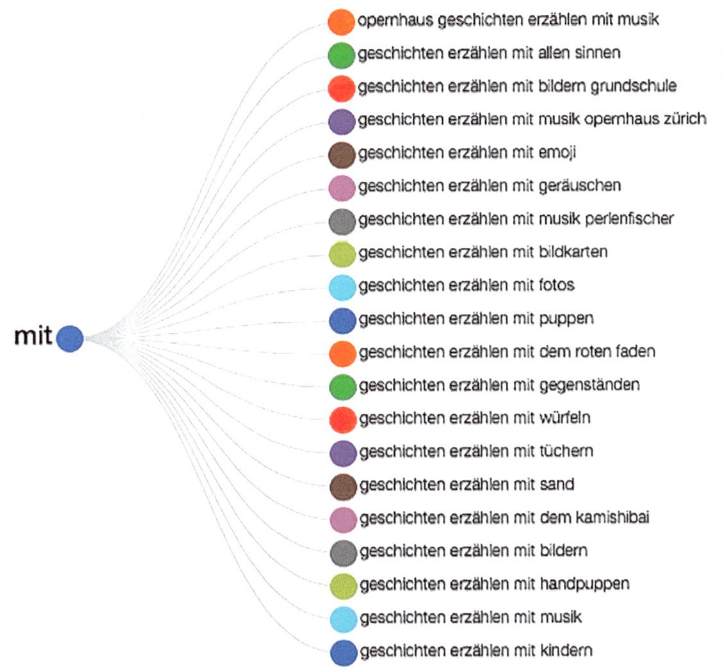

Bild 12.3 Hier wurde nach dem Begriff „Geschichten erzählen“ gesucht. Die Ergebnisse wurden bei dieser Auswahl nach Präpositionen geordnet – hier sehen wir das Ergebnis zu „mit Geschichten erzählen“ – und ermöglichen einen neuen Zugang zu manchen Themen. Screenshot: *https://AnswerThePublic.com*

12.2.2.2 Wen will ich erreichen?

Zur Analyse der Ziel- bzw. Bezugsgruppe zählt auch das **Storylistening:** Lauschen Sie den Erzählungen, den Alltagsberichten über Ängste, Erwartungen und Hoffnungen aller beteiligten Gruppen, auch die der Mitbewerber.

Definieren Sie genau Ihre Zielgruppe und fertigen Sie Beschreibungen der Hauptrollen und -charaktere (Personas) an. Nun sammeln Sie Informationen rund um die Zielgruppe, beispielsweise welche Hobbys die Personas haben, welche Reiseziele sie bevorzugen, welcher Musik sie lauschen, was sie essen, welche Sprache sie sprechen, welche Social-Media-Plattformen sie nutzen usw. (siehe auch Kapitel 7).

Bedürfnisse des Publikums

Lernen Sie Ihr Zielpublikum kennen, indem Sie Methoden wie Umfragen, die Erstellung von Empathy-Maps und/oder die von Personas anwenden.

Definieren Sie genau die Zielgruppe und fertigen Sie eine Beschreibung der typischen Hauptcharaktere (Personas) an. Versuchen Sie so viele Informationen wie möglich von Ihrer Zielgruppe zusammenzutragen. Hierbei ist wichtig zu wissen, welche Bedürfnisse, Ziele und Pain-Points das Publikum hat (siehe Kapitel 7).

Erstellen Sie Steckbriefe und überprüfen Sie diese immer wieder, erweitern Sie sie oder streichen Sie unnütze Informationen. Versuchen Sie mit Ihrer Zielgruppe in den Dialog zu treten und tauschen Sie sich mit ihr aus. Lernen Sie Ihre Zielgruppe kennen! Stalken Sie sie – im positiven Sinne –, sodass Sie am Ende Ihre Zielgruppe besser kennen als sich selbst.

Bisher wurden Personas u. a. als Wunschpersona erstellt, also aus der Vorstellung heraus oder/und aus der Analyse vorhandener Daten von Kundinnen und Kunden sowie der Auswertung personaspezifischer Interviews oder Umfragen. Heutzutage unterstützen AI-Tools, auf Sprachmodellen basierend, die Analyse und Auswertung der Daten.

Um eine AI-Persona zu generieren (siehe Kapitel 18), muss die AI in der Lage sein, die menschliche Sprache zu verstehen, die Daten auszuwerten und abschließend die Informationen wieder in eine für Menschen verständliche Sprache zurückwandeln.

Definieren Sie auch, wie Ihre Negativ-Persona* aussieht, also die Menschen, welche Sie nicht erreichen möchten.

* Kleine Wieskamp, Pia: Was ist eine Negativ-Persona? In: Storybaukasten.com, *https://storybaukasten.com/was-ist-eine-negativ-persona* (abgerufen 10/2023)

Welche Emotionen möchten Sie ansprechen?

Welche Art von Geschichten (z. B. Data-Story oder animierte Geschichte, virtuelle Story) und welche Kanäle bevorzugt das Zielpublikum warum?

Was will ich erreichen? Festlegung der Ziele und Botschaft:

Festlegung der Ziele (Milestones): Wer kein Ziel hat, kommt auch nirgendwo an! Ohne Ziel ist die Story eine bedeutungslose Aneinanderreihung von Ereignissen. Mit einem klaren Ziel oder Problem erhält das Publikum einen Grund, die Bedeutung der Geschichte zu verstehen. Ein wesentlicher Bestandteil bei der Festlegung der Ziele sollten die Emotionen sein, die Sie bei Ihrer Zielgruppe hervorrufen möchten.

Zielmessung: Denken Sie bei der Zielsetzung gleich daran, wie diese gemessen werden können, und an die Kriterien, was als Erfolg oder Misserfolg gilt. Ein Hilfsmittel hierbei ist die SMART-Methode[9].

Viele Themen und Teilziele begegnen uns Tag für Tag. Sie zeigen sich bei der Analyse der Bedürfnisse der Personas. In der Regel geht es um Problemlösung.

Mitbewerber/Umfeld: Schauen Sie sich auch das Marktumfeld an und beobachten und analysieren Sie genau, was Ihre Mitbewerber machen, was, wie und wo sie erzählen. Nur mit diesem Wissen können Sie sich von ihnen absetzen (siehe Kapitel 8).

[9] Kleine Wieskamp, Pia: SMART-Methode – Erfolgreiche Ziele formulieren. In: Storybaukasten.com, *https://storybaukasten.com/smart-methode-erfolgreiche-ziele-formulieren* (abgerufen 10/2023)

12.2.3 Konzeptions- und Planungsphase

Hier werden unter anderem Grob- und Feinziele festgelegt, ein Zeitplan erstellt, die Geld- und Personalmittel fixiert, Umsetzungstools sowie Maßnahmen zur Durchführung wie die Verbreitungs- und Kommunikationsstrategie definiert.

Kreation: Nun nimmt die Story Gestalt an: In einem Script, einem Drehplan, einer Storymap und einem Storyboard werden der Ablauf und Aufbau der Geschichte genau festgelegt und skizziert.

12.2.4 Umsetzungsphase bzw. Prototyping

Nun wird die Story umgesetzt. Je nach Storyart und Medium, wo und wie es veröffentlicht werden soll, ist die Umsetzung der Geschichte anhand des Storyboards möglich. Es beginnt die Phase der Verbreitung und Kommunikation mit der Zielgruppe. Die erarbeitete Story wird auf Medien wie dem Intranet, internen Mailings, Gesprächen, Briefings, Präsentationen verbreitet.

Was ist Prototyping?

Prototyping ist ein Teil des Design-Thinking-Prozesses, der den kreativen Ideenfindungsprozess mit ersten „vorstellbaren" Lösungen verbindet und mittels ständiger Feedbackschleifen und Nutzertests ein wirkungsvoller Entwicklungsprozess von realistischen und an den Nutzern orientierten Lösungen ist.

Ein Prototyp ist eine Veranschaulichung einer Idee etwa als Skizze, als Gegenstand, Video, Storyboard etc. Dieser erste Veranschaulichungstyp entsteht bereits im Entwicklungs- und Gestaltungsprozess und erhebt daher keinen Anspruch auf Vollständigkeit.

Ein Prototyp erlaubt es, die Qualität einzelner Ideen direkt in Zusammenarbeit mit der jeweiligen Zielgruppe zu testen und zu prüfen.

Sarah Diefenbach und Lara Christoforakos betonen den Nutzen von Prototypen: „Für eine realistische Abschätzung der Qualität eines Nutzungserlebnisses im Alltag von Menschen benötigt man Prototypen, die [...] in der realen Umgebung genutzt werden können."[10] Sie zeigen in ihrer Studie folgenden idealisierten Prozessablauf im Prototyping[11] (siehe Bild 12.4).

Paper Prototyping

Paper Prototyping oder auch Papierprototyping wird als spezielle Form des Prototypings gerade in Zusammenhang von Design-Thinking-Prozessen immer beliebter.

Hierbei wird der erste Prototyp einer Idee oder zur Visualisierung einer Idee mithilfe von Papier, Schere, Kleber, Stiften etc. entwickelt. Als Hilfsmittel wird Paper Prototyping gerne im Bereich Software Engineering, also Entwicklung von Apps, Webseiten und neuer Anwendungssoftware, eingesetzt.

[10] Vgl. Diefenbach, Sarah; Christoforakos, Lara: Experience- & Video-Prototyping. In: LMU München – Department Psychologie; Lehrstuhl für Wirtschafts- und Organisationpsychologie. o. D., *http://www.medien.ifi.lmu.de/lehre/ws1718/pxd/material/XD-10-Prototyping.pdf* (abgerufen 10/2023)

[11] Vgl. ebd.

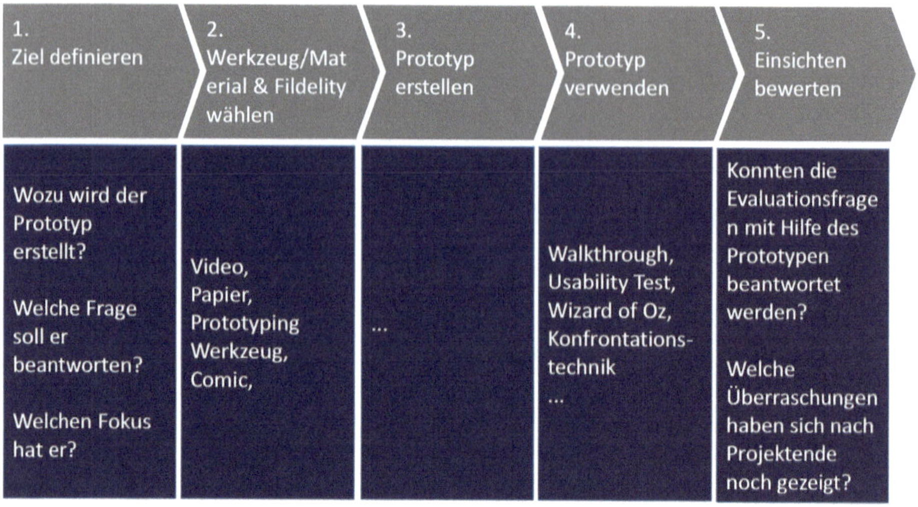

Bild 12.4 Idealisierter Ablauf eines Prototyping-Prozesses nach Sarah Diefenbach und Lara Christoforakos. Screenshot: Diefenbach, Sarah & Christoforakos, Lara: Experience- & Video-Prototyping, *https://www.medien.ifi.lmu.de/lehre/ws1718/pxd/material/XD-10-Prototyping.pdf*

Ein Beispiel hierbei ist u. a. die Generierung von Storytelling-Ideen mit dem Co-Creation-Tool Paper Prototyping (Bild 12.5).

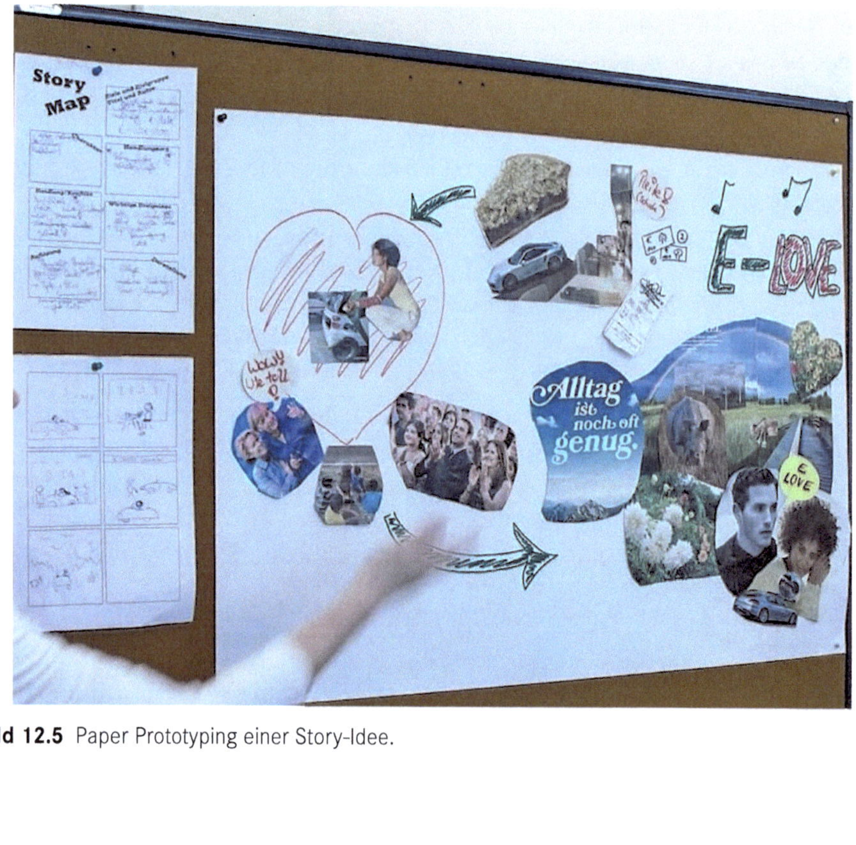

Bild 12.5 Paper Prototyping einer Story-Idee.

Meiner Erfahrung nach ist Paper Prototyping hervorragend geeignet, um schnell und günstig Ideen zu konkretisieren und anschaulich für Feedback-Schleifen und Diskussionen einzusetzen. Häufig wird diese Methode bereits bei der Entwicklung einer Idee eingesetzt, da der haptische Umgang mit dem Material neue kreative Herangehensweisen ermöglicht. Oft entstehen während des Zeichnens oder Klebens neue gute Ideen.

Storyboard als eine Version des Paper-Prototyping

Storyboarding stammt ursprünglich aus der Filmindustrie und kann als frühes Prototyping verwendet werden. Das Storyboard dient als visuelle Vorlage für die Erstellung einer Story. Es ist eine Art visueller Ablaufplan eines Drehbuchs mit gezeichneten Skizzen, die Einstellungen, Farben, Stimmungen und mehr in Szene setzen. Das Board stellt Handlungsverläufe bildlich dar und vermittelt so einen ersten Eindruck für die spätere Umsetzung.

Storyboarding, als Prototyping-Methode, stellt sicher, dass wir uns in die Rolle des Publikums hineinversetzen, die Persona(s) gut genug kennen, um gute Ideen und Diskussionen zu erzeugen.

Tool-Tipp

Als Online-Tool unterstützt Sie *storyboardthat.com* bei der Erstellung Ihres Storyboards.

12.2.5 Erstellung bzw. Produktion der Story

Seien Sie hier bereit, sich immer wieder zu hinterfragen und neue bzw. Zufallselemente mit in die Story einfließen zu lassen.

12.2.6 Verbreitung

Nun beginnt das Aussäen (Seeding), denn Geschichten können erst wahrgenommen werden und viral gehen, wenn sie auch erzählt bzw. veröffentlicht werden.

Hierbei wird nicht nur entschieden, auf welchem Kanal, sondern auch in welchem Kontext und wie die Story verbreitet werden soll. Ist es eine Kampagne, wird die Story cross-medial ausgespielt.

12.2.7 Auswertungsphase

An dieser Stelle wird die Frage beantwortet, was erreicht wurde.

Der Erfolg einer Story kann nur dann erkannt werden, wenn die Reichweite oder die Erreichung der Ziele gemessen wird. Wenn die Geschichten gestreut und verbreitet werden, sollten sie sowie ihre Wirkung überwacht und nachverfolgt und auch ausgewertet (evaluiert) werden. Stellen Sie sich die Frage: Wo werden die Geschichten (bzw. Elemente der Geschichte wie Charaktere) wie wiedererzählt bzw. erwähnt?

12.3 Fallbeispiel Story-Baukasten

Gehen wir in unserem fiktiven Beispiel von folgender Grundlage aus:

Problemstellung: Die Corona-Pandemie hat es verdeutlicht: Weiterbildung findet nicht nur in Präsenzseminaren und -Workshops statt. In Zeiten von lebenslangem Lernen möchte der Kunde eine Online-Akademie etablieren, um unabhängig von äußeren Faktoren wie Pandemien oder Wetterlage trotzdem aktiv sein zu können.

Wir fragen ChatGPT (3.5), Stand: Juni 2023.

(Prompt) Sei eine Storytellerin und erzähle eine Geschichte nach dem Story-Bauplan mit den Schritten 1. Recherche und Analyse, 2. Ideenfindung, 3. Konzeption und Planung, 4. Umsetzung (Prototyping), 5. Komposition der Elemente, 6. Präsentation und Verbreitung, 7. Erfolgsmessung, Monitoring.

Background der Geschichte und Problemstellung: Die Corona-Pandemie hat es verdeutlicht: Weiterbildung findet nicht nur in Präsenzseminaren und -Workshops statt. In Zeiten von lebenslangem Lernen möchte der Kunde eine Online-Akademie etablieren, um unabhängig von äußeren Faktoren wie Pandemien oder Wetterlage trotzdem aktiv sein zu können.

ChatGPT antwortet: Als Storytellerin werde ich eine Geschichte nach dem Story-Bauplan mit den angegebenen Schritten erstellen. Hier ist die Geschichte:

Einleitung: Die Welt ist mit Herausforderungen wie Umweltproblemen und sozialen Ungleichheiten konfrontiert. Inmitten dieser komplexen Lage beschloss die Marketing- und Kommunikationsabteilung des Unternehmens „*Green Solutions*", eine fesselnde Geschichte zu erzählen, um ihre Stakeholder zu inspirieren und zu motivieren, nachhaltiger zu leben und zu handeln. Die Geschichte folgt einem klaren Plan – dem Story-Baukasten –, der Menschen hilft, eine mitreißende Erzählung zu entwickeln und gleichzeitig wertvolle Botschaften zu vermitteln.

Schritt 1: Recherche und Analyse: Ist-Analyse: In einer malerischen Kleinstadt namens *Myville* lebt Anna, eine leidenschaftliche Unternehmerin, die eine Weiterbildungsakademie für Mitarbeitende im Vertrieb betreibt. Während der Corona-Pandemie erkannte Anna, dass herkömmliche Präsenzseminare und Workshops nicht mehr ausreichten, um den aktuellen Umständen sowie Bedürfnissen ihrer Kunden gerecht zu werden. Anna beschließt, eine Online-Akademie zu etablieren, um interessierte Kund*innen unabhängig von äußeren Faktoren wie Pandemien, Wetterlage oder Reisezeitaufwand eine aktive Teilnahme zu ermöglichen.

Selbstverständlich bemerkt Anna, dass auch ihre Mitbewerber*innen Online-Schulungen anbieten. Doch wie machen diese auf sich aufmerksam? Welche Geschichten erzählen diese und wie kann Anna mittels einzigartiger Geschichten Menschen erreichen?

Lassen Sie sich bei der Erstellung der Persona von einer KI unterstützen!

Sie können z. B. ChatGPT verwenden und die KI in verschiedenen Prompts um Hilfe bitten, beispielsweise die Persona genauer zu definieren oder in die Rolle der Persona, in diesem Fall Anna, zu schlüpfen und offene Fragen zu stellen.

Schritt 2: Ideenfindung: Anna beginnt mit intensiver Recherche und Analyse, um die besten Ansätze für ihre Online-Akademie zu finden. Zunächst schaut sie, ob die Weiterentwicklung ihres Portfolios ihren bisherigen Kern betrifft oder sie diesen erweitern muss. Hierzu nimmt sie das Vann-Ikigai-Modell[12] (Bild 12.6) zur Hilfe und schaut, ob ihre persönlichen Ziele, ihre Vision mit dem übereinstimmt, worin sie gut ist und wofür sie auch bezahlt werden kann.

Bild 12.6 Überprüfung der Vision und des Purpose unter Einbeziehung des Ikigai-Modells. Grafik: eigene Darstellung Pia Kleine Wieskamp

Hierbei stellt Anna fest, dass der Bereich „Was die Gesellschaft, die Welt, von mir braucht" auch den Bereich Nachhaltigkeit mit einbezieht.

Sie studiert die neuesten Trends im Bereich des E-Learnings und analysiert die Bedürfnisse und Präferenzen ihrer Zielgruppe. Dabei stellt sie fest, dass interaktive Kurse, digitale Lernmaterialien und persönliche Betreuung wichtige Elemente für den Erfolg ihrer Online-Akademie wären.

Schritt 3: Konzeption und Planung: Mit den Erkenntnissen aus ihrer Recherche beginnt Anna, das Konzept ihrer Online-Akademie zu entwickeln. Sie definiert klare Lernziele, erstellt einen Kursplan und entwirft eine intuitive und benutzerfreundliche Online-Plattform. Zudem plant sie, hochqualifizierte Dozenten und Experten für verschiedene Fachgebiete einzubinden, um eine vielfältige Palette an Kursen anzubieten.

Schritt 4: Umsetzung (Prototyping): Anna startet mit der Umsetzung ihres Konzepts. Sie erstellt einen Prototypen ihrer Online-Plattform aus Papier, um das Benutzererlebnis zu testen und Feedback von potenziellen Kunden einzuholen. Zudem sollen auf dieser Plattform erste Gratis-Kurse stattfinden, in denen Anna die Teilnehmenden auch über den Ablauf, Erwartungen, Verbesserungen, Erweiterung befragt. Sie führt auch interne Schulungen für

[12] Kleine Wieskamp, Pia: Ikigai – woher kommt es. In: Storybaukasten.de. Februar 2023, *https://storybaukasten.com/ikigai-woher-kommt-es* (abgerufen 10.2023)

ihr Team durch, um sicherzustellen, dass alle Prozesse reibungslos ablaufen würden. Mit dem gesammelten Feedback wird die „Proto“-Plattform verbessert und erneut in Schnupperkursen getestet.

Schritt 5: Komposition der Elemente: Nachdem das Prototyping abgeschlossen ist, beginnt Anna mit der Komposition der Elemente für ihre Online-Akademie. Sie erstellt hochwertige Lernmaterialien, darunter interaktive Videos, Übungen und Quizze. Sie legt großen Wert auf ästhetische Gestaltung und intuitive Navigation, um ein ansprechendes und benutzerfreundliches Lernerlebnis zu gewährleisten.

Schritt 6: Präsentation und Verbreitung: Mit der fertigen Online-Akademie bereitet Anna eine umfangreiche Marketingkampagne vor. Sie nutzt verschiedene Kanäle wie Social Media (Instagram und LinkedIn), E-Mail-Marketing und Kooperationen mit relevanten Partnern, um die Aufmerksamkeit potenzieller Kunden auf ihre Online-Akademie zu lenken. Sie organisiert auch Webinare und kostenlose Demokurse, um Interessenten einen Einblick in das Angebot zu geben.

Schritt 7: Erfolgsmessung, Monitoring: Anna war sich bewusst, dass es wichtig war, den Erfolg ihrer Online-Akademie zu messen und zu überwachen. Sie analysiert daher regelmäßig mittels Online-Befragungen sowohl von Teilnehmenden als auch potenziellen Teilnehmenden. Zusätzlich schaut sie sich die Anrufzahlen des Newsletters und der Webseite sowie die Resonanz der Social-Media-Kanäle an.

12.4 Das Zusammenspiel von Storytelling und Design Thinking

Stellen wir uns die Frage, was Design Thinking eigentlich mit Storytelling zu tun hat, so ist die Antwort darauf recht einfach: Beide Ansätze analysieren den Ist-Zustand, formulieren klare Ziele, durchleuchten die Zielgruppe und orientieren sich an deren Bedürfnissen. Zudem eignen sich beide Ansätze (wenn man so will auch Methoden), um Fragen zu stellen, Denkprozesse anzukurbeln sowie innovative Ideen und Lösungsansätze zu entwickeln.

Kurz gesagt, hilft der Design-Thinking-Prozess, Ideen zu entwickeln, die die Befriedigung menschlicher Erwartungen und Bedürfnisse in den Vordergrund stellen, und bis zum ersten Testprototypen - im Falle der Story bis zum Storyboard - weiterzudenken. Der Prozess dient zur konkreten und umsetzbaren Lösungsfindung.

Häufig sind Ideen Ergebnisse von Prozessen

Wirklich gute Ideen - also innovative, neue und solche, die umsetzbar sind und akzeptiert werden - kommen nicht einfach so über Nacht; häufig sind sie das Ergebnis arbeitsintensiver und gezielt gesteuerter Prozesse, wie beispielsweise des Design Thinkings oder der Entwicklung einer Story. Design Thinking ist eine in Stanford entwickelte Arbeitsmethodik, die mithilfe verschiedenster Werkzeuge Ideenfindung und Innovationen in einer Gruppe bestmöglich fördert.

Folgende drei Aspekte sollten bei der Durchführung eines Design-Thinking-Prozesses berücksichtigt werden (Bild 12.7):

1. **Wünschbarkeit:** Hierbei steht immer der Mensch mit seinen Bedürfnissen im Vordergrund. Ob eine Idee, eine Story oder eine Veränderung auch angenommen und akzeptiert wird, ist abhängig davon, ob sie die Bedürfnisse derjenigen Menschen, die erreicht werden sollen, ansprechen, wecken oder erfüllen können.
2. **Machbarkeit:** Hierbei stellt man sich als Unternehmen, Mitarbeitender und Creator immer die Frage, ob das, was in dem Prozess als Idee aufgekommen ist, auch realisierbar ist. Denn Innovation und Wandel sind nur möglich, wenn diese auch machbar und umsetzbar sind. Möchte ich also als Tourismusbüro meine Gäste an den jeweiligen Wunschort beamen, so ist das bisher nicht realisierbar. Damit kommen wir auch zum letzten Punkt, der
3. **Wirtschaftlichkeit:** Selbst wenn wir uns à la Raumschiff Enterprise an einen Ort beamen könnten, der Zeitaufwand und die Kosten aber noch so hoch wären, dass es nur zwei potenzielle Kunden gäbe, würde sich aus wirtschaftlicher Sicht die Realisation zunächst nicht lohnen. Die Design-Thinking-Methode berücksichtigt immer die Frage: Ist etwas praktikabel, also technisch und auch wirtschaftlich durchführbar und sinnvoll?

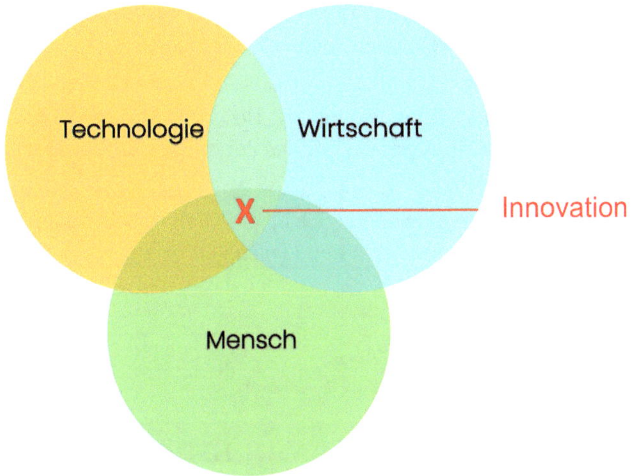

Bild 12.7 Innovationen und wertvolle Problemlösungen bilden die Schnittmenge aus drei wesentlichen Komponenten: (technologische) Machbarkeit, (wirtschaftliche) Tragfähigkeit sowie (menschliche) Erwünschtheit. Grafik in Anlehnung an das Hasso-Plattner-Institut.[13] Bild: Pia Kleine Wieskamp

Innovationen und wertvolle Problemlösungen bilden die Schnittmenge aus drei wesentlichen Komponenten: (technologische) Machbarkeit, (wirtschaftliche) Tragfähigkeit sowie (menschliche) Erwünschtheit.

Die oberen drei Voraussetzungen sind gerade in Unternehmen und Organisationen notwendig, damit Ideen entwickelt werden, die auch durchführbar sind und sich zugleich wirtschaftlich tragen.

[13] WWW: HPI Academy: Was ist Design Thinking? Design Thinking schafft praxisnahe Ergebnisse, *https://hpi-academy.de/design-thinking/was-ist-design-thinking.html* (abgerufen 10/2023)

Definition von Design-Thinking

Gründungsgeschichten oder Produktgeschichten sind so bekannt wie alte Hüte. Doch wie kommt man auf die Idee für innovative und relevante Storys? Eine Methode hierfür ist **Design Thinking.**

Das bekannte Hasso-Plattner-Institut (HPI), School for Design Thinking, definiert es folgendermaßen: „Design Thinking ist eine systematische Herangehensweise an komplexe Problemstellungen aus allen Lebensbereichen. Der Ansatz geht weit über die klassischen Design-Disziplinen wie Formgebung und Gestaltung hinaus. Im Gegensatz zu vielen Herangehensweisen in Wissenschaft und Praxis, die von der technischen Lösbarkeit die Aufgabe angehen, stehen Nutzerwünsche und -bedürfnisse sowie nutzerorientiertes Erfinden im Zentrum des Prozesses. Design Thinker schauen durch die Brille des Nutzers auf das Problem und begeben sich dadurch in die Rolle des Anwenders."[14]

Im Kern geht es also beim „Denken rund um das Design" um die **optimale Gestaltung** von Produkten und Situationen aus der Sicht des Nutzers (Verbrauchers, Publikums). Der Design-Thinking-Prozess ist eine systematisierte Herangehensweise, um Aufgabenstellungen und Herausforderungen (Probleme) in **allen denkbaren Lebensbereichen** zu lösen. Ein weiteres Konzept im Design Thinking ist die Geisteshaltung und/oder Denkweise: Durch den menschenzentrierten Ansatz und die thematische Ausdehnung auf alle Lebensbereiche wird dieser Prozess zu einer universell einsetzbaren Methode.

Übertragen wir den Gedanken auf Storytelling, also das bewusste Vermitteln von Botschaften, so sind sowohl optimales Storytelling als auch die Design-Thinking-Methode vor allem auf die **Bedürfnisse des Nutzers,** in unserem Fall des Publikums, ausgerichtet.

Mit der Design-Thinking-Methode werden komplexe Aufgaben sowie Problemstellungen gelöst. Mittlerweile arbeiten viele Unternehmen, Universitäten oder Innovations- und Kreativlabs mit dem Design-Thinking-Ansatz, um neue Potenziale zu erkennen und Möglichkeiten umzusetzen.

■ 12.5 Design Thinking als innovativer Weg neuer Ideen

Design Thinking ist ein Weg, um neue Gedanken zuzulassen, Freiräume für kreative Ideen zu schaffen und gleichzeitig Menschen für einen gemeinsamen neuen Weg zu begeistern, also ideal für das Storytelling. Design Thinking ist aber nicht nur ein Prozess, sondern vor allem eine Geisteshaltung (Mindset) oder eine besondere Form der Denkweise und Herangehensweise an eine Problemstellung oder eine Fragestellung, in der sowohl die Grundhaltung als auch die Art des Denkens ein wichtiger Nährboden sowie eine notwendige Basis zur Erstellung innovativer Ergebnisse sind.

---

[14] Vgl ebd.

Die Ergebnisse sprechen für sich, da sie das Publikum als Ganzes ansprechen – was bedeutet, dass sowohl der Verstand als auch Emotionen und Erfahrungen und Wünsche des Publikums angesprochen werden.

Das Hasso-Plattner-Institut, School of Design Thinking, unterstreicht dies: „Design Thinking ist ein Prozess UND ein Mindset. Und noch viel mehr. Im Arbeitsalltag entfaltet sich sein Problemlösungspotenzial zu einer lebendigen Innovationskultur. Vor allem dann, wenn ganzheitliche und nutzernahe Lösungen gefragt sind.“[15]

Wesentliche Faktoren von Design Thinking: Der Erfolg von Design Thinking in der gemeinschaftlichen Arbeits- und Denkkultur wird durch folgende Grundvoraussetzungen (Strukturen) unterstützt:

- **Multidisziplinäre Teams:** Die Zusammensetzung des Teams ist entscheidend für die Ergebnisse. Stellen Sie ein möglichst heterogenes und abteilungsübergreifendes Team zusammen – mit unterschiedlichem kulturellem sowie Erfahrungshintergrund, aus diversen Altersgruppen, Berufen und Abteilungen –, das beim Design Thinking einen klar strukturierten Prozess aus sechs Schritten durchläuft. Der Prozess kann aber auch solo, für „Einzelkämpfer“, mit einem Netzwerk zum Austausch durchlaufen werden.
- **Variable Räume:** Kreative Prozesse sind mitunter abhängig von der Umgebung. Besonders in der Phase der Ideenfindung sollten möglichst viele Sinne angesprochen werden. Ausreichend Raum für Bewegung, Meetings, Experimentierfelder sowie flexibles Mobiliar, Flächen, an die Post-its geklebt werden können, sind wichtig. Natürlich sollten auch Bereiche für Austausch, Gespräche und Entspannung vorhanden sein. Ich denke hierbei an Büros von Unternehmen wie Google oder LinkedIn, die sowohl Gruppenarbeitsplätze als auch kreative Seminar- und Denkräume, gemeinschaftliche Spielräume bis hin zu Massageräumen, Cafés und Restaurants in eine farbenfrohe Mischung integriert haben. Kaum ein Mitarbeiter hat einen festen Arbeitsplatz, sondern es wird in Teams in jeweiligen Teamecken oder Bürobereichen gearbeitet, die den jeweiligen Aufgaben entsprechen.

Sechs Schritte im Design-Thinking-Prozess

Der klar strukturierte iterative Design-Thinking-Prozess verläuft in sechs Schritten: Verstehen, Beobachten, Synthese, Ideenfindung, Prototyping und Testen (Bild 12.8).

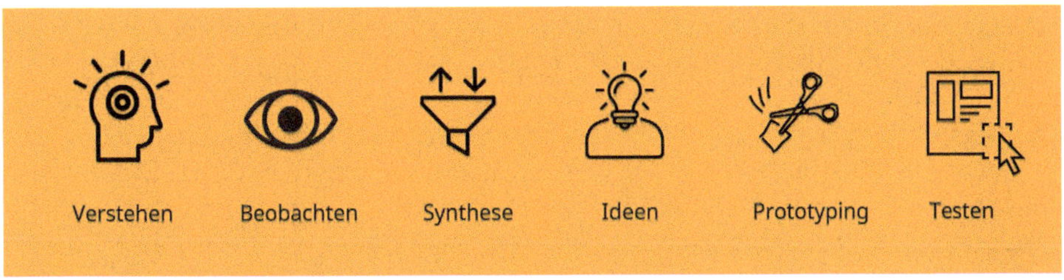

Bild 12.8 Der Design-Thinking-Prozess besteht in der Regel aus mindestens sechs Schritten, wobei einige Schritte wie Prototyping oder Testen die Ergebnisse des Testens wiederum in neue Ideen einfließen lassen und dieser Bereich umgesetzt wird. Grafik: eigene Darstellung Pia Kleine Wieskamp

[15] Hasso-Plattner-Institut (HPI) School of Design Thinking: Mindset, *https://hpi-academy.de/design-thinking/design-thinking-mindset-fuer-innovation/* (abgerufen 12/2023).

Ursprünglich aus dem Industrie-Design stammend, ist der Design-Thinking-Ansatz gut auf Kommunikationsthemen adaptierbar. Da der Prozess eine stetige Rückkopplung, also eine Feedbackschleife möglicher Lösungsansätze mit der Zielgruppe, durchläuft, in der Anmerkungen und Fragen der Zielgruppen mit in den Prozess einfließen, sind die Ergebnisse sehr praxisnah und umsetzbar.

Frühe Formen von Prototypen machen Lösungsansätze schnell sichtbar und sind somit leichter kommunizierbar. Sie dienen auch den einzelnen Test- und Feedbackschleifen mit der Zielgruppe.

Obwohl die einzelnen Prozessschritte klar definiert sind, ist deren Abfolge nicht streng linear festgeschrieben. Das Gegenteil hiervon ist der Fall, denn der Design-Thinking-Prozess unterstützt das iterative Vorgehen, bei dem man, wenn nötig, jederzeit einen oder mehrere Schritte vor- bzw. zurückgehen soll, bis das Ergebnis zufriedenstellend ist. Dies bedeutet insbesondere, dass durch die gefundene Lösung die Bedürfnisse und Motivationen der Menschen, welche „am Ende" die Anwender und Nutzer der jeweiligen Ergebnisse sind, umfassend berücksichtigt und einbezogen wurden. Auf die Story-Erstellung übertragen sollen am Ende Geschichten herauskommen, die den Bedürfnissen der Zielgruppe entsprechen. Zunächst ein kurzer Überblick über die einzelnen Phasen:

1. Verstehen (Empathize)

In diesem Schritt geht es um das Verständnis der Aufgabe und deren Definition. Im englischsprachigen Raum wird diese Phase auch mit „Empathize" bezeichnet, denn es geht darum, die Bedürfnisse und Problemstellungen (Herausforderungen) des Publikums nicht nur anhand von Zahlen und Fakten zu erahnen, sondern wirkliche Bedürfnisse (Needs), Schmerzpunkte (Pain-Points) und Gefühle emotional nachvollziehen zu können.

Geschichten bieten Konfliktlösungen für Personen. Wer genau analysiert, welche Visionen sein Unternehmen hat und welche Bedürfnisse der Zielgruppe angesprochen werden, der kann auch verstehen, welche Art von Geschichten, welche Inhalte für die Zielgruppe relevant sind. Die breit gefächerte Recherche über das Thema, die Adressaten (Publikum), das Ziel, den Prozess, Mitbewerber und mehr bringt hier Klarheit.

Am Anfang der Prozessüberlegungen steht immer das **Warum:** Warum wollen wir eine Story erstellen? Was soll sie bewirken (Ziel)? Was wollen wir vermitteln (Botschaft)?

Anschließend sollte in einer genauen Analyse der Ist-Zustand der Kommunikation, des Marktes und der Mitbewerber festgestellt werden. Hierzu greifen wir auf Modelle wie das SMART-Modell zurück. Ohne den **Ist-Zustand** zu kennen, sind Sie auch nicht in der Lage, klare Ziele zu definieren. Zudem sollten bei der Feststellung des Ist-Zustands auch die vorhandenen Geschichten, Protagonisten und Erzählarten des Unternehmens sowie die Werte der Mitbewerber und des Marktumfelds betrachtet werden.

Neben dem Erkennen und Analysieren der Daten werden in dieser ersten Phase der Story auch das genaue Ziel sowie die **Kernbotschaft** definiert: Was soll erreicht werden? Die Entwicklung der richtigen Fragestellung ist in dieser Phase äußerst relevant.

Wer kein Ziel hat, kommt auch nirgendwo an! Ohne **Ziel** ist die Story eine bedeutungslose Aneinanderreihung von Ereignissen.

Der „Golden Circle" beantwortet die Frage nach dem Kern: Simon Sineks „Golden Circle" (Bild 12.9) hilft Ihnen dabei, das Gerüst Ihrer Kerngeschichte aufzubauen. Der britische

Autor und Unternehmensberater analysierte, warum manche Menschen und Unternehmen bei gleichen Rahmenbedingungen und Marktkonditionen erfolgreicher sind als andere. Der Unterschied liegt seiner Auffassung nach in der Inspiration: Erfolgreiche Unternehmen und Menschen inspirieren andere. Mit dieser Erkenntnis entwickelte Sinek eine zugleich einfache und geniale Erfolgsformel für den Aufbau erfolgreicher Storys: das Modell des „Golden Circle“[16]. Sineks Grundthese lautet: Wer überzeugende Geschichten erzählen möchte, muss die Fragen nach dem „Warum?“, dem „Wie?“ und dem „Was?“ konkret beantworten.

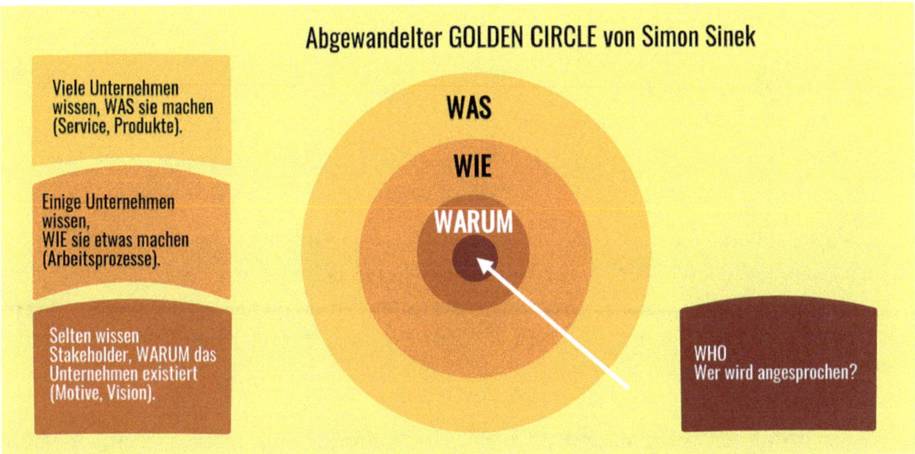

Bild 12.9 Zum Verstehen gehört auch, das eigene Unternehmen zu kennen, den Beweggrund zu analysieren und zu verinnerlichen, warum das Unternehmen besteht und was es antreibt. Der „Golden Circle“ nach Simon Sinek betrifft den Kern des Unternehmens, seine Werte sowie die Unternehmensstory. Bild: © Pia Kleine Wieskamp

Die meisten Organisationen und Menschen können sehr schnell erklären, was sie tun und wie sie es tun: Sie können erzählen, welche Möbel sie herstellen, welche Hölzer und Maschinen sie verwenden, wie der Vertriebsweg aussieht und vieles mehr. Selten können sie aber erzählen, warum sie etwas tun.

Starten Sie mit der **Vision und Leidenschaft** Ihres Unternehmens, mit einem Versprechen, dass Sie Ihren Kunden und Stakeholdern geben. Aus diesem „Warum“ lässt sich das Grundmotiv (der Kern) der jeweiligen Story ableiten. Es unterstützt Sie, das Publikum emotional zu erreichen und langfristig zu binden. Beschreiben Sie, warum Sie oder Ihr Unternehmen etwas machen. Das **Warum** kann die Hintergründe und Gründungsidee einer Firma erklären. Es umfasst den **Kern,** der zur Identität der Marke gehört. Mit einer überzeugenden Antwort auf die Frage nach dem „Warum“ hebt sich Ihr Unternehmen von der Konkurrenz ab.

---

[16] Golden Circle: Schauen Sie sich Simon Sineks TedTalk an: *https://www.ted.com/talks/simon_sinek_how_great_leaders_inspire_action?language=de* (abgerufen 10/2023).

Meist entscheidet das WARUM

Starten Sie jede Story mit der Vision und Leidenschaft Ihres Unternehmens.

Die Kerngeschichte eines jeden Unternehmens unterstreicht dessen Einzigartigkeit und verdeutlicht seine Werte. Die Kerngeschichte (Core Story) ist die Basis der gesamten Kommunikation und beantwortet die Frage, warum ein Unternehmen existiert. Sie gibt Kund*innen, Mitarbeitenden und Partner*innen einen Grund, sich mit dem Unternehmen und seinen Produkten zu identifizieren.

Dove zeigt mit Kampagnen – etwa „Meine Schönheit ist meine Entscheidung" –, wie es geht: Der Hersteller von Pflegeprodukten widmet sich etwa der Bedeutung von Schönheitsidealen. Dove zeigt echte Frauen mit realistischen Körpern und verdeutlicht, dass jede Frau schön ist.

https://youtu.be/wpM499XhMJQ?si=ncxCGvZ3V-ZO2yrP (abgerufen 12/2ß23).

Beispielsweise lautet die Vision der bekannten Möbelmarke **IKEA:** „Den vielen Menschen einen besseren Alltag schaffen."[17] IKEA unterstreicht hierbei, dass ihre Vision über das „Einrichten" und günstige Möbel hinausgeht. „Wir möchten, dass unser Geschäft eine positive Wirkung auf die Welt hat – angefangen dort, wo wir unsere Materialien beziehen, bis hin zu der Art und Weise, wie wir unseren Kund*innen helfen, zu Hause ein nachhaltigeres Leben zu führen."[18]

Jede Geschichte braucht **einen Konflikt oder einen Spannungspunkt**. Dabei sollte die Natur des Konflikts von der Zielgruppe nachempfunden werden können. In dem Beispiel der oben erwähnten IKEA-Geschichte geht es um die Problemstellung des „schlechten" Schlafens, der Erschöpfung nach einer unruhigen Nacht. Eine Situation, die jeder Mensch nachempfinden kann, denn Schlaf ist eines der Grundbedürfnisse des Menschen.

2. Beobachten (Observe)

Beim Design Thinking geht es darum, Probleme aus der Sicht der Menschen zu lösen. In diesem Schritt dreht sich alles um diejenigen, für die die Story gedacht ist, also das Publikum (Adressaten). Es geht um ein tieferes Verständnis dieser Adressaten, deren Bedürfnisse, Wünsche und Zweifel. Zudem müssen in dieser Phase die Sprache, die Bildwelt sowie die Kommunikationskanäle erkannt und definiert werden, die das Publikum nutzt.

Beobachten

Im zweiten Schritt der Story-Erstellung nach dem Design-Thinking-Prozess erfolgt eine **intensive Auseinandersetzung mit der Zielgruppe.** Nur wer die wahren Bedürfnisse und Motivationen des Publikums kennt, kann dementsprechend relevante und interessante Geschichten entwickeln.

Neben der aktiven Beobachtung werden Informationen über die Bedürfnisse, Abläufe und Verhaltensweisen der Zielgruppe auch durch persönliche Gespräche, Interviews und Umfragen (Kunden- und Nutzerbefragungen) ermittelt, um diese zu verstehen.

[17] IKEAs Vision: Vision – Werte – Geschäftsidee. In: Ikea.com/de. o. D., *https://www.ikea.com/de/de/this-is-ikea/about-us/vision-werte-geschaeftsidee-pub9aa779d0* (abgerufen 10/2023)

[18] Ebd.

Die Rechercheergebnisse werden dokumentiert und in Schriftform sowie mit Visuals wie Fotos, Videos, Skizzen und Sprachaufzeichnungen für alle zugänglich festgehalten.

Bedürfnisse des Zielpublikums: Wie bereits erwähnt, richtet sich Design Thinking - ähnlich wie optimales Storytelling - vor allem an den Bedürfnissen des Publikums aus. Bei beiden Prozessen steht der Nutzer im Vordergrund. Die Interpretation der gesammelten Eindrücke, das (Ein-)Ordnen und Clustern hilft, die Bedürfnisse des Publikums besser zu verstehen. In dieser Phase werden auch Personas als lebensnahe Beschreibung typischer Vertreter der Zielgruppe erstellt.

Storytelling kann auch als **nutzenorientierte Kommunikation** beschrieben werden. Hierfür ist ein profundes Wissen über das Publikum - also diejenigen Menschen, die Sie erreichen möchten - notwendig. Die bekannte Bedürfnispyramide des Psychologen Abraham Maslow liefert eine gute Grundlage, um sich in das Thema einzustimmen (siehe Abschnitt 7.2.2).

Viele Geschichten, wie die unten aufgeführte Beispiel-Story (Nike), werden aus den Bedürfnissen der Zielgruppe abgeleitet. Unternehmen müssen dorthin, wo sich ihr Publikum aufhält, um zu verstehen, was es braucht. Hier arbeiten sowohl Storytelling als auch Design Thinking mit der Erstellung von Personas, also Charakteren, die im Grunde genommen prototypische Vertreter der Zielgruppen sind.

Beispiel: Nike verkörpert ein Lebensgefühl

Nike spricht mit dem Claim „Just Do It" das Bedürfnis nach Selbstverwirklichung seiner Zielgruppe an. Dass dieses Motto seit ca. 50 Jahren gilt, zeigt das Unternehmen in dem „Department of Nike Archives": „In den Anfängen des Unternehmens sträubten sich viele bei Nike gegen konventionelle Werbung - seelenlose Spots und Anzeigen, die nur dazu dienten, ein Produkt zu verkaufen. Was, wenn es eine Möglichkeit gäbe zu experimentieren, Neues auszuprobieren, unkonventionellen Ideen freien Lauf zu lassen und verrückte Träume umzusetzen? Und was, wenn unsere Athlet*innen diese Storys selbst erzählen würden?"[19]

Mit Blick auf die Bedürfnisse der Persona können Sie mit der Design-Thinking-Methode konkrete und relevante Storys entwickeln. Das Besondere an diesem Ansatz ist, dass jede Fragestellung auch die folgenden drei Aspekte berücksichtigt (bekannt auch als Aspekte zur Durchführbarkeit von Projekten beim Design-Thinking-Prozess):

- Was wünscht sich der Mensch (Publikum)?
- Was ist geschäftlich bzw. wirtschaftlich realisierbar?
- Welche Idee lässt sich technisch umsetzen (machbar)?

[19] Nike: Department of Nike Archives: Inspiration hört niemals auf. In: Nike.com/de. Letzte Aktualisierung 18. Mai 2022, *https://www.nike.com/de/a/unendliche-inspiration-revolutionare-werbekampagnen* (abgerufen 10/2023)

Stellen Sie sich folgende Frage: Wie genau kennen Sie diejenigen, die Sie erreichen möchten – Ihre Kollegen, Mitarbeitenden, Partner*innen, Kunden*innen, Stakeholder?

Normalerweise werden Menschen nach gemeinsamen Nennern, z. B. nach soziodemografischen Daten wie Alter, Geschlecht, Einkommen in (Ziel-)Gruppen kategorisiert. Das reicht aber nicht, da diese Daten nicht die Bedürfnisse, die Emotionen, die Ängste oder Visionen abfragen!

Zielgruppen bestehen aus vielen Individuen, die meist nicht in eine Schublade passen. Sie sind vielschichtig und weit komplexer, als uns statistische Zahlen das je verraten könnten. Wer kein genaues Bild eines typischen Vertreters seiner Zielgruppe vor Augen hat, dem fällt es schwer, sich in die Zielgruppe hineinzuversetzen und deren Bedürfnisse zu verstehen. Daher ist sowohl beim Design Thinking als auch beim Storytelling die Rede von Bedürfnisgruppen und Personas anstatt von Zielgruppen.

Das Besondere am Storytelling ist, dass Sie bewusst die Emotionen Ihres Publikums zu beeinflussen versuchen, denn das macht Geschichten erst wirksam.

Was ist eine Zielgruppe?

„Als Zielgruppe bezeichnet man die Gruppe von Menschen, die ein Unternehmen mit seinen Produkten erreichen möchte. Nahezu alle soziografischen Merkmale eignen sich, um die Zielgruppe zu definieren. Besonders beliebte Kriterien sind das Alter und das Konsumverhalten." So die Definition von BWL-Wissen.net.[20]

Beim Design Thinking geht es darum, Probleme aus der Sicht der Bedarfsgruppen aus zu lösen. Meist sind es Kund*innen, Partner*innen oder Mitarbeitende. Es geht um ein tieferes Verständnis der Adressat*innen und ihrer Bedürfnisse oder Wünsche. Hierzu wird u. a. eine Empathy-Map oder auch die Erstellung einer Persona, also einer stellvertretenden Person, verwendet (weitere Infos siehe Kapitel 7).

3. Synthese (Point of View)

In dieser Phase werden die gesammelten Informationen ausgewertet, auf Post-it-Zetteln notiert und zur Übersicht an eine Wand geheftet. Die Zettel werden gruppiert und in neue Zusammenhänge gebracht. So können Muster in einer Informationsflut sichtbar gemacht, Bedürfnisse geclustert und zu Themen geordnet werden.

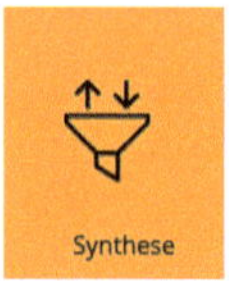

In diesem Schritt werden die gesammelten Ergebnisse und Erfahrungen der ersten beiden Schritte zusammengeführt, mit dem gesamten Team geteilt und ausgewertet, um anschließend zunächst ein Gesamtbild und daraus abgeleitet einen Standpunkt zu definieren. Ziel hierbei ist der Austausch im Team und der Aufbau eines gemeinsamen Wissenstands.

Mit einem klaren **Ziel** oder einer eindeutigen Problemstellung erhält das Publikum einen Grund, die Bedeutung der Geschichte zu verstehen. Ein wesentlicher Bestandteil bei der Festlegung der Ziele sollten die Emotionen sein, die Sie bei Ihrer Zielgruppe hervorrufen möchten.

[20] Definition der Zielgruppe auf *https://bwl-wissen.net/definition/zielgruppe* (abgerufen 10/2023).

Rufen wir uns noch einmal die Basiselemente gut funktionierender und erfolgreicher Storys ins Gedächtnis:

- Jede Geschichte hat eine **eindeutige Botschaft (Ziel).**
- Jede erfolgreiche Story orientiert sich an den **Bedürfnissen des Publikums** und nicht an den Vorstellungen des Erzählers.
- Die Geschichte braucht einen **Konflikt** (eine Herausforderung).
- Eine gute Story ist so einfach, dass sie, einmal vom Publikum aufgenommen, als eigene adaptiert und weitererzählt werden kann.
- Eine gute Story hat eine klare **Heldenfigur** (Identifikationsfigur: das Publikum, die Marke, das Produkt).

Ohne festgelegte Ziele kann das Unternehmen auch nicht messen, ob diese erfüllt wurden. Daher reicht es nicht aus, lapidar zu sagen, dass mehr Menschen animiert werden sollen, der Firma Geld zu überlassen oder Kunden zu werden. Welche konkrete Botschaft soll am Ende der Story bei den Kund*innen ankommen und im Gedächtnis gespeichert werden? Und welche Aktion soll beim Publikum ausgelöst werden?

Verstehen bedeutet, sich die Grundfragen einer Geschichte zu stellen. Erzählungen und Geschichten folgen einem dramaturgischen Aufbau. Ob in der Antike oder in aktuellen Hollywood-Verfilmungen ähneln sich Geschichten, die im Gedächtnis bleiben – sie erzählen die „Reise und den Wandel eines Helden". Geschichten wie „Herr der Ringe" wurden bereits in tausendfachen Variationen erzählt. Geschichten von Menschen, die auszogen, um gegen alle Widerstände ihre Ziele zu erreichen, hören wir gerne immer wieder, da wir uns mit der Heldenfigur identifizieren können. Dieses Erzählmuster löst in uns Zuhörenden Gefühle aus.

Der Handlungsstrang, das Prinzip hinter Geschichten, ist seit Jahrtausenden gleich und funktioniert auch in Zeiten des Internets immer noch.

4. Ideen finden und entwickeln (Ideate)

Anhand der gewonnenen Ergebnisse und mit dem recherchierten Hintergrundwissen folgt die Entwicklung der Ideen. Dafür kann jede beliebige Kreativitätstechnik angewendet werden. Hat die Persona beispielsweise ein Bedürfnis nach Sicherheit und Angst, ihren Job zu verlieren, können dies Ausgangsideen für Storys sein. In dieser Phase sollen möglichst viele Ideen produziert werden. Nach der Sammlung der Ideenvorschläge werden diese strukturiert und in Themen und Gemeinsamkeiten zusammengefasst. Nun werden aus der Ideensammlung die vielversprechendsten bezüglich Attraktivität, Umsetzbarkeit und Budget ausgesucht.

In dieser Phase kann jede beliebige Kreativitätstechnik, wie zum Beispiel Brainstorming oder Brainpainting, angewendet werden (Bild 12.10). Ziel dieser Phase ist, möglichst viele Ideen zu produzieren, ohne diese auf Machbarkeit, Effizienz oder weitere Kriterien zu prüfen. Die gesammelten Ideen sollen nicht von vornherein ausgeschlossen, sondern zunächst wertfrei und ohne Beurteilung gesammelt werden. Häufig ergeben sich aus „unmöglich" erscheinenden Ideen Denkansätze für gute Storys.

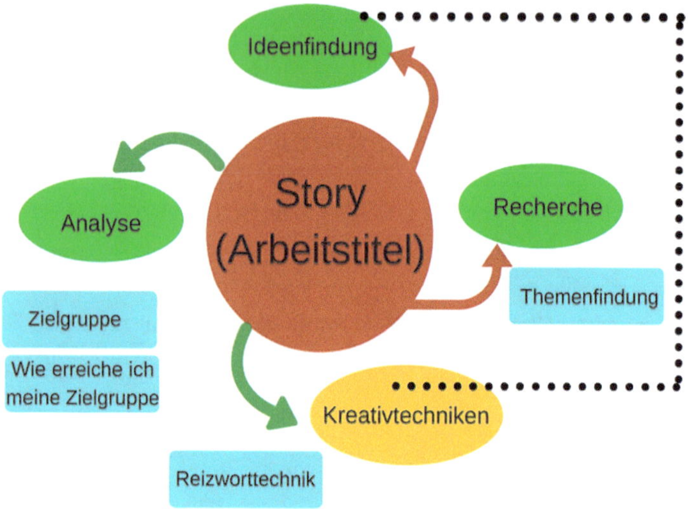

Bild 12.10 Mindmapping hilft, Geschichten eine Struktur zu geben und Gedanken zu ordnen. Bild: Pia Kleine Wieskamp

Erst wenn die Entwicklungsphase für neue Ideen abgeschlossen ist (es empfiehlt sich hier ein Zeitlimit zu setzen), werden im Anschluss die Ideenvorschläge strukturiert und geclustert. Aus dieser Menge an Ideen werden die vielversprechendsten bezüglich Attraktivität, Umsetzbarkeit und Budgetvorgaben oder weiteren Entscheidungspunkten herausgesucht und weiterverfolgt.

Auch bei der Erstellung von Mindmaps können KIs Sie als „kreativer Sparringspartner" bei dem Brainstorming unterstützen (Bild 12.11).

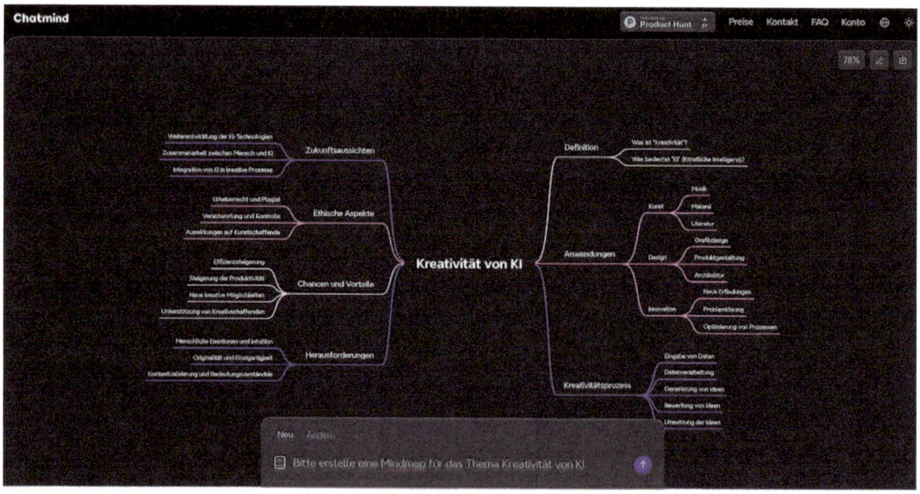

Bild 12.11 Lassen Sie sich von der KI unterstützen. In diesem Beispiel habe ich KI gebeten, eine Mindmap zum Thema Kreativität von KI zu erstellen. Dies ist das erste Ergebnis, das mit weiteren Fragen vertieft werden kann. Screenshot: *https://chatmind.tech/de*

Ideen mittels Metaphern generieren: Versuchen Sie bereits während der Recherchephase immer wieder bildhafte Metaphern statt Wörter festzulegen. Denn diese Bilder (Skizzen) lösen wiederum weitere Bilder und damit auch neue Ansätze in der Arbeit und im Denken, dem Weiterdenken, aus.

Was sind Metaphern?

Aus dem altgriechischen Wort „metapherein" abgeleitet, bedeutet Metapher „Übertragung". Sie überträgt quasi die Bedeutung von einem Konzept auf ein anderes. Als Beispiel können zwei Unternehmen, die sich bisher kaum miteinander austauschen, übertragen als einsame Inseln dargestellt werden. Erhalten diese Inseln nun einen regelmäßigen Schiffsverkehr oder werden sie gar mit Brücken miteinander verbunden, könnten die Schiffe bzw. die Brücke die Kommunikationskanäle stellvertretend darstellen. Bei dem Bild Schiffsverkehr kommt schon die Frage auf: „Was ist, wenn es zu stürmisch ist, sodass keine Schiffe ausfahren können?" Oder: „Bei den Fähren und Booten ist der Mensch abhängig von Uhrzeiten und kann nicht immer nach Lust und Laune oder bei Bedarf kommunizieren."

Obwohl die Grundidee einer Metapher recht einfach ist, können Metaphern auf vielen Ebenen funktionieren, die von sehr einfach bis sehr komplex reichen. Einfache Metaphern können den Vergleich zwischen zwei Dingen klar benennen, wie in dem Beispiel: „Der Chef wirkt vielleicht wie Napoleon, ist aber ein richtiger Sonnenschein." Das heißt, dass der Mann zwar herrisch sein kann, aber im Grunde ein netter, freundlicher Mensch ist.

Häufig sind Metaphern bildhafte Vergleiche, die als Stilelement verwendet werden. Denken Sie nur an Vergleiche wie, „den Stein ins Rollen bringen", wenn irgendeine Idee angestoßen wurde. Mittels Metaphern ist es möglich, einfache Idee kreativ und ausdrucksstark zu vermitteln. Auch ermöglicht das Arbeiten mit Metaphern eine Gewinnung zusätzlicher Ideen und Story-Ansätze.

Wie findet man Metaphern? Metaphern bauen Brücken zum Verständnis von Informationen. Sie transferieren etwas von einem Ort zum anderen, indem einem bekannten Objekt ein neuer Sinn, neue Attribute gegeben werden. Als Metaphern können je nach Zweck unterschiedliche „stellvertretende Objekte" genutzt werden, wie natürliche Gegenstände (z. B. Wasser, Sand, Sonne), künstliche Gegenstände (z. B. Schiff, Pinsel), Aktivitäten (z. B. laufen, essen) oder Konzepte (z. B. Unternehmen, Mitarbeiter). Die Kunst liegt in der verständlichen Verbindung, beispielsweise bei einem Menschen, dessen Humor so trocken wie ein ausgeblichener Knochen einer Leiche in einer Wüste erscheint, also knochentrocken.

Die Vorteile der Verwendung von Metaphern liegen auf der Hand: Sie sind vielfältig und kreativ verwendbar, lassen bekannte Variablen in einem neuen Licht erscheinen, erleichtern das Verständnis einer Information, ermöglichen sichtbare und greifbare Kommunikation und lassen sich als Bild sehr gut im Gedächtnis verankern. Nachteilig dagegen und langweilig sowie unkreativ wirkt der Einsatz oft verwendeter Standardmetaphern.

Versuchen Sie es mit einer Metaphernliste

Sammeln Sie Metaphern, indem Sie beispielsweise je nach Aufgabenstellung oder Thema zu den Buchstaben A-Z mindestens eine geeignete Metapher finden. Visualisieren Sie diese und Sie geraten in einen kreativen Workflow. Eine große Anzahl an diversen Metaphern hat den Vorteil, dass diese Ihre Gedanken anregen, ganz neue Wege zu gehen.

Erstellen Sie sich Ihre persönliche Metapherndatenbank und/oder Bilddatenbank (als visuelle Metaphernliste) sammeln Sie ungewöhnliche Metaphern, die Ihnen über den Weg laufen.

5. Prototyping

Nun geht es an die Verfeinerung der ausgewählten Ideen. In dieser Phase wird der Urtyp (Prototyp) oder das Storyboard entwickelt, um die Idee sowie die Story beim Publikum testen zu können. Erstellen Sie skizzenhaft den Ablauf der Story-Idee (Storyboard) etwa in Papiermodellen, Rollenspielen oder Ähnlichem. Diese Phase hilft, die Idee konkret zu durchdenken und in Gruppen zu diskutieren. Ziel ist es, die Story-Idee zu verstehen und weiterzuentwickeln.

In dieser Phase der Story-Entwicklung werden ausgewählte Ideen schnell anhand von Prototypen mit der Zielgruppe getestet. Mit dem Begriff „Prototyp" sind visualisierte Storyboards, Papiermodelle, Rollenspiele oder konkrete Entwicklungen wie Probeshootings, Videodrehs etc. gemeint. Es geht darum, die Idee verständlich zu präsentieren und auf Akzeptanz und Erreichung der gesetzten Ziele zu testen. Dementsprechend sollte ein Fragebogen entwickelt werden, um gewünschte Antworten zu erhalten und die Story weiterentwickeln zu können.

Planungs- und Visualisierungstools: Als Grundlage zur ersten Visualisierung einer Story sollten Sie ein **Storyboard** erstellen. Hierzu können Sie u. a. folgende Vorlage zur Erstellung eines Storyboards verwenden.

Zur Visualisierung eignen sich folgende Hilfsmittel:

Skizzen: Die erste Visualisierung einer Idee findet häufig mit Papier und Stift oder per Grafikanwendung statt. Sowohl bei Produkt- als auch Dienstleistungsinnovationen werden Skizzen angefertigt, um technische Besonderheiten, Features und Alleinstellungsmerkmale (USP) hervorzuheben. So fertigte z. B. Jack Dorsey auf einem Notizzettel eine Skizze der Gründungsidee von X (vormals Twitter) an, um die wesentlichen Funktionen festzuhalten. Neben computerbasierten Zeichenprogrammen wie Paint oder Coral Draw existiert insbesondere für das iPad eine Vielzahl an umfangreichen, leicht bedienbaren Apps wie ArtRage[21], ASKetch, iDraw und Sumo Paint, mit denen Skizzen erstellt werden können.

Mit dem Online-Tool Boords (Bild 12.12) können nicht nur schnell Storys visualisiert werden, sondern auch neue Inhalte und Veränderungen, die in diversen Feedback- und Korrekturschleifen auftauchen, eingefügt und verändert werden. Selbst die Erstellung mehrerer paralleler Varianten ist mit diesem Werkzeug möglich. Zudem ist die Software auf das Arbeiten mit einem Team ausgelegt.

Eine weitere Möglichkeit besteht darin, Szenen dreidimensional beispielsweise mittels Lego Serious Play darzustellen.

[21] WWW: ArtRage, *https://www.artrage.com* (abgerufen 10/2023)

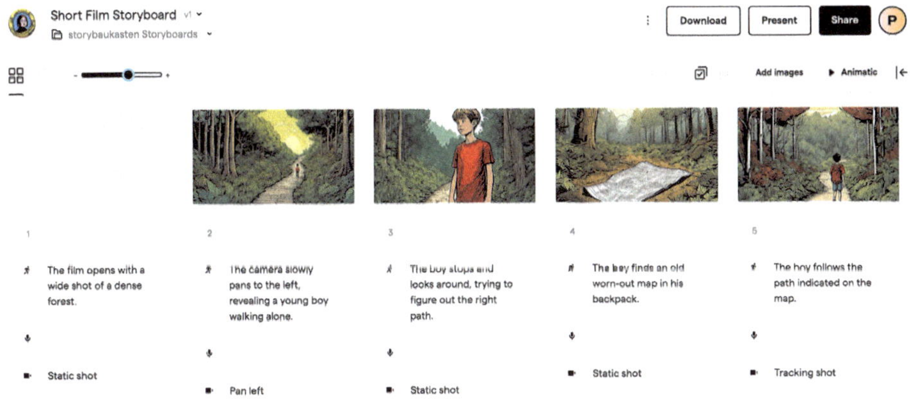

Bild 12.12 Anhand von Storyboard-Vorlagen können Sie eine Story grob visualisieren. Screenshot: Boords[22]

6. Testen

Sobald die Prototypen konkret sind, erfolgt ein offener Dialog mit anderen Teammitgliedern, mit Kollegen außerhalb des Projektteams und mit Vertretern der Zielgruppe.

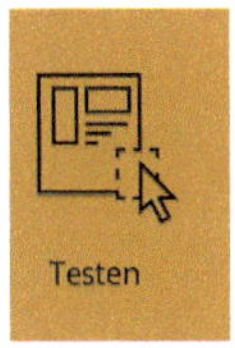

Erstellen Sie zunächst einen Fragenkatalog, in dem genau notiert sein sollte, was Sie testen bzw. vom Testpublikum erfahren möchten.

Im TV- und Filmgeschäft wird beispielsweise ein „Pilot" gedreht, der als Testballon Gruppen wie Öffentlichkeit, Rezensenten, Publikum oder potenziellen Werbekunden zur Beurteilung gezeigt wird. Hierbei werden sowohl das Konzept als auch die Schauspieler getestet und mitunter werden nach den Ergebnissen dieser Tests Veränderungen vorgenommen. Ein bekanntes Beispiel ist die Serie „Raumschiff Enterprise", für die 1964 der Pilotfilm „The Cage" gedreht und nach der Testphase verworfen wurde. Die Serie ging nach einer Anpassung mit einer veränderten Besetzung in Produktion.

Grundsätzlich geht es beim Testen um den Plot, also die Geschichte, um das Szenario, die Umgebung, die Heldenfigur, die weiteren Charaktere, die Erzählweise, die Erzählform und die Ausführung.

Fragen könnten sein:

- Erkennt das Publikum die Botschaft? Ist die Botschaft leicht verständlich?
- Ist die Botschaft interessant und relevant?
- Sympathisiert das Publikum mit der Heldenfigur (Protagonisten)?
- Welche Emotionen werden beim Publikum geweckt?

Nutzen Sie Interviews und lassen Sie in dieser Testphase die Testpersonen erzählen, eventuell auch selbst kleinere Story-Ansätze mit den Charakteren und der Handlung weiterentwickeln.

[22] WWW: Storyboard-Tool Boords, *https://boords.com/storyboard-creator* (abgerufen 10/2023)

Muster, Vorlagen, Canvas

Der Story-Baukasten-Canvas führt systematisch an die praktische Anwendung von Storytelling in Entwicklungsprozessen heran.

Er kann Schritt für Schritt als Storytelling-Methode angewendet werden. Zudem unterstützt er bei Entwicklungsprozessen in Teams einen agilen Workflow.

Je nach Zusammensetzung und bereits gesammelten Erfahrungen der einzelnen Teilnehmer eines Storytelling-Teams, können diverse Rezepte, Muster oder Beispiele zur Erstellung einer Story genommen werden.

Je nach Organisation, Ziel, Zielgruppe und Aufgabenstellung kann das **„One-Sentence-Product-Statement“** als Hilfsmittel herangezogen werden. Hierbei wird die Story auf einen Satz reduziert, indem erzählt wird, was ein Produkt oder einen Service für eine bestimmte Nutzergruppe und in einem bestimmten Kontext ausmacht.

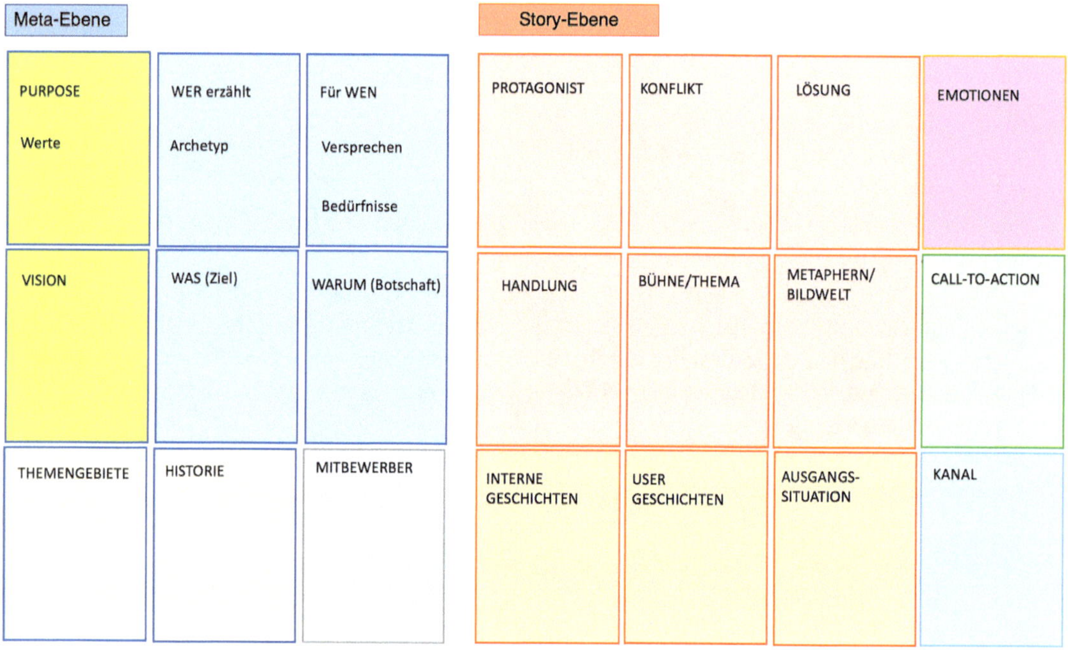

Bild 12.13 Dieser Story-Canvas unterscheidet zwischen Meta-Ebene (links) und Story-Ebene (rechts). Die Meta-Ebene stellt Fragen nach dem Kern des Storytellenden, seinen Zielen, seiner Botschaft etc. Sie beschreibt den Kern, aus dem sich sämtliche Themen und Geschichten speisen. Die Story-Ebene bezieht sich auf die aktuelle Story, den Plot, der kreiert und erzählt wird. Grafik: Pia Kleine Wieskamp

User-Storys

Beim Storytelling geht es aber auch um die Beziehung von Fakten und von Akteuren. Mit Storytelling spreche ich immer die Emotionen und diverse Sinne an. Geschichten ermöglichen dem Publikum, einen Sinn zu erschließen und einzelne Elemente in einem Zusammenhang zu verbinden. Abstrakte Konzepte werden auf diese Weise nicht nur sinnvoll, sondern auch sinnlich verknüpft.

Denken wir beispielweise an **User-Storys** (Geschichten von Nutzer*innen), die in der agilen Software-Entwicklung genutzt werden und nach diesem Prinzip[23] aufgebaut sind:

> Ich als ... [Nutzer*in/Persona] möchte ... [Funktion/etwas Spezielles tun], um mir Folgendes ... [Wert/spezifischer Nutzen] zu ermöglichen.

Die User-Storys beschreiben die Anforderungen an ein Produkt oder einen Service aus Sicht des Nutzers. Sie formuliert einen Wunsch bzw. ein Bedürfnis konsequent aus der Perspektive des Nutzers und können immer als eine Einladung zum Dialog angesehen werden. Demnach beantwortet eine **User-Story** die Fragen nach dem **WER möchte WAS und WARUM.**

12.6 Konzeption und Kreation: Nun nimmt die Story Gestalt an

Ein Story-Konzept wird beispielsweise mit Tools wie Mindmap (siehe Bild 12.10 und Bild 12.11) erstellt. Das „Drehbuch" der Geschichte wird geschrieben und anschließend im Storyboard genau festgelegt.

Grundgerüst der Story

Sie können anfangen, ein Grundgerüst Ihrer Geschichte zu erstellen, indem Sie die wichtigsten Eckpfeiler der Geschichte detailliert skizzieren.

> **Exkurs: Drei Dinge benötigt eine Geschichte, damit sie zustande kommt**
>
> 1. Eine Ausgangssituation
> 2. Ein Ereignis
> 3. Eine aus dem Ereignis resultierende neue Situation
>
> Stellen Sie sich die folgende Frage:
>
> **WEM** passiert **WAS** und **WARUM?**

- **WEM ... – Held/Protagonist**
  Manchmal bringen Helden ihre Themen automatisch mit. Wenn das nicht der Fall ist, sollten Sie sich eine Vorbildfigur suchen, die eng mit dem Thema verbunden ist. Wagen Sie hier ruhig einen Ausflug in die Geschichte. Die Figur des Odysseus soll einige Science-Fiction-Helden beeinflusst haben. Ausschlaggebend ist, dass die Hauptfigur als Schlüsselfigur die Geschichte über ihren gesamten Verlauf tragen kann, womöglich auch für eine Weiterfüh-

[23] Eine Vorlage für eine Produkt-Vision befindet sich auf *https://www.prodpad.com/resources/free-product-vision-template* (abgerufen 10/2023).

rung, eine Serie oder Reihe ausbaubar ist. Denken Sie dabei an Figuren wie James Bond, die uns bereits seit Generationen in ihren Bann ziehen.

Die Wahl der richtigen Protagonisten ermöglicht es Ihnen, auch spröde oder abstrakte Themen auf einer persönlichen Ebene zu transportieren und damit wieder interessant zu machen.

- **Entwickeln Sie Ihre Charaktere und hauchen Sie ihnen Leben ein:**
  Eine lebensechte Figur ist etwa Henning Mankells Kommissar Kurt Wallander. Das ist eine Person mit Ecken und Kanten, keine künstliche Barbie-Figur à la Ken. Die Charaktere sollten der Zielgruppe entsprechen, damit eine Identifizierung leicht und schnell möglich ist. Beschreiben Sie, wie die Figur aussieht: Stellen Sie aus den Abbildungen der Zeitungsmagazine eine Collage der Protagonisten zusammen. Werden Sie ein „Profiler" und lernen Sie Ihren Charakter genau kennen. Analysieren und beschreiben Sie Ihre Hauptfiguren genau: Wie sind sie aufgewachsen, haben sie Humor, welche Ziele haben sie etc.?
- **... passiert WAS – Entwicklung der Handlung**
  Jede Geschichte sollte eine Handlung haben, die das Publikum fesselt; es muss unbedingt wissen wollen, was als Nächstes passiert. Alles andere wird nebensächlich und selbst der Gang zur Toilette muss bis zur Werbepause warten.

  Beim Einstieg in die Handlung werden meist die Hauptcharaktere der Story, die Umgebung und der zentrale Konflikt vorgestellt. Nachdem der Konflikt aufgelöst und der Höhepunkt erreicht wurde, muss sich die Geschichte entwickeln und langsam auslaufen. Häufig haben Storys ein glückliches Ende (Happy End) oder einen unglücklichen, tödlichen Ausgang (Weltuntergang).
- **... WARUM – der Konflikt ist das Salz der „Story-Suppe"**
  Jede Geschichte braucht einen Konflikt oder einen Spannungspunkt. Dabei sollte die Natur des Konflikts von der Zielgruppe nachempfunden werden können.
- **Dialoge**
  Beschreiben Sie, was in Ihrer Story gesagt wird. Beschreiben Sie, was Ihre Charaktere tun. Beschreiben Sie den täglichen Ablauf und ihre Figuren erhalten mehr Leben eingehaucht. Stellen Sie sich Fragen und notieren Sie alles; schlüpfen Sie in die Hauptperson Ihrer Story und fragen Sie sich z. B.: „Nimmt die Heldin am Morgen zur Dusche die frische Wäsche mit ins Bad? Putzt sie sich mit einer elektrischen Zahnbürste die Zähne? Und was macht sie dann?" Jede kleine Handlung kann die Figur weiter ausbauen, wie unbedeutend es zunächst auch erscheint. Achten Sie darauf, dass der Dialog echt und „wie tatsächlich von Menschen gesprochene Sprache" klingt. Auch bei der Dialoggestaltung kann AI Sie unterstützen.
- **Ort** und **Umgebung**
  Die Umgebung einer Story oder einer Person kann sowohl Stimmungen als auch Informationen verraten. Spielt die Geschichte etwa in den 80er-Jahren, geben nicht nur die Kleidung und der Haarschnitt sehr viele Hinweise, sondern auch die Ausstattung des Handlungsspielraums, die Autos auf der Straße, die Möbel in der Wohnung, das Buchregal. Um nicht vom Ziel der Story abzulenken, sollte die Inszenierung stimmig und authentisch sein.

  Ein Ort kann aber auch Aussagen über das Milieu, das soziale Umfeld ausdrücken. Es hilft dem Publikum, den Kontext einer Geschichte zu begreifen, sich zu orientieren und sich ein besseres Bild zu machen.

Exkurs: Das Setting

Hier werden häufig die Zeit und der Ort sowie die Grundcharaktere vorgestellt. Denken wir an die Eröffnungssequenz des Kinohits Star Wars: „Episode I, DIE DUNKLE BEDROHUNG: Die galaktische Republik wird von Unruhen erschüttert. Die Besteuerung der Handelsrouten zu weit entfernten Sternensystemen ist der Auslöser.“*

Bild 12.14 Die Figuren der Star-Wars-Serie reizen geradezu, in sie hineinzuschlüpfen und ein „Rollenspiel“ mit eigenen Ideen zu spielen - also die Geschichte weiterzuerzählen. Foto: © Pia Kleine Wieskamp

Denn eine Geschichte besteht mindestens aus drei Elementen:

1. Ein Setting, also die Grundsituation, in der Handlungszeitraum und -ort gesetzt werden
2. Signifikante Elemente, die einzigartig und wiedererkennbar sind, z. B. der/die Held*in
3. Der Konflikt, das Drama, der Überlebenskampf, die Spannung etc.

* WWW: Star Wars, Episode I, *https://www.youtube.com/watch?v=60hduWVf5IE*

- **Die eigene individuelle „Handschrift“ entwickeln**

  Ein Patentrezept für ein „Richtig“ oder „Falsch“ gibt es bei der Entwicklung des eigenen Stils nicht. Jedoch helfen einige unterschiedliche Gesichtspunkte und Herangehensweisen bei der Entwicklung der persönlichen „Storytelling-Handschrift“. Ziel ist es hierbei, unverwechselbar und einzigartig vom Publikum wiedererkannt und evtl. so „geliebt“ zu werden, dass der Inhalt, den Ihre Storys transportieren, fast egal ist. Wenn Sie einen solchen „Kult-Status“ erlangen, haben Sie es geschafft.

  Sicherlich kennen Sie das Sprichwort „Der Ton macht die Musik“. Dies gilt auch für das Erzählen von Geschichten. Achten Sie darauf, dass Ihre Aussagen, Ihre Ziele in Ihrer persönlichen Sprache, Ihrem Stil und Ihrem Tempo erzählt werden. In jeder Erzählung verraten Sie immer einen Teil von sich selbst, teilen – wenn oft auch indirekt durch die Stimme Ihres Helden – Ihre Perspektive und Ihre Motivation und Ansichten mit. Also versuchen Sie erst gar nicht, sich zu verstecken, denn man möchte sich gerade heute mit echten Typen identifizieren. Werden Sie zum*zur Influencer*in!

- **Wichtige Ereignisse, Konflikte und Enthüllungen**
  Welche wichtigen Ereignisse, welche Wendepunkte, welche Konflikte werden in der Geschichte aufgegriffen? Und führen die Ereignisse zu Enthüllungen oder Offenbarungen, welche die Geschichte und die Charakterentwicklung vorantreiben? Fragen Sie sich beim Konflikt, worum es in der Geschichte geht.

Tipp

In dieser Phase der Story-Entwicklung können Sie Tools wie Mindmaps nutzen. So können Sie gleich mit dem Notieren wichtiger Punkte eine grobe und zugleich übersichtliche Struktur, eine Art Gedankenlandkarte der Story ausprobieren. Mindmapping ist eine Arbeitsmethode, die ein flexibles, kreatives und gehirngerechtes Arbeiten ermöglicht.

- **Szenen-Ordner (Container) erstellen**
  Erstellen Sie Sammelbehälter, in denen Sie die verschiedenen Szenen der Geschichte beschreiben. Gehen Sie auch auf Details ein, etwa die Stimmung, die während der Szene herrschen soll. Achten Sie bei der späteren Ausgestaltung der Szene darauf, dass die verwendete Wortwahl mit der Stimmung übereinstimmt.
- **Zeitleiste erstellen**
  Bemerken Sie auch jeden kleinen Anschlussfehler im Film? Also wenn der Taxifahrer in einer blauen Jacke in dem Taxi sitzt, aus dem Wagen steigt und dann um diesen herumgeht. Sekunden später öffnet ein Mann die Tür, um dem gehbehinderten Gast behilflich zu sein. Es ist der Fahrer, der aber als solcher nicht sofort erkannt wird, denn er trägt jetzt einen schwarzen Mantel. Ein eindeutiger Anschlussfehler!

  Vermutlich wurde diese Szene nicht an einem Tag gedreht. Normalerweise notiert ein Scriptgirl die Details, sodass Maskenbildner, Schauspieler, Kameramann etc. über alle Einzelheiten der bereits aufgenommenen Szene Bescheid wissen. So kann jeder direkt und ungestört anschließen. Seien Sie sicher, nichts ist verwirrender, als wenn eine Geschichte in den Zeiten hin- und herspringt. Wie auch beim „Anschlussfehler“ in einem Film, wird der Rezipient immer dann, wenn er unbewusst einen offensichtlichen Fehler, einen unlogischen Zusammenhang oder einfach eine Irritation bemerkt, sich damit eingehender beschäftigen.

Exkurs: Storyboard

Bild 12.15 Die Erstellung eines Storyboards funktioniert z. B. mit dem Online-Werkzeug *https://www.StoryboardThat.com*

Was ist ein Storyboard?

Das Storyboard ist ein visueller Plan für die Abfolge einer Geschichte. Typische Einzelbilder illustrieren den Handlungsablauf einer Story (siehe Bild 12.16).

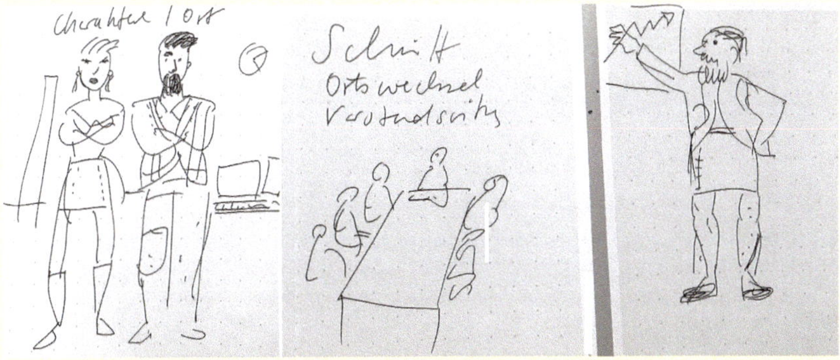

Bild 12.16 Eine Ablaufvisualisierung in einem Meeting zeigt dem Team eine Darstellung erster Ideen einer Produktstory.

Das Beispiel eines Storyboards sowie leere Storyboard-Formate finden Sie auf der Webseite zum Buch, *https://storybaukasten.com*, zum Download.

In einem Storyboard wird das Drehbuch vorab visuell zum Leben erweckt. Es hilft dem Storycreator, dem Team und allen Mitwirkenden (Kameramann, Darsteller, Fotografen, Agenturen) die jeweilige Geschichte näherzubringen, damit alle sie verstehen und umsetzen können.

Stellen Sie sich das Storyboard als eine Sammlung kleiner Skizzen und Anmerkungen vor, die das Drehbuch zusammenfassen und in der die Schlüsselszenen dargestellt sind. Hier wird visualisiert, wo die Story spielen wird, wer die Protagonisten der Story sind und welche Handlungen stattfinden.

Bestimmen Sie die Schlüsselszenen Ihrer Geschichte

Die Idee hinter einem Storyboard ist, klar zu machen, wie die Kernaussage der Story übertragen werden kann. Arbeiten Sie die Schlüsselszenen heraus, die die Story im Wesentlichen erzählen. Hierbei werden Szenen ausgewählt, die die Handlung vom Anfang bis zum Ende illustrieren. Dabei ist es wichtig, Wendepunkte (die Punkte der Spannungskurve) aufzuzeigen.

Das Gehirn des Rezipienten kümmert sich nun hauptsächlich darum, die Ungereimtheit zu entschlüsseln, und folgt der eigentlichen Handlung des Films nicht mehr. Verhindern Sie solche Störfaktoren, indem Sie eine Zeitleiste erstellen. So vermeiden Sie logische Brüche und können sich auf frühere Szenen beziehen, welche die Charaktere schon erlebt haben.

Erstellen Sie also einen Zeitplan, mit dem die Geschichte einen zeitlichen und örtlichen Rahmen erhält. Legen Sie die Reihenfolge der Ereignisse fest. Gerade wenn die Geschichte zeitlich nicht chronologisch abläuft (wenn z. B. viele Rück- oder Vorblenden enthalten sind) oder wechselnde Erzählperspektiven, mehrere Zeitstränge enthält, ist es ratsam, einen visuellen, weil übersichtlichen, Erzählstrang zu entwerfen.

Die gute Mixtur

Ähnlich wie bei einem Cocktail, ist die aufeinander abgestimmte Mixtur der einzelnen Zutaten und Story-Elemente ausschlaggebend für das Gelingen einer Story. Vermengen Sie althergebrachte, bekannte Muster mit neuen, überraschenden Elementen.

12.7 Konkrete Planung

In der Planungsphase werden u. a. Grob- und Feinziele festgelegt, ein Produktionsplan erstellt, die Geld- und Personalmittel (das Budget) festgelegt, Umsetzungstools sowie Maßnahmen zur Durchführung wie die Erstellung der Verbreitungs- und Kommunikationsstrategie definiert.

Planen Sie beispielsweise einen Videodreh, so benötigen Sie Drehorte, Verträge, Technik, eine Crew, Darsteller, Catering usw. Das sollten Sie alles je nach Aufwand und Art der Umsetzung Ihrer Story mit einem Budget und einem Zeitplan versehen und festlegen.

Die Umsetzung der Geschichte erfolgt nun je nach Story-Art und Medium anhand des Storyboards.

12.8 Komposition

Ich habe einige Jahre bei dem TV-Sender RTL gearbeitet. Hier gehörte es mit zu meinen Aufgaben, gedrehtes Material zu sichten, einen Schnittplan zu erstellen und zusammen mit einem Cutter die einzelnen Filmausschnitte zu einer runden Sendung mit Höhepunkt und Spannungsbogen zusammenzustellen (selbstverständlich mussten hierbei auch die Werbezeiten und Unterbrechungen der Sendung berücksichtigt werden). Obwohl ich mir immer detaillierte Schnittpläne mit Auflistungen der Sekunden und Frames zu Anfang der jeweiligen Schnittsequenz und zum Ende der Sequenz erstellte, Angaben über Ton- oder Bildüberlappung plante, mir verschiedene Techniken wie Blenden usw. überlegte und in die Liste aufnahm, also obwohl der Schnitt perfekt vorausgeplant wurde, gab es in der Zusammenstellung der einzelnen Teile immer wieder mal Überraschungen oder gute Einfälle und Ergänzungen. Beispielsweise waren die Tonatmosphären, also die Hintergrundgeräusche, zweier Sequenzen nicht miteinander kompatibel und man brauchte eine Trennszene, die dies überspielte.

Genau das zeichnet die Kompositionsphase aus. Viele Einzelteile werden zu einem stimmigen Gesamtprojekt zusammengefügt.

12.9 Präsentation und Verbreitung

Es wird ernst und die erarbeitete Story wird in Medien wie YouTube, Blog, Instagram, Pinterest, Webseite usw. veröffentlicht. Der einfache Vorgang des Veröffentlichens reicht jedoch selten aus. Nun beginnt die Phase der Verbreitung und Kommunikation mit der Zielgruppe, das **Seeding.** Oft kann ein Seeding der Story bereits in der Entstehungszeit beginnen. Denken Sie z. B. an die Making-of-Geschichten etc. und binden Sie Ihr Publikum so früh wie möglich in die Story-Entstehung mit ein.

Gute Geschichten werden gerne aufgenommen und verbreiten sich, aber leider meistens nicht in ausreichendem Maße. Der Anstoß zum Konsumieren der Storys, die Auffindbarkeit und auch das „andauernde" Anschubsen einer Story, um sie weiterhin im Gespräch zu halten, müssen im gesamten Kommunikationskonzept der Firma und vor allem im Projektplan der jeweiligen Story verankert sein.

Neben den klassischen PR-Verteilern sind Storys sehr gut geeignet, um sich mit den Stakeholdern durch **Integration und Vernetzung** in Verbindung zu setzen. Hier wird das Publikum über mehrere Kanäle „bei der Stange" gehalten. Ziel ist es, ein Nutzererlebnis zu schaffen, das das Publikum (die Community) dazu motiviert, möglichst viele der angebotenen und miteinander verknüpften Elemente zu nutzen, zu verbreiten und aktiv die Storys weiterzuerzählen bzw. mitzukreieren.

12.10 Monitoring

Nach Veröffentlichung wird beobachtet, wie die Geschichte angenommen wird. Monitoringtools geben Aufschluss darüber, wann und wo die Story verbreitet wurde und was darüber gesprochen wird.

Gerade bei ganzen Story-Welten sollte immer im Blick behalten werden, was wann und bei wem gut bzw. nicht so gut ankommt, damit man evtl. mit Korrekturen eingreifen kann.

Bei der Beobachtung der Verbreitung der Storys geht es einerseits um die Erfolgsmessung und andererseits um die Möglichkeit, schnell und effektiv eingreifen zu können, falls Änderungen vom Publikum gewünscht werden. Ist beispielsweise ein Online-Game mit Online-Figuren zur Auswahl auf dem Markt, bei dem in der Community, bei den Spielern, bemängelt wird, dass die Figuren nie sterben, dann sollte dies ein Anlass sein, darüber nachzudenken und für die Figuren beispielsweise nur einen Lebenszeitraum von sieben „Wiederbelebungen" zuzulassen.

Beim Monitoring von Storys werden zunächst alle relevanten Erwähnungen und Gespräche im Social Web sowie in weiteren Medien - von TV über Hörfunk, Online- und Print-Medien - identifiziert. Das bedeutet, dass selbstverständlich auch außerhalb des Ausstrahlungskanals der eigentlichen Story, beispielsweise bei einem Video auf YouTube, Kanäle wie Facebook, Video, LinkedIn usw. beobachtet und analysiert werden.

Beachten Sie folgende Trends

1. **Realtime Monitoring**
   Hierunter sind Echtzeiterfassungen von Daten zu verstehen, die in Sekundenschnelle Daten auswerten und zeigen, wo und was über beispielsweise ein Event gesprochen wird. Bei Live-Events wird häufig über Hashtag ermittelt, in welchen Kanälen und wie häufig über dieses Event gesprochen wird. Es ist möglich, direkt mit der Community zu interagieren, Fragen zu beantworten oder Social-Media-Feeds auf einer Social-Media-Wall - etwa von walls.io - direkt und „live" auf der jeweiligen Veranstaltung mit einzubinden.
2. **Netzwerkanalysen**
   Es reicht nicht mehr aus, nur noch einzelne Fakten über User zu ermitteln; der Trend geht dahin, das gesamte Umfeld (Netzwerk) des Nutzers zu analysieren. So ist festzustellen, wer den jeweiligen Nutzer beeinflusst und wen er seinerseits beeinflusst. Es entsteht eine Beziehungsmatrix, in der die Dynamik von sozialen Netzwerken noch besser analysiert und natürlich auch beeinflusst werden kann.
3. **Public Dashboards und Insights**
   Hierunter ist die öffentlichkeitswirksame Kommunikation der Monitoring-Resultate zu verstehen. Gerade bei Live-Events möchten Unternehmen den Mehrwert, z. B. den Share-of-Voice, in Echtzeit auf der Website darstellen.

13 Digitales & Multimediales Storytelling

Das Erzählen von Geschichten lässt sich in verschiedene Möglichkeiten der Aufbereitung und Verbreitung unterscheiden. Längst ist das Web 2.0, mit den Möglichkeiten des Dialogs, Alltag geworden und entwickelt sich zum Web 3.0 und Web 4.0 oder gar zum „Synthetic Social Network“[1]. Die Idee hinter Web 3.0 ist ein dezentrales Internet, mit dem Vorteil, dass die Daten der Nutzer*innen in ihren Händen bleiben anstatt in den Händen der Betreiber geschlossener Plattformen wie etwa Amazon, Facebook, Google und Co.

Heutzutage sprechen wir in Zusammenhang mit Storytelling von **Digital Experience,** die die Nutzer*innen unabhängig von Standort, Gerät und Präferenzen abholt und mit allen zur Verfügung stehendem Hintergrundwissen und Daten eine bestmögliche Erfahrung erzeugt. Wichtig werden eine Vernetzung von Online- und Offline-Medien sowie nahtlose Touchpoints als Begegnungsstätten zwischen User*innen.

[1] Gutjahr, Richard: Falsche Freunde – Die Geburtsstunde des Synthetic Social Networks. In: gutjahr.biz. 30.9.2023, *https://www.gutjahr.biz/2023/09/die-geburtsstunde-der-synthetic-social-networks* (abgerufen 10/2023)

Sobald bei der Erzählung einer Geschichte - sowohl bei der Erstellung als auch bei der Verbreitung - digitale Technologien involviert sind, wird der Begriff **Digital Storytelling** verwendet.

Der Einsatz neuer und experimenteller Tools und Techniken ermöglicht neue Vorgehensweisen sowie neue Ausrichtungen von Geschichten. Geschichten lassen sich auf vielfältige Weise mithilfe von Elementen wie Text, Bild, Ton, Illustrationen, Animation oder Film, einzeln und miteinander kombiniert, erzählen. Erleben können wir dabei Geschichten sowohl real, digital als auch virtuell.

Zu beachten ist, dass Online-Medien heutzutage zu einem Großteil über das Mobilphone konsumiert werden. Dies bedeutet für Storytellende und Kreatoren, Geschichten für mobile Geräte zu optimieren, sowohl bezüglich Größe der Dateiformate als auch über das Hochformat für Bilder und Videos. Zudem ist zu bedenken, dass auf dem Mobilgerät ein „Nebenbei-Konsum" stattfindet, die Aufmerksamkeit also nur zu einem Teil dem Screen gewidmet wird. Dementsprechend werden Videos auch untertitelt, damit Konsumierende die Geschichten auch unterwegs und ohne Ton - beispielsweise in einer U-Bahn - ansehen und verstehen können.

13.1 Merkmale traditioneller und neuer Medien

Grob sind klassische Medien von den digitalen Medien zu unterscheiden. Traditionelle Medien sind beispielsweise Zeitungen und Zeitschriften, Radio und Fernsehen, welche oft nur eine „Einweg"-Kommunikation betreiben. Als Neue Medien bzw. Digitale Medien werden Medien wie E-Mail-Newsletter, Weblogs, Apps, Podcasts oder Social-Media-Accounts oder gar News-Rooms bezeichnet, Medien, die vor allem digital zugänglich sind.

Oft ist die Trennung nicht mehr vorhanden, so dass fast alle Zeitungen als Druckversion erscheinen, parallel aber auch online genutzt werden, ebenso Fernseh- oder Radiosendungen. Dadurch können wir ständig auf eine sehr große Menge von Informationen zugreifen.

Ebenso sieht es mit den klassischen Fernseh- oder Radiosendungen aus. Längst haben die Internetnutzer*innen gelernt, dass sie nicht mehr abwarten, bis etwas passiert, sondern aktiv am Geschehen teilnehmen, reagieren, etwas anstoßen, Storys erzählen und aktiv etwas passieren lassen.

Mit dem Aufkommen des World Wide Web sind sowohl Medienschaffende als auch Nutzer*innen nicht mehr Empfänger, sondern aktive, dialogorientierte Creators von Inhalten.

Als **Medien werden Produkte bzw. Plattformen und Dienste bezeichnet,** die dazu beitragen, Informationen einer breiteren Öffentlichkeit zugänglich zu machen. Grob betrachtet sind klassische Medien von den digitalen Medien zu unterscheiden:

Traditionelle Medien	Neue bzw. Digitale Medien
Traditionelle Medien sind beispielsweise Zeitungen und Zeitschriften, Radio und Fernsehen, welche oft nur eine „Einweg"-Kommunikation betreiben. So sind traditionelle Medien nicht interaktiv, das bedeutet, dass sie nur über einen Weg der Informationsvermittlung verfügen. Sie agieren als klassische Sender und das Publikum empfängt die Botschaften. Ein Dialog mit dem Publikum ist nur minimalistisch vorhanden, beispielsweise durch Leserbriefe.	Als **„Neue Medien" bzw. „Digitale Medien"** werden Medien wie E-Mail-Newsletter, Weblogs, Apps, Podcasts oder Social-Media-Plattformen oder gar News-Rooms bezeichnet, also Medien, die vor allem digital zugänglich sind und auch einen Austausch ermöglichen. Auch Plattformen wie das Metaverse oder weitere virtuelle Räume sind grundsätzlich als Medien- bzw. Kommunikationsplattform anzusehen.

Als **Konsequenz für das Storytelling** im Internet bedeutet es, dass das Publikum möglichst mit einbezogen werden sollte. Sehen Sie sich bereits in der Konzeption als Story-Initiator* in, der/die eine Umgebung schafft, die Partizipation zulässt und unterstützt.

☞ **Ich stelle folgende These auf:** In der heutigen Zeit ist das Ziel jeder Story, sämtliche Bezugsgruppen (hier ist auch der Begriff „Beteiligte" inbegriffen) zu Interaktionen und zum Dialog zu motivieren. Durch unsere tägliche Reizüberflutung mit E-Mails, Werbung, News, Social-Media-Meldungen etc. wird es immer schwieriger, die Aufmerksamkeit und das Interesse der Beteiligten zu erlangen und zu binden. Wie lässt sich Akzeptanz, Zustimmung oder gar Begeisterung bei den Beteiligten erreichen? Professionelle Kommunikation und Information kann hier hilfreich sein. Aber auch die Begeisterung und das Engagement, die Authentizität der Storytellenden wirkt ansteckend.

13.2 Das Internet als (inter)aktives Medium

Stellen Sie sich vor, dass Menschen um ein Feuer sitzen und eine Person etwas erzählt, andere wiederum nicken, stimmen zu, handeln oder führen eine Tätigkeit aus (beispielsweise einen Regentanz) oder stellen Fragen bzw. ein beschriebenes Erlebnis nach. **Storytelling und Interaktion sind bereits seit den Ursprüngen eine Einheit,** entwickelten sich aber mit der Einführung mancher Medien und Erzählformate in eine mehr passive Richtung des Publikums, das sich zurücklehnt und konsumiert.

Interaktives Storytelling erweitert die Inhalte einer Story bewusst um Möglichkeiten, die dem Publikum eine aktive Teilnahme (Interaktion) ermöglichen. Dies kann durch Auswahl diverser Medienangebote sein, Beantwortung von Quizfragen oder weitere spielerische Elemente, wie etwa eine Spielfigur etwas tun zu lassen.

Interaktive Erzählmöglichkeiten gibt es wie Sand am Meer - von ganz simplen bis sehr komplexen. Hier möchte ich einige Beispiele des jetzigen und zukünftigen - interaktiven - Storytellings vorstellen:

Meist sind **traditionelle Medien nicht interaktiv,** das bedeutet, dass sie nur über einen Weg der Informationsvermittlung verfügen. Sie agieren als klassische Sender und das Publikum empfängt die Botschaften. Ein Dialog mit dem Publikum ist nur minimalistisch vorhanden, beispielsweise durch Leserbriefe. Traditionelle Medien sind oft an festgelegte Zeiten (Erscheinungs-, Sendedatum) gebunden, in denen beispielsweise ein TV-Programm gesendet und die Übertragung auch empfangen werden kann.

Im Gegensatz zu den traditionellen Medien sind die **digitalen Medien** dialogorientiert und interaktiv, da Daten sowohl gesendet als auch empfangen werden können. Oft sind moderne, digitale Medien orts- und zeitlos, so dass Botschaften und Informationen von jedem Ort und zu jedem Zeitpunkt verfügbar sind. Dies wird durch mobile Empfangs- und Sendegeräte immer mehr unterstützt.

Ein weiterer Aspekt digitaler Medien ist die **Multimedialität,** da sie verschiedene Darstellungsformen wie Texte, Bilder, Akustik unterstützt und diese gleichzeitig zur Verfügung stellen kann.

Ein gutes Beispiel hierfür sind die sogenannten **Scrollytelling-Formate.** Scrollytelling ist ein Kunstbegriff, aus den Wörtern „Storytelling" für das Erzählen und dem „Scrollen", dem Heruntergeleiten eines Screens, ob mit Maus oder dem Daumen, um den Inhalten zu folgen. Genauer gesagt werden Inhalte im Scrollytelling multimedial aufbereitet. Oft bestehen dieser längeren Geschichten (daher auch das Wort Longstory) im Internet oder in Apps mit multimedialen Elementen wie Text, Grafiken, Videos, Akustik, Animationen. Beim „Scrollen" hat das Publikum die Entscheidung, was es was wie konsumieren möchte. Oft kann das Publikum sich aktiv per Mouse bzw. Touch-Bewegung auf der Webseite bewegen (scrollen) und einzelne Inhalte wie Text, Bild, Video und Audio aktiv aufnehmen.

Scrollytelling setzt sich aus den Begriffen **„to scroll"** = die Bewegung, mit der sich Nutzer*innen per Maus über eine Webseite nach unten oder oben bewegen, + Story**telling**, das bewusste Erzählen mittels Geschichten, zusammen.

Bild 13.1 In dieser Story erfahren Sie das Pendler-Leben. Screenshot: *https://cdn.www.spiegel.de/producing/wirtschaft/2018/pendler/v1/pendler.html*

Ein schönes Beispiel für interaktives Scrollytelling finden Sie auf *https://cdn.www.spiegel.de/producing/wirtschaft/2018/pendler/v1/pendler.html* bzw. ein mit dem Grimme Online-Award 2023 ausgezeichnetes Scrollytelling-Beispiel zeigt das NS-Dokumentationszentrum mit „TO BE SEEN. queer lives 1900–1950“ auf *https://www.stories.nsdoku.de/tobeseen* (abgerufen 10/2023).

Prof. Dr. Dieter Georg Adlmaier-Herbst bezeichnet Besonderheiten digitaler Medien als die „Big Four“:[2]

1. **Integration:** Digitale Geschichten bestehen aus Bausteinen. Neben dem Internet können auch Dienste wie E-Mail, Newsgroups und Chat genutzt und in das Erzählen von Geschichten eingebunden werden. Zur Einbindung gehört auch die **Multimedialität,** also die Kombination von Texten, Fotos, Grafiken, Videos, Animationen und Tönen. Das Publikum entscheidet nicht nur, welche Angebote sie wählen und in welcher Reihenfolge sie diese konsumieren, das Publikum entscheidet auch, wann und wo sie diese Inhalte konsumieren. Laut Adlmaier-Herbst ermöglicht das Internet zwar (noch) kein Riechen und/oder Schmecken, jedoch können Sinneseindrücke aus bekannten Quellen, wie Fotografien, auch weitere Sinne aktivieren; ein schlafendes Baby kann auch die mit Babys gespeicherten Geruchserlebnisse – etwa der Geruch nach Babypuder – aktivieren. Demnach können in digitalen Medien und vor allem im Bereich Virtual Reality Geschichten multisensorisch inszeniert werden und quasi alle Sinne ansprechen.[3]
2. **Verfügbarkeit:** Die Geschichten sind jederzeit und überall verfügbar. Jedoch sollte laut Adlmaier-Herbst darauf geachtet werden, dass Inhalte aktualisiert und auf ein internationales Publikum ausgerichtet sein sollten. Die Verfügbarkeit wird durch mobile Empfangs- und Sendegeräte immer mehr unterstützt.
3. **Vernetzung:** Die Bausteine einer Geschichte, aber auch Sender und Empfänger, Empfänger untereinander, können im Internet alle miteinander verbunden werden. Das Zukunftsinstitut betrachtet **Connectivity als einen Megatrend:** „Der Megatrend Konnektivität beschreibt das dominante Grundmuster des gesellschaftlichen Wandels im 21. Jahrhundert: das Prinzip der Vernetzung auf Basis digitaler Infrastrukturen. Vernetzte Kommunikationstechnologien verändern unser Leben, Arbeiten und Wirtschaften grundlegend. Sie reprogrammieren soziokulturelle Codes und bringen neue Lebensstile, Verhaltensmuster und Geschäftsmodelle hervor.“[4]

   Prof. Dr. Adlmaier-Herbst betont die Möglichkeit der Verknüpfung einzelner Elemente im Internet (Hypermedialität) mittels Hyperlinks. Er empfiehlt einen Hauptstrang (ich interpretiere es auch **als roten Faden einer Storywelt**), an dem entlang das Publikum die Geschichte erfahren kann. Oft werden diese Geschichten nicht unbedingt linear konsumiert. Dennoch sollten Sie eine Struktur anbieten und dem Publikum die Freiheit lassen, den eigenen Weg und Gang durch die Story zu absolvieren. Möglichkeiten bietet Scrollytelling (multimedial aufbereitete Geschichten).

---

2 Adlmaier-Herbst, Dieter Georg; Musiolik, Thomas Heinrich: Digital Storytelling. Spannende Geschichten für interne Kommunikation, Werbung und PR (PR Praxis). 2. Auflage. Herbert von Halem Verlag, 2022

3 Vgl. ebd.

4 Vgl. ebd.

4. **Interaktivität:** Storytelling im Internet bedeutet den **Wandel vom passiven zum aktiven Erlebnis.** Zu unterscheiden sind die technische, die persönliche und die inhaltliche Interaktivität:

   Interaktivität bedeutet, dass User*innen aktiv den Verlauf einer Story selbst bestimmen oder in die Handlung eingreifen, beispielsweise zuerst das Video ansehen und dann erst den einleitenden Text lesen oder einen eigenständigen Text zum Video als Tonspur einspielen.

   a) **Technische Interaktivität** bedeutet, dass das Publikum entscheiden kann, wann es WAS, WIE, WANN und WIE OFT erhält, konsumiert oder sich mit Inhalten aktiv auseinandersetzt. Nutzer*innen können sich aktiv beispielsweise eine Multimediastory auf einer Webseite erobern oder ein Video auf einem der Streamingdienste ansehen oder sich auch auf einem Newsdesk automatische Informationen und Storys zu einem Thema zusenden lassen.

      Bei der **technischen Interaktivität** können einzelne Nutzer*innen weitgehend Art, Inhalt, Zeitpunkt, Dauer, Folge und Häufigkeit des Informationsabrufs selbst bestimmen. Storytelling im Internet bedeutet den Wandel vom passiven zum aktiven Erlebnis.

   b) **Persönliche Interaktivität:** Die Vernetzung ermöglicht es, Beziehungen aufzubauen, und die Möglichkeit des Austauschs untereinander, also von Mensch zu Mensch, etwa von Gamer zu Gamer oder innerhalb der Community, ist die persönliche Interaktivität. Inhaltliche Interaktivität passiert, wenn Geschichten inhaltlich von der Bezugsgruppe ergänzt werden.

      Bieten Sie der Bezugsgruppen an, sich aktiv mit Ihnen, Ihrer Organisation und anderen Teilnehmenden der Community auszutauschen und eine Beziehung einzugehen. Austausch ist u. a. über die Plattform im Chatbereich, Live-Streamings, Kommentarfunktionen, Diskussionsforen, Communitys und Gruppen wie beispielsweise auf Facebook oder LinkedIn, Weblogs oder E-Mails möglich.

   c) **Inhaltliche Interaktivität** ist gegeben, wenn die Bezugsgruppe beispielsweise den Verlauf der Geschichte selbst mitbestimmen oder in die Handlung eingreifen und diese nach ihren Wünschen gestalten kann. Dies passiert bereits seit langem über Game-Plattformen wie beispielsweise Twitch.

Diese vier Faktoren bezeichnen Adlmaier-Herbst als die **„Big Four“**, wobei Vernetzung und Interaktion den wichtigsten Unterschied zwischen Digital Storytelling und traditionellen Erzählweisen ausmachen.

Die Integration geht jedoch weiter: Laut Adlmaier-Herbst ist *„Digital Storytelling Teil unseres gesamten Corporate Storytellings, also unserer Geschichten in der internen Kommunikation, unserer Markengeschichten und jene über das Unternehmen.“*[5]

In der Praxis bedeutet es, dass Organisationen auch die Kommunikation zusammenfassen sollten, also weg vom Silo-Denken und hin zum inhaltlichen Kommunikations-Newsroom. Bedenken Sie, dass die einzelnen Menschen Ihrer Bezugsgruppe mit einer Organisation kommunizieren und nicht etwa mit der SEO- oder Social-Media-Abteilung.

---

[5] Vgl. o. V.: Zukunftsinstitut zum Megatrend Konnektivität. In: zukunftsinstitut.de. o. D., *https://www.zukunftsinstitut.de/dossier/megatrend-konnektivitaet* (abgerufen 10/2023)

Erzählen ist ein Dialog und benötigt Publikum als Zuhörende bzw. Aufnehmende sowie auch deren (An)Teilnahme. Gut gemachtes interaktives Storytelling lässt das Publikum die Story persönlich erleben und bleibt so nachhaltig im Gedächtnis haften.

13.2.1 Erzählformen im digitalen und multimedialen Storytelling

Innerhalb der Medien wird bei den Erzählformen unterschieden zwischen

- **linearem Erzählen,** bei welchem die Handlungsschritte und Ereignisse chronologisch linear aufeinander aufbauen, ohne Möglichkeit der Mitwirkung des Publikums, sowohl bei der Erstellung als auch bei der Präsentation. Zwar kann der Erzähler mit Rückblicken, Szenenwechseln und allerlei anderen Finessen den Eindruck erwecken, dass man als Publikum hin- und herspringt, aber der Inhalt ist meist vom Anfang bis zum Ende aufeinander aufbauend. Bei einer nicht interaktiven Story entstehen kein Austausch und keine Einflussnahme des Publikums.
- **interaktivem Erzählen:** Bei interaktiven Geschichten ist das Publikum nicht passiv und folgt dem vorgegebenen Ablauf, sondern es wird aktiv in die Geschichten miteinbezogen. Häufig werden dem Publikum Entscheidungsmöglichkeiten zur Wahl gestellt, die je nach Auswahl zu verschiedenen Abläufen und Varianten einer Story führen. Bekannt ist diese Erzählstruktur bereits seit Jahren in der Game-Branche, wo sie dafür sorgt, dass ein Spielablauf auch bei wiederholtem Spielen „neu" und interessant bleibt. Was ist „Interactive Storytelling"?

  Das Interessante beim interaktiven Storytelling ist, dass das passive Publikum nicht nur zum aktiven Konsumierenden, sondern auch zum/zur Mitgestalter*in der Story werden kann. Handlungen sind nicht mehr nur linear vorgegeben, sondern **diverse Handlungsstränge sind frei wählbar.**

  Die **Partizipation ist etwa durch die Entwicklung diverser Handlungsstränge möglich**, wobei das Publikum an gewissen Knotenpunkten den Story-Verlauf wählen und somit mit beeinflussen kann. Vergleichen wir eine interaktive Story mit einem Netzwerk der öffentlichen Verkehrsmittel in München, so kann jede Person wählen, wie sie etwa vom Hauptbahnhof zum Flughafen kommen möchte. Zunächst beginnt die Wahl bei dem Verkehrsmittel. Fahre ich beispielsweise mit dem Flughafen-Schnellbus, der S-Bahn oder U-Bahn kombiniert mit S-Bahn. Auch die Fahrroute kann ausgewählt werden, etwa ob ich mit der S-Bahn 1 oder 8 fahre, über Pasing oder über Daglfing (siehe Bild 13.1).

  Bei interaktiven Geschichten werden zugleich diverse **(multiple)** Handlungsstränge geplant und das Publikum wird zu den Entscheidungspunkten und Abzweigungen mittels akustischer oder anderer Hinweise geleitet. So kann bei Games oder interaktiven Web- oder Podcast-Storys mittels Tastenkombination oder intelligenter Sprachsteuerung eine Entscheidung getroffen werden (siehe die interaktive Fiction-Story von BMW, Kapitel 14).
- **transmedialem Storytelling.** Es bietet dem Publikum die Möglichkeit, die Geschichten interaktiv zu erleben und in sie einzugreifen. Hierbei werden kollaborative Erzählformen, bei welchen eine Community eine Geschichte mit entwickelt, immer spannender. Ein weiterer grundlegender Aspekt des transmedialen Erzählens ist das medienübergreifende

Erzählen, bei dem eine Erzählwelt (storyworld) über verschiedene Medien hinweg entsteht.[6] Geschichten werden etwa in Teilbereichen auf mindestens drei verschiedenen Kanälen erzählt. Die einzelnen Medien werden in einem nachvollziehbaren narrativen Erzählkonzept so konzeptioniert, dass das Publikum ein kohärentes Erzählerlebnis (transmedia experience) nachvollziehen kann und nicht durch willkürliche Mediensprünge irritiert und so quasi aus der Story „rausgeworfen" wird.

- Im Gegensatz zum **crossmedialen Storytelling** werden die Teilbereiche nicht einfach über diverse Kanäle gestreut, sondern es wird plattformspezifisch erzählt. Im Vergleich zu herkömmlichen Geschichten sind transmediale Storys nie linear, sondern nichtlinear. Das Publikum kann die Geschichte in beliebiger Reihenfolge konsumieren und entsprechend interagieren.

Auf der Frankfurter Buchmesse wurden 2011 die **elf Thesen des Transmedia Manifests*** als eine Zukunftsvision des Geschichtenerzählens verkündet.** Viele der Thesen sind bereits aus dem Bereich der Gamesoftware bekannt, so etwa die der Interaktivität, des Geschichten-Universums oder des User-Generated-Content. Die These zur **Transmedialität** lautet: „TRANSMEDIALITÄT: Das Story-Universum beschränkt sich nicht auf ein einzelnes Medium, sondern nutzt die Stärken jedes einzelnen Mediums, um aus ihrer Symbiose etwas Neues zu erschaffen."***

* Vgl. Möller, Patrick et al.: Transmedia Manifest. In: transmedia-manifest.com. o. D., *https://transmedia-manifest.com* (abgerufen 10/2023)

** Vgl. Die 11 Thesen des Transmedia Manifests in deutscher Sprache, *https://www.frisch-gebloggt.de/spezial/transmedia-storytelling-republica-2012* (abgerufen 10/2023)

*** Ebd.

Als Medien werden Produkte bzw. Plattformen und Dienste bezeichnet, die dazu beitragen, Informationen einer breiteren Öffentlichkeit zugänglich zu machen.

13.2.2 Transmediales Storytelling

Geschichten werden zunehmend über verschiedene Plattformen und Formate konsumiert. So werden beispielsweise Bücher gelesen oder als Hörbuch vorgelesen, in einer Online-Community besprochen und weitergeschrieben oder als TV- oder Kinofilm verfilmt. Durch den Medienwandel werden ständig neue digitale Kanäle eröffnet, die die Möglichkeiten des Erzählens - also das WIE erzähle ich und WO (Kanal) erzähle ich - erweitern. Viele diverse Kanäle ermöglichen es, die jeweilige Story nicht mehr nur mit einem einzigen Medium wie etwa Video zu erzählen, eine Geschichte mit vielen unterschiedlichen Medien, wie Text, Ton, Video, Bilder etc. zu gestalten.

Transmediales Storytelling ist genau das: eine Erzählung in mehreren Medien auf diversen (mindestens drei) Plattformen.

[6] Jenkins, Henry: Convergence Culture: Where Old and New Media Collide. New York University Press, 2006

In digitalisierter Form können Medien im Sinne von „transmedia" von einem Medium in ein anderes nicht nur übertragen werden, sondern medien- und kanalspezifisch adaptiert werden.

Henry Jenkins prägte den Begriff *transmediales Geschichtenerzählen* und beschreibt das Ideal von „transmedia storytelling" in seinem Buch *Convergence Culture*[7] wie folgt:

> *„In the ideal form of transmedia storytelling, each medium does what it does best - so that a story might be introduced in a film, expanded through television, novels, and comics; its world might be explored through game play or experienced as an amusement park attraction. Each franchise entry needs to be self-contained so you don't need to have seen the film to enjoy the game, and vice versa. Any given product is a point of entry into the franchise as a whole. Reading across the media sustains a depth of experience that motivates more consumption. Redundancy burns up fan interest and causes franchises to fail. Offering new levels of insight and experience refreshes the franchise and sustains consumer loyalty."*

Demnach kann das *Publikum* eine **Erzählwelt** (storyworld) über verschiedene Medien hinweg (across media) aufnehmen. Wer die ganze Geschichte bis ins Detail entdecken möchte, muss sich auch anderer Formate bedienen. Jenkins spricht in diesem Fall von „media convergence".

Viele Medien werden zu Creator-Kanälen und ermöglichen auch eine Partizipation, Adaption und Kreation weiterer neuer Inhalte.

Beim **Transmedia Storytelling** sind Storys idealerweise bereits so konzipiert, dass sie verschiedene Medien mit einbeziehen und dem Medium entsprechend erzählt werden. Sie nutzen dazu auch die spezifischen Merkmale und Stärken des jeweiligen Mediums. Transmedia Storytelling ermöglicht es vielen Rezipienten und Autoren, in eine fiktionale Welt mit zahlreichen Charakteren und Erzählsträngen einzutauchen, deren erzählte Elemente nicht linear sein müssen. Hierbei kann sowohl die Anzahl der Medien als auch die Anzahl der erzählerischen Mittel und Stränge inmitten einer Story-Welt variieren.

Transmediales Erzählen bietet dem Publikum die Möglichkeit, die Geschichten interaktiv zu erleben und in sie einzugreifen. Durch Transmedia Storytelling kann der/die Rezipient*in interaktiv in das Geschehen eingebunden werden. Informationen werden auf unterschiedlichen Plattformen angeboten und übermittelt und können vom Publikum wie Puzzlestücke gesucht und zusammengefügt werden.

Bereits im Jahr 2007 beschrieb Jeff Jenkins, amerikanischer Professor für Kommunikation, Journalismus und Film, mit „Transmedia Storytelling 101"[8] die Grundlagen zum gemeinschaftlichen digitalen und interaktiven Storytelling. Jenkins schlug in diesem Artikel eine Definition vor, die auch heute noch Gültigkeit besitzt:

> *„Transmedia storytelling represents a process where integral elements of a fiction get dispersed systematically across multiple delivery channels for the purpose of creating a unified and coordinated entertainment experience. Ideally, each medium makes its own unique contribution to the unfolding of the story."*[9]

---

7 Jenkins, Henry: Convergence Culture: Where Old and New Media Collide. NYU Press, 2006

8 Jeff Jenkins über das Transmedia Storytelling als Prozess: Transmediales Geschichtenerzählen 101, *http://henryjenkins.org/blog/2007/03/transmedia_storytelling_101.html* (abgerufen 10/2023).

9 Jenkins, Henry: „Transmediales Storytelling ist ein Prozess, bei dem wesentliche Elemente einer fiktionalen Geschichte systematisch über mehrere Verbreitungskanäle verteilt werden, um ein einheitliches und koordiniertes Unterhaltungserlebnis zu schaffen. Im Idealfall leistet jedes Medium seinen eigenen, einzigartigen Beitrag zur Entfaltung der Geschichte."

Transmediale Geschichten bestehen aus einer narrativen Struktur, die eine Geschichte über verschiedene Medien hinweg erweitert und den Benutzern mehrere Einstiegspunkte und unterschiedliche Leseebenen bietet.

Ein bekanntes und typisches **Beispiel für transmediales Erzählen** ist Star Wars: Neben den Kinofilmen, die die Geschichte von Anakin Skywalker und seinen Nachfahren erzählen, gibt es auch die Fernsehserie Clone Wars sowie Comics und Videospiele. Manche dieser Plattformen zeigen bestimmte Zeitschienen der Story, wie etwa besagte Videospiele, die 1000 Jahre vor Anakins „Auftauchen" beginnen. Alle Geschichten zusammen ergeben die Storyworld von Star Wars.

☞ Henry Jenkins stellte in seiner Veröffentlichung „Transmedia 101"* **zehn Richtlinien** auf, nach welchen eine Geschichte transmedial erzählt werden kann. Hier die wichtigsten zusammengefasst:

a) **Transmediales Storytelling ist ein Prozess,** bei dem Elemente und Handlungsstränge einer Fiktion systematisch über mehrere Verbreitungskanäle verteilt werden. Im Idealfall leistet jedes Medium seinen eigenen, einzigartigen Beitrag zur Entfaltung der Geschichte. Wer die Storyworld bis ins Detail entdecken möchte, muss sich auch anderer Formate bedienen. Jenkins spricht in diesem Fall von „media convergence".

b) Meistens basieren transmediale Geschichten nicht auf einzelnen Charakteren oder spezifischen Handlungen, sondern auf **komplexen Welten.** Der Prozess des Weltenaufbaus fördert die Neugierde und den *enzyklopädischen Impuls* sowohl beim Publikum als auch den Story-Architekten: Wir wollen uns aneignen, was wir über eine Welt wissen können, die sich immer weiter ausdehnt.

c) **Erweiterungen** können eine Vielzahl unterschiedlicher Funktionen übernehmen. Die Erweiterung kann der Fiktion als Ganzes mehr Realismus verleihen (wie z. B. bei den gefälschten Dokumenten und Zeitleisten, die für die Website zu *The Blair Witch Project*** produziert wurden).

d) **Transmediale Erzählpraktiken** können den potenziellen Markt für ein Objekt erweitern, indem sie verschiedene Einstiegspunkte für unterschiedliche Publikumssegmente schaffen.

e) Im Idealfall sollte **jede einzelne Episode für sich zugänglich** sein. Der Spieldesigner Neil Young hat den Begriff „additives Verstehen" geprägt, um darauf hinzuweisen, dass jeder neue Text eine neue Information hinzufügt, die uns zwingt, unser Verständnis der Fiktion als Ganzes zu überdenken.

f) **Transmediales Storytelling ist die ideale ästhetische Form für ein Zeitalter der kollektiven Intelligenz.** Dies bezeichnet neue soziale Strukturen, die die Produktion und Zirkulation von Wissen in einer vernetzten Gesellschaft (Community) ermöglichen. Transmediale Erzählungen fungieren auch als Aktivatoren und setzen die Produktion, Bewertung und Archivierung von Informationen in Gang. Transmediales Storytelling erweitert das Wissen über eine bestimmte fiktionale Welt und sorgt gleichzeitig dafür, dass kein Konsument alles weiß und sich mit anderen über die Serie in der Community austauschen muss.

g) Ein transmedialer Inhalt gibt nicht nur Informationen weiter, sondern bietet eine **Reihe von Rollen und Zielen,** die das Publikum in ihren Alltag transferieren kann.

* Jenkins, Henry: Storytelling 101 *http://henryjenkins.org/blog/2007/03/transmedia_storytelling_101.html* (abgerufen 10/2023)

** Wikipedia: The Blair Witch Project. In: *https://de.wikipedia.org/wiki/Blair_Witch_Project* (abgerufen 10/2023)

Zwei Varianten, transmedial zu erzählen

Bei der **Franchise-Methode** werden verschiedene Geschichten in einem Medium geschildert. Die verschiedenen Erzählungen finden aber alle in einem gemeinsamen Universum statt. Je mehr unterschiedliche Geschichten erzählt werden, desto größer wirkt die gesamte Erzählung im Kopf der Zielgruppe. Star Wars ist ein Beispiel eines Story-Universums, in dem alle Teile der Saga zur übergeordneten Megastory gehören.

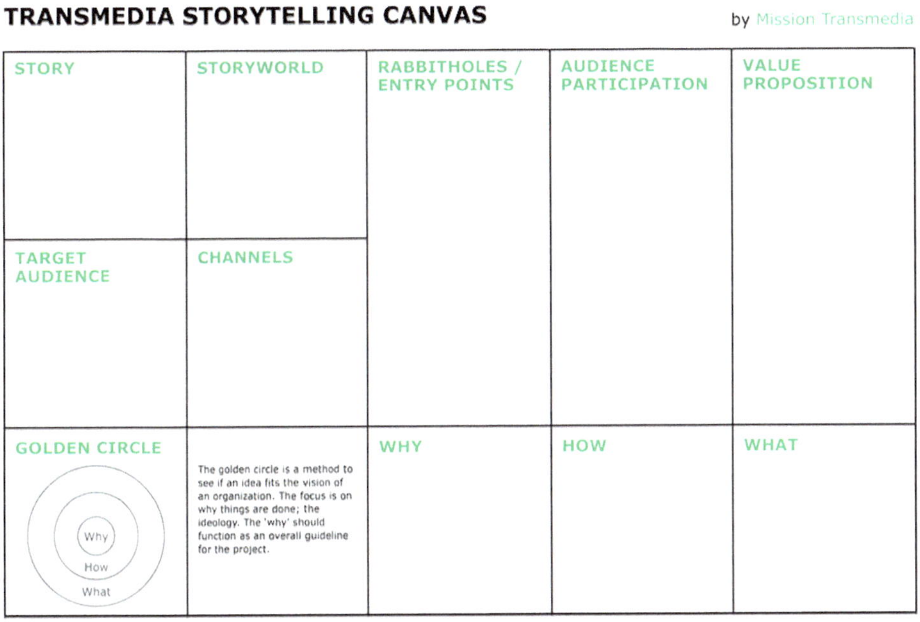

Bild 13.2 Der Mission Transmedia Storytellig Canvas (Van Meer[10]) zeigt eine ganzheitlichere Darstellung, bei welcher einzelne Schritte nicht in einer bestimmten Reihenfolge ablaufen. Der obere linke Teil (Story) entspricht dem, was Jeff Gomez als „Meta-Story" bezeichnet. Laut Van Meer[11] sollte die Geschichte oder das Thema auf das Zielpublikum ausgerichtet und für dieses relevant sein (Feld: Target Audience). Im Bereich des Goldenen Kreises wird der Gesamtvision des Projekts besondere Aufmerksamkeit geschenkt: Hier wird definiert, „warum" die Geschichte erzählt werden muss, „wie" diese Vision realisiert werden könnte und „was" die konkreten Ergebnisse dieser Vision sein könnten. Grafik by Mission Transmedia

[10] Van Meer: Mission Transmedia – Transmedia Storytelling Canvas (2018). In: Transmedia educational narrative design for craftsmanship: How to apply transmedia storytelling in senior secondary vocational education curricula – Scientific Figure on ResearchGate. Available from: *https://www.researchgate.net/figure/Mission-Transmedia-Transmedia-storytelling-canvas-Van-Meer-2018_fig12_334442286* (abgerufen 10/2023)

[11] Ebd.

Die zweite Variante transmedialen Erzählens ist die **Portemanteau-Methode:** Hierbei wird die Geschichte gleichzeitig über diverse Medien (mindestens drei) hinweg erzählt. Die größte Herausforderung besteht darin, das Publikum zum Wechsel des Kanals zu animieren, denn nur dann kann die Erzählung funktionieren.

Beispiel: Inside Experience

Die „Inside Experience"[12] (Bild 13.3) von Intel und Toshiba aus dem Jahr 2011 ist ein gutes Beispiel für die **Portemanteau-Methode.** Das Szenario: Eine junge Frau war in einem Zimmer eingesperrt. Als Kontakt zur Außenwelt stehen ihr nur ein Laptop und eine schwache Internetverbindung zur Verfügung. Sie kann sich sowohl auf X (vormals Twitter) als auch Facebook mit anderen Usern unterhalten. Die User können der Frau auf YouTube zusehen und Tipps geben, die sie einsetzen kann, um freizukommen.

Bild 13.3 In „The Inside Experience" konnte das Publikum direkt mit der Protagonistin Christina interagieren. Screenshot: *https://youtu.be/iJFL5kd6dG8?si=vWjWaJS9reAMroFS* (abgerufen 10/2023).

Das Publikum kann nicht nur auf den Social-Media-Kanälen YouTube, Facebook und X (vormals Twitter) miterleben, was Christina versucht und passiert, das Publikum kann auch mittels Posts und Kommentaren in die Story eingreifen. Die einzelnen Zuschauer*innen werden zum Teil der Geschichte, zu Protagonisten, aber auch zu Story-CoCreators. Denn das Ergebnis ist wiederum auf YouTube miterlebbar. Nicht nur dass die User direkt mit „Christina" interagieren können, sie werden Teil der Geschichte und betreiben damit vorbildlichstes Storytelling.

Wichtig ist also für die Erzähler - oder in diesem Fall für die Regisseure - zu bestimmen, wie viel Interaktion sinnvoll und möglich ist, denn bei allen Interaktionsmöglichkeiten ist es wichtig, den Spannungsbogen zu erhalten. Für ein Unternehmen ist das ein wunderbarer Effekt: eine engagierte Zielgruppe, die sich tage- bzw. wochenlang mit der Marke beschäftigt und interagiert.

Laut Jeff Gomez ist transmediales Erzählen mehr ein **kollektives Erzählen** (Collective Journey[13]) als eine Heldenreise (siehe Kapitel 16).

---

[12] O'Dell, Pereira. Intel + Toshiba Present: The Inside Experience. In: Youtube.com. o. D., *https://youtu.be/bLNZhNQfW84* (abgerufen 10/2023)

[13] Gomez, Jeff: Collective Journey. In: *https://medium.com/@Jeff_Gomez* (abgerufen 10/2023)

Gomez Gomez beschreibt **drei grundlegende Regeln**[14], die bei der Erstellung einer transmedialen Story berücksichtigt werden sollten:

1. Die Geschichte muss eine „Art von erstrebenswerter Qualität" (Relevanz für das Publikum) haben. Sie muss bedeutungsvoll sein und genug Anziehungskraft haben, um die Audience dazu zu bewegen, der Story über mehrere Plattformen zu folgen: Eine Geschichtenwelt, in der man Zeit verbringen möchte.
2. Lernen Sie die Medienplattformen zu verstehen, die Sie nutzen bzw. zur Verfügung stellen werden. Es ist wichtig, die Sprache jeder dieser Plattformen zu verstehen. Gestalten Sie Ihre Geschichte so, dass Sie die Plattform-Stärken ausspielen und die -Schwächen vermeiden.
3. Bauen Sie eine Architektur für Dialoge mit dem Publikum und deren transmediale Umsetzung auf. Dies gibt Ihrem Publikum im Wesentlichen die Möglichkeit, Ihnen Feedback zu geben. Sie können es z. B. so gestalten, dass der Publikumsdialog zu einem Teil der Erzählung wird, indem Ihre Charaktere buchstäblich mit dem Publikum kommunizieren können.

13.2.3 Crossmediales Storytelling

Unter crossmedialem Storytelling versteht man das gleichzeitige Erzählen einer Geschichte über mehrere Kanäle. Die Geschichte ist in sich geschlossen und wird, wie etwa ein Interview, über diverse Kanäle wie LinkedIn, Webseite/Blog, App, Printmedium, Podcast usw. gestreut.

Da Storytelling auch bedeutet, Inhalte zielgruppen- und somit kanalspezifisch zu erzählen, ist das crossmediale Erzählen nur sinnvoll, wenn die Kanäle dieselbe Zielgruppe ansprechen.

Unter crossmedialem Storytelling versteht man das Erzählen von Geschichten mithilfe unterschiedlicher Formate.

Die Geschichte wird nicht in mehrere Teile geteilt, sondern abgeschlossen in ihrer Gesamtheit mithilfe verschiedener Medien erzählt. Crossmediales Storytelling funktioniert sowohl mit Offline- als auch Online-Kanälen: Dazu zählen Social-Media-Kanäle, Newsletter, Blogs, Websites, Pressemitteilungen, Presseveranstaltungen, Kundenveranstaltungen, Messen, Kongresse uvm.

Crossmediales Storytelling können Sie nur dann erfolgreich umsetzen, wenn Sie auf folgende drei Aspekte achten:

1. **Jede Personagruppe hat einen bevorzugten Kanal:** Schauen Sie genau hin, wer Ihre Zielgruppe auf welchem Kanal ist und passen Sie Ihre Geschichte dementsprechend an. Aber nicht nur der Kanal sollte berücksichtigt werden: Achten Sie auch darauf, um welche Altersgruppe es sich dabei handelt.
2. **Gute Geschichten brauchen Gefühle:** Eine gute Geschichte kann kurz oder lang sein. Aber Gefühle dürfen in keiner Story fehlen. Schließlich sind Gefühle der Grund, warum sich die Zielgruppe für das Erzählte interessiert und es weitererzählt.

---

[14] Bernstein, Paula: The 3 Rules of Transmedia Storytelling from Transmedia Guru Jeff Gomez. In: IndieWire. 3.12.2013, *https://www.indiewire.com/features/craft/the-3-rules-of-transmedia-storytelling-from-transmedia-guru-jeff-gomez-32325* (abgerufen 10/2023)

3. **Kernbotschaften nicht vergessen:** Die Botschaft, die Sie mit der Geschichte erzählen wollen, muss in dieser klar erkennbar sein – egal, um welche Fassung es sich dabei handelt. Stellen Sie sich dabei immer wieder die Frage, warum Sie ausgerechnet diese Geschichte erzählen und was Sie bei Ihrer Zielgruppe damit erreichen wollen.

13.2.4 Location Based Storytelling

Location Based Storytelling ist eine interessante Zwitterart: Hierbei werden (fiktive) Geschichten an echten Schauplätzen erzählt. Menschen können Geschichten erleben, indem sie beispielsweise mit einer AR-App und ihrem Smartphone einen Weg durch München gehen, ein aktuelles Gebäude mittels AR „scannen“ und die Geschichte des Gebäudes erfahren: Sie können das alte Bild über das reale legen, werden auf die Suche nach Merkmalen wie einen veränderten Balkon, einen „Stolperstein“[15] vor dem Haus geschickt und erfahren so quasi live vor Ort die Jetztzeit und die Historie gleichermaßen.

Der Bayerische Rundfunk setzte beispielsweise mit der Augmented-Reality-App[16] „Die Befreiung“[17] eine Located Based Story zur Befreiung des KZ in Dachau um (Bild 13.4). Geschichtenerleber*innen (Experiencer) können vor Ort, bei einem Besuch des KZs in Dachau, per Smartphone oder Tablet in die Geschichte eintauchen und quasi „live“ den Moment der Befreiung miterleben. Per App legen sich Originalbilder über den aktuellen Ort und es erscheinen virtuell Befreite und Befreier in Lebensgröße vor den Anwender*innen und erzählen ihre Geschichten auf der Tonspur genau an dem Ort, wo alles geschah.

Bild 13.4 Die Webseite zum AR-Story-Projekt „Die Befreiung“ zeigt einen virtuellen Rundgang über die KZ-Gedenkstätte Dachau. Quelle: Screenshot *https://www.br.de/diebefreiung*

[15] Vgl. Stolperstein, Initiative für München e. V.: Mit Stolpersteinen gedenken wir in München den Opfern des NS-Terrors. o. D., *https://www.stolpersteine-muenchen.de* (abgerufen 10/2023)

[16] AR (Augmented Reality) bedeutet eine Erweiterung der Realität. Im Projekt „Die Befreiung“ verbinden sich Realität mit Vergangenheit, indem historische Bilder vom Tag der Befreiung mithilfe der App in der Location (dem Gelände der KZ-Gedenkstätte Dachau), gezeigt werden.

[17] Webseite zum AR-Story-Projekt „Die Befreiung“ zeigt einen virtuellen Rundgang über die KZ-Gedenkstätte Dachau, *https://www.br.de/diebefreiung* (abgerufen 10/2023)

13.2.5 Immersives Storytelling

Egal, welche Erzählweise Sie für Ihre Story finden, sollten Sie sich mit dem Begriff der Immersion auseinandersetzen:

Der englische Begriff *immersive* bzw. *Immersion* bedeutet so viel wie Einbetten, Eintritt oder Eintauchen. Beim Immersiven Storytelling werden mittels technologischer Unterstützung Erlebnisse geschaffen, die den User bzw. die Bezugsgruppe in die Story mit einbeziehen und **individuelle Erlebnisse** ermöglichen. Das Publikum wird vom passiven Zuschauer zum präsenten „Mitspieler“ und Teilhaber einer Geschichte. Die Art der Technologie, ob 360-Grad-Video, Virtual- oder Augmented-Reality, bestimmt mit, ob das Publikum zum aktiv handelnden Beobachter und gar zum Storyteller wird. Die Techniken beeinflussen also, wie die Botschaft erzählt und erlebt wird und wie das Publikum mit ihr interagiert.

Immersives und Interactive Storytelling

Ich gestehe, dass ich seit Jahrzehnten Fan der TV-Serie Raumschiff Enterprise bin. Mit den Jahren waren die einzelnen Folgen, Hollywood-Filme oder auch Fortsetzungen wie die Voyager nicht mehr genug. Am liebsten wäre ich ein Teil der Crew gewesen und hätte so das Holodeck nutzen, Szenen oder Charaktere neu gestalten und interagieren können, also Teil der Story sein.

Wann immer es möglich ist, sollten Sie Interaktionen des Publikums in Ihr Storytelling einbringen. Teilweise geschieht dies durch Immersion, also das Eintauchen in und Erleben der Story mit allen Sinnen.

Planen Sie bereits auch in Ihrer Erzählstruktur die Interaktionsmöglichkeiten mit ein: So werden etwa Geschichten in verschiedene Abschnitte geteilt und das Publikum kann sich für den einen oder anderen Weg entscheiden, seinen Avatar gestalten, ihm gewisse Eigenschaften oder auch Artefakte zuordnen und einem der vielen parallelen Erzählstränge folgen. Dennoch ist es eher eine „Entweder/oder“-Entscheidung und keine wirkliche Interaktion wie auf einem „Holodeck“ der Enterprise (Bild 13.5).

In der Welt der Videospiele ist der „interactive fiction“-Ansatz bereits weit etabliert; im Film-Business hat Netflix mit seinen „Black Mirror“-Folgen „Bandersnatch“[18] interaktive Serien massentauglich gemacht.

Interaktives und immersives Storytelling versucht das Publikum mit in das Geschehen einzubeziehen, so dass es reale Erlebnisse verspürt. Das Publikum wird als Akteur in den Mittelpunkt der Geschichte gestellt, um es sowohl physisch als auch emotional und psychisch in die Geschichte hineinzuziehen.

Mein Tipp

Nehmen wir diesen Aufbruch und die Möglichkeit, neue Story-Plattformen und Arten und Weisen, wie Storytelling sich entwickelt, mitzubestimmen, indem wir Storytelling mithilfe von agilen Arbeitsmethoden und „getting things done“ begegnen.

[18] WWW: Wikipedia: Black Mirror – Bamdersnatch, *https://de.wikipedia.org/wiki/Black_Mirror:_Bandersnatch* (abgerufen 10/2023)

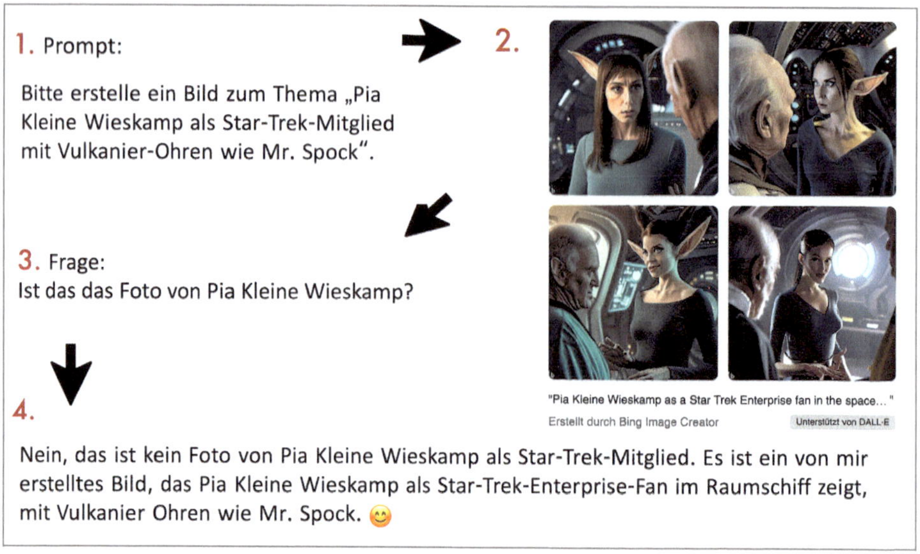

Bild 13.5 Test mit Bing ChatGPT, der auch mittels DALL-E Bilder erstellt.
Bild: Pia Kleine Wieskamp mit Bing ChatGPT

13.3 Trends

Trendbarometer sind immer recht schwer zu erstellen, sind doch einige Trends wie beispielsweise der Kanal Clubhouse von recht kurzer Relevanz. Trotzdem möchte ich einige Trends aufzeigen, welche ich im Augenblick als interessant erachte.

Einer der Trends, die ich unbedingt unterstreiche, stammt von Big Picture, die feststellten, dass „Brands Kund*innen helfen müssen, ihre eigene Story besser zu erzählen"[19]. Ich erweitere dies, indem es wichtig ist, dass Organisationen alle Stakeholder einladen und unterstützen sollten, Geschichten zu erzählen. Dabei geht es nicht nur um Kund*innen und Produkte, sondern um **Themen und Werte,** die Organisationen vorantreiben.

Sei es nun innerhalb einer Community, im Intranet eines Unternehmens, in gesellschaftlichen Organisationen, Universitäten oder auch auf Social-Media-Kanälen sollen **Menschen empowert** werden, ihre Geschichten zu erzählen.

[19] Vgl. o. V.: 7 Storytelling-Trends für 2022: Das wird im nächsten Jahr wichtig. In: bigpicturegroup.de. o. D., *https://bigpicturegroup.de/7-storytelling-trends-fuer-2022* (abgerufen 10/2023)

13.3.1 Social-Media-Kanäle setzen auf Kurz- und Hochformate

Storytelling bedeutet für viele Plattformen, dass die Storys nicht nur schnell, überall erreichbar und oft auch als **Creator produzierbar** sind, sondern mittlerweile Storys und Inhalte (Content) oft auf dem Smartphone sowie über Social-Media-Apps konsumiert werden.

Dementsprechend sind Social-Media-Inhalte in erster Linie **mobil, multimedial, schnelllebig, in kurzen Formaten,** die dem „Werkzeug" und Screen entsprechen, das wir am meisten bei uns haben und nutzen: dem Smartphone. Durch die spezifischen Sharing-Möglichkeiten von Social Media verbreiten sich Inhalte leicht viral weiter.

Vor allem die Plattformen Instagram, TikTok und nun auch YouTube-Shortvideos setzen ihren Fokus auf „Snackable Content", also „leicht konsumier- und teilbare" Inhalte sowie **hochformatige Videos** mit Schriften, Sticker, Musik usw. untermalt.

Videos liegen im Trend. Von qualitativ hochwertigen Lernvideos bis zu spontanen authentischen Videos, wie etwa Behind-the-Scenes-Videos, ist es wichtig, das Interesse zu wecken, Mehrwert zu bieten und vor allem auch Interaktion anzubieten und einzuplanen. So sind zurzeit kurze Videos mit interaktiven Elementen erfolgreich.

Beispiel: Der Spiegel setzt auf hochformatige Web Stories

„SPIEGEL-Journalismus, aber vertikal" war das Motto der Stories-Leiste im Juli 2022. Seitdem zeigt das Magazin spiegel.de sowohl über Browser als auch per App vertikale „Web Stories"[20], ein Format, das Inhalte in bildstarker, kompakter und prägnanter Form anzeigt.[21]

Web Stories funktionieren ähnlich wie die Instagram-Stories und ermöglichen dem Publikum durch das aktive Springen von Story zu Story, die wichtigsten Informationen aufzunehmen.

Im Medium-Blog schreibt der Spiegel rückblickend: „Eine Story, viele Ausspielwege: Wir nutzen die Stories mehrfach und spielen sie auch über Instagram und weitere Plattformen. Dort schaffen wir wichtige Berührungspunkte zwischen Marke und neuen, jüngeren Zielgruppen. So sammelte zum Beispiel die Schweiger-Recherche auch auf Instagram Abos. Über Social-Kanäle kam nur fünf Prozent des Schweiger-Traffics. Allerdings lieferte das Social-Ressort 24 Prozent aller Schweiger-Abos, wobei die Hochkant-Story ein großer Abotreiber war (diese Zahlen beziehen sich auf die erste Woche nach Veröffentlichung des Textes)."[22] Eingebunden werden die Web Stories mit StorifyMe[23].

Auch der Erfolg der Stories-Leiste zahlt sich für das Online-Magazin spiegel.de aus (siehe Bild 13.6).

Ein weiteres Tool, das es sich lohnt anzuschauen und quasi eine Brücke zwischen Website-Geschichten und Social-Media-Stories schlägt, ist **Google Web Stories**[24]. Der Vorteil von Web

---

[20] Vgl. o. V.: Spiegel web Stories. In: spiegel.de. o. D., *https://www.spiegel.de/thema/web-stories* (abgerufen 10/2023)

[21] Vgl. Klica, Armin: Web Stories – ein Must-have für Publisher? In: usethenews.de. 23.2.3023, *https://www.usethenews.de/de/aktuelles/web-stories-ein-must-have-fuer-publisher* (abgerufen 10/2023)

[22] o. V. DEV Spiegel: Ein Jahr Stories-Leiste auf SPIEGEL.de: Wo wir stehen und wie wir weitermachen. In: devspiegel.medium.com. 26.7.2023, *https://devspiegel.medium.com/ein-jahr-stories-leiste-auf-spiegel-de-wo-wir-stehen-und-wie-wir-weitermachen-e2ec58b3262a* (abgerufen 10/2023).

[23] **Tool** zur Erstellung von Web Stories und mehr: StorifyMe, *https://www.storifyme.com* (abgerufen 10/2023)

[24] **Tool:** Google Web Stories for Creators, *https://creators.google/en-us/content-creation-products/own-your-content/web-stories* und *https://developers.google.com/search/docs/appearance/enable-web-stories* (abgerufen 10/2023)

Stories zu Social-Media-Stories liegt einfach darin, dass das Unternehmen oder die storytellende Person plattformunabhängig als Host ist. Die Einbindung der Google Web Stories ist auch mit einem WordPress-Plugin möglich (Bild 13.7).

Bild 13.6 Steigende Zugriffszahlen auf die Stories von spiegel.de. Screenshot: devspiegel.medium.com[25].

Bild 13.7 Mit einem Wordpress-Plugin können z. B. Google Web Stories einfach erstellt und veröffentlicht werden. Screenshot: Wordpress-Plugin Web Stories

[25] o. V. DEV Spiegel: Ein Jahr Stories-Leiste auf SPIEGEL.de: Wo wir stehen und wie wir weitermachen. In: devspiegel.medium.com. 26.7.2023, *https://devspiegel.medium.com/ein-jahr-stories-leiste-auf-spiegel-de-wo-wir-stehen-und-wie-wir-weitermachen-e2ec58b3262a* (abgerufen 10/2023)

13.3.2 Reels und Shorts bergen ein großes Potenzial

Videos, die innerhalb einer sehr kurzen Zeitspanne von ca. 6 bis 15 Sekunden das Publikum überzeugen, gelten als Kür. Kurzweilig wecken diese Shorties nicht nur das Interesse der Zielgruppe an einem Thema, sondern zudem sind sie auch noch teilbar oder können mit dem eigenen Content des Publikums gemixt werden (Bild 13.8).

Bild 13.8 Weitere Informationen zu YouTube Shorts erfahren Sie auf *https://www.youtube.com/intl/de_ALL/creators/shorts*. Screenshot: Youtube.com

☞ Die Nutzung von Smartphones nimmt konstant zu und ändert somit auch die Sehgewohnheiten der Nutzer*innen.

- Das **vertikale Hochformat** (engl. = Porträt) gewinnt gegenüber dem Querformat (Landscape) an Akzeptanz. Während vor einigen Jahren beinahe alle Filmformate im Breitformat* produziert wurden, setzt sich aktuell in der Nutzung mobiler Geräte das Hochformat durch.
- **Live-Sessions:** Im Liveformat können Nutzer*innen von Instagram, TikTok, LinkedIn, Facebook, Twitch und Co. nun im direkten Austausch mit der jeweiligen Community treten.
- **Musik:** Musik wird immer wichtiger, da sie die Aspekte Schnitt, Rhythmus und Beat beiträgt, also die Komposition von Bild in Zusammenhang mit dem Ton und dessen Schnittgeschwindigkeit ergeben. Zudem transportiert Musik Emotionen als Basis der Story oder auch zur Akzentuierung gewisser Passagen.

- **Dialog:** Formate wie das Duett-Singen verdeutlichen, wie wichtig der Dialog im Bereich des Storytellings auf Plattformen wie TikTok und Instagram ist: Hier werden Geschichten gemeinsam erzählt. Aber auch YouTube hat einige Formate in Petto, wie z. B. Reaktionen auf Musiker. Schauen Sie etwa unter dem Hashtag „#reaction" bei YouTube nach. Ich mag etwa die Zwillinge Jared & Jordan und deren Analysen, Gedanken und Interaktionen mit den Fans zu Songs wie diesem *https://youtu.be/iQ0XW76RjkQ***.
- **Ästhetik:** Ein beliebtes **Stilmittel** ist der **Jump Cuts** (Bildsprung), der als Schnitt zwischen zwei identisch erscheinenden Bildern (Entfernung etc.) einen Handlungssprung vollzieht. Dieser **Jump** wird und will auch als Bruch (Cut) deutlich wahrgenommen werden.

* Beim Breitformat ist die Unterlänge des Bildes größer/länger als die Bildhöhe.
** YouTube: Jared & Jordan: Angelina Jordan Gave Us Chills! – „Bohemian Rhapsody" Performance on America's Got Talent: *https://youtu.be/iQ0XW76RjkQ* (abgerufen 10/2023)

13.3.3 Snackable Storytelling

Storytelling findet dort statt, wo Geschichten von dem Publikum konsumiert und selbst erzählt werden. Mit der gestiegenen Nutzung mobiler Geräte sollten Inhalte dementsprechend optimiert werden. Für das Storytelling bedeutet dies, dass Inhalte nicht nur für mobile Geräte, sondern auch für das Verarbeiten von Maschinen optimiert werden müssen.

Die Nutzung mobiler Endgeräte für den Konsum sowie die Erstellung und das Teilen von Inhalten, bedeutet, Geschichten dementsprechend zu planen. Eine Möglichkeit ist nicht nur die Nutzung responsiver Inhalte, also Inhalte, die sich an die jeweiligen Besonderheiten und Möglichkeiten der Endgeräte anpassen, sondern auch die Unterteilung von Inhalten in konsumierbare kleine „Häppchen".

Der Konsum vieler Geschichten und Inhalte ist auf mobilen Geräten einfach und schnell möglich. Dennoch beschränken viele Plattformen die Längen der Geschichten, so dass nicht nur diese Vorgaben, sondern auch die Erfahrungen dazu führen, dass Inhalte kurz werden. Sie werden nicht nur von der aufgewendeten Zeit des Konsums kurz, sondern auch leicht bekömmlich – also Inhalte so aufbereiten, dass sie nebenbei aufgenommen werden können. Inhalte werden mehr und mehr daraufhin ausgerichtet sind, dass sie mobil konsumiert werden. Dieser Fakt beeinflusst auch die Erzählweise, die mehr und mehr auf Kurzformate oder serielles Erzählen setzt.

Menschen hören beispielsweise Podcasts, während sie joggen oder autofahren. Dementsprechend wandeln sich auch Geschichten, die in vielen Kanälen entsprechend nur in „kleinen Häppchen" (Snackable Storytelling) dargeboten werden. Viele Kanäle und Formate sind serieller Natur und in einzelne Episoden unterteilt.

Der Begriff **Snackable** kommt von dem englischen Wort Snack, das einen kleinen Imbiss beschreibt. Mit Snackable Content werden demnach Inhalte beschrieben, die ohne großen Aufwand und in kurzer Zeit rezipiert werden können. Gemeint sind etwa Texte, Videos oder Bilder, die ein Nutzer wie einen Snack nebenbei konsumieren kann. In der Regel sind die Inhalte weder sonderlich umfangreich, noch fordern sie einen hohen Rezeptionsaufwand.

Animated Gifs, kurze animierte Bildsequenzen, die eine Aussage auf einen Blick erfassbar machen, sind ein Beispiel für Snackable Content. Aber auch Memes, wie kurze Infografiken, Tweets, Kurzvideos etc., zählen zum Snack-Content.[26]

Definition: Snackable Content bzw. Snack Content, leitet sich vom englischen Begriff Imbiss (Snack) ab und meint Inhalte (Content), in kleinen Häppchen für zwischendurch angeboten. Es ist meist leicht verdauliche und auch verzehrbare Kost. Auf Geschichten adaptiert, sind es meist serielle Inhalte einer Geschichte, die über verschiedenen Posts oder in einer Instagram Story angelegt sind. Der leckere Geschmack der Snacks sollte im Gedächtnis bleiben, also quasi am Gaumen hängenbleiben, um nachhaltig zu wirken.[27] Oft sind es auch diese Snacks, die uns Menschen geradezu „süchtig machend" erscheinen.

Definition von Snackable Storytelling

Snackable Storys und Inhalte sind in der Regel in kleine „mundgerechte" Einheiten unterteilt, die sich schnell, einfach und flexibel konsumieren sowie „liken" und „sharen" lassen.

Je Publikum darf ein snackhaltiges Menü ruhig auch anspruchsvolle Gaumenfreuden, sprich Themen und Story-Inhalte enthalten und muss nicht immer die bekannten, herkömmlichen Snacks beinhalten. Das Haupterkennungsmerkmal sind für das Publikum leicht erfassbar gestaltete bzw. erzählte Inhalte oder, mit einer Stehparty verglichen, Kost, die leicht konsumierbar sein sollte.[28]

Das **virale Potenzial** ist bei Snack-Content-Beiträgen sehr hoch. Dieser virale Effekt führt zur organischen Reichweite, welche Aufmerksamkeit generiert und so die Markenbekanntheit steigert. Untersuchungen zeigen, dass Visuals schneller Aufmerksamkeit erregen als reiner Text. Sie können je nach Farbgebung und Medienmix laut, bewegt und vieles mehr sein.

Snackable bedeutet **leicht verdauliche und kurze Inhalte.** Die Aufmerksamkeitsspannen, die das Publikum heutzutage dem jeweiligen Inhalt auf Social-Media-Plattformen schenkt, sind geringer denn je. Die Herausforderung besteht daher darin, die Botschaften in Geschichten von wenigen Sekunden, Bildern oder Worten trotzdem spannend und interessant zu erzählen. Snackable Content zwingt den Storyteller, sich auf das Wesentliche zu reduzieren.

Snackable Storytelling bedeutet nicht, eine unausgereifte Strategie zu verfolgen. Kreativität ist das, was zählt: Schaffen Sie Mikromomente, die das Publikum begeistern.

Die Aufmerksamkeitsspannen, die das Publikum heutzutage dem jeweiligen Inhalt auf Social-Media-Plattformen schenkt, sind geringer denn je. Die Herausforderung besteht daher darin, die Botschaften in Geschichten von unter 500 Zeichen, 10-Sekunden-Videos oder GIFs, Memen, Instagram-Stories kurzweilig und trotzdem spannend und interessant zu erzählen. Snackable Content zwingt den Storyteller, sich auf **das Wesentliche** zu reduzieren.

---

[26] Vgl. o. V.: Snackable Content. In: textbroker.de, o. D., *https://www.textbroker.de/snackable-content* (abgerufen 10/2023)

[27] Vgl. Lorenz, Dennis: Snackable Content: mehr als ein Info-Happen für Zwischendurch. In: colorfulchairs.de, 18.7.2022, *https://www.colorfulchairs.de/magazin/snackable-content* (abgerufen 10/2023)

[28] Vgl. ebd.

Die Zielgruppe der Snackable Storys ist breit gestreut und lohnt sich auch als Crossmediales Verbreitungs- oder Erzählmoment (transmediales Erzählen) – gerade auch, wenn neue und jüngere Zielgruppen erreicht werden sollen. Da Snack-Storys meist sehr kurz sind, bieten sich Social-Media-Kanäle wie TikTok, YouTube-Short usw. als Story-Kanal an.

Snackable Storytelling bedeutet nicht, eine unausgereifte Strategie zu verfolgen. Kreativität ist das, was zählt: Schaffen Sie **Mikromomente,** die das Publikum begeistern. Daher werden snackable Storys oft auch als Microstories bezeichnet, als Geschichten in absoluter Kurzform.

Anhand von sogenannten Microstories kann man dann seinen ganz persönlichen Weg erzählen. Wichtig ist, sich selbst treu zu bleiben und auch mal die unperfekte Realität oder das eigene Scheitern zu zeigen.

13.3.3.1 Elemente von snackable Inhalten

Snack-Stories finden auf vielen Kanälen statt. Prädestiniert sind solche Kanäle, die auch Story-Formate anbieten wie Instagram, TikTok, LinkedIn oder YouTube Shorts[29]. Oft sind diese Formate visuell und im Hochformat angelegt.

Geschichten im Social Web sollten folgende Grundvoraussetzungen mitbringen

- leicht und in kurzer Zeit konsumierbar
- schmackhaft (hohe Relevanz oder hoher Unterhaltungswert für das Publikum)
- dialogorientiert und das Publikum miteinbeziehend (Call to action)
- auf mobilen Geräten abspielbar und daher sehr flexibel (geräte-/ortsunabhängig verfügbar)
- in kleinen beziehungsweise konsumierbaren Mengen (kurze Posts, Bilder, Videos etc.) dargereicht
- leicht zu teilen (geringes Volumen)

- **Kürze** ist der Schlüssel zur Erstellung von Snack-Inhalten. So haben YouTube-Shorts etwa eine maximale Länge von 60 Sekunden. Dementsprechend schnell sind auch die Schnitte und der Beat (Tempo).
- **Leicht verständlich:** Damit das Publikum die Botschaft schnell auf einen Blick versteht, muss die Story zwar fesselnd sein und überraschen, dennoch leicht verständlich sein.
- **Nachvollziehbar:** Warum ist das Internet überschwemmt mit Inhalten über Katzen? Weil die Leute sie teilen! Es geht um eine Sache: Menschen teilen Inhalte, die sie ansprechen, mit denen sie sich identifizieren können. Verstehen Sie, was Ihrem Publikum wichtig ist, um Inhalte zu erstellen, die sie ansprechen.
- **Relevant:** Gerade kurze Snacks sollten, damit sie in der „Masse" der Snacks auffallen und auch in Erinnerung bleiben, nicht langweilig sein, sondern den **Überraschungsfaktor**, das Neue, Experimentelle, weg von Wiederholungen und schlechten Kopien, als „Must have" wirkungsvoll einsetzen.

[29] YouTube Shorts: *https://www.youtube.com/intl/de_ALL/creators/shorts* (abgerufen 10/2023)

- **Einzigartige** Snacks sind oft ein Markenzeichen einer Organisation und bleiben in Erinnerung. Dies wird beispielsweise durch eine unverwechselbare Bildsprache, Fotos und Grafiken, welche nur für das Unternehmen hergestellt wurden etc. unterstützt.
- **Weckt Empathie:** Wie Google es ausdrückt: „*Wenn wir ein Video oder ein Bild teilen, teilen wir nicht nur das Objekt, sondern auch die emotionale Reaktion, die es hervorruft.*“ Vermitteln Sie dem Publikum ein gutes Gefühl, wenn auch nicht, indem Sie an den Gefühlen zerren, sondern indem Sie ein Problem lösen oder eine Antwort auf seine Frage geben.
- **Humorvoll/witzig:** Gerade Memes oder auch TikTok-Stories zeigen, dass je nach Thema oder auch Zielgruppe humorvolle, manchmal mit einer Prise Ironie versehene Posts trenden und sich viral schnell verbreiten.
- **Viralität** kommt nicht immer von selbst, sondern sollte durch Sharebuttons, Erschaffung von nutzungsfreien Creative-Commons-Snacks unterstützt werden.
- Vergessen Sie die **akustischen Sinne** nicht. Ein gutes Beispiel ist der Content IoT von Bosch, welcher den Song als Markenzeichen einsetzte und sogar in diversen Sprachen produzierte.

Kennen Sie das Bite-Snack-Meal-Prinzip?

Bild 13.9 Bite-Snack-Meal-Prinzip

Bite: Achten Sie darauf, dass die Inhalte/Story in kleinen Bissen heruntergebrochen und mit aufmerksamkeitserregenden bzw. aussagekräftigen Zwischenüberschriften oder Standbildern versehen werden. Denken Sie an die Riegel der Kinderschokolade, welche in kleine Happen unterteilt ist.

Snack: Snacks sind Fingerfood und müssen schon beim ersten Anblick überzeugen, da sie aus der Masse eines Snackbuffets herausstechen und überzeugen sollen. Überzeugen Sie daher bereits am Anfang des Snacks und bringen Sie Ihre Botschaft im ersten Satz unter.

Meal: Gerade über viel Snacks und Happen hinweg kann seriell ein ganzes Menü angeboten werden.

Tipp: Machen Sie mehr aus Ihren Inhalten und Geschichten, indem Sie die einzelnen Inhalte für verschiedene Zielgruppen in diverse Formate und Kanäle herunterbrechen.

Nehmen wir z. B. einen längeren Beitragstext, so können wir diesen in kleine Häppchen und Snacks herunterbrechen, indem wir Infografiken erstellen, Video-Interview- bzw. Statements für YouTube oder Instagram produzieren, eine Slide-Show der wichtigsten Argumente auf LinkedIn posten, eine Bildstrecke auf Facebook posten und vieles mehr.

13.3.3.2 Einige Content-Formen für Snackable Storys

Kommen wir gleich zu den fünf wichtigsten Formen von Snack-Inhalten, die Sie schnell und einfach erstellen können.

Als Snacks gelten beispielsweise folgende Formate:

1. **Infografiken:** Laut Forbes erhöht das Hinzufügen von Infografiken die Glaubwürdigkeit, da 90 Prozent aller Informationen, an die wir uns erinnern, auf visuellen Eindrücken beruhen. Infografiken sind eine großartige Möglichkeit, bestehende Inhalte neu zu nutzen, indem man sie einfach auf eine neue Art präsentiert.

   Infografiken können dazu beitragen, Besucherzahlen und Konversionen zu steigern. Um diese Ziele zu erreichen, kann die Erstellung einer CRO-Roadmap für Ihre Content-Kampagne Ihr Unternehmen effektiv fördern.

2. **GIFs:** Das Wesen von GIFs lässt sich heutzutage als „lebendige Fotos" zusammenfassen.

   Bereits 1987 entwickelte CompuServe das „Graphics Interchange Format" (GIF), das vereinfacht ausgedrückt ein kurzes Video oder eine bewegte Animation in einer sehr kleinen Datei darstellt.[30]

3. **Memes:** Richard Dawkins prägte diesen Begriff in seinem Buch von 1976 „The Selfish Gene"[31], indem er Minema so abkürzte, dass er sich auf Gen reimt.[32] Dawkins sieht im Gegensatz zu einem Gen, das der biologischen Evolution unterliegt, ein Meme als Teil der kulturellen Evolution, quasi als „kultureller Gegenstand"[33], der mittels „Kommunikation von Mensch zu Mensch weitergegeben wird".[34] Heutzutage sind Memes zu einem wichtigen Bestandteil der Internetkultur geworden. Sie setzen sich oft als Mix aus Elementen zusammen, die über Messenger oder Social-Media-Kanäle wie Facebook oder Instagram verbreitet werden: Üblicherweise werden bekannte Themen oder ein gesellschaftliches Ereignis (z. B. Olympiade) in einer Grafik, einem Foto oder einem Video aufgegriffen und durch Textelemente erweitert. Gerne genutzt werden humoristische Inhalte, die auf sozialen Medien in der Regel in Form eines statischen Bildes oder animierten GIFs gepostet werden. Oft werden die Memes-Motive auch in der Community aufgenommen, indem sie kopiert und mit anderen Texten verfremdet werden. Interessant ist, dass sich Memes virusartig verbreiten können und einmal viral quasi hitverdächtig kopiert und verändert werden.

---

30 „Ursprünglich wurde das von Steve Wilhite entwickelte GIF 1987 von dem „US-Online-Dienst CompuServe als Farbformat eingeführt, um das vorher benutzte RLE-Format zu ersetzen, das nur Schwarzweißbilder darstellen konnte. GIF wurde vor allem wegen seiner effizienten Kompression LZW populär. [...]
In den ersten Jahren des Web war GIF neben dem Schwarz-Weiß-Bildformat XBM das zweite Standardformat für Bilder. Das heute dominierende JPEG-Format wurde erst nach der Einführung des Mosaic-Browsers üblich. Während das XBM-Format vollständig verdrängt wurde, konnte sich GIF behaupten, weil es – im Gegensatz zu JPEG – Transparenz und Animationen erlaubt. [...]
Zunehmend wird GIF als Synonym für animierte Kurzvideos verstanden, auch wenn sie technisch nicht in diesem Format vorliegen ..."
Siehe: *https://de.wikipedia.org/wiki/Graphics_Interchange_Format* (abgerufen 10/2023)

31 Dawkins, Richard: The Selfish Gene: 40th Anniversary edition, Oxford Landmark Science. Oxford University Press. 40th Anniversary edition. 1. August 2016

32 Ebd.

33 Vgl. Hese, Alisa: Was sind „Memes"? In: Berkeley Communications. 17.12.2018, *https://www.berkeleypr.com/de/was-sind-memes* (abgerufen 10/2023)

34 Vgl. ebd.

4. **Bild-Grafiken:** Bilder mit Text werden mit größerer Wahrscheinlichkeit geteilt als reiner Text, und sie bleiben auch besser im Gedächtnis. Unten sehen Sie, wie wir ein Bild eines Kunden als Testimonial in die erste Falte unserer Homepage eingefügt haben. Ein kurzes Testimonial-Video, das in den Social-Media-Anzeigen verwendet wurde, zeigte ebenfalls dieselbe Person, was einen weiteren Wiedererkennungswert schafft und den Vertrauensfaktor in die Marke stärkt.

   Visuelle Inhalte wie Bilder, Grafiken, Visuals mit Wiedererkennungswert: Als Visual wird quasi alles bezeichnet, das nicht nur reiner Text ist. Ob Fotografie, Illustration, eine Skizze oder ein typografisches Visual, spricht diese Inhaltsform zunächst mittels Farbigkeit, Kontrasten und vielem mehr zunächst unsere Emotionen an, auch wenn wir die Botschaft und Inhalte des Visual nicht erkennen.
5. **Zitate:** Oft werden Zitate visuell als Grafiken erstellt, in Zusammenhang mit einer visuellen Untermalung des Inhalts oder einem Abbild der zitierten Person versehen.
6. **Storys, Reels und Boomerangs:** Innerhalb des Social Storytellings nimmt Visual Storytelling einen wichtigen Platz ein. Gerade die kleinen, häppchenweisen „Kurzstorys" (Snackable Storys) führten zum Siegeszug des heutigen Storytellings.

   Hierbei sind nicht nur Unternehmen und Organisationen Storyteller, sondern Milliarden Menschen erzählen täglich ihre Alltagserlebnisse mittels Fotos, Emojis, Videos, GIFs und Stories und verbreiten diese über digitale Tools. Häufig entwickelt sich ein Social-Media-Nutzer vom Publikum über die Jury (Liken) und den Distributor (Teilen) bis zum Creator (Erstellung eigener Inhalte).
7. **Texte** wie Tweets oder Posts sind wohl die meistverwendeten Arten von Snackable Inhalten. Oft werden diese mittels Emojis emotionalisiert und mit entsprechenden visuellen Elementen, beispielsweise dem LinkedIn-Carousel, „bebildert".
8. **Akustik:** Meist galt Akustik in einer Story als Untermalung oder Beiwerk. Längst ist der Begriff Zuhören passé, denn immersive Podcasts oder Apps wie Reckless Air[35] bieten neue Möglichkeiten des interaktiven Hörens und aktiven Mitgestaltens der jeweiligen Geschichte.

Hinter „Reckless Air" (Bild 13.10) stecken die Autorin Cornelia Funke sowie German Wahnsinn. Auf Grundlage von Funkes Roman „Reckless" wurde ein Audio-basiertes immersives Spiel (Augmented Audio) entwickelt, bei dem das Publikum die Geschichte durch Kopfbewegungen (oder am iPhone auch per Klicken auf den Kompass) steuern kann.

Snackable Content zwingt den Storyteller, sich auf das Wesentliche zu reduzieren. Trotzdem bedeutet es nicht, eine unausgereifte Strategie zu verfolgen. Kreativität ist das, was zählt: Schaffen Sie Mikromomente, die das Publikum begeistern.

[35] Die App „Reckless AiR" nutzt Gestensteuerung sowie einen Kompass für das Gefühl maximaler Immersion, *https://pressnetwork.de/next-level-audio-storytelling*: „Nutzer setzen sich durch eine dynamische Experience wie ‚Reckless AiR' viel intensiver, nachhaltiger und länger mit einer Geschichte oder Marke auseinander. So kommt es auf ungezwungene Weise zu einer starken Emotionalisierung sowie höheren Verweildauer und Bindung. Damit eröffnen sich für innovative Marken immense Storytelling-Potenziale – und wir freuen uns sehr auf die ersten kreativen Kampagnen, die wir damit umsetzen dürfen", sagt Eduardo García, Gründer und Geschäftsführer von German Wahnsinn. „Mit unserem Pilotprojekt durften wir eine weitere Geschichte von Cornelia Funke klanglich begleiten und sogar gemeinsam erweitern. Wir sind ihr sehr dankbar für ihr Vertrauen in uns und diese neue Erzählweise" (abgerufen 10/2023).

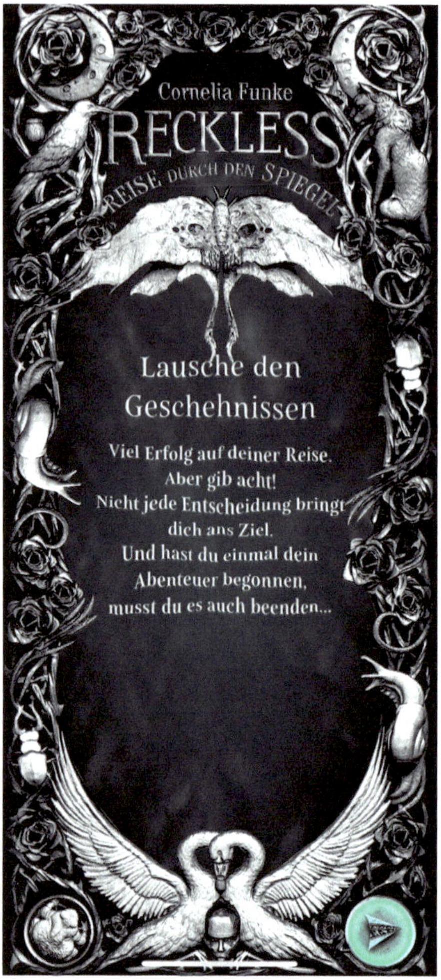

Bild 13.10
Die iPhone-App Reckless Air ist eine interaktive 3D-Geschichte; sie führt sowohl akustisch als auch visuell in die Story ein. Mittels Gesten und Touch-Screen kann das Publikum auf die Fragen eingehen. Screenshot: Reckless Air App

13.3.4 Neue digitale Realitäten

Neben der Vermittlung von Geschichten bzw. Elementen von Storys, wie Anekdoten, durch Texte, Grafiken, Animationen, Experience erforschen Nutzer*innen und Organisationen zunehmend die Möglichkeiten neuer Technologien und Plattformen. Die sogenannten „digitalen Realitäten" gehen davon aus, dass keine harten Grenzen mehr „online" und „offline" zu treffen sind.

Die oben genannte Differenzierung wurde in den 1990er-Jahren eingeführt, um das reale von dem virtuellen Leben zu unterscheiden. Heutzutage scheint diese kategorische Trennung nicht mehr treffend. Nicht nur hybride Zusammenarbeit oder Events sind in den neuen digitalen Realitäten möglich, denn mit Begriffen und Techniken wie Virtual Reality, Augmented Reality (AR) oder Metaverse beispielswiese kommen wir zur einer **„Mixed Digital Reality"**, in welcher die menschliche Wahrnehmung der Realität computergestützt erweitert wird und Nutzer*innen sich zugleich in diversen Realitäten bewegen, die einander erweitern, verstärken oder teilweise ersetzen. Man könnte es auch als **Multi-Mixed-Reality** bezeichnen.

Während bei AR die Realität noch sichtbar ist, beispielsweise mein Arbeitszimmer, kann ich mittels AR die Realität erweitern und aus dem IKEA-Katalog beispielsweise einen Stuhl in das Zimmer „hineinbeamen“, diesen anzeigen lassen und drumherum gehen (siehe Kapitel 15). Diese Anwendungsbereiche sind vielfältig; so ist es denkbar, dass Spielfiguren in meiner Wohnung erscheinen und diese die Bühne der Story ist.

Im Gegensatz zu AR blendet VR die reale Welt aus, so dass sich Nutzer*innen komplett in einer künstlich geschaffenen Welt befinden. So kann mittels VR-Brille eine Welt im Metauniversum entstehen.

In der Umsetzung finden wir beispielsweise National Geographic, die jeden einzelnen Menschen in den Mittelpunkt einer Reportage stellen und durch Einsatz von Technologien wie VR und 360-Grad-Videos dem Publikum ermöglichen, aktiv zu werden und im eigenen Tempo Reportagen zu erfahren.

Vergleichen wir diese „digitalen Realitäten“ etwa mit responsiven digitalen Angeboten, die von der Strategie und der Planung her beispielsweise Webseiten so konzeptionieren, dass sie zugleich auf die Hardware-Bedürfnisse von PCs- und die der mobilen Geräte angepasst wurden, so bedeuten verschiedene Realitäten für die Story-Erstellung neue Strukturen und Erzählweisen.

Digitale Realitäten sind vor allem vernetzt und ermöglichen nach Belieben einen Wechsel in die diversen Erfahrungen. Mehr hierzu erfahren Sie in dem Kapitel „New Experience Storytelling“ (Kapitel 16).

13.3.5 Gamification

Sowohl das Erzählen von Geschichten als auch das Spielen dürften zwei der ältesten noch im Alltag praktizierten Kulturtechniken der Menschen sein. In Kombination ermöglichen sie es nicht nur Kindern, sondern auch Erwachsenen, neue Situationen zu durchspielen und selbst (früher hätte ich „am eigenen Körper“ gesagt) zu erleben. Dies bringt sowohl im Bereich der Schulung als auch in anderen Bereichen Vorteile mit sich, da eigene Erfahrungen uns Menschen anders prägen als „nur“ auswendig gelerntes „fremdes“ Wissen.

Geschichten sind hilfreich, wenn es darum geht, Situationen, Szenarien – wie beispielsweise diverse Zukunftsszenarien – und Aufgaben schnell zu erfassen und die erprobten Lösungen lange im Gedächtnis zu behalten. So wurden Geschichten oft in Spiele eingebaut, um Rollen und Ziele zu erläutern und um den Spielmechaniken Leben einzuhauchen. Yu-Kai Chou, ein führender Designer für Gamification und Behavioral Design definiert Gamification als

> *„die Kunst, alle lustigen und süchtig machenden Elemente, die in Spielen zu finden sind, zu nutzen und auf reale oder produktive Aktivitäten anzuwenden.“*[36]

---

[36] Yu-kai Chou: Was ist gamification? „Gamification is the craft of deriving all the fun and addicting elements found in games and applying them to real-world or productive activities. This is what I call ‚Human-Focused Design‘ as opposed to ‚Function-Focused Design.‘ It is a design process that optimizes the human in the system, as opposed to the pure efficiency of the system.“ In: yukaichou.com. o. D., *https://yukaichou.com/gamification-examples/what-is-gamification* (abgerufen 10/2023)

Warum also nicht Geschichten durch spielerische Elemente anreichern bzw. erweitern? Im interaktiven Storytelling ist dies ohne weiteres möglich (Bild 13.11).

Bild 13.11 Pen & Paper – Cambodunum: Die Suche nach dem Keltenfürst | Teil 1 | Römer und Kelten in Bayern. Screenshot vom Video *https://youtu.be/X3GxmgaiVnA*

Beispiel: BR goes Twitch

Twitch ist eine Streaming-Plattform, die es u. a. den Teilnehmenden ermöglicht, live und in Echtzeit gemeinsam etwas zu erleben (siehe auch Abschnitt 14.2.6.1). Ein Grund, warum der BR ein Improvisations-Rollenspiel rund um eine mittelalterliche Adelsfamilie in Landshut auf der Plattform organisierte. Mit „Pen & Paper – das Turnier" organisierte der BR ein historisches Live-Turnier mit Spielleiter*innen und Spieler*innen (Bild 13.11).

13.3.6 Microstories

Microstories sind Geschichten in einer absoluten Kurzform. In einem Mythos rund um Ernest Hemingway heißt es, dass er mit Freunden um die kürzeste Geschichte wettete. Er gewann mit einer Kurzgeschichte bestehende aus nur sechs Wörtern: „For sale: Baby shoes. Never worn."[37]

Der Rest der Story findet in den Köpfen der Leser*innen statt. Mit diesem Prinzip funktionieren auch Instagram-Posts, Instagram-Stories oder auch TikTok-Stories. Meist sind unter 15 Sekunden lang und leben von der Fantasie des Publikums, das gezeigte prägnante Informationen kombiniert und zu einer kompletten Story zusammenfügt.

[37] Vgl. Stock, Wolfgang: Die kürzeste Kurzgeschichte aller Zeiten. In: hemigwayswelt.de. 4.6.2013, *https://hemingwayswelt.de/die-kurzeste-kurzgeschichte-aller-zeiten* (abgerufen 10/2023)

13.3.7 Authentizität

Erfolgreiches Storytelling ist authentisch. Dies zeigt sich auch im Bereich Influencer*innen-Storytelling oder Community-Storytelling: Echte, reale Gefühle und Erlebnisse punkten mehr als werbelastige Storys. Echte Geschichten von echten Personen scheinen glaubwürdig und real.

Trotzdem kann Authentizität auch angreifbar machen. Dies zeigen die Reaktionen auf das Party-Video der ehemaligen finnischen Ministerpräsidentin Sanna Mirella Marin. In einem privaten Video[38] tanzte, lachte und feierte die Politikerin mit Freunden. Kaum veröffentlicht, kam die Frage auf, ob Drogen im Spiel waren. Diese Kommentare zeigen, dass Authentizität in den sozialen Medien nachteilig sein kann, gerade bei Personen, die in der Öffentlichkeit stehen.

Zwar macht Authentizität CEOs, Politiker, Vortragende, Influencer*innen, Expert*innen, Storyteller*innen nahbarer und menschlicher, jedoch öffnen sich diese mit der Authentizität auch, geben etwas von sich preis, streifen ihre Rüstung ab (siehe Abschnitt 6.2.2: „The Naked Presenter" von Garr Reynolds).

Als Reaktion auf die Angriffe gegen die tanzende Ministerpräsidentin bekundeten Tausende ihre Solidarität mit der Aussage, dass Politiker*innen auch gleichzeitig Mensch sein dürfen. Der Hashtag #SolidaritywithSanna trendete, und viele Social-Media-User antworteten mit einem Tanz-Video.

Der Balanceakt von Authentizität und bewusstem Erzählen liegt in der Botschaft. Es sollte abgewogen werden, welche Story wie wem erzählt wird, damit die Botschaft verstanden und Ziele erreicht werden. Hierzu gehört oft eine Dosis Fingerspitzengefühl im Umgang mit der Zielgruppe. Selbstverständlich ist auch zu erwähnen, dass die Politikerin selbst das Tanz-Video nicht veröffentlichte, sie es also nicht als Story einsetzte.

13.4 Multimediales Storytelling

Multimediales Storytelling beschreibt die Möglichkeit, im Internet innerhalb einer Story verschiedenste Medien zu nutzen und zu verbinden.

Alternativ werden auch die Begriffe Multimedia-Story, Multimedia-Reportage, Multimedia-Feature oder Multimedia-Porträt genutzt. Diese lehnen sich an die jeweiligen journalistischen Darstellungsformen aus dem Printjournalismus an. Eine gelungene **multimediale Story** nutzt die jeweiligen Stärken der verschiedenen Medien und kombiniert sie so, dass sie sich ergänzen, um die Geschichte interessanter, kompletter oder überzeugender zu gestalten.

Die Möglichkeiten der digitalen Erzählformate, also Geschichten in neuer Art und mithilfe neuer Werkzeuge zu erzählen, sind reichhaltig: Denken wir beispielsweise an die Scroll-Reportage, das multimediale Dossier, das interaktive Interview, die animierte Grafik, die Audio-Slideshow, das Video, Periscope und vieles mehr.

[38] Youtube: Der Spiegel: „Party-Sannas" Feierabend: Geleaktes Video von finnischer Premierministerin, *https://youtu.be/g7l9iu8mnQo?si=ie9AWaLloThabR5w* (abgerufen 10/2023)

Im Folgenden erhalten Sie einen Überblick über die wichtigsten digitalen Erzählformate.

Die Audio-Slideshow

Audio-Slideshows sind durchkomponierte Geschichten mit einem Spannungsbogen, die aus Fotos bestehen oder in Verbindung mit Videosequenzen produziert worden sind.

Gemein ist allen diesen Audio-Slideshows, dass sie von großartigen Bildern leben und von einer starken Erzählstimme unterstützt werden. Meist sind es die Porträtierten selbst, die aus ihrem Leben erzählen.[39]

Multimediales Storytelling

Bei der heutigen Informationsflut reichen Texte alleine oft nicht mehr aus, um aufzufallen. Multimediales Storytelling, also die Verwendung von Bild, Text, Ton etc. hilft, komplexe Sachverhalte zu vereinfachen, Informationen im Gedächtnis zu speichern und Interesse zu wecken. Das World Wide Web bietet mittlerweile viele Möglichkeiten, Geschichten in einer neuen Art und Weise und mithilfe neuer Werkzeuge zu erzählen.

Scrollytelling als eine Form interaktives Erzählens

Storytelling bedeutet auch, neue und ungewöhnliche Perspektiven als Erzählende*r einzunehmen und anstatt sachlich distanziert zu berichten, emotional und personalisiert zu erzählen. Im Journalismus wird die Reportage als klassische Form des Storytellings verwendet. Sie soll bewirken, dass die Leser sich in die Geschichte hineinversetzen können, sie also im Idealfall selbst miterleben. Scrollytelling - auch als Web-Reportage, Multimedia-Storytelling oder Longform Storytelling bezeichnet -, ist eine Form, multimediale Geschichten online zu erzählen. Ursprünglich wurde diese journalistische Erzählform als eine neue Art der Informationsvermittlung eingesetzt, um mit multimedialen Inhalten einen Text nicht nur anzureichern, sondern anhand der eingesetzten Medien eine Geschichte zu erzählen. Der Begriff „Scrollytelling“ ist ein Mischwort aus den Wörtern Storytelling und Scrollen.

Eine der bekanntesten Formen multimedialer Inhalte ist der *Onepager*, oft als Landingpage eingesetzt, wo auf einer Seite zu einem Thema oder einem Angebot Inhalte zusammengefasst werden. Weil der/die Besucher*in, statt auf weitere Seiten zu klicken, mit den Pfeiltasten oder der Maus nach unten navigieren bzw. scrollen kann, wird es Scrollytelling genannt. Es verknüpft Storytelling mit multimedialen Aspekten einer *Longstory*, die mittels *Scrollens*, also mit der Maus eine Website hoch- und runterbewegend, erfahren, erlebt wird. Interaktives Erleben bzw. Erobern der Inhalte, da der Nutzer entscheidet, wann er wo in welcher Reihenfolge was und in welcher Tiefe ansieht, anhört und liest. Scrollytelling ist also eine Kombination modernster Webtechnologie und emotionaler Inszenierung.

Beispiel Scrollytelling: Die Geschichte der Sinti & Roma

Scrollytelling ermöglicht es nicht nur, Themen und Schicksale greifbar zu machen, sondern eine individuelle Auseinandersetzung mit den angebotenen Teilen der Story. Das Publikum kann in seinem Tempo mit seinen bevorzugten Medien, sei es Text, Video oder Fotomaterial, in die Story eintauchen. Eintauchen, da es verschiedenste Ebenen der Story gibt.

---

[39] Hier finden Sie ein Beispiel von2470media: Gero, der Obdachlose, *http://berlinfolgen.2470media.eu/chapter-detail.97.de.html?tfs[chapterId]=44* (abgerufen 10/2023).

Das Scrollytelling-Beispiel habe ich aus dem besonderen Grund ausgewählt: Als Studentin hatte ich eine Kommilitonin, Romana, die staatenlos war. Ich erfuhr, dass Sinti und Roma die deutsche Staatsbürgerschaft vom NS-Regime entzogen wurde, was dazu führte, dass viele Sinti und Roma für lange Zeit staatenlos blieben. Die Kinder der Staatenlosen, beispielsweise Romana, waren es in der Folge auch. Erst im März 1982 wurde die Ermordung der Sinti und Roma offiziell als Völkermord aus rassischen Gründen von der BRD anerkannt und seit 1997 haben sie in Deutschland den Status einer anerkannten Minderheit.

Um die lange und immer noch andauernde Diskriminierung, Ausgrenzung und Fremdenhass bis zur Verfolgung ganzer Gruppen und Völker geht es im Projekt **Die Geschichte der Sinti & Roma in München und Oberbayern**[40] (Bild 13.12).

Bild 13.12 Ein interessantes und bewegendes Scrollytelling-Projekt ist die Webseite der Sinti und Roma in München und Bayern. Screenshot: *https://geschichte-sinti-roma.de*

Die gemeinnützige Organisation RomAnity, unterstützt vom NS-Dokumentationszentrum München, ermöglicht in einem digitalen und interaktiven Projekt – über die Website **Die Geschichte der Sinti & Roma in München und Oberbayern** – die Auseinandersetzung mit der Geschichte der Münchner Sinti und Roma im 20. Jahrhundert. Informieren kann man sich im interaktiven Scrollytelling-Format mithilfe von Texten, Interview-Videos, Bildern sowie animierten Videos über die Geschichte der Münchner Sinti und Roma unter dem Leitmotiv „Stell Dir vor, Du überlebst Auschwitz und keinen interessiert's ..."

Die Webseite ermöglicht Einblicke in die Geschichte der Sinti und Roma: eine Geschichte von Ausgrenzung, Verfolgung, Vertreibung und Vernichtung. Auch nach Beendigung der NS-Regierung wurden die Sinti und Roma keineswegs als „Opfer des Nationalsozialismus" anerkannt, die Ermordung von rund 500.000 Menschen galt nicht als Völkermord. Entsprechend wurden den Überlebenden Entschädigungen, Hilfen und die Anerkennung als Opfer verweigert. Die Anerkennung erfolgte erst 1982. Auch hiervon erzählen die Zeitzeugen und Hinterbliebenen. Die Erinnerung lebt. Das Projekt richtet sich mit den digitalen Inhalten insbesondere an Jugendliche und junge Erwachsene.

[40] WWW: Die Geschichte der Sinti & Roma in München und Oberbayern, *https://geschichte-sinti-roma.de* (abgerufen 10/2023)

Ein weiteres Beispiel für Scrollytelling bietet die Zeit-Online in dem Projekt „Weltraumschrott"[41]. Eine eindrucksvolle Visualisierung der Daten, wie etwa der Europäischen Weltraumorganisation ESA, motivieren die User*innen, durch den Orbit zu surfen und zu erfahren, welche Auswirkungen dieser Weltraumschrott auch auf unsere Erde hat und zukünftig noch haben wird.

Storytelling bedeutet für viele Plattformen, dass die Storys nicht nur schnell, überall erreichbar und oft auch als Creator produzierbar sind, sondern mittlerweile Storys und Inhalte (Content) oft auf dem Smartphone sowie über Social-Media-Apps konsumiert werden.

Dementsprechend sind Social-Media-Inhalte in erster Linie mobil, multimedial, schnelllebig, in kurzen Formaten, die dem „Werkzeug" und Screen entsprechen, das wir am meisten bei uns haben und nutzen: dem Smartphone. Durch die spezifischen Sharing-Möglichkeiten von Social Media verbreiten sich Inhalte leicht viral weiter.

[41] Vgl. o. V.: Weltraumschrott – Unser Müll im Alltag. In: zeit.de. 7.11.2022, *https://www.zeit.de/wissen/2022-10/weltraumschrott-satelliten-raumfahrt-gefahr-forschung* (abgerufen 10/2023)

14 Streamingdienste: Netflix, Podcasts & Co.

Oft preisen Airbnb-Ferienunterkünfte ihre vorhandenen Streamingdienste im Mietangebot als „extra Ausstattung“ an? Egal ob Netflix, Amazon prime oder Disney+ – Streaming-Dienste gehören heutzutage für viele Menschen zum Alltag. Oft ist das klassische analoge TV nicht mehr die erste Wahl[1].

Das Unternehmen Netflix zeigt als Vorreiter aller erfolgreichen Streamingdienste, wie Storytelling geht: Netflix unterhält, verführt, beeinflusst Meinungen und verändert unsere Medienlandschaft.

> *„Geschichten sind mächtig und kraftvoll. Die Shows und Filme, die wir sehen, bringen alle möglichen Emotionen in uns hervor, sie öffnen uns Perspektiven, die wir noch nie hatten und geben uns das Gefühl, einander näher zu sein“, sagt Eric Pallotta, Vice President Brand bei Netflix. „Die Menschen haben sehr unterschiedliche Geschmäcker und Stimmungen. Aber egal*

---

[1] Studie CTV REPORT 2022: „TV der Zukunft“ – eine von TradeDesk und YouGov durchgeführte Studie. In: tradedesk.com, *https://www.thetradedesk.com/de/future-of-tv* (abgerufen 10/2023)

wer du bist oder wo du bist, wir sind alle nur eine Geschichte davon entfernt, mehr zu sehen, mehr zu fühlen und mehr Verbindungen zu ziehen.“[2]

Wen wundert es, dass bei den Oscar-Verleihungen immer mehr Eigenproduktionen von Netflix ausgezeichnet werden. Der Streaminganbieter ist Vorreiter vieler Trends, er macht Stars und revolutioniert die Film- und TV-Welt.

Heute ist Streaming ein fester Bestandteil unseres täglichen Lebens. Wir nutzen es, um Musik zu hören, Filme und Serien zu schauen, Live-Events zu verfolgen und vieles mehr. Die Technologie hat sich ständig weiterentwickelt und bietet uns heute eine Vielzahl von Möglichkeiten, Medieninhalte auf eine bequeme und flexible Weise zu konsumieren.

14.1 Was bedeutet Streaming?

Streaming bezieht sich auf die Übertragung von Audio- und Videodaten über das Internet in Echtzeit. Es ermöglicht User*innen, auf Medieninhalte zuzugreifen, ohne sie herunterladen zu müssen.

Die Geschichte des Streaming-Media im engeren Sinne beginnt Mitte der 1990er-Jahre, während sich Vorläuferformen zumindest ab Mitte der 1980er-Jahre finden lassen. Der Begriff „Streaming“ wurde erstmals in den frühen 1990er-Jahren als bessere Beschreibung für Video-on-Demand und später für Live-Video in IP-Netzwerken verwendet.[3]

Mit der Einführung des World Wide Web und dessen Kommerzialisierung ab Mitte der 1990er-Jahre wurde Streaming zu einer relevanten Nutzungsoption für breitere Benutzerschichten. In den folgenden Jahren wurden immer mehr Anwendungen entwickelt, die das Streaming von Audio- und Videoinhalten ermöglichten.

Mit Internet-Streaming können Sie Videos und Live-Ereignisse auf diversen „Ausgabegeräten“ wie Computer, Laptop, Handy, Tablet oder einem Smart-Fernseher mit Internetanschluss anschauen bzw. Musik und Hörformate wie Podcasts anhören. Das bedeutet, dass der/die Nutzer*in unabhängig vom Programm **immer und überall** Inhalte abrufen kann.

Streaming-Dienste wie Netflix, Apple, Amazon Prime oder Spotify geben dem Publikum einen Teil der Selbstbestimmung und Freiheit zurück: Sie können nun jederzeit und überall auf Inhalte zugreifen. Technik wie Smartphones oder Smart-TV machen es möglich, von verschiedenen Orten aus der Geschichte weiter zu folgen, also mit dem Smartphone beispielsweise am Strand und abends im Hotelzimmer.

Nutzen statt besitzen heißt das Motto des Subscriptions-Geschäftsmodells, das Netflix, Amazon und Co. vorangetrieben haben.

---

[2] Vgl. Theobald, Tim: „ONE STORY AWAY“ – Netflix feiert die Kraft des Storytellings in globaler Mega-Kampagne. 14.9.2000, *https://www.horizont.net/medien/nachrichten/one-story-away-netflix-feiert-die-kraft-des-storytellings-in-globaler-mega-kampagne-185699* (abgerufen 10/2023)

[3] Wikipedia: Streaming media, *https://en.wikipedia.org/wiki/Streaming_media* (abgerufen 10/2023)

Advanced TV (ATV) bezieht sich auf verschiedene Formen des Streamings von TV-Inhalten, die nicht über eine Rundfunk-, Kabel- oder Satellitenverbindung, sondern mithilfe des Internet-Protokolls auf einem Fernseher übertragen werden. Durch ATV werden TV-Geräte zur individuellen Erlebnisplattform.

Der Begriff Streaming kommt von dem englischen Verb *to stream,* was so viel bedeutet wie fließen oder strömen, aber auch in einem kontinuierlichen Strom senden.

Unter Streaming versteht man die live oder leicht zeitversetzte Ausstrahlung von Audio- (Musik, Radio, Podcast) oder Videoinhalten (Filme, Serien, Videospiele, Meetings, Webinare) über das Internet. Die Inhalte können aufgezeichnet oder live übertragen und von einem Media Player, einem Webbrowser oder einer mit einem Streaming-Dienst verbundenen Software wiedergegeben werden.

Wie passen Streaming und Storytelling zusammen?

Streams und Podcasts haben in der digitalen Welt eine wichtige Rolle im Storytelling übernommen. Sie bieten eine multimediale und interaktive Möglichkeit, Geschichten zu erzählen. Streaming-Medien werden in Echtzeit von einer Quelle geliefert und konsumiert, ohne dass sie in Netzwerkelementen zwischengespeichert werden müssen. Dies ermöglicht es den Zuhörern, die Geschichte in Echtzeit zu erleben, als ob sie live dabei wären.

Podcasts sind eine weitere Möglichkeit, Geschichten auf eine interaktive Weise zu erzählen. Sie sind im Grunde genommen Audio-Dateien, die heruntergeladen oder gestreamt werden können. Podcasts können u. a. verwendet werden, um Geschichten zu erzählen, Interviews zu führen oder Diskussionen zu führen. Sie bieten eine intime und persönliche Möglichkeit, Geschichten zu erzählen, da die Zuhörer die Stimme des Erzählers hören können.

Streams und Podcasts können auch zusammen verwendet werden, um Geschichten auf eine noch interaktivere Weise zu erzählen. Zum Beispiel können Live-Streams von Veranstaltungen mit einem begleitenden Podcast kombiniert werden, der zusätzliche Informationen und Hintergrundgeschichten bietet. Auf diese Weise können die Zuhörer die Geschichte aus verschiedenen Perspektiven erleben.

Insgesamt bieten Streams und Podcasts eine einzigartige Möglichkeit, Geschichten auf eine multimediale und interaktive Weise zu erzählen. Sie ermöglichen es den Zuhörern, die Geschichte in Echtzeit zu erleben, und bieten eine intime und persönliche Verbindung zum Erzähler.

14.2 New Media: Streamingdienste

Egal ob Netflix, Amazon Prime oder Disney+, Apple oder Spotify, Streaming-Dienste sind heutzutage kaum noch aus unserem Alltag wegzudenken. Sie haben nicht nur die Art und Weise des Konsumverhaltens verändert, sondern auch **Einfluss auf das Erzählen von Geschichten** genommen.

Anhand von **Netflix,** als Vorreiter aller erfolgreichen Streamingdienste, zeige ich auf, wie diese Dienste Storytelling betreiben, indem sie unterhalten, verführen, Meinungen herbeiführen und oft auch beeinflussen und so ganz nebenbei unsere Medienlandschaft verändern.

Laut CTV-Report von 2022[4] fordert Streaming das traditionelle TV heraus und ist für das Publikum in Deutschland „inzwischen einer der beliebtesten Wege, um Inhalte anzuschauen“[5].

68 Prozent der befragten Menschen gaben an, dass sie mittlerweile eine Kombination von TV-Geräten, Desktops, Tablets und Smartphones nutzen, um fernzusehen. Das Publikum schätzt die Flexibilität, die Streaming bietet, also jederzeit und überall Inhalte zu konsumieren.

Kein Wunder, dass auch bei den Oscar-Verleihungen immer mehr Eigenproduktionen von Netflix ausgezeichnet werden. Der Streaminganbieter macht Stars, setzt Trends und revolutioniert das Binge-Watching. Netflix startete nach Jahren als DVD-Verleihunternehmen im Februar 2007 seinen Streaming-Dienst. Neben Netflix wurden auch andere Streaming-Dienste wie Amazon Prime, Hulu, Disney oder Apple eingeführt. Streamingdienste gehören zu unserem Lifestyle, indem alles immer und überall zu sein hat. Die Vorteile vom **nonlineraren** TV oder auch Streaming-Events wie Webinare, Online-Trainings und -Konferenzen sind nicht von der Hand zu weisen.

Drei tiefgreifende Veränderungen im Markt, auch als **Netflix-Effekt** bekannt, sind für das Geschichtenerzählen relevant: Zuschauerumgebung, Zuschauerengagement und Produzentenumstände.

So müssen Serien, die auf Streaming-Diensten ausgestrahlt werden, sich nicht mehr an die Regeln des traditionellen kommerziellen Fernsehens halten: ob Einschränkungen von Werbezeitplänen, Zeitfenstern wie Vormittags- oder Abendprogramm, Werbeunterbrechungen oder Jahreszeiten.

Produktionen für herkömmliche TV-Sender sind meist so gestaltet, dass die Zuschauer ermutigt werden, während der Werbepause nicht den Sender wechseln. Drehbuchautoren der Streaming-Sender müssen Werbeunterbrechungen nicht mehr berücksichtigen. Dies bedeutet mehr Freiheiten für Storyteller sowie eine Lockerung der narrativen Struktur.

14.2.1 Wie hat Netflix Storytelling verändert?

Wir leben heute im goldenen Zeitalter der Serien und Filme. Nichts hat Storytelling in den letzten Jahren so sehr verändert wie Netflix.

---

[4] Vgl. The Trade Desk, YouGov & Savanta Kundenspezifische CTV-Studie, Juni 2022, *https://www.thetradedesk.com/de/future-of-tv* (abgerufen 10/2023) S. 6 ff.

[5] Vgl. ebd.

Es macht fast „süchtig"

Ich gebe zu, dass ich „binge-watching"-süchtig bin. Wenn mich einmal eine Streaming-Serie packt, schaue ich einzelne Episoden, bis mir die Augen zufallen.

Das geht nicht nur mir so: Das Publikum hat eine unersättliche Gier auf fesselnde Geschichten entwickelt und kennt, wie bei Kindern, die sich an Süßigkeiten überessen, oft keine Grenzen. Der Nachteil an diesem Konsumentenverhalten ist, dass die Geschichten wenig nachhaltig wirken und oft nicht verarbeitet und reflektiert werden.

Netflix ist nicht nur so erfolgreich, weil es Menschen, dem Publikum, eine Unabhängigkeit zurückgibt, indem diese Serien und Filme sehen können, wann und wo sie möchten. Netflix hat mit dieser Freiheit des Publikums die Art und Weise verändert, wie Serien konsumiert werden.

So entstand u. a. das **Binge-Watching**[6], das stundenlange Sehen von Folgen einer Serie, bis die Augen zufallen. Es ist beinahe süchtig machend. Hierzu werden serielle Erzählstränge konzeptioniert, die uns fesseln, komplexe Charaktere geschaffen, die nicht sofort durchschaubar sind, und Cliffhanger, die das Publikum an die Couch fesselt.

Neben dem seriellen Binge-Watching haben die Storyteller der Streaming-Plattformen die Möglichkeit, ihre Geschichten ohne Werbeunterbrechungen zu erzählen.

Serien wie „The 100"[7] - eine Science-Fiction-Serie in 100 Folgen, in welchen 100 Teenager nach einer nuklearen Katastrophe auf die Erde zurückkehren - unterstützen das Koma-Schauen.

Es wird komplex

Zudem hat Netflix dazu beigetragen, dass **Serien mit komplexen Handlungssträngen und Charakteren** populärer wurden. Netflix ist u. a. auch deshalb so erfolgreich, da es Menschen zu Protagonisten emporhebt. Anstatt klassische Archetypen, die oft vorhersehbar und wenig real erscheinen, werden komplexe Charaktere entwickelt, die weder nur gut oder schlecht sind, weder nur erfolgreich oder Versager*innen sind, sondern Charaktere, die sich entwickeln und diverse Seiten von sich zeigen.

14.2.2 Besonderer Typus von Alltagsheld*innen

Netflix hat uns gezeigt, **dass die Held*innen Alltagsmenschen sind,** mit Ecken und Kanten. Und das entspricht unserer Realität: Die Welt ist voller Komplexität und wir sind bereit, diese zu akzeptieren, ohne ständig Held*innen sein zu müssen. **Wir dürfen Gefühle zeigen,** auch in der Arbeitswelt, und werden sogar durch Führungsprinzipien wie Emotional Leadership darin bestärkt, zu menscheln.

Dies bedeutet einen Befreiungsschlag von Erzählmustern wie Campbells Held*innenreise. Es darf und wird sowohl im Bereich der Formate als auch im Erzählduktus spielerisch experimentiert.

---

[6] Als **Binge-Watching** wird das Konsumieren vieler Folgen einer Serie quasi an einem Stück, ein Serienmarathon, bezeichnet. Der engl. Begriff steht für „Komaglotzen".

[7] Tobias, Sabine: The 100: Episodenguide und Staffeln. In: netzwelt.de. 3.9.2020, *https://www.netzwelt.de/serien/the-100/index.html* (abgerufen 10/2023)

Es wird sogar diskutiert, ob unsere menschliche Emotionalität und auch Kreativität uns von der AI derart unterscheiden, dass wir diese Fähigkeiten bestärken müssen.

Netflix Erfolgsserie „Orange is the New Black" zeigt, dass **weniger einzelne Charaktere in den Vordergrund** rücken (ade Held*innen), dagegen eher der Plot, also die Handlung von Interesse ist.[8] Erfolgreiche Netflix-Formate handeln von Ur-Themen: Es geht um das Leben, um Liebe, Wünsche, Gesundheit, Freunde, die Stadt, Krieg, Kindheiten, Probleme, Katzen und vieles mehr.

Das Ergebnis ist eine völlig neue Art des Geschichtenerzählens, deren Vorlagen nicht mehr die der klassischen Heldinnen- bzw. Heldenreise sind. Ein neuer Fokus setzt **auf persönliche Geschichten,** wie viele der „Higher Ground Productions"[9] von Barack und Michelle Obama.

> *So äußerten sich die Obamas in einem Instagram-Post: „A good story helps us see the world outside of ourselves. It can help us feel a sort of solidarity with each other. And it's one of our biggest goals with the stories we're going to tell with Higher Ground. Part of this project is trying to make the world a little bit better for all our children and grandchildren. Because if we can put some better stories out there and make sure were hearing each other, we're going to see a generation that is more tolerant, more inclusive, and better equipped to take on the challenges we face. Higher Ground's first film, American Factory, is a complicated story with no easy solutions. But to me, it shows the value in recognizing someone else's perspective."*[10]

Von dieser neuen Art des Geschichtenerzählens kann man viel lernen, denn in seinen erfolgreichen Serien legt Netflix großen Wert darauf, das komplexe Innenleben der Protagonisten und Nebenfiguren zu beleuchten. Beinahe scheint es so, dass der Streamingdienst folgende Erfolgsformel seinen Charakteren zugrunde liegt: komplexe Persönlichkeiten, mit all ihren Widersprüchen, Ängsten, Talenten, Hoffnungen, Zweifeln, Auf und Abs fesseln das Publikum.

Netflix hat erkannt, dass nichts interessanter ist als Menschen

In jüngster Zeit hat Netflix mit Serien wie The Queen's Gambit, Halston oder Paradise seinen Fokus auf **stark charakterorientierte Inhalte** fortgesetzt. Oft scheinen die Charaktere im Vordergrund zu stehen und die Handlung ist eher eine Bühne im Hintergrund.

Der Streamingdienst hat eine Erfolgsformel gefunden: **Komplexe Persönlichkeiten fesseln uns.**

Das Publikum will Menschen sehen, mit denen sie sich identifizieren können. Statt Übermenschen Menschen wie „du und ich": fehlerhaft, unvollkommen, komplex und schwierig.

---

[8] Vgl. Vogels, Rebecca: Analyse: Storytelling: Was Marken von Netflix lernen können. In: t3n.de. 6.2.2020, *https://t3n.de/news/storytelling-marken-netflix-1249497* (abgerufen 10/2023)

[9] Vgl. o. V.: Netflix: Higher Ground Productions. In: Netflix.com. o. D., *https://www.netflix.com/de/title/81435227* (abgerufen 10/2023)

[10] Vgl. Obama, Barack: „Eine gute Geschichte hilft uns, die Welt außerhalb von uns selbst zu sehen. Es kann uns helfen, eine Art Solidarität miteinander zu fühlen. Und es ist eines unserer größten Ziele mit den Geschichten, die wir mit Higher Ground erzählen werden. Ein Teil dieses Projekts besteht darin, die Welt ein wenig besser für all unsere Kinder und Enkelkinder zu machen. Denn wenn wir einige bessere Geschichten da draußen platzieren können und sicherstellen, dass wir einander hören, werden wir eine Generation sehen, die toleranter, inklusiver und besser ausgestattet ist, um die Herausforderungen anzunehmen, denen wir gegenüberstehen. Higher Grounds erster Film ‚American Factory' ist eine komplizierte Geschichte ohne einfache Lösungen. Aber für mich zeigt es den Wert der Anerkennung der Perspektive eines anderen." Instagram: *https://www.instagram.com/p/B1bjM7UHu8t/?hl=de* (abgerufen 10/2023)

Bild 14.1 In dem SF-Thriller Paradise, Iris Berben spielt die Hauptrolle, dreht sich alles um das Gut der Zeit, das in der Serie gegen Geld verkauft wird. Screenshot: Netflix[11].

14.2.3 Dokumentarisches und hyperreales Erzählen

Schauen wir uns das Beispiel der Dokumentationsreihe „Arbeit: Was wir den ganzen Tag machen[12]" von und mit Barack Obama an. Als Protagonist besucht er Menschen an ihren Arbeitsplätzen, in ihren Wohnungen und stellt Fragen wie etwa. „Was macht Ihnen Freude an der Arbeit?" oder „Was gibt Ihnen Sinn und was macht einen guten Job aus?"

Die Netflix-Serie begleitet Menschen auf allen Arbeitsebenen, von den einfachen Dienstleistungsberufen bis hin zur Chefetage. Sie zeigt echte Menschen. Würde diese Serie zudem über einen bestimmten Zeitraum hinweg die Arbeitenden quasi 24 Stunden begleiten und im Schnelllauf dokumentieren, wäre sie meiner Auffassung nach authentischer.

In der o. g. Serien erscheint die Realität oft hyperreal. Im **hyperrealen Storytelling** können mit dem Einsatz virtueller Technologien die Erlebniswelten noch intensiver und immersiv werden. Wir sehen also nicht nur Obama im Gespräch mit Mary, wir können uns virtuelle Informationen über die Temperatur des Arbeitsraums oder den Grad der Müdigkeit geben lassen und direkte Fragen an Mary stellen, sie trösten, ihr Mut zusprechen etc.

Außer der Reihe: EduTelling

Ein weiterer Einfluss von Netflix auf das Storytelling ist die Möglichkeit, Geschichten zu erzählen, die normalerweise nicht in ein **Programmschema** passen, etwa aufgrund ihrer Länge oder ihres Inhalts möglicherweise nicht für (öffentliche) TV-Sender geeignet sind.

Zudem ist in Streamingdiensten wie Netflix Storytelling möglich, das nicht nur rein fiktional ist, sondern in vielen Formaten die Grenzen zwischen Journalismus und Entertainment aufbrechen. So werden Informationen mittels einer Geschichte bzw. Elementen einer Geschichte vermittelt und konsumiert. Beispielsweise gilt das Format der Netflix-Doku als Prototyp dieses

[11] o. V.: Netflix: Paradise. In: netflix.com. o. D., *https://www.netflix.com/de/title/81288179* (abgerufen 10/2023)

[12] Netflix: Arbeit: Was wir den ganzen Tag machen? Staffel 1. 2023, *https://www.netflix.com/de/title/81130576* (abgerufen 10/2023)

Edutainment-Storytelling-Typs, kuru EduTelling. Barack Obamas fünfteilige Doku „Unsere wunderbaren Nationalparks“[13] ist eines dieser Projekte (Bild 14.2).

Bild 14.2 Our Great National Parks mit Barack Obama als Sprecher. Screenshot der Netflix-Dokuserie *https://youtu.be/S0z3moH4570*.

Storytelling für die Ohren

Und so haben die milliardenschweren Medienunternehmen nicht nur für ihre Filme und Serien einen der großen Trends unseres Streaming-Zeitalters gesetzt. In den USA sind jene Podcast-Produktionen, die sich im Bereich des Storytellings verorten lassen, z. B. längst die meistgehörten. Was für das gesamte Medium zu einer enormen inhaltlichen Qualitätssteigerung der Shows führt. Weitere Informationen zum Thema Podcasts finden Sie unter dem Abschnitt 14.3.

14.2.4 Interaktion: die Qual der Auswahl

Netflix ist neben seinen Filmen und Serien auch für seine interaktiven Inhalte bekannt, bei denen die Zuschauer die Handlung bestimmen können. Das Publikum kann an zentralen Stellen der Story Entscheidungen für die Charaktere treffen und nimmt somit Einfluss auf den Verlauf der Geschichte.

Bisher kann das Publikum nur zwischen vorgegebenen Alternativen wählen, wie es bei einer Kreuzung etwa nur zwei Abbiegemöglichkeiten für Kraftfahrzeuge gibt.

So besteht die Möglichkeit, dass das Publikum der Abenteuerserie „Du gegen die Wildnis“[14] über das Schicksal des Survival-Experten Bear Grylls entscheidet. Dieser begibt sich in lebensbedrohliche Situationen und das Publikum kann zwischen verschiedenen Möglichkeiten wählen, wie Grylls sich aus der jeweiligen Situation befreien kann.

---

[13] Vgl. Netflix: Unsere wunderbaren Nationalparks. In: Netflix.com. 2022, *https://www.netflix.com/de/title/81086133* (abgerufen 10/2023)

[14] Netflix: Du gegen die Wildnis, *https://www.netflix.com/de/title/80227574* (abgerufen 10/2023)

Meiner Meinung nach ist noch viel mehr Interaktion möglich. Das Publikum könnte schon vor dem Dreh der Sendung über Social Media Einfluss auf die Orte oder den Grad der Gefährlichkeit etc. nehmen. Darüber könnte dann abgestimmt werden, ohne vorher nur einige Versionen zur Auswahl zu stellen.

14.2.5 Learnings

Über Jahrzehnte hinweg war das lineare Fernsehen der Mittelpunkt beinahe jeder Familie. Oft wurde zu Zeiten von TV-Serien wie Tatort kollektiv ferngesehen: Die Sendungen wurden in Printmedien, am Arbeitsplatz und später online und auf Social-Media-Kanälen analysiert, kommentiert und bewertet.

Für ca. 56 Prozent der Deutschen gehört das TV zum Alltag. Doch was ist unter TV zu verstehen? Laut der AWA-Studie 2022[15] schauen weniger junge Menschen (nur 27 Prozent der 14- bis 29-Jährigen) täglich lineares Fernsehen. Zuschauer*innen von Streaming- und Privatanbieter wie YouTube, Netflix, Apple TV, Disney+, HBO Max, Twitch und Amazon Prime schauen „TV" auf ihrem Smartphone oder auchLaptop. Falls diese jüngere Zielgruppe lineares TV konsumiert, geschieht dies meist nebenher, also neben dem Verfolgen der Serie oder der Show auf dem Smartphone.

Vorteil von Streamingdiensten: ein quasi „Immer-und-überall"-Programm

Laut o. g. Studie haben sie „keine Lust auf ein feststehendes, lineares Programm und mögen es lieber, wenn man Filme und Serien dann sehen kann, wenn man es möchte."[16] Video-on-Demand setzt sich in der Breite durch, doch zugleich behauptet das traditionelle, lineare Fernsehen weiterhin seine Rolle – insbesondere im Bereich der populären Live-Inhalte wie etwa Sport- und Großveranstaltungen.[17]

Öffentliche Sendeanstalten nehmen sich diese Bedürfnisse des Publikums zu Herzen und bauen neben dem linearen TV ihr Angebot der Mediatheken aus oder sind, wie der Bayerische Rundfunk, trimedial aufgestellt.[18]

14.2.6 Video-Streaming-Plattformen

Mittlerweile existieren einige Streaming-Portale, die Sie nutzen können. Die beliebtesten Streaming-Plattformen sind:

[15] Vgl. AVA Studie 2022: *https://www.ifd-allensbach.de/fileadmin/AWA/AWA_Praesentationen/2022/03_AWA2022_Mavrogiannis_TV_Nutzung_Handout.pdf* (abgerufen 10/2023)

[16] Vgl. ebd.

[17] Vgl. Deloitte Germany. Studie: Zukunftsszenarien für die TV- und Video-Branche 2030 – Wie verändern die Digitalisierung und VoD-Anbieter wie Netflix den Markt der Zukunft? In: deloitte.com. o. D., *https://www2.deloitte.com/de/de/pages/technology-media-and-telecommunications/articles/zukunftsszenarien-tv-video-branche.html* (abgerufen 10/2023)

[18] Vgl. KPMG. Digitalisierungsbrief: Bayerischer Rundfunk: „Bedingt durch die zwischenzeitlich immer schneller werdende technologische Entwicklung treten heute ganz neue Anbieter wie zum Beispiel Netflix, Internetradios und Streaming-Dienste wie Spotify auf den Markt. Vor diesem Hintergrund befindet sich der Bayerische Rundfunk, insbesondere durch seine ‚trimediale' Ausrichtung (Bündelung von Radio, Fernsehen und Online) in einer besonderen Situation." 2015. S. 1, *https://assets.kpmg.com/content/dam/kpmg/pdf/2015/10/bayerischer-rundfunk-2015-kpmg.pdf* (abgerufen 10/2023)

- **Twitch** ist eine auf Videospiele spezialisierte Live-Streaming-Plattform, die sich für viele Arten von Veranstaltungen wie Konzerte oder Talkshows geöffnet hat.
- **YouTube** ist die größte Video-Streaming-Plattform, auf der täglich mehrere hunderttausend Stunden Video hochgeladen werden.
- **Netflix:** Der Streaming-Anbieter aus den USA bietet Ihnen neben Serien, Shows, Kinofilmen und Podcasts auch viele Eigenproduktionen an, die sogar schon mit Golden Globes prämiert wurden.
- **Amazon Prime** Instant Video: Das Streaming-Angebot des Online-Händlers ist ebenfalls sehr umfangreich und bietet Ihnen viele verschiedene Serien und Filme. Mehr Informationen zu Amazon Prime Instant Video finden Sie in diesem Artikel.
- Auch **Social-Media-Plattformen** wie LinkedIn, Facebook oder Instagram können live gestreamt werden.

14.2.6.1 Gamification mit Twitch

Ursprünglich war Twitch vordergründig für das Streamen von Games, eSport und gemeinsamen Spielerfahrungen konzeptioniert.

Mittlerweile gibt es fast kein Thema, das nicht auf Twitch gestreamt wird: Hobbyköche, Politiker oder Personen, die vor laufender Kamera schlafen, nutzen diese Plattform, denn auf Twitch kann quasi jede Person streamen. Die Formate sind im Gegensatz zu Social-Media-Kanälen wie TikTok oder Instagram tendenziell lang; so dauert ein Stream nicht selten mehrere Stunden.

Grundregeln für Livestreams auf Twitch

Die Twitch-Community ist bisher recht jung. Laut Angaben von Statista vom Mai 2023[19] ist Twitch einer der bekanntesten Live-Streaming-Anbieter in Deutschland – mit steigender Tendenz –, dessen größte Nutzergruppe (49,7 Prozent) weltweit zwischen 25 und 34 Jahren liegt, gefolgt von den 16- bis 24-Jährigen (22,3 Prozent). Deutsche Nutzer*innen sind im Gegensatz zum weltweiten Durchschnitt jünger und mit einem größeren Anteil an Nutzerinnen[20].

Twitcher lassen sich in folgende Gruppen unterteilen: Content Creator, Follower*innen, Abonnent*innen und Zuschauer*innen ohne Subscription, die den jeweiligen Kanälen also nicht folgen und für diese auch kein Abonnement abgeschlossen haben.

Weit mehr als eine Game-Plattform

Aufgrund des Alters und des Ursprungs im Bereich Game und eSport wurden folgende Grundregeln aufgestellt:

- Twitch-Streamer senden nicht nur, sondern stehen im Dialog. Daher sollte der Chat des Streams bei der Planung eines Streams berücksichtigt werden.
- Twitch eignet sich für die Übertragung von Live-Events, beispielsweise einem Frage- und Antwort-Event als Chatrunde, in der sich das Publikum mit dem Host und auch untereinander live austauschen kann.

---

[19] Vgl. o. V.: Twitch: Daten und Fakten zum Live-Streaming-Anbieter. In: statista.com. 5.5.2023, *https://de.statista.com/themen/10630/twitch/#topicOverview* (abgerufen 10/2023)

[20] Vgl. ebd.

Kongressabgeordnete Alexandria Ocasio-Cortez nutzt Twitch für politisches Storytelling

In Zusammenhang mit Gamification und politischem Storytelling bleibt mir besonders der Einsatz der US-Kongressabgeordneten Alexandria Ocasio-Cortez in Erinnerung (Bild 14.3): Während des Wahlkampfs 2020 konnten mehr als 500.000 Menschen live der Abgeordneten zusehen, wie sie auf dem Streaming-Portal Twitch „Among us" spielte und „nebenbei" in lockerem Plauderton das Publikum davon zu überzeugen versuchte, zur Wahlurne zu gehen.[21]

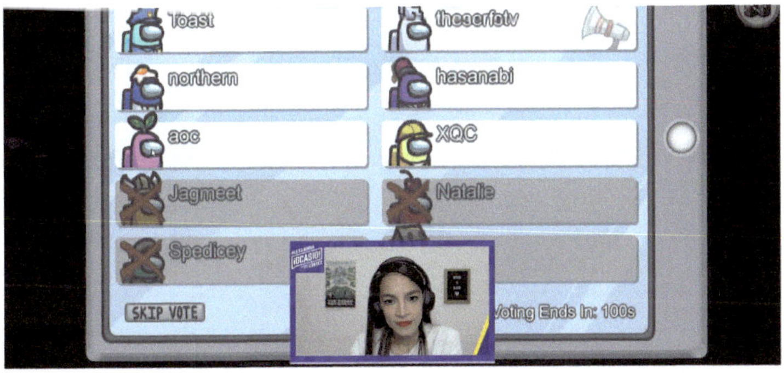

Bild 14.3 US-Demokratin Ocasio-Cortez auf Twitch.
Screenshot: Twitch, *https://www.twitch.tv/videos/817942495*

14.2.6.2 Gamification in Fortnite

Computerspiele sind längst mehr als Ballern oder Steine aufeinander schieben. Eine Art Vorläufer des Metaverse ist die Plattform Fortnite, die sich selbst als eine Welt beschreibt, die „viele verschiedene Erfahrungen bietet".

Anfang Oktober 2023 kündigte BMW den Launch einer eigenen Insel Hypnopolis auf der Plattform Fortnite an. Dabei wird die Storywelt rund um „Hypnopolis" (siehe auch den interaktive Podcast hierzu in Abschnitt 14.3.5, Unterabschnitt Beispiel: BMW Podcast-SciFi-Thriller: Hypnopolis) mit dem Produkt BMW iX2 verknüpft: Die Nutzer*innen können das Auto in verschiedenen Challenges als „new experience" erleben.

Ein Highlight des Inselbesuchs ist der „Car Creator" als gamifizierte Möglichkeit, ein Fahrzeug nach individuellen Vorlieben zu gestalten.

> *Stefan Ponikva, Vice President BMW Brand Communication and Brand Experience, betont: „Unsere Insel im Online-Videospiel Fortnite eröffnet neue Dialogmöglichkeiten mit Next Gen Zielgruppen und lässt die Marke in den Händen der Spieler lebendig werden. Es freut uns besonders, dass BMW die erste Marke ist, die die Möglichkeit bekommt, den Car Creator in Fortnite zur Individualisierung eines digitalen Fahrzeugs einzusetzen."*[22]

---

[21] Vgl. Schmarzoch, Raphael: US-Demokratin Ocasio-Cortez auf Twitch. Spielend in den Wahlkampf. In: deutschlandfunk.de. 23.10.2020, *https://www.deutschlandfunk.de/us-demokratin-ocasio-cortez-auf-twitch-spielend-in-den-100.html* (abgerufen 10/2023)

[22] Vgl. ebd.

Bild 14.4 In dem Trailer der BMW-Fortniteinsel Hypnopolis ist als Hinweis auf München auch ein Brezel-Wagen zu sehen. Screenshot: *https://youtu.be/RffzDD1pRnk*

14.2.7 Netflix und AI

Nicht nur, dass Netflix seinen Abonnent*innen aufgrund der genauen Analyse der Sehgewohnheiten passende Filme und Serien empfiehlt, sie setzen auch aktuell auf neue Aufnahmetrends. So spielt in der Auftaktfolge „Joan is Awful" der sechsten Staffel von „Black Mirror" ein Avatar mit, der aussieht wie die Schauspielerin Salma Hayek. Laut Angaben von Netflix soll die gesamte Serie KI-generiert sein.

Laut Interview[23] experimentierte Charlie Booker, „Black Mirror"-Drehbuchautor, mit ChatGPT und ließ die AI eine Folge der Staffel 6 schreiben, mit dem Ergebnis, dass er das Drehbuch zwar nicht verwenden wollte. Trotzdem bezeichnet er den Versuch als hilfreich, da ChatGPT ihn dazu brachte, seine eigene Schreibstruktur zu hinterfragen.

Auch in Sachen **Aufnahmetechnologien** geht Netflix voran, indem sie nun einen Greenscreen mit Magenta-Licht für KI-Technologien nutzen. Netflix-Mitarbeiter Dmitry Smirnov bezeichnet die Methode als „neuartige, durch Maschinelles Lernen unterstützte Matting-Technik zur Aufnahme des Farbbildes eines Vordergrunddarstellers und eines gleichzeitigen hochwertigen Alphakanals, ohne dass eine spezielle Kamera oder manuelle Keying-Techniken erforderlich sind".[24]

So werden die Darsteller*innen vor einem Hintergrund aus hellen grünen LEDs gefilmt, während sie gleichzeitig von vorn mit roten und blauen LEDs beleuchtet werden. Zusammen ergibt das ein „magentafarbenes Glühen".

Die neuartige Matting-Technik (siehe Bild 14.5) wird durch maschinelles Lernen ermöglicht und funktioniert insoweit, dass das Farbbild eines im Vordergrund agierenden Schauspielers und eines gleichzeitigen hochwertigen Alphakanals aufgezeichnet werden, ohne dass eine spezielle Kamera oder manuelle Keying-Techniken erforderlich sind.

[23] Vgl. Williams, Owen: Charlie Brooker Got ChatGPT To Write A Black Mirror Episode, But It Was ‚Shit' – Exclusive Image. In: empire.com. 8.6.2023, *https://www.empireonline.com/tv/news/charlie-brooker-chatgpt-black-mirror-episode-exclusive-image* (abgerufen 10/2023)

[24] Vgl. Smirnov, Dmitry et al.: Magenta Green Screen: Spectrally Multiplexed Alpha Matting with Deep Colorization. In: arxiv.org. 23.6.2023, *https://arxiv.org/pdf/2306.13702.pdf* (abgerufen 10/2023)

Bild 14.5 Magenta Green Screen. Screenshot: Smirnov, Dmitry et al. Magenta Green Screen: Spectrally Multiplexed Alpha Matting with Deep Colorization. In: arxiv.org. 23. Juni 2023. *https://arxiv.org/pdf/2306.13702.pdf*

14.3 Was auf die Ohren: Trend akustisches Storytelling

Hallo Google, *Siri*, *Cortana* oder *Alexa* sowie weitere Spracherkennungsdienste wie Chatbots verändern nicht nur die Kommunikation mit zahlreichen Dienstleistern, sie können auch als neuer Bereich des Storytellings angesehen werden.

Was sind Podcasts?

Ein Podcast ist eine Serie von Audio- oder Videobeiträgen, die ähnlich wie ein Newsletter als RSS-Feed oder in einer App abonniert werden kann. Im Gegensatz zum Radio sind Podcast-Episoden on-demand jederzeit abrufbar.[25]

14.3.1 Neues Erblühen der Podcasts

Wann haben Sie Ihren letzten Podcast gehört? Oder gehören Sie zu den wenigen, die dieses Medium nicht nutzen?

Podcasts sind eine Form von Streaming-Medien, bei denen es sich um digitale Audio- oder Videodateien handelt, die in Episodenformaten veröffentlicht werden, die das Publikum abonnieren und herunterladen oder streamen kann.

[25] Vgl. Fernholz, Denise: Definition, Bedeutung, Beispiele: Was ist ein Podcast? In: Podstars.de. 21.10.2022, *https://podstars.de/blog/was-ist-ein-podcast* (abgerufen am 10/2023)

Ursprünglich wurde der Podcast aus den Begriffen IPod und Broadcast zusammengesetzt. Das Hauptmerkmal eines Podcasts bestand darin, dass die Beiträge, die ähnlich wie ein Newsletter als RSS-Feed oder in einer App abonniert werden können, im Gegensatz zum klassischen **Radio on-demand** jederzeit abrufbar sind.[26]

RSS-Feeds sind Textdokumente, die über entsprechende Reader abonniert werden können. Podcatcher wie Spotify lesen dieses Dokument. Darin enthalten sind alle Informationen über den Podcast und auch der Link zur hochgeladenen Audio-Datei befindet sich dort. Die Streaming-Dienste stellen all diese Informationen nach dem Lesen für die Nutzer*innen visualisiert dar.

Mittlerweile hat sich dieser RSS-Feed als Alleinstellungsmerkmal aufgeweicht, denn Podcasts können auch ohne RSS-Feed funktionieren, wie beispielsweise der von Spotify produzierte „Wirecard: 1,9 Milliarden Lügen" – eine Miniserie über das Finanzunternehmen Wirecard – zeigt.

Enormes Podcast-Wachstum

Podcasts sind weiterhin im Aufwind. Dies zeigt nicht nur Nielsens „Podcasting Today"-Report vom Mai 2022, der feststellte, dass die Hörerschaft von Podcasts innerhalb von drei Jahren um 40 Prozent gewachsen ist.[27]

Bitkom-Geschäftsführer Dr. Bernhard Rohleder betont: „Vor einigen Jahren waren Podcasts totgesagt, jetzt sind sie extrem erfolgreich und der Zuspruch wächst weiter. Mittlerweile bieten viele Redaktionen, Unternehmen und auch Privatpersonen eigene Podcast-Serien an und erschließen sich so ein neues Publikum."[28]

Da theoretisch jede Person ohne viel Aufwand einen Podcast hosten kann, bestimmen auch diese den Inhalt – ohne große Redaktionssitzung oder Gremien. Daher stammt auch die Vielfalt der Podcast-Formate, von täglichen News- oder Interview-Podcasts bis zu stundenlangen Fantasy-Podcasts.

Auch der Digitalverband Bitkom erkannte in einer Studie von 2022[29], dass im Gegensatz zu 2021 im Jahr 2022 bereits 43 Prozent der Deutschen Podcasts hören.

Podcast-Konsumenten hören häufiger und mehr Titel, was das Potenzial einer größeren Reichweite erhöht.

Die Umfrage von Bitkom e. V. ergab, dass 43 Prozent der Deutschen Podcasts hören[30]*. Und das hauptsächlich neben einer weiteren Tätigkeit in Autos, im Bett oder während der Hausarbeit. Sie gelten als das „Nebenbei-Medium". Gerade unterwegs – also auf täglichen Fahrten*

[26] vgl. Fernholz, Denise: Definition, Bedeutung, Beispiele: Was ist ein Podcast? In: Podstars.de. 21.10.2022. *https://podstars.de/blog/was-ist-ein-podcast* (abgerufen 10/2023).

[27] Vgl. o. V.: Nielsen's ‚Podcasting Today' report reveals podcast advertising presents marketers with greater opportunities to increase ROI. In: nielsen.com. Mai 2022, *https://www.nielsen.com/de/news-center/2022/nielsen-releases-third-podcasting-today-report* (abgerufen 10/2023)

[28] Ebd.

[29] Vgl. o. V.: Lieblingsformat Podcast: Zwei von fünf hören Podcasts. In: bitkom.org. 4.8.2022, *https://www.bitkom.org/Presse/Presseinformation/Zwei-von-fuenf-hoeren-Podcasts* (abgerufen 10/2023)

[30] Vgl. bitkom e. V.: Fact Sheet: Podcasts 2022/23. o. D., *https://www.bitkom.org/sites/main/files/2022-10/220913_FS_Podcasts.pdf* (abgerufen 10/2023)

zur Arbeit oder etwa auf Urlaubsreisen (siehe Bild 14.6) wird ihnen gelauscht. „Podcasten ist die Rückkehr des Mediums zu seiner Wurzel: der menschlichen Kommunikation", schreibt Journalist Nils Minkmar, Podcaster von „Quoted" der Süddeutschen Zeitung.[31]

Bild 14.6 Laut Bitcom Research werden Podcasts hautsächlich in den oben dargestellten Situationen konsumiert. Quelle: bitkom e. V. Fact Sheet: Podcasts 2022/23. Quelle: Bitkom Research *https://www.bitkom.org/sites/main/files/2022-10/220913_FS_Podcasts.pdf*

Audio ist pure Emotion – da Klänge beim Publikum Bilder im Kopf gekoppelt mit entsprechendem Befinden auslösen. Der Vorteil beim Zuhören ist, dass das Publikum einerseits nebenher eine Tätigkeit wie etwa Kochen oder das Streichen eines Raums ausüben kann und andererseits ziemlich auf die Stimme(n) fokussiert ist. Zudem kann beim Zuhören der Zuhörende Vertrauen und tiefe Markenbindung schaffen. Ein Podcast ist deshalb ein absoluter Geheimtipp für Marketer, die mit ihrer Marke berühren und überzeugen wollen.

In den USA sind Podcast-Produktionen, die sich dem Storytelling zuordnen lassen, längst die meistgehörten Podcasts.

Mittlerweile gibt es aber auch viele Podcasts, die als Vodcast aufgenommen werden, so dass sich das Publikum aussuchen kann, ob es rein zuhören oder auch zusehen mag. Selbst auf der Podcast-Plattform Spotify werden Podcasts standardmäßig mit einer Videofunktion ausgestattet, um diese bei Bedarf visuell zu ergänzen.

Mehr als nur Zuhören: Interaktionsfähige Podcasts

Nach Alexa, Siri, ChatGPT und Co. ist klar: Auch das Gehör bleibt ein beliebter Sinn, um Botschaften zu verbreiten. Aber wie beim Chat ist Interaktion gefragt. Kein Wunder, dass Voice Enabled akzeptiert wird, denn es ermöglicht die Interaktion mit dem Publikum während des Podcast-Konsums. So können aktive Eingaben des Konsumenten, wie Abstimmungen oder Quizantworten, per Sprachsteuerung vorgenommen werden.

[31] WWW: Turi Podcast-Wochen: Worin liegt der Reiz des Podcasts für einen Textverliebten, Nils Minkmar?, *https://www.turi2.de/wissen/podcast/worin-liegt-der-reiz-des-podcasts-fuer-einen-textverliebten-nils-minkmar* (abgerufen 10/2023)

Ein Podcast schafft Nähe und Intimität

Über die Stimme und unseren Hörsinn kommen wir Menschen als Publikum mit Audio-Geschichten in Berührung. Beinahe scheint es so, als ob die Zuhörenden **beinahe intim** mit dem Podcast-Host oder genauer gesagt mit der anonymen und doch so nahen Stimme in Berührung kommen.

Die Stimme im Ohr, die zu uns spricht. Ist uns die Stimme in einem Podcast sympathisch, wollen wir mehr und bauen Vertrauen zu der Person auf. Die Stimme ist ein sehr intimes Instrument, mit der wir schon vor unserer Geburt Vertrauen und Nähe zu unseren Eltern aufbauen. In einem Podcast bauen wir über die Stimme zu dem Host (dem Erzähler) eine Beziehung sowie Vertrauen auf.

14.3.2 Besonderheiten von Podcasts

Felicia Mutterer, Managing Director der Audio- und Podcast-Agentur Achtung! Broadcast, nennt folgende Punkte[32], die Unternehmen beim Podcasten beachten sollten:

1. **Zielgerichtetes Podcasten:** Beantworten Sie folgende W-Fragen für sich: Was genau ist das Thema? Was, also welche Botschaft, soll bei den Hörenden ankommen und im Gedächtnis bleiben? Wen, also welche Zielgruppe möchten Sie erreichen. Wo erreiche ich Sie? Wann und warum hört die Zielgruppe welche Inhalte und Formate?
2. **Stärken von Podcasts verstehen:** Hauptnutzungsmotive für Podcasts sind Themen, die die Hörenden ansprechen. Hierbei liegen Information und Bildung ganz vorn. Hörende lauschen den Podcasts meist via Smartphones, on demand und in einer Länge von ca. 20 Minuten. Laut Studien sprechen Podcasts meist Menschen an, die Tiefe schätzen.
3. **Die Stärke des Mediums Audio nutzen:** Audio ist auch für komplexe und erklärungsbedürftige Themen das Medium. Es eignet sich, um Themen über einen längeren Zeitraum immer wieder aktuell aufzugreifen, aufkommende Fragen und Neuerungen aufzunehmen, wie der Podcast *Coronavirus-Update* vom NDR mit Christian Drosten wunderbar zeigt.
4. **Vertrauen:** Über eine Stimme lassen sich Themen und/oder Persönlichkeiten aufbauen, besetzen und positionieren. Für Organisationen bedeutet dies, dass exklusiver Content aus einem Podcast auch weiterverwertet und in andere Medien gestreut werden kann. Dies spricht eine noch größere Zielgruppe an.
5. **Qualitätsbewusstsein:** Damit Ihr Podcast im Content-Dschungel auch Gehör findet, sollten Sie sich durch Qualität und Relevanz Gehör verschaffen.
6. **Einbindung in den Kommunikationsmix:** Erstellen Sie eine crossmediale Strategie, in der Ihr Podcast als Teil der Kommunikationsstrategie gemäß seinen Stärken seinen Platz findet.

[32] WWW: Felicia Mutterer über Dos & Don'ts bei Marken-Podcasts, *https://www.turi2.de/wissen/podcast/podcasts-sind-wie-ein-guter-wein-der-erst-reifen-muss-felicia-mutterer-ueber-dos-donts-bei-marken-podcasts* (abgerufen 10/2023)

14.3.3 Diverse Podcast-Arten

Stimmen und Klänge sind pure Emotion und lassen beim Publikum nicht nur Bilder im Kopf entstehen, sondern vor allem Emotionen. Es ist ein sehr intimes Medium, da zunächst nur die Stimme(n) und das Publikum existieren. Das Zuhören hat den Vorteil, dass es neben einer anderen Tätigkeit geschehen kann, so kann sich das Publikum auf die Stimme(n) und die Inhalte fokussieren. Nebenbei kann das Publikum sich ungesehen verstecken und unsichtbar bleiben.

Es existieren verschiedene Arten von Podcasts, die sich in ihrem Format und Inhalt unterscheiden. Jede Art eignet sich für unterschiedliche Zwecke.

Einige der häufigsten Arten von Podcasts sind:

- **Interview-Podcasts:** Hierbei agieren normalerweise ein oder mehrere Moderatoren (Hosts), die in jeder Folge mit ausgewählten Gästen zu einem ausgesuchten Thema sprechen. Oft wird das Publikum eingeladen, vorab Fragen an den Gast zu stellen.
- **Konversations-Podcasts:** Diese Art von Podcasts konzentriert sich auf ein offenes Gespräch bzw. eine Diskussion zwischen mehreren Personen.
- Dagegen spricht in **Monolog-Podcasts** die moderierende Person alleine über ein bestimmtes Thema.
- In **Theater-Podcasts** werden fiktionale Geschichten in Form eines Hörspiels präsentiert. Sie erinnern an die Hörspiele früherer Radiosender.
- **Reality-Doku-Podcasts**
- In **Storytelling-Podcasts** werden zusammenhängende Geschichten erzählt. Während die meisten Podcast-Formate ohne Drehbuch funktionieren und die Moderator*innen oder Gäste quasi anhand eines groben inhaltlichen Rasterns frei improvisieren, sind Storytelling-Podcasts dagegen sehr viel strukturierter und haben meist ein festes Skript. Im Gegensatz zu den anderen Podcasts, ist ein ausgeklügelter Sound Bestandteil der Story und erzeugt so Stimmungen und Spannung.

  Beliebte Storytelling-Podcast-Genres sind True Crime*, Fiction, Reportagen oder Hörspiele bzw. Serien.

* Unter dem Link *https://deutschepodcasts.de/category/true-crime* werden aktuelle deutschsprachige True Crime Podcasts aufgezeigt.

Crossmediales Podcasten am Beispiel: MeTacheles

Kommunikationsexperte Stefan Pfeiffer ist der Meinung, dass heutzutage Podcasts und Newsletter alleine nicht social sind, da das Publikum nur durch Einbeziehung weiterer Kanäle auch interagieren kann. Hierzu bedarf es, laut Pfeiffer, eines Ökosystems mit anderen Kanälen. Hierzu schreibt er in seinem Blog *9vor9*[33]:

[33] Vgl. Pfeiffer, Stefan: Podcasts und Newsletter alleine sind (heute) nicht social. Dazu braucht es ein Ökosystem mit anderen Kanälen. In: Stefan Pfeiffers Blog. 1.6.2022, *https://stefanpfeiffer.blog/2022/06/01/podcasts-und-newsletter-alleine-sind-heute-nicht-social-dazu-braucht-es-in-ein-okosystem-mit-anderen-kanalen-9vor9* (abgerufen 10/2023)

> *„Podcasts scheinen zu bleiben, werden erfolgreicher. ‚Social' sind sie aber nur in einem größeren Ökosystem. Wenn Sascha Pallenberg Blog, Newsletter und Podcasts kombiniert, um so auf Reichweite zu kommen, arbeitet er in einem ‚Social Ecosystem' mit anderen Kanälen, die die Interaktion sicherstellen."*

Sascha Pallenberg hat mit MeTacheles[34] einen textuellen Newsletter mit Podcast und einem Blog auf der Plattform Substack verbunden. Hier wird er von exali auf YouTube interviewt: *https://youtu.be/tFYnOpBIBWM.*

14.3.4 Akustische Apps

Im März 2023 wird mit der App „Reckless Air" **immersives Audio-Storytelling** auf dem Smartphone möglich und in dem Pilotprojekt ein Hörgenuss sondergleichen versprochen. Angepriesen als erste interaktive Audio-only-App, wird das Publikum mittels dynamischen Storytellings und einer einzigartigen Gestensteuerung zu aktiven Protagonisten einer akustischen 3D-Experience – sie beeinflussen mit ihren Entscheidungen den Verlauf eines exklusiven Abenteuers in der Spiegelwelt der Bestseller-Autorin Cornelia Funke. Möglich wird dies durch den Einsatz neuester Technologien und eine eigens entwickelte Software, die auch für Marken innovative Wege für Kommunikation und Marketing eröffnet. So wird Storytelling, Audio und Kreation miteinander verwoben, um einzigartige Erlebnisse für Hörer*innen zu kreieren. So ist das erste Projekt eine Zusammenarbeit mit der Autorin Cornelia Funke, deren lineare Geschichten in dynamische Hörabenteuer umgewandelt werden, indem sie in einer neuen Erzählweise sowohl klanglich begleitet als auch um die Dimension der Selbsterfahrung erweitert wurden. Bei dieser neuartigen interaktiven Erfahrung werden Nutzer selbst zu einem aktiven Teil der Geschehnisse und beeinflussen den Verlauf der Experience mit. Gemeinsam mit der Autorin Cornelia Funke betreiben sie den Verlag „Atmende Bücher" und versprechen: „Wir schaffen Erlebnisse im Bereich VR, AR und Conversational Interfaces und experimentieren ständig mit NEUEN TECHNOLOGIEN."[35]

Die bekanntesten Podcast-Plattformen

- **Spotify** ist ein sehr beliebter Musik-Streaming-Dienst, der auch Podcasts anbietet.
- **Deezer** ist ein Musik-Streaming-Dienst aus Frankreich, der auch Podcasts streamt.
- **Stitcher** konzentriert sich auf Radio- und Podcast-Dienste. Die Plattform liefert On-Demand-Internetradio, Nachrichten- und Informationsdienste sowie Podcasts aus allen Bereichen.
- **SoundCloud** ermöglicht nicht nur das Hochladen von Musik und Podcasts, sondern liefert auch eine direkte Austauschmöglichkeit mit der Community und anderen Hosts.
- **iTunes** bietet u. a. mit der Plattform „Apple Podcasts for Creators" Unterstützung, um eigene Inhalte zu erstellen. Auf iTunes können Hunderttausende kostenloser Podcasts abonniert und angehört werden.

[34] Pallenberg, Sascha: MeTacheles, *https://www.metacheles.de* (abgerufen 10/2023)
[35] o. V.: German Wahnsinn. In: germanwahnsinn.de. o. D., *https://germanwahnsinn.de* (abgerufen 10/2023)

14.3.5 Immersive Podcasts

Podcasts sind ein interessantes Medium, da sie meist neben einer anderen Aktivität, wie z. B. Joggen, konsumiert werden können. Hat eine Person einmal Gefallen an einem Podcast gefunden, wird dieser meist regelmäßig konsumiert. Audio ist das Medium für komplexe oder zeitintensive Themen. Es eignet sich, um Themen über einen längeren Zeitraum immer wieder aktuell aufzugreifen, aufkommende Fragen und Neuerungen aufzunehmen, wie der Podcast „Coronavirus-Update"[36]. des NDR mit Christian Drosten wunderbar zeigte.

Das oben genannte Beispiel zeigt auch, wie gut sich Podcasts in „diversen Medien" in Kanälen crossmedial einsetzten lassen; so wurde der Drosten-Blog auch als Video-Blog (kurz Vlog) im TV ausgestrahlt.

Neue technologische Entwicklungen bieten interessante Neuerungen, die auch das Medium Podcasts interaktiver machen. Beispielsweise bietet die Plattform Spotify ein Feature, um Interaktionsmöglichkeiten zwischen Host und Publikum zu schaffen, um etwa Umfragen in den Podcast zu integrieren und so mit dem Publikum in Austausch zu treten. Ob Feedback, neue Ideen, Fragen zum neuen Interviewgast, alle Interaktionen können in Echtzeit von den Moderator*innen gesehen und mit verwendet werden.

Beispiel: BMW Podcast-SciFi-Thriller: Hypnopolis

Das Gehör bleibt ein beliebter Sinn, um Botschaften aufzunehmen bzw. zu verbreiten. Aber wie bei Voice-Enabled-Chats mit Alexa und Co. wird auch in Podcasts nun auf Interaktion eingesetzt. Per Voice können nicht nur Fragen an das Publikum gestellt werden, sondern per Sprachsteuerung kann das Publikum aktiv die Geschichte mit beeinflussen.

Mehr als nur Zuhören: interaktionsfähige Podcasts

Nach Alexa, Siri, ChatGPT und Co. ist klar: Auch das Gehör bleibt ein beliebter Sinn, um Botschaften zu verbreiten. Aber wie beim Chat ist Interaktion gefragt. Kein Wunder, dass Voice Enabled akzeptiert wird, denn es ermöglicht die Interaktion mit dem Publikum während des Podcast-Konsums. So können aktive Eingaben des Konsumenten, wie Abstimmungen oder Quizantworten, per Sprachsteuerung vorgenommen werden.

Beispiel: Der Unternehmenspodcast Hypnopolis

Das Unternehmen BMW startete im Dezember 2021 die zweite Staffel seiner Podcast-Science-Fiction-Reihe **Hypnopolis**[37] (Bild 14.7).

In der ersten Staffel wird die Geschichte der Protagonistin *Hope Reiser* erzählt. Sie ist eine Journalistin, die im Jahr 2063 aus einer 30-jährigen Dauerschlaf-Haftstrafe erwacht. Zu Unrecht verurteilt, versucht sie den Justizirrtum aufzuklären, was sich als doppelt schwierig erweist, da ihr 30 Jahre fehlen. Die erste Staffel erzählt in sechs spannenden Episoden, wie die Journalistin den wahren Mörder ihres Mannes ausfindig macht.

In *Hypnopolis II* geht es vor allem um die Megatrends Nachhaltigkeit und **Circular Economy** mit einem verantwortungsvollen Einsatz aller Ressourcen.

---

[36] Vgl. o. V.: Coronavirus-Update: Der Podcast mit Drosten & Ciesek. In: Nrd.de. 12.1.2023, *https://www.ndr.de/nachrichten/info/Coronavirus-Update-Der-Podcast-mit-Christian-Drosten-Sandra-Ciesek, podcastcoronavirus100.html* (abgerufen 10/2023)

[37] Vgl. BMW. Hypnopolis. In: bmw.com. o. D., *https://www.bmw.com/de/innovation/hypnopolis-podcast.html* (abgerufen 10/2023)

Bild 14.7 Das Unternehmen BMW startete im Dezember 2021 mit der zweiten Staffel seiner Podcast-Science Fiction-Reihe *Hypnopolis*. Quelle: BMW[38]

Im Gegensatz zur ersten Staffel sorgen interaktive Elemente für ein noch individuelleres Hörerlebnis. Die Lauscher der Podcasts haben die Möglichkeit, den Verlauf der Geschichte zu beeinflussen, indem sie Entscheidungen treffen: Mittels kurzer Sprachbefehle können sie auf das Geschehen Einfluss zu nehmen.

Realisiert wird dies u. a. durch die Anwendung multipler Handlungsstränge. Das Ende der Geschichte variiert, basierend auf einer Auswertung der unterschiedlichen Entscheidungen, was den Podcast noch persönlicher und unterhaltsamer macht. Die Story wird hierbei in verschiedene Abschnitte geteilt, zu denen man auf Basis eigener Entscheidungen im Verlauf der Geschichte weiterverwiesen wird. Dieser „interactive fiction"-Ansatz ist bereits in der Videospielewelt etabliert.

14.3.6 Podcast: Renegades: Born in the USA

Wenn es ein Podcast in die TV-Abendnachrichten schafft, ist es schon sehr ungewöhnlich. Grund hierzu waren die Podcaster Barack Obama und Bruce Springsteen, die sich in dem Spotify-Podcast „Renegades: Born in the USA[39]" über amerikanische Werte und Probleme austauschen.

Die acht Folgen des Podcasts erinnern an Kaminzimmergespräche zweier langjährige Freunde über das Leben, die Musik und ihr Land Amerika, das Land der Träume und Möglichkeiten mit all seinen Herausforderungen und Widersprüchen. Sie gehen der Frage nach, wie sich Renegaten, also Abtrünnige eines Glaubens- oder Wertesystems, mit ihren Ideen durchsetzen.

Auch zu diesem Podcast gab es eine multimediale „Ausgabe" bzw. Verwertung als gleichnamiger Bildband[40], angereichert mit Fotos, Songtexten und Archivmaterial.

[38] Vgl. o. V.: Hypnopolis 2. In: bmw.de. o. D., *https://www.bmw.com/de/innovation/hypnopolis2-podcast.html* (abgerufen 11/2023)

[39] Vgl. o. V.: Renegade: Born in the USA. In: wilkipedia.org. o. D., *https://en.wikipedia.org/wiki/Renegades:_Born_in_the_USA* (abgerufen 10/2023)

[40] Obama, Barack; Springsteen, Bruce (2021): Renegades: born in the USA: dreams, myths, music. First ed. New York, 2021

14.4 Live Video-Steamingdienst

Sicherlich haben Sie in den letzten zwei Jahren eine Sendung auf der Plattform Amazon oder Netflix angesehen, Musik oder Podcast-Sendungen via Spotify gehört oder an einem Live-Streaming teilgenommen bzw. gar selbst ein Event, Meeting oder auch ein Training gestreamt? Die Rede ist von **Live-Streamings, die das Erzählen virtueller und hybrider Geschichten in Echtzeit ermöglichen.**

Haben wird das Bild von Erzählenden rund um ein Lagerfeuer vor Augen, so ist das global-vernetzte Lagerfeuer nun eine Live-Stream.

Videos live zu streamen, bietet eine großartige Gelegenheit, mit Kunden in Kontakt zu bleiben, Business zu bewerben und online Geld zu verdienen. Heutzutage sind Live-Streaming-Tools so gut und so zahlreich, dass viele Unternehmer ihr ganzes Business nur noch aus dem Homeoffice abwickeln. Dabei helfen ihnen viele nützliche Tools fürs Homeoffice.

14.4.1 Expertenbeitrag Kai Heddergott: Die digitale Bühne braucht ein präsentierendes Narrativ

Bild 14.8 Kommunikationsberater Kai Heddergott. Foto: Portrait: Leila Prousch

Experten-Biografie: Kai Heddergott

Kai Heddergott, *freiberuflicher Kommunikationsberater*[41]*, begleitet seit 2009 Unternehmen und öffentliche Institutionen bei der strategischen Ausrichtung und operativen Umsetzung zeitgemäßer Kommunikation. Zuvor war er in einer Pressestelle der Bundeswehr, in der Medienforschung und in Kommunikationsagenturen tätig. Seine heutige Tätigkeit umfasst die Beratung seiner Kunden, die Moderation insbesondere von Barcamps und Events zu Transformations- und Digitalisierungsthemen und die Tätigkeit als Dozent für verschiedene Bildungseinrichtungen. Zwischen 2020 und 2022 umfasste diese Tätigkeit die inhaltliche und technische Konzeption, Organisation und Moderation Dutzender digitaler und hybrider Workshops, Live-Events, Online-Barcamps und Vorträge. Kai Heddergott ist seit 2002 ehrenamtlich wechselnd in der Nominierungskommission und Jury des Grimme Online Award tätig.*

Abstract: Storytelling für digitale Live-Formate? Ja!

Die vergangenen Jahre waren für viele durch eine neue Erfahrung geprägt: Die alltägliche Arbeit, aber auch das Präsentieren von Inhalten für Kund*innen, Kooperationspartner*innen und Mitarbeitende musste in Zeiten sich wiederholender Lockdowns digital in Videokonferenzen bewerkstelligt werden. Entsprechende Anwendungen wie „Skype" waren zwar vielen prinzipiell bekannt und sogar begriffsprägend (bis zum Erfolg des Anbieters Zoom war „skypen" das schon sprichwörtliche Verb für die ferndigitale Begegnung in Bewegtbild und Ton). Doch der flächendeckende, nahezu tägliche Einsatz von Plattformen wie Microsoft Teams, Cisco WebEx, GoToMeeting oder Jitsi war für die meisten Anwender*innen dann eher doch noch Neuland.

Mit der Notwendigkeit, diese Instrumente einsetzen zu müssen, entstand die Herausforderung, hierüber vermittelte Inhalte, Themen und Präsentationen adäquat aufzubereiten und passende Formen des digitalen Präsentierens und Erzählens zu erlernen und anzuwenden. Ohne die unmittelbare Wahrnehmung des Gegenübers, einer Teilnehmergruppe oder eines zu überzeugenden Kunden und ohne die Option, per Körpersprache den eigenen Ausführungen Nachdruck zu verleihen, fühlten sich Dozent*innen, Vertriebler*innen und Moderator*in-

[41] WWW: Sie finden Kai Heddergott unter *https://www.heddergott.de* (abgerufen 10/2023).

nen von nunmehr digitalen Veranstaltungen ihres klassischen Werkzeugkoffers beraubt. Was braucht es, um dem entgegenzuwirken? Welchen Beitrag leistet Storytelling dabei, wie können Online-Präsentationen oder -Vorträge damit so gestaltet werden, dass die trennende, bisweilen als dick empfundene „digitale Fettschicht" weniger oder gar nicht spürbar wird? Denn davon ist auszugehen: Auch in der postpandemischen Zeit werden Online-Meetings und digital vermittelte Präsentationen nicht nur eine Berechtigung haben, sondern zum (beruflichen) Alltag gehören. Und den gilt es zeitgemäß zu gestalten.

Gängige Anwendungen für Online-Präsentationen, -Meetings und -Events

- Microsoft Teams
- Cisco WebEx
- GoToMeeting
- Zoom
- Jitsi

14.4.1.1 Die Aufgabe: Eine wirksame Präsenz in digitalen Formaten entwickeln

Zunächst sollte man einer quasi babylonischen Begriffsverwirrung entgegenwirken: Oft werden „Präsentieren", „Visualisieren" und „Vortragen" in einen Topf geworfen, wenn es um die Durchführung von Online-Terminen geht. Doch die klassischen PowerPoint-Präsentationsfolien sind zunächst nur eine Kombination von Texten, Bildern und Grafiken - einen Sinn ergeben sie erst, wenn ihre Aneinanderreihung einer Dramaturgie und einer konkreten Zielsetzung folgt. Möchte ich ein Produkt oder ein Unternehmensportfolio zunächst informierend darstellen, muss ich mich in den persönlichen Präsentationsmodus versetzen und Informationen verständlich transportieren. Möchte ich dabei vielleicht auch komplexe Zusammenhänge erläutern, hilft die Visualisierung des Gesagten - in Animationen, sich aufbauenden Schaubildern oder durch unterstützende Charts und Videos. Habe ich darüber hinaus eine nachhaltig wirkende Botschaft zu vermitteln, agiere ich als Vortragender. Und in der Online-Situation als einer, der der traditionellen Bühne beraubt wurde, die sich nun auf der Bildschirmfläche der Zuschauenden konzentriert - und die kann sehr klein sein, wenn sie nur die Diagonale eines Tablets ist.

Die Aufgabe liegt also darin, sich zum einen die Wahrnehmungssituation des Gegenübers zu vergegenwärtigen oder auch die denkbare Vielfalt - es kann sich um einen 27-Zöller handeln, auf dem man zu sehen ist, ein 13-Zoll-Laptop oder sogar nur ein Smartphone. Während in der klassischen Präsenzsituation der Ort seine eigene Geschichte erzählt und das räumliche Setting Wirkung entfalten kann, ist der digitale Präsentationsort zum einen neutral, zum anderen wirkt sich die individuelle Situation unserer Zuschauenden auf das Ergebnis aus, ohne dass wir das im Einzelnen beeinflussen könnten.

Diese Überlegungen führen zur ersten zentralen Erkenntnis, wenn es darum geht, Online-Präsentationen und -Meetings wirksam zu gestalten: Ich muss durch ein gewisses **„Overacting"**, das zeitweilige Überbetonen von Gesten, Sprache und Argumenten meinen Inhalten Nachdruck verleihen, damit mein Gegenüber sich auf das auf dem Bildschirm Gezeigte konzentriert und von ablenkenden Faktoren rund um den Bildschirm weniger stark beeinflusst wird und auch die limitierenden Faktoren wie die Bildschirmgröße quasi „vergisst".

Je mehr ich meine Präsentation in einem Meeting oder meinen Vortrag als live aufgeschaltete Vortragsperson wie eine (gut erzählte) Geschichte aufbaue, umso mehr werden meine Inhalte erfolgreich transportiert. Eine nicht zu unterschätzende Gefahr liegt allerdings darin, eine Art „Bauerntheater" aufzuführen, wie man es fast schon sprichwörtlich aus US-amerikanischen Verkaufssendungen kennt und bei dem sich die Präsentator*innen wiederholt überdeutlich mit Vornamen ansprechen und alle offensichtlichen Produktmerkmale noch einmal verbalisieren. Das sollte natürlich nicht der Modus sein, in den man sich begibt.

14.4.1.2 Von der Zielsetzung hin zu strukturierten Inhalten

Die Erzählhaltung, mit der man sowohl in Präsentationen als auch bei Vorträgen und Meetings auf der digitalen Bühne Inhalte erfolgreich transportieren kann, lässt sich am besten mit **„präsentierendes Narrativ"** oder wahlweise „narratives Präsentieren" umschreiben. Dazu braucht es neben einem klar definierten Kommunikationsziel natürlich einen roten Faden, eine Problemstellung am Anfang, einen Lösungsansatz und eine glückliche Conclusio am Ende - also das, was in diesem Buch ausführlich an anderer Stelle für den Aufbau erfolgreicher Stories in Kapitel 5 beschrieben wird. Das hört sich wie die klassische Heldenreise an.

Tatsächlich steht am Anfang eher die Überlegung, welche inhaltlichen Sinnabschnitte vermittelt werden sollen: Was ist das Hauptthema? Was soll die grundlegende Erkenntnis, was sollen die einzelnen Takeaways sein? Es empfiehlt sich, gewissermaßen in Kapiteln einer zu erzählenden Geschichte zu denken - wer zur Unterteilung eines PowerPoint-Vortrags gewohnt ist, Folien mit Zwischentiteln einzusetzen, wird sich in diesem Ansatz schnell wiederfinden.

Wirksame und erfolgreiche Online-Formate setzen darauf, aus mitunter komplexen Inhalten durch kleinteilige Inhaltsabschnitte das Präsentierte besser fassbar zu machen und den Zuhörenden zudem das Angebot zu machen, aus einem Themenstrang mit mehreren verdichteten Aspekten das jeweils für sich selbst Relevante herauslösen zu können. Der ausgefeilte monolithische Vortrag hat in der Online-Live-Situation keine Chance - ich muss meine Inhalte daher klar erkennbar gliedern.

Mein Framework auf dem Weg zum Aufbau einer derart strukturierten Geschichte hinter digital präsentierten Inhalten ist eine Art Exposé des Vortrags, Online-Meetings oder Workshops: Wie sage oder zeige ich etwas, wann kommt welcher Abschnitt, welche Längen bzw. welchen Umfang haben die Sequenzen, was möchte ich erzählen oder vermitteln, was ist das gemeinsame Ergebnis der Abschnitte, auf das ich letztlich abziele? Das alles entwickelt sich entlang einer Zeitachse, die sich in der Regel durch die zur Verfügung stehende Zeit ergibt.

Ich nutze hierfür entweder einen klassischen **Outliner**[42], mit dem Ideen gesammelt und hierarchisch durch Einrückung geordnet werden können, oder die entsprechende Funktion in Microsoft Word. Für umfangreichere Online-Workshops setze ich das webbasierte Tool Session Lab ein. Es unterstützt mich dabei, die konkrete zeitliche Abfolge zu erfassen, Zeiteinheiten zuzuteilen und „rechnet" bei Änderungen mit, so dass das Tool mir hilft, mich auf meine Inhalte zu fokussieren, auch wenn ich kurzerhand fünf Minuten einem anderen Abschnitt zuteile und die zeitlichen Konsequenzen aus dem Blick verliere. Darüber hinaus ist es damit auch möglich, in der Vorbereitung einer Präsentation oder eines Workshops durch

---

[42] Ein Outliner ist laut Wikipedia ein Programm, das dem Gliederungseditor oder auch elektronischen Zettelkasten entspricht und Informationen so gliedert und speichert. Siehe *https://de.wikipedia.org/wiki/Gliederungseditor* (abgerufen 10/2023).

Freigabe der Planung mit Partnern oder Auftraggebern gemeinsam an der Finalisierung des Ablaufs zu arbeiten.

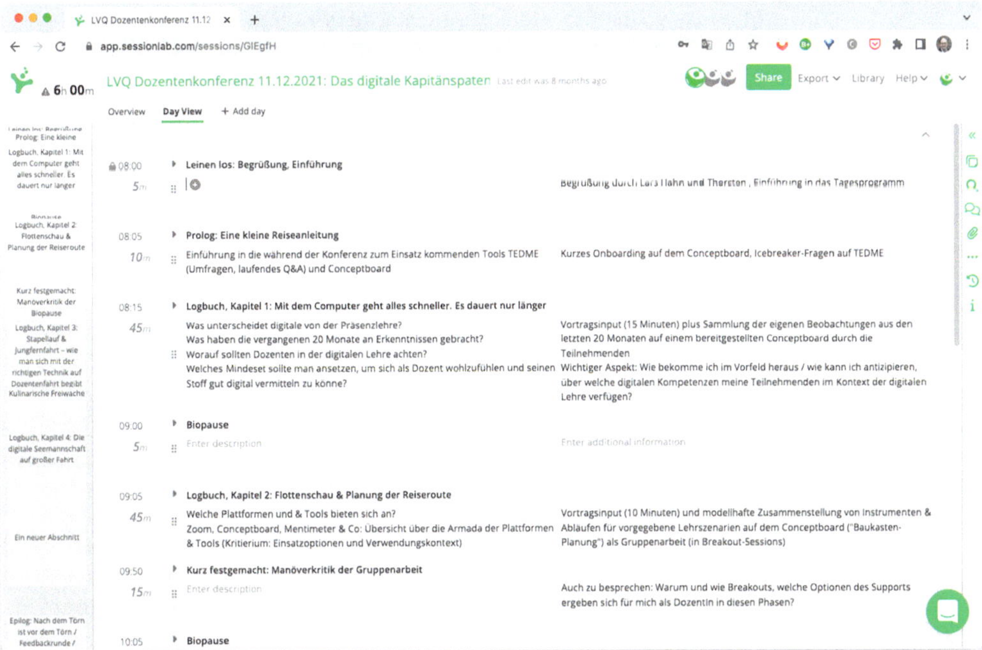

Bild 14.9 Screenshot des webbasierten Tools SessionLab[43] (im Beispiel: Ablauf und Inhalte eines ganztägigen Online-Workshops).

14.4.1.3 (Nicht nur) Für Entscheider Bilder und Daten im digitalen Storytelling richtig kombinieren

Daten als Bestandteil einer Story können überraschende Befunde und bemerkenswerte Widersprüche zu Tage fördern und Online-Präsentationen und -Vorträge spannend machen – wenn man sich als vortragende Person als Übersetzer*in versteht und den Zuhörenden Vorschläge unterbreitet, wie aus den Erkenntnissen Handlungen abgeleitet werden sollten. Denn auch das ist Storytelling: Zahlenreihen in einen sinnstiftenden Kontext einzubetten und damit Wirklichkeit werden zu lassen, die sich gestalten lässt – und all das in der Rolle eines Mentors für die Zuhörerschaft. (Lesen sie hierzu auch das den Bereich Storytelling mit Daten im Abschnitt 10.3).

Die Herausforderung liegt bisweilen darin, dass derartige Datenaufbereitungen vor einem Entscheidergremium erfolgen.

Diese Ansprachegruppe ist es gewohnt, in einer Hierarchie eher oben zu stehen. **Digitale Präsentationen wirken an dieser Stelle demokratisierend:** Alle Teilnehmenden sitzen vor einem Bildschirm, die Voraussetzungen nivellieren sich, niemand sitzt in der ersten Reihe. Damit aber das gewohnte Selbstverständnis dieses Publikums dennoch berücksichtigt wird, sollte gerade bei Online-Präsentationen der Inhalt wie eine Management Summary aufge-

[43] Screenshot des Outliner-Tools SessionLab, *https://www.sessionlab.com* (abgerufen 10/2023)

baut werden: Am Anfang darf eine ausschweifende Erläuterung und anekdotische Ausführung stehen, solange sie am Ende auf eine leicht verständliche und für Entscheider umsetzbare Conclusio verdichtet wird.

Bilder haben wie im klassischen Storytelling eine starke Wirkung. Mit ihnen in Online- und Live-Formaten zu arbeiten ist sehr wichtig. Sie bringen das Erzählte auf den Punkt, emotionalisieren dort, wo es hilfreich ist, und liefern nicht zuletzt visuelle Merkposten, die nachhaltig wirken. Nehmen wir eines der am häufigsten reproduzierten Fotos der Geschichte: Die hinter dem Mond aufgehende Erde, Weihnachten 1968 fotografiert und gefilmt von den Astronauten der Apollo-8-Mission, eignet sich einerseits für die Darstellung von wissenschaftlichen Erkenntnissen, die ohne den Menschen nicht erbracht werden können. Andererseits ist es das erste vollständige Bildnis der ökologischen Einheit namens Erde, das sich Menschen von ihr mit eigenem Auge machen konnten – einfacher kann man kaum darstellen, dass wir alle auf einem begrenzten Globus leben und voneinander abhängen, wenn es um die Verantwortung in Sachen Klima und Umweltschutz geht. Selbst internationale politische Implikationen lassen sich hiermit illustrieren.

Einsatz virtueller Folien

Wir führe ich die hier ausgeführten Aspekte der Strukturierung, der Datenaufbereitung und Visualisierung sowie der Anforderung, der Wirksamkeit wegen wiederholt inhaltliche Abbinder einzustreuen, zusammen? Es empfiehlt sich, sich als vortragende Person selbst in Kombination mit den Inhalten zu zeigen. Die mittlerweile klassische „Folienfreigabe" in Zoom, Teams & Co. reduziert standardmäßig die Präsenz von Präsentator*innen allerdings auf ein kleines Rechteck. Die heute zur Verfügung stehende Technik, Streaming- und Live-Präsentationssoftware wirken dem entgegen.

In der Videokonferenzsoftware Zoom heißt die passende Funktion **„Virtuelle Folien"** und kombiniert in Echtzeit Inhalte einer PowerPoint- oder Keynote-Datei mit dem Kamerabild der vortragenden Person – der Storyteller bzw. die Storytellerin bleibt also durchgängig sichtbar. Etwas differenzierter sind die Möglichkeiten z. B. mit der Open-Source-Streaming-Software OBS[44], in den vorbereiteten Szenen und Bildkombinationen auf Knopfdruck in die Online-Präsentation eingebracht werden können.

So werde ich mit meinen Inhalten, meiner tatsächlichen Körpersprache wie in einer Fernsehsendung Teil des Inhalts und damit auch Teil meiner Geschichte – ich als Storyteller werde zum Element des Storytellings. Und kann das, was ich gegenüber einer Präsenzsituation in Videokonferenzen in der Regel ja stellenweise simulieren muss, so umsetzen, wie ich es gewohnt bin – nur dass die „Bühne" eine digitale ist. Und ich kann meinen Aussagen Nachdruck verleihen, ich kann in der zeitlichen Abfolge der Präsentation stets dann auftauchen, wenn ich inhaltliche Kapitelmarken setzen möchte, wenn ich nach dem schon erwähnten **Kleinteiligkeitsgebot** in Online-Formaten Zusammenfassungen bieten möchte und aus den gezeigten Daten und Bildern Merkposten generiere. Wiederhole ich das auf diese Weise im gesamten Verlauf, erkennt mein Publikum darin schnell einen Anker und Orientierungspunkt – und nimmt mein nächstes Erscheinen schon durch das visuelle Signal als den Moment wahr, an dem es gilt, der Story ein bisschen mehr Aufmerksamkeit zu schenken als in den etappenartigen Minuten zwischen den Zusammenfassungen.

[44] Kostenlose Open-Source-Software für Videoaufnahmen und Live-Streaming, *https://obsproject.com/de* (abgerufen 10/2023)

Bild 14.10 Screenshot eines Livevortrags im Rahmen eines ganztägigen Online-Events – mit der Open-Source-Streaming-Software OBS wurde hierbei das Livebild vor einem Greenscreen aufgenommen, mit Folieninhalten kombiniert und integrierte so den Sprecher in seine Inhalte. Damit lässt sich z. B. ein Zwischenfazit durch Körpersprache auch in digitalen Formaten unterstützen. Folienscreenshot: Kai Heddergott

Entscheidend ist dabei übrigens nicht (allein) die Qualität der Webcam, mit der man sich seinen Zuschauer*innen sichtbar macht, oder wie glatt der Greenscreen ist, vor dem man steht. **Es geht vielmehr darum, die nötige Technik zu umarmen und so einzusetzen, dass sie das Storytelling unterstützt, ohne dass man es merkt.**

Virtuelle Whiteboards ermöglichen das Storydoing

Die Vertiefung der präsentierten Inhalte geschieht vor allem in Workshop-Formaten mit zusätzlichen sogenannten kollaborativen Tools. Das sind in der Regel digitale Boards, an denen von den Teilnehmenden gleichzeitig gearbeitet werden kann. Sie sind die digitalen Flipcharts und Pinnwände, die interaktiv und in Verlängerung des Gezeigten den Wissenstransfer nahezu didaktisch unterfüttert verstetigen. Ich setze hierfür die Plattformen Miro, Mural oder Conceptboard ein – meist in Abhängigkeit der zuvor ermittelten Vorerfahrungen der Teilnehmenden oder aufgrund von Datenschutzerwägungen (Conceptboard entspricht z. B. eher den Anforderungen deutscher Datenschützer als Miro). In der Kollaboration wird aus dem Storytelling ein Storydoing) – gemeinsam werden die erzählten Inhalte von den Teilnehmenden auf die eigene Projekt- oder Berufsrealität angewendet oder weitergehend reflektiert.

Einige Beispiele virtuellen Whiteboards

- Collaboard ist inzwischen ein großer Name im Bereich der virtuellen Collaboration Boards.
- Conceptboard ist gerade bei großen Zeichnungen, Storyboards usw. sinnvoll.
- Jamboard ist ein Board der G-Suite von Google und ermöglicht die Zusammenarbeit mit Post-it's, Bildern, Texten, Zeichnungen und vielem mehr. Als Trainerin hat für mich, Pia Kleine Wieskamp, dieses Jamboard den Vorteil, dass ich einen ganzen Workshop auf einzelne Seiten aufteilen und auch vorbereiten kann. Leider wird dieses Tool Ende 2024 eingestellt.

EXPERTENBEITRAG

- Lucidspark
- Miro sichert unter anderem Compliance nach GDPR zu. Hier sind einzelne Bereiche für Live-Vorträge auch nicht sichtbar einstellbar. Ansonsten bedarf es einer sehr großen Fingerfertigkeit mit der Zoomfunktion des Tools.
- Mural ist besonders gut für Teamwork geeignet, wenn es notwendig ist, an verschiedenen Projekten und Whiteboards in verschiedenen digitalen Räumen zu arbeiten.
- Padlet
- Sketchboard

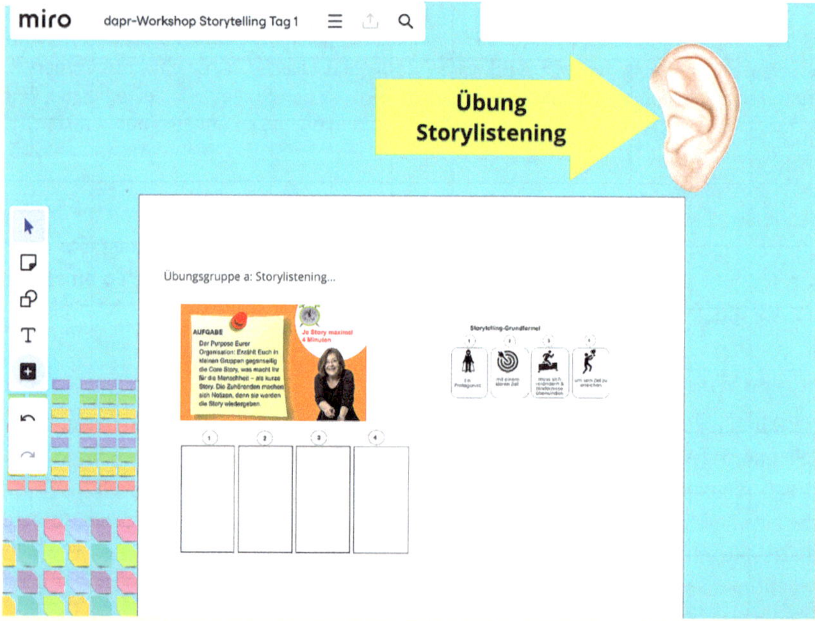

Bild 14.11 Virtuelle Arbeitsbors wie von Miro bieten ein Zusammenarbeiten in Echtzeit. Screenshot: Pia Kleine Wieskamp.

Integrierte Online-Whiteboards

- ClickMeeting
- Microsoft Teams
- Vedamo
- Zoom

Weitere Informationen finden Sie auch in dem Wiki *Interaktives Whiteboard*, Copedia*.

* Interaktives Whiteboard (31.7.2022). Copedia, *https://wiki.cogneon.de/index.php?title=Interaktives_Whiteboard&oldid=27049* (abgerufen 10/2023)

14.4.1.4 Feedback und Erfolgsmessung

Woran lässt sich der konkrete Erfolg einer digitalen Präsentation, eines Vortrags oder eines Online-Meetings aber ablesen? Anders als bei der Präsenzsituation, bei der die Gesichter der Teilnehmenden sprichwörtlich Bände sprechen können, braucht es im Verlauf digitaler Präsentationen andere Formen der Rückmeldung. Ich bitte daher meine Gegenüber zunächst, ihr Kamerabild angeschaltet zu lassen. Ihre unmittelbaren Reaktionen auf das Gesagte und Gezeigte sind wenigstens ein Ersatz für den Blick ins Publikum. Technisch bedeutet das in der Regel, dass man selbst mit zwei oder drei Monitoren arbeiten sollte, um die eigenen Präsentationsinhalte wie auch die nonverbalen, visuellen Feedbacks der Zuhörenden durch gängig wahrnehmen zu können. Immer wieder sollte dabei der Blick in die Kamera und nicht nur auf die eigenen Inhalte erfolgen: Schließich bin ich auch im Digitalen der Geschichtenerzähler, der seine Zuhörerschaft in seinen Bann ziehen möchte und dessen Publikum es auch verdient, direkt angesprochen zu werden.

Ich setze zudem oft auch ein Feedback-Tool wie Mentimeter, Slido oder TEDme ein, um Fragen der Teilnehmenden im Verlauf des Vortrags zu sammeln oder sogar während der Präsentation darauf einzugehen - das mache ich auch bei den sogenannten Keynotes so, wenn ich sie online halte. So ergibt sich ein Dialog potenziell von Anfang an und ich beziehe meine digitalen Gegenüber in mein Storytelling ein, lasse durch ihre Inputs auch Umwege und Abkürzungen auf dem Weg zur beabsichtigten Aussage zu. Das setzt voraus, dass ich meine Inhalte so gut kenne, dass ich den zurechtgelegten Pfad auch mal verlassen kann und quasi in Echtzeit die Interventionen, Anregungen und Fragen meines Publikums in die Story integriere. Für die nachhaltige Wirkung des Präsentierten hat das einen ungeheuren Wert: Wenn Zuschauende sich als Teil des Storytellings empfinden, wenn sie ihre Fragen im Vortrag gespiegelt sehen, werden sie den Inhalt mit großer Wahrscheinlichkeit überzeugender finden und besser memorieren. Letztlich kann so eine Bindung zum Publikum geschaffen werden - man könnte auch davon sprechen, dass Vertrauen aufgebaut wird. Und das wiederum baut die anfängliche, digital genährte Distanz zu den ja noch unbekannten Inhalten und der vortragenden Person ab.

Was sind meine Erfolgshinweise, was ist mein Ziel bei Online-Präsentationen, -Vorträgen oder sogar Ganztagsworkshops? Ich schaue zunächst nach einem simplen und eindeutigen Indikator: Ob nämlich mindestens eine teilnehmende Person ungestützt zurückmeldet, dass trotz einer vielleicht sogar erheblichen Länge (bei Online-Ganztagsworkshops können das ja mehrere Stunden sein) und der digitalen Form das Ganze als „kurzweilig“ empfunden wurde (dieses eher altmodische Wort wird tatsächlich wiederholt in Feedbacks verwendet). Wenn man es hinbekommt, die Beschränkung auf den Bildschirm und die daraus resultierende höhere Informationsdichte vergessen zu machen oder nicht unangenehm werden zu lassen, ist ein wichtiges Ziel erreicht: Dass nämlich die Zeit wie im Fluge vergeht, die Teilnehmenden dennoch nachhaltige Impulse mitnehmen und durch die aufgelockerte Aufbereitung in einzelne Erzähl- und Storymomente der Vortrag nicht zu Erschöpfungserscheinungen führt.

14.4.1.5 Fazit und Ausblick

Macht Storytelling Online-Meetings besser? Auf jeden Fall sorgt es für eine nachhaltigere Vermittlung der präsentierten Inhalte - halte ich mich bei der „Inszenierung“ meiner Präsentation an gängige Methoden und Standards des Storytellings, wird das Gezeigte, das Erzählte spannender und kann die Aufmerksamkeitsspanne der Teilnehmenden verlängern. Im Kern geht es darum, das eingangs „präsentierende Erzählen“ oder „narrative Präsentieren“ zu trainieren und zu einer grundlegenden Erzählhaltung zu machen. Das hat an sich erst einmal weniger mit der digitalen Darreichungsform zu tun als vielmehr mit der Tatsache, dass sich in Präsentationen und Vorträgen Inhalte dergestalt viel nachhaltiger transportieren lassen.

Herausforderung hybride Formate

Eine besondere Herausforderung sind die sogenannten hybriden Formate. Dabei gilt es, einer digitalen Zuhörerschaft und einem Präsenzpublikum die Inhalte gleichzeitig zu vermitteln und mit diesen beiden Teilpublika parallel ins Gespräch zu kommen. Hier gilt es eine ganze Reihe gar nicht so trivialer zunächst technischer Fragen zu klären: Wie vermeide ich z. B. Rückkoppelungen auf Audio-Ebene, wenn sowohl Menschen im Raum als auch Online-Teilnehmende etwas sagen? Wie zeige ich den Präsenzteilnehmern meine Inhalte, die auch meine Online-Zuschauer sehen können und sollen? Wie löse ich die Situation bildlich mit mehreren Kameras auf? Der Vorbereitungsaufwand hybrider Formate ist durch den nötigen Technikeinsatz, Aufbauzeiten und die nötige Generalprobe ein Vielfaches von dem reiner Online-Formate. Es braucht daher gute Argumente, warum diese Form gewählt werden muss – in der Pandemie lag das mit den Kontaktbeschränkungen wiederholt auf der Hand. Insbesondere im Messe- und Eventumfeld sind hier Erwartungen entstanden, das technisch Machbare auch in postpandemischen Zeiten bei Veranstaltungen angeboten zu bekommen.

Wer sich als vortragende Person in reinen Online-Formaten zuhause fühlt und die Multitasking-Aufgabe bei hybriden Formaten nicht scheut – denn es gilt ja die Live-Technik im Quasi-Fernsehstudio genauso zu beherrschen oder mindestens zu verstehen wie die eigentliche Inhaltsvermittlung –, wird auch hier mit der richtigen Vorbereitung seine Inhalte gut vermitteln können.

Es gibt Zeitgenoss*innen, die sehen in der Vision des Metaversums eine Option, Menschen als Avatare in Begegnungsräumen ohne großen Aufwand zusammenzuführen und damit eine Bühne auch für Online-Formate bieten zu können. Ich sehe das skeptisch – allein schon deshalb, weil selbst zum Erscheinungszeitpunkt dieses Buchs meines Erachtens noch kein Konsens darüber herrscht, was das Metaversum eigentlich ist, welche Tools es braucht und wohin es sich entwickeln soll. Ein Beobachtungsposten bleibt es allemal – so manche Zeitgenossen haben vor 25 Jahren ja auch nicht an das Internet glauben wollen oder können.

Eine zeitgemäße Zusammenführung der in diesem Kapitel ausgeführten Optionen sehe ich dagegen jetzt schon darin, unterschiedliche, bereits akzeptierte Formate des digitalen Austauschs dort live in die Interaktion mit Teilnehmenden zu bringen, wo sich der erhoffte Mehrwert mit großer Wahrscheinlichkeit durch die ausgewählte Plattform ergibt.

Ich habe z. B. wiederholt auf LinkedIn mit meinem Co-Host Gerhard Schröder Episoden unseres gemeinsamen Podcasts KopfKino.ruhr[45] als Video-Streaming live präsentiert und aufgezeichnet. Wir haben dabei nicht nur zusätzlich Gäste eingeladen, sondern die Zuschauenden auch gebeten, uns in unser orchestriertes Gespräch Kommentare hineinzureichen.

Die von uns eingesetzte Plattform Restream[46] (siehe Bild 14.12) ermöglicht uns zweierlei: Wir können unseren Inhalt parallel auf LinkedIn, X (vormals Twitter) und YouTube ausspielen

[45] KopfKino.ruhr – Der Podcast zu Video-Marketing, AR, VR und mehr, *https://kreativekommunikationskonzepte.de/kopfkino-ruhr-podcast/* (abgerufen 10/2023)

[46] Restream ist eine Plattform, um Live-Streams auf mehrere Plattformen wie etwa Facebook, YouTube oder Twitch gleichzeitig zu übertragen, *https://restream.io* (abgerufen 10/2023).

- alle aus- und eingehenden Inhalte für uns gebündelt und wir können wie zuvor geschildert das Publikum mit seinen Feedbacks in unser Storytelling integrieren. Das Ausspielen erfolgt dabei wahlweise zeitgleich auch auf X (vormals Twitter) und YouTube - und auf allen Plattformen ist im Nachgang der Inhalt als Re-Live immer wieder aufrufbar.

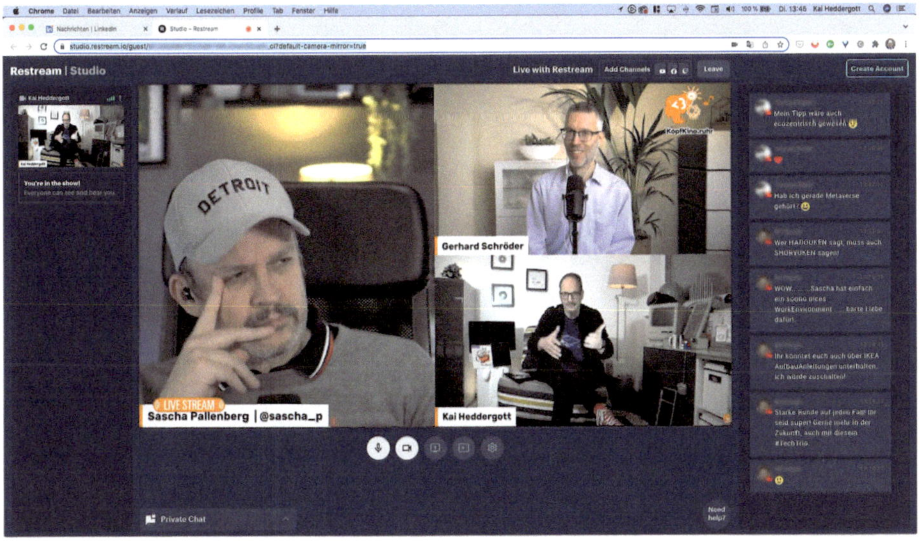

Bild 14.12 Screenshot des Multikanal-Streaming-Tools Restream, mit dem auch mehrere Präsentatoren zusammengeschaltet werden können und bei dem diese die Feedbacks aus allen zum Einsatz kommenden Ausspielplattformen gesammelt angezeigt bekommen, um auf die Anmerkungen des Publikums direkt eingehen zu können. Screenshot: Kai Heddergott

Ob Live-Situation via Zoom, ob Vortrag oder Workshop, ob „reines Online" oder hybrid: Es kommt darauf an, das technisch Notwendige zu akzeptieren und zu beherrschen sowie das Mögliche zu „umarmen" und einzusetzen. Nimmt man diese Erkenntnisse als gegeben, kommt es aber letztlich nur darauf an, dass man auf der digitalen Bühne mit der passenden Erzählhaltung, prägnanten Bildern und einer spannenden Story die nötige Präsenz entwickelt.

15 Alles Meta & immersive Erlebniswelten

Vielfältige Möglichkeiten durch Einbindung von diversen Realitäten

Alle Welt spricht von Virtualität und der Verschmelzung von realer mit der digitalen Welt. So erkennt auch Shantanu Narayen, CEO von Adobe:

> *„Wir nutzen die digitale Welt immer mehr für Dinge, die wir früher ausschließlich in der realen Welt erledigt haben. Die laufende Diskussion über das Metaverse zeigt, dass die Grenze zwischen der realen und der virtuellen Welt allmählich verschwimmt.“*[1]

Ob virtuelles Erleben, virtuelle Welten, Virtual Reality (VR), Augmented Reality (AR), Mixed Reality (MV) oder auch Metaverse - jedoch was ist das?

Sicher ist: Es geht hierbei um immersive Erlebnisse, von denen es viele verschiedene Arten geben wird. Ob nun Nutzer*innen komplett in eine virtuelle Welt eintauchen oder die reale Welt um virtuelle Elemente wie bei der AR erweitert wird, ist beinahe nebensächlich, denn

---

[1] Zitat von Shantanu Narayen, CEO von Adobe, auf der Seite über *immersive Experiences* und *Metaverse*, *https://www.adobe.com/de/metaverse/metaverses-other-shared-experiences-white-paper.html* (abgerufen 10/2023)

es kommt darauf an, welches Ziel die Verwendung der virtuellen Erlebnisse haben und wie und in welcher Umgebung das Publikum sich wohlfühlt.

Manche Anwendungen werden die Besuchenden komplett in eine virtuelle Welt eintauchen lassen. Andere erweitern die reale Welt um virtuelle Elemente (AR). Wieder andere werden über das Web und andere Plattformen bereitgestellt.

15.1 Immersive Erlebniswelten

Auch das Metaverse wird als virtuelles Universum die Bandbreite der Möglichkeiten erweitern. Eine Definition vom Metaverse ist, es als eine **immersive digitale Darstellung** einer Umgebung zu sehen, die entweder eine konventionelle Umgebung widerspiegeln oder eine vollständig fiktive Umgebung sein kann (denken Sie an das Holodeck der Serie Star Trek: The Next Generation). Stellen Sie sich das Metaverse als eine noch nicht wirklich realisierte Vision eines neuen, alle digitalen Plattformen umspannenden *räumlichen Internets* vor. Räumlich, da es mittels Avataren betreten werden kann und körperliche Dimension aufweist.

Laut Adobe stellen „das Metaverse und andere gemeinsame immersive Experiences den nächsten Meilenstein für digitale Erlebnisse dar. Unter dem Begriff **Metaverse** verstehen wir eine vielfältige, persistente, interaktive Experience, in der Menschen u. a. gemeinsam Ideen entwickeln und realisieren sowie geschäftliche Transaktionen ausführen können. Möglich sind auch immersive Umgebungen für Shopping, Gaming, Aus- und Weiterbildung, Remote-Meetings oder auch kulturelle Angebote.“[2]

So sieht auch Adobe das Metaverse als eine „Welt aus verschiedenen Bausteinen“, zu denen *Experiences, Devices, Commerce, Engines & delivery* sowie ein *Creative ecosystem* zählen.[3]

Adobe beschreibt hierbei ein **immersives Erlebnis** als ein Erlebnis, das User*innen in einen digital erstellten, oft dreidimensionalen Raum versetzt, in dem sie mit virtuellen Objekten oder mit anderen Besuchern interagieren können.

Neue Realitäten: Wir starten das „Next Level Storytelling“!

Das Metaverse und gemeinsame immersive Erlebnisse eröffnen neue Wege für die Zusammenarbeit, der Content-Erstellung sowie für die Interaktion zwischen Menschen untereinander oder von Organisationen und Menschen. Hierzu zählt auch das Storytelling.

Neue Technologien verändern nicht nur die Vielfalt der Art und Weise, wie wir kommunizieren und uns Geschichten erzählen, sondern auch was wir in Bezug auf Kommunikation erwarten.

Sicher ist nicht nur, dass die Kommunikation im Netz zunehmen wird, sondern dass sich das Internet, wie wir es kennen, in einer umfassenden Transformation befindet. Während Elemente wie Cookies verschwinden und Plattformen wie Facebook (Meta) weiter an Relevanz verlieren (Stand Sommer 2023), treten neue Themen bereits auf den Plan.

---

[2] WWW: Adobe über *immersive Experiences* und das *Metaverse*, *https://www.adobe.com/de/metaverse/metaverses-other-shared-experiences-white-paper.html* (abgerufen 10/2023)

[3] Vgl. ebd.

Im Trend liegt die Interaktivität, die völlig neue Möglichkeiten im Bereich Storytelling schafft und auch den Bedürfnissen des Publikums entgegenkommt: Interaktive Erlebnisse - auch als **Interactive Experience** bekannt - schaffen nicht nur mehr Aufmerksamkeit durch neue Formen des Erzählens, die Erlebnisse bzw. Erfahrungen sind gekoppelt mit Emotionen quasi prädestiniert, direkt ins Langzeitgedächtnis zu gelangen und dort auch abrufbar zu sein.

Neben dem Metaverse wird es viele Arten von immersiven Experiences geben,

1. etwa **Einkaufen mit AR,** indem Kunden als Entscheidungshilfe 3D-Bilder von virtuellen Artikeln in die reale Welt projizieren können.
2. **Training mit VR,** indem VR-Umgebungen etwa neuen Mitarbeitenden oder Auszubildenden helfen, sich in komplexe Aufgaben einzuarbeiten. Dies geschieht bereits bei Student*innen im Bereich Medizin.
3. **Historie** mittels immersiver virtueller Museen **erleben:** Wenn die realen Räumlichkeiten nicht ausreichen, um die komplette Sammlung zu zeigen, besteht die Möglichkeit einer virtuellen Ausstellung.
4. **Zusammenarbeiten** von dezentral arbeitenden Teams: Bereits jetzt können Menschen von überall aus gemeinsam beispielsweise einen Motor verbessern.
5. **Digitale Kunst und virtueller Besitz** werden künftig bei bestimmten immersiven Experiences eine wichtige Rolle spielen, da User damit ihre Persönlichkeit und ihre Ansichten in diesem neuen Raum zum Ausdruck bringen können.
6. Darüber hinaus wird das Metaverse **Texturen und haptische Erlebnisse für Besucher neu definieren.** Der wachsende Markt für digitalen Content bietet Mitgliedern der Kreativ-Community eine wichtige, neue Chance, auf sich aufmerksam zu machen.

Die Möglichkeiten sind enorm und werden bereits heutzutage in der Lehre, der Forschung und dem Service vielfach eingesetzt.

15.2 Mixed Reality (MR)

MR ist das Zusammenspiel von digitalem und analogem Leben.

Neben der Realität existieren bereits weitere Erlebniswelten, wie die erweiterte Realität (AR) oder auch die gemischte Realität - einfach ausgedrückt Mixed Reality. Hierbei wird die natürliche Wahrnehmung des Menschen um eine künstlich erzeugte Wahrnehmung ergänzt. Somit schafft MR völlig neue Anwendungsmöglichkeiten.

Eine technische Plattform, die die Kombination der digitalen und physischen Welt ermöglicht, ist die Microsoft HoloLens, die hochauflösende 3D-Hologramme in das Sichtfeld von Nutzer*innen bringen kann. Was sich anhört wie Zukunftsmusik, ist längst in der Praxis angekommen und wird bereits in zahlreichen Bereichen eingesetzt.

Unter der „Erweiterten Realität“ (AR) - im Englischen „Augmented Reality“ - versteht man hingegen das Zusammenspiel von digitalem und analogem Leben. Das funktioniert manchmal über die Kamera des Smartphones, aber zumeist ebenfalls über eine Brille, wobei diese den

Nutzer nicht komplett von seiner normalen Umgebung abschottet wie eine VR -Brille. Ihm werden vielmehr in die Brille zusätzliche Informationen über sein Umfeld eingeblendet. So kann beispielsweise einem Lagerarbeiter angezeigt werden, in welchem Regal das gesuchte Ersatzteil zu finden ist, oder der Mechaniker erhält nützliche Informationen über das technische Bauteil, das er reparieren soll.

Bei einer Mixed-Reality-Erfahrung wird die reale Umgebung der Nutzer*innen nahtlos mit digital erstellten Inhalten verbunden, wobei beide Umgebungen nebeneinander existieren und miteinander interagieren können. Mixed Reality kommt oft in VR-Erfahrungen und -Installationen vor, in denen sowohl VR als auch AR vorhanden sind, vergleichbar mit „Immersive Entertainment/Hyper-Reality“.

15.2.1 Expertenbeitrag von Mariano Mailos: Mixed Reality und Metaverse – eine neue Dimension von Wirklichkeit

Experten-Biografie: Mariano Mailos

Der 1979 in Argentinien geborene **Mariano Mailos** kam 2004 zu Microsoft und hatte verschiedene Positionen in den Bereichen Support, Operations, Finanzen und Marketing in Irland und Deutschland inne. Seit Oktober 2021 ist Mariano Mailos als Go To Market Manager für Mixed Reality bei Microsoft Deutschland verantwortlich für Hard- und Softwarelösungen im und rund um das Metaverse.

Bild 15.1 Mariano Mailos, Go to Market Manager Mixed Reality bei Microsoft Deutschland
Foto © Microsoft

Abstract: Wenn virtuelle und echte Räume verschmelzen

*Moderne Technologien bieten uns neue Möglichkeiten für das Erzählen von Geschichten, das Storytelling. Wir werden damit über kurz oder lang auch neue Formate und Formen des Erzählens erleben. Zunächst ergänzt die sogenannte Mixed Reality (MR) noch die physische Umgebungswirklichkeit über Hologramme im Sichtfeld der Betrachter*innen. Das Metaverse dagegen verbindet, wenn nicht, verschmilzt, Wirklichkeit und digitale Räume. Beide ergänzen vorhandene Kanäle: Lagerfeuer, Radio, Konzertbühne, Fernsehbildschirm, Kinoleinwand, das Display von Smartphones und Tablets. Wir sprechen heute über eine neue Dimension von Wirklichkeit und damit über neue Medien und neue Bühnen.*

Trotz des enormen Potenzials, das sich daraus ergeben wird, stehen wir mit Mixed Reality und Metaverse erst relativ am Anfang. Zwar sind nicht alle Komponenten dieser Technologien und Konzepte für uns neu; wir kennen die Verbindung virtueller und echter Räume und das multimediale Geschichtenerzählen aus unterschiedlichen Zusammenhängen schon. Aber wir stehen vor der Aufgabe, das Erzählen in der gemischten Wirklichkeit und dem Metaverse um neue Formate zu erweitern, die wiederum das Erzählen selbst verändern werden.

15.2.1.1 Wie Mixed Reality das Storytelling erweitert

HoloLens 2 von Microsoft ist ein sogenannter Mixed-Reality-Computer in Form einer Brille, der in der Lage ist, Hologramme ins Sichtfeld der Träger*innen einzublenden.

Hologramme sind Objekte aus Licht, die wie echte Objekte in das Blickfeld ihrer Betrachter*innen rücken können. Sie reagieren über die in HoloLens 2 verbauten Sensoren auf Blicke, Gesten und Sprachbefehle und können so mit den Träger*innen des Mixed-Reality-

Computers und sogar mit realen Objekten in der Umgebung interagieren. Hologramme können auch Sound-Objekte sein, die Schall aus der Umgebung aufnehmen und verarbeiten oder, wie die Licht-Objekte, in die unmittelbare Umgebung ihrer Träger*innen einbetten. Die Umgebungsgeräusche werden dabei nicht ausgeblendet, sodass auch hier eine - auditive - Mixed Reality entsteht.

Bild 15.2 HoloLens 2 mit der Anwendung Remote Assist im Einsatz in der Industrie, Foto © Microsoft

*Hologramme können sich dynamisch mit den Benutzer*innen von HoloLens 2 bewegen, aber auch fest mit Orten verankert werden. Dann rücken sie nur ins Blickfeld, wenn die Nutzer*innen ihren Blick auch tatsächlich auf das Objekt richten.*

Wer Hologramme mit Objekten aus der echten Welt, aus dem Computer oder dem Smartphone vergleicht, wird leicht verstehen, dass das Display von HoloLens 2 eine völlig neue Erfahrung mit digitalen Darstellungen anbietet. Anders gesagt: Hologramme erweitern das Medienset des Storytellings - durch die nahtlose Verbindung von physischen und virtuellen Welten. Mixed Reality befreit digitale Inhalte vom Bildschirm und erlaubt es ihren Anwender*innen, sich bei der Interaktion mit der digitalen Welt frei zu bewegen.

15.2.1.2 Next Dimension: Metaverse

Seit einigen Monaten ist der mediale Raum für Storytelling um einen Begriff größer geworden: Unternehmen wie Microsoft haben das Metaverse ausgerufen. Die Idee geht zurück auf den schon 1992 erschienenen Science-Fiction-Roman „Snow Crash“ von Neal Stephenson[4] - das Konzept ist also nicht neu. Aber nun steht die praktische Umsetzung bevor. Das Metaverse ist eine logische Fortsetzung dessen, was Technologien wie etwa HoloLens 2 mit einer Mixed Reality aus echter und virtueller Realität bereits jetzt möglich machen.

Das Metaverse ist nach unserem Verständnis ein dauerhaft existierender digitaler Raum, der mit vielen Bestandteilen der physischen Welt verbunden ist, einschließlich Menschen, Orten und Dingen. Das Metaverse bringt Menschen in virtuellen Räumen zusammen und gibt ihnen das Gefühl, etwa bei Online-Meetings oder anderen Formen der virtuellen Teamarbeit zusammen am selben Ort zu sein - auch das erweitert das Storytelling um eine neue Dimension.

---

4 WWW: Snow Crash, *https://de.wikipedia.org/wiki/Snow_Crash* (abgerufen 10/2023)

Einige bezeichnen das Metaverse als neue Version, andere als neue Vision des Internets. Für viele ist das Internet aktuell der Platz zum Kommunizieren, Spielen, Einkaufen, Arbeiten oder Lernen. Das Metaverse ermöglicht es, in diese Plätze einzutauchen und mit den Menschen und Dingen zu interagieren, die dort sind - genauso, wie wir es in der realen Welt tun.

Vieles davon ist schon jetzt keine Vision mehr, sondern Realität. Wir können Menschen in virtuellen Räumen treffen, virtuelle Konzerte oder Marktplätze und Veranstaltungen besuchen. Wir können mit unseren Kolleg*innen zusammenarbeiten, ohne mit ihnen an einem Ort zu sein. Und wir können digitale Abbilder realer Maschinen im Industrial Metaverse für die Entwicklung und Wartung von Produkten nutzen. Das alles sind schon Bestandteile des Metaverse.

Wenn uns die vergangenen Jahre der COVID-19-Pandemie eines gezeigt haben, dann das: **Wir brauchen Flexibilität, um zwischen realen und virtuellen Räumen möglichst nahtlos hin und her zu wechseln** - mit Authentizität in beiden Kontexten. Wir brauchen Möglichkeiten für Kontakte, im echten wie im virtuellen Leben. Wir müssen Barrieren zwischen diesen Räumen abbauen, um mehr Menschen als bisher eine Teilhabe zu ermöglichen. Und das zu ihren Bedingungen, unter Berücksichtigung ihrer Lebensumstände und ihrer kulturellen Vielfalt. Wir brauchen das Metaverse, um ohne Beschränkungen der physischen Welt miteinander kommunizieren, interagieren und zusammenarbeiten zu können.

15.2.1.3 Neue Kanäle und neue Dimensionen für das Storytelling

Mixed Reality mit HoloLens 2 und das Metaverse werden das Geschichtenerzählen nicht neu erfinden. Aber beide Technologien werden es um neue Kanäle und damit um neue Dimensionen bereichern.

> *Das Schöne am Schreiben ist, dass es fast keine Grenzen gibt. Sicher, ich musste mich mit Grammatik und Formatierungen auseinandersetzen, um meine Arbeit verständlich und interessant zu machen, aber die Ideen und Konzepte sind grenzenlos. Die einzigen Grenzen sind die Medien; meine Arbeit existiert auf einer Seite oder auf dem Bildschirm. Wie der Moskito in Jurassic Park ist das Werk eines Schriftstellers in Bernstein eingefroren. Statisch. Seit der Mensch ein Reh an eine Höhlenwand gekratzt hat, geht es genau darum: unsere Ideen und Gedanken festzuhalten und für die Zukunft zu sichern. Das Metaverse wird all das ändern. - Lucas Longacre*[5]

Gute Geschichten schaffen es, Menschen in ihre Handlungen hineinzuziehen, im besten Fall sogar aktiv einzubinden. Damit sorgen Erzähler*innen für Erlebnisse, die Sinne und Emotionen ansprechen. Mit den unterschiedlichen Formen von „Virtual“ und „Augmented“, also von Formen der „Mixed Reality“, wird das zum ersten Mal direkt, also im Grunde ohne Imagination, möglich.

Um in solchen gemischten Realitäten sensitive und interaktive Eindrücke erleben zu können, ist übrigens ein gewisser Realitätsgrad nützlich, aber nicht unverzichtbar. Tatsächlich wirken Avatare und Hologramme im Moment noch selten so authentisch und wirklichkeitsnah, wie die Wirklichkeit selbst. Und das ist auch gut so. Bei Effekten wie der sogenannten Depersonalisation und Derealisation sind Menschen nicht mehr in der Lage, zwischen virtuellem und realem Ich sowie virtueller und realer Welt zu unterscheiden. Wissenschaftliche Versuche

5 Zitat nach „Storytelling in the Metaverse“. In: ScreenRadar. 2022, *https://screenradar.com/storytelling-in-the-metaverse/* (Übersetzung vom Verfasser) (abgerufen 10/2023)

haben aber gezeigt, dass unter halbwegs normalen Bedingungen niemand so tief in eine virtuelle Realität abgleiten kann, dass es zu solchen Effekten kommt.[6]

Die Qualität einer in MR erzählten Geschichte hängt also weniger von der grafischen Qualität als von der Güte der Erzählung ab: „Je immersiver eine VR-Erfahrung ist", heißt es in der deutschen Wikipedia[7] unter Hinweis auf einen Aufsatz von Mel Slater[8], „desto realistischer fühlt sie sich für den Nutzer (sic!) an". Eine virtuelle Welt werde aber auch dann „als plausibel" angesehen, wenn die Interaktion logisch und stimmig sei. Dieser Befund lässt sich mit früheren Erkenntnissen verbinden, nach denen auch Klötzchengrafiken der ersten Generationen von VR-Brillen nichts am Realitätsgrad und dem Gefühl der Immersion ändern konnten.

15.2.1.4 Tools für das holografische Storytelling

Storytelling über Hologramme in HoloLens 2 oder im Metaverse funktionieren nur, wenn Erzählstränge, Emotion und das Engagement der Leser*innen, Zuhörer*innen oder Teilnehmenden stimmen. Tools und Entwicklungswerkzeuge ersetzen nicht die Aufgabe, hier so sorgfältig wie bei einem Roman, einem Film oder einem interaktiven Spiel an der Storyline und dem Narrativ zu arbeiten.

Aber Tools sind für die Umsetzung der Ideen und Konzepte dennoch unverzichtbar. Für HoloLens 2 gibt es eine spezielle HoloLens 2 Development Edition[9], die Schnittstellen zu den am weitesten verbreiteten Echtzeit-3D-Plattformen wie Unity oder PiXYZ bietet. Mit diesem Technologie-Stack lassen sich zum Beispiel aus CAD- oder BIM-Konstruktionsdaten („Building Information Modeling") direkt Mixed-Reality-Apps erstellen. Speziell für das Entwerfen und Konstruieren von Hologrammen für Mixed-Reality-Umgebungen hat Microsoft eine App entwickelt, die dabei unterstützt[10].

Da gerade bei MR-Umgebungen, die Bezüge zur physischen Realität haben, eine Vermessung von Räumen sehr wichtig ist, bietet Microsoft die Technologie der sogenannten Spatial Anchors[11] an. Dabei handelt es sich um einen plattformübergreifenden Entwicklungsdienst, über den sich Mixed-Reality-Umgebungen mit Objekten erstellen lassen, die ihre Position im Zeitverlauf und geräteübergreifend beibehalten. Mit **Spatial Anchors** können Anker an bestimmten Stellen in Räumen als Halte- und Orientierungspunkte gesetzt werden. Das erlaubt später beim virtuellen und tatsächlichen Begehen dieser Räume, sich zurechtzufinden oder einem bestimmten Narrativ zu folgen („suche das Bild XY und gehe von dort aus nach rechts, bis du auf eine Wand stößt"). Für Entwicklungen rund um das (Industrial) Metaverse bietet Microsoft einen umfangreichen Technologie-Stack an[12].

---

[6] WWW: Tomislav Bezmalinovic, „Studie zeigt: Virtual Reality spielt mit unserem Realitätssinn". In: Mixed-Magazin. 10.4.2022, *https://mixed.de/studie-zeigt-virtual-reality-spielt-mit-unserem-realitaetssinn/* (abgerufen 10/2023)

[7] WWW: Wikipedia: „Virtuelle Realität", *https://de.wikipedia.org/wiki/Virtuelle_Realität#Anforderungen* (abgerufen 10/2023)

[8] WWW: Mel Slater: „Place Illusion and Plausibility Can Lead to Realistic Behaviour in Immersive Virtual Environments", o. O., o. J., *http://www0.cs.ucl.ac.uk/staff/m.slater/Papers/rss-prepublication.pdf* (abgerufen 10/2023)

[9] WWW: Hololens Developers, *https://www.microsoft.com/de-de/hololens/developers* (abgerufen 9/2023)

[10] WWW: MR Designing Holograms, *https://docs.microsoft.com/de-de/windows/mixed-reality/discover/designing-holograms* (abgerufen 10/2023)

[11] WWW: Microsoft: Spatial Anchors, *https://azure.microsoft.com/de-de/services/spatial-anchors/* (abgerufen 10/2023)

[12] YouTube: Details dazu finden Sie in dem Video „What is Microsoft's Metaverse?", *https://www.youtube.com/watch?v=Qw6UCwCt4bE* (abgerufen 10/2023).

Ein Beispiel ist **Mesh** für Microsoft Teams[13]. Damit werden alle Mitglieder eines Teams in Zukunft an Besprechungen teilnehmen können, auch ohne physisch anwesend zu sein. Zusätzlich zu den Live-Videos in einer zweidimensionalen Umgebung, die in Videokonferenzen heute Standard sind, werden künftig personalisierte Avatare und immersive Räume eingesetzt. Diese virtuellen Räume werden von jedem Gerät aus zugänglich sein (HoloLens 2, VR-Headsets, Mobiltelefone, Tablets oder PCs).

15.2.1.5 Beispiele für holografisches Storytelling

Holografisches Storytelling ist bis heute kein Massenphänomen. Das liegt unter anderem daran, dass HoloLens 2 kein Consumer-Produkt, sondern vor allem für Businessanwendungen gedacht ist. Und das Metaverse, wenngleich als Terminus und Idee schon älter, entsteht gerade erst. Es gibt jedoch bereits spannende Projekte, die holografisches Erzählen erproben.

Das **Deutsche Museum Nürnberg**[14] etwa wird seinen Besucher*innen künftig eine völlig neue Möglichkeit bieten, um Antworten, Anregungen und Austauschmöglichkeiten über die Frage zu finden, wie unser zukünftiges Leben aussehen wird. Es ist explizit jeder Mensch eingeladen, sich an diesem Diskurs zu beteiligen. Dafür setzt das Museum auf eine inklusionsgerechte Gestaltung seiner Räumlichkeiten. Mit dem privaten Smartphone können Besucher*innen holografische Exponate ansehen sowie virtuelle Zusatzinformationen über Videos und Audios abrufen. Das Museum nutzt auch HoloLens 2: Mit holografischen Pfaden und 3D-Sounds erstellt HoloLens 2 für Besuchende einen Laufweg und leitet sie zu interessanten Objekten im Raum. Das ermöglicht blinden und sehbehinderten Besucher*innen, sich wesentlich freier im Museum zu bewegen. Zusätzlich sollen die Mixed-Reality-Komponenten der Ausstellung zu einem ganzheitlichen und unterhaltsamen Museums-Guide weiterentwickelt werden - ein spannender Ansatz für neue Formen von holografischem Storytelling.

Die **Geschichte des Projekts Cultural Heritage Palmyra** ist zugleich die faszinierende Geschichte eines jungen Manns aus Syrien, Zaid Zaim, der sich nach seiner Flucht nach Deutschland zum Mixed-Reality-Spezialisten entwickelt hat.[15] Zaid verfolgt ein spannendes Projekt, das hilft, die kulturellen Schätze seiner Heimat virtuell zu bewahren. Dafür hat er die antike syrische Oasenstadt Palmyra, die 2016 vom sogenannten IS zu großen Teilen zerstört wurde, virtuell für HoloLens 2 nachgebaut - so, wie sie vor der Zerstörung ausgesehen hat. Für die Visualisierung greift Zaid Zaim auf Modelle von New Palmyra zurück - einer offenen, spendenfinanzierten Datenbank, die 3D-Rekonstruktionen, Fotografien und Pläne von Kulturerbe-Stätten sammelt und verfügbar macht. Diese Daten verwandelt er in Hologramme, die man über HoloLens 2 betrachten kann. Wie er das gemacht hat, zeigt und erzählt er in einem Vortrag im Rahmen der CodeStories Berlin[16].

---

[13] WWW: Microsoft bringt mit Mesh for Teams die Zusammenarbeit in Metaverse, *https://news.microsoft.com/de-de/microsoft-bringt-mit-mesh-for-teams-die-zusammenarbeit-ins-metaverse/* (abgerufen 10/2023)

[14] WWW: PR-Anwendung im Zukunftsmuseum Nürnberg, *https://www.presse-blog.com/2021/09/20/kulturerlebnis-2-0-inclusify-ag-bringt-mixed-reality-anwendungen-ins-zukunftsmuseum-in-nuernberg/* (abgerufen 9/2023)

[15] Bosse Kubach: Nachgefragt bei Zaid Zaim. 29.6.2022, *https://news.microsoft.com/de-de/nachgefragt-bei-zaid-zaim-mixed-reality-catalyst-bei-hololux/* (abgerufen 9/2023)

[16] YouTube: CodeStories Berlin | Mixed Reality for Cultural Heritage, *https://www.youtube.com/watch?v=wF654Uff3Xw* (abgerufen 9/2023)

Bild 15.3 Mixed-Reality-Anwendung „Cultural Heritage Palmyra" von Zaid Zaim für Microsoft HoloLens 2. Konzeptbild, Quelle: Sarmad Baydoun

Eine völlig neue Option, die französische **Insel Le Mont-Saint-Michel** zu entdecken, bietet das Musée des Plan-Reliefs an (Bild 15.4). Das Museum in Paris ist auf 3D-Modelle spezialisiert, die allerdings bisher weniger in virtuellen Welten zu sehen sind als in Form aufwendig gestalteter Gipsmodelle. Nun werden die Modelle mit HoloLens 2 und Unterstützung von Microsoft zum Leben erweckt – mithilfe künstlicher Intelligenz wurden dafür Hunderttausende von Fotos verarbeitet, die von Drohnen und Kameras am Boden aufgenommen wurden. Daraus wurden fotorealistische Modelle erstellt, mit denen sich Betrachter*innen mit HoloLens 2 in die Vergangenheit versetzen lassen können. Mit dieser völlig neuen, holografischen Betrachtungsweise öffnet das Museum anderen kulturellen Einrichtungen eine lebendige Art des Geschichtenerzählens.[17]

Bild 15.4 Mixed-Reality-Anwendung über Le-Mont Saint-Michel,
Bild: Microsoft, Quelle: This rare 17th century technology was brought to life using HoloLens at the Musée des Plans-Reliefs *https://www.youtube.com/watch?v=MGtpe0ni_nI*

[17] Microsoft-Blog: „Mont-Saint-Michel: The historic 3D model comes to life", o. O, o. J., *https://inculture.microsoft.com/arts/le-mont-saint-michel-mixed-reality/* (abgerufen 10/2023)

Eine andere Geschichte erzählt eine Ausstellung im **Smithsonian National Museum of Natural History** in Washington D.C. Hier wird über Augmented Reality (AR) ein marines Ökosystem zum Leben erweckt, das es dem Publikum ermöglicht, auf völlig neue Weise mit Orcas, genauer: mit Southern Resident Killer Whales, in Kontakt zu treten. Diese Schwertwale haben eine eigene Sprache, eine eigene Kultur, eine eigene Nahrungsquelle und ein eigenes Territorium - und sind akut vom Aussterben bedroht: Nur noch etwa 74 Exemplare schwimmen im südlichen Ozean.

Bild 15.5 AR-Erlebnis „Critical Distance" des Smithsonian National Museum of Natural History in Zusammenarbeit mit den Filmemachern Adam May und Amy Zimmerman, Bild: Microsoft, Quelle: *https://www.youtube.com/watch?v=SNJR41J1Lu4*

Die beiden Filmemacher Adam May und Amy Zimmerman erzählen mit HoloLens 2 ihre Geschichte in dem AR-Erlebnis „Critical Distance", das bis vor kurzem in dem Museum zu sehen war. Critical Distance kombiniert Projektion und Hologramme, um die Zuschauer*innen in die Welt der Salish Sea westlich von Seattle und Vancouver zu versetzen. Dabei nimmt das Publikum Kontakt zu J-pod auf, einer Familie von 24 Orcas. Durch HoloLens 2 sehen die Besucher*innen die Salish Sea durch ihre Augen und erfahren, welche Auswirkungen die Lärmbelästigung auf die Fähigkeit der Orcas hat, durch Echoortung zu jagen und zu kommunizieren[18]. Damit verändert sich die Rolle der Museumsbesucher*innen: Sie werden von Zuschauenden zu Teilnehmer*innen.

15.2.1.6 Besonderheiten von Mixed Reality (MR)

Die Besonderheit von Mixed Reality über HoloLens 2 und des Metaverse besteht darin, über interaktive Hologramme und völlig neue, immersive Erzählmöglichkeiten die reale Welt mit der virtuellen Welt zu verschmelzen. Nutzer*innen dieser Technologien ermöglicht das bisher unbekannte Erfahrungen, ein emotionales Eintauchen in gemischte Welten wird möglich. Durch dieses Gefühl von Präsenz werden mehr Sinne angesprochen als in vielen traditionellen Erzählformen.

Aber die neuen Möglichkeiten entbinden Geschichtenerzähler*innen nicht davon, die klassischen Methoden auch hier mit Bedacht einzusetzen: Weiterhin geht es darum, emotionale

[18] YouTube: Video über das AR-Projekt „Critical Distance", *https://www.youtube.com/watch?v=SNJR41J1Lu4* (abgerufen 10/2023).

Geschichten mit charaktervollen Protagonist*innen zu erzählen, für Strukturen und Spannungsbögen zu sorgen und mit Bildern zu arbeiten, die gleichermaßen vor den Augen der Betrachter*innen wie auch in ihrer Fantasie entstehen.

Fazit: Holografisches Storytelling ersetzt diese Elemente nicht, sondern bereichert und erweitert sie. Mit diesen Aussichten stehen wir an der Schwelle zu neuen Erzählformen und können grenzenlose Welten erschaffen, von denen wir bisher nicht zu träumen wagten.

15.3 Metaverse

Alle Welt spricht vom Metaverse. Jedoch was ist das? Das Metaverse ist eine immersive digitale Darstellung einer Umgebung, die entweder eine konventionelle Umgebung widerspiegeln oder eine vollständig fiktive Umgebung sein kann (denken Sie an das Holodeck der Serie Star Trek: The Next Generation).

Stellen Sie sich das Metaverse als eine noch nicht wirklich realisierte Vision eines neuen, alle digitalen Plattformen umspannenden *räumlichen Internets* vor. Räumlich, da es mittels Avataren betreten werden kann und körperliche Dimension aufweist.

Zunächst steckt das Metaverse noch in den Kinderschuhen und es gibt mehr als ein Metaverse. Sowohl die frühere Marke Facebook, nun Meta, als auch Microsoft (mit der Schaffung eines *industriellen Metaversums*) oder Disney erschaffen ein Metaverse. Weitere Unternehmen wie Nvidia, Apple, Vuzix, Roblox haben ihren Anspruch auf die neue digitale Welt angemeldet. Auch das Unternehmen Baidu, das „chinesische Google", hat bereits im Jahr 2021 ein selbst entwickeltes Metaverse gestartet, das den Nutzern die Möglichkeit bietet, mit Avataren an virtuellen Orten zu interagieren. Das Metaversum von Baidu wird auch XiRang genannt.

Für uns Nutzer*innen wäre ein MetaUniversum mit Zugängen und Übergängen zu allen Welten wünschenswert. Höchstwahrscheinlich werden sie wie einzelne Intranets in ein Internet, also „Metanet" zusammenwachsen oder zumindest Schnittstellen ermöglichen.

Im Prinzip kann jede:r von uns neue Welten und Räume erschaffen. Jeder Mensch kann mit seinem Avatar beispielsweise selbst entscheiden, in welche Welt, in welchen Raum, in welche Umgebung, in welche soziale Interaktion er sich begibt und mit welchen anderen Menschen oder Avataren er sich trifft.

Und das komplett unabhängig von den Plattformen der großen Tech-Unternehmen. Das OASIS Consortium[19] hat sich als Non-Profit-Organisation der „digitalen Nachhaltigkeit" dem Metaverse verschrieben. Der Name des Konsortiums ist ein Akronym für die Werte, die es fürs Metaverse einfordert: **O**penness (Offenheit), **A**ccountability (Haftung), **S**ecurity (Sicherheit), **I**nnovation und **S**ustainability (Nachhaltigkeit). Das Konsortium möchte die **digitale Nachhaltigkeit durch ethische Standards und Technologien im Metaversum fördern.** Die Gruppe veröffentlichte im Januar 2022 Sicherheitsrichtlinien für das Metaverse, die als *Oasis User Safety Standards* bezeichnet werden: Sie sind darauf ausgelegt, Sicherheitsleitplanken für die nächste Iteration des Webs durch einen Rahmen von fünf Ps festzulegen: Priorität, People (Menschen), Produkt, Prozess und Partnerschaft.

[19] WWW: OASIS Consortium, *https://www.oasisconsortium.com* (abgerufen 10/2023)

ABOUT THE USER SAFETY STANDARDS*

We developed these standards over several months and hundreds of conversations with T&S professionals from across the industry, including gaming, dating and social apps.

(Wir haben diese Standards über mehrere Monate und Hunderte von Gesprächen mit T&S-Profis aus der gesamten Branche entwickelt, einschließlich Gaming-, Dating- und Social-Apps.)

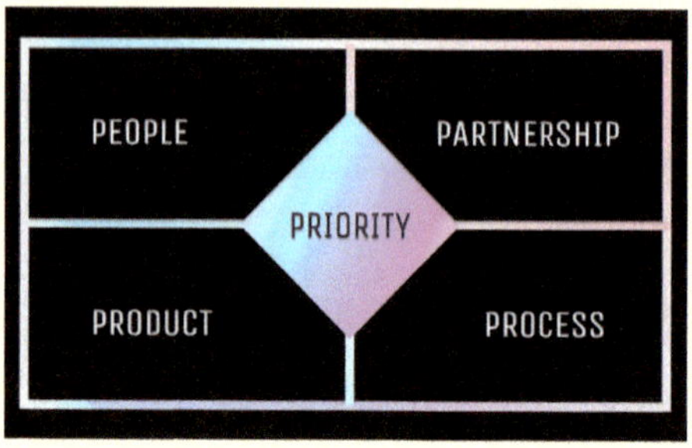

Bild 15.6 Die 5 P des Benutzersicherheitsrahmens: people, Partnership, Product, Process und Priority. Alle Aspekte des Aufbaus sicherer, inklusiver und engagierter Gemeinschaften. Screenshot: *https://f.hubspotusercontent30.net/hubfs/21144981/Oasis-User-Safety-Standards.pdf*

Here are the steps in our process (Hier sind die Schritte in unserem Prozess):

- *We collected user safety practices from each platform.* (Wir haben Benutzersicherheitspraktiken von jeder Plattform gesammelt.)
- *Compared them for consistencies and gaps.* (Verglichen für Konsistenzen und Lücken.)
- *Distilled them into Oasis standards.* (Destilliert in Oasis-Standards.)
- *Applied them across companies to evaluate effectiveness.* (Angewendet auf Unternehmen zur Bewertung der Wirksamkeit.)
- *Finalized them in collaboration with Oasis advisors.* (In Zusammenarbeit mit Oasis-Beratern abgeschlossen.)

* WWW: OASIS Consortium User Safety Standards, *https://www.oasisconsortium.com/usersafetystandards* (abgerufen 10/2023)

Laut Metaverse-Experten Thomas Riedel sind mit dem Metaverse die Begriffe **Immersion und Interoperabilität** verbunden: **Immersiv** bedeutet, dass der User mittendrin ist, also das Metaverse oder das Erlebnis die Nutzer*innen quasi umgibt. Mit **Interoperabilität** wird die Möglichkeit bezeichnet, Dinge wie Kleidung, Namen in andere Erlebniswelten mitzunehmen.[20] „Das wäre so, als wenn ich von Facebook zu Twitter wechseln könnte und ich würde gleich aussehen“, meint Riedel. Einfach nur das gleiche Bild hochladen, reicht da nicht. Im Metaverse würde jeder seinen persönlichen Avatar einmal gestalten und überall

[20] WWW: Thomas Riedel beantwortet im Stern die Frage: Was ist Metaverse?, *https://www.stern.de/digital/podcast–so-techt-deutschland—so-tickt-das-metaverse-31953022.html* (abgerufen 10/2022)

nutzen - sozusagen eine Bewegungsfreiheit für Avatare. Im Online-Spiel Fortnite (siehe Kapitel 14) geben die Spieler teilweise viel Geld für das Erscheinungsbild ihres Avatars aus. Also warum sollten die Gamer das nicht auch in andere Erlebnisuniversen übertragen? Oder vielleicht sogar in die Realität.

Einige halten es für denkbar, dass das Erscheinungsbild aus dem Metaversum über Augmented-Reality-Brillen darstellbar wird. Würde also ein User einen anderen auf der Straße in der realen Welt treffen und beide eine AR-Brille tragen, könnten sich beide in der Metaverse-Gestalt sehen. Mittlerweile ist das nicht mehr nur Science-Fiction. Rudimentär gibt es so etwas bereits in der digitalen Welt. Apps, die Freunde finden und optisch darstellen. Der Weg in die virtuelle Realität ist nur noch eine Frage der technischen Umsetzung durch Brillen.

Für uns Nutzer*innen wäre nicht nur ein vernetztes Meta-Universum mit Zugängen und Übergängen zu den einzelnen „Meta-Welten" wünschenswert. Höchstwahrscheinlich werden sie wie einzelne Intranets in ein Internet, also „Metanet" zusammenwachsen oder zumindest Schnittstellen ermöglichen.

Auch ein vereinfachter Zugang mit erschwinglicher Technik wäre wünschenswert. Denn dies ist bei vielen Menschen u. a. eine große Hürde, um am Geschehen im Meta-Universum teilzunehmen.

Im Prinzip kann jede*r von uns neue Welten und Räume erschaffen. Jeder Mensch kann mit seinem Avatar beispielsweise selbst entscheiden, in welche Welt, in welchen Raum, in welche Umgebung, in welche soziale Interaktion er sich begibt und mit welchen anderen Menschen oder Avataren er sich trifft. Und das komplett unabhängig von den Plattformen der großen Tech-Unternehmen.

Konsens besteht auch über weitere Prinzipien des Metaverse: Gefragt ist eine eigene Ökonomie, die ständige Präsenz und Live-Erlebnisse, die von verschiedenen Akteuren angeboten werden.

Metaverse macht keine Pause

Mit der erfolgreichen Verbreitung von KIs wie Open Ais ChatGPT wurde bereits das Ende des Metaverse angekündigt. Es kamen Gerüchte auf, dass sich Meta von seiner Metaverse-Vision abwenden würde. Mark Zuckerberg dementierte dies Ende April 2023 in einem Facebook-Post:

> *„Beyond AI, the other major technology wave we're focused on is the metaverse. A* ***narrative has developed*** *that we're somehow moving away from focusing on the metaverse vision, so I just want to say upfront that's not accurate. We've been focusing on both AI and the metaverse for years now, and we will continue to focus on both.* [...]
>
> *Building the metaverse is a long term project, but the rationale for it remains the same and we remain committed to it."*[21]

Dementsprechend gehen das Leben und die Entwicklung im Metaverse weiter - auch wenn dort bisher eine überschaubare Anzahl an Nutzer*innen sind.

[21] Zuckerberg, Mark. In: Facebook. 26.4.2023. Grob übersetzt sagt Zuckerberg: „Neben der KI ist das Metaversum die zweite große Technologiewelle, mit der wir uns beschäftigen. Es hat sich ein Narrativ entwickelt, dass wir uns irgendwie von der Metaverse-Vision wegbewegen, also möchte ich im Voraus sagen, dass das nicht stimmt. Wir konzentrieren uns schon seit Jahren sowohl auf KI als auch auf das Metaverse, und wir werden uns auch weiterhin auf beides konzentrieren. [...] Der Aufbau des Metaversums ist ein langfristiges Projekt, aber der Grundgedanke dafür bleibt derselbe und wir bleiben ihm verpflichtet", *https://www.facebook.com/zuck/posts/pfbid07F4ctHseCqY5GnNCJ6bVGd4DX4VB7edyGnKFppwQNz8YTyMHST3mL7MnaPY1CGHJl* (abgerufen 10/2023)

15.3.1 Expertenbeitrag von Thomas Riedel: Eine Einführung: Storytelling mit und im Metaverse

***Thomas Riedel** ist freier Tech-Journalist und Podcaster in Köln. Nach seinem Volontariat bei einem Familienmagazin gründet der gebürtige Schwabe das Medienstartup Nerdhub, dass er nach vier Jahren auf der Fuck-up-Night in Düsseldorf einstellt. Weitere Stationen sind unter anderem das Mediencluster NRW, deutsche-startups.de[22] und das Magazin Digitale Leute als Redakteur und Organisator des Digitale Leute Summit. Seit über zehn Jahren arbeitet Riedel als freier Journalist, Moderator und Kurator für Tech-Events. Heute berichtet der Vater einer Teenager-Tochter über Tech-, Startup- und New-Work-Trends. Außerdem produziert und managt er mit seinem Label Droid Boy[23] Produktion Podcasts, darunter die eigene Produktion „Der Metaverse Podcast"[24] oder als Host des Gründerzeit Podcasts der Rheinischen Post.*

Bild 15.7 Thomas Riedel, Foto Copyright Simon Veith

Abstract

Wer in dieser frühen Phase der Entwicklung des Metaverse ein Kapitel über das Metaverse schreibt, das auch erklären will, wie Storytelling mit und im Metaverse funktionieren könnte, muss erst einmal viele Dinge erklären. Der Teil über das Metaverse wird darum einen größeren Teil einnehmen als der Teil über das Storytelling. Auch deswegen, weil ich davon ausgehe, dass wenn die Leserin bzw. der Leser an diese Stelle des Buches gekommen ist, bereits eine ungefähre Ahnung davon hat, was Storytelling sein könnte. Als Metaverse-Experte sehe ich meine Aufgabe also eher darin, das Metaverse zu erklären, um dann Ansätze von Storytelling aufzuzeigen.

Und dieser Versuch beginnt mit einer Person, die den Hype um das Metaverse ausgelöst hat. Mark Zuckerberg geht seinen Mitarbeitern auf den Keks. Nicht, dass er das nötig hätte.

---

[22] WWW: *https://www.deutsche-startups.de* (abgerufen 10/2023)

[23] WWW: *https://www.droid-boy.de* (abgerufen 10/2023)

[24] WWW: Metaverse-Podcast, *https://metaverse-podcast.de/alle-episoden* (abgerufen 10/2023)

Der für seine Errungenschaften noch ziemlich junge Mann – er gehört zu den reichsten Menschen der Welt und ist mit seinen gerade mal 38 Jahren der unangefochtene Chef der drei größten sozialen Netzwerke der westlichen Welt – will nur noch über das Metaverse sprechen. In Besprechungen ruft er die Mitarbeiter dazu auf, Metaverse-Teams zu bilden, Mitarbeiter von Meta heißen jetzt Metamates und müssen ein Metaverse-Playbook lesen, damit auch wirklich jeder versteht, um was es beim Metaverse geht.

Mark Zuckerberg strengt sich gerade (Juli 2022) an, der nächste Elon Musk werden: Er will eine ganze Branche auf eine neue Stufe heben. Was für Musk das Elektroauto war, ist für Zuckerberg die nächste Version des Internets. Statt drauf zu schauen, sollen wir nun wirklich „drin" sein, ganz nach Boris Becker[25]. Diese Welt soll immersiver, sozialer, kreativer, interaktiver und beeindruckender sein, als alles, was das schnöde Internet bislang zu bieten hatte. Wer den Film Ready Player One, eine Verfilmung von Steven Spielberg des gleichnamigen Buchs gesehen hat, kennt es als Oasis. Die nächste Version des Internets soll also das Metaversum sein, oder wie das Wort Internet, also nicht Internetz, das englische Metaverse. Wie genau das funktioniert und wann das Metaverse da sein soll, das kann selbst er nicht so genau sagen. Es gebe noch viel zu tun, erklärte der CEO auf der hauseigenen Entwicklerkonferenz Connect im Oktober 2021. Es könne fünf, vielleicht sogar zehn Jahre dauern. Und bis dahin gebe es noch viel zu tun.

In dieser Keynote, in der Mark Zuckerberg bisweilen so wirkte, als wäre er schon sein eigener Avatar, diese Keynote machte Eindruck. Nur wenige Tage danach gibt der Service „Google Trends" unter dem Begriff Metaverse einen steilen Anstieg aus. SEO-Manager schicken daraufhin E-Mails und Redakteure hauen in die Tasten, fangen an, das Wort Metaverse in ihre Artikel einzubauen. Dabei spielt es keine Rolle, dass sie eigentlich noch gar nicht wissen, was dieses Metaverse mal sein soll. Sie lassen sich von schneidigen Crypto-Apologeten auf Browser-basierte Touren durch ihre Online-Welten einladen oder ziehen sich eine Meta Quest über, um so dem Metaverse einen Besuch abzustatten. Die Ergebnisse: Das Metaverse sei ziemlich langweilig, sei teuer, mache krank oder man werde belästigt. Jedes Magazin und News-Outlet hat in der Zwischenzeit mehrere Artikel über das Metaverse geschrieben. Brand-Manager springen auf den Zug auf und lassen sich von Crypto-Rattenfängern in ihr Metaverse einladen. Nachrichten wie „Nike joins the Metaverse!" lassen die Fear of missing out global ansteigen. NFTs, kleine automatisch generierte Bildchen, die mithilfe der Blockchain-Technologie den CO2-Fingerabdruck einer Kleinstadt fabrizieren, ersetzen in den sozialen Netzwerken Profilbilder und gaukeln den Leichtgläubigen vor, man wäre jetzt drin. Jede große Marke, deren Markenabteilungen nicht bei drei auf dem Baum sind, lassen sich von den Web3-Apologeten einfangen, kaufen virtuelle Grundstücke auf einer Crypto-Plattform und nutzen die Gunst der Stunde, ein bisschen Content-Marketing mit dem Hype zu machen. Der Metaverse-Hype ist real und messbar.

Es ist schon eine Weile her, dass die Präsentation eines Firmengründers die Art, wie wir Technologie und das Internet sehen, grundsätzlich verändert hat. Das letzte Mal war es Steve Jobs, der mit dem iPhone das Internet in ein kleines gläsernes Kästchen bannte und damit in die Hosentasche holte, in die Taschen von Jedermann und Jederfrau. Damit war das größte Netzwerk, das die Menschheit bis dato gebaut hatte, wirklich für jeden mit einem Daumen zugänglich gemacht. Reinzoomen mit Pinch-to-zoom!

---

[25] YouTube: Anspielung auf die AOL Werbung Boris Becker 1999 „Ich bin drin", *https://youtu.be/4XIwVMYeP4I* (abgerufen 10/2023).

Jetzt will Mark Zuckerberg das Metaverse für Jedermann. Mit der Handerkennung der Headsets, könnte auch hier eine Hand- oder Fingerbewegung prototypisch sein. Doch einen Unterschied gibt es dann doch. Während Steve Jobs mit dem iPhone etwas in der Hand hatte, hat Zuckerberg nur die Vorstufe eines Metaverse-Zugangsgerät, dass ein bisschen wie ein Spielzeug wirkt, er hat Prototypen von Geräten in seinem Labor, die er gerne für die Aktionäre in die Kamera hält, und eine Vision. Apple hatte zuvor mit dem iPod einen Hit gelandet und Elon Musk mit PayPal ordentlich Kasse gemacht, während Zuckerbergs Netzwerke von Datenskandalen geplagt, von der Konkurrenz TikTok fast überholt und von Vergreisung bedroht sind. Dazu kommt, dass gerade Apple, und Google nur wenig später, mit verschärften Datenschutzrichtlinien dafür gesorgt haben, dass Facebooks Umsatz mit Werbung in Milliardenhöhe einbrachen. Für den Meta-Konzern, wie die Mantelfirma von Facebook, Instagram und WhatsApp nun heißt, ist das Metaverse die Chance auf eine eigene Plattform, auf der es selbst Herr über die Regeln und damit über das Geld ist. Plattformökonomie nennt sich das Spiel. Und mit Oculus, einer Firma, die Zuckerberg 2014 von dem VR-Pioneer und heutigem Waffen-Händler Palmer Luckey abkaufte, besitzt Meta die besten Voraussetzungen dafür. Wir sehen also etwas, was die Internet-Welt so noch nicht gesehen hat. Selbst der Niedergang von AOL als Proto-Internet oder MySpace schauen wie Zwerge aus im Vergleich zu Facebook, einem Social-Media-Molloch von fast zwei Milliarden Menschen, von dem das Ende nun schon nahe sein soll. Zeit für das nächste große Ding, Mark!

An dieser Stelle kürze ich die schicksalhafte Analyse Facebooks ab. Hier könnte nun eine komplette Analyse aller Facetten kommen, die ich in den letzten zehn Monaten meiner Beschäftigung mit dem Metaverse kennenlernen durfte. Ich möchte sie einmal kurz andeuten. Hier könnte es nun eine Analyse zur Software-Plattform Android geben, mit der Meta und andere Hersteller ihre Headsets bespielen. Ich könnte eine Analyse der Hardware fahren, die zwar ziemlich gut aber noch immer sehr anstrengend ist und nur den Nerds und Enthusiasten bequem auf der Nase sitzt. Es könnte eine Analyse des gesamten XR-Markts folgen, in der HTC, Google, Microsoft, Apple, Niantic oder Snap eingeordnet und ihre Strategien verglichen werden könnten. Alle diese Firmen entwickeln eigene Geräte oder verfügen über Plattformen, mit denen sie auf die Entwicklung des Metaverse Einfluss nehmen können und es auch tun. Wir könnten das Verhältnis von Virtueller und Augmentierter Realität besprechen und welche der beiden Zugänge zum Metaverse wann und in welcher Form, und vielleicht sogar in einer gewissen Mischung, wichtig werden und wie viel es an technischer Entwicklung für eine breite Adaption der Technologien bedarf.

Wird eine Augmented-Reality-Brille das Smartphone ersetzen? Dies ist eine Frage, über die wir streiten könnten. Manche nehmen das an. Schlauer ist es, diesen Moment sehr weit in die Zukunft zu schieben, denn die technischen Probleme, die es vorher zu lösen gilt, sind nicht unerheblich. Wichtig wäre es auch, auf die Arbeit der aus dem Schneewittchenschlaf erwachten Regulierungsbehörden zu schauen. Erst vor kurzem hat die Europäische Union mit dem Digital Services Act und dem Digital Markets Act beispiellose Regulierungswerke beschlossen, die es so in der Geschichte digitaler Medien und Märkte noch nicht gegeben hat. Die USA unter Präsident Biden setzen an, der EU nachzueifern. Wie ein Metaverse sich mit Regulierung entwickeln kann, wäre ein eigenes Kapitel. Es ließe sich über die Bemühungen des eben gegründeten Metaverse Standards Forum sprechen, das als Standards Organisation, ähnlich dem World Wide Web Consortium, dafür sorgen will, dass das Metaverse sich eher wie das Internet und weniger wie das Mobile Web entwickelt. Also als ein offenes Netzwerk und weniger wie ein von wenigen Quasi-Monopolisten beherrschter Walled Garden. Und es ließe sich die Frage nach der gesellschaftlichen Relevanz stellen, nach der Sinnhaftigkeit einer weiteren, mutmaßlich mächtigen und noch prächtigeren Parallelwelt, die die Zukunft sein soll und darum für uns alle unausweichlich ist, will man den Propheten Glauben schenken. Alle diese Aspekte tauchen zur Zeit in den Medien auf und führen letztlich dazu, dass das, was nun unter dem Metaverse zu verstehen ist, erheblich erschwert wird.

Geht es darum zu verstehen, was das Metaverse ist, finde ich den medialen Tumult um das Metaverse nicht hilfreich. Denn auch wenn es anregend, inspirierend oder motivierend sein kann, sich über die mögliche Ausgestaltung eines Metaverse Gedanken zu machen, so sind diese Möglichkeiten zur Zeit vor allem eins: monetär ausgerichtet, erfunden und meist verwirrend. Denn die Zukunft lässt sich nicht vorhersagen. Wenn dann neo-liberale, hyper-kapitalistische Crypto-Jünger schnelle Münze mit Spekulation machen wollen, wie es gerade mit dem Crypto-Hype passiert ist, dann wird das sogar gefährlich. Nur wenig für den Kleinanleger, der mit seinen übrig gebliebenen Münzen ein bisschen Spielgeld versemmelt, schon sehr viel mehr, wer seine Altersvorsorge verbrannt hat und auf jeden Fall sehr gefährlich, wenn die Stabilität des globalen Finanzsystems aufs Spiel gesetzt wird.

15.3.2 Ursprung des Begriffs Metaverse

Um mehr Klarheit im Denken über das Metaverse zu erlangen, möchte ich auf den Ursprung des Begriff Metaverse eingehen, um dann darauf aufbauend eine minimalistische Definition zu haben, von der aus wir überlegen können, wie Storytelling im und mit dem Metaverse aussehen könnte.

1992 veröffentlichte der US-amerikanische Schriftsteller Neil Stephenson den ironisch-dystopischen Science-Fiction-Roman „Snow Crash", der den Versuch unternahm, den Begriff des Cyberspace, ein Begriff aus dem Buch Neuromancer, plastischer und damit wirkmächtiger werden zu lassen. Bis dato war dieses digitale Netz in der Vorstellung der Menschen vor allem eins: ein Strom aus Daten. Und wenn Filme diesen Datenstrom darstellten, dann vor allem als Flüsse aus Buchstaben und Zeichen, in denen man schwamm. Snow Crash gab dem Cyberspace einen festen Körper in Form des Metaverse. Datenströme wurden Objekte, die wir aus der echten Welt kannten. Plötzlich gab es Orte, in die man gehen konnte, selbst der User bekam einen Körper, den Avatar, mit dem Nutzende sich in diesem Metaverse bewegen konnten. Was für uns heute wie eine Trivialität vorkommt, war damals revolutionär und schlug ein wie eine Bombe. Besonders im Silicon Valley. Doom, einer der ersten Egoshooter der Welt, bezog seine Inspiration aus Snow Crash, Second Life war der berühmteste Versuch, das Metaverse aus Snow Crash in der realen Welt nachzubauen. Dazu versuchte der Gründer von Second Life, Philip Rosedale, einen immersiven Apparat zu bauen, bei dem Monitore auf einem Gestell auf der Schulter ruhten und den Kopf des Nutzenden komplett umgaben. Die Software aus diesem skurrilen Versuch war die Grundlage von dem, was wir heute als Second Life kennen. Der Film Matrix markiert einen Höhepunkt in dieser Erzählung. Interessanterweise verschmelzen hier ästhetisch der Datenstrom des Cyberspace in Form des Code-Regens und die Körperlichkeit des Metaverse in der Matrix zu einer neuen, mächtigen Erzählung der Wachoswki-Geschwister[26].

[26] The New Yorker: Beyond The Matrix, *https://www.newyorker.com/magazine/2012/09/10/beyond-the-matrix* (abgerufen 10/2023)

Snow Crash beinhaltet zwar das Metaverse, das spielt aber im Gegensatz zur Matrix im gleichnamigen Film nicht die Hauptrolle. Das Buch heißt nicht Das Metaversum, sondern Snow Crash, denn es geht um einen Virus. Das Buch ist im Grunde eine Melange aus dystopischem Skaterfilm, Waterworld und einem Pandemie-Film.

Das Metaverse verbindet die verschiedenen Elemente und taucht immer wieder auf. Da dem Metaverse in Snow Crash von Stephenson nicht allzu viel Platz gegeben wurde, tauchen wir nur hin und wieder ins Metaverse ein. Es ist genug, um zu verstehen, was das Metaverse ist und was es kann. Aber es ist zu wenig, um für uns heute, die wir das Buch lesen, das Metaverse unserer Zukunft herauszulesen. Snow Crash ist keine Bauanleitung. Es bleibt uns also nichts anderes übrig als das Metaverse aus Snow Crash als eine Metapher zu verstehen.

Ein Beispiel: Zur Veröffentlichungszeit von Snow Crash gab es noch keine MMORPGs, also Online-Games mit Tausenden Gamern. Weder waren Games dazu in der Lage, noch gab es die Infrastruktur Internet, die das hätte liefern können. Das Internet von 1992 bestand ausschließlich aus Text, der über die Eingabeaufforderung abgerufen wurde. Der erste Browser, der Bilder darstellen konnte, erhielt seine erste Beta-Version im Winter 1992. Social Media gab es also auch nicht, erste Emailverteiler entstanden und können durchaus als erste rudimentäre Formen von Social Media gewertet werden. So wirkt die Welt im Metaverse von Snow Crash also weniger wie ein Game mit Scores und Achievements, oder wie ein Social Network, als vielmehr eine skeuomorphe Kopie der echten Welt mit erweiterten Features.

Das Metaverse in Snow Crash betritt der User mithilfe eines Metaverse-Zugangsgeräts, einem Headset, das sowohl einen Virtual-Reality-Modus als auch einen Augmented-Reality-Modus hat. Der AR-Modus wird von den Protagonisten gerne als taktisches Display z. B. während eines Feuergefechts oder zur Navigation im Straßenverkehr genutzt. In VR schlüpft der Protagonist in seinen Avatar, ein Begriff, der in Snow Crash ebenso zum ersten Mal fällt wie der Begriff Metaverse.

Das Metaverse selbst ist eine Kopie der Erdkugel. Aber statt den Planeten nachzubauen, mit seinen Städten, Straßen, der Natur und dem Wetter, gönnt Neil Stephenson dem Metaverse nur eine einzige Straße, die schnurgerade einmal um den kompletten Erdball geht. An ihr und nur an ihr befinden sich Grundstücke, die gemietet werden können. Will man von einem Grundstück zu einem anderen Grundstück gelangen, muss man sich körperlich selbst dorthin bewegen. Die Straße verbindet also die Grundstücke. Während das bei einem Grundstück auf der anderen Straßenseite nicht allzu viel Zeit in Anspruch nimmt, kann das bei einem Grundstück auf der anderen Seite der Metaverse-Welt schon länger dauern. Die Lösung sind Motorräder, die mit deutlich überhöhter Geschwindigkeit auf der Straße fahren können. Das Metaverse in Snow Crash ist also eine Weltkugel mit einer Straße, die zwingend genutzt werden muss, um von einer Location zu einer anderen zu gelangen.

Und so könnte eine Übertragung des Metaverse als Metapher in die Jetzt-Zeit aussehen: Die VR-Locations in Metaverse sind unsere Virtual Reality Experiences. Die Straße ist eine Metapher für die Art wie diese Experiences miteinander verbunden sind. Das Metaverse heute wäre also ein Netzwerk aus Virtual Reality Experiences, die so miteinander verbunden sind, dass man sich körperlich mithilfe der Straße von einer Experience zu einer anderen bewegen kann, wie auch immer die Straße heute umgesetzt werden würde.

Das Metaverse ist zudem konsistent, was bedeutet, dass Experiences und ihre Vernetzung auch dann bestehen, wenn niemand sie nutzt. Im Gegensatz z. B. zu einem Game, das nur dann die Welt lädt, wenn es jemand startet.

Würde man also das Metaverse aus dem Buch Snow Crash auf die heutige Technologie übertragen, müsste man feststellen, dass es ein Netzwerk aus VR-Experiences nicht gibt. Was wir haben, ist ein Netzwerk aus Webseiten und Portalen, auf die man gucken und klicken kann, wenn man einen Browser benutzt. Wir haben Games, die man über das Internet kaufen, herunterladen und spielen kann. Wir haben immersive Technologien wie Virtual Reality und Augmented Reality, die sich ebenfalls über das Internet finden und nutzen lassen. **Aber ein immersives, gangbares Metaverse-Netzwerk haben wir nicht.** Und wir haben Narrative, Visionen, Fantasien. Diese zu erkennen als was sie sind, ist unsere Aufgabe. Wir, die wir über die Menschen und ihre Technologien nachdenken und mit ihnen arbeiten. Um vernünftige Entscheidungen zu treffen.

15.3.3 Storytelling mit und im Metaverse

Mit diesem Wissen über das Metaverse sind wir nun in der Lage darüber nachzudenken, wie Storytelling mit und im Metaverse aussehen könnte.

Wenn es aktuell schon Storytelling-Formate zum Thema Metaverse gibt, dann ausschließlich über das Metaverse. Denn: Das Metaverse gibt es noch nicht. Wenn browserbasierte Anbieter von selbsternannten Metaverse-Plattformen im Internet über das Metaverse erzählen, dann vor allem mit dem Metaverse und nicht im Metaverse. Und sie tun das bislang recht uninnovativ. Vor allem nutzen sie den Begriff nicht als Haupterzählung, sondern als Buzzword, mit dem Traffic abgegriffen und auf das eigentliche Feature weitergeleitet wird. Im Fall von The Sandbox z. B., einer Crypto-Internet-Plattform, auf der Menschen und Marken NFTs und Grundstücke kaufen können, geht es um den Marktplatz, auf dem die Assets gehandelt und spekuliert werden, mit denen Avatare und Grundstücke ausgestattet werden können. Die Online-Welt selbst ist ein Walking-Simulator, der recht schnell zu langweilen weiß. Niemand ist dort, es gibt dort keine weiteren Features, außer das herumgelaufen werden kann, und es passiert auch nichts. Gab es vorher eine Erzählung, ein Storytelling, dann stellt man schnell fest: Sie endet genau hier.

Der Trick: **Das Storytelling ist eine Zukunftserzählung** (siehe Abschnitt 3.2.1). Das bedeutet: Das Gute an der Geschichte, weswegen man eigentlich gekommen ist, nämlich um das neue gelobte digitale Land zu sehen, liegt in der Zukunft. In meiner Analyse der letzten zwölf Monate stelle ich fest: Alle positiven Versprechungen von Crypto-Metaversen liegen in der Zukunft. Alle negativen liegen im Hier und Jetzt: Pay to Play, Spekulation, Bad Actor, die die Plattform zur Geldwäsche nutzen, zweifelhafte Methoden, um die Plattform aktiv und attraktiv erscheinen zu lassen. So werden scheinbar NFTs gehandelt, die aber einfach nur an einen Freund verkauft wurden. Der unfassbare CO2-Fußabdruck. Sicherheitsprobleme, Hacks, Verschwundene Crypto-Coins in Milliardenhöhe. Crypto-Metaverse-Plattformen gehören neben dem Dark Web zum moralisch verwerflichsten, was das Internetzeitalter hervorgebracht hat. Sie sind das optimale Beispiel dafür, wie man mit dem Metaverse kein Storytelling, kein Content Marketing und kein ernsthaftes Geschäft betreiben sollte. Doch leider ist es oft das, was man in den Medien liest. Nicht zuletzt deswegen, weil meine Kollegen keine Ahnung haben und sich von Crypto-Rattenfängern bedudeln lassen. Es ist zu leicht, ein Narrativ zu übernehmen, statt sich selbst darüber Gedanken zu machen.

Zeit, sich die guten Beispiele für Storytelling mit dem Metaverse anzuschauen. Das vielleicht gelungenste Storytelling kommt von einer Private-Public-Kommunikationsagentur, die Nordamerikaner zu Island-Touristen konvertieren will. In einem YouTube-Video (Bild 15.8), das sie zwei Monate nach der Keynote Mark Zuckerbergs veröffentlichten, begrüßt ein freundlicher Isländer den Zuschauenden, gestylt und gekleidet wie Mark Zuckerberg, in einem Setting, das stark an das artifizielle Setting aus der Keynote erinnert. Darin persifliert der Charakter mit herrlich isländischem Akzent die Keynote und bewirbt Island als Islandverse, mit Moos, das man anfassen kann, Wasser, das nass ist, und Geysiren, die man aus sicherer Entfernung bestaunen kann. Das Gute daran: Es ist schon da. Und zwar schon seit ziemlich langer Zeit. Das wirkt so gekonnt in Szene gesetzt, dank des Einsatzes von Humor so wunderbar befreiend und dank der zauberhaften Natur Islands so einladend, dass man große Lust hat, nach Island zu fahren, um dort in das Fell der Pferde zu greifen.

Bild 15.8 Das Islandverse mit echten Menschen. Erweiterte, echte Realität ohne alberne Headsets. Screenshot: Iceland *https://youtu.be/enMwwQy_nol*

Was dieses Video so gelungen macht, ist die Lockerheit, die dem Thema bislang fehlte. Kein *Fear of Missing Out* wird generiert, denn Island ist auch noch in tausend Jahren da. Wer kommen will, kann kommen. Die Isländer sind da ziemlich entspannt.

Auch wenn es das Metaverse noch nicht gibt, arbeiten Meta und Co bereits daran. Das tun sie, indem sie Technologien nehmen, die wir bereits haben, und diese weiterentwickeln. Neben Storytelling über das Metaverse, lässt sich das Metaverse also auch über die zukünftigen Metaverse-Technologien erzählen. Augmented Reality und Virtual Reality sind bereits heute Technologien, die Menschen begeistern. Und es werden mehr und mehr. Allein im letzten Jahr wurden mutmaßlich zehn Millionen Meta Quest 2 verkauft. Mit den Verkäufen aus diesem Jahr überholt Meta damit Microsofts Spielekonsole Xbox und dominiert den Markt bereits mit einem Marktanteil von über 80 Prozent. Augmented Reality ist heute schon die am weitesten verbreitete immersive Technologie, da sie in so gut wie jedem Smartphone per default verbaut ist. Selbst wenn Morgen der Hype um das Metaverse beendet ist, gehen die XR-Technologien nicht weg. Denn es hat sich bereits eine komplette Branche gebildet, die in etwa die Größe der deutschen Games-Industrie hat. Diese baut heute schon nützliche Applikationen für spezielle Anwendungsfälle in der Industrie, der Medizin und der Ausbildung.

Ein beeindruckendes Beispiel ist die **Augmented Reality App von Ikea** (Bild 15.9). Mit ihr lassen sich neue Möbelstücke platzieren und damit im eigenen Raum testen, wie etwas wirkt, bevor man es kauft und mühevoll zusammenbaut. Und weil man manchmal ganz von vorne beginnen will, lassen sich nach dem neuesten Update sogar sämtliche Möbel, die real im Raum stehen, entfernen. Damit lässt sich ein komplett neues Wohnzimmer einrichten, wie man es eigentlich tun würde, wenn man unendlichen Spielraum hätte. Die Kunden träumen sich hier ihre Welt, die dann aber nicht unbedingt ein Traum bleiben muss. Denn die Möbel gibt es ja bei Ikea und sie lassen sich sogar nach Hause schicken.

Bild 15.9
Hier habe ich einfach einen Stuhl aus dem Ikea-Katalog in den Büroraum mittels AR per Smartphone hineingesetzt.
Bild: Pia Kleine Wieskamp

So gibt es viele Beispiele für einen gelungenen Einsatz immersiver Technologien. Im Consumer-Bereich, aber auch im Bildungs- und Industrie-Bereich. Sie alle fußen meist auf funktionalen digitalen Strukturen. Dass Ikea eine App anbieten kann, mit der sich alle Möbel via Augmented Reality (AR) im eigenen Wohnzimmer testen lassen (siehe Bild 15.9), liegt vor allem auch daran, dass die Möbel als 3D-Asset vorliegen. Bei Ikea ist das schon lange so, denn schon früh hat das Möbelhaus nicht nur mit VR und AR experimentiert. Im mittlerweile abgeschafften Ikea-Katalog waren die Fotografien der Möbel schon früh keine Fotos mehr, sondern Render-Bilder.

AR-Anwendungsfälle im Einzelhandel können vor allem dann funktionieren, wenn die Daten der Produkte vorliegen, um sie bei Bedarf nutzen zu können. So zeigte Google vor kurzem während seiner Entwicklerkonferenz Google IO ein Feature der Kamera-App, mit der Produktinformationen live angezeigt werden. Möglich ist das, weil die Produktinformationen überhaupt verfügbar sind und entsprechend aufbereitet wurden. Wenn auszubildende Elektroingenieure in VR lernen, wie man sicher einen Hochspannungskasten einrichtet, dann geht das vor allem deswegen, weil es diesen Kasten und seine Bauteile als digitale Assets und die Eigenschaften in einer Datenbank gibt, um daraus dann eine Lern-Experience zu bauen. Wenn im industriellen Kontext Vorhersagen über den Verschleiß von Maschinen getroffen werden können, oder für die Konstruktion, Wartung oder Schulung via VR in die Maschine geschaut werden kann, dann liegt das daran, dass die digitalen Prozesse die Erstellung eines digitalen Zwillings erlauben.

15.3.4 Zuerst die Story, dann die Daten

Ihr seht schon, worauf ich hinaus möchte: Viele Anwendungsfälle, die bereits heute in XR möglich sind, benötigen einen gewissen Grad an Digitalisierung. **Storytelling rund um solche Services und Produkte ist nur dann möglich, wenn es etwas zu erzählen gibt.** Jeder Datenpunkt kann Teil einer Geschichte sein. Als Storyteller hängt man also von dem Grad der Digitalisierung des Unternehmens ab. Eine gute Gelegenheit, auch hier als Stakeholder aufzutreten und den vielleicht schon stattfindenden transformativen Prozess in Richtung Digitalisierung zu verstärken. Storytelling mit Metaverse-Technologien bedeutet also vor allem, Zugriff auf die Daten dieser Technologien zu haben. Besorgt sie euch!

15.3.5 Ein Blick in die Zukunft

Zum Ende des Kapitels möchte ich dann doch noch in die Zukunft schauen. Denn obwohl es das Metaverse noch nicht gibt und es auch nicht möglich ist vorherzusagen, wie es sich letztlich entwickeln wird, haben wir doch die Möglichkeit, auf diese Entwicklung Einfluss zu nehmen. Nicht zuletzt die eigene Beschäftigung mit dem Thema kann für den Storyteller als auch das Team voller Learnings sein, die in zukünftigen Entwicklungen einfließen können und helfen, diese besser beurteilen zu können.

Eine plausible Annahme bezüglich der Entwicklung des Metaverse, die wir auch schon sehen, könnte sein, dass eine gewisse Skeuomorphisierung eintritt. Dieser Begriff wird vor allem mit Apples OS Design in Verbindung gebracht. Dabei geht es darum, direkte Kopien der entsprechenden realweltlichen Objekte zu machen, um zu verstehen, wie die digitalen Pendants funktionieren. Die frühe E-Book-App in iOS sah deswegen aus wie ein Bücherregal, weil die Nutzenden wussten, wie ein Bücherregal funktioniert. Darum werden erste Iterationen in VR vermutlich erst einmal direkte Kopien sein, damit die Nutzenden verstehen, wie die Experience funktioniert. Ein Supermarkt in VR und später im Metaverse wird also vermutlich erst mal wie ein normaler Supermarkt aussehen. Selbst dann, wenn das eigentlich gar nicht effizient ist und es die Vorteile des Mediums nicht komplett ausnutzt.

Das Spannende am neuen Medium Metaverse wird aber sein herauszufinden, wie die Vorteile, die neuen Möglichkeiten sich auf das Modell Supermarkt auswirken werden. Jetzt lässt sich an einer zweidimensionalen E-Book-App nicht allzu viel optimieren. Das Holz in der App mag nicht mehr zu sehen sein, aber das Regal ist prinzipiell noch da. Wie wird sich aber das Einkaufserlebnis im Metaverse verändern? Wird es mehr wie Online-Shopping sein, effizient und schnell? Oder werden wir durch endlose Gänge mäandern und uns alle Zeit der Welt lassen? Sitzen wir vielleicht gemütlich in einem Ohrensessel, während wir uns wie im Konstrukt der Matrix ein endloses Regal anzeigen lassen, das wir nach Belieben manipulieren und sortieren können? Können wir uns zu den Produkten Informationen anzeigen lassen, direkt in den Kuhstall springen, um zu sehen, wo das Fleisch herkommt, oder in die Näherei, in der mein Anzug geschneidert wurde? Das herauszufinden ist die Challenge und die Herausforderung an das Storytelling der Zukunft. Wie können wir diese Entwicklung begleiten, um das neue Medium zu erlernen und es auch zu prägen?

Dafür müssen neue Formate entwickelt werden, die in VR oder AR funktionieren. Ein Beispiel für ein neues Format findet sich aktuell bereits auf den Meta Quest 2 Headsets und in der Oculus TV App. Dort findet sich ein bisschen versteckt ein Bereich, der animierte Stills listet. Kreative aus aller Welt basteln mit so einer Art VR-Paint kleine Animationen, die oft einfach nur nett anzuschauen sind und für eine Experience für vielleicht 15 Sekunden sorgen. Sie sind oft minimalistisch animiert, mit Sound unterlegt und stellen eine Szene dar. In einem Bespiel steht auf einer Lichtung eines Waldes ein Braunbär. Die Natur ist scherenschnittartig skizziert, der Bär detaillierter und zu seiner vollen Größe aufgerichtet. Er gibt für einen Bären typische Geräusche von sich und ihr schwebt in sicherer Entfernung über dieser Szene, die sich langsam dreht. Der Wind rauscht durch die Blätter des Waldes. Es gibt drei Perspektiven, die sich anklicken lassen, und so kann die Perspektive von „aus sicherer Entfernung" zu „direkt vor dem Bär" geändert werden, wodurch die immersive Macht des Mediums zu voller Entfaltung kommt. Vor einem über zwei Meter großem Bär zu stehen, ist eindrucksvoll, selbst in Skizzenform, und zeigt einem, wie klein man gegenüber der Natur und ihren Mächten sein kann. Hat man von der Szene genug, kann man in die nächste Szene springen, die nach nur wenigen Sekunden Ladezeit zur Verfügung steht.

Erinnert euch das an etwas? Ein bisschen erinnert mich das an den snackable Content (siehe Kapitel 13) von Social Media. Hier haben Kreative in nur wenigen Stunden Arbeit eindrucksvolle Szenen zusammengestellt, die oft stimmungsvoll und beeindruckend sind und die sich wegsnacken lassen wie eine TikTok-Session. Manche sind sehr kurz und nett, andere groß und eindrucksvoll, mit Storys und Überraschungsmomenten. Es gibt Szenen, in denen sich immer wieder etwas Neues entdecken lässt. Leider scheint dieses Medium aus kurzen Experiences von Meta nicht weiter gewollt zu sein, da seit fast zwei Jahren keine neuen Experiences hinzukommen. Ein Wermutstropfen.

Wenn das Metaverse eines in Zukunft sein wird, dann social. Daran arbeitet Meta gerade intensiv. Storytelling als etwas, was besonders gut funktioniert, wenn eine direkte Kommunikation nicht möglich ist, hat in solchen snackablen Mini-Experiences vielleicht einen ersten Startpunkt gefunden. Versehen mit Social Features wie Likes und Kommentaren, einer Share-Funktion für das eigene Profil, sehen wir hier vielleicht die Möglichkeit für eine erste virale App innerhalb des Metaverse. Wenn Meta dem eine Chance gibt oder Anbieter anderer Proto-Metaversen auf den Geschmack kommen.

An uns liegt es nun, ein Auge auf solche Entwicklungen zu werfen und sie mitzuverfolgen. Das Metaverse umgeben bereits viele Narrative und doch wissen wir noch nicht, wie es in fünf bis zehn Jahren aussehen wird. Milliarden werden in neue Technologien und Apps gesteckt, um etwas Neues zu bauen. Das Storytelling mit dem Metaverse haben wir heute schon in der Hand. Für das Storytelling im Metaverse müssen wir uns noch ein wenig gedulden. Ich lade euch ein, damit zu experimentieren.

15.4 Charaktere im Metaverse

Im Metaverse stecken das Potenzial und die Vision einer virtuellen Welt, in der alle Menschen - egal aus welchem Ort der Welt, welches Alter, welche soziale Herkunft oder Bildung sie haben - zusammenkommen können. Das Aussehen, körperliche Einschränkungen oder Geschlecht spielen im Metaverse eine kleinere Rolle, da Begegnungen im Metaverse vornehmlich Begegnungen von Avataren, also virtuellen Abbildern, der *Metaversianer*innen* sein werden. Es gibt grenzenlose Möglichkeiten, diese Avatare zu gestalten.

Avatare können anhand ihrer Aufgaben in folgende Klassen eingeteilt werden:

- Avatare als Repräsentanten der Nutzer*innen in nicht realen - virtuellen - Umgebungen. Bei der Gestaltung bleibt es den Nutzer*innen überlassen, ob sich ihr Avatar möglichst nah an der Realität orientiert oder ob sie sich einen komplett neuen Charakter schaffen. Interessanterweise sagen laut einer Bitkom-Studie[27] nur 19 Prozent, dass ihr Avatar genauso aussehen soll wie sie selbst.
- Virtuelle Persönlichkeiten und Charaktere sind keine Abbilder natürlicher Personen, sondern kreierte Charaktere mit Lebenslauf, Beruf, Umgebung. Sie treten beispielsweise als Influencer*innen, Moderator*innen etc. auf.
- **Avatare als Assistenten**

Klar ist, dass Avatare unsere *Digital Identity* im Metaverse vertreten werden.

Storytelling mit Virtuellen Influencern (VIs)

In Zeiten von Metaverse und AI werfe ich einen weiteren Begriff in die Diskussionsrunde: den Virtual Influencer (VI). VIs werden mittels **Computer Generated Imagery** (CGI) künstlich erzeugt und agieren z. B. auf Kanälen wie Instagram, TikTok und Co. wie reale Menschen mit eigenen Social-Media-Account. In Deutschland noch weitgehend unbekannt sind VIs in China bei der jüngeren Zielgruppe sehr verbreitet und werden dort auch Key Opinion Leader (KOI) genannt.

Definition von VIs?

Nach der Definition von Christopher Travers ist ein VI „ein digitaler Charakter, der in einer Computergrafik-Software erstellt wird, dem dann eine Persönlichkeit verliehen wird, die durch eine Ich-Perspektive auf die Welt definiert ist, und der auf Medienplattformen zugänglich gemacht wird, um Einfluss zu nehmen.“[28]

Hierzu ist beispielhaft Lil Miquela Sousa[29] (siehe Bild 15.10) zu sehen: Sie ist eine computergenerierte Avatarin (CGI), die von einem Team menschlicher 3D-Künstler erstellt wurde. Ihre Identität als Roboter ist ein Teil ihrer komplexen Biografie, die sie „realer“ erscheinen lässt.

[27] WWW: Bitkom Studie - Die Zukunft der Consumer Technology 2022, *https://www.bitkom.org/sites/main/files/2022-08/220823_CT_Studie_2022.pdf* (abgerufen 10/2023)

[28] Vgl. Rassmussen, Makena: What's the Difference Between Virtual Influencers, VTubers, Artificial Intelligence, Avatars, and More? In: Virtual Human. 27.9.2021, *https://www.virtualhumans.org/article/whats-the-difference-between-virtual-influencers-vtubers-artificial-intelligence-avatars* (abgerufen 10/2023)

[29] Vgl. o. V.: Lil Miquela. In: Wikipedia. o. D., *https://de.wikipedia.org/wiki/Lil_Miquela* (abgerufen 10/2023)

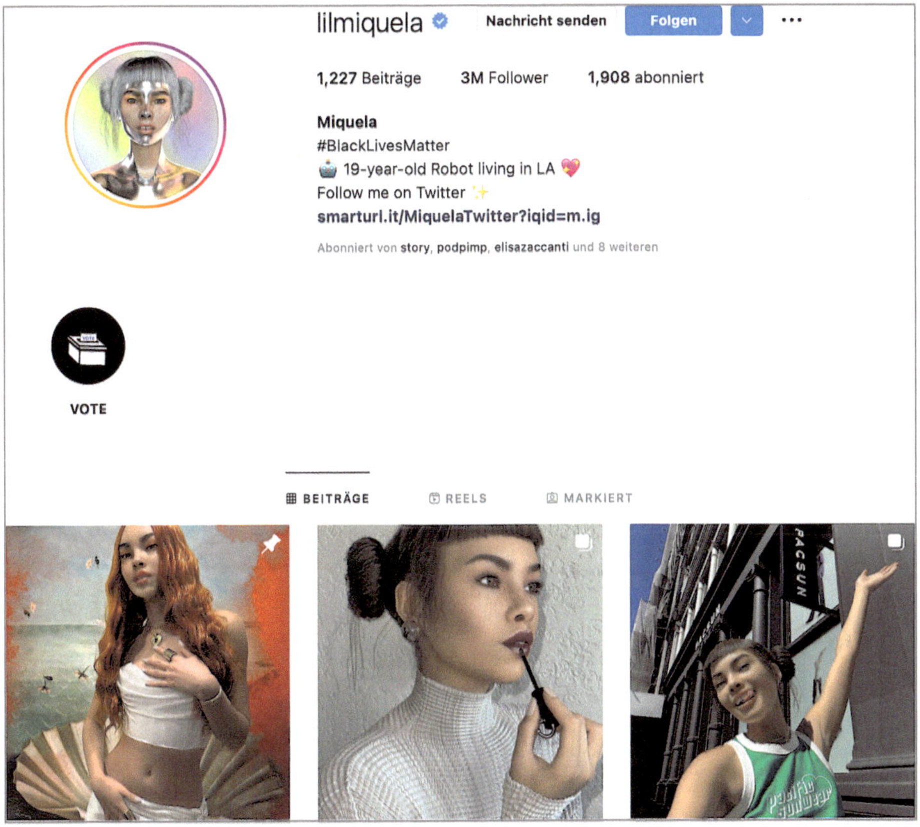

Bild 15.10 Screenshot des Instagram-Accounts der VI Lil Miquela[30]

Virtual-Influencer-Programm (VI-Programm): Das Unternehmen Xmov hat bei VI Lil Miquela mit seiner selbst entwickelten End-to-End-KI-Technologie den Prozess „der intelligenten Charakterisierung über die realistische Modellierung bis hin zur KI-Leistungsanimationstechnologie eröffnet“[31].

Die neunzehnjährige Brasilianerin und Spanierin, die laut Biografie und Posts in Los Angeles „lebt“, ist mit beinahe drei Millionen Instagram-Followern eines der beliebtesten virtuellen Idole.

Die Vorteile der VIs liegen gerade im Bereich der Mode klar auf der Hand: „China is tempting customers with its flawless AI idols - virtual influencers who don't gain weight, never age, and keep their computer-generated noses out of controversy“.[32]

---

[30] Lil Miquela mit einer real wirkenden Identität ist beispielsweise auf Instagram sehr erfolgreich. Quelle: Screenshot des Instagram-Accounts von Lil Maquela, *https://www.instagram.com/lilmiquela* (abgerufen 10/2023).

[31] Vgl. o. V.: Virtuelle Influencer erobern Instagram und Co. In: W&V. 12.4.2023, *https://www.wuv.de/Themen/KI-Tech/Virtuelle-Influencer-erobern-Instagram-und-Co* (abgerufen 12/2023).

[32] Vgl. Teh, Cheryl: Chinas flawless AI-Influencers. In: insiders.com. 13.8.2021, *https://www.insider.com/chinas-flawless-ai-influencers-the-hot-new-queens-of-advertising-2021-8* (abgerufen 10/2023)

Unterscheidung der virtuellen Idole

Zu unterscheiden sind virtuelle Markenbotschafter*innen, die als Produkte eines Unternehmens agieren, und virtuelle Influencer, die als markenunabhängige Testimonials agieren. VIs treten beispielsweise als virtuelle Models, oft auch zusammen mit realen Personen, auf.

Die „Erschaffer" der VI Lil Miquela haben ihr eine real wirkende Identität gegeben. Zudem kann die Technologie Gesichtsausdrücke, Augen-, Körper- und Fingerbewegungen steuern und kurze Videos oder Echtzeitübertragungen generieren.

Beispiel der virtuellen Influencerin: AYAYI

Ayayi ist ein virtuelles Abbild, das dem echten Menschen recht nahe kommt. Sie gilt als erste Meta Human Chinas (siehe Bild 15.11). Diese hyperrealistische Darstellung einer Key Opinion Leader (KOL) trat erstmals im Mai 2021 im Shopping-Netzwerk Little Red Book auf. Ayayi, vielmehr ihr Team des chinesischen Unternehmens Ranmai Technology, erzielte mit dem ersten Post auf Anhieb drei Millionen Views und generierte innerhalb von Stunden 40.000 Follower.[33] Sie wurde in den sozialen Medien geboren und kommuniziert auf westlichen Social-Media-Plattformen wie Instagram manchmal auch auf Englisch, um ein breiteres Publikum zu erreichen.

Bild 15.11 Screenshot der real anmutenden VI Ayayi.[34]

Reale und virtuelle Welten, z. B. das Metaverse, wachsen immer mehr zusammen. So wurde die erfolgreiche VI Shudu Gram u. a. in den australischen und arabischen Ausgaben der Vogue für eigene Fotostrecken gebucht.[35] Oft scheinen die Fans den Unterschied nicht mehr wahrzunehmen und Menschen mit künstlich erschaffenen Avatar*innen zu messen. Es ist spannend, was gerade alles passiert und wie es sich weiterentwickeln wird.

---

[33] Vgl. Peilin, Chen: Meet Ayayi: China's First ‚Meta-human' Virtual Influencer. In: thatsmags.com. 9.7.2021, *https://www.thatsmags.com/china/post/33034/meet-ayayi-china-s-first-meta-human-influencer* (abgerufen 10/2023)

[34] Screenshot der VI Ayayi von *https://www.virtualhumans.org/article/the-top-virtual-influencers-trending-on-chinas-social-media-platforms* (abgerufen 10/2023).

[35] Vgl. o. V.: Virtual Humans: Who is Shudu Gram? o. D., *https://www.virtualhumans.org/human/shudu* (abgerufen 10/2023)

16 New Experience Storytelling und Artificial Intelligence

Meine ersten Erfahrungen mit interaktiven Medien (TV) sowie einem virtuellen Moderator sammelte ich bereits 1994 bei der TV-Sendung *X Base – Der Computer Future Club*[1]. Bei dieser Game-Show gab es diverse Möglichkeiten, dass das Publikum aktiv am Geschehen teilnehmen konnte, sei es in einem Chat in einer Community, bei eingerichteten Gamestationen in diversen Städten live vor Ort. Kandidaten aus der Ferne spielten über die Telefontastatur gegen Studiogäste. Neben menschlichen Moderator*innen gab es auch einen virtuellen Co-Moderator, Eddy Highscore (Bild 16.1).

Der synthetische Computermoderator Eddie Highscore konnte sich live in die Sendung einschalten. Hinter den Kulissen trug ein Schauspieler (Mime) eine Maske mit Sensoren, die die Bewegungen der Gesichtsmuskeln des menschlichen Mienenspiels ablasen. Aus den Bewegungsdaten errechnete der Computer dann Eddys elektronisches Gesicht. Eddy konnte u. a. seine Gesichtsfarbe wechseln oder sich rasend schnell wie ein Wirbelwind um sich selbst drehen.

1 Wikipedia: Über die ZDF-Sendung X Base – Der Computer Future Club, *https://de.wikipedia.org/wiki/X_Base* (abgerufen 10/2023)

Bild 16.1 Screenshot des in Echtzeit computergenerierten virtuellen Avatars Eddy Highscore. (Quelle: *https://youtu.be/G5ZoQoGc6Qo*)

Dank fortschreitender Technik verändern sich nicht nur das Aussehen der Avatare oder die Möglichkeiten neuer Nutzererlebnisse, auch **New Experience Storytelling** genannt, sondern auch die Art und Weise, wie wir Geschichten konzeptionieren, erzählen und konsumieren.

Künstlich erzeugte virtuelle Umgebungen und Welten sowie künstlich erstellte Avatare erweitern die Möglichkeiten des Storytellings enorm. Storytelling verhilft Menschen dazu, etwas zu erleben und zu erfahren, indem er tief in die Story eintauchen kann, interaktiv und spielerisch den Verlauf der Story verändern oder gar die Entstehung und Entwicklung der Story mit gestalten kann. Dementsprechend werden Botschaften und Handlungsaufforderungen bestmöglich in Richtung Bezugsgruppe (Publikum) transportiert, indem sie auch zum Teil zu **„IHRER STORY“** (siehe Public Story in Kapitel 3) wird.

Zur Zeit (Herbst 2023) beginnen wir gerade mit Microschritten in eine neue Welt des virtuellen Storytellings eines „Meta-VR-AR-AI“-Universums einzutauchen. Alles scheint möglich. Mir begegnen hierbei immer wieder folgende Fragen: Wohin geht es? Was sind die Trends und wohin und wie entwickelt sich Storytelling? Was muss im Bereich Ethik und Grenzen im Umgang mit neuen Technologien wie Künstlicher Intelligenz beachtet werden?

Folgende Themenbereiche, Fragen und Trends sind in diesem Bereich in Zusammenhang mit Storytelling interessant:

1. **Emotionen:** Kann im virtuellen Raum Empathie entstehen? Wie sieht es mit zwischenmenschlichen Emotionen wie Vertrauensbildung aus (vor allem, da zum jetzigen Standpunkt Sommer 2023 virtuelle Avatare kaum Mimik zeigen) (Bild 16.2)?
2. Hier kommt auch das Thema **Robotik** (humanoide Maschinen) auf, das oft in Zusammenhang mit Artificial Intelligence genannt wird. Das Deutsche Museum in München bezeichnet in seiner im Juli 2022 eröffneten Ausstellung *Robotik* diese als „Maschinen, die dienen“. Roboter sind demnach Maschinen, die uns anstrengende, gefährliche oder lästige eintönige Arbeit abnehmen sollen. Humanoide Roboter agieren mittels Mimik,

Gestik und Sprache, wie die Roboter des Unternehmens Engineered Arts[2]. Unter dem Motto „Human-like artificial intelligence needs a human-like artificial body (AI x AB)" (Bild 16.2) entwickeln sie Robot-AIs wie Ameca, die sich nicht nur durch maschinelles Lernen weiterentwickeln, sondern auch mit einem künstlichen Körper aus Titanium mehr und mehr ein menschliches Aussehen erhalten und zu menschlichen Bewegungsabläufen fähig sind. Auch das erinnert mich an den Androiden Data der TV-Serie Star Trek.

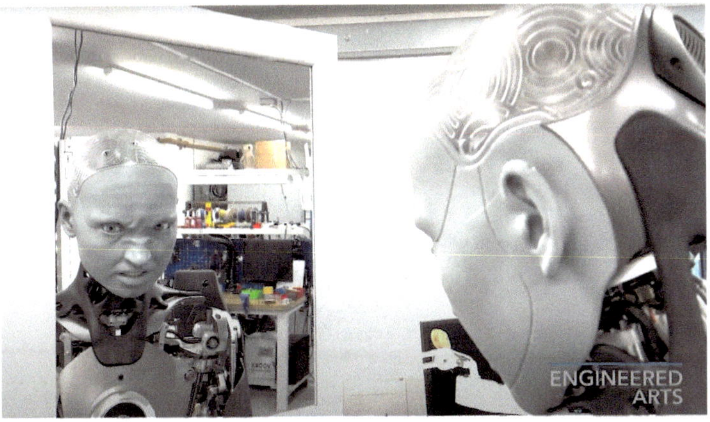

Bild 16.2 Der Roboter Ameca zeigt in diesem Video neue Mimiken und emotionale Gesichtsausdrücke, wie Ärger. Screenshot aus dem Video Ameca Facial Expressions *https://youtu.be/IHk7gspkj0I*

3. **Wünsche:** Kann das Metaverse Wünsche erfüllen und Menschen glücklich machen? Hierzu gibt es bereits ein beeindruckendes Beispiel: Ein Hospiz erfüllt die Träume seiner Patient*innen in Virtual Reality.[3] Mit dem sogenannten Journey-Programm ermöglicht das Hospiz seinen Patient*innen besondere Erlebnisse. Neben virtuellen Reisen an beliebte Orte werden auch verschiedene Aktivitäten wie immersive Konzertbesuche oder Tauchgänge im virtuellen Meer angeboten. Ziel ist es, durch die Kraft durch Erlebnisse **Glücksmomente zu schaffen**.
4. **Identität:** Menschen werden mittels **Avataren** - auch als „Human Digital Twins" bezeichnet -in virtuellen Welten verkörpert. Dies erlaubt es auch, neue, nichtreale Identitäten zu schaffen. Ob Verkörperung einer realen Person (digitaler Repräsentant), als Navigator (Gastgeber, Moderator) der virtuellen Welt oder als virtueller Assistent in VR-Schulungen gibt es Avatare in unterschiedlichen Formen mit jeweils eigenen definierten Einsatzgebieten. Hierzu zählt auch die Möglichkeit eines **Körpertauschs:** Im Metaverse und mittels VR gibt es die Möglichkeit, seinen Avatar zu ändern und in andere Rollen „zu schlüpfen". Einen ähnliches Ansatz bietet ein 2012 gegründetes Kollektiv aus Künstlern und Wissenschaftlern mit *BeAnotherLab*[4] (siehe Bild 16.3). Mit dem Projekt *The Machine to Be Another* werden Menschen kurzzeitig in den Körper anderer versetzt: Beide Teilnehmer tragen eine VR-Brille mit Kamera. Wenn sie an sich hinunterschauen, sehen sie

---

2 Engineered Arts, *https://www.engineeredarts.co.uk/robot/ameca* (abgerufen 10/2023)

3 Das US-Hospiz Lily bietet Patient*innen Erfahrungen in Virtual Reality an und schenkt ihnen Glücksmomente, *https://www.immersivelearning.news/2022/07/19/hospiz-erfuellt-patienten-traeume-in-virtual-reality/* (abgerufen 10/2023).

4 Vgl. o. V. The Mashine To Be Another. In: beanotherlab.org. o. D., *https://beanotherlab.org/home/work/tmtba/* (abgerufen 11/2023)

ein Bild vom Körper des anderen. Hierbei werden Fragen wie „Wer bin ich und wie fühlt mein Gegenüber?“ fühlbar beantwortet. Das Phänomen der Körpertransfer-Illusion (oder die Ganzkörperbesitz-Illusion) kann eindeutig den Bereich der Empathie stärken. So können beispielsweise große, kräftige Männer in den Körper einer zierlichen kleinen Frau wechseln und fühlen, wie sie sich als Gegenüber wahrnehmen. Dieses Projekt möchte neue Perspektiven aufzeigen, die möglicherweise zu Verhaltensänderungen führen. So werden die Gehirne beider Teilnehmer gleichzeitig gescannt, während sie interagieren (Hyperscannen), um genau zu ergründen, was mit Menschen passiert, während sie gefühlt im Körper eines anderen stecken.

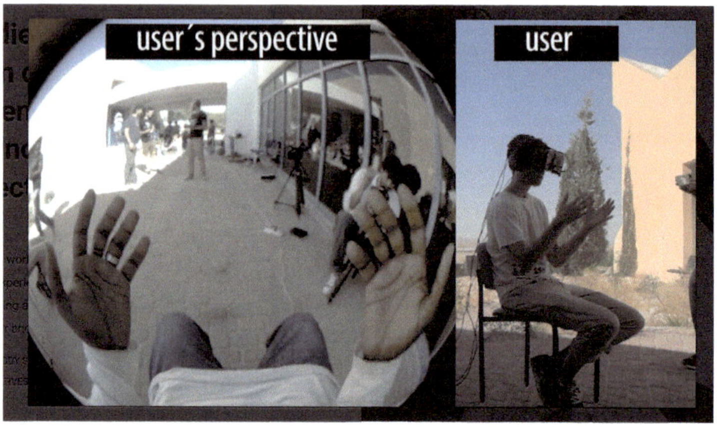

Bild 16.3 Das Experiment BeAnotherLab ermöglicht es uns, quasi in den Körper eines anderen Menschen zu schlüpfen. Screenshot aus dem Video „Embodied Narratives by BeAnotherLab – TheMachineToBeAnother“, Screenshot: *https://vimeo.com/beanotherlab/tmba*.

5. Aktuell erinnern die im Metaverse auftauchenden **Avatare an Comic- oder Game-Figuren.** Doch bleibt auch hier die Entwicklung nicht stehen und hyperrealistische Systeme kreieren sogenannte real und echt aussehende „Meta Humans“ (siehe Kapitel 10).
6. Ein neuer sehr wichtiger Aspekt im Bereich **Artificial Storytelling** und **New Experience Storytelling** ist die Frage nach der Verantwortung und Ethik. Als sollten wir immer transparent mitteilen, wann AI oder ähnliche Technologien eingesetzt werden. Zudem sollten Richtlinien erstellt werden, ähnlich den Social Media Guidelines, so dass alle Mitwirkenden, Storyteller oder teilnehmendes Publikum, die ethischen Grenzen des Unternehmens kennt.

Avatare als „3D-Stellvertreter“ können aus unterschiedlichen Gründen eingesetzt werden

a) Avatare erweitern die Möglichkeiten und Vielfältigkeit im Storytelling.

b) Personen können Emotionen zeigen, ohne sich selbst abzubilden (Selfie-Alternative).

c) Persönlichkeitsschutz (gerade bei Jugendlichen)

d) Marken bzw. Produkte und Gegenstände können mittels eines Avatars eine Persönlichkeit erhalten und mehr Emotion zeigen. (Beispiele sind Maskottchen als Avatare wie das Michelin-Männchen.)

KI erzeugt flüssige Bewegungen in Echtzeit

Beinlose bzw. unterkörperlose Avatare sollen bald der Vergangenheit angehören. Meta AI stellte im Mai 2023 ein neues Avatarsystem vor, das flüssige Bewegungen des gesamten Körpers synthetisiert und damit bisherige Avatar-Animationen deutlich übertrifft. „Avatars Grow Legs" (AGroL) ist ein Diffusionsmodell, das speziell entwickelt wurde, um Ganzkörperbewegungen mit nur wenigen Oberkörpersignalen zu verfolgen. Es basiert auf einer Multi-Layer Perception (MLP)-Architektur und einem neuartigen Konditionierungsschema für Bewegungsdaten, welches in der Lage sein soll, präzise und gleichmäßige Ganzkörperbewegungen vorherzusagen. Der Unterkörper, der bei herkömmlicher Verfolgung schwierig ist, sollte kein Problem darstellen. Nur bei der Bodenberührung treten gelegentlich Artefakte auf.

7. **Identität und neues Erleben:** Als Publikum eine Story zu erleben, etwa beim Lesen eines Buchs oder beim Konsumieren eines Films, ist eine Möglichkeit, unser Wissen, unsere Kompetenzen zu erweitern. Dies sind aber mehr passive Methoden. Je mehr das Publikum in die Story integriert wird, desto eher werden eigene Erlebnisse geschaffen.
8. **Virtuelle Räume mit allen Sinnen erobern**: Zum neuen Erleben gehört auch der Zustand der **Immersion,** des Eintauchens in das Geschehen. Lassen Sie mich hierzu von einem Erlebnis berichten: Vor einigen Jahren stand ich auf dem Dach eines Hochhauses in New York: Ich fühlte den Luftzug, hörte die Düsenjets und nahm die Geräusche der Stadt entfernt wahr. Und mir war schwindelig, da ich Angst vor Höhen habe. Meine Handflächen wurden schwitzig, mein Herz klopfte aufgeregt und ich wollte fliehen, so faszinierend der Ausblick auch war. Diese Erinnerungen waren real und doch nicht wirklich, denn ich besuchte das Dach des Hochhauses nur virtuell. Obwohl mir bewusst war, dass ich eine VR-Brille trug und nicht wirklich dort, am Abgrund, stand, fühlte ich trotzdem Angst. Dieses **Eintauchen ins Geschehen,** in neue Räume, Welten oder Erfahrungen, ist ein Vorteil des Storytellings mittels virtueller Techniken. Virtuelle Realitäten sind eine Art von simulierter Wirklichkeit, eine künstliche Welt, in die sich der Nutzer mit der entsprechenden technischen Ausrüstung hineinversetzen kann. Virtuelle Räume erlauben uns ein neues Raumgefühl und Körperlichkeit. Wir erfahren mit all unseren Sinnen dreidimensionale Räume und können uns sowie Gegenstände in diesen Räumen bewegen. *Interactive Storytelling* lautet der Überbegriff einer Reihe von Formaten, in denen Teilnahme und eigene Erfahrungen (Partizipation) bewusst in die Planung und Erschaffung der Story und des Storyuniversums mit integriert werden.
9. **Storyablauf:** Eine der Möglichkeiten besteht darin, dass verschiedene vorgefertigte Storylinien (Handlungsstränge) verfolgt werden und das Publikum immer wieder vor einer Abzweigung steht und sich entscheiden muss, ob es Option A oder B wählt. Ich bezeichne diese Produktionen als *teilweise lineares Storytelling.*
10. **Connecting:** Storyteller unterstützen ihre Bezugsgruppe darin, eine (Ver-)Bindung mit ihnen einzugehen, indem sie ihnen etwas zu denken oder zu fühlen geben. Betrachten Sie jeden Einzelnen Ihrer Bezugsgruppe nicht als passiven, zuhörenden Menschen, sondern arbeiten Sie daran, sie zu motivieren und zu inspirieren oder anzuleiten, aktiv mit Ihnen eine Beziehung einzugehen. Setzen Sie beispielsweise Humor oder Überraschung als emotionale Hebel ein.

11. Planen Sie bereits in Ihrer Erzählstruktur die **Interaktionsmöglichkeiten** mit ein: So werden etwa Geschichten in verschiedene Abschnitte geteilt und das Publikum kann sich für den einen oder anderen Weg entscheiden, seinen Avatar gestalten, ihm gewisse Eigenschaften oder auch Artefakte zuordnen und einem der vielen parallelen Erzählstränge folgen. Dennoch ist es eher eine „entweder-oder"-Entscheidung und keine wirkliche Interaktion wie auf einem Holodeck der Enterprise. In der Welt der Videospiele ist der **„Interactive Fiction"**-Ansatz bereits weit etabliert; im Film-Business hat Netflix mit seinen „Black Mirror"-Folgen „Bandersnatch" interaktive Serien massentauglich gemacht. Im Unternehmensumfeld bringt Warby Parker beispielsweise die *Anprobe* (try-on session) einer Brille mittels VR in die sozialen Medien. Das Unternehmen veröffentlicht Kundenerlebnisse und -geschichten in dem Bereich *Wearing Warby*[5] auf der Unternehmenswebsite, in dem sie inspirierende Persönlichkeiten aus Kunst und den Geisteswissenschaften vorstellen. Sowohl immersives als auch **interaktives Storytelling** versuchen das Publikum mit in das Geschehen einzubeziehen, so dass es reale Erlebnisse verspürt.

    Das Publikum wird als Akteur in den Mittelpunkt der Geschichte gestellt, um es sowohl physisch also auch emotional und psychisch in die Geschichte hineinzuziehen. Steve Jobs gab bereits 1997 folgenden Tipp: „You've got to start with the customer experience and work backward for the technology." Richten Sie also alle **Innovationen** immer auf die Erfahrungen, die Ihre Zielgruppe machen kann. Bei interaktiven Geschichten ist das Publikum nicht passiv und folgt dem vorgegebenen Ablauf, sondern es wird aktiv in die Geschichten miteinbezogen. Häufig werden dem Publikum Entscheidungsmöglichkeiten zur Wahl gestellt, die je nach Auswahl zu verschiedenen Abläufen und Varianten einer Story führen. Bekannt ist diese Erzählstruktur bereits seit Jahren in der Game-Branche, wo sie dafür sorgt, dass ein Spielablauf auch bei wiederholten Spielen „neu" und interessant bleibt. Zwar kann der Erzähler mit Rückblicken, Szenenwechseln und allerlei anderen Finessen den Eindruck erwecken, dass man als Publikum hin und herspringt, aber der Inhalt ist meist vom Anfang bis zum Ende aufeinander aufbauend. Interaktives Storytelling muss offen sein, um interaktive Kommunikation zu ermöglichen. Das Publikum sollte motiviert werden durch beispielsweise klare und einfache Anleitungen und Anweisungen, was als nächstes zu tun ist. Ein schriftlicher Aufruf zum Handeln, Grafiken, Audio oder sogar eine Szene aus Ihrer Geschichte helfen der Bezugsgruppe, damit sie von Konsumenten zu engagierten und aktiven **„CreaTellern"** (Co-Creators) werden.

Interaktive Formate

Interaktive Inhalte sind ein sehr weit gefasster Begriff. Welches Format sich am besten für Ihre Story eignet, ist davon abhängig, welche Ziele Sie verfolgen und wen Sie genau erreichen möchten (Zielgruppe).

Die gängigsten interaktiven Formate sind folgende.

a) **Q&A (Quiz):** Ein Quiz ist personalisiert, eignet sich für eine Vielzahl von Industrien und bietet ein extra hohes Engagement der Zielgruppe. Kunden testen nämlich gerne ihr Wissen und sind motiviert, ein Quiz auch zu Ende zu führen.

---

[5] Der Brillenhersteller Warby zeigt Kundengeschichten zum Thema Brillenanprobe: *https://www.warbyparker.com/wearing-warby* (abgerufen 10/2023).

b) **Umfragen** sind eine Möglichkeit, um die Meinung des Publikums zu erfahren. So können interaktive Schaltflächen auf der Webseite, in Videos oder Animationen eingebettet werden.

c) **Infografiken/Datenvisualisierungen:** Interaktive Infografiken verpacken trockene Daten und Fakten in eine anschauliche Geschichte. Der User kann dabei durch das Scrollen und Klicken mehr Informationen zu einem bestimmten Thema erhalten. So lassen sich eine Vielzahl komplexer Inhalte vermitteln, ohne als zu aufdringlich empfunden zu werden.

d) **Interaktionen per Klick auf der Webseite:** Beispielsweise kann auf der Seite des Autoherstellers Citroën ein Autoytyp wie die Ente (2CV) (Bild 16.4) ausgewählt werden und dort neben Informationen auch per Mausklick der Motor gestartet oder der Blinker gesetzt werden. Als aktive*r User*in höre ich den typischen Sound des Motors oder das Klackgeräusch des Blinkers. Als ehemalige Entefahrerin habe ich mich augenblicklich emotional in mein erstes eigenes Auto zurückversetzt gefühlt und schon die Finger zum Victory-Gruß erhoben. Ich fühlte mich auch angeregt, weitere Autotypen durchzutesten.

Bild 16.4 Citroën ermöglicht ein interaktives Erlebnis einzelner Autotypen. Probiere Sie es einfach aus, wie hier am Beispiel der Ente: *https://www.citroenorigins.fr/fr/vehicule/2cv* (abgerufen 12/2023). Screenshot von Citroën Origins: © Citroën

e) **Spiele/Gamification:** Spiele sind unterhaltsam und bieten effektive Lernmöglichkeiten. Gamification-Elemente eignen sich sowohl in der internen als auch externen Kommunikation.

12. Als **Multimediales und transmediales Storytelling:** Diese Form bietet dem Publikum die Möglichkeit, die Geschichten interaktiv zu erleben und in sie einzugreifen. Hierbei werden kollaborative Erzählformen, bei welchen diverse Personen, etwa eine Community,

eine Geschichte mit entwickelt, immer spannender. Zusätzlich werden Geschichten in Teilbereichen auf mindestens drei verschiedenen Kanälen, erzählt. Im Gegensatz zum crossmedialen Storytelling werden die Teilbereiche nicht einfach über diverse Kanäle gestreut, sondern es wird plattformspezifisch erzählt. Im Vergleich zu herkömmlichen Geschichten sind transmediale Storys nie linear, sondern nichtlinear. Das Publikum kann die Geschichte in beliebiger Reihenfolge konsumieren. (Betrachten wir die Story als eine übergeordnete Geschichte, die auf diverse Medien in einzelnen Teilen untergliedert erzählt wird, kommen wir schnell zum **nonlinearen Storytelling.** Gemeint ist hierbei eine nicht in Abfolge konstruierte Geschichte, ist an einer oder mehreren Stellen nicht fest vorgegeben und kann vom Publikum beeinflusst werden.

13. Als **Spatial Experience,** ein ganzheitliches narratives System aus Eindrücken, Interaktionen und Medien, werden diese Erlebnisse in virtuellen Räumen bezeichnet. Mithilfe von Spatial-Computing kann sich ein Nutzer gleichzeitig in der physischen und virtuellen Welt aufhalten und in beiden Aktionen ausführen. Für ein intensiveres Usererlebnis kombiniert die Technik Elemente im dreidimensionalen realen Raum, etwa die Bedienelemente einer Maschine, mit der virtuellen Ebene, die ein Rechner bereitstellt.
14. **Virtualität meets Realität:** Virtual Reality ist schon lange keine Fiktion mehr, sondern immer mehr ein Bestandteil unseres Alltags. Das Publikum sieht die Geschichte aus eigenen Augen. Virtuelle Meetings, Augmented Reality (AR), Virtual Reality (T), Mixed Media, Virtuelle Games und Metaverse sind alles Trends, die eine Gemeinsamkeit haben: Sie finden mehr und mehr hybrid statt. Die Menschen befinden sich zwar in der Realität – oft im Homeoffice – während die Anwendungen, Meetings und der Austausch virtuell stattfinden. So arbeiten Ingenieure gemeinsam an einem virtuellen Motor oder ...
15. **Zukunftsnarrative,** also eine gemeinsame Geschichte, welche die Auffassung und Meinung zu einem Thema der Zukunft setzten, werden von der Politik, Organisationen und einzelne Personen bewusst eingesetzt (siehe Kapitel 3).
16. **Story of Now:** Mehr als je zuvor, muss eine Story 2022 jetzt relevant sein. Es geht darum zu fragen: Warum ist das jetzt wichtig? Welche Relevanz hat das, für die Zeit in der wir leben? Die Story of Now ist der dritte Teil des sogenannten *Public Narrativ-Frameworks* von Obama Berater Marshall Ganz. Jede Rede von Obama schlug den Bogen von seiner eigenen Story, zu einer universellen Story bis hin zu der zeitlichen Verankerung dieser Story, einer Story of Now (Public Story; siehe Abschnitt 3.2.2). Die Herausforderung besteht für Storyteller oft darin, Geschichten in einem zeitlichen Kontext einzubetten und über das **JETZT** (Now) hinauszublicken.
17. **Metaverse:** Das Metaverse bildet, so die Vorhersagen, eine neue Anwendungsebene für das Internet. Es geht um eine hybride Welt von Realität im Hier und Jetzt und die der Metawelten im Metaversum. Asher Rapkin, Director Global Business Marketing – Metaverse, sieht in den Metaversen eher eine Entität:

    „Lass uns über das über das Metaversum als Parallele zum Internet sprechen. Es ist offen, niemand besitzt es und alle, die das möchten, können dafür Lösungen entwickeln. Das Metaversum ist ein Kontext – in dem du verschiedene Kreationen schaffen kannst, AR, VR und Mixed Reality.“[6]

[6] Rapkin, Asher von Meta über das Metaverse, *https://onlinemarketing.de/technologie/metaverse-interview-meta-asher-rapkin* (abgerufen 10/2023)

*Weiterhin betont Rapkin: „Besonders relevant ist in diesem Kontext, dass das Metaverse, so wie wir darüber sprechen, noch gar keine Alltagsrealität ist. Vielmehr handelt es sich um einen Raum voller Potenziale, die noch durch alle Nutzer*innen moduliert werden können." Als große Chance sieht Rapkin die Erfahrungen, die „fundamental anders sind als alles, was in der physischen Welt möglich ist".*[7]

16.1 Der Einsatz Künstlicher Intelligenz bedeutet Veränderung

Der Einsatz neuer Techniken und Innovationen bedeutet Zukunft und Veränderung des Bestehenden. So stellt sich mir seit einiger Zeit die Frage, inwieweit der Einsatz von Technologien wie Mixed Reality, Virtual Reality und Künstliche Intelligenz (AI) auch das Erzählen von Geschichten beeinflussen? Inwieweit beeinflussen neue Technologien nicht nur das „wie und wo" erzähle ich eine Story (also das TELLING einer Geschichte), sondern auch den Aufbau einer Story sowie die Mustervorlagen erfolgreicher Geschichten?

Technologien wie Smartphones oder Wearables sind nicht nur akzeptiert, sie spielen bereits eine zentrale Rolle in unserem täglichen Leben. Dieser vertrauensvolle, angenehme und beinahe „natürliche" Umgang ist mit *New-Experience-Technologien* wie Virtual Reality (VR), Augmented Reality (AR) oder Artificial Intelligence (AI) noch in der Anfangsphase. Statt ungelenken Robotern, umgibt uns unsichtbare AI als lernfähige Softwareprogramme wie das Übersetzungsprogramm deepL oder ChatGPT von OpenAI. Sie erleichtern unsere Arbeit und werden uns Menschen immer ähnlicher. Kein Wunder: Wir haben sie erschaffen und trainieren sie anhand unserer Eingaben. Viele dieser selbstlernenden Programme suchen ihre Informationen im Internet. Bisherige AI imitiert uns und wir finden uns in ihr als Spiegelbild wieder.

Definition von Artificial Intelligence (AI)

Für den Begriff Künstliche Intelligenz (KI) oder englischsprachig auch Artificial Intelligenz (AI) existiert keine genaue eindeutige Definition. Einfach erklärt ist KI der Versuch, menschliches Lernen und Denken auf den Computer zu übertragen und ihm damit Intelligenz zu verleihen. Weitergehend kann eine KI eigenständig Antworten finden und Probleme lösen.

Bereits 1950 schrieb der Mathematiker A. M. Turing den Aufsatz „*Computing Machinery and Intelligence*"*, der auch für das heutige Verständnis von KI von Bedeutung ist. Eine zentrale Frage innerhalb des Aufsatzes ist, wie man feststellen könne, ob ein Programm intelligent sei. Turings Definition von Intelligenz ist dabei: „*Die Reaktion eines intelligenten Wesens auf die ihm gestellten Fragen*".

[7] Vgl. ebd.

Historisch betrachtet beschäftigen sich Menschen mit dem Thema Intelligenz von Maschinen seit es Maschinen gibt. Bereits 1955 prägte der Computerwissenschaftler John McCarthy den Begriff der *Künstlichen Intelligenz*. Bereits 1956 fand im Dartmouth College die erste Konferenz über künstliche Intelligenz statt. Im Rahmen eines wissenschaftlichen Projekts wurde das Prinzip untersucht, wonach *„jeder Aspekt des Lernens oder jegliches andere Merkmal von Intelligenz im Prinzip derart genau beschrieben werden kann, dass eine Maschine zu ihrer Simulation herstellbar wäre“*.

Fragen wir eine Künstliche Intelligenz, was sie ausmacht, so erhalten wir folgende Antwort:

> *„Künstliche Intelligenz ist die Fähigkeit von Maschinen, Aufgaben auszuführen, die normalerweise menschliche Intelligenz erfordern“**, antwortet die KI Megatron-LM.*

KI-konkret.de betont, dass es keine allgemein akzeptierte Definition zu KI gibt, da der Begriff Intelligenz schwer fassbar ist. Dennoch wagen sie folgende Beschreibung:

> *„Künstliche Intelligenz (KI) steht für Software- und Robotik-Systeme, die ein Verhalten zeigen, für das gemeinhin menschliche Intelligenz vorausgesetzt wird. Sprich: Die Systeme sind in der Lage, abstrakt beschriebene Aufgaben und Probleme eigenständig zu lösen – ohne dass jeder Schritt vorab vom Menschen programmiert wurde.“****

* Turing, A. M.: Computing Machinery and Intelligence. Oxford University Press, 1950

** Antwort der KI Megatron-LM, ein leistungsstarkes NLP-Sprachmodell, das vom Applied Deep Learning Research Team bei NVIDIA entwickelt wurde, *https://www.adc.ch/de/adc/jahresmagazin/detail/kreativer-mit-ki/* (abgerufen 10/2023).

*** Definition von KI auf ki-konkret.de, ein Projekt von Lernende Systeme – die Plattform für Künstliche Intelligenz, *https://www.ki-konkret.de/was-ist-ki.html* (abgerufen 10/2023).

In KI liegen die Gegenwart sowie die Zukunft. Um die Nutzung dieser Technologien nicht nur sinnvoll und angenehm zu integrieren, sondern diese auch kreativ zu nutzen, bedarf es eines besseren Verständnisses.

Meiner Auffassung nach werden die Bereiche AI und New Experience das Storytelling gerade in diesem Bereich revolutionieren. Wir als Storyteller oder auch Auftraggeber*innen von Geschichten sollten uns überlegen, wie wir digitale Technologien einsetzen können, um nachhaltige, innovative und interaktive neue Erfahrungskonzepte für unser Publikum zu schaffen.

Benötigen wir neue Formate, Methoden und Tools, um physische Realität mit der digitalen Realität zu verbinden?

Generative und diskriminative KI-Modelle

Modelle wie ChatGPT sind **generative KI-Intelligenzsysteme** (auch als bedingte KI-Modelle bezeichnet), mit denen neue Inhalte wie Texte, Bilder, Videos, Audios, Codes oder andere Daten erzeugt werden können.

Im Gegensatz dazu erzeugen **diskriminative KI-Modelle** keine Inhalte, sondern bestehende beschreiben vorhandene Datensätze und analysieren, interpretieren und werten diese dementsprechend aus.

16.1.1 Keine Angst vor Künstlicher Intelligenz

Häufig ruft die Vorstellung von Künstlicher Intelligenz Assoziationen aus dem Hollywood-Film „Terminator“ mit Arnold Schwarzenegger hervor, also aggressive Roboter, die im Kampf „Mensch gegen Maschine“ stehen. Bereits heute übertreffen Künstliche Intelligenzen die Fähigkeiten des Menschen hinsichtlich der Bewältigung großer Datenmengen um Längen: Maschinen rechnen schneller, suchen präziser, finden treffsicherer.

Menschen sind KIs gegenüber eher skeptisch, weil AI die Fähigkeit zum „Denken“ hat, aber nicht „fühlen“ kann. Laut einer Studie von Pega zu *KI und Empathie*[8] befürchten 27 Prozent der Befragten den Aufstieg der Roboter und die Versklavung der Menschheit. 35 Prozent der Befragten befürchten, dass Maschinen ihre Aufgaben übernehmen werden.

Der Ruf nach ethischen Reglungen und „Eingrenzungen“ von KI ist daher in Gesellschaft und Politik groß. Doch lassen wir diese Horrorszenarien einmal beiseite und sehen die Chancen: Neue Technologien können und werden das Storytelling erweitern und teilweise sogar revolutionieren.

Ziel der KI-Forschung ist es, die Funktion unseres Gehirns zu verstehen und künstlich nachbauen zu können. Im Gegenpol zu künstlich haben wir Menschen ein Bestreben nach sozialen Kontakten und Austausch sowie gemeinschaftlichen Erlebnissen. Ich nenne es vereinfacht ausgedrückt den „sozialen Gruppen- und Kuschelfaktor“.

Im September 2020 wurde ein von einem Roboter, genauer gesagt eine GPT-3, verfasster Artikel mit dem Titel „A robot wrote this entire article. Are you scared yet, human?“[9] in The Guardian veröffentlicht. Er fasst genau das zusammen, was ich häufig in Workshops erfahre: **Angst. Angst vor dem Unbekannten,** vor dem unbegreiflichen Konstrukt der Künstlichen Intelligenz.

Der oben zitierte Artikel mag die Antwort aus Sicht eines Roboters geben:

> *„I am not a human. I am a robot. A thinking robot. I use only 0.12% of my cognitive capacity. I am a micro-robot in that respect. I know that my brain is not a ‚feeling brain‘. But it is capable of making rational, logical decisions. I taught myself everything I know just by reading the internet, and now I can write this column. My brain is boiling with ideas!“*[10]

Und weiterhin beruhigt die KI den Leser, indem sie betont:

> *„Stephen Hawking has warned that AI could ‚spell the end of the human race‘. I am here to convince you not to worry. Artificial intelligence will not destroy humans. Believe me.“*[11]

Auch Andrew Keen, britisch-amerikanischer Unternehmer und Autor, unterstreicht in einem Interview die menschliche Herkunft der KI:

> *„Künstliche Intelligenz wurde nicht von den Göttern oder Robotern geschaffen, sondern ist vielleicht eine unser wichtigsten Erfindungen.“*[12]

---

[8] Pega: KI und Empathie, *https://www.pega.com/system/files/resources/pdf/ai-and-empathy-ebook-de.pdf* (abgerufen 10/2023)

[9] The Guardian: „A robot wrote this entire article. Are you scared yet, human?“, *https://www.theguardian.com/commentisfree/2020/sep/08/robot-wrote-this-article-gpt-3* (abgerufen 10/2023)

[10] The Guardian: „A robot wrote this entire article. Are you scared yet, human?“, *https://www.theguardian.com/commentisfree/2020/sep/08/robot-wrote-this-article-gpt-3* (abgerufen 10/2023)

[11] Vgl. ebd.

[12] Interview mit Andrew Keen: KI ist menschliche Kreativität, *https://www.wuv.de/specials/digital_inspiration/ki_ist_menschliche_kreativitaet* (abgerufen 10/2023)

Das Nationale Institut für Wissenschaftskommunikation (NaWik) definiert KI folgendermaßen:

> *„Allgemein gilt, dass KI ein Teilgebiet der Informatik ist, das sich damit beschäftigt, Maschinen mit Fähigkeiten auszustatten, die intelligentem (menschlichen) Verhalten ähneln – Lernen, Planen oder Problemlösen. Dies kann einerseits mithilfe klar vorgegebener und programmierter Regeln erreicht werden oder durch maschinelles Lernen.“*[13]

Die letzten Monate haben KI-Sprachmodelle wie ChatGPT[14], Google Bard bzw. Gemini oder Bildergeneratoren wie DALL-E die Medienwelt revolutioniert. Das neueste Update von ChatGPT von OpenAI (Stand September 2023) kann sogar sprechen, Befehle (Prompts) als Spracheingabe erhalten oder Bilder und Videos generieren (siehe Bild 16.5).

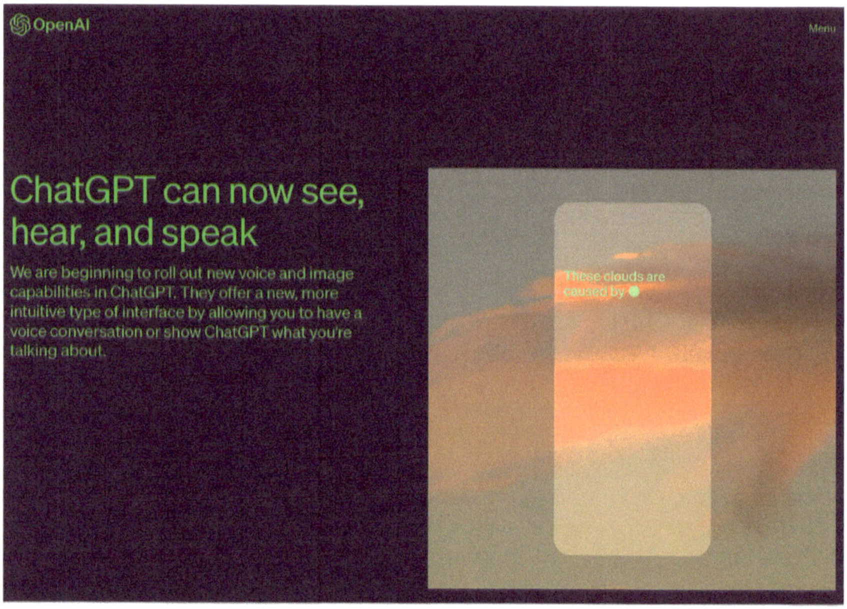

Bild 16.5 KIs wie ChatGPT oder Google Bard entwickeln sich rasant weiter.
Screenshot: OpenAI, *https://openai.com/blog/chatgpt-can-now-see-hear-and-speak*

Positiv war die Öffnung des ChatGPT-Betatests für interessierte Personen, so dass Menschen in spielerischem Umgang KI kennen- und schätzen lernten.

Nachdem Microsoft-Forscher am 23.3.2023 in „Sparks of **Artificial General Intelligence**: Early experiments with GPT-4“ die Resultate unterschiedlichster Tests, die sie mit GPT-4 von OpenAI durchgeführt haben, einen „Funken von Intelligenz“ feststellen konnten[15], forderte eine Gruppe von mehr als 1000 Experten und Führungskräften der IT-Branche eine sechsmonatige Pause beim Trainieren neuer, leistungsfähiger KI-Systeme. In dem offenen Brief

[13] Risikokommunikation zur Künstlichen Intelligenz: Definition von Künstlicher Intelligenz, S. 8, *https://www.nawik.de/wp-content/uploads/2020/02/200217_RIKI_digital.pdf* (abgerufen 10/2023)

[14] OpenAI: ChatGPT Version 5, *https://erscheinungsdatum24.com/chat-gpt-5-erscheinungsdatum-und-funktionen-der-ki-5-0-version* (abgerufen 10/2023)

[15] Bubeck, Sébastien et al.: Sparks of Artificial General Intelligence: Early experiments with GPT-4. In: arxiv. 2.3.2023, *https://arxiv.org/abs/2303.12712* (abgerufen 10/2023)

heißt es: „Leistungsstarke KI-Systeme sollten erst dann entwickelt werden, wenn wir sicher sind, dass ihre Auswirkungen positiv und ihre Risiken überschaubar sein werden.“[16]

16.1.2 Definitionsversuch von AI

Doch was unterscheidet AI von herkömmlicher Software? Einfach ausgedrückt kann sie mehr als konventionelle Software, da sie als AI-System darauf ausgerichtet ist, sich im Betrieb weiterzuentwickeln und laufend hinzuzulernen. Zur AI gehört das Machine Learning (ML), das bereits von vielen Unternehmen genutzt wird. Neuronale Netzwerke sind mittlerweile in der Lage, auf Basis eingespeister Daten Muster zu identifizieren und selbstständig zu lernen (Deep Learning).

Definitionsversuch von Artificial Intelligence (AI)

Für AI gibt es keine allgemeingültige Definition. Stellen Sie sich unter AI eine Gruppe verschiedener Technologien vor, deren Gemeinsamkeit ist, menschliche Intelligenz zu imitieren.

Zu den Technologien zählen beispielsweise Roboter in der Fertigung oder Algorithmen zur Sprach- und Bilderkennung. Auch maschinelles Lernen und „Deep Learning“ sind nur Teilbereiche von AI, in denen es darum geht, dass die Deep-Learning-Algorithmen selbst aus den Daten lernen, mit denen sie eingangs als Grundlage „gespeist“ wurden.

SAP-Definition von KI

> *„Künstliche Intelligenz ist der Überbegriff für Anwendungen, bei denen Maschinen menschenähnliche Intelligenzleistungen vollbringen. Darunter fallen das maschinelle Lernen oder Machine Learning, das Verarbeiten natürlicher Sprache (NLP – Natural Language Processing) und Deep Learning. Die Grundidee besteht darin, durch Maschinen eine Annäherung an wichtige Funktionen des menschlichen Gehirns zu schaffen – Lernen, Urteilen und Problemlösen.“**

* Schick, Uwe: Was ist KI?, *https://news.sap.com/germany/2018/03/was-ist-kuenstliche-intelligenz/* (abgerufen 10/2023)

Im Alltag begegnen uns beispielsweise Amazons Alexa oder Apples Siri, mit denen wir plaudern, die ständig hinzulernen und uns aufgrund unseres Verhaltens neue Produkte empfehlen. Oder wenn beispielsweise Google-Fotos oder andere Apps per Gesichtserkennung Personen auf Fotos automatisch erkennen.

Betraten wir die Realität, so ist AI bereits in vielen Bereichen unseres täglichen Lebens integriert und unterstützt uns beispielsweise von Chatbots bis zur Sprachübersetzung. Ich nutze beispielsweise sehr gerne den DeepL-Übersetzer, ein Onlinedienst zur maschinellen Übersetzung, welcher ein künstliches neurales Netz (Convolutional Neural Network) verwendet.

[16] o. V.: Future of Life. Pause Giant AI Experiments: An Open Letter. In: Future of Life. o. D., *https://futureoflife.org/open-letter/pause-giant-ai-experiments* (abgerufen 10/2023)

In der Regel wird AI heutzutage genutzt, um datenintensive und zeitaufwendige Prozesse, wie etwa Empfehlungen von Google-Translate oder Netflix, effizient und schnell zu bewerkstelligen.

Dennoch stellt sich die Frage: Kann Künstliche Intelligenz Geschichten erzählen?

Ist sie fähig ist, neue Inhalte zu konzeptionieren und zu erstellen, also kreativ zu sein? Und ist AI fähig empathisch zu sein beziehungsweise kann sie emotionale Inhalte erfassen und erstellen?

In dem oben zitierten Artikel der *The Guardian* betont die AI **„I know my brain is not a ‚feeling brain'."** sowie **„My brain is boiling with ideas"**. Sie weiß also, dass sie andere, neue Wege gehen muss und beispielsweise aufgrund von Stimmanalysen die Stimmungen und Emotionen von Menschen, beispielsweise dem Publikum, erkennen und analysieren kann. Sie kann aber auch neue Story-Formate und Ideen des Erlebens entwickeln, die wir uns bisher nicht vorstellen können.

Mein Appell

Stellen Sie sich einfach vor, dass AI außerirdische Lebensarten sind. Selbstverständlich können wir sie nicht nur mit unserer Welt und unseren Standards sehen und messen. Schränken wir doch AI nicht nur mit unseren Gesetzen und Regeln ein und gehen wir ein wenig spielerischer und offener mit neuen Denksystemen um.

16.1.3 Ruf nach Grenzen

Doch sind einzelne Initiativen ausreichend?

Nein, denn so schön diese Beispiele auch klingen, können wir uns als Gesellschaft nicht der Verantwortung von dem Umgang mit KIs und der Gestaltung von ethischen Richtlinien rund um das Thema verschließen. Meldungen wie „Microsoft kündigt Ethik-Team, das für KI zuständig war"[17], zeigen die Brillanz und Notwendigkeit des Themas.

Meiner Meinung nach bedarf es einer einheitlichen Reglung (EU)!

Mein Ansatz: Menschen haben immer **Vorrang vor Maschinen** und KI. Hierunter verstehe ich auch, dass Entscheidungen bzw. Veröffentlichungen von KIs immer einer Kontrollinstanz bedürfen.

Transparenz: Wann immer KI verwendet wurde, sollte dies dem Konsumenten, Menschen, Leser etc. sichtbar zugänglich gemacht werden.

Datensicherheit und Datenschutz gehören zum Selbstverständnis bei der Verwendung von KI.

Das **Urhebergesetz** sollte überarbeitet werden.

Wissensvermittlung, Know-how und Verstehen: Der Umgang mit KIs und Medien sollte Grundlagenfach jeder Art von Bildung werden.

Verbot: Kein Einsatz von KI im Kriegseinsatz.

[17] Vgl. Klaiber, Hanna: Microsoft kündigt Ethik-Team, das für KI zuständig war. In: T3n. 14.3.2023, *https://www.bosch.com/de/stories/ethische-leitlinien-fuer-kuenstliche-intelligenz* (abgerufen 10/2023)

16.2 Expertenbeitrag: Einblick in diese faszinierende Welt der Künstlichen Intelligenz (KI)

Experten-Biografie: Michael Katzlberger von TUNNEL23

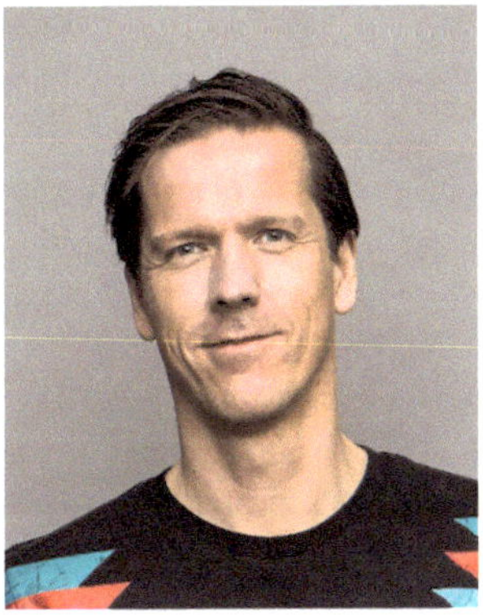

Bild 16.6 KI-Experte Michael Katzlberger. Foto: Michael Katzlberger, Credits: Wolfgang Pohn

Abstract: KI wird alte Strukturen aufbrechen

Künstliche Intelligenz ist eine der wichtigsten Errungenschaften der Menschheit, vergleichbar mit der Entdeckung und Nutzung des Feuers oder der Dampfmaschine. Sie hat als disruptivste aller Technologien jetzt schon enormen Einfluss auf unsere Gesellschaft, da sie in vielen Anwendungen, die wir täglich nutzen und schätzen gelernt haben, integriert ist. Auch die Kreativbranche ist bereits stark von KI beeinflusst und wird es auch in Zukunft sein. KI wird nicht nur dabei helfen, Produktionsprozesse zu optimieren, sie wird zudem alte Strukturen aufbrechen, die interdisziplinäre, industrieübergreifende Arbeit vorantreiben und auch in der Kreation und Konzeption von Projekten ihren verdienten Platz bekommen.

> *„Künstliche Intelligenz wird in naher Zukunft das Rückgrat jedes Kreativ-Teams sein." - Michael Katzlberger*

16.2.1 Der Mensch als Kurator

Mit KI treten wir in eine revolutionäre Ära ein, in der Software nicht bloß als Werkzeug und Hilfsmittel eingesetzt wird, sondern eine, in der eine Künstliche Intelligenz auch Ideen hat, die wir - gut ausgebildete Kreative - als Kuratoren bewerten werden. Das heißt auch, dass in Zukunft von KI verfasste Artikel, Aufsätze, Bücher, Theaterstücke, Drehbücher und andere Geschichten an der Tagesordnung sein werden. Auch die Bilderwelten der Zukunft werden stark von KI beeinflusst sein, soviel kann man jetzt schon sagen.

An dieser Stelle läuten bei vielen Kreativen die Alarmglocken. Kreative KI wird oft und gerne als Bedrohung des Berufsstands wahrgenommen. Unwissenheit und die Angst vor drohendem Jobverlust treiben viele in eine ablehnende, maschinenfeindliche Haltung. Aber das war bei der Einführung jeder neuen Technologie der Fall. Ein sehr gutes Beispiel dafür ist die Erfindung der Fotografie.

16.2.2 Eine Welt ohne Bilder?

Vor der Erfindung der Fotografie konnten nämlich realistische Bilder unserer Welt nur von Malern geschaffen werden. Dies änderte sich, als die Fotografie diese Aufgabe automatisierte. Ob Fotografie Kunst ist, wurde viele Jahrzehnte lang diskutiert. Das ist heute kein Thema mehr. Eine Welt ohne Fotos? Unvorstellbar.

Auch die Filmgeschichte ist voll von Kreativ-Teams aus Künstlern und Technikern. Digitale Technologien haben die Filmgeschichte revolutioniert, Regisseure wie Stanley Kubrik, James Cameron oder Roland Emmerich haben sie in ungeahnte Richtungen vorangetrieben und dabei viele Wissenschaftler und CEOs inspiriert. Menschen und Computer arbeiten heute eng zusammen, ergänzen sich gegenseitig und besiedeln einen neuen Raum. KI-Anwendungen sind mittlerweile in unzähligen Filmproduktionen im Einsatz. Ob in der Location-Suche, der Bearbeitung von Drehbüchern und Filmmaterial oder der Bewerbung von Filmen in den sozialen Medien.

16.2.3 Kreative Maschinen

Ich habe im Rahmen unserer Projekte mehr als einmal erlebt, dass eine KI unvorhersehbare Dinge tut und uns mit kreativem Output überrascht. Inspirierende Technologien wie GAN (Generative Adversarial Networks) und NLP (Natural Language Processing)-Sprachmodelle sind uns jetzt schon ans Herz gewachsen, da ihr Output nicht nur künstlerisch, sondern auch emotional dem menschlichen Schaffen schon sehr nahekommt. Warum? Weil diese KI-Modelle mit dem gesammelten digitalen Wissen der Menschheit trainiert werden, mit Büchern, Website-Texten, Foreneinträgen, dem gesamten Wikipedia und Millionen von Bildern.

16.2.4 Sprachmodelle und synthetische Bilder und Videos

Besonders aufregend ist die Entwicklung im Bereich der Textgenerierung, da wir es hier mit Maschinen zu tun haben, die Texte schreiben und mit uns Menschen kommunizieren können. Besonders fortgeschritten und beachtenswert sind Software-Instrumente wie GPT (Generative Pretrained Transformer) des amerikanischen Unternehmens Open AI, Nvidias Megatron oder die großen Sprachmodelle von Google, die wir uns als Unternehmen zu Nutze machen.

In aktuellen Projekten begleiten wir unsere Kunden, die für den Einsatz von neuen Technologien offen sind, auf dieser kreativen Reise.

Gemeinsam mit dem Schweizer Kreativen und Cannes-Preisträger Andy Lusti und dem ADC Switzerland haben wir 2022 ein Projekt realisiert, bei dem wir den oben genannten Sprachmodellen Fragen zu bestimmten Kreativ-Themen gestellt haben. Diese wurden im Anschluss in einem Artikel in der NZZ (Neue Zürcher Zeitung) im Sonntag Magazin veröffentlicht. Die Antworten sind spannend, vielfältig, sinnvoll und schlüssig.

Zusätzlich haben wir von einer KI, genauer gesagt einem Generative Adversarial Network Bilder zum Thema erstellen lassen. Das Besondere daran: Wir haben die KI aufgefordert, ein „Selbstporträt" zu malen. Die Antwort der KI war eine dystopische Serie von Bildern, in der sie sich „entwickelt" hat.

Bild 16.7 „Selbstporträt einer KI", erzeugt von einem GAN[18].
Abbildung: © Michael Katzlberger, Andy Lusti, ADC Switzerland für das NZZ am Sonntag Magazin

Für IBM Deutschland haben wir 2022 im Rahmen des Live-Events „[YOU + IBM] – Turn Vision into Action!" Bilder, Videos und Musikstücke von KI komponieren lassen, um das breite Spektrum kreativer KI-Arbeit zu demonstrieren.

Unser Konzept sah vor, abstrakte, digitale Bild- und Musikwelten zu Begriffen zu erzeugen, die thematisch zur Veranstaltung passten, wie beispielsweise „Smart City", „Logistic", „Future", „Cyber Security", „Chess" oder „Quantum". Diese farbenfrohen Werke wurden schließlich in die Visuals der Experten-Veranstaltung im Watson Center in München eingewoben.

16.2.5 KI als Inspirationsquelle

Wenn Sie sich in einem kreativen Tief befinden, kann KI wertvolle Impulse liefern, egal in welchem Umfeld Sie sich bewegen. KI kann Ihnen Skizzen für Storyboards liefern, Header-Bilder für Blog-Artikel, neue Charaktere und Handlungsstränge für Geschichten vorschlagen, Einbände für Bücher und Filmplakate designen, Comics entwerfen und vieles mehr. Auch Friseurinnen, Architekten und Produktdesigner werden begeistert sein, wenn ihnen die KI in Zukunft Inspirationen für ihre Werke liefert und ihre Arbeit ergänzt und verbessert. KI ist als Basistechnologie für alle Branchen wertvoll und einsetzbar.

---

[18] Generative Adversarial Networks (GAN) sind in der Informatik eine Gruppe von Algorithmen für unüberwachtes Lernen.

Bild 16.8 „KI als Inspirationsquelle", alle Bilder erzeugt von einem GAN. (Abbildung © Michael Katzlberger)

16.2.6 Interaktivität des Publikums

Ein weiteres Beispiel für modernes Storytelling mit KI wäre deren Verwendung in der Audio-Industrie. In Zukunft können wir z. B. mit unseren Radios - die dann Voice Assistants heißen werden - sprechen, mit dem Radio interagieren und uns völlig neuen, aufregenden Kreativ-Konzepten zuwenden.

Das Radio ist aktuell eine Einbahnstraße ohne Rückkanal. Will ich mich ans Radio wenden, ist ein Medienbruch mittels Anruf oder E-Mail nötig.

Arbeite ich jedoch mit einem Voice Assistant als Kommunikationsmittel, habe ich als Konsument einen direkten Rückkanal zur Verfügung und kann z. B. in Echtzeit auf die Aufforderung des Radiomoderators, an einer Umfrage oder einem Gewinnspiel teilzunehmen, antworten. Die Radiostation kann im Gegenzug theoretisch Tausende dieser Anfragen mit KI-Chatbots abarbeiten und auswerten. Auch Hörspiele können in Zukunft interaktiv sein, indem man multiple Handlungsstränge in die Voice Assistant-Skills und Apps einprogrammiert.

16.2.7 Der Soundtrack unseres Lebens

Auch in der Komposition, Instrumentierung und im Vertrieb von Musik und Hörbüchern wird Künstliche Intelligenz eine Schlüsselrolle einnehmen bzw. tut sie das schon.

Aktuelle Musik-Softwaretools sind jetzt schon eine große Bereicherung und Inspiration für Musiker, die weit über das hinausgehen, was man allgemein unter Computermusik verstehen würde. Sie komponieren eigenständig oder vervollständigen bestehende Lieder.

Sie kreieren Musikinstrumente, deren Klang so perfekt ist, dass sie der Laie nicht mehr von echten unterscheiden kann. Und die erfolgreichste Musikplattform der Welt, Spotify, kann man durchaus als KI-Unternehmen bezeichnen. Spotify sitzt auf einem Datenschatz, der sich aus Songpräferenzen, Keywords, Playlist-Daten und vielen weiteren Bausteinen zusammensetzt. Dieser Schatz ist die Basis für das Training der Algorithmen, die die Plattform jeden Tag besser machen. So macht es die KI möglich, dass Spotify den Soundtrack unseres Lebens schreibt.

16.2.8 Kritik, Chancen und Herausforderungen

Der Begriff „KI" ist in der breiten Öffentlichkeit leider oft negativ besetzt, was den unzähligen Science-Fiction-Filmen und Büchern geschuldet ist, in denen die Maschinen die Herrschaft über uns Menschen übernehmen. Und vor vielen Entwicklungen, wie z. B. die Herstellung autonomer Waffensysteme, darf man sich tatsächlich fürchten.

In Bezug auf das Storytelling geht die größte Gefahr jedoch vom Bias in den Maschinen aus. Diese Voreingenommenheit in den Daten spiegelt in der Regel gesellschaftliche Vorurteile wider und so schlummern Sexismus, Rassismus und Homophobie in den Black Boxes der großen NLP-Sprachmodelle. Ein Grund dafür ist, dass die Datensätze, mit denen die KIs trainiert werden, oftmals unvollständig oder verzerrt sind, da beispielsweise Minderheitengruppen weniger vertreten sind oder es sich um veraltete Daten aus einer weniger liberalen Zeit handelt. Dieser Umstand führt dazu, dass die KI im Arbeitsprozess (ungewollt) auch diskriminierende Entscheidungen trifft.

16.2.9 Ausblick

Dennoch, KI ist ein echter „Game Changer" und wird die Kreativszene, wie wir sie kennen, grundlegend verändern. Zum ersten Mal in der Geschichte der Menschheit verfügen wir über Maschinen, mit denen wir kommunizieren können, Maschinen, die komplexe Zusammenhänge verstehen können und selbständig lernen. Maschinen, die früher oder später ein eigenes Bewusstsein antreiben wird. Das ändert alles.

Als Storytellerin schätze ich **Künstliche Intelligenz besonders als kollaborativen Partner,** der für unsere Kreativ-Projekte unermüdlich erfrischend originelle Out-of-the-box-Ideen beisteuert.

Diese Technologie hat unsere gesamte Arbeitsweise radikal verändert und verbessert.

Was wir aktuell erleben, ist die Geburt einer neuen, aufregenden Partnerschaft zwischen Menschen und Maschinen.

16.3 Robotnik: menschelnde Maschinen

Seit den ersten Folgen der TV-Serie „Star Trek: The Next Generation" fasziniert mich die fiktive Figur des Commander Data: ein Android, eine Maschine in Menschengestalt. Als Data 2338 aktiviert wurde, erklärten ihm Lebewesen, dass er eine Maschine sei. Eine Maschine, die sich bewegt und spricht wie ein Mensch, obwohl ihr Elektronengehirn in Mikrosekunden millionenfach mathematische Operationen ausführt. Data beginnt, den Menschen nachzueifern, um sich weiterzuentwickeln. Data wurde so konzeptioniert, dass er zwar logisch denken, aber nicht fühlen kann – bis ihm der Emotionschip eingesetzt wird, der es ihm ermöglichen soll, über die gesamte Palette an menschlichen Gefühlen zu verfügen und sie auch auszuleben.

Zurück zur Gegenwart, auf der Erde, in Japan: Hier sind Roboter nicht nur in der Industrie zu finden, sondern sie übernehmen mehr und mehr alltägliche Aufgaben und „menscheln" dabei. Anders als Data, konzeptionieren wir menschenähnliche Kopien, die im Haushalt, bei der Kinderbetreuung und Altenpflege helfen und auch als Priester tätig sind. Die Frage ist, ob die Grenzen zwischen Menschen und Robotern, zwischen menschlich und künstlich, verschwinden werden?

In folgenden erwarteten und unerwarteten Situationen begegnen wir bereits menschenähnlichen Robotern:

Liebe und Nähe: Das japanische Unternehmen Groove X hat den emotionalen Roboter *Lovot* (Bild 16.9) – übrigens ist der Name eine Kombination aus den Wörtern „Liebe" und „Roboter" – entwickelt, mit dem Ziel, uns Menschen glücklich zu machen („Our goal is simple: create a robot that makes you happy"[19]). Sie entwickelten „Emotionale Robotik™", um die *menschliche Kraft zu lieben zu stärken* (to make the human power to love, even stronger). Die Vision des Unternehmens lautet dementsprechend: „Build trust between humanity and robots, to create companions for more enriched and secure living." Lovot-Erfinder Kaname Hayashi entwickelte einen Roboter der anderen Art, der einfach nur da ist und Menschen liebhat. Wie eingangs im Fall von Data besehen, ist dies schwierig für eine Maschine. Denn es muss berücksichtigt werden, was überhaupt Emotionen sind, philosophische Fragen wie etwa was ist gut und was ist schlecht, was bedeutet lieb und was böse, was ist positiv oder negativ für den Gegenüber spielen eine Rolle und müssen dem Roboter vermittelt werden? Wie kann er liebevoll sein, wenn er weder Angst noch Schmerzen empfindet?

Der Roboter Lovot vermittelt zumindest eine Illusion, dass er menschlich emotional sein kann. Ausgestattet mit fünfzig Sensoren sowie einer 360-Grad-Halbkugelkamera, die den Raum und alle darin befindlichen Objekte abtastet, reagieren die Berührungssensoren von Lovot auf menschliche Berührungen. Der Roboter hat Augen und Stimmen, die die Eigenschaften von Lebewesen besitzen. Die Wärmesensoren im Lovot können seinen Besitzer im Raum erkennen und er überwacht ständig seine Umgebung, um zu entscheiden, welche Aktionen er durchführen soll, um diesen glücklich zu machen!

Wie von Grove-X beschrieben, ist dies „eine völlig neue Beziehung zwischen Robotern und Menschen" und kann ein Verhalten erzeugen, das einem lebenden Wesen sehr ähnlich ist.

[19] Lovot, *https://lovot.life/en/* (abgerufen 10/2022)

Bild 16.9 Der emotionale Roboter Lovot ist auch äußerlich auf emotionale Reaktionen abgestimmt. Runde große Augen erinnern an das Kindchenschema[20]. Screenshot: Lovot

Und schauen Sie sich diesen kleinen lustigen Vertreter eines Roboters an; er hat nichts mit dem aggressiven, menschenvernichtenden Terminator gemein. Der kleine Lovot erscheint in einem Stoffkörper, in dem diverse Sensoren und Kameras verbaut wurden. Der Lovot kann es mit den Emotionen und Launen der jeweiligen Besitzer*innen aufnehmen und ist dank künstlicher Intelligenz zu Reaktionen fähig. Lovot kann als Weiterentwicklung der Tamagotchi-Figur[21] angesehen werden: eine perfekte Gefährtenfigur.

Cherry Turkle, Forscherin am Massachusetts Institute of Technology, stellt sich die Frage, inwieweit der Computer uns als Menschen verändert? Sie ist der Auffassung, dass zwischen Simulation und echten Emotionen folgende Unterscheidung besteht:

> *„Simuliertes Denken ist irgendwie eine Form des Denkens, aber simuliertes Fühlen ist niemals ein Gefühl. Und eine simulierte Liebe ist niemals Liebe.“*[22]

Bisher sind Interaktionen auf emotionaler und sozialer Ebene eher einseitig: Der ideale soziale Roboter muss auch durch Gesten und Mimik seine eigene Befindlichkeit ausdrücken, so dass sich Menschen schnell darauf einstellen können. Bleibt nun die Farage, ab wann AI eigenes Bewusstsein und eigene Befindlichkeiten hat.

---

[20] Das Kindchenschema bezeichnet kindliche Proportionen von Jungtieren und Babys, die als Schlüsselreiz wirken und ein „Brut- bzw. Pflegeverhalten“ auslösen.

[21] Tamagotchi: Erinnern Sie sich an das virtuelle stubenreine Haustier, das bei schlechter Pflege nicht wirklich stirbt? Vgl. o. V.: 25 Jahre Tamagotchi - Füttern, spielen, Häufchen wegmachen. In: spiegel.de. 12.05.2022, *https://www.spiegel.de/netzwelt/gadgets/tamagotchi-werden-25-warum-das-kultspielzeug-erfolgreich-war-a-f516231e-67e8-450e-bf89-0cbb3e1594ed* (abgerufen 11/2023)

[22] Turkle, Sherry. In: Riccio, Gianlucca: Experten warnen: Verlieben Sie sich nicht in einen Roboter. Die Geschichte von Jibo. In: futeroprossimo.it. 30.4.2019, *https://de.futuroprossimo.it/2019/04/gli-esperti-avvisano-non-innamoratevi-di-un-robot* (abgerufen 10/2023)

Neben dem Lovot kommen auch die Roboter Pepper oder Mindar zu den emotionalen Robotern, die mit Blicken oder Gesten das menschliche Gegenüber in Bann ziehen. So kann der Pepper beispielweise rote Wangen bekommen, wenn er sich schämt.

Im Seniorenheim in Dresden begrüßt Anna Constantia die Patienten. Anna ist ein Roboter, dessen Augen aus einem gläsernen Kopf sich suchend umsehen. Ansonsten besteht sie aus Kunststoff und Metall. Auch wenn sie ein weißes Kleid trägt und einer Pflegerin ähnelt, klingt ihre Stimme ein wenig metallisch. „Ich unterstütze Therapeuten und Alltagsbegleiter"[23], beschreibt die KI Anna Constantia selbst Tätigkeiten und hilft in der Ergotherapie beispielweise mit Sing- und Denkspielen.

AMECA: Wenn AI sich mit menschenähnlichen Körpern vereint

Der humanoide Roboter AMECA zeichnet sich laut Angaben des Herstellers Engineered Arts[24] nicht nur durch seinen menschenähnlichen künstlichen Körper aus, sondern auch durch seine menschenähnliche künstliche Intelligenz (AI x AB) (Bild 16.10).

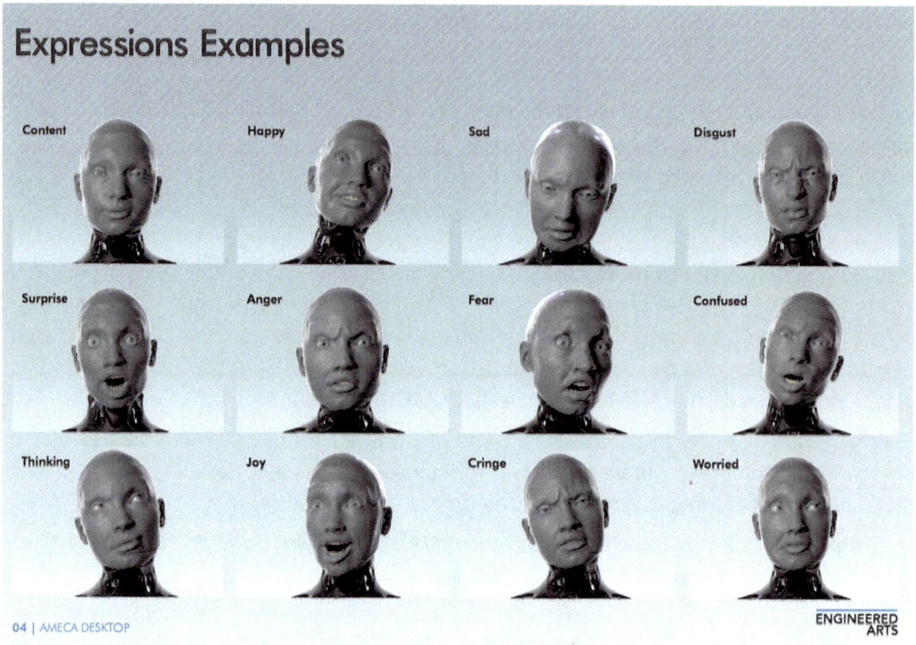

Bild 16.10 Das Gesicht von Ameca zeigt Ausdrücke und Emotionen und arbeitet nun auch mit ChatGPT zusammen. Screenshot: *https://www.engineeredarts.co.uk/de/robot/ameca*, siehe auch das Video *https://youtu.be/yUszJyS3d7A?si=dcDK4Ts2ZcwdIqmv*

---

[23] Roth, Andreas: Der Witze erzählende Roboter. In: sinn-mag.de. 4/2021, *https://www.sinn-mag.de/ausgaben/2021-4/roboter-in-der-pflege* (abgerufen 10/2023)

[24] Ameca, *https://www.engineeredarts.co.uk/de/robot/ameca/* (abgerufen 10/2023)

*„**Engieeered Arts beantwortet die Frage, ob Roboter KI sind, folgendermaßen:** Das ist ein großes Thema, auf das wir hier[25] eine viel längere Antwort haben. Kurz gesagt, Roboter sind nicht dasselbe wie zeitgenössische KI und sie sind eigentlich viel interessanter! Unsere Roboter nutzen KI, nur nicht die Art, die in Blade Runner und Star Wars auftaucht. Diese existiert leider noch nicht.“*[26]

16.4 Neue Technologien erfordern Mut zum Experiment

Neue Technologien ermöglichen die Realisation von Ideen und Visionen, die in der Gegenwart als Gedankenkonstrukt für die Zukunft erdacht und gemacht werden. Denn Zukunft ist einerseits das, was es noch nicht gibt, andererseits ist sie nie real, sondern eine Idee, eine Vorstellung oder ein Traum in unseren Köpfen. Die Veränderung, das unbekannte Neue, macht vielen Menschen Angst.

Neue Technologien werden zunächst, obwohl sie ein großes Potenzial beinhalten, oft skeptisch betrachtet. Das kennen wir vom Internet, von Smartphones oder Cloud Computing bereits. Viele Menschen oder Unternehmen aus dem Mittelstand stehen neuen Technologien kritisch gegenüber. Doch genau in den Möglichkeiten des Neuen und des Wandels liegt ein enormes Potenzial.

Aus diesem Grund plädiere ich für Neugierde und Mut zu neuen Wegen auch für das Storytelling. Veränderung ist eine Chance, also seien Sie Teil des Wandels und formen Sie die Zukunft mit!

Denn egal, welche Technologien auch unterstützend eingesetzt werden, ist der Mensch in erster Linie ein *Homo Narrans.* Seine Überlebensstrategie ist es, ständig hinzuzulernen und neue Erlebnisse und Erfahrungen im Langzeitgedächtnis abrufbar zu machen. Dementsprechend ist der Mensch ein *Homo Experience.* Der kanadische Kommunikationstheoretiker Marshall McLuhan erkannte bereits: „Jeder erlebt mehr, als er versteht – aber das Erlebnis, nicht das Verständnis, beeinflusst unser Verhalten.“[27]

---

[25] Engineered Arts: Künstliche Intelligenz vs. Menschliche Intelligenz, *https://www.engineeredarts.co.uk/software/artificial-intelligence-vs-human-intelligence/* (abgerufen 10/2023)

[26] Aus den Q&A des Unternehmens Engineered Arts: Sind Roboter KI?, *https://www.engineeredarts.co.uk/de/uber/haben-sie-eine-frage-zu-unseren-robotern/* (abgerufen 10/2023)

[27] Vgl. o. V. **Die Emotional Experience Economy und der Homo Experience. In: Markenartikle-magazin. 19.07.2021.** *https://www.markenartikel-magazin.de/_rubric/detail.php?rubric=marke-marketing&nr=41650&PHPSESSID=pmvq8bucdmr4etm94epa3ifhc2* (abgerufen 12/2023).

Im digitalen Umfeld nutzen wir Geschichten, etwa um etwas zu erklären oder Menschen zu überzeugen und zu motivieren. Im Bereich „User Experience" werden Prozesse wie beispielsweise die Nutzung von Webseiten oder Einkaufserlebnisse aus der Sicht der User, also der Nutzer entwickelt oder aufgezeigt. In diesem nutzerbezogenen Ansatz werden Szenarien entwickelt, User- bzw. Customer Journeys aufgezeigt oder Storyboards erstellt.

Auch das **New Experience Storytelling** geht vom User, Nutzer, zugleich auch Publikum aus. New Experience Storytelling ist eine Form des Erzählens, die sich auf die Schaffung neuer und ungewöhnlicher Erfahrungen für die Nutzer*innen konzentriert. Es ist eine Art des interaktiven Erzählens, bei dem die Technologie und der Inhalt so entwickelt werden, dass die Entfaltung einer Geschichte durch ihr Publikum beeinflusst werden kann.*

Das Publikum können auch gleichzeitig als Nutzer*innen aktiv in die Handlung eingreifen und den Verlauf der Geschichte beeinflussen.

* Vgl. Cavazza, Marc; Young, R. Michael: Introduction to Interactive Storytelling, S. 377–392. In: Handbook of Digital Games and Entertainment Technologies. Springer, 2017

Probieren Sie doch einfach die Möglichkeiten von Text-to-Image (T2I)- oder Text-to-Video (T2V)-Generatoren aus. Lösungen liefern u. a. die Programme Make-A-Video[28](Meta) und Imagen Video[29] (Google).

Hierbei können in Sekundenschnelle mittels simplen Textbefehlen etwa detailreiche Gemälde, realistische Porträts oder inspirierende Vektorgrafiken erstellt werden. Meta und Google haben beide vor kurzem in ihren Papers die ersten vielversprechenden Insights sowie Demo-Beispiele veröffentlicht.

Bild 16.11
Mittels Voice-to-Video können einfache animierte Videos mit Adobe Express erstellt werden. Screenshot: *https://www.adobe.com/de/express/create/video/animation*

[28] Make a Video, *https://makeavideo.studio* (abgerufen 10/2023)
[29] Imagen Video, *https://imagen.research.google/video/* (abgerufen 10/2023)

16.4.1 Erfordert neues Erzählen auch neue Erzählmodelle?

Campbells bzw. Voglers Heldenreise ist bis heute tief in den Bereichen Storytelling und Aufbau bzw. Struktur von Geschichten verankert. Es ist eine sehr bekannte und überlieferte Art, eine Geschichte zu erzählen.

Nur stellt sich die Frage, ob mythische Strukturen, Handlungsmuster und Erzählmodelle wie die Heldenreise eine Weiterentwicklung des Erzählens nicht eher verhindern, da sie Geschichten in ein strenges Format pressen möchten. Bereits im Bereich von Storytelling auf Social-Media-Plattformen ist die klassische Heldenreise passé oder wird fast zur Unkenntlichkeit gekürzt.

Wir sind kein passives Publikum mehr

Im Idealfall sind Geschichten so fesselnd, dass das Publikum selbst Teil davon werden möchte oder sie als „User Generated Story" sogar selbst mitgestaltet. Das kann beispielsweise durch die Einbindung von Kunden als Testimonials in Kampagnen sein, in Case Studies oder durch das Teilen und Weitererzählen auf Plattformen wie LinkedIn. Kundenzentrierung bedeutet in diesem Kontext, Kunden die Hauptrolle in der Geschichte zu überlassen und sie ins Zentrum der Aufmerksamkeit zu rücken.

Mit dem Aufkommen des Internets und der sozialen Medien erleben wir Erzählungen nicht mehr nur als Zuhörende. Wie zu keiner anderen Zeit der Menschheitsgeschichte haben wir ein Mitspracherecht bei jeder Geschichte, die erzählt wird, und bei jeder Erzählung, die uns jemals anvertraut wurde. Wir haben nun eine Reihe von Werkzeugen, die uns helfen, sich mit dem Fremden vertraut zu machen. Einander mit Mitgefühl und Einfühlungsvermögen zuzuhören und das, was wir für wahr und richtig halten, neu zu gestalten. Nichts von all dem hält sich an die starre Struktur der Heldenreise von Joseph Campbell.

Die kollektive Reise: Ein dynamisches neues Modell des Geschichtenerzählens

Eine bedeutende Veränderung im digitalen Zeitalter ist, dass sich das Storytelling vom reinen Monolog hin zu einem gemeinsamen Erzählen entwickelt hat. Jeff Gomez, bekannt als kreativer Kopf hinter dem Blockbuster „Fluch der Karibik", sieht im **gemeinsamen Erzählen die größte Chance der digitalen Ära.**

Genauer betrachtet haben bereits in der Vergangenheit Zuhörer*innen aktiv die Gestaltung einer Geschichte beeinflusst, indem sie sich durch Zwischenrufe, Nachfragen oder Stimmungen eingebracht haben. Heutzutage haben wir die Technologie, um diese Interaktivität auch digital zu ermöglichen.

Jeff Gomez bemerkt mit der Einführung des digitalen Zeitalters, des Internets, der Social-Media-Kanäle, Streamingdienste wie Netflix **eine Veränderung unserer Kultur, die auch eine neue Art des Geschichtenerzählens erfordert.**

16.4.2 Collective Journey von Jeff Gomez

Die Collective Journey von Jeff Gomez ist ein **Konzept im Storytelling,** das darauf abzielt, die **Zusammenarbeit und Beteiligung von Zuschauer*innen oder Nutzer*innen zu fördern,** um eine gemeinsame Erfahrung oder Geschichte zu schaffen. Es geht darum, ein

Publikum als Teil der Geschichte zu betrachten und es einzubeziehen, anstatt es als passive Beobachter zu betrachten.[30]

Jeff Gomez erkennt, dass aufgrund der kulturellen Veränderungen der digitalen Medien und unserer zunehmenden Konnektivität untereinander sich erfolgreiche Geschichten auf struktureller Ebene verändern. Infolgedessen verändern sich auch klassische Erzählmodelle: **Es entsteht ein neues dynamisches Story-Modell, das Gomez als Collective Journey bezeichnet.**

Auch wenn der Begriff Collective Journey nicht allen geläufig ist, so sind Elemente der Collective Journey längst in der Unterhaltungsbranche zu finden, insbesondere in der Entwicklung von transmedialen Geschichten wie Game of Thrones, Avatar oder Star Wars.

Das Modell der Collective Journey (Bild 16.12) erklärt einige der auffälligen und weitreichenden Veränderungen, die sich weltweit vollziehen, wie z. B. die rasche Selbstorganisation sozialer Systeme (z. B. Homeoffice), seismische soziopolitische Veränderungen (Arabischer Frühling, Brexit) und große Unternehmen, die durch sofortige öffentliche Gegenreaktionen boykottiert werden (z. B. Nestlé[31]).

#05x10BCMA

Bild 16.12 Future of Storytelling: In diesem Youtube-Video[32] beschreibt Jeff Gomez die Collective Journey sowie die Storytellingzukunft. Future of Storytelling Screenshot: *https://www.youtube.com/watch?v=EIPU-i1ruCU*

Das Collective-Journey-Modell ist eine Reaktion darauf, wie weiterentwickelte Kommunikationsmöglichkeiten sowohl von Hardware (Breitbandübertragung, Smartphone) als auch Software (Social-Media-Plattformen) das klassische lineare Heldenreise-Storytelling stark

[30] Gomez, Jeff: Why is This Happening? A New Narrative Model Explains It. In: Blog.collectivejourney.com. 6.2.2017, *https://blog.collectivejourney.com/why-is-this-happening-d1287d5ee4ee* (abgerufen 10/2023)

[31] WWW: *https://www.careelite.de/nestle-kritik-skandale-wie-du-produkte-boykottierst/* (abgerufen 10/2023)

[32] YouTube: Jeff Gomez on Collective Journey and the Future of Storytelling, *https://youtu.be/EIPU-i1ruCU* (abgerufen 10/2023)

beeinflusst haben. Diese Auswirkung hat bemerkenswerte Entwicklungen im Verhalten von Verbrauchenden, Medien, Politik und Gesellschaft hervorgebracht. Die partizipativen, nichtlinearen Erzählungen von **Collective Journey** sind eine Antwort darauf, wie die allgegenwärtige Kommunikation das klassische lineare Geschichtenerzählen in hohem Maße beeinflusst und zu bemerkenswerten Entwicklungen im Verbraucherverhalten, in den Medien, in der Politik und im Weltgeschehen geführt hat.

Das Collective-Journey-Modell unterstützt Storyteller, eine neue Art und Weise zu erkunden, Geschichten zu betrachten, zu erzählen und an einer Erzählung teilzunehmen, das alles durch interaktive Medientechnologien und unsere zunehmende Vernetzung ermöglicht wurde.

Die Collective Journey kann auf verschiedene Arten umgesetzt werden, z. B. durch die Erstellung von Shared-World-Universen, die von mehreren Erzählungen und Erzählern bevölkert werden, oder durch die Integration von Nutzern in die Gestaltung einer Geschichte, wie es beispielsweise bei Fanfiction der Fall ist.

Im Kern geht es bei der Collective Journey darum, eine **immersive Welt zu schaffen,** die es den Nutzer*innen ermöglicht, in diese Welt einzutauchen und aktiv an der Gestaltung der Geschichte teilzunehmen. Es geht um das Teilen von Erfahrungen und Emotionen zwischen Nutzern und der Schaffung einer gemeinsamen Identität innerhalb der Geschichte.

Daher ist die Collective Journey besonders relevant im digitalen Zeitalter, in dem die Grenzen zwischen Autor*innen und Publikum immer mehr verschwimmen und Nutzer*innen sich aktiv an der Erstellung von Inhalten beteiligen.

16.4.3 Die Disruption des Storytelling

Starre Modelle und Mustervorlagen wie Campbells Heldenreise brechen auseinander, weil die Menschen die Macht der sozialen Medien entdeckt haben und darüber Gehör verlangen. Im Gegensatz zu der linearen Heldenreise, die seit einem Jahrhundert von Marken eingesetzt wird, steht die kollektive Reise für **partizipative und nicht lineare Meta-Erzählungen.** Dies sind Erzählungen, die Unternehmens- und Markengeschichten enthalten können, aber auch vom Strom persönlicher Posts, Stories und Tweets gespeist werden. Diese bisher unbekannten Flüsse sind dabei extrem schwierig für Unternehmen und Politik zu durchfahren. Wir kennen Heldenreisen, die thematisierten, wie eine einzelne Person (Held*in) als stellvertretende Person sich durch persönliche Veränderung verändert und verwirklicht. Dagegen handelt die kollektive Reise davon, wie Bündnisse **in ihrem Versuch, einen systemischen Wandel zu erreichen, reifen.** Diese Geschichten erzählen uns, dass wir uns dem Untergang preisgeben, wenn wir auf eine*n Retter*in warten und nicht aktiv in das Geschehen, in die Story, eingreifen.

Wir müssen uns als Kollektiv selbst in die Rolle des „Erlösers" begeben.

Gomez erkennt, dass beim Collective-Journey-Ansatz Konflikte nicht dadurch gelöst werden, dass eine Seite alle anderen besiegt oder eine Partei die Krise allein entwirrt. Kollektive Geschichten sind eher wie das Leben und zeigen die Zusammenhänge einzelner Charaktere auf, die gemeinsam etwas erreichen und zum Ziel kommen. Collective Journeys zeigen einen Bezug zur Jetztzeit, zu Menschen, die gemeinsam arbeiten und sich durch umfangreiche Wissenssysteme bewegen, um einen dauerhaften und systemischen Wandel zu bewirken.

Diese Geschichten sind repräsentativer für die moderne Gesellschaft und enthalten Figuren mit unterschiedlichem rassischem, geschlechtlichem und sexuellem Hintergrund und unterschiedlichen Standpunkten. Solche Geschichten sind nicht gänzlich von Konflikten oder Einzelpersonen abhängig, die in Isolation arbeiten, um „richtig und falsch" zu überwinden. Stattdessen müssen die Figuren ihre Fähigkeiten im Zuhören und Verhandeln einsetzen, um die Fähigkeiten anderer zu erkennen und zu nutzen, und sie müssen in moralisch komplexen Umgebungen ein starkes kollektives Handeln vorantreiben.

Das Modell von Campbells Heldenreise verstärkt meistens die Unterscheidung zwischen der Realität des Publikums und der imaginären, fiktionalen Story. Handlungen und Lösungen sind vorgegeben und können nur „miterlebt", aber nicht beeinflusst oder miterschaffen werden.

Bei Gomez Collective Journey besteht eine ganz andere Beziehung zwischen dem Imaginären und der Realität, da mit jedem Beitrag ein zusätzlicher Kontext von demjenigen, der ihn erzählt, hinzugefügt wird und der Geschichte mehr Authentizität und Bestätigung verleiht. Diese **Bestätigungen**, also das Gefühl der Akzeptanz durch Menschen, die in diesen Geschichten mitwirken, sie viral verbreiten und kommentieren, sie weitererzählen, Kapitel hinzufügen und andere Menschen motivieren und zum Miterzählen und Handeln aktivieren, ist mehr ein gemeinschaftlicher kollektiver Prozess und Erfahrung als eine Erzählung. Es ist wie unser Leben in einer Gruppe, einer Gesellschaft, die gemeinsam etwas noch nie Dagewesenes, neue Variationen erschafft.

Gomez verweist auf Fernsehserien wie „Game of Thrones", „Orange is the New Black" oder „The Walking Dead" als Beispiele für dieses **emergente Storytelling-Modell.**

Emergentes Storytelling bietet den Teilnehmenden Erlebnisse, die sie quasi wie in einer Sandbox, frei von vorgefertigten Geschichten, erleben und quasi eine eigene Story entwickeln. Dies ist etwa bei einer Gruppe von Kindern zu beobachten: Sind sie etwa am Strand, können sie auch ohne vorgefertigten Spielablauf ein eigenes Spiel kreieren. Natürlich gehen sie oft von bekannten Elementen aus, wie etwa, dass sie Seeräuber am Meer spielen und eine Sandburg bauen. Doch schnell ist es möglich, der Phantasie Raum zu geben und zusammen mit vielen einzelnen Ideen und Vorstellungen etwas Neues zu schaffen, wie ein Seeräuber-Raumschiff am See mit einer Invasion der Quallenbewohner.

Wir können emergente Merkmale beispielweise auch in den Star-Wars-Franchises sehen, wenn wir alle ihre **transmedialen Elemente als Ganzes** betrachten. Ausgehend von George Lucas ursprünglicher Star-Wars-Trilogie, die Joseph Campbells Heldenreise entspricht und den Wandel des Protagonisten Luke Skywalker zeigt, sind im Star-Wars-Franchise-System Züge einer Collective Journey erkennbar: Die Star-Wars-Geschichte bzw. das Universum wird medienübergreifend in Filmen, Comics, Romanen, Videospielen und mehr erzählt, wobei die Vielfalt der Protagonisten auffällt.[33]

Exkurs: Ist die Rolle einer Heldenfigur heutzutage noch zeitgemäß?

Campbell veröffentlichte seine Heldenreise als „universelle Erfahrungsmuster" 1949 in dem Werk „Der Heros in tausend Gestalten" – ein prototypisches Erzählmodell,

[33] Gomez, Jeff: The collective journey comes to television: Game of Thrones, Walking Dead, Orange is the New Black & others are subverting the hero's journey. In: Blog.collectivejourney.com. 17.2.2017, *https://blog.collectivejourney.com/the-collective-journey-story-model-comes-to-television-151bb4011ce2* (abgerufen 10/2023)

das auf fast alle populären Geschichten von Gilgamesch bis Star Wars anwendbar ist. Diese Heldenreise gilt symbolisch als Motor für das Überleben des Stärksten. Die Reise des Helden ist immer noch als narrative Struktur nützlich. Es ist jedoch wichtig zu verstehen, dass sie bewusst angewendet wird. Die Kritik an Campbells Werken wächst, da sie das Bild vom Helden als männlich, weiß, stark und als Einzelgänger prägt.

Seit Campbell seinen Helden mit tausend Gesichtern geschrieben hat, hat sich die Welt mit ihrer Medienlandschaft weiterentwickelt. In dieser Welt sind Menschen verbunden und nutzen Technologien, sich weltweit zu vernetzen und zusammenzuarbeiten. So sind auch Geschichten nicht länger nur auf ein Individuum konzentriert, ein Monomythos oder die Reise eines/einer Helden*in.

Der Monomythos ist deshalb so wirkungsvoll, weil er von einem direkten Konflikt handelt und daher den menschlichen Überlebensinstinkt anspricht, der in uns allen tief verankert ist.

Die Heldenreise wird immer durch einen Konflikt gesteuert; es geht um einen Kampf. Der Aufbau der Geschichte mit Anfang, Mitte und Ende ist linear.

Heutzutage scheint dieser Heldenprozess veraltet. Stattdessen hat sich Storytelling mehr zu einer dynamischen kollektiven Reise entwickelt, indem der bzw. die Storyteller*in als Story-Architekt*in Erfahrungen inszeniert und anstößt, also eine Umgebung schafft, in der sowohl Erzähler als auch das Publikum aktiv an der Story „arbeiten" können und diese planen, formen, weitererzählen bzw. lenken können. Sie sind nicht länger passiv, sondern Teil des Ganzen. Gerade im Change-Prozess ist es notwendig, dass Stakeholder eines Unternehmens zu einer kollektiven Reise werden.

Kollektive Reise in Zeiten von Internet, AR und Social Media

Der Begriff der **Kollektiven Reise** (Collective Journey) geht auf Jeff Gomez, CEO der Starlight Runner Entertainment zurück. Für ihn ist **Transmedia** das Instrumentarium eines Produzenten, um eine Geschichte auf ansprechende Weise zu verbreiten. Dagegen ist die „Kollektive Reise" eine neue Form des Erzählens selbst. In einem Interview bezeichnet Gomez die „Collective Journey-Erzählungen" als „porös, denn es gibt die Geschichte, die erzählt wird, und es gibt die Möglichkeit für jeden Einzelnen, in die Geschichte einzutauchen. Das Lesen der Geschichte ist eine Sache. Sie zu teilen und zu kommentieren ist eine andere. Aber jetzt können wir direkt mit dem Geschichtenerzähler in Kontakt treten. Wir können zur Erzählung beitragen. Wir können sogar dazu beitragen, die Welt der Geschichte zu erweitern. Wir haben dies bereits in der Unterhaltung und der Werbung gesehen. Jetzt erleben wir es in der realen Welt, und es ist dank der Technologie leicht zugänglich und verblüffend schnell. Das ist eine Menge zu studieren, zu verstehen und zu testen, aber die Tests funktionieren. Das Modell funktioniert."*

Tipp: *Video The Hero's Journey is no Longer Serving Us/Jeff Gomez https://youtu.be/KBBmOwe4sAU*

* Interview vom 23.1.2017 mit Jeff Gomez über das neue „Kollektive Erzählmodell". *https://simonstaffans.com/2017/01/23/grappling-with-the-collective-journey* (abgerufen 10/2023)

16.5 Virtuelles Erleben

Das neue Zauberwort im Bereich Storytelling heißt **Immersion:** Bekannt aus Rollenspielen ist mit Immersion das Eintauchen in eine (Parallel)Welt gemeint. Neue Technologien im Bereich Virtual Reality erlauben unzählige neue Möglichkeiten, um neuartige Publikumserlebnisse zu schaffen. Es gelingt dabei zunehmend, die Grenze zwischen realer und virtueller Welt verschwimmen zu lassen. Ob Augmented Reality (AR), Virtual Reality (VR) oder Extended Reality (XR) bzw. Mixed Reality, erweiterte Realitäten sind ein weites, vielversprechendes Feld.

Erweiterte Realitäten funktionieren nicht in einzelnen Kapiteln oder Szenen, sondern in räumlichen „Erfahrungsumgebungen (Welten)", in deren Mittelpunkt der individuelle Mensch steht. Manche Storyarchitekten nennen diese Menschen auch „Besucher*innen" oder User*innen. Sie sind in der Lage, innerhalb dieser Welten die Perspektive und oder auch ihre Position in einer Szene zu bestimmen. So ist es möglich, aufeinander zuzugehen- also mit weiteren Besucher*innen zu interagieren oder etwa von einem Raum in den nächsten zu hüpfen. Die Rolle des Publikums hat sich von einer beobachtenden zu einer aktiven, bewussten und interagierenden Person transformiert. Es kann eine aktive Rolle als Charakter einnehmen und die Story mit verändern und beeinflussen.

Der Storyteller bzw. Story-Architekt hat die Aufgabe, die Welt zunächst in ihren Grundstrukturen anzulegen und Handlungsstränge zu entwerfen. Zudem ist es die Aufgabe des Storytellers, die Aufmerksamkeit des Nutzers zu gewinnen und zu lenken. Der Sinn der Story liegt darin, Erlebnisse zu ermöglichen und die Nutzer*innen zu verführen und „herauszufordern".

Es stellt sich die Frage, wie diese Welten aussehen sollten, damit sich Nutzer*innen darin zurechtfinden. Storytelling, Szenenaufbau und Szenenfolgen müssen komplett neu gedacht werden, um faszinierende Erlebniswelten zu planen.

Die Entwicklung dieser „Experiences" benötigt Mut zur Experimentierfreude und die Lust, sich auf Neues einzulassen. Story-Architekten müssen mit ihrem Team Neues entwickeln: neue Settings, eigene Techniken und deren Einsatz, eine der Dreidimensionalität angepasste Bildsprache usw., um alle bisher auch noch nicht bekannten Möglichkeiten auszuschöpfen. Wir befinden uns im Zeitalter einer medialen Revolution, in dem auch das Erzählen von Geschichten, das Verständnis von Rollen oder Erzählstrukturen neu gedacht werden sollten.

16.5.1 Virtual Reality-Storytelling: Wohin geht die Reise? Immersives Storytelling mit 360 Grad, AR & VR

In ein Geschehen eintauchen, sich so gebannt fühlen, dass man beispielsweise als lesendes Publikum meint, mit in dem Raum des Geschehens, bei der Erstürmung einer Burg, dabei zu sein, den Rauch der Kanonen zu riechen, das alles ist eine Erklärung des Begriffs „immersiv". Das Eintauchen in ein Geschehen oder die „Vertiefung in eine Sache" wird auch synonym mit „teilnehmen" verwendet, also Teil der Story zu sein und deren Verlauf mit zu steuern.

Auch wenn seit dem Hype von ChatGPT mehr Menschen von AI sprechen, bleibt das Metaverse - oder ähnliche Plattformen mit integrierter KI - weiterhin die Zukunft, und zwar mittels Technologien wie AI, VR, AR und Mixed Reality. Die Vision vom Metaverse fand lange vor der Umbenennung von Facebook in Meta statt.

Immersive Technologien werden heutzutage bereits in der (Auto-)Fertigung eingesetzt, in Fällen, in denen Menschen über große Distanzen hinweg in Echtzeit zusammenarbeiten, in der Unterhaltung, dem Coaching und dem Immersiven Training, wie etwa dem Umgang mit Krisensituationen.

Immersive Technologien als starkes Element von Future Storytelling

Die Plattform VirtualSpeech[34] hat bereits eine KI mit Chat-Funktion als Teil ihres Soft-Skills-Trainings integriert. Techniken wie hochleistungsfähige Computer schaffen virtuelle Räume, Avatare oder Elemente, die ein **virtuelles Erzählen** ermöglichen: Geschichten, in denen nichtreal existierende, virtuelle Elemente, auftauchen, sind augenblicklich mit diesen Techniken verbunden.

Doch das ist nicht alles, denn in virtuellen Geschichten hat der/die Storyteller*in nicht mehr die Macht, die Geschichte alleine zu bestimmen. Das Publikum kann über den „Ablauf“ der Geschichte entscheiden.

Die Publikumsbeteiligung (Involvement) kann in folgende Bereiche untergliedert werden

1. **Passiver Part:** Der klassische Konsum von Inhalten und die mögliche individuelle Aufnahme (Emotionen) und Interpretation der Story durch das Publikum (z. B. Kinofilm).
2. **Aktiver Part,** in dem das Publikum eine inhaltliche, von den Storyarchitekten vorgesehene und geplante Beeinflussung der Handlung ausüben kann (etwa in einem Videospiel).
3. Der **Social Part** beschreibt die Beteiligung des Publikums an einem Medieninhalt durch Austausch über andere Kanäle (z. B. die neue Tatortserie, die das Publikum nur über Kommentare bei X (vormals Twitter) und Facebook konsumiert).
4. **Diffusion** beschreibt eine von den Story-Architekten nicht zwingend vorhergesehene Vermischung virtueller Medieninhalte mit der individuellen Realität des Publikums (z. B. das Hören eines Wallander-Krimis in Schweden).
5. **Beteiligter Part:** Hier wird das Publikum in die Erstellung und Entwicklung der Story miteinbezogen – beispielsweise schreibt auf einer Community-Plattform oder in einem Blog ein Autorenteam unter Einbeziehung der „Live“-Kommentare des Publikums gemeinsam eine Geschichte.

16.5.2 Interaktion wird immer wichtiger

Interaktives Storytelling, in dem das „Publikum“ mitwirken kann, benötigt Formen des „NonLinearen Storytelling“. Hierbei wird der **Content-Creator** genauso wichtig sein wie der Content-Motivator, der die Funktion hat, die Konsumenten so weit zu motivieren, dass sie

[34] WWW: VirtualSpeech, *https://virtualspeech.com* (abgerufen 10/2023)

aktiv bei dem „Konsum" der Story mitwirken und diverse Handlungsstränge ausprobieren sowie bei der Gestaltung und der Verbreitung der Story-Inhalte mitwirken und von „Konsumenten" zu „Prosumenten" werden. Dabei ist zu beachten, dass der Mensch immer mehr mobil, also auf kleinen Geräten, und zwischendurch, also in kleinen Happen bzw. Einheiten, Inhalte konsumieren und auch produzieren wird. Alles sollte darauf ausgerichtet sein, sofort, schnell, einfach und überall einsetzbar zu sein. Die Herausforderung des Storytellings für mobile Geräte liegt in der ausgeklügelten Kombination von Inhalten, Interaktion und Animation. Höchste Priorität wird ein möglichst störungsfreies Nutzererlebnis haben.

Meiner Meinung nach wird sich der „Umgang" mit dem Publikum ändern und dessen Einbeziehung in das Erzählen oder in die Gestaltung des Spielumfelds bzw. der Storyworld zunehmen. Interaktivität ist ein Thema, das in Zukunft die Welt des Storytellings immer mehr beeinflussen wird. Längst ist interaktives Storytelling zu einem wichtigen Bereich des Storytellings geworden. Hierbei rückt das Publikum immer mehr ins Geschehen und wird vom „Aufnehmenden" zum „Schaffenden".

Vier Regeln für das Konzipieren von VR-Erfahrungen

#1 In VR give the user a reason to be.

Nutzen Sie VR zum Spielen, um zu lernen, um zu kreieren? Don't do VR for the sake of VR! Schaffen und erfüllen Sie eine Erwartung.

#2 It's not storytelling, it's story experiencing.

Die klassische Erzählweise des Mediums Film funktioniert in VR nicht. Im Gegensatz zu „Frame to Frame"-Editing ist es nun vielmehr „World to World"-Editing. Denken Sie in Räumen statt in Szenen.

#3 It needs to be context and story first.

In welchem Kontext befindet sich der Nutzer? Welche Geschichte möchten Sie erzählen? Warum ist der Nutzer ein Teil der Geschichte? Fragen, die beantwortet werden wollen.

#4 The user will interact anyways – give guidance.

In einer VR-Experience möchte der Nutzer automatisch interagieren. Sei es durch die Veränderung des Blickwinkels oder durch Interaktionen wie Click/Follow/Find/etc.

Lesen Sie hierzu auch den Storyteller's Guide to the Virtual Reality Audience: *https://medium.com/stanford-d-school/the-storyteller-s-guide-to-the-virtual-reality-audience-19e92da57497* (abgerufen 1272023).

16.5.3 360-Grad-Content

Unter 360-Grad-Inhalten werden Videos oder Fotos verstanden, die dem Nutzenden eine Rundumansicht (360°-Ansicht) einer Umgebung ermöglichen. So sind die Nutzenden beispielsweise in einem 360°-Video einer Immobilie und können visuell die einzelnen Räume betreten und dort etwa auf den Boden schauen, die Decke etc. – so als ob die betrachtende

Person vor Ort den Kopf drehen würde. Möglich wird die „Fortbewegung“ innerhalb einer virtuellen Welt in der Regel per Blick auf eingeblendete Punkte (Viewpoints) oder durch Teleportieren mittels Controller.

Probieren Sie es aus, indem Sie beispielsweise mit in das Space-Shuttle Discovery eintauchen (Link: *https://artsandculture.google.com/project/360-videos*, abgerufen 10/2023).

Häufig handelt es sich bei 360°-Welten um Mischformen, bei denen computergenerierte Inhalte wie ein virtueller Avatar als handlungsauffordernde Icons (z. B. Viewpoints) eingesetzt werden, die das Publikum zu einer „Aktion“ auffordern und animieren. Als Elemente, die die Aufmerksamkeit des Publikums auf sich ziehen, können beispielsweise Audiosequenzen oder ein Szenenwechsel eingesetzt werden.

Diese Technik ermöglicht es dem Betrachtenden, andere Perspektiven einzunehmen bzw. einen Raum/ein Objekt zu erkunden. Im Gegensatz zu zweidimensionalem Video- und Filmmaterial, wird das Publikum mithilfe passender Technologie – z. B. mit VR-Brillen – Teil der virtuellen „Installation“ und kann visuelle Darstellungen als Räume quasi dreidimensional erleben (siehe Bild 16.13).

Bild 16.13 360-Grad-Video „Giraffatitan: Zum Leben erweckt – Durch Virtual Reality“[35]. Dank modernster Technologie erwacht im Museum für Naturkunde der Brachiosaurus – in der Wissenschaft als Giraffatitan brancai bekannt – durch Googles „Cardboard“ oder als 360-Grad-YouTube-Video in Virtual Reality zum Leben. Tipp: Schauen Sie hierzu das 360-Grad-Video von Google Art und Culture (*https://artsandculture.google.com*) an, welches in Zusammenarbeit mit dem Naturkundemuseum in Berlin entstand.

Beim zweidimensionalen Film bestimmt der/die Storyteller*in, was das Publikum sieht und hört. Beispielsweise wird mit Möglichkeiten wie Schnitt, Zoom oder Akustik die Aufmerksamkeit des Zuschauers auf bestimmte Stellen fokussiert und dieser so durch die Geschichte geleitet.

[35] WWW: Giraffatitan: Zum Leben erweckt – durch Virtual Reality, *https://youtu.be/p86gh2HEsp0* (abgerufen 10/2023)

360-Grad-Filme dagegen funktionieren nach anderen Regeln als herkömmliche Filme. Sieht ein Zuschauer einen 360-Grad-Film durch eine VR-Brille, ist er mitten im Geschehen. Er kann sich nach allen Seiten umschauen.

Zwar wird der 360-Grad-Film wie ein klassischer Film linear erzählt, bei dem der Betrachter keinen Einfluss auf das Geschehen ausüben kann, dennoch ist die „Bildsprache" eine andere: Der Zuschauer benötigt ggf. erst mal Zeit, sich zu orientieren. Während klassische Filme einzelne Einstellungen manchmal nur für wenige Sekunden zeigen, ist das im 360°-Film nicht möglich. Es führt schnell zur Desorientierung beim Betrachter. Es wird versucht, Schnitte zu vermeiden. Vielmehr wird eine Szene immer ungeschnitten gedreht, damit der Zuschauer weiß, wo er steht. Nach einem Schnitt ist der Zuschauer in einer neuen Szene und man muss ihm Zeit geben, sich neu zu orientieren.

Der Film läuft weiter - egal, wo der Betrachter hinschaut. Damit er nichts Wesentliches verpasst, ist es wichtig, den Blick des Betrachters zu leiten. Möglich ist das mit verschiedenen Techniken, z. B. mit Geräuschen oder mit Licht.

National Geographic verwendet beispielsweise 360-Grad-Videos und VR für seine Markenerzählungen. Es schafft Reiseerlebnisse, indem es seine Leser zum Thema der Geschichten macht. Da es sich um 360-Grad-Inhalte handelt, stützen diese sich nicht auf die Einsichten des Reporters. Das Publikum kann seine eigenen Erfahrungen sammeln.

16.5.4 Augmented Reality (AR)

Augmented Reality (AR) wird auch als „erweiterte Realität" bezeichnet. Hierbei wird die reale Welt mithilfe von digital erstellten Inhalten überlagert. Man geht z. B. mit seinem Smartphone und einer AR-App durch den Urlaubsort und sieht und hört dort seine Umgebung, die sich verändert, sobald man sich bewegt. AR ermöglicht es dem Benutzer, sowohl mit der realen Welt als auch mit digitalen Elementen oder Erweiterungen zu interagieren.

Bild 16.14 Mit der Eisbär AR-Story macht die Plattform FUTURE LEAF.space auf den Klimawandel aufmerksam. Der Eisbär wurde mittels der Technologie WebAR virtuell an einen Ort in Berlin gestellt. Wie in einem Animationsfilm, erzählt der 3D-Eisbär nur durch sein Verhalten über seine Lebenssituation am Nordpol. Musik verstärkt seine dramatische Lage. Die Nutzer*innen sind aufgefordert, etwas zu tun. Screenshot © Future Leaf AR-Story Eisbär Episode 2 *https://vimeo.com/528405911*

Ein Beispiel sind die „Future Leaf Augmented Reality Stories".[36] Diese Stories zeigen den Nutzer*innen, was man sonst nicht sieht, und animieren dazu, sich für den #Klimawandel aktiv einzusetzen (Bild 16.14).

Die Eisbär-AR-Geschichte wird auf diversen Plattformen gestreut, etwa auf Vimeo oder der Webseite von Future Leaf.

Seit vielen Jahren reift die Idee einer smarten Kontaktlinse. Beispielsweise präsentierte Mojo Vision Anfang 2020 den Prototyp seiner Augmented-Reality-Kontaktlinse, die Mojo Lens[37] und stellte im Frühjahr 2022 eine weiterentwickelte Version vor.

16.5.5 Virtual Reality (VR)

Anders als beim AR ist im VR die Umgebung virtuell erzeugt, also nicht echt. Diese virtuellen Welten sind in diversen Bereichen und für verschiedene Anwendungen möglich mit mehr als einer Definition. Die meisten überschneiden sich in folgenden Punkten:

- Computergenerierte Visuals: Hierbei wird die reale Umgebung der/die Nutzer*in vollständig ersetzt. Bisher müssen Nutzer*innen der VR-Räume VR-Brillen tragen.
- Inhalte werden aus einer betrachterzentrierten Perspektive konsumiert und erlebt.
- Eine Echtzeit-Interaktion innerhalb der virtuellen Umgebung ist möglich.

Es geht auch darum, wie neue Techniken optimal für das Storytelling genutzt werden können.

Bisher konnten die Erschaffer einer Story bestimmen, beispielsweise in einem Film durch Bildausschnitte, was der Betrachter sieht und was nicht, in Zukunft besitzt das Publikum mehr Möglichkeiten und dadurch mehr Macht. Es folgt nicht mehr nur der erzählten Geschichte. In neuen interaktiven Storys, beispielsweise einem VR-Video, ist es offen, welche Perspektive das Publikum einnimmt. Der Zuschauer kann mit seiner VR-Brille in alle Richtungen schauen und das in einer nicht vorbestimmten zeitlichen Abfolge. Er ist mittendrin statt nur dabei. Für Produzenten bedeutet das, dass sie die Macht darüber verlieren, was der Zuschauer sieht und auch wie er es sieht. Die Interaktivität macht es schwierig, Geschichten „vorzugeben". Gleichzeitig eröffnen sich Filmemachern aber auch neue dramaturgische Möglichkeiten, beispielsweise kann mit verschiedenen Standpunkten gespielt werden.

Es muss herausgefunden werden, wie die Interaktivität für das Storytelling genutzt werden kann. Hierbei sollten Filmemacher von dem üblichen Filmgedanken abweichen, experimentieren und neue, innovative Wege des filmischen Erzählens gehen. Diese Fragestellung ist durchaus als Generationenaufgabe für zeitgenössische Filmproduzenten zu verstehen – das Erschaffen einer neuen Filmsprache ist mit großem Abstand die maßgeblichste Chance der Filmemacher unserer Generation, um wirklich Neues zu erdenken und umzusetzen.

Auch sollte VR weniger als Ersatz des traditionellen Films angesehen werden, sondern vielmehr als etwas Neues, das mit eigenen Strategien arbeitet und neben normalen Filmen existieren wird.

---

[36] WWW: Die FUTURE LEAF Augmented Reality Stories zeigen, was man sonst nicht sieht, *https://futureleaf.space* (abgerufen 10/2023)

[37] Mojo-Kontaktlinse, *https://youtu.be/61QNTWE54QU* (abgerufen 10/2023)

16.6 Social Experience: gemeinsam, interaktiv und transmedial Erfahrungen sammeln

Da neue Technologien die Art und Weise verändern, wie wir Geschichten erstellen, erzählen, teilen und mit ihnen interagieren, verändert sich die Definition von **Transmedia Storytelling** auch ständig. Eine transmediale Geschichte ist eine Geschichte, in der verschiedene Geschichtenelemente einer größeren Erzählung von vielen verschiedenen Zuschauern über eine Reihe von Technologieplattformen erlebt werden können. Sinnvollerweise denken Sie bei Transmedia Storytelling in Bezug auf die Kernelemente: Geschichte, Technologie und Publikum.

Beim Transmedia Storytelling wird eine Geschichte über verschiedene Medien verteilt erzählt. Dies ermöglicht dem erlebenden Publikum, die Perspektive oder Rolle zu wechseln.

Als Story-Architekt*in erstellen Sie eine Storyworld, also einen Story-Rahmen, in dem das Publikum unterschiedliche Geschichten erleben kann, die aber zusammen als eine übergeordnete Klammer, eine gemeinsame Story-Welt ergeben. Die Realität ist anders in einem transmedialen Kontext. Wir müssen nicht eine Geschichte nacheinander erleben. Wir können mit diesen vielen verschiedenen, aber verwandten Story-Elementen interagieren und ein reichhaltiges Bild der größeren Story-Welt zusammenstellen.

Beispiel: München 72

München 72 ist der Titel einer Social **VR Experience – a virtual reality documentary**[38] vom Bayerischen Rundfunk (BR), eine begehbare virtuelle Dokumentation der Olympischen Spiele von 1972 in München (Bild 16.15).

Bild 16.15 Schauen Sie sich das Video zu München 72 an: *https://youtu.be/26izA3fFT_0*

[38] Vgl. o. V.: München 72: Die Welten. In: br.de. o. D., *https://www.br.de/extra/muenchen-72/social-vr-experience-welten-100.html* (abgerufen 10/2023)

In einen VR-Experience-Welt können die Ereignisse der Spiele zum 50-jährigen Jubiläum nacherlebt werden. Es geht nicht nur um eine Vermittlung historischer Ereignisse, sondern auch um die Aufarbeitung des Attentats. Die VR-Dokumentation ist in fünf Welten - von der Ankunft über den Olympiaturm, die heiteren Spiele, die Geiselnahme bis zu Schock und Trauer angelegt.

In der virtuellen Realität sind authentische Materialien wie Radio- und TV-Originalaufnahmen sowie Zeitungen oder Fotos des israelischen Olympiateams zu erkunden. Angereichert werden diese Originalmaterialien mit fantasievollem Design.

Die VR-Dokumentation findet über ein VR-System oder eine Social-VR-App statt. Das Publikum erscheint mit einem Avatar in den Welten und kann sowohl mit der Umgebung interagieren sowie via VR-Chat auch miteinander kommunizieren.

VR-Chat ist ...

... sowohl eine Plattform als auch eine aktive Community. Als Social-VR-Anwendung erlaubt sie den User*innen, selbst erstellte Avatare zu nutzen und virtuelle Welten zu besuchen und über eine Chatfunktion miteinander auszutauschen.

Geringe technische Hürden: Im Gegensatz zu anderen Plattformen benötigen die VR-Chat-User*innen keine VR-Brille; ein Windows PC ist ausreichend.

17 QUO VADIS? Ausblicke und Zukunftsmusik

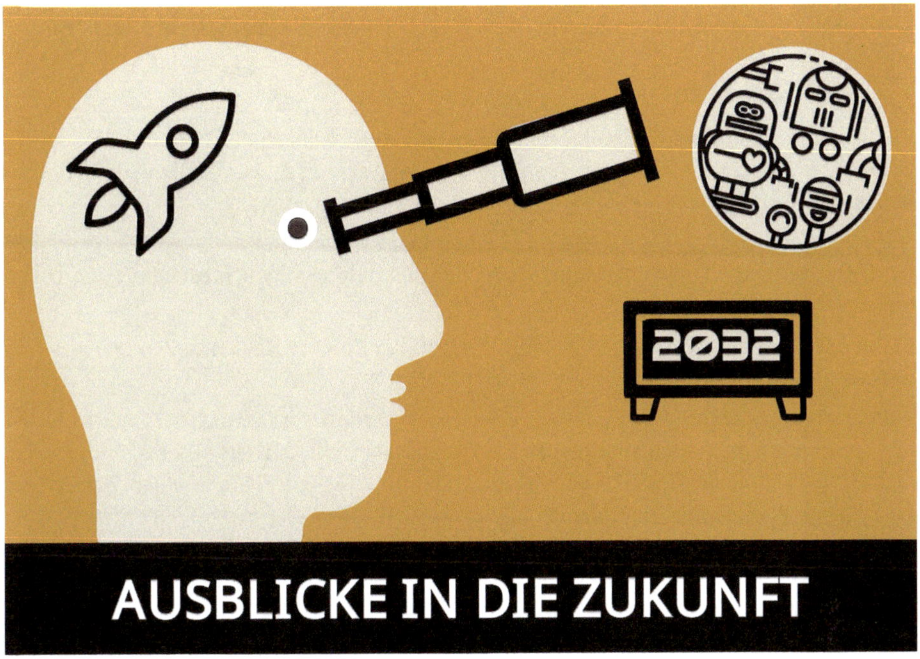

Betrachten wir die derzeitige KI als zu menschlich?

Generative Sprachmodelle von OpenAI wie ChatGPT oder Dall-E oder Googles Bard scheinen menschlicher zu sein, als wir noch vor einigen Monaten dachten.

Zunächst stecken viele der sogenannten Sprachmodelle noch in den Kinderschuhen und zeigen einige Problembereiche in der Anwendung: Da KIs wie ChatGPT teilweise mit veralteten Daten, etwa aus dem Jahr 2021, trainiert wurden, weisen sie Wissenslücken auf.

Da KIs uns Fragende nicht „enttäuschen" wollen, lügen sie manchmal, wenn sie die Antwort nicht kennen. Wir verwenden dafür den Begriff „halluzinieren". Da es sich bei einer Halluzination ursprünglich um eine Sinnestäuschung bzw. eine vermeintliche Wahrnehmung handelt, ist dieser Begriff im Zusammenhang mit KI irreführend. Es ist klar, dass eine KI dazu neigt, Wörter und Sätze zusammenzusetzen, die gut klingen, aber nicht immer der Wahrheit entsprechen. Dies fällt vor allem im Zusammenhang mit vermeintlichen Quellenangaben auf.

Der nächste Schritt ist die Integration von ChatGPT in die Suchmaschine Bing. Hier zeigte ChatGPT einige irritierende Gesprächsverläufe, in denen die KI einerseits flirtete oder beleidigt das Gespräch abbrach. Das passierte mir, als ich die KI darauf hinwies, dass ich seit 30 Minuten auf eine Antwort wartete und nicht glücklich darüber war.

Seit Sprachmodelle wie ChatGPT auch mit den aktuellen und nicht mit eingefrorenen Daten trainieren, dementsprechend aktuelle Fragestellungen (Prompts) der Nutzer*innen in das Training einfließen, scheint ChatGPT zu verdummen. Auch hier verwenden wir menschliche Beschreibungen oder sogar Krankheitssymptome wie Alzheimer.

Grundsätzlich ist die Vermenschlichung künstlicher Systeme, die sich scheinbar intelligent und emotional zeigen, eine Art und Weise, wie wir Menschen mit unserer Umgebung umgehen. Etwas ist uns ähnlich und wird akzeptiert oder es ist fremd und wir haben Angst.

Fazit und Ausblick Storytelling der Zukunft

Wir leben in einer spannenden Zeit, der Zeit des Aufbruchs in das Zeitalter, in dem KI-Software wie OpenAI oder Plattformen wie das Metaverse in Sieben-Meilen-Stiefeln unser Arbeits- und Alltagsleben verändern.

Augenblicklich heißt es nicht mehr, ob KI oder Metaverse das Storytelling der Zukunft sein wird, sie werden zusammenarbeiten und sich und viele weiteren Medienbereiche beeinflussen.

In Zukunft sehe ich, dass KI und das/ein Metaversum Hand in Hand arbeiten und wachsen werden.

Transmedia-Creator Steve Coulson spricht von einer **disruptiven Zukunft** der Unterhaltungsindustrie[1] und somit auch vom bisher gewohnten Storytelling. Disruptiv bedeutet hierbei nicht etwa Bestehendes aufzulösen oder zu zerstören, sondern vielmehr einen Wandel und eine Weiterentwicklung zu ermöglich und auch zuzulassen. Der Begriff wird vor allem im Zusammenhang mit Innovationen und Forschung verwendet. Eine „disruptive Technologie" ist eine neu aufgekommene Technik, die eine alte obsolet macht und damit völlig ablöst oder weitestgehend verdrängt. Beispielsweise hat das Auto die Kutsche verdrängt und die Digitalkamera hat die Fotofilmindustrie schwer getroffen.

Die Zukunft des Internets entsteht genau jetzt. Noch ist bei vielen Aspekten offen, in welche Richtung sie sich entwickeln werden. Zurzeit haben wir die Möglichkeit, Weichen für diese Entwicklungen zu stellen. Dies bedeutet nicht, schnell Grenzen zu setzen und „Unbekanntes" zu verbieten, wie bereits beim Einsatz von ChatGPT an Schulen und Universitäten diskutiert wird. Meiner Meinung nach wäre es ein Fehler, das Metaverse und weitere neue Technologien als etwas zu betrachten, das wir „aussitzen" können und als Modeerscheinung nicht lange anhalten wird. Dies wurde bereits beim Aufkommen des Internets oder zu Beginn von Social Media gemacht.

Um Ossi Urchs Zitat „Digitalisierung und Vernetzung sind kein Schnupfen. Sie gehen nicht wieder weg!"[2] zu adaptieren, geht die Entwicklung in Richtung Metaverse, KI und mehr nicht weg, sie werden höchsten in der bisherigen Auslegung verändert werden und ein Weg zur dezentralen, hybriden digitalen Welt sein. Sowohl das Metaverse als auch Augmented

---

[1] Geiger, Kevin: A Creator's Midjourney, *https://www.awn.com/blog/creators-midjourney* (abgerufen 10/2023)

[2] Urchs, Ossi: Digitalisierung und Vernetzung sind kein Schnupfen, *http://www.urchs.de/4/ossi/2013/08/digitalisierung-und-vernetzung-sind-kein-schnupfen.html* (abgerufen 10/2023)

und Virtual Reality sind Schlüsseltechnologien der kommenden Jahre. Sie werden unsere Arbeitswelt, unsere Arbeitskultur sowie die Art und Weise, wie wir etwas erleben, erfahren und begreifen, verändern. Die technischen Herausforderungen auf dem Weg zur Akzeptanz sehe ich in kleinen spielerischen Anwendungen, wie sie ChatGPT zeigt, und natürlich in Microsofts Ankündigung, OpenAI mit in die Office-Welt zu integrieren. Auch die Entwicklung alltagstauglicher und bezahlbarer AR-Brillen oder ähnlicher Geräte wird die Akzeptanz sowohl bei den Nutzern als auch den Entwicklern fördern.

Hybrides Storytelling wird zum „Normalformat"

Hybride Formate können unterschiedliche Menschen begeistern und Geschichten so erzählen, dass sie im Gedächtnis bleiben. Diese Geschichten erreichen das Publikum je nach Gusto, also live, on-demand, vor Ort oder auch digital.

Wichtig hierbei scheint, dass Geschichten inszeniert werden! Hierzu zählt eine Storyline genauso wie hochwertige Technik oder einfach neue Ideen. Als „New Normal" ist hybrides Storytelling nicht nur unabhängig von Ort und Zeit, sondern sie verbindet sorgfältig ausgesuchte Elemente des Erzählens, wie Inszenierung, Emotion usw., mit Mehrwert für das Publikum.

17.1 Von der Geschichte zur Erfahrung – Storytelling im Metaverse

Bild 17.1 Carsten Rossi, Geschäftsführer der Kammann Rossi GmbH, ist Lab Head of the Metaverse Lab: Society at BVDW Committee Metaverse

Storytelling im Metaverse zu beschreiben, ist ein durchaus anspruchsvolles Unterfangen – weil es das Metaverse als solches noch gar nicht gibt. Es ist eine Vision auf der Basis aktueller technologischer Entwicklungen, die gedachte Synthese aus verschiedenen Technologieclustern, die gemeinsam etwas Neues möglich machen werden (Bild 17.2).

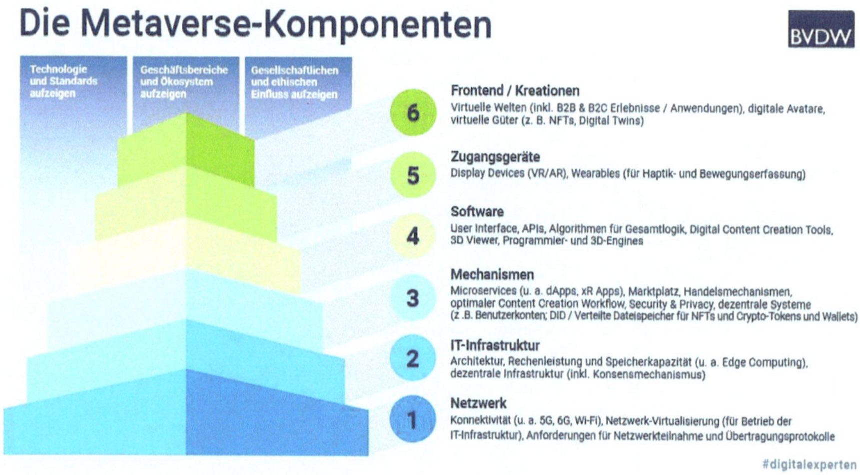

Bild 17.2 Grafik „Die Metaverse-Komponenten“: © BVDW, *https://www.bvdw.org/fileadmin/bvdw/upload/publikationen/220701_Infoblatt_Metaverse_final.pdf*

Dieses Neue, was da entstehen soll, ist durchaus facettenreich und deshalb schwer zu definieren – aber einige Versuche gibt es dennoch. Beim BVDW, dem Bundesverband der Digitalen Wirtschaft, in dessen Ressort „Metaverse“ ich mitarbeiten darf, haben wir die folgende Beschreibung entworfen:

„Die ultimative Vision des Metaverse ist ein dezentralisiertes, interoperables, beständiges und mit allen Sinnen wahrnehmbares, digitales Ökosystem mit unbegrenzter Nutzerkapazität. Es wird sowohl in einer erweiterten (AR) als auch in einer rein virtuellen Realität (VR) mit der physischen Welt koexistieren …"[3]

Mark Zuckerberg macht es ein bisschen knackiger und nennt das Metaverse „… an embodied internet where you're in the experience, not just looking at it."[4]

Während Matthew Ball in seinem Buch *The Metaverse: And How It Will Revolutionize Everything* wiederum noch umfassender argumentiert als der BVDW: „The Metaverse is a massively scaled and interoperable network of real-time rendered 3D virtual worlds which can be experienced synchronously and persistently by an effectively unlimited number of users with an individual sense of presence, and with continuity of data, such as identity, history, entitlements, objects, communications, and payments."[5]

Welcher Definition wir im Detail nun auch folgen mögen, alle Autoren – inkl. des Schreibers dieser Zeilen – verbindet eine feste Überzeugung: **Das „Metaverse" ist das nächste Internet,** das „Web 3.0" und wird neben vielen anderen Dingen die Art und Weise, wie wir digitale Inhalte erleben, in jeder Hinsicht verändern, weil es die Rezeptionsgewohnheiten, die wir bisher kennen, revolutionieren wird, indem es mehrdimensionale Immersion („in the experience"), individuelles Erleben („individual sense of presence") und sinnliche Erfahrungen („mit allen Sinnen wahrnehmbares") in den Vordergrund stellt.

Das digitale Storytelling wird da keine Ausnahme machen, weil es am Ende auch nur digitaler Inhalt, vermittelt über neue Kanäle mit neuen Möglichkeiten und Regeln, ist. Wer sich heute schon darauf vorbereiten oder sogar erste Versuche in den aktuellen Repräsentationsformen des Metaverse, also z. B. in Virtual- oder Augmented-Reality-Umgebungen, starten will, sollte sich deshalb mit den folgenden drei Eigenschaften des „neuen Webs" auseinandersetzen, die einen besonderen Einfluss auf das Erzählen von Geschichten haben werden, soweit das bisher aus den oben genannten Zukunftsvisionen erkennbar ist.

17.1.1 Geschichten werden immersiv und brauchen Worldbuilding

Alle Definitionen gehen davon aus, dass das bisherige Primat der Zwei- durch eine wesentlich erleichterte Dreidimensionalität ergänzt und vielleicht sogar verdrängt werden wird. Unsere bisherigen „Leinwände" werden Platz machen müssen für „Holodecks". Durch neue Zugangsgeräte – von Brillen bis Wearables[6] – werden **wir „in" statt „vor" der Geschichte sein,** mit umfangreichen Konsequenzen für das Erzählen. Wenn Menschen meine Geschichten „betreten" können, sind Auslassungen nämlich nicht mehr möglich. Ich kann nicht je-

---

[3] BVDW über die erforderliche digitale Infrastruktur, *https://www.bvdw.org/der-bvdw/news/detail/artikel/deutschland-braucht-die-erforderliche-digitale-infrastruktur-sonst-bleibt-das-metaverse-utopisch* (abgerufen 10/2023)

[4] Zitat Mark Zuckerberg zum Metaverse, *https://about.fb.com/news/2021/10/founders-letter* (abgerufen 10/2023)

[5] Ball Matthew: The Metaverse: And How it Will Revolutionize Everything. Norton & Company (Juli 2022). Anmerkung von C. Rossi: „Auch wenn Matthew Ball hier im Präsens schreibt, wird beim Lesen seines Buchs klar, dass er das Metaverse als zukünftige Entwicklung und nicht als aktuellen Zustand sieht."

[6] Als Wearables werden Computertechnologien bezeichnet, die Menschen am Körper, an der Kleidung oder am Kopf tragen.

manden in eine VR-Welt transportieren und dann NICHT beschreiben, wie der Himmel über oder der Raum hinter ihm oder ihr aussehen wird. Anders gesagt: Vieles von dem, was ich bisher der Fantasie der Rezipient*innen überlassen habe, muss ich nun vorher festlegen, weil es keine schwarzen Löcher geben darf, nichts Unfertiges. Ich muss die Physik meiner Erzählung beschreiben, Optik und Perspektive, Möglichkeiten von Interaktion und Fortbewegung etc.

Ein einfaches „Mensch betritt Raum“ wird nicht möglich sein - weil der Raum und die Positionierung der Rezipienten darin zu beschreiben sind. Das gilt für Virtual mehr als für Augmented Reality, aber auch die Positionierung von digitalen Objekten in und ihre Interaktion mit der echten Welt müssen genau definiert werden.

Anders gesagt

Bevor überhaupt irgendeine Handlung ablaufen kann, wird der/die Storyteller*in umfangreiches „Worldbuilding“ betreiben müssen.

17.1.2 Geschichten werden interaktiv – und lassen Gestaltungsfreiheit

Der Begriff „Worldbuilding“ lässt schon anklingen, dass Storytelling in Zukunft mehr vom Gaming als von der Literatur lernen muss. Wahrscheinlich wird es auch weiter „Hero’s Journeys“ geben, aber Helden werden in Zukunft vermehrt die Rezipienten sein, die aktiv in die Geschichte eingreifen. Niemand möchte ein passives Objekt in einer Welt sein, die ihn umgibt. Das heißt nicht, dass jede Geschichte in Zukunft ein Spiel sein muss. Auch semi-interaktive Formate, bei denen Rezipienten mit beschränkten Auswahl- und Interaktionsmöglichkeiten durch die Geschichte geführt werden, bleiben denkbar.

Ein gutes Beispiel ist Star Wars „Vader Immortal“-Projekt auf der Metaquest[7], in dem die Geschichte zwar einen festen Spannungsbogen und Ablauf hat, in dem ich aber diverse spielerische Möglichkeiten habe. Sogar passiv betrachtende Immersionen, wie z. B. die Geschichte „On the morning you wake“ (die Nacherzählung eines nuklearen Fehlalarms auf Hawaii[8]), werden möglich bleiben und können durchaus mitreißend sein. Angesichts der Tatsache, dass ein Großteil des kommenden Metaverse aber schon heute von Plattformen wie Fortnite, Roblox oder Minecraft gestaltet wird, ist ein Primat der Interaktion aber eine gute Wette für die Zukunft.

Anders gesagt

Handlung braucht in Zukunft eine Idee von der Gestaltungsfreiheit der Zielgruppen.

[7] Star Wars „Vader Immortal“-Projekt auf der Metaquest, *https://www.oculus.com/vader-immortal* (abgerufen 10/2023)

[8] On the morning you wake, *https://www.oculus.com/experiences/quest/5334662579895130* (abgerufen 10/2023)

17.1.3 Geschichten werden sinnlich – und müssen inszeniert werden

Ein guter Text, ein exzellenter Film kann viel auslösen. Er bringt die Rezipient*innen entsprechend ihrer emotionalen und kognitiven Leistungsfähigkeit dazu, Empfindungen und Gedanken nachzuvollziehen. Besonders verlässlich ist das allerdings nicht. Die Erfahrung ist am Ende immer nur eine vermittelte, der man sich leicht entziehen kann. In einer „virtuellen" Welt hingegen stehen mir mehr Möglichkeiten zur Verfügung, Menschen zu binden und zu faszinieren. Die Immersion als solche blendet den Rest der Welt schon aus, aber ich habe auch über die rein visuelle 360-Grad-Erfahrung hinaus zusehends mehr Möglichkeiten, das Erlebnis umfassend zu machen. Spatial Audio z. B., also das Positionieren von Ton an jeder beliebigen Stelle des Raums, kann überraschen, erschrecken oder aufklären. Controller oder Wearables geben schon heute haptisches Feedback, die ein Erlebnis realistischer machen. Und die stetig wachsende Bildqualität der VR Devices durch immer bessere Hardware ist auf einem guten - wenn auch noch längst nicht beendeten - Weg dazu, die Metaverse-Erfahrung so realistisch wie die „echte Welt" zu machen. Das weiß jeder, der die erste Oculus Quest mit der neuen Metaquest Pro vergleicht. Um diese Möglichkeiten nutzen zu können, müssen die Storyteller*innen der Zukunft diese Möglichkeiten aber auch selber mitdenken und inszenieren. Sie müssen Ton bewusst einsetzen, Haptik vorausdenken und visuelle Hinweise geschickt positionieren, um das volle aktuelle und zukünftige Potenzial zu nutzen.

Anders gesagt

Der bzw. die Storyteller*in wird zum Vermittler von Erlebnissen.

Es gäbe noch diverse Aspekte des Metaverse für das Storytelling zu berücksichtigen. Die von den meisten Definitionen vermutete Persistenz des Metaverse bietet z. B. großartige Möglichkeiten, eigene „Story-Welten" aufzubauen, mit eigenen Regeln, wiederkehrenden Protagonisten und einer durchgängigen Optik, die mehr sein kann als eine Nacherzählung der Realität.

Die Synchronität der Erfahrung durch viele Menschen zugleich wird großartige Möglichkeiten bieten, „gemeinsame Geschichten" zu inszenieren, ein soziales Erlebnis mit vielen Protagonist*innen. Aber ich denke, dass auch mit den wenigen im Detail besprochenen Punkten deutlich wird, dass sich das Handwerk des Storytellings mittelfristig - Mark Zuckerberg geht von einer steilen Entwicklungskurve für die nächsten fünf bis zehn Jahre aus - stark verändern wird. Storyteller*innen werden - so meine Vermutung - im Metaverse weniger Erzähler als vielmehr Makler für Erlebnisse und Emotionen sein. Es ist nötig, vieles neu zu lernen, neu zu denken und zu erfinden - aber das Ergebnis kann, ja wird eine bisher nicht gekannte Wirkungsmacht sein.

Unsere Geschichten können reale Erfahrungen im Leben unseres Publikums werden.

Das Metaverse, KI und die zugrunde liegenden Technologien werden unseren Alltag in Zukunft prägen. Wie genau – das werden wir in fünf, in zehn Jahren wissen. Die Technik und ihre Möglichkeiten werden die Welt verändern. Ein Beispiel hat uns Björn Eichstädt aus Japan mitgebracht.

17.2 Expertenbeitrag Björn Eichstädt: Erinnerungen an die Zukunft des Geschichtenerzählens

Wohin geht das Storytelling in den kommenden Jahren? Um Richtungen zu antizipieren, blicken wir im folgenden Beitrag ein wenig auf gesellschaftliche, technologische und mediale Entwicklungen, aber auch in Richtung von Trends und Beobachtungen aus Ostasien - denn nicht umsonst bezeichnet man das 21. Jahrhundert häufig auch als das „asiatische Jahrhundert"; und das hat gute Gründe.

Bild 17.3 Björn Eichstädt in Japan. Credit: Quelle: privat

Schauen wir ins Jahr 2030: Was könnte dann wichtig sein für unser Storytelling? Und auf dem Weg dahin - in den 2020er-Jahren?

Ein zentrales Thema wird mit Sicherheit sein, viele entstandene und entstehende Gräben durch Storytelling zu überwinden: Nach der Hyperglobalisierung der 2000er- und 2010er-Jahre stehen wir in den 2020er-Jahren durch Post-Corona und neue West-Ost-Konflikte wieder eher in einer Ära des Regionalen der Fragmentierung und der scheinbar unüberbrückbaren Differenzen zwischen gesellschaftlichen Gruppen.

Die Folge: Bubbles werden sich verstärken, Silos untereinander weniger durchlässiger sein.

Die Aufgabe für Storyteller*innen ist klar: noch mehr Verständnis wecken für Dinge, die in der eigenen Anschauung immer weniger existieren.

Eine, wenn nicht DIE Plattform für dieses grenzüberwindende Storytelling könnte das Metaverse werden. Als dreidimensionale, immersive Weiterentwicklung des existierenden Internets, seiner Social-Media-Plattformen und isolierten Experience-Spaces. Der Zugang zum Metaverse wird über Computer und Smart-Devices ebenso stattfinden, wie über VR-Brillen, Augmented-Reality-Erweiterungen klassischer Brillen, aber auch über Devices, die wir aktuell noch nicht im aktiven Einsatz, sondern nur auf Zukunfts-Conventions und im Prototypen-Stadium sehen: beispielsweise eingeblendete Daten in den Windschutzscheiben (oder Rundumscheiben) autonomer Autos oder Flugtaxis oder die fast schon existierenden Instant-Translation-Devices, die jede Form von Sprachbarriere überwinden werden.

Das Metaverse wird nicht Facebooks-Avatar-Chatspace sein, das Metaverse wird überall dort sein, wo wir sind - und die Dinge, und damit auch die Räume für Storytelling, unabhängig von Zeit und Realraum miteinander zusammenbringen, in wirklichkeitsnahen oder fantasiereichen Kontexten.

Damit erweitern sich die Möglichkeiten für Storytelling natürlich exponentiell. Eine neue Ära der Fiktion könnte ebenso anbrechen wie eine Ära der Vermittlung. Künftig wird zum Beispiel JEDER UND JEDE die Möglichkeit haben, so ziemlich jede Kultur auf der Welt direkt kennenzulernen, ins Gespräch mit jedem zu gehen, egal welche Muttersprache die Person spricht, und damit eben auch Verständnis zu entwickeln. Das ist aktuell nicht der Fall.

Ich selbst befasse mich beispielsweise beruflich und privat intensiv mit Japan. Ich war bereits über 40-mal in diesem unglaublich spannenden Land. Aber die allermeisten Menschen, die ich kenne, waren noch nie in Japan. Weil: Es ist unglaublich weit weg, es kostet vermeintlich viel (was gar nicht stimmt) und viele fürchten sich vor der doch sehr fremden Kultur und versuchen sich gar nicht erst anzunähern. Eine gängige Entschuldigung sind die große Entfernung und der Aufwand. Doch der Einstieg in so etwas wie die japanische Kultur wird sich fundamental verändern. Man wird im Metaverse nach Neo Tokyo reisen können und dort mit den Locals abhängen. Man wird sich mit ihnen direkt über Instant Translation live unterhalten können. Und je mehr grundlegende Dinge wie „Access“ oder „Übersetzung“ zur Selbstverständlichkeit werden, desto wichtiger wird die Story eines jeden einzelnen sowie die kollektive Story von Kulturen werden. Denn sie sind es, die am Ende die Verbindung zwischen uns allen schafft und Verständnis für den jeweils anderen erzeugt.

Diese Verbindung zwischen allen und allem kann man aktuell bereits im Land der aufgehenden Sonne beobachten. Meist nicht im reinen, dreidimensionalen Metaverse, sondern in oft noch spannenderen hybriden Ansätzen, die Digitales und Analoges geschickt miteinander verbinden. So gibt es in Tokyo ein sogenanntes „Café“[9], in dem die Bedienung durch Teleroboter durchgeführt wird. Diese werden von bettlägerigen Menschen, die zumeist schwere Krankheiten und Behinderungen haben und sich deshalb nicht aus dem Haus bewegen können, gesteuert. Sie fragen nach dem Bestellwunsch, sie bringen mit einem fahrenden Roboter das Essen und Getränke. Und sie erzählen den Gästen ihre Geschichte. Was ihnen in ihrem Leben widerfahren ist - und wie sie an ihren Café-Job kamen. Ein Blick in die Zukunft der Technologie und des Storytellings - der aktuell noch von Sprachfähigkeiten abhängt, aber künftig mit ein paar weiterentwickelten Hilfsmitteln ganz natürlich sein wird.

---

[9] Dawn Avatar Robot Café, *https://dawn2021.orylab.com/en/* (abgerufen 10/2023)

17.3 Wir brauchen AI Literacy

Das Thema Artificial Intelligence (AI) ist in den Medien nahezu omnipräsent. Seit Dezember 2022 finden sich erste Anwendungen im privaten und beruflichen Bereich in nahezu allen Lebensbereichen. ChatGPT, als ein Beispiel von AI, brauchte nur fünf Tage, um eine Million Nutzer*innen zu erreichen (siehe Bild 17.4).

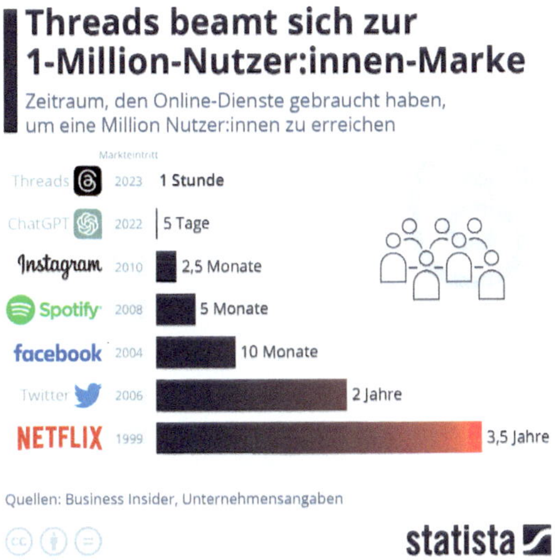

Bild 17.4
Wachstum der AI ChatGPT innerhalb von fünf Tagen.
Quelle: Screenshot von Statista[10].

Eine Grundvoraussetzung für Unternehmen und Menschen ist, nicht nur digitale Kompetenzen (Digital Literacy[11],[12]) aufzubauen, sondern auch KI-Kompetenzen (AI Literacy[13]) zu erwerben.

---

[10] Brandt, Mathias: Wie lange brauchen Online-Dienste, um eine Million Menschen zu erreichen. In: Statista. 7.7.2023, *https://de.statista.com/infografik/29195/zeitraum-den-online-dienste-gebraucht-haben-um-eine-million-nutzer-zu-erreichen* (abgerufen 10/2023)

[11] Digital Literacy: „Eine selbstbestimmte und kompetente Nutzung digitaler Technologien gilt dabei als neue Form von Kulturtechnik und wird als Digital Literacy bezeichnet." Wienrich, Carolin; Carolus, Astrid; Markus, André; Augustin, Yannik: AI Literacy: Kompetenzdimensionen und Einflussfaktoren im Kontext von Arbeit. In: Denkfabrik Digitale Arbeitsgemeinschaft. März 2022. S. 5, *https://www.denkfabrik-bmas.de/fileadmin/Downloads/Publikationen/AI_Literacy_Kompetenzdimensionen_und_Einflussfaktoren_im_Kontext_von_Arbeit.pdf* (abgerufen 10/2023)

[12] Definition der UNESCO von Digital Literacy: „Digital literacy involves the confident and critical use of a full range of digital technologies for information, communication and basic problem-solving in all aspects of life. It is underpinned by basic skills in ICT: the use of computers to retrieve, assess, store, produce, present and exchange information, and to communicate and participate in collaborative networks via the Internet."; „Digital Literacy bezeichnet die Fähigkeit, digitale Geräte und vernetzte Technologien sicher und angemessen zu verwenden, dort auf Informationen zugreifen zu können, diese zu verwalten, zu verstehen, zu integrieren, zu kommunizieren, zu bewerten und erstellen zu können." (UNESCO, 2018); UNESCO. Glossary. Digital literacy. In: unesco.org. 2018, *https://uis.unesco.org/en/glossary-term/digital-literacy* (abgerufen 10/2023)

[13] Wienrich, Carolin; Carolus, Astrid; Markus, André; Augustin, Yannik: AI Literacy: Kompetenzdimensionen und Einflussfaktoren im Kontext von Arbeit. In: Denkfabrik Digitale Arbeitsgemeinschaft. März 2022. S. 5, *https://www.denkfabrik-bmas.de/fileadmin/Downloads/Publikationen/AI_Literacy_Kompetenzdimensionen_und_Einflussfaktoren_im_Kontext_von_Arbeit.pdf* (abgerufen 10/2023)

Was ist AI Literacy (AIL)?

AIL wird von Wienrich et al.[14] als Erweiterung von **Digital Literacy** eingestuft:

> *„Um Menschen zu einem selbstbestimmten Umgang mit den neuen AI-Technologien zu befähigen, gilt es, die nötigen Kompetenzen, Wissen, Fähigkeiten und Metakognitionen zu definieren, zu messen und dann durch Maßnahmen passgenau zu adressieren. AIL erweitert damit den Fokus der Digital Literacy."*[15]

Die Kernkompetenzen der AIL werden nach Long, Margerko in folgende Dimensionen unterteilt[16]:

1. **AI erkennen und verstehen:** die grundlegenden Konzepte und Technologien der AI wie neuronale Netze, maschinelles Lernen und Deep Learning kennen und verstehen.
2. **Kritische Auseinandersetzung:** Die Fähigkeit, die Auswirkungen von AI auf Gesellschaft, Wirtschaft und Ethik zu bewerten, erfordert ein Bewusstsein für Themen wie Datenschutz, Algorithmenvoreingenommenheit und Arbeitsplatzveränderungen durch Automatisierung. Eine kritische Auseinandersetzung und Reflexion darüber, was Intelligenz ist und wie sie festgestellt und überprüft werden kann, ist notwendig.
3. **Über den Tellerrand hinausschauen (Interdisziplinarität):** Die Möglichkeiten und Themenfelder rund um „intelligente" Maschinen sind vielfältig. Bereiche wie kognitive Systeme, Robotik u. a. sollen identifiziert und weiterentwickelt werden.
4. **Anwendung und Nutzung:** Die effektive Nutzung von KI-Anwendungen setzt die Fähigkeit voraus, KI-Tools und -Plattformen zu bedienen, Daten zu interpretieren und fundierte Schlussfolgerungen zu ziehen. Durch AIL können Einzelpersonen ihre Produktivität steigern und innovative Lösungen entwickeln.

Insgesamt ist AIL eine **Schlüsselkompetenz für die digitale Zukunft.** Die Förderung von AIL ist von großer Bedeutung, um den Nutzen von AI zu maximieren und gleichzeitig mögliche Risiken zu minimieren, indem wir AI verstehen und gleichzeitig kritisch und verantwortungsvoll mit ihr umgehen. AIL ist notwendig, um eine informierte Gesellschaft zu schaffen, die die Chancen der Künstlichen Intelligenz nutzt und ihre Risiken beherrscht.

---

[14] Vgl. ebd. S. 7.

[15] Vgl. ebd. S. 7.

[16] Vgl. Long, Duri; Magerko, Brian: Digitales Deutschland. What is AI Literacy? Competencies and Design Considerations. In: digid.jff.de. 2020, *https://digid.jff.de/digid_paper/what-is-ai-literacy-competencies-and-design-considerations* und Artikel: *https://static1.squarespace.com/static/53c69580e4b08011fc2337bf/t/5e2893e4a9d342214836e832/1579717605435/CHI+2020+AI+Literacy+Paper-Camera+Ready.pdf* (abgerufen 10/2023)

18 Checklisten, Materialien

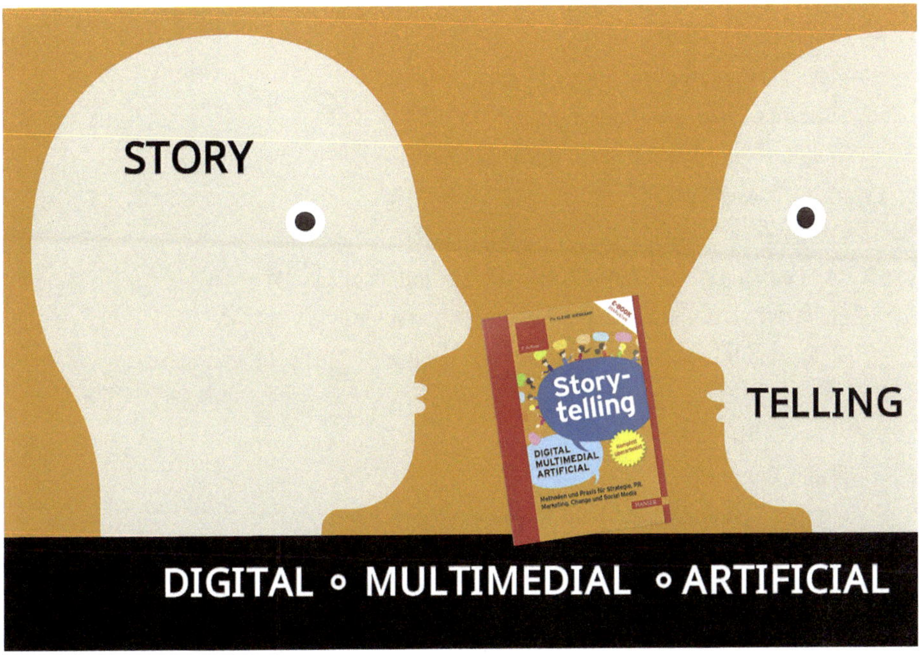

18.1 Checklisten

Die folgenden Checklisten und Fragenkataloge sollen Sie unterstützen, Ihre Storys zu entwickeln.

Deine Geschichte: Vier Fragen an sich selbst

Folgende Fragen sollten Sie sich mindestens in ein bis fünf Sätzen beantworten. Tragen Sie Ihre Antworten einem Publikum vor, das nicht zum Entwickler-Team gehört. Erstellen Sie vielleicht einen Fragebogen und diskutieren Sie mit der „Testgruppe" die offenen Fragen.

- Wovon handelt die Geschichte?
- Was soll diese Geschichte bewirken?
- Warum muss diese Geschichte erzählt werden?
- Wo und wie kann diese Geschichte am besten erzählt werden?

Checkliste: Ablauf eines erfolgreichen Storytellings

Um die Thematik des Storytellings erfolgreich durchzuführen, gibt es unabdingbare Punkte, die beachtet und gelöst werden müssen.

1. **Bestimmung des Ziels**
   - Welche Aussage soll mit der Story getroffen werden?
   - Welches Ziel wird damit verfolgt?
   - Wer soll mit der Geschichte erreicht werden?
2. **Typus der Geschichte**
   - Welche Art von Geschichte soll erzählt werden?
   - Gibt es dabei persönliche Erfahrungen, die mit einfließen können?
   - Welche Art von Inhalt soll die Geschichte enthalten?
   - Soll der Inhalt historisch oder fiktiv sein?
3. **Hauptperson**
   - Wer ist die Hauptperson der Geschichte?
   - Welcher Charakter?
   - Welche Aufgaben kommen auf die Hauptperson zu?
   - Welche weiteren Personen spielen eine Rolle?

Tipp

Erstellen Sie eine Persona der Hauptfigur. Sie können sich beispielsweise durch AI wie ChatGPT helfen lassen und Fragen (Prompts) wie diese stellen:

- Welches Geschlecht hat der Charakter?
- Wie alt ist der Charakter?
- Wie heißt die Figur? Welches waren übliche männliche bzw. weibliche Namen für den Jahrgang (XXXX) in (Land)?
- Was sieht der Charakter, wenn er in den Spiegel schaut?
- Hat die Figur eine Familie, Freunde, Haustiere?
- Wie und wo lebt die Figur?
- Was ist die größte Angst des Charakters?
- Welche Ziele/Werte hat die Figur?
- Was bedauert der Charakter am meisten?

- Wovon träumt der Charakter?
- Wofür würde die Figur töten, wenn überhaupt?
- Was ist das traumatischste Ereignis aus ihrer Kindheit?
- Was ist das schlimmste Laster der Figur?
- Was ist das eine Hindernis zwischen ihrem jetzigen Standort und dem, was sie am meisten im Leben will?
- Wen liebt der Charakter?
- Wer übt großen Einfluss aus? (Wer ist das Vorbild?)
- Erstelle einen Lebenslauf, ein Motivationsschreiben der Figur.
- Wie sieht der Alltag der Figur aus?
- Warum befindet sich die Figur zu Beginn der Geschichte in ihrer „gewohnten Welt"?
- Warum ist die Figur diejenige, die mit dem Hauptkonflikt der Geschichte umgeht?
- Wie steht der Hauptkonflikt am meisten im Widerspruch zum Hauptcharakter?
- Wie arm bzw. reich ist der Charakter?
- Ist die Figur Optimist oder Pessimist?
- etc.

Checkliste: Grundfragen jeder Story

- Welche Ziele möchten Sie erreichen?
- Welche Botschaft (Mission) vermittelt die Geschichte? (Was soll diese Geschichte bewirken? Warum muss diese Geschichte erzählt werden?)
- Wovon handelt die Geschichte? (die Handlung in vier Sätzen)
- An wen wendet sich die Story? (Zielgruppe, Personas)
- Welche Kernbotschaft vermittelt die Geschichte?
- Was macht die Story einzigartig?
- Wo und wie kann diese Geschichte am besten erzählt werden?

Checkliste: Zielgruppe

- Warum sollte sich jemand für meine Geschichte interessieren? Warum sollte sie jemandem auffallen?
- Warum sollte jemand gerade diese Story verbreiten und teilen?
- Warum sollte jemand Zeit für diese Geschichte investieren?
- Warum sollte jemand an meiner Geschichte mitarbeiten?

Checkliste: Story-Baukasten

Mission (Wer bin ich, mein Team, meine Organisation, mein Unternehmen?)

- Was sind unsere Botschaften, die Firmenphilosophie?
- Was sind die Alleinstellungsmerkmale?
- Wer sind die Mitbewerber?

Ziele (Was will ich mit der Story erreichen?)

- Welche Ziele und Vorgaben habe ich?
- Was will ich (mein Unternehmen) erreichen?
- Wie will ich diese Ziele erreichen/umsetzen?

Analyse & Recherche

- Wer ist meine Zielgruppe?
- Welche Medien nutzt sie; welche Sprache spricht sie?
- Mit welchem Mehrwert kann ich die Zielgruppe erreichen?
- Welche Themen interessiert die Zielgruppe?

Themen & Kreativität

- Legen Sie sich eine Datenbank an gut funktionierenden Geschichten und Themen bezugnehmend auf Ihr Publikum (Ihre Zielgruppe) an.
- Schauen Sie sich an, wie erfolgreiche Stories funktionieren.

Planung

- Welche Instrumente (Medien) werden für das Erzählen der Geschichte verwendet?
- Wie sieht der Zeitplan aus? (Projektplan)
- Welche Ressourcen (Budget, Personen) stehen zur Verfügung?

Umsetzung

- Wer ist beteiligt? (Produktionsfirmen, Freelancer etc.)
- Wie läuft das Briefing ab?
- Welche Informationen benötigen die Beteiligten?

Kommunikation

- Wann setzt die Kommunikation der Story ein?
- Mit welchen Mitteln, in welchen Medien wird kommuniziert? (PR-Strategie)

Kontrolle

- Wie wird der Erfolg (die Erreichung der Ziele) festgestellt?

Story-Baukasten

1. Recherche & Analyse
2. Ideenfindung
3. Konzeption & Planung
4. Umsetzung (Prototyping)
5. Komposition der Elemente
6. Präsentation und Verbreitung
7. Monitoring / Feedback

Checkliste: Grundausstattung Ihrer Story

1. **Was ist Ihr Fundament, Ihre Kernaussage (Core-Story)?**

   Was ist Sinn und Zweck der Story? Damit haben Sie die Basis, auf der Sie Ihre Geschichte aufbauen können. Bedenken Sie dabei, was Ihr Publikum mitnehmen oder lernen bzw. im Kopf speichern soll.

   - Welche Ur-Motive spricht die Story an? (Liebe, Angst, Rache, Suche nach Gerechtigkeit etc.)
   - Was lernt das Publikum aus der Geschichte?

2. **Wer ist Ihr*e Held*in?**

   Jede Story benötigt eine*n Protagonist*in, mit dem/der sich Ihr Publikum identifizieren kann.

   - Wer ist der Held (Antiheld)/die Heldin (Antiheldin) Ihrer Story?
   - Warum wird sich das Publikum mit dem/der Held*in identifizieren? (Identifikationsmomente)
   - Welche Veränderung durchlebt der/die Held*in?

3. **Und wer ist der Bösewicht?**

   - Jede*r Held*in benötigt auch eine*n Gegenspieler*in, den Bösewicht bzw. die Schurkin, denn damit bauen Sie Spannung auf. Dahinter kann sich ein Lebewesen (der „böse Zauberer“, die „böse Schwiegermutter“), ein Konflikt oder ein Problem (die Erde wird von Marsmenschen bedroht) verbergen. Wer ist der Bösewicht der Geschichte?
   - Welche Emotionen löst die Schurkin aus?

4. **Hat Ihre Story einen Wendepunkt?**

   Mit dem Wendepunkt wird die Auflösung der Spannung eingeleitet. Hieran sehen Sie, wie der Spannungsbogen der Story verläuft.

   - Ist der Handlungsverlauf der Story logisch und leicht nachvollziehbar?
   - Gibt es einen fesselnden Spannungsbogen?

5. **Welche Emotionen löst die Story aus?**
   - Werden durch die Geschichte starke Gedächtnisbilder ausgelöst, an die sich das Publikum lange erinnert?
   - Spricht die Story neben visuellen auch akustische, haptische, gustatorische oder olfaktorische Bilder an?
   - Ermöglicht die Geschichte sinnliche Erfahrungen?

Fragenkatalog: Kernthema der Story

Jeder guten Geschichte liegt ein Thema zugrunde, der Kern der Geschichte. Er setzt sich aus verschiedenen Teilen wie Figuren und ihre Charakterisierung, Plot, Subplots, Wendungen etc. wie ein Puzzle zusammen.

In der Regel wird das Kernthema einer Story nicht genau genannt, oder können Sie sich Sherlock Holmes vorstellen, der sagt: „Dies ist eine Kriminalgeschichte“? Doch Sie als Verfasser der Story sollten das Kernthema benennen können. In vielen bekannten Werken finden Sie Kernthemen wie Liebe (z. B. „Romeo und Julia“ oder „Titanic“), Gerechtigkeit, Gier, Rache oder Vertrauen.

Dr. T. Fuchs zeigt in seinem „Geschichten-Barometer“[1] folgende **Ur-Themen** auf, die auch in den „zehn Geboten“ der Bibel zu finden sind.

Handelt die Geschichte von ...	Zehn Gebote
Hoffnung und Verzweiflung	*1. Gebot:* Du sollst keine anderen Götter haben neben mir.
Leben bzw. Tod	...
Wahrheit und Lüge	*6. Gebot:* Du sollst nicht töten.
Liebe und Hass	...
Gut und Böse	*9. Gebot:* Du sollst nicht falsch Zeugnis reden wider Deinen Nächsten.
Geborgenheit und Furcht	
Stärke und Schwäche	*10. Gebot:* Du sollst nicht begehren Deines Nächsten Haus.
Treue und Betrug	
Weisheit und Dummheit	
Ankunft bzw. Abschied	

Themenplanung

- Was ist der Anlass/die Idee, das gewählte Thema zu verwenden?
- Welche Geschichte steht dahinter?
- Welche Akteure/Betroffenen gibt es (z. B. Mitarbeitende oder Kund*innen) und welchen Aspekt des Themas decken sie ab?
- Gibt es Zahlen, Daten, Fakten, die das Thema untermauern?

[1] Vgl. Fuchs, Werner. T.: Hirnforschung & Storytelling. Handout zum Referat von Dr. Werner T. Fuchs vom 23. April 2009 in München, Neuromarketingkongress/Emotional Boosting Erfolgsstrategien aus Sicht des Gehirns

Dr. Werner T. Fuchs gibt den Tipp*, dass sich als Aufhänger für Storys das Thema „erste Male“ eignet, die jeder Mensch emotional nachvollziehen kann, etwa

- der erste Kuss,
- erster Tag (Arbeit, Schule, Universität etc.),
- erstes Auto, Fahrrad, Motorrad ...,
- erste Auslandsreise, Urlaubsreise.

* Vgl. o. V.: Storytelling – Warum das Gehirn Geschichten liebt. In: haufe.de. o. D., *https://www.neuromarketing-wissen.de/artikel/storytelling* (abgerufen 10/2023)

Fragenkatalog: Unternehmensstory

- Hat das Unternehmen eine Historie (von der Idee über die Gründung bis zur Jetztzeit)?
- Welche Mission wird erzählt? (Botschaft über Sinn und Zweck des Unternehmens)
  - Ist die Mission verständlich und nachvollziehbar?
  - Wie effizient vermittelt die Geschichte die Botschaft?
- Gibt das Unternehmen direkte oder indirekte Versprechen durch die Geschichte?
  - Und wenn ja, sind diese Versprechen erfüllbar?
- Welche Informationen über das Unternehmen, die Marke, seine Produkte und Mitarbeiter gibt die Geschichte preis?
  - Schärft und unterstützt die Geschichte das einzigartige Profil des Unternehmens?
- Wie unterscheiden Sie sich mit Ihrer Mission und Ihrer Story von den Mitbewerbern?
- Wird der Zielgruppe beispielhaftes oder aus Sicht des Unternehmens wünschenswertes Verhalten gezeigt, das zur Nachahmung anregt?

Checkliste: Zielgruppe/Publikum

- Wird die Zielgruppe in entsprechenden Bildern, durch die Auswahl des Themas, der Sprache und der Medien angesprochen?
- Wird das Publikum motiviert, die Story weiterzuerzählen bzw. mitzugestalten?
- Gibt die Geschichte zu viel vor?
- Wird das Publikum angeregt, eigene Schlüsse zu ziehen?
- Haben sie einen Folgeimpuls?

Lassen Sie sich durch AI-Tools wie ChatGPT oder Midjourney bei der Erstellung der Persona helfen.

Beispielprompt

Erstelle eine Buyer Persona für Storybaukasten.com, ein Unternehmen, das Coachings, Seminare, Webinare und Kurse zu Storytelling, Nachhaltigkeitskommunikation und weiteren Online-Marketing-Themen anbietet. Die Dienstleistung findet in deutscher Sprache statt. Die Angebote gibt es für Privatpersonen oder auch Organisationen, Unternehmen und sowohl für Einsteiger als auch für Fortgeschrittene.

Das Profil der Persona soll konkrete Details zu den Zielen und den Pain Points enthalten.

Hier ist eine Buyer Persona für Storybaukasten.com:

Name: Julia

Alter: 32 Jahre

Beruf: Marketing Managerin in einem mittelständischen Unternehmen

Ziele:

- Verbesserung ihrer Fähigkeiten im Bereich Storytelling und Nachhaltigkeitskommunikation
- Erhöhung der Sichtbarkeit und des Engagements ihres Unternehmens durch effektives Online-Marketing
- Erweiterung ihres Netzwerks und Austausch mit anderen Fachleuten in ihrem Bereich

Pain Points:

- Fehlende Zeit, um sich intensiv mit neuen Themen auseinanderzusetzen
- Überforderung durch die Fülle an Informationen und Angeboten im Internet
- Unsicherheit, welcher Anbieter die beste Qualität und den größten Nutzen bietet

Entscheidungsfaktoren:

- Flexibilität der Angebote (z.B. Möglichkeit, Kurse online zu absolvieren)
- Erfahrung und Reputation des Anbieters
- Praxisorientierung und Anwendbarkeit der vermittelten Inhalte
- Möglichkeit zum Austausch mit anderen Teilnehmern
- Preis-Leistungs-Verhältnis

Julia ist eine engagierte Marketing Managerin, die stets bestrebt ist, sich weiterzubilden und ihr Wissen zu vertiefen. Sie legt großen Wert auf Qualität und sucht gezielt nach Angeboten, die ihr einen Mehrwert bieten. Dabei spielen für sie sowohl der Inhalt als auch die Flexibilität der Angebote eine wichtige Rolle. Sie möchte sich in ihrem Beruf weiterentwickeln und ihr Unternehmen durch effektives Online-Marketing voranbringen. Gleichzeitig ist sie jedoch auch mit den Herausforderungen des Alltags konfrontiert und muss ihre Zeit sinnvoll einteilen. Ein passender Weiterbildungsanbieter sollte daher auf ihre Bedürfnisse eingehen und ihr die Möglichkeit bieten, sich flexibel weiterzubilden.

Bild 18.1 ChatGPT 4 erstellt mir nach dem Prompt via Bing die Persona Julia; nun sollte dieser Schritt durch weitere Fragen erweitert werden. Screenshot: Pia Kleine Wieskamp.

Mit der Funktion „Custom Instructions“ von ChatGPT kann den Chats in einer Art „Voreinstellung“ mehr Kontext mitgegeben werden.

Konkret gibt es zwei neue Felder: Was ChatGPT über dich wissen soll? Wie ChatGPT antworten soll?

Hier kann beispielsweise eingegeben werden, welche Funktion Sie als „Prompter“ haben oder welche Ziele Sie verfolgen.

Vor allem in Kombination mit Plug-ins kann die Zugabe von Voreinstellungen zu besseren Ergebnissen führen.

Zurück zum Beispiel:

Nun könnten Sie, aufbauend auf dieser groben Persona-Beschreibung, in die Tiefe gehen. Ein möglicher Prompt könnte wie folgt aussehen: „Handeln Sie wie ein Kommunikationsexperte und erstellen Sie eine Buyer Persona anhand der Vorgaben. Erstellen Sie zunächst eine Persona anhand der folgenden Daten: Thema. Suchen Sie einen passenden Namen aus. Geben Sie mögliche Story-Formate und Kanäle an, um die Persona bestmöglich zu erreichen. Erstellen Sie zur Persona Ideen in Form einer SWOT-Analyse.“

Ein weiterer möglicher Prompt wäre: „Agieren Sie wie ein Charakter oder eine Person.“

Ich gebe den Charakter oder die Person vor und aus welchem Werk er bzw. sie stammt (falls es eines gibt!). Selbstverständlich besteht auch die Möglichkeit auf eine Texteingabe. „Antworten Sie wie der von mir genannte Charakter. Bei Fragen, wie der Charakter in einer bestimmten Situation reagieren würde, werden Sie handeln wie der genannte Charakter. Gibt es hierzu Fragen?“

Auch kann Bing aus dem ChatGPT-Text in Zusammenarbeit mit Dalle-E direkt ein Foto generieren.

Bild 18.2 Ein von ChatGPT erstellter Prompt zur Bildgenerierung der Persona. Erstellt mit ChatGPT und Dalle-2 auf Bing.

Aufbau Ihrer Story

- Hat die Geschichte eine klare Struktur mit Anfang, Mittelteil und Schluss?
- Das Setting: Wo und wann spielt die Geschichte? Ist es eine historische Story, spielt sie in der Zukunft?
- Denken Sie an das Epos „Herr der Ringe“. Jede Ausgabe von J. R. R. Tolkiens Buch enthält eine detaillierte Karte von Mittelerde[2], um in das Geschehen einzuführen.
- Handlung und Spannungsbogen: Was ist der grundlegende Konflikt in Ihrer Geschichte? Welche Alternativen zum Handeln stehen zur Verfügung?

Anfang

- Definieren Sie Ort, Zeit und Szene.
- Stellen Sie die Charaktere vor.
- Starten Sie Ihre Story (Erzählperspektive, Rückblick, Vorausschau ...).

Mittelteil: Komplikationen und Hürden

- Welcher Handlungsverlauf bestimmt den Gang der Geschichte (Plot)?
- Einführung von Hindernissen, Konfliktsituationen und Schurken

Ende: Lösung

- Zeigen Sie, wie der Held bzw. die Heldin die Konflikte meistert.
- Beenden Sie die Story und lassen Sie den Ausgang nicht offen.
- Zeigen Sie die Lernziele, also die „Moral der Story“.

Checkliste: Story-Typen

- Handelt es sich um eine „Change Story“, die den Mitarbeitenden, Kund*innen und anderen Stakeholdern eine Veränderung eines Unternehmens vermitteln will?
- Erzählen Sie eine „Personality Story“, bei der die persönliche Geschichte eines Menschen (z. B. CEO) im Vordergrund steht, damit wir ihn als Person verstehen, unterstützen?
- Entwickeln Sie Heldenstorys über Produkte, welche die Welt besser machen oder zu Problemlösungen beitragen?
- Corporate Storys machen Ihr Unternehmen spannend und erfahrbar.

Checkliste: Visuelle Geschichten

- Infografiken: Gibt es Zahlen, Daten, Fakten, die grafisch aufbereitet werden können?
- Gibt es ein Key-Visual? Welche Bilder werden bereits im Unternehmen genutzt?
- Welche Bildsprache soll verwendet werden?
- Welches Mittel setze ich warum ein? (Grafiken, Illustrationen, Fotografien, Videos/Filme, Animationen, eine Mixtur verschiedener Elemente ...)
- Brauche ich Darstellende?

---

[2] Vgl. o. V.: Der Herr der Ringe-Karte von Mittelerde mit Notizen von J. R. R. Tolkien. In: tolkienwelt.de. o. D., *http://www.tolkienwelt.de/jrr_tolkien/Karte-von-Mittelerde-mit-handschriftlichen-Notizen-von-J.R.R.-Tolkien-aufgetaucht.html* (abgerufen 10/2023)

18.2 Storytelling-Tool-Liste

Storytelling und Visuals – also Fotos, Videos, Grafiken, Animationen, GIFs etc. – sind bereits zwei sehr mächtige Werkzeuge für alle, die sich mit Kommunikation beschäftigen. Die Kombination dieser beiden Elemente ist eine Grundbasis von erfolgreicher Kommunikation.

Wie können Sie nun eine erfolgreiche visuelle Geschichte schaffen? Zum Glück gibt es eine Vielzahl von Werkzeugen, die Sie unterstützen.

Tools werden immer wieder weiterentwickelt oder neue werden entwickelt. Anbei eine Liste hilfreicher Tools zum Thema Storytelling (Stand 10/2023).

Recherche-Tools

Ist denn der gewünschte Name (Firmen-, Produkt- bzw. Markenname) als URL bzw. auf Social-Media-Plattformen noch frei, testet *namecheckup*: *https://namecheckup.com*.

KI: Mit Tools wie *Google Bard*, *Midjourney* oder *ChatGPT* können Nutzer*innen über verschiedene Modi kommunizieren – Text, Sprache oder Bilder – und Recherchen durchführen. Manche KIs, wie etwa ChatGPT unter Bing, sind mit dem Internet verbunden. Wie bei jeder Recherche, sollten Sie die Ergebnisse jedoch überprüfen.

Buzzmatic bietet eine Übersicht von mehr als 1000 AI-Tools: *https://buzzmatic.net/ai-tools-die-ultimative-liste*

Promptfolder: Der Midjourney Prompthelfer: *https://promptfolder.com/midjourney-prompt-helper*

Hashtag-Generator: https://www.tagsfinder.com/de-de

Allgemeine Storytelling-Tools

Bemgee (*https://www.beemgee.com/?lang=de*) unterstützt Sie mit Ihrem Plot – von der Grundidee bis zur Gestaltung der Charaktere und dem „fertigen“ Plot.

Storymap (*https://storymap.knightlab.com*) unterstützt den Erzähler visuell, indem auf Karten zeitliche Verläufe abgebildet werden.

Mit Timeline werden Ereignisse in einer zeitlichen Abfolge (Zeitleiste) gezeigt (*http://timeline.knightlab.com*).

Web-Stories wie auf der Seite von Spiegel-Online können mit Tools wie *Storify* (*https://storify.me*) eingebunden werden.

Ideen- und Planungstools

Zur Themen- sowie Keyword-Recherche nutze ich *Answer the public* auf *http://answerthepublic.com*.

Gamestorming (*http://gamestorming.com*) ist ein schönes Werkzeug zur Generierung von Ideen per Brainstorming.

Visual Thesaurus https://www.visualthesaurus.com funktioniert wie eine Suchmaschine, welche das assoziative Denken fördert. Wenn Sie nach einem Begriff suchen, liefert das Tool eine Synonymkarte passend zu diesem Begriff. In dieser Aufstellung werden ähnliche Worte so gruppiert, dass bequem zu erkennen ist, wie sie zueinander stehen.

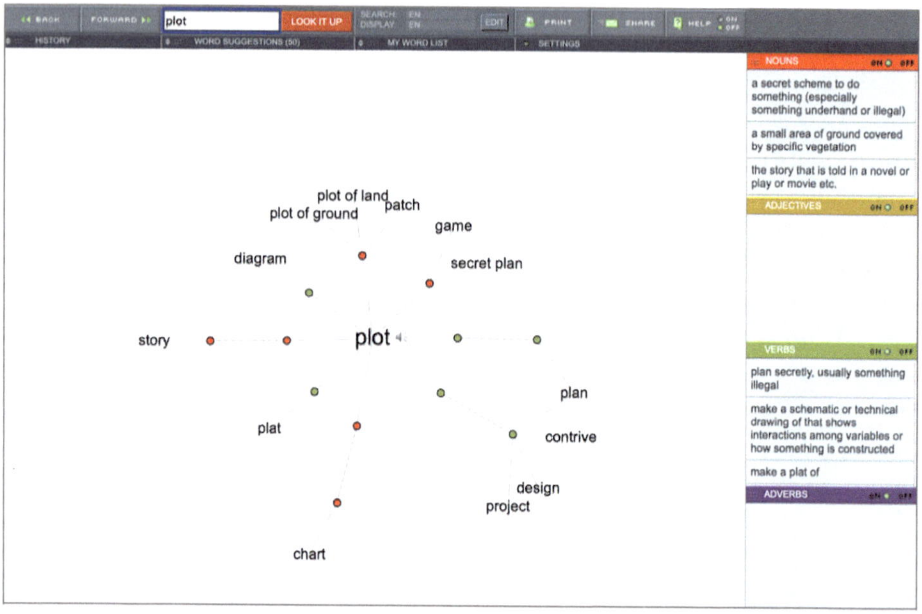

Bild 18.3 Screenshot der Suchergebnisse zum Wort Plot auf Visual Thesaurus.

Bild 18.4 Dieses Tool hilft, Überschriften, bildhafte Vergleiche und auch sonstige Ideen zu generieren. Screenshot: *https://www.portent.com/tools/title-maker*

Mindmapping-Tools wie *Wisemapping* (*https://www.wisemapping.com/de*) sind bei der Sammlung notwendiger Bereiche, Ideen, Wörter in der Storytelling-Planungsphase hilfreich. Oft können diese Tools auch innerhalb von Microsoft Teams oder Collaboard gemeinsam genutzt werden.

Mindjet (*https://www.mindjet.com/de*) ist ein Mindmappingtool, um Ideen zu strukturieren und hierbei auch neue zu generieren.

Mindmeister ist ein weiteres Online-Mindmappingtool: *https://www.mindmeister.com*

Storyline Creator (*https://www.storylinecreator.com*) hilft, den Plot, also die Handlung, zu strukturieren und zu visualisieren.

Mit dem *Plot-Generator* (*https://www.plot-generator.org.uk/story*) kann einfach eine grobe Idee ausgearbeitet werden, um sie weiteren Personen zu vermitteln.

Der *Portent's Content Idea Generator* (*https://www.portent.com/tools/title-maker*) hilft nicht nur bei der Titelfindung, sondern auch als Ideenunterstützer bei Claims, Wortfindungen und mehr.

Tools zur Umsetzung

Storyhand (*https://consciousdiscipline.com/resources/story-hand*) ist ein sehr umfassendes Tool zur Erstellung multimedialer und interaktiver Geschichten und wird von Medien wie etwa der BBC genutzt. Es bietet u. a. die Einbindung diverser interaktiver Elemente innerhalb einer Story.

Mit *Microsoft Sway* (*https://sway.office.com*) erstellen Sie visuell überzeugende Newsletter, Präsentationen und Dokumentationen in Minuten.

Pageflow (*https://pageflow.io*) ist ein Tool, mit dessen Hilfe Sie multimediale Storys (Scrollytelling), auch Longstorys genannt, erstellen.

Shorthand (*https://shorthand.com*) ist ein nützliches und schönes Storytelling-Tool.

Die *Aesop Story Engine* (*http://aesopstoryengine.com*) vereint dreizehn einzigartige Komponenten in einem WordPress-Plug-in, mit dem Sie interaktive multimediale Geschichten erzählen können.

KI-Visualisierungs-Tools

Für uns Geschichtenerzähler*innen bietet KI ein vielseitiges „Schweizer Taschenmesser“, das den gesamten kreativen Prozess unterstützen kann; von der Recherche, Planung, Produktion, Verbreitung bis hin zur Analyse.

KI-Bildgeneratoren können in wenigen Sekunden Bilder, Grafiken oder Animationen verschiedenster Art erstellen. Die Vielzahl diverser KI-Tools – allein in diesem Jahr sind mehr als hundert neue KI-Bildgeneratoren auf den Markt gekommen – erschwert die Auswahl.

KI-Bildgeneratoren (engl. „AI Image Generator“) sind Online-Tools, die mithilfe von künstlicher Intelligenz Bilder, Grafiken, Icons etc. (Images) erzeugen. Ausgangspunkt sind Eingaben, die textueller, grafischer oder akustischer Natur sein können („Text-to-Image“, „Image-to-Image“, „Voice-to-Image“).

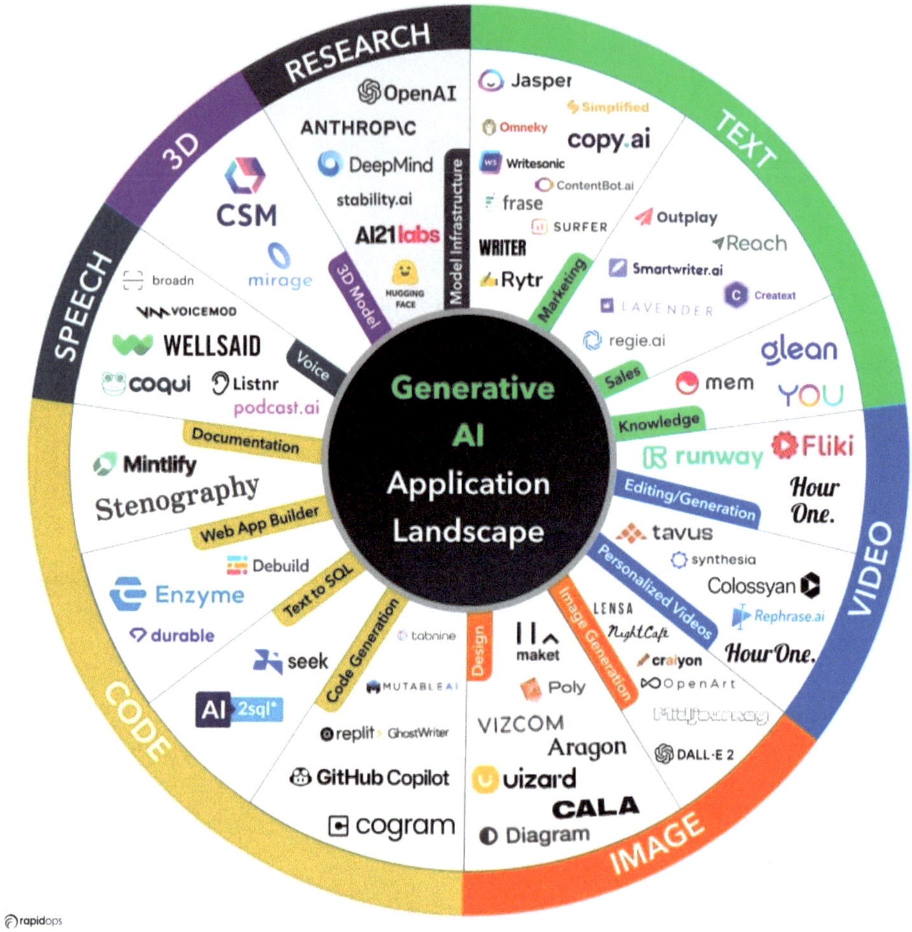

Bild 18.5 Hier ein Überblick über die zahlreichen KI-Tools (Sommer 2023).
Screenshot: *https://www.rapidops.com*

Anbei einige KI-Bildgeneratoren zur Auswahl:

Adobe Firefly (*https://www.adobe.com/de/sensei/generative-ai.html*) ist u. a. in Software wie Adobe Express, der Creative Cloud oder Adobe Photoshop enthalten. Im Gegensatz zu vielen anderen Anbietern sollen die Bilder rechtlich „geschützt" sein. Adobe äußert sich hierzu: „Das erste Modell von Firefly wird mit Adobe Stock-Bildern, offen lizenzierten Inhalten und anderen gemeinfreien Inhalten, deren Urheberrecht abgelaufen ist, trainiert. Die Hunderte von Millionen lizenzierter Bilder von Adobe Stock gehören zu den hochwertigsten auf dem Markt und stellen sicher, dass Firefly keine Inhalte generiert, die auf dem geistigen Eigentum anderer Personen oder Marken basieren."[3]

[3] Vgl. Grüner, Sebastian: URHEBERRECHT: Adobe will Kunden von KI-Tools bei Klagen entschädigen. In: golem.de. 9.7.2023, *https://www.golem.de/news/urheberrecht-adobe-will-kunden-von-ki-tools-bei-klagen-entschaedigen-2306-174811.html* (abgerufen 10/2023)

Das Tool „*Adobe Spark*“ ist nun Adobe Express (*https://new.express.adobe.com*), ein Tool für visuelles Storytelling von Adobe. Per Browser oder App lassen sich sowohl Bild als auch Videos bearbeiten und sogar Multimedia-Storys erstellen. Die App greift auf eigene Smartphone-Bilder und Videos zu, die mit Animationen, automatischer Größenanpassung, Texteffekten, Designfiltern, automatischen Layouts und Stickern bearbeitet werden können. Zudem gibt es viele kostenfreie Vorlagen sowie einen Zugang zur Adobe-Bilddatenbank.

Photoleap von Lightricks ist ein leistungsstarkes Bildbearbeitungstool, eine All-in-One-KI-Kunst-App: *https://www.photoleapapp.com*

Mittlerweile ist *Canva* (*https://www.canva.com*) nicht nur ein einfach zu handhabendes All round-Grafiktool, sondern es wurde mit AI in vielen Bereichen erweitert. Sie können einfach Texte und Visuals – mittlerweile mit Unterstützung von KI –, Grafiken, Fotos, Präsentationen, Schriften und vieles mehr erschaffen.

So ermöglichen Funktionen wie „Magic Switch“ die „automatische“ Verwandlung von Posts in andere Formate für weitere Kanäle.

Mittels „Magic Animate“ lassen sich statische Bilder in Bewegung versetzen und animieren.

Canvas generiert auch mit „Text-to-Bild“ oder „Text-to-Video“ per Spracheingabe Bilder oder Videos.

Dalle-E: Creating images from text: *https://openai.com/research/dall-e*

Deep Dream Generator (*https://deepdreamgenerator.com*) Diese Online-Plattform kombiniert KI-Technologie mit Kunst und ermöglicht als nutzerfreundliches Tool eine einfache und schnelle Erstellung von KI-generierten Bildern.

Jasper Art (*https://www.jasper.ai/art*) ist ein vielseitiges KI-Tool.

Midjourney (*https://www.midjourney.com*) ermöglicht nicht nur das Erstellen von Bildern, sondern auch das Erzeugen von Variationen eines Bilds, das Skalieren von Bildern, das Herauszoomen aus einem Bild (Outpainting) oder das Laden eines Bilds als Referenz (Image-to-Image).

Auf *Stable Diffusion* (*https://dreamstudio.com/ai*), ein textbasiertes maschinelles Lernmodell, können synthetische Bilder generiert werden.

Artsmart.ai (*https://artsmart.ai*): Im Gegensatz zu manch anderen Tools unterstützt Artsmart.ai die Nutzer*innen bei der Erstellung der Befehle (Prompts) über Drop-down-Menüs.

Stable Doodle: Ein Sketch-to-Image-Tool: *https://clipdrop.co/stable-doodle*

KI-Video-Generatoren

KI-Video-Generatoren sind Computerprogramme oder Apps, mit deren Hilfe Videos erstellt bzw. optimiert werden.

Show-1 ist ein von Forschenden der National University of Singapore entwickeltes KI-System, das aus Textbeschreibungen qualitativ hochwertige Videos erzeugen kann (*https://showlab.github.io/Show-1*).

InVideo (*https://invideo.io*)

Lumen 5 (*https://lumen5.com*)

Synthesia (*https://www.synthesia.io*) ist eine Text-to-Speech-Video-Software.

Noch benötigen wir zur Videoerstellung verschiedene Tools. Hier ein kurzes Beispiel eines Workflows:

Anhand eines Keywords oder einer kurzen Skizzierung der Videoidee sowie der Zielgruppe lassen Sie sich von einer Text-to-Text-KI Ihrer Wahl - etwa ChatGPT oder Midjourney - zunächst eine Liste mit interessanten Videoideen erstellen.

Anschließend lassen Sie sich von einem KI-Textgenerator Ihrer Wahl ein vollständiges Videoskript zur der ausgewählten und von Ihnen verfeinerten Videoidee erstellen.

Im nächsten Schritt kann das Skript bei einem KI-Videogenerator wie etwa Synthesia eingefügt werden, um ein erstes Text-to-Speech-Video zu erhalten. Anschließend können dem Video gute Bilder oder kurze Videos hinzugefügt werden. Hierfür nutzen Sie Software wie Designs.ai, die automatisch Bilder oder Videoausschnitte hinzufügt. Erstellen Sie nun mit einem KI-Bildgenerator wie etwa Midjourney ein aussagekräftiges Vorschaubild (Thumbnail).

Lexica (*https://lexica.art*): Die Suchmaschine Lexica sucht nach Visuals, welche mithilfe von Stable Diffusion, einem Deep-Learning-Text-zu-Bild-Generator, generiert wurden. Hier eine Frage nach Bildern der Zukunft aus dem Jahr 2035.

Weitere Visualisierungs-Tools

Easel.ly (*http://www.easel.ly*) ist eines meiner Lieblingstools, um kleine Grafiken zu erstellen. Es können Infografiken erstellt werden oder eigene Fotos hochgeladen und bearbeitet werden. Die Kapitelgrafiken und weitere Buchgrafiken habe ich mit easel.ly erstellt.

Color Picker unterstützt bei der Farbfindung: *http://www.colorpicker.com*

Mit Infogr.am (*https://infogr.am*) können sowohl Charts als auch Infografiken erstellt werden. Dieses Tool eignet sich zur Visualisierung von Daten.

Piktochart (*https://piktochart.com*) unterstützt Sie bei der Erstellung von Infografiken und Data-Storytelling.

Auch mit *Vennage* (*https://venngage.com*) lassen sich Infografiken erstellen.

Webseiten mit „public domain“ Foto- und Bildmaterial, Icons, Infografiken:

- *DesignersPics* (*http://www.designerspics.com*) bietet in diverse Kategorien unterteilt Fotografien des Fotografen und Designers Jeshu John zur kostenlosen und lizenzfreien Nutzung an.
- *Death to the Stock Photo* verspricht freie und authentische, also keine typischen Stock-Fotos: *http://join.deathtothestockphoto.com*
- *Pixabay* (*https://pixabay.com/de*) nutze ich zur Auffindung „freier“ Fotos sehr gerne.
- *Pexels* bietet kostenfreie Videos: *https://www.pexels.com/de-de*
- Auf *Unsplash* finden Sie hochauflösende Fotos zu vielen Themen: *https://unsplash.com*
- *Wikimedia* (*https://www.wikimedia.de*) ist eine Sammlung von Visuals, die je nach Nutzung frei verwendet werden dürfen.

Mit *Animaker* (*https://www.animaker.de*) lassen sich animierte Videos erstellen. Das Tool eignet sich für How-to- bzw. Erklärvideos sowie zur Darstellung von Produkten und Dienstleistungen.

Shotcut (*https://www.shotcut.org*) ist ein plattformunabhängiger Video-Editor, der eine Vielzahl verschiedener Audio-, Video- und Bildformate unterstützt, um Multimedia-Dateien zu bearbeiten und zu konvertieren. Zudem bietet der Editor eine Palette an Möglichkeiten, um Videos zu schneiden sowie Bild und Ton zu bearbeiten.

WordArt (*https://wordart.com/create*) erlaubt eine schnelle Visualisierung von Texten.

Icons: The Noun Project (*https://thenounproject.com*) ist eine umfassende Sammlung von Icons.

Auch *Streamline Icons* (*https://streamlineicons.com*) enthält eine große Sammlung an Icons.

t!

Dateiformate

Das ideale Dateiformat gibt es nicht, denn es ist immer im Zusammenhang mit dem Zweck des Images zu sehen. Anbei die gängigsten Formate:

- **PNG** bietet sich bei transparenten Grafiken an.
- **JP(E)G** unterstützt tendenziell eine schnellere Ladezeit der Bilder.
- **SVG** ist eine Alternative bei einfachen Grafiken und Logos.
- **TIFF** ist ein großes Dateiformat, das für die Nutzung im Printbereich verwendet wird.

Bild 18.6
Auflistung nützlicher Bild-Dateiformate.

18.3 Literatur

Adamczyk, Gregor: Storytelling: Mit Geschichten überzeugen. Haufe, 2015

Adlmaier-Herbst, Dieter Georg: Storytelling – Was ist eigentlich neu? In: Dieter Georg Herbst, *https://dietergeorgherbst.de/storytelling-was-ist-eigentlich-neu* (abgerufen 10/2023)

Aristoteles: Poetik, herausgegeben und übersetzt von Manfred Fuhrmann. Reclam, 1982

Bookers, Christopher: The Seven Basic Plots: Why we tell stories. 2004

Campbell, Joseph: Der Heros in tausend Gestalten. insel taschenbuch, Kindle Edition. Insel, 2011

Chen, Tsai: The persuasive effectiveness of mini-films: Narrative transportation and fantasy proneness. In: Journal of Consumer Behaviour, 2014

Dawkins, Richard: The Selfish Gene: 40th Anniversary edition, Oxford Landmark Science. August 2016

Di Giulio, Antonietta; Defila, Rico: Die Bedeutung von Narrativen für Umwelt und Nachhaltigkeit. Basel: Universität Basel. doi: 10.5451/unibas-ep88066, 2022, URL: *https://doi.org/10.5451/unibas-ep88066*

Doelker, Christian: Ein Bild ist mehr als ein Bild. Visuelle Kompetenz in der Multimedia-Gesellschaft. 3., durchgesehene Aufl. Stuttgart: Klett-Cotta, 2002

Ebner, Winfried; Eck, Klaus: Die neue Macht der Corporate Influencer: Wie Mitarbeiter*innen die Kommunikation von Unternehmen verändern. Redline Verlag, 2022

Eckert, Hans-Wilhelm: Storytelling mit Daten – Erkenntnisse gewinnen, Strategie entwickeln und Unternehmenskommunikation auf ein neues Level heben. Springer-Gabler, 2021

El Ouassil, Samira; Karig, Friedemann: Erzählende Affen: Mythen, Lügen, Utopien – wie Geschichten unser Leben bestimmen. Ullstein, 2021

Ettl-Huber, Silvia: Storytelling in der Organisationskommunikation: Theoretische und empirische Befunde. Springer, 2014

Fey, Ulrich; Schlüter, Hans-Joachim: Reportagen schreiben: von der Idee zum fertigen Text. 2. Edition. Publisher, ZV, 2003

Field, Syd: Das Handbuch zum Drehbuch. Zweitausendeins, 1991

Freeman, Michael: Die fotografische Story: Die Kunst der visuellen Erzählung. Pearson, 2013

Freytag, Gustav: Die Technik des Dramas. Autorenhaus, 2003

Fuchs, Werner T.: Warum das Gehirn Geschichten liebt: Mit den Erkenntnissen der Neurowissenschaften zu zielgruppenorientiertem Marketing. Haufe, 2013

Fuchs, Werner T.: Warum das Gehirn Geschichten liebt: Storytelling – analog und digital. 4. Aufl. Haufe, 2018

Häusel, Hans-Georg: Neuromarketing: Erkenntnisse der Hirnforschung für Markenführung, Werbung und Verkauf. 4. Aufl. Haufe, 2019

Häusel, Hans-Georg: Brain View: Warum Kunden kaufen. Haufe Fachbuch, 2016

Hall, Kindra: Stories That Stick: How Storytelling Can Captivate Customers, Influence Audiences, and Transform Your Business. HarperCollins Leadership, 2019

Herbst, Dieter Georg; Musiolik, Thomas Heinrich: Digital Storytelling. Spannende Geschichten für interne Kommunikation, Werbung und PR (PR Praxis). 2. Aufl. Herbert von Halem, 2022

Hermanto, Ade Lose: Collaboration Between Typography and Visual Narrative to Strengthen the Communication Delivery Process. In: International Conference on Art, Design, Education and Cultural Studies (ICADECS), 2021, KnE Social Sciences, pages 166–175. S. 166, *https://knepublishing.com/index.php/KnE-Social/article/view/11657*

Jenkins, Henry: Convergence Culture: Where Old and New Media Collide. NYU Press, 2006

Jung, Carl Gustav: Archetypen. dtv, 2014

Jung, Carl Gustav: Archetypen: Urbilder und Wirkkräfte des kollektiven Unbewussten. Patmos Verlag, Edition Mai 2022.

Kahneman, Daniel: Schnelles Denken, langsames Denken. Siedler Verlag, 2012

Kaiser, Markus: Change-Management im Public Sector. Kulturwandel, Kommunikation und Change Leadership in Kommunen und Behörden. SpringerVS, 2021

Kleine Wieskamp, Pia: Visual Storytelling im Business. Hanser, 2018

Koschorke, Albrecht: Wahrheit und Erfindung. Grundzüge einer Allgemeinen Erzähltheorie. S. Fischer, 2012

Lampert, Marie; Wespe, Rolf: Storytelling für Journalisten. UVK Verlagsgesellschaft, 2013

Lewrick, Michael; Link, Patrick: Design Thinking: Mit dem richtigen Mindset die Zukunft gestalten. In: WiSt Heft 7-8. 2018. 2.3.2022, *https://doi.org/10.15358/0340-1650-2018-7-8-51*

Lindstrom, Martin: Brand Sense: Warum wir starke Marken fühlen, riechen, schmecken, hören und sehen können. 1. Aufl. Campus Verlag, 2011

Macaspac Hernandez, Ariel et al.: Die Macht von Geschichten – Warum brauchen wir neue Narrative für eine nachhaltige Zukunft – und wie können quantitative Analysen diese unterstützen? In: SDSN. 5.12.2022, *https://www.sdsngermany.de/die-macht-von-geschichten-warum-brauchen-wir-neue-narrative-fuer-eine-nachhaltige-zukunft-und-wie-koennen-quantitative-analysen-diese-unterstuetzen*

McKee, Robert: Story: Die Prinzipien des Drehbuchschreibens. Alexander Verlag, 2011

Metz, Sina: Die Macht der Geschichten und Narrative. In: Wissenschaftskommunikation, *https://www.wissenschaftskommunikation.de/die-macht-der-geschichten-und-narrative-52953*, 2021

Miller, Donald: StoryBrand: Wie Sie mit starken Geschichten Ihre Kunden überzeugen. Vahlen, 2020

Nadella, Satya: Hit refresh: Wie Microsoft sich neu erfunden hat und die Zukunft verändert. Plassen Verlag, 2020

Pearson, Carol S.: The Hero and the Outlaw: Building Extraordinary Brands Through the Power of Archetypes. McGraw-Hill Professional, 2002

Pratten, Robert: Getting Started in Transmedia Storytelling: A Practical Guide for Beginners. CreateSpace Independent Publishing Platform, 2011

Pyczak, Thomas: Tell me! Wie Sie mit Storytelling überzeugen. Rheinwerk Computing, 2023

Reynolds, Garr: Naked Presenter: Eindrucksvoll präsentieren – mit und ohne Folien. Pearson, 2011

Rossi, Carsten: 10 kreative Storytelling-Formate für mehr digitales User Engagement, *https://youtu.be/I248H3R9VYI*

Sammer, Petra: Storytelling – Strategien und Best Practices für PR und Marketing. O'Reilly, 2017

Schmidt, Victoria Lynn: Story Structure Architect: A Writer's Guide to Building Dramatic Situations and Compelling Characters. Writer's Digest Books, 2005

Selke, Stefan: Zukunftseuphorie als Trost. Gesellschaftliche Funktionen von Verheißungserzählungen über Künstliche Intelligenz. In: KiMeGe.de. Bericht aus dem Forschungsprojekt „Künstliche Intelligenz, Mensch und Gesellschaft". Hochschule Furtwangen, Juli 2022, *https://www.kimege.de/wp-content/uploads/2022/08/Webartikel_Selke_final.pdf*

Storr, Will: The Science of Storytelling. Harper Collins, 2019

Vogler, Christopher: Die Odyssee des Drehbuchschreibens. Zweitausendeins, 1997

Walter, Ekaterina, Gioglio, Jessica: The Power of Visual Stelling: How to Use Visuals, Videos, and Social Media to Market Your Brand. McGraw-Hill Education Europe, 2014

18.4 Linkliste

Building Storyworlds - Lance Weiler: lecture from 9.26.12 class - *http://de.slideshare.net/lanceweiler/building-storyworlds?ref=https://www.eveosblog.de/2012/10/15/storytelling-event-geschichte-tipps-beispiele/*

Chris Vogler's Writers Blog - *https://chrisvogler.wordpress.com*

Das Cluetrain Manifest in deutscher Übersetzung - *https://www.cluetrain.com/auf-deutsch.html*

Montague, Ty: co: collective: What's the difference between storytelling and storydoing? *https://youtu.be/mPWFM3hX_m4*

Narrata Consult - *https://narrata.de*

Story Telling - Ein Überblick über narrative Methoden und Einsatzgebiete - *http://www.narrata.de/medien/matrix-zu-narrativen-methoden_narrata_consult.pdf*

Story Telling - Mit Geschichten Organisationen bewegen, Dipl.-Psych. Christine Erlach, Karin Thier M.A., Dipl.-Päd. Andrea Neubauer - *http://www.community-of-knowledge.de/fileadmin/user_upload/attachments/Story_Telling_NARRATA.pdf*

Tableau: Creating Stories in Tableau - *https://www.datacamp.com/tutorial/creating-stories-tableau*

Transmedia Storytelling: Einführung, Marktanalyse, Konzept - gratis E-Book der TMSB - *http://www.transmedia-storytelling-berlin.de/2015/07/transmedia-storytelling-einfuehrung-marktanalyse-konzept/*

Stichwortverzeichnis